本书由

大连市人民政府资助出版

混沌系统的同步
及在保密通信中的应用

王兴元 著

科学出版社

北京

内 容 简 介

本书从非线性科学的角度介绍了混沌控制与同步、混沌保密通信的基本原理和国内外发展概况，以及作者对混沌系统的同步及其在保密通信中的应用研究所取得的成果. 主要内容有：混沌控制及保密通信的发展史及其基本理论与方法，混沌系统的完全同步和广义同步，几种典型的混沌遮掩、混沌键控和混沌调制的保密通信方法.

本书深入浅出，图文并茂，文献丰富，可供理工科大学教师、高年级本科生、研究生阅读，也可供自然科学和工程技术领域中的研究人员参考.

图书在版编目（CIP）数据

混沌系统的同步及在保密通信中的应用/王兴元著. —北京：科学出版社, 2012

　ISBN 978-7-03-033024-6

　I. ①混… II. ①王… III. ①混沌理论-应用-保密通信　IV. ①TN918.6

中国版本图书馆 CIP 数据核字(2011) 第 262940 号

责任编辑：王丽平　房　阳/责任校对：钟　洋
责任印制：徐晓晨/封面设计：陈　敬

科 学 出 版 社 出版
北京东黄城根北街 16 号
邮政编码：100717
http://www.sciencep.com

北京虎彩文化传播有限公司 印刷
科学出版社发行　　各地新华书店经销
*
2012 年 1 月第 一 版　　开本：B5(720 × 1000)
2019 年 1 月第三次印刷　　印张：36
字数：712 000
定价：198.00元
(如有印装质量问题，我社负责调换)

前　言

混沌是非线性科学研究的中心内容之一, 与相对论、量子力学一起被认为是 20 世纪物理学的三次重大革命. 混沌是当今前沿的研究课题, 它揭示了自然界及人类社会中普遍存在的复杂性, 反映了世界上无序和有序之间、确定性与随机性之间的辩证统一关系. 近半个世纪以来, 人们对混沌运动的规律及其在自然学科和社会学科中的表现有了比以前更广泛、更深刻的认识, 混沌学作为物理学中一门重要的学科逐步从单纯的学科扩展到其他学科, 从而产生了丰富的研究成果, 大大拓宽了人们的视野, 并且发展到了把混沌作为一门应用技术来研究. 由于混沌理论在信息科学、医学、生物工程等领域具有很大的应用潜力及很好的发展前景, 结合日益发展的计算机技术, 混沌理论已成为很多科研工作者的学术研究重点之一. 现如今, 混沌学已成为一门覆盖面广、综合性强、专业跨度大的学科. 可以预见, 它在未来的科学研究中必将对人类生活产生更加深远的影响.

由于混沌系统的极端复杂性, 人们在过去很长时间里一直认为混沌是不可控制的, 更不用说把混沌理论应用于实际的生产生活. 混沌控制研究中真正具有里程碑意义的是 1990 年美国马里兰大学的 Ott, Grebogi 和 Yorke 提出的参数微扰控制方法 (即 OGY 方法), 它成功控制了奇怪吸引子中的不稳定周期轨道. 同年, Pecora 和 Corroll 首次提出了 "混沌同步" 的概念, 并在实验室用电路实现了同一信号驱动下耦合混沌系统的同步. 广义地讲, 混沌同步属于特定的混沌控制. 所谓同步, 指的是两个或多个混沌系统在耦合或驱动作用下使其混沌运动达到一致的过程. 自此, 关于混沌系统控制同步问题的研究引起了人们的重视, 并逐渐成为学术界的一个热点领域. OGY 方法的贡献不在控制方法上, 而在观念上, 它使人们重新审视混沌系统, 意识到混沌是可控的, 带动了混沌控制与同步的研究热潮.

随着计算机技术、信息技术和通信技术的迅猛发展, 以计算机为核心的庞大信息网正在世界范围内逐渐形成, 传统的保密通信方法已不能满足人们对通信保密性能的要求, 人们迫切需要寻求新的保密通信方法来确保网络通信的安全性. 自从人们发现混沌可以被同步, 并且用电路实现了混沌同步之后, 混沌用于保密通信成为信息安全领域研究的热点问题. 混沌信号并非随机却貌似随机, 具有非周期性、连续宽带频谱、类噪声的特性, 具有异常复杂的运动轨迹和不可预测性, 这些使它具有天然的隐蔽性, 适合作为保密通信的载体. 一般而言, 混沌保密通信在发送端, 把信息表示成具有混沌特性的波形或者码流; 在接收端, 从接收到的信号中恢复出正确的信息. 在公共信道中, 混沌信号是信息的载体, 多数情况下, 这个信号又作为同步发送端和接收端混沌系统的信号. 另外, 混沌系统本身是确定的, 由非线性系统的方程、参数和初始条件所完全决定, 从而易于产生和复制出数量众多、非相关、类随机而又确定的混沌序列. 混沌信号的隐蔽性、不可预测性、高度复杂性和易于实现的特点使得它特别适用于保密通信. 多数情况下, 混沌保密通信要求发送端和接收端的混沌系统同步, 这样混沌控制与同步就成为混沌保密通信的关键问题和重要的理论基础. 目前混沌同步的理论和基于混沌的保密通信应用性研究还并不完全成熟, 但从发展势头和发展趋势来看, 这一领域存在巨大的发掘潜力和广阔的应用前景, 基于混沌理论的保密技术极有可能会在未来的通信领域导致一场变革.

由于混沌保密通信具有强大的生命力, 而混沌同步理论的研究和发展, 为混沌在保密通信中的应用准备了理论基础. 因而关于混沌同步及在保密通信中的应用问题在近年来引起了人们的广泛关注, 并越来越成为研究的重点和难点问题, 相关文献和成果, 也正在不断丰富. 我课题组在不断了解国内外最新科研动态的同时, 也进行了大量相关理论与应用的研究, 并取得了较丰富的研究成果. 这些研究工作使我们对混沌同步及其在保密通信中的应用有了更深入的了解, 并促使我们写出本书, 希望本书的出版能为推动国内这一领域的发展尽一份微薄之力.

本书共分为 5 章: 第 1 章阐述了混沌理论的起源、研究意义与发展趋势, 并简单介绍了本书的研究内容与方法; 第 2 章介绍了研究混沌与混沌控制的基本方法, 介绍了其在保密通信领域的几种典型应用; 第 3 章研究了混沌系统的完全同步问题, 包括自适应同步、耦合同步、滑模控制等一些经典同步方法; 第 4 章在第 3 章的基础上研究了混沌系统的广义同步问题, 并提出了一些新方法、新思路; 第 5 章研究了混沌同步在保密通信中的几种典型应用, 提出了多种新的保密通信方案, 并以仿真实验验证其有效性和安全性. 书中所采用的例子, 大都来自近年来我课题组在国内外期刊所发表的论文, 内容翔实可靠.

本书的研究工作得到了国家自然科学基金 (编号: 61173183, 60973152, 60573172)、高等学校博士点专项科研基金 (编号: 20070141014) 及辽宁省自然科学基金 (编号: 20082165) 的支持, 本书的出版得到大连市政府学术专著资助项目的资助, 在此表示由衷的感谢.

由于受科研水平和所做工作的局限性影响, 书中难免有疏漏之处, 恳请广大读者多提宝贵意见. 谢谢!

王兴元

2011 年 1 月

目　　录

第 1 章　绪　　论

1.1　混沌的产生、发展与意义

非线性科学是一门研究非线性现象共性的基础学科, 它是 20 世纪 60 年代以来, 在各门以非线性为特征的分支学科的基础上逐步发展起来的综合性学科. 科学界认为: 非线性科学的研究不但具有重要的理论价值, 而且具有广泛的应用前景. 事实上, 这门科学几乎涉及自然科学和社会科学的各个领域, 并不断地改变着人们对现实世界的许多传统看法和思维. 非线性科学的研究涉及对确定和随机、有序和无序、偶然和必然、量变和质变、整体和局部等数学范畴与哲学概念的重新认识. 非线性现象涉及现代科学的逻辑体系及其变革的根本性问题, 它将深远影响人类的思维方法. 一般来说, 非线性系统具有高维、强非线性、强耦合和系统参数可变等特性. 非线性科学的主体包括混沌 (chaos)、分岔 (bifurcation)、分形 (fractal)、孤立子 (soliton) 和复杂性 (complexity), 其中混沌的研究占有极大的分量.

混沌理论的基本思想起源于 20 世纪初, 发生于 60 年代后期, 发展壮大于 80 年代. 这一理论揭示了有序与无序的统一、确定性与随机性的统一, 并为人们正确理解宇宙观和自然哲学起到了关键作用. 混沌与分形理论被认为是继相对论、量子力学之后, 20 世纪人类认识世界和改造世界的最富有创造性的科学领域的革命之一[1,2].

1.1.1　混沌的起源与产生过程

混沌, 通常理解为混乱、无序、未分化, 如所谓 "混沌者, 言万物相混成而未相离"(《易经》), "窈窈冥冥"、"昏昏默默"(《庄子》). 混沌最初进入科学是与以精确著称的数理科学无缘的, 它主要是一个天文学中与宇宙起源有关的概念, 来源于神话传说与哲学思辨. 在现代, 混沌被赋予了新的含义, 混沌是指在确定性系统中出现的类似随机的过程, 它来自非线性. 混沌的理论基础可追溯到 19 世纪末创立的定性理论, 但真正得到发展是在 20 世纪 70 年代, 现在方兴未艾[3~6].

公认的混沌学的鼻祖是伟大的法国数学家、物理学家 Poincaré, 他在研究天体力学, 特别是在研究三体问题时发现了混沌现象. 他发现三体引力相互作用能产生惊人的复杂动力学行为, 确定性动力学方程的某些解具有不可预见性, 这其实就是现在所说的混沌现象. 特别应提出的是 Poincaré 在 20 世纪初就发现了某些系统对初值具有敏感依赖性和行为长期不可预见性, 他在《科学的价值》一书中写到: "我们觉察不到的极其微小的原因决定着我们不能看到的显著结果, 于是我们就说这个结果是由于偶然性 …… 可以发生这样的情况: 初始条件的微小差别在最后的现象中产生极大的差别; 前者的微小误差促成了后者的巨大误差, 于是预言变得不可能了."这些描述实际上已经蕴涵了 "某些确定系统具有内在随机性" 这一混沌现象的基本特性. 当 Poincaré 意识到当时的数学水平不足以解决天体力学的复杂问题时, 就着力发展新的数学工具. 他与 Lyapunov 一起建立了微分方程定性理论的基础; 他为现代动力系统理论贡献了一系列重要概念, 如动力系统、奇异点、极限环、稳定性、分岔、同宿和异宿等; 他还提供了许多有效的方法和工具, 如小参数展开法、摄动方法、Poincaré 截面法等. 他所创立的组合拓扑学是当今研究混沌学必不可少的数学工具. 另外, 现代动力系统理论的几个重要组成部分, 如稳定性理论、分岔理论、奇异性理论和吸引子理论等, 都起源于 Poincaré 早期的研究工作. 还有他的回复定理、遍历理论、概率思想等, 这一系列数学成就对以后混沌学的建立发挥着广泛而深刻的影响.

在 Poincaré 之后, 一大批数学家和物理学家在各自的研究领域所做的出色工作为混沌的建立提供了宝贵的知识积累. 如 Birkhoff 在动力系统的研究中于 1917~1932 年发表了一系列论著, 他在 Hamilton 微分方程组的正则型求解、不变环面的残存和不可积系统的轨道特征和遍历理论等问题都有重要贡献. 他在研究有耗散的平面环的扭曲映射时, 发现了一种极其复杂的 "奇异曲线", 这实际上就是混沌中的一种奇怪吸引子. 与此同时, 数学领域还发现了一批分形几何对象, 并导致了分形几何学的建立[7]. 概率论经过公理化而成了现代数学的标准组成部分, 分析、代数、几何以及最抽象的数论都在为当今的混沌研究准备工具. 遍历理论也在经历了长期的积累后取得重大进展, 数学家们发现了不同层次的遍历性分别代表不同类型的复杂系统. 同时, 还相应建立了区分复杂系统和简单系统的定量判据, 遍历理论终于成为当今研究复杂系统 (如混沌系统) 强有力的武器.

三百年前, Newton(牛顿) 的万有引力定律和三大力学定律将天体的运动和地球上物体的运动统一起来, 他的这一科学贡献曾被视为近代科学的典范. Newton 在讨论宇宙起源时就曾使用过混沌概念, 他当时的观点与当代有序来源于对称破缺是一致的. 18 世纪具有彻底牛顿宇宙观的伟大的科学家 Laplace(拉普拉斯) 曾有传世名言: "如果有一位智慧之神, 在给定时刻能够识别出赋予大自然以生机的全部的力和组成万物的个别位置, 而且他有足够深邃的睿智能够分析这些数据, 那么他将把宇宙中最小的原子和庞大的天体的运动都包括在一个公式之中, 对他来说, 没有什么东西是不确定的, 未来就如同过去那样是完全确定无疑的." Laplace 的这句话可解释如下: "如果已知宇宙中每一粒子的位置与速度, 那么就可以预测宇宙在整个未来中的状况." 要实现 Laplace 的这一目标显然有若干实际困难, 但一百多年来似乎没有理由怀疑他至少在原则上是正确的. 后来, Einstein(爱因斯坦) 也曾表态说:"我无论如何都深信上帝不是在掷骰子."

　　然而, 随着科学的发展, 人们进一步认识到, 牛顿力学的真理性受到了一定的限制. 19 世纪末、20 世纪初, 人们发现牛顿力学不能反映高速运动的规律, 一切接近光速的运动应当用 Einstein 的相对论方法来计算. 在此前后, 人们又发现, 微观粒子的运动并不遵守牛顿力学的规律, 在微观世界中, 应当用量子力学的 Schrödinger 方程来代替牛顿力学方程.

　　20 世纪后半叶, 由于量子力学的兴起, 海森堡不确定关系的确立, 使得 Laplace 的决定论在 20 世纪的科学界趋于失势. 同时, 物理学在非线性方面所取得的两大进展: 非平衡物理学和始于混沌概念的不稳定系统动力学[1], 又使牛顿力学受到了更大的冲击.

　　非平衡物理学研究远离平衡态的系统, 这门新学科产生了诸如自组织和耗散结构这样一些概念, 它们描述了单项时间效应, 即不可逆性. 例如, 香水瓶打开之后, 香水会挥发掉, 香气充溢整个房间, 但无论如何, 空气中香水分子不会自发地重新聚集到瓶子里. 常识告诉我们, 从摇篮到坟墓, 时间一往无前, 永不倒退. 然而, Newton 和 Einstein 确立的自然法则却描述了一个无时间的确定性宇宙. 物理学基本定律所描述的时间, 从经典的牛顿力学到相对论和量子力学, 均未包含过去和未来之间的任何区别. 因此, Einstein 常说:"时间 (不可逆性) 是一种错觉." 时间可逆过程在现实世界中是罕见的, 不可逆过程 (如炒鸡蛋) 却在周围频频发生, 难道时间真是一种错觉? 另外, 经典科学强调有序和稳定性, 以牛顿理论为代表的近代科学创造了一种能够精确刻画必然性或确定性的方法. 然而, 人们在研究非线性系统时却发现了分岔、突变、混沌等现象[2].

　　Newton 的万有引力定律能够很好地解决地球绕太阳公转的二体问题, 即地球沿椭圆轨道运行. 但在处理三个相互吸引的天体 (即三体问题) 时, 牛顿定律遇到了困难. 因此, 三体问题已成为多年来牛顿力学遗留的难题. Poincaré 把动力系统和拓扑学有机地结合起来, 并指出三体的运动中可能存在混沌特性. 但当时大多数物理学家都不理解和欣赏 Poincaré 的工作, 因为牛顿力学占据了科学领域的统治地位, 经典牛顿理论用一层厚实而不易觉察的帷幕把混沌现象这块丰饶的宝地给隔开了, 但 Poincaré 第一次在这道帷幕上撕开一条缝, 暴露出后面尚有一大片未开发的 "西部世界". Poincaré 发现三体问题 (如太阳、月亮和地球三者的相对运动) 与单体问题、二体问题不同, 它是无法求出精确解的. 于是 1903 年, Poincaré 在他的《科学与方法》一书中提出了 Poincaré 猜想. 他指出三体问题中, 在一定范围内, 其解是随机的. 实际上, 这是一种保守系统中的混沌, 从而 Poincaré 成为世界上最先了解混沌存在的可能性的第一人[2].

　　现在看起来, 哪怕是再天才的科学家伟大如 Laplace, Einstein 等, 由于受处时代科学发展水平和个人科学经验的局限, 仍然可能对科学发表失当的言论. 正如美国著名科学家 Gleick 所说："混沌学排除了 Laplace 决定论的可预测性的狂想."[1]

我们生活和面对的世界是个演化系统, 是极其复杂的. 复杂性到处都有, 复杂系统无处不在, 如宇宙天体、生物系统、社会系统等. 复杂系统有自然的、人为的或人造的以及人叠加于自然的复合复杂系统.

目前对复杂性尚无统一认识. 一般认为, 复杂性可归纳为系统的多层次性、多因素性、多变性, 各因素或子系统之间以及系统与环境间的相互作用, 随之而有的整体行为和演化.

所谓复杂性研究, 就是研究复杂系统的结构、组成、功能及其相互作用、系统与环境的相互作用, 研究系统的整体行为和演化规律以及控制它们的机制, 然后建立模型, 进行模拟实验, 进一步对其施加影响、管理和调控.

现实世界的复杂性大都源于非线性, 但以牛顿力学为奠基石的近代自然科学总是试图在复杂的自然现象中寻求一种线性化的、简单性的答案. 这种以局部线性化来处理非线性问题, 用世界"片面的美"掩盖了"完整的真". 要探索自然的复杂性, 必须研究非线性.

20 世纪的二三十年代, Birkhoff 紧跟 Poincaré 的学术思想, 建立了动力系统理论的两个主要研究方向: 拓扑理论和遍历理论. 到 1960 年前后, 非线性科学研究得到了突飞猛进的发展, Kolmogorov 与 Arnold 以及 Moser 深入研究了哈密顿系统 (或保守系统) 中的运动稳定性, 得出了著名的 KAM 定理, 即用这三位发现者的名字命名的定理, KAM 定理为揭示哈密顿系统中 KAM 环面的破坏以及混沌运动奠定了基础. 郝柏林对此作过介绍[2,5].

给出混沌解第一个例子的是 1963 年美国数学和气象学家 Lorenz 在美国《大气科学杂志》上发表的文章"确定性的非周期流"[8]. 第二次世界大战期间, Lorenz 成为一名空军气象预报员, 结果他迷上了天气预报. 1963 年, 在气象预报的研究中, Lorenz 用计算机模拟天气情况, 发现了天气变化的非周期性和不可预言性之间的联系. Lorenz 从对流问题中提炼出一组三维常微分方程组, 用来描述天气的演变情况. 在他的天气模型中, Lorenz 看到了比随机性更多的东西, 看到了一种细致的几何结构, 发现了天气演变对初值的敏感依赖性. Lorenz 提出了一个形象的比喻:"巴西的一只蝴蝶扇动几下翅膀, 可能会改变三个月后美国得克萨斯州的气候."这被称为"蝴蝶效应". 用混沌学术语表达就是系统长期行为对初值的敏感依赖性.

1964 年, Hénon(埃农) 等以 KAM 理论为背景, 发现了一个二维不可积哈密顿系统中的确定性随机行为, 即埃农吸引子. Ruelle 和 Takens 提出"奇怪吸引子"(strange attractor) 的名词, 同时将奇怪吸引子的概念引入耗散系统, 并于 1971 年提出了一种新的湍流发生机制. 这一工作由 Gollub 等的实验结果所支持, 并对后来关于斯梅尔马蹄吸引子的研究起到一定的推动作用. 斯梅尔马蹄吸引子是指在 Lorenz 以后, 美国数学家 Smale(斯梅尔) 发明了一种被称为"马蹄"的结构, 在以后的岁月中, 它成为混沌经久不衰的形象. Smale 的马蹄可比喻成在一团橡皮泥上任意取两点, 然后把橡皮泥拉长, 再折叠回来, 不断地拉长、折叠, 使之错综复杂地自我嵌套起来. 这样原来确定的两点到最终离得很近, 但又是从相距任意远处开始运动的. 接着, Smale 又提出马蹄变换, 为 20 世纪 70 年代混沌理论的研究作好了重要的数学理论准备.

1975 年, Li(李天岩) 和 Yorke 提出 "周期 3 蕴涵混沌" 的思想, 被认为是混沌的第一次正式表述, chaos 一词也自此正式使用[9]. 后来, Li 和 Yorke 的工作在许多方面得到了推广, 如 Oono 指出 "周期 $\neq 2^n$ 蕴涵混沌" 等. 不过, 在 Li 和 Yorke 之前, Sarkovskii 就已提出了类似的思想. 1976 年, May 研究了一维平方映射, 并在一篇综述中指出非常简单的一维迭代映射也能产生复杂的周期倍化和混沌运动[10]. 在这个基础上, Feigenbaum 于 1978 年发现了倍周期分叉通向混沌的两个普适常数, 并引入了重整化群思想, 这是一个重大的发现, 具有里程碑的意义[11]. Takens 于 1981 年提出了判定奇怪吸引子的实验方法[12], 而 Holmes 转述并发展的 Melnikov 理论分析方法可用于判别二维系统中稳定流形和不稳定流形是否相交, 也即判别是否出现混沌. 在混沌理论的发展中, 各种混沌现象不断被发现, 各种分析方法和判据也相继被提出. 混沌理论在许多领域获得了广泛的应用[2].

1.1.2 混沌研究的意义

混沌理论革新了经典的科学观与方法论. 以牛顿力学为核心的经典理论, 不仅以其完善的理论体系奠定了近代科学的基础, 而且以其科学观和方法论影响了学术界整整几个世纪. 经典理论构成了确定论的描述框架, 从 Newton 到 Laplace, 对现实世界的描绘是一幅完全确定的科学图像. 整个宇宙是一架硕大无比的钟表, 过去、现在和未来都按照确定的方式稳定地、有序地运行. 相对论的创立突破了 Newton 的绝对时空观, 但在我们生活的宏观低速世界中, Einstein 并未向 Newton 的 "钟表模式" 提出挑战. 但统计物理和量子力学的创立, 揭示了微观粒子运动的随机性, 大量微观粒子的运动遵循着另一种模式 —— 统计规律. 描述统计规律的概率论方法从此获得了独立的科学地位, 世界又获得了另一幅随机性的科学图像. 确定性联系着有序性、可逆性和可预见性, 随机性联系着无序性、不可逆性和不可预测性. 确定论和随机论是在认识论和方法论中相互对立的两套不同的描述体系. 这两大体系虽然在发展过程中, 在各自的领域里 "成功地" 描绘过世界, 但客观世界只有一个, 世界到底是确定的还是随机的? 是必然的还是偶然的? 是有序的还是无序的? 可否将世界分成一半一半? 这是一个长期争论而未得到解决的难题.

然而, 混沌研究表明, 一些完全确定的系统, 不外加任何随机因素, 初试条件也是确定的, 但系统自身会内在地产生随机行为, 而且即使是非常简单的确定性系统, 同样也具有内在随机性. 例如, 具有最简单的非线性关系的抛物线函数, 就可以导致内涵极其丰富的一维映射, 可以成为自然界一大类演化现象的数学模型. 在简单确定性系统中, 混沌运动不涉及大量微观粒子和无法了解的影响, 内在随机性的根源出自系统自身的非线性作用, 即系统内无穷多样的伸缩与折叠变换. 存在于自然界和人类社会的绝大部分系统, 都具有这种非线性特性, 因此, 随机性是客观世界的普遍属性. 混沌学揭示的随机性存在于确定性之中这一科学事实, 最有力地说明了客观实体可以兼有确定性和随机性. 混沌学研究革新了经典的科学观与方法论.

正如一位物理学家所说: "相对论排除了绝对时间和空间的牛顿幻觉; 量子论排除了对可测量过程的牛顿迷梦; 混沌论则排除了 Laplace 的可预见性的妄想." 混沌学的进展正在消除对系统统一的自然界的决定论和概率论两大对立描述体系之间的鸿沟, 使复杂系统的理论建立在 "有限性" 这个更符合客观实际的基础之上. 混沌打破了确定与随机之间的界线, 它是涉及系统总体本质的一门新兴学科. 人们通过对混沌的研究, 提出了一些新的问题和思想, 它向传统的科学提出了新的挑战. 例如, 1963 年, 气象学家 Lorenz 在数值实验中首先发现, 在确定性系统中有时会表现出随机行为的这一现象, 他称为 "决定论非周期流". 这一论点打破了 Laplace 决定论的经典理论.

混沌学的创立将在确定论和概率论这两大学科体系之间架起桥梁, 它将改变人们的自然观, 揭示一个形态和结构崭新的物质运动世界. 如何应用混沌理论的研究成果为人类服务已经成为 21 世纪非线性科学发展的新课题, 也是目前数学家和工程技术人员面临的一个重要挑战. 一方面, 混沌的应用会直接促进人们对混沌本质的更深刻的认识; 另一方面, 混沌应用中提出的许多问题也将进一步促使混沌研究本身更深入地发展. 这也为混沌理论及应用的研究提供了巨大的推动作用.

世界是有序的还是无序的? 从 Newton 到 Einstein, 他们都认为世界在本质上是有序的, 有序等于有规律, 无序是无规律, 系统的有序有规律和无序无规律是截然对立的. 这个单纯由有序构成的世界图像, 有序排斥无序的观点, 几个世纪以来一直为人们所赞同. 但是混沌和分形的发现向这个单一图像提出了挑战, 经典理论所描述的纯粹的有序实际上只是一个数学抽象, 现实世界中被认为有序的事物都包含着无序的因素. 混沌学表明, 自然界虽然存在一类确定性动力系统, 它们只有周期运动, 但它们只是测度为零的罕见情形, 绝大多数非线性动力系统, 既有周期运动, 又有混沌运动, 虽然并非所有的非线性系统都有混沌运动, 但事实表明混沌是非线性系统的普遍行为. 混沌既包含有序, 又包含无序; 混沌既不是具有周期性和其他明显对称性的有序态, 也不是绝对的无序; 而可以认为是必须用奇怪吸引子来刻画的复杂有序, 是一种蕴涵在无序中的有序. 可见, 混沌系统乃至整个世界都是有序和无序的统一体. 混沌学研究揭示: 世界是确定的、必然的、有序的, 但同时又是随机的、偶然的、无序的, 有序的运动会产生无序, 无序的运动又包含着更高层次的有序. 现实世界就是确定性和随机性、必然性和偶然性、有序和无序的辩证统一.

混沌研究还对传统方法论的变革有重大贡献, 其中最为突出的是从还原论到系统论的转变. 经典的还原论认为, 整体的或高层次的性质还可以还原为部分的或低层次的性质. 认识了部分或低层次, 通过累加即可认识整体或高层次, 此即为分析累加还原法. 这是从 Galileo(伽利略)、Newton 以来 300 多年间学术界的主体方法. 随着近代科学的发展, 包括对混沌现象的探索, 还原论到处碰壁. 20 世纪 50 年代, 系统论思想开始形成, 主张把研究的对象作为一个系统来处理. 在此系统中, 整体或高层次性质不可能还原为部分或低层次性质, 研究这些整体性质必须用系统论方法. 混沌是系统的一种整体行为, 混沌学研究的成果成为系统论的有力佐证, 整体观和系统论正随着混沌学一起扩展到各个现代学科领域, 为现代科学的革命变革作着方法论的准备. 应该指出, 混沌作为当今引人瞩目的前沿课题及学术热点, 不仅大大拓展了人们的视野, 并加深了对客观世界的认识, 而且由于混沌的奇异特性, 尤其对初始条件极其微小变化的高度敏感性及不稳定性, 还促使人们思考, 混沌在现实生活中到底是有害的还是有益的? 混沌是否可以控制? 有何应用价值及发展前景? 近十年间, 科学界以极大的热情投入到混沌理论与实验应用的研究. 90 年代以来, 国际上混沌同步及混沌控制的研究, 虽然步履维艰, 但已取得了一些突破性进展, 前景十分诱人. 我们有理由相信, 混沌学的进步不仅孕育着深刻的科学革命, 而且一定会促进社会生产力的大发展.

混沌学研究从早期探索到重大突破, 以致到 20 世纪 70 年代以后逐渐形成世界性的研究热潮, 其涉及的领域包括数学、物理学、化学、生物学、气象学、工程学和经济学等众多学科, 其研究的成果不只是增添了一个新兴的学科分支, 而是渗透到现代科学的几乎整个科学体系.

著名的科学家尼科里斯、普利戈金等在专著《探索复杂性》中, 又从多方面研究了混沌问题[13]. 他们通过对一些非平衡过程可以以各种不同的方式进入混沌以及对混沌特性的研究后发现, 这种混沌不同于宇宙早期热力学平衡态的混沌, 它是有序和无序的对立统一, 既有复杂性的一面, 又有规律性的一面. 因此, 这就意味着当代对混沌科学的深入研究将会对自然科学带来新的突破.

正如日本著名统计物理学家久保在 1978 年所指出的: "在非平衡、非线性的研究中, 混沌问题揭示了新的一页." 美国的一个国家科学机构把混沌问题列为当代科学研究的前沿之一. 混沌科学最热心的倡导者、美国海军部官员 Shlesinger 说: "20世纪科学将永远铭记的只有三件事: 相对论、量子力学与混沌." 物理学家 Ford 认为混沌是 20 世纪物理学的第三次革命, 与前两次革命相似, 混沌也与相对论及量子力学一样冲破了牛顿力学的教规. 他说: "相对论消除了关于绝对空间与时间的幻想, 量子力学则消除了关于可控测量过程的牛顿式的梦; 而混沌则消除了 Laplace 关于决定论式可预测性的幻想."[1]

与牛顿力学的应用经受相对论和量子力学革命性的突破有所不同, 混沌的实质是直接用于研究人们所感知的真实宇宙, 是在人类本身的尺度大小差不多的对象中所发生的过程. 人们研究混沌时所探索的目标就处在日常生活经验与这个世界的真实图像之中.

混沌研究大千世界中的复杂奇妙现象, 独步经典科学之外, 另辟蹊径, 开创了一条新的科学道路. 混沌学改变了科学世界的图景, 认为世界是一个有序与无序的统一、确定性与随机性的统一、简单性与复杂性的统一、稳定性与不稳定性的统一、完全性与不完全性的统一、自相似性与非相似性的统一的世界. 显然, 已往那种只追求有序、精确、简单的观点是不全面的. 因为牛顿力学所描绘的世界是一幅静态的、简单的、可逆的、确定性的、永恒不变的自然图景, 形成了一种关于 "存在" 的机械自然观. 而人们真正面临的世界却是地址变迁、生物进化、社会变革这样一幅动态的、复杂的、不可逆的、随机性的、千变万化的自然图景, 形成的是关于 "演化" 的自然观. 因此, 只有抓住复杂性, 并对它进行深入研究, 才能为人们描绘一个客观的世界图景. 这说明混沌是一种关于过程的科学, 而不是关于状态的科学; 是关于演化的科学, 而不是关于存在的科学.

斯特瓦尔特在《混沌素描》中说: "混沌是振奋人心的, 因为它开启了简化复杂现象的可能性. 混沌是令人忧虑的, 因为它导致对科学的传统建模程序的新怀疑. 混沌是迷人的, 因为它体现了数学、科学及技术的相互作用. 但混沌首先是美的. 这并非偶然, 而是数学美可以看得见的证据; 这种美曾被局限于数学界的视野之内, 由于混沌, 它正在渗透于人类感觉的日常世界中. " 混沌运动产生出各种巧夺天工的图形, 成功地模拟和创造出足以乱真的 "实景", 获得意想不到的结果. 对简单、纯一、和谐的有序性美和静态美的追求被多样性美、奇异性美、复杂性美和动态美所取代, 这就是混沌美.

混沌研究的重要特点就是跨越了学科界限. 混沌学的普适性、标度律、自相似性、分形、奇怪吸引子、重整化群等概念和方法, 正超越原来数理学科的狭窄背景, 走进化学、生物学、地学、医学乃至社会科学的广阔天地. 混沌现象是丝毫不带随机因素的固定规则所产生的、研究动态系统的混沌机制, 在今天有更多的现实意义: 它说明精确的预测从原则上讲是能够实现的, 加上计算机的快速跟踪, 就能够深入探讨各种强非线性系统的特征, 开创了模型化的新途径.

如今, 混沌已成为各学科竞相注意的一个学术热点. 确定性系统的混沌使人们看到了普遍存在于自然界, 而人们多年来视而不见的一种运动形式. 混沌无所不在, 它存在于大气、海洋湍流、野生动植物种群数的涨落、风中飘扬的旗帜、水流缭乱的旋涡、心脏和大脑的振动中, 还有秋千、摆钟、血管、嫩芽、卷须、雪花…… 世界是混沌的, 混沌遍世界! 目前, 许多科学家都在利用非线性动力学的方法来研究混沌运动, 探索复杂现象的无序中的有序和有序中的无序, 就是新兴的混沌学的任务.

1.2 混沌研究的作用、现状与展望

混沌科学的研究揭开了现代科学发展的新篇章. 混沌理论主要属于物理学, 知识和分析工具积累主要靠数学. 现代数学使混沌理论成为严格的学科, 同时混沌的研究也成了现代科学发展的新动力. 混沌对数学的影响是多方面的. 在分析数学方面最突出的微分动力系统理论是混沌研究的基本工具, 而混沌是微分动力系统理论的重要内容, 两者相辅相成. 混沌研究对几何学的影响, 突出表现在分形几何学的发展, 混沌学的研究中刻画奇怪吸引子、确定不同吸引域的分界线、描述 KAM 环面破裂过程等都推动了分形几何学的大力发展[7]. 混沌研究也使古老的数论焕发青春, 数论中代数学、范数、基数、素数等抽象深奥的概念在混沌学的研究中均可以找到直接的运用. 混沌学还推动了统计数学的发展.

混沌研究影响最深的领域应该是物理学. 混沌现象首先是在天体力学中发现的, 一旦发现就对经典力学的基本假设提出了挑战. 自从近代科学诞生以来, 天体运动一直被看成是确定性系统的典型. 天体力学被认为是决定论科学的典范. 但是, 在天体力学和天文学中, 几个世纪以来, 人们一直在研究天体, 特别是太阳系的稳定性问题. Lagrange, Laplace 等都曾对太阳系的稳定性作出过证明, 但这些证明都是在近似条件下获得的, 只能表明太阳系在有限的时间范围内是稳定的, 不能据此判断其运动轨道在以百万年计的宇宙时间尺度上的长期行为. 混沌学研究极大地促进了天体力学的发展, 尤其是 KAM 定理的建立, 解决了长期困扰学术界的多体问题, 突破了牛顿力学的理论框架, 为科学地处理天体运动的稳定性问题打下了坚实的基础.

进入 20 世纪 90 年代, 非线性动力学中分岔和混沌理论的建立, 使非线性科学有了可靠的理论保证, 并激励着众多的自然科学、工程学和数学工作者深入探索和研究. 而混沌与分形的应用研究比理论研究更为引人注目, 很难再有另外一门学科能在这么短的时间内渗透到如此多的学科中并产生重要的影响. 混沌运动是存在于自然界中的一种普遍运动形式, 所以非线性科学的研究不仅推动了其他学科的发展, 而且正在改变整个现代知识体系. 而动力系统、分岔和奇怪吸引子理论方法的发展也已超越原来数学的界限, 广泛应用于振动、自动控制、系统工程、机械工程等部门非线性问题的研究, 并对经典力学、物理学、固体力学、流体力学 (为解决湍流问题带来了希望)、化学工程、生态学和生物医学, 乃至一些社会科学部门的研究和发展都产生深远影响. 同时, 科学实践的进一步深化反过来又促进非线性动力学数学理论的纵深发展.

今天, 混沌分形理论已经与计算机科学理论等领域相结合, 这种结合使人们对一些久悬未解难题的研究取得新进展, 在探索、描述及研究客观世界的复杂性方面

发挥了重要作用[1,14~18]. 其作用涉及几乎整个自然科学和社会科学. 混沌分形已被认为是研究非线性复杂问题最好的一种语言和工具, 并受到各国政府及学者的重视和公认, 混沌分形已成为各学科竞相注意的一个学术热点之一.

混沌学对现代科学具有广泛而深入的影响, 几乎覆盖了一切科学领域, 尤其是在物理学、力学、数学、经济学、生物学等方面. 如今, 天文学家能运用混沌理论建立模型, 模拟早期宇宙的脉动、星系中恒星的运动以及太阳系中行星、卫星、彗星的运动. 混沌对力学的意义在于, 过去总是将牛顿力学和 "决定论" 相联系, 现在却知道由牛顿定律运动方程确定的状态, 可能由于方程具有内在随机性而在动态上实际不可预测, 它只有某种统计特征. 在分析力学方面, 混沌理论指出它发展的新途径, 高维非线性系统的方程不仅不能积分, 而且其解可能对初值有敏感依赖性, 因而得用类似统计力学的观点去处理. 在流体力学中, 湍流的产生机理是一个百年难题, 它千姿百态、瞬息万变和神态莫测, 是自然界中复杂现象的集中表现, 描述流体动力学的方程既包含了无穷维的耗散项, 又包含了大、中、小许多不同尺度的运动. 也就是说, 湍流在时间和空间两方面都表现出随机性, 它是非线性连续系统在一定条件下的内秉特性, 因此, 确定性和随机性、有序和无序等截然不同的现象由同一组确定性方程演化出来, 混沌理论已为湍流研究开辟了一条新的思路. 混沌运动也广泛存在于城市交通、工程建筑、地质材料和各项经济活动 (如股票市场的波动) 等领域中. 生命世界中也存在着混沌, 如人脑电波的测量、神经疾病的研究等, 都发现了混沌现象. 在神经生理学测试中, 正常人的脑电波是混沌的, 而有神经症的患者往往整齐划一. 因此, 必要的混沌对人的身心健康和创造性思维的发展是有益的.

正如模糊论填补了精确论和概率论之间的空白一样, 混沌论在确定论和随机论之间架起一座桥梁. 但混沌的意义远不止此. 混沌有无序的一面, 但在某些情况下, 它反而是组织结构和高度有序的表现, 是系统进化和产生信息之源. 这些都将对人们的科学观和方法论产生重大影响, 并激励人们去研究和探索. 混沌理论在解决各种问题上的威力已初见端倪, 混沌理论为人们认识世界、改造世界提供了有力的武器.

混沌分形理论进一步丰富和深化了唯物辩证法关于普遍联系和世界统一性原理. 分形论从一个特定层面直接揭示了宇宙的统一图景, 而分形与动力系统可以共同对世界物质统一性从时态与历时性两个维度上展开说明: 动力系统理论说明自然界中蕴含着历史的演化与嬗变的信息; 另一方面, 分形元与分形系统之间普遍的信息同构关系编织了一张世界统一的网络[19~40].

总之, 过去 20 多年来, 人们对混沌理论的研究不仅对整个自然科学, 而且对哲学体系也带来了巨大的冲击, 可能成为产生变革的持久动力, 无疑将在人类探索自然的实践中起着开阔眼界、解放思想的作用.

在对混沌动力系统理论的研究中, 人们已经发现, 那些遵循不变的、精确定律的系统并不总是以可预言的、规则的方式运作. 简单的定律可能不产生简单的性态. 确定性的定律会产生貌似无规的性态. 秩序能孕育出自身特有的混沌. 这是一个重大发现, 它的意蕴必将对我们的科学思维形成强大冲击. 从混沌的观点来看, 预言 (或可重复性实验) 的概念焕然一新. 过去以为简单的事物变得复杂了, 与测量、可预言性和验证 (或否证) 理论有关的一些令人困惑的新问题产生了. 相反, 过去以为复杂的事物倒可能变得简单了. 看来无结构的、无规则的现象实际上可能遵循着简单的定律. 确定性混沌自有其一定规律, 并且带来了全新的实验技术. 大自然中不乏一些不规则性, 其中有些不规则性可以证明是混沌的表现形式. 流体的湍流、地球磁场的反转、心搏的不规则、液氦的对流模式、天体的翻转、小行星带中的空隙、虫口的增长、龙头的滴水、化学反应的进程、细胞的代谢、天气的变化、神经冲动的传播、电子电路的振荡、系缆于浮筒的船只的运动、台球的反弹、气体中原子的碰撞、量子力学的内在不确定度 —— 这些仅是已应用过混沌问题中的一部分.

当代科学对混沌的研究才刚刚开始, 目前仍处于具体分析阶段, 尚未奠定统一的理论基础, 因而对它们的深入研究还有待于科学的进一步发展. 对混沌动力学进行广泛、深入和细致的研究, 无论在理论上还是在造福人类的应用上都具有重大而深远的意义, 它们代表了时代发展的方向, 可以预言, 21 世纪将是非线性科学迅猛发展的时代.

混沌所涉及的内容十分广泛, 尚有很多问题可展开讨论. 例如, 分岔导致混沌、阵发性混沌、奇怪吸引子、分维以及多维动力系统等, 对这些问题的深入分析, 有助于加深对混沌特性的认识和理解. 目前可以说, 还没有一个数学模型被全面彻底地研究过. 缺乏这类素材, 就不能发现寓于特殊性中的普遍性, 并进而促成一般的理论概念.

在混沌系统的研究中, 人们已提出了如下一些基本问题:

(1) 人们能否断言一个给定系统将展示确定性混沌?

(2) 能否用数学语言说明混沌运动并对它作定量刻画?

(3) 混沌在物理学的不同分支中的影响是什么?

(4) 混沌运动的存在说明在物理学上对某些非线性系统作长期预报是不可能的, 那么人们还能从混沌信号知道些什么呢?

对于混沌研究的发展方向及面临的重大突破, 我国著名物理学家郝柏林曾提出一些很有远见的看法, 现在看来, 仍值得重视. 这里摘录如下[2,5]:

(1) 湍流问题仍然是对现代科学的挑战. 为了认识真正的湍流发生机制, 并且逐步走向完全发达的湍流, 必须研究时空混沌行为, 即不能限于少数自由度的时间演化. 事实上, 这里存在着整个阶梯: 从时间、空间、状态三者都用离散变量代表的 "元胞自动机" 到三者都变化的连续偏微分方程组, 中间可能有各种耦合现象和

常微分方程的 "格子". 这里需要引入新的概念, 也应当借助于并行处理的威力.

(2) 以往研究混沌多属长时间的渐远行为, 然而, 过渡过程可能更为重要和丰富多彩. 处于物质运动复杂性金字塔顶端的生命现象和社会经济活动, 毕竟都是相对于历史而言的过渡过程. 经验告诉我们, 与时间有关的过程的普适类划分会更细, 而且可能需要引入新的临界指数.

(3) 混沌运动本身应有进一步的分类, 奇怪吸引子也会有不同的奇怪程度. 混沌吸引子的刻画方法 (Lyapunov 指数、各种熵和维数) 目前仍处在研究初期; 特别是怎样从实验数据中提取这类特征量, 现在尚未完全解决 ······ 混沌现象也应当放在复杂系统典型行为的一般背景上研究.

(4) 具体的非线性模型的数值研究应转向分岔和混沌的 "谱", 即参数空间的整体结构, 辅以对各种吸引子及其转变的定量和唯象分析. 要综合使用几何的 (同宿和异宿相交)、测度的 (Lyapunov 指数和维数)、拓扑的 (符号动力学)、分析的 (周期轨道跟踪技术) 各种手段于数值实验, 进行广泛研究.

(5) 混沌研究需要各门学科的合成. 一方面, 要向各行各业普及已经积累的新概念和方法; 另一方面, 要使物理工作者创造的种种实际手段在数学上有论证与提高, 哲学上也应有新的概括.

混沌、分形理论给予我们的不仅仅是方法上的更新, 更主要的是思维方式的变换. 它使我们能够更有效、更切合实际地把握事物发展演化的规律. 混沌、分形给予我们如下的深刻启示:

第一, "必须向一般学生讲授混沌", 这是著名生物学家 May 的观点. 他认为必须发展学生良好的数学直觉, 以使他们在面对多姿多彩的非线性世界时不至于 "手足无措".

第二, 西方国家、日本及前苏联都非常重视混沌理论 (非线性科学) 的研究. 例如, 美国各个大学基本上都成立了非线性研究中心. 在前苏联, 非线性研究有着可与西方媲美的传统和实力. 在我国, 尽管混沌早在《庄子》一书中即被引用, 但真正开始混沌科学的研究才是最近几十年的事. 近年来, 有关这方面的科研项目逐年增多, 如国家自然科学基金资助的项目中不少是有关非线性科学方面的. 1986 年, 我国第一届分形会议在成都召开, 1991 年, 又召开了第二届分形理论及应用学术讨论会. 可以预料, 混沌、分形研究必将展示辉煌的前景.

第三, 混沌先驱 Lorenz 成功的背后是计算机. 今天, 我国已拥有许多大大小小各种型号的计算机, 希望这些资源成为改变人们思维方式的有力工具.

第四, 深刻理解下面这句看似平淡的话可能对事物发生、发展、演化及预测产生积极的影响, 那就是: "最终相邻相近的两点, 可能在最初是相距很远的."

1.3 混沌控制与同步简介

混沌控制有以下几个方面:

(1) 抑制问题, 即如何消除有害的混沌;

(2) 引导问题, 即如何引导对系统有利的混沌;

(3) 追踪问题, 即使受控系统达到预先给定的周期性动力学行为, 其特殊而重要的情形是镇定问题.

混沌控制的研究起始于 1989 年, 但真正具有里程碑意义的是 1990 年美国马里兰大学的 Ott 等提出的参数微扰控制方法 (即 OGY 方法), 控制奇怪吸引子中的不稳定周期轨道 (UPO) 获得成功[41]. 他们的研究成果使人们看到, 原来认为对初始条件极为敏感、长时间行为无法预测的 "随机性" 行为, 现在可以通过有效的控制策略加以控制, 这一突破性进展使得混沌应用的研究迅速展开, 混沌系统的诸多优良特性展示了广阔的应用前景, 对混沌控制的研究逐渐成为世人关注的学术热点和前沿课题. 下面对一些有代表性的成果和新进展作一简要介绍和评述.

1) OGY 控制方法及其改进方法

这种方法是通过运用现行控制规律调整可控参量使系统下一时刻逼近目标轨道. 这种方法的优点是不必预先知道系统的动力学模型, 并且对离散系统和可离散化连续系统均适用. 缺点是要求知道施加控制时的系统状态, 在接近目标轨道的同时, 还要跟踪计算; 计算量较大, 并且只对低周期轨道效果较好. 这些都限制了该方法的使用范围. 后来, 有人对该方法进行改进, 基本思想不变, 在控制规律上充分利用控制时前后两步的计算信息进行参数调整. Ott 等利用延时坐标下的极点配置技术, 成功地控制了高周期态和高维系统的非周期轨道, 但计算量大的问题仍没有解决, 实际上控制效果并不理想[41].

OGY 方法的贡献不是在控制方法上, 而是在观念上, 它使人们重新审视混沌系统. 正是 OGY 方法的提出, 使人们意识到混沌是可控的, 带动了混沌控制的研究热潮.

为了实现对混沌吸引子中高周期轨道的有效控制, Peng, Petorv, Showatler 以及 Hunt 分别提出了 OPF(occasional propotional feedback) 技术[42]. 该技术是一种分析技术, 具有很大的优点, 它不仅只需小微扰就容易控制低周期态, 而且通过调整信号限制窗口的宽度及反馈信号的增益量, 能够有效地控制高周期轨道. OPF 技术的另一个优点是控制器所需的信息可直接从测量混沌行为得到, 能够快速控制混沌. 已经报道的有在 $20\mu s$ 内实现对高周期混沌的稳定控制. 基于 OPF 技术, 美国海军实验室开发了一种跟踪法, 应用于激光系统, 把激光装置的输出功率提高了 15 倍, 展示了混沌控制的诱人前景.

2) 连续反馈控制方法

需要指出的是, 前两种方法都是离散控制, 要求预先分析吸引子的位置和参数, 而且数值模拟不直观. 为此, Pyragas 提出了两种适用于连续混沌系统的方法: 外力反馈控制法和延迟自反馈控制法[43], 其基本思想都是考虑混沌系统的输出与输入信号之间的自反馈耦合. 前者从外部注入周期信号, 与 OGY 方法的不同在于, 该方法不受必须靠近轨道的限制, 可以在任何时候加入微扰来控制; 后者把系统本身输出信号取一部分并延迟一段时间后再反馈到系统中去, 需要注意的是, 时间延迟的实现, 使得应用起来十分简单方便, 但可变延时器在技术上是个难点. 该方法已被用于控制外腔激光二极管中的混沌[44]、电磁弹性杆中的混沌[45] 和 CO_2 激光器中的混沌[46]. 本方法可拓展应用到混沌同步.

3) 传输与转移控制方法

复杂非线性系统的传输转移控制是一种无反馈控制方法, 它通过开拓产生稳定不动点、极限环和混沌吸引子[47]. 状态空间中自然产生的收敛域, 先把系统状态控制到一个吸引子中, 然后再转移控制到所希望的吸引子中, 达到控制目标. 这种控制方法除了要求知道系统的初始状态外, 系统的状态在控制实施中不再需要, 是一种开环控制方法, 适用于连续动力学系统和离散系统, 但是需要预先知道系统的特性, 特别是关于吸引子空间的收敛区域. 对目标动力学的收敛取决于初始条件或者传输的流域, 所以不能任意选择控制目标.

4) 控制理论在混沌控制中的应用

OGY 法、OPF 技术和连续反馈控制方法等微扰方法, 并不是经典的控制论方法, 但在物理机制上有一个共同点, 就是把原来正的 Lyapunov 指数变为负值, 从而实现从不稳定到稳定的转变. 由于统一的混沌控制理论还没有形成, 因此, 混沌控制的研究还是在具体问题上探索使用合适的方法或寻找新方法. 近年来, 人们开始研究如何将传统控制理论运用于混沌控制, 因为传统的控制方法有很长的研究历史, 并建立了许多行之有效的理论和方法. 常规线性反馈控制方法已对蔡氏电路、Duffing 振子、Lorenz 系统和激光模型等混沌系统进行了有效的控制[48]; Piccardi 等应用最优控制进行混沌控制[49]; Fowler 提出了用随机控制方法控制 Hénon-Heiles 振子和 Lorenz 系统[50]; 非线性方法也被用于混沌控制, 如 Wan 和 Sbernstein 提出的反馈全局镇定法[51]; 薛月菊等用输入输出线性化的方法控制混沌[52]. 以上传统的控制方法往往建立在混沌模型已知的基础上, 当模型结构或参数未知时, 这些方法就显得无能为力. 自适应控制适用于高维、多参数、强非线性混沌系统的控制. Park 提出了不确定 Rössler 系统的自适应同步法[53], 贺明峰等采用参数自适应法来控制混沌[54]. 近年来, 人们开始采用智能控制方法来控制混沌. 关新平等利用模糊、神经网络对混沌系统进行控制[55].

除了以上控制方法外, 人们还从不同角度提出了不同的控制混沌的方法. 例如,

Pyragas 采用时滞反馈控制对混沌系统进行控制[56]、Sun 采用线性误差反馈控制方法实现同步[57] 等. 另外, 广义同步控制耦合混沌系统以及时滞混沌系统的研究也引起人们的关注[58]. 这些方法尝试从不同的角度来解决混沌控制问题, 每一种方法都有其优点, 同时也有适用范围和限制, 因此, 值得深入研究.

广义地讲, 混沌同步属于特定的混沌控制. 所谓同步, 指的是两个或多个混沌系统在耦合或驱动作用下使其混沌运动达到一致的过程. 自 Pecora 和 Carroll[59] 在理论和实验中发现混沌系统可以同步以来, 混沌同步及其在保密通信等领域的应用研究已成为混沌和控制领域的研究热点. 下面对一些典型的混沌同步方法和新进展作一些简要介绍.

1) 驱动–响应同步法

驱动–响应混沌同步方法是 Pecora 和 Carroll 在 1990 年首先提出的一种混沌同步方法[59], 简称为 PC 同步法. PC 同步法的基本思想是用一个混沌系统的输出作为信号去驱动另一个混沌系统来实现这两个混沌系统的同步. 用其中一个混沌系统去驱动另一个混沌系统的含义是指两个系统是单向耦合的, 即第一个系统决定第二个系统的行为, 而第一个系统的行为不受第二个系统的影响. 但是, 由于物理机制上的原因, 使得 PC 同步法在应用范围上受到一定限制, 对于更多的非线性系统, 这种方法是行不通的.

2) 主动–被动同步法

由于 PC 同步法在实际应用中受到特定分解的限制, Kocarev 及 Parlitz 提出了改进方法, 即主动–被动同步分解法[60~64]. 该方法采取十分灵活的一般分解法, 更适合于混沌同步、超混沌同步和时空混沌同步, 因而特别有利于通信等应用目的. 该方法的主要思想是, 通过把耦合变量或驱动变量引入复制系统, 导出系统变量差的微分方程, 得到总体系统的误差动力学, 再利用线性化稳定性分析方法或 Lyapunov 函数方法证明复制混沌系统与原系统达到稳定同步. 这种同步类型与 PC 方法的主要区别是, 信息正好被加到混沌信号这一载体上, 而不是注入发射机的动力学系统中. 这时, 由混沌信号与信息信号之和来驱动接收机, 而发射机恰好由纯混沌信号所驱动. 由于作为发射机的动力学系统并非自治, 而一般有相当复杂的信息信号所驱动, 因此, 需要采取恰当的技术减少信息信号的误差、减少噪声的影响以及从信息信号中提取所需信息. 这些问题有待深入研究和解决.

3) 互耦合混沌同步法

互耦合同步问题起源于非线性振荡器理论, 这个问题研究得较早, 但直到 PC 同步法出现以后才引起重视. 因为 PC 同步法中的驱动系统和响应系统在实质上也是一种耦合, 只不过是单向耦合. 由于相互耦合是非线性系统的广泛作用形式, 这种类型的混沌同步涉及的领域十分广泛. Haken 的协同学和 Shannon 的信息论中共同信息的概念可对这种同步机制给予物理机制上的解释. 在互耦合的情形下, 总体系统不区分驱动和响应关系, 所以这种同步方法适合于研究无法实现子系统分解的实际系统. 决定混沌同步的关键是耦合的强度. Kapitaniak 对线性耦合情形作了分析, 在理论上证明了系统之间只有足够强的耦合, 才能实现混沌同步[63].

近年来, 国内外学者又陆续地提出了一些其他的同步方法, 如自适应同步方法、观测器同步方法、脉冲同步方法等[64]. 两个实际的混沌系统, 其参数不可能完全一致, 其结构也不一定相同, 因此, 对不完全相同或不同混沌系统的同步研究将具有实际的重要意义. 在这个方面, 已有一些初步的研究成果问世, 对实际混沌、超混沌系统的同步研究还在不断的探索之中.

1.4　混沌保密通信简介

自从 Pecora 和 Carroll 发现混沌可以被同步, 并且用电路实现了混沌同步之后, 混沌用于保密通信成为信息安全领域研究的热点问题. 混沌被用于保密通信主要有两种方式, 一是利用混沌系统同步进行保密通信, 二是利用混沌映射自身的特性构造密码, 以达到对信息加密的目的. 利用混沌同步进行保密通信, 属于信道加密范畴; 利用混沌构造密码, 属于信源加密范畴. 混沌信号并非随机却貌似随机, 具有非周期性、连续宽带频谱、类噪声的特性, 具有异常复杂的运动轨迹和不可预测性, 使它具有天然的隐蔽性, 适合作为保密通信的载体. 一般来说, 混沌保密通信在发送端, 把信息表示成具有混沌特性的波形或者码流; 在接收端, 从接收到的信号中恢复出正确的信息. 在公共信道中, 混沌信号是信息的载体, 在多数情况下, 这个信号又作为同步发送端和接收端混沌系统的信号. 另外, 混沌系统本身是确定性的, 由非线性系统的方程、参数和初始条件所完全决定, 从而易于产生和复制出数量众多、非相关、类随机而又确定的混沌序列. 混沌信号的隐蔽性、不可预测性、高度复杂性和易于实现的特点使得它特别适用于保密通信. 混沌保密通信要求发送端和接收端的混沌系统同步, 这样混沌同步就成为混沌保密通信的关键问题和重要的理论基础.

近年来, 混沌控制理论趋于成熟, 为混沌保密通信奠定了理论基础. 在基于混沌同步的保密通信系统中, 加密是一种动态加密方法, 其处理速度和密钥长度无关, 因此, 这种算法效率高, 尤其适用于实时信号处理, 同时也适用于静态加密的场合. 混沌自同步是通过混沌载体流对接收端的驱动作用实现的. 驱动作用相当于一种强迫作用, 混沌载体流不断地把包含发送端当前状态的数据流注入接收端, 迫使满足条件的接收端跟随发送端状态, 再加上同步作用的惯性, 虽然密文也参与了密钥流的生成, 但是短时间的传输错误并不会引起错误扩散. 而传统的密码学中的自同步密码系统存在传输误差时会引起错误扩散. 因此, 混沌同步保密通信系统非常适用于在对信息完整性要求不严格, 难以到达群同步启动的场合, 如保密网络会议、视频加密播放等多媒体流的保密传输.

目前, 已经构造出很多混沌通信系统, 可以分为以下几类:

(1) 混沌掩蔽[64,65](chaotic masking). 编码器为一个自治混沌系统, 在它的输出端叠加上信息信号构成混沌调制信号, 通过信道发送出去, 解密器利用这个传输的信号来同步接收端的混沌系统, 这个等价的混沌系统输出一个重构的混沌信号, 然后再将载体信息解码出来. 混沌掩蔽通信要求叠加在发送端输出信号上的信息信号很小, 才可以同步接收端混沌系统. 因为作为驱动信号驱动接收端时相当于在接收端注入了扰动信号, 从而使混沌掩盖通信的信号受到了限制. 这是一个严重缺陷, 信道上小的噪声注入就可能影响恢复信号的质量, 因而用途不大, 但是这种方法是第一次把混沌自同步理论应用到保密通信, 是一个突破.

(2) 混沌键控[66](chaos shift keying). 发送端有多个混沌系统, 根据要发送的信号选择不同的混沌系统. 在信道中传送的信号由一段段代表不同的混沌系统的混沌信号组成. 接收端和发送端拥有对应类型和数目的混沌系统, 同时接收混沌信号作为系统的驱动, 同时解码. 在一个码元周期中, 只有一个混沌系统同步, 由此确定发送端发送的信息. 混沌键控包括混沌开关键控[67](COOK)、混沌移位键控[68](CSK)、微分混沌键控[69](DCSK)、微分混沌移频键控[70](FM-DCSK). 由于同样存在信道带宽混沌保密通信系统的限制, 因此, 许多学者已经将注意力转移到光纤通信系统, 应用激光混沌发生器来进行信息的编码、解码.

(3) 混沌调制[71,72](chaotic modulation). 编码器是一个非自治的混沌系统, 它的状态受到信息信号的影响. 编码器和解码器的同步通过所传输的信号在解码器端重建它的状态. 信号恢复通过一个逆编码器操作重构出混沌状态和信息信号. 混沌调制包括混沌参数调制[73]和混沌非自治调制[74,75]. 混沌参数调制是信息信号用来调制发送端的混沌系统参数, 使得发送端的状态在不同的混沌吸引子之间转换. 这种方法利用了混沌相空间的复杂性, 即使入侵者掌握了发送端混沌系统的部分参数, 也很难确定参数调制的方法. 混沌非自治调制是利用信息信号作为混沌系统的扰动信号直接加到混沌系统上, 发送端的状态在一个混沌吸引子的不同轨道上变换.

(4) 混沌密码系统[76](chaotic cryptosystem). 把传统的密码编码学与混沌同步结合起来设计的保密通信系统. 利用发送端的混沌信号产生密钥, 加密明文信息得到准密文信号, 再把经过加密处理的信号加载到混沌系统上, 经过调制之后, 发送到接收端. 这种保密方式在公共信道中传送的是准密文信号与混沌信号的某种组合, 即使入侵者得到了准密文信号, 由于还有一层密码系统的保护, 也很难得到准确的明文信息. 这种方法是安全性很高的保密通信.

(5) 另外, 还有一些相干通信方式, 如混沌扩频通信[77~79]. 这些通信利用混沌信号的自相关性和互相关性来满足通信的要求.

混沌在保密通信中的另外一个应用是混沌密码学. 混沌密码学主要是利用混沌

动力系统所特有的伪随机性、确定性和对初始条件的敏感性, 以及混沌的迭代特性来构造分组密码或者序列密码, 以达到对明文信息进行加密的目的. 在英国数学家 Matthews 最先研究了利用混沌映射构造随机序列进行数据加密方法[80], 之后, 涌现出各种各样的混沌密码学, 同时, 也有大量的攻击混沌密码的方法出现. 特别值得一提的是, 在图像加密方面, Scharinger[81] 和 Fridrich[82] 利用已有的二维可逆混沌映射构造置换算法, 是混沌密码学在图像加密方面应用比较成功的例子.

目前, 混沌同步的理论和基于混沌的保密通信应用性研究还处于早期阶段, 混沌序列用于密码和跳/扩频通信的领域的研究也才刚刚开始, 并且还有一些重要的基本问题有待于解决. 归纳起来, 混沌保密通信所存在的主要问题有以下几点:

(1) 系统同步的鲁棒性和通信的保密性是一对矛盾, 鲁棒性也可被破译方所利用, 同步鲁棒性的提高必然会使安全性降低, 从而影响了系统的保密性. 因此, 实现时需折中考虑.

(2) 模拟电路实现的混沌保密系统, 应用时很难做到收发两端的混沌电路完全匹配. 为了克服这个缺点, 虽然一些文献也提出了一些方法, 如利用数字滤波器的拟混沌特性实现数字保密通信、采用非自治的混沌系统实现模拟保密通信等, 但这方面的研究还比较少, 有待于继续探索解决的方法.

(3) 近几年, 随着预测学和电子对抗技术的发展, 一些混沌映射通过相空间重构的方法能够被精确地预测. 如果已知几个明文–密文对, 一些混沌映射也容易被预测. 经研究发现, 高维超混沌系统的保密性相对于低维混沌系统来说保密性要强一些. 因此, 如何得到很多不易预测且易实现的混沌数学模型是混沌技术应用于保密通信领域的难点.

(4) 理想的混沌系统其状态是无限不重复的, 但作为工程实现时, 计算机或数字电路的有限字长效应恶化了序列的各项性能. 因此, 如何克服混沌系统在有限精度实现时的有限字长效应是研究混沌的学者关注的问题.

(5) 现有的混沌序列的研究对于所生成序列的周期、伪随机性、复杂性等的估计不是建立在统计分析上, 就是通过实验测试给出的, 故难以保证其每个实现序列的周期都足够大, 伪随机性足够好, 复杂性足够高, 因而不能使人放心地采用它来加密.

(6) 加密后的信号和原来信号的相关性问题.

虽然混沌技术应用于保密通信领域还有以上一些问题尚待解决, 但无论怎么说, 基于混沌理论的保密技术极有可能会在未来的通信领域导致一场变革.

1.5　本书的基本特征

本书的主要内容是关于混沌学与保密通信理论、计算机技术相结合的创新性研究工作总结. 基于混沌的奇异性, 采用理论证明、数值仿真和实验研究相结合的方法, 本书研究了在非理想情况下 (如存在不确定参数漂移、外部干扰、噪声等), 利用不同方法使若干类混沌系统 (如离散系统、时滞系统、超混沌系统、分数阶混沌系统及时空混沌系统等) 达到不同类型的同步问题; 在混沌同步研究的基础上, 本书又设计若干典型的基于同步或无同步的保密通信方案: 观测器保密通信、多级混沌通信、脉冲同步保密通信、基于自定义协议的函数调制保密通信、基于观测器的多进制通信和异步保密通信等. 最后, 利用上述混沌系统的不同类型的同步, 如完全同步、反同步、相同步、投影同步、广义同步等, 本书给出了保密通信仿真试验结果, 验证上述方案的有效性, 并分析通信系统的鲁棒性.

本书的研究有助于丰富混沌同步理论与混沌保密通信系统的内容, 为保密通信系统的设计提供更多的思路和手段, 促进混沌保密通信系统的理论化和实用化进程. 尽管混沌保密通信还有一系列理论问题和关键技术有待进一步研究和解决, 但它作为一种新兴通信技术, 已显示出强大的生命力, 具有很大的应用潜力和美好的发展前景.

1.5.1 本书的主要研究内容

本书的研究内容主要包括以下几个方面:

(1) 研究了在非理想情况 (如存在不确定参数漂移、外部干扰、噪声等) 下, 利用自适应[83~91]、观测器[92~94]、模糊控制[91,94,95] 等不同方法实现混沌系统 (如参数不确定混沌系统、神经网络、超混沌系统、分数阶混沌系统及时空混沌系统) 达到不同类型的同步问题, 并在此基础上开展基于混沌同步的保密通信研究.

(2) 模拟保密通信[96~99].

(i) 观测器保密通信. 基于混沌调制原理, 设计观测器对调制在混沌系统未知参数中的有用信号以指数速度加以辨识, 并针对 Hua 等方案[100] 加以改进, 结合混沌掩盖方法, 弥补其只能近似恢复有用信号的缺陷.

(ii) 多级混沌通信. 单级混沌同步通信系统的安全性较低, 为此, 构造基于 PC 同步法和观测器同步法等的多级混沌通信系统.

(3) 数字保密通信[101~103].

(i) 脉冲同步保密通信. 基于混沌切换方法, 利用单信道交替传递来自不同混沌系统的脉冲信号, 实现超混沌系统的数字保密通信, 该方案对噪声具有一定鲁棒性.

(ii) 基于自定义协议的函数调制保密通信. 利用参数自适应和观测器等多种同步方法, 根据通信双方事先约定控制信号的传输情况交替发射不同的驱动函数, 形成一种由协议头和传输内容组成的传输字段, 这就大大增加了发射信号的复杂度, 减少了信号的相关性. 并通过多次非线性变换加密, 设置新的密钥, 使得基于预测法的攻击完全失效.

(iii) 基于混沌键控的保密通信方式, 采用状态观测器的同步方法设计了多进制数字通信系统.

(iv) 采用混沌或超混沌系统设计了异步保密通信系统. 该系统不需要实现混沌系统的同步, 而是利用混沌系统本身的特性实现信号的调制与解调.

本书完成的主要研究目标如下:

(1) 设计出了不同混沌系统 (如参数不确定、分数阶、时空混沌系统等) 实现不同类型的自同步和异结构同步方案, 并分析了在非理想情况下同步的鲁棒性.

(2) 模拟保密通信.

(i) 观测器保密通信: 设计调制和掩盖方法相结合的混沌保密通信方案; 针对超混沌系统, 利用观测器同步进行保密通信, 实现有用信号的快速准确辨识.

(ii) 设计出了基于 PC 同步法、状态观测器同步法等的多级混沌通信系统, 并分析了多级混沌通信系统的性能.

(3) 数字保密通信.

(i) 脉冲同步保密通信. 基于混沌切换方法, 利用脉冲同步实现了单信道数字混沌保密通信, 并通过数值仿真进一步分析了该方案对噪声的鲁棒性.

(ii) 基于参数自适应和观测器等同步方法, 利用通信双方规定协议的驱动函数切换调制实现了混沌数字保密通信.

(iii) 利用观测器同步法实现了基于混沌键控的多进制通信系统.

(iv) 设计了摆脱了同步暂态的影响, 具有较高的传输效率和安全性的异步通信系统.

无论模拟或数字保密通信, 都不可避免地会受到来自外界或系统本身的不确定因素干扰, 因此, 在保密基础上还需要兼顾系统的鲁棒性, 选用适宜的混沌系统, 设计更完善的鲁棒算法, 降低误码率, 这是使混沌保密通信系统趋于实用化的关键. 为此, 本书解决的主要关键问题有以下几个:

(1) 采用不同方法使混沌系统达到不同类型的同步, 如实现连续系统、离散系统、延时系统的完全同步、反同步、投影同步及广义同步等, 或利用主动控制、自适应控制、模糊控制、脉冲控制等方法实现不同类型混沌系统的同步, 是基于混沌同步进行保密通信的关键. 如何在存在参数不匹配、失真、干扰等情况下实现混沌系统的完全同步和广义同步也是需考虑的实际问题.

(2) 模拟保密通信.

(i) 观测器保密通信. 确保在系统参数中调制有用信号时仍能保持系统的混沌或超混沌态, 使接收端的观测器能快速有效地恢复有用信号, 并结合混沌掩盖法解决好有用信号的准确辨识.

(ii) 多级混沌通信. 在发射端, 如何使有用信号经多次调制融入到发射系统中; 采用何种方法, 使收发端的各级混沌系统均达到同步; 在接收端, 如何使传输信号经多次恢复而最终得到有用信号.

(3) 数字保密通信.

(i) 脉冲同步保密通信. 正确设计出单信道脉冲同步以及数字信号的具体恢复方案, 在对数字信号的辨别中实现对噪声的鲁棒性.

(ii) 基于自定义协议的函数调制保密通信. 如何准确传输双方事先的约定 —— 协议头, 并且当协议头改变时, 会开启参数未知的自适应同步通信, 需要较长的同步延迟时间, 因此, 根据不同的情况选择何种同步方案, 是恢复协议头和有用信号的前提.

(iii) 发射端信号调制时, 参数选择模块中逻辑控制算法和接收端信号解调算法的设计, 是基于状态观测器同步法实现多进制通信系统的关键.

(iv) 如何根据混沌系统的输出取值范围设置不同的域, 以及发射端信号调制时各模块的实现算法和接收端信号解调时比较判别模块和各解调器算法的设计, 是利用混沌系统本身的特性实现异步保密通信的关键.

1.5.2 本书采用的研究方法

拟采用理论证明、数值仿真和实验研究相结合的方法对混沌保密通信系统进行设计与分析.

1) 混沌同步的研究

(1) 基于 Jacobi 矩阵 QR 分解的 Lyapunov 指数计算原理, 采用 Matlab7 软件, 编写 Lyapunov 指数计算程序, 并分析迭代次数、步长、解法器和初值等因素对计算精度的影响, 为后续研究奠定基础.

(2) 采用相图、分岔图、功率谱、关联维数和 Lyapunov 指数谱图等方法分析混沌系统 (如分数阶、时空混沌和超混沌系统等) 的动力学行为, 找出系统处于混沌或超混沌态的参数范围.

(3) 设计不同的方案使混沌系统实现不同类型的自同步和异同步, 并研究非理想情况 (如存在不确定参数漂移、外部干扰、噪声等) 下的混沌同步, 通过理论证明和仿真实验得出鲁棒同步的充分条件.

例如, 对参数不确定系统, 可先定义主从系统的状态误差和自适应控制输入以及待定参数自适应定律, 并证明控制器的有效性; 利用反馈法、激活控制法和全局同步法研究混沌系统的同步, 可利用 Lyapunov 稳定性理论、激活控制技术和 Gerschgorin 定理设计一个合适的反馈矩阵, 并解析出系统达到同步的充分条件; 基于 Lyapunov 稳定性理论, 设计非线性控制器, 可实现混沌系统的自同步和异同步; 基于 Lyapunov 稳定性理论和 PC 渐近同步原理, 通过驱动–响应法、反馈法、状态观测器法等可实现参数确定和不确定的混沌系统的同步等.

2) 模拟保密通信

(1) 观测器保密通信. 将有用信号 $s(t)$ 调制在发送端混沌系统的参数中, 信道中传递混沌信号, 在接收端设计观测器对参数进行识别, 从而恢复 $s(t)$. Hua 等的方案只能近似恢复 $s(t)$, 因此, 提出如下改进方案: 将 $s(t)$ 同时叠加在信道中的混沌信号上, 通过混沌调制和掩盖相结合的方式实现 $s(t)$ 的准确辨识. 令 $r(t) = f(s(t))$, 使得 $r(t)$ 满足所需的扰动幅度, f 为指定的变换函数. 使用 $r(t)$ 对混沌系统的参数进行扰动, 并确保系统仍处于混沌态, 并且状态变量在参数扰动情况下幅度不会发生明显变化, 保证通信的保密性. Hua 等方案接收端的参数观测器能以指数速度快速地识别参数, 恢复 $s(t)$, 但在理论上存在较大误差, 只适合慢时变, 或在一个周期内的大部分时间里缓慢变化的信号. 本方案将 $s(t)$ 叠加在混沌信号中传递给接收端, 接收端采用改进的观测器, 能以指数速度准确地恢复信号, 使这一问题得到了解决.

(2) 多级混沌通信系统的发送端与接收端均有 n 级混沌系统. 发送端的第一级为主系统, 第二级系统由主系统的某变量驱动, 第三级系统由主系统或二级系统的某变量驱动 …… 有用信号 $s(t)$ 经 n 次调制和线性变换融入到发射系统中, 故含在主系统输出信号中的 $s(t)$ 就更为隐蔽了. 接收端的第一级系统由信道传输过来且含 $s(t)$ 的主系统的某变量驱动, 第二级系统、第三级系统 …… 均由含 $s(t)$ 信息的主系统或接收端第一级系统的某变量驱动. 利用 PC 法或观测器法等, 使发送端与接收端共 $2n$ 个混沌系统均达到同步. 在接收端, 传输信号经由 $n-1$ 次恢复模块与线性系统的恢复, 再与接收端第 n 级系统的输出信号作用最终可得到有用信号.

3) 数字保密通信

(1) 脉冲同步保密通信. 基于开关键控原理, 使用驱动脉冲切换调制, 根据数字信号 "0" 和 "1" 的传输情况交替发射两种不同混沌系统的脉冲信号, 利用脉冲信号的间断性实现驱动脉冲的单信道传输; 接收端同时采用这两种系统作为响应系统, 通过两列误差脉冲信号大小的对比判断在某个时段内所接收到的脉冲信号由哪个系统发出, 从而实现数字信号的恢复.

假设 $s(t)$ 为有用信号, $l(t)$ 为送入信道的信号, $l'(t)$ 为叠加了噪声影响的信号, $d_1(t)$ 和 $d_2(t)$ 分别为混沌系统 I 和 II 发出的驱动脉冲. 当 $s(t) = 1$ 时, $l(t) = d_1(t)$; 当 $s(t) = 0$ 时, $l(t) = d_2(t)$. 设每个 $s(t)$ 占用传输时间为 T. 接收方以混沌系统 I 作为响应系统 I, 混沌系统 II 作为响应系统 II, 同时对收到的脉冲进行同步操作, 并生成相应的响应脉冲 $r_1(t), r_2(t)$, 把每个时间 T 中后半段的脉冲误差取绝对值相加, 分别得到对应每个 $s(t)$ 的累计误差 E_1 和 E_2. 当 $E_1 > E_2$ 时, 说明收到的这部分驱动脉冲来自混沌系统 II, 恢复出 $\hat{s}(t) = 0$; 当 $E_1 < E_2$ 时, 说明收到的这部分驱动脉冲来自混沌系统 I, 恢复出 $\hat{s}(t) = 1$.

(2) 基于自定义协议的函数调制保密通信. 假设控制信号是二位二进制码, 这样协议头通过开关键控最多可控制选择 $n = 2^2$ 个混沌系统作为驱动函数, 形成调制信号. 根据通信双方的约定可得加密函数和相应的解密函数. 在加密函数的作用下, 有用信号 $s(t)$ 被加密成信号 $s'(t)$. 由于加密函数和协议头的位数都是通信双方协议规定的, 所以灵活性很强, 这就大大增加了传送信息的安全性.

通过对协议头的选择, 降低了发射端的相关度. 因此, 即使在传输中发射信号被截获, 入侵者也很难通过相空间重构等方法重构出 $s(t)$. 同时为了抵制预测法的攻击, 可通过对调制信号进行多次非线性变换 $F_n(\cdots(F_2(F_1(\cdot)))\cdots)$ 来加密, 从而形成发射信号, 这就进一步增加了新的密钥, 使接受者无法破译协议头和 $s(t)$. 接收信号经逆变换 $F_1^{-1}(\cdots(F_{n-1}^{-1}(F_n^{-1}(\cdot)))\cdots)$ 进行解密, 再将解密信号送入基于自适应同步或观测器的离散系统同步法所设计的响应系统中. 显然, 对于传输的数字信号, 根据上述调制方法, 在任意时刻 t, 只有一个响应系统受到正确的控制信号作用, 其轨道误差收敛, 而其余的响应系统受到非正确的控制信号作用, 其轨道误差发散, 故可依次进行误差比较判决恢复出协议头. 当发射端的混沌系统和接收端对应的响应系统达到同步时, 即可无失真地恢复出加密后的信号 $s'(t)$. 然后, 由恢复出的协议头得出通信双方事先约定的协议, 进而将 $s'(t)$ 恢复成 $s(t)$.

(3) 基于观测器的多进制通信. 根据状态观测器同步法, 选取误差动力系统平衡点处的系数矩阵的特征值不同, 便可得到不同的反馈增益矩阵; 而对于不同的反馈增益矩阵, 发送端系统就会产生不同的输出信号, 驱动不同的观测器达到同步. 利用这一特性, 可实现多进制数字通信系统. 若发射端一次发送 n 位二进制字符串的原始信号为 $s(n) = P_n \cdots P_1 P_0$, 则可产生 2^n 种不同的信号. 信道中的标量传输信号 $l(t)$ 由发送端系统的变量组成. 选择不同的反馈增益矩阵, 可得到不同 $l(t)$ 驱动下的状态观测器, 即响应系统 $1, 2, \cdots, \frac{n}{2}$. 定义发送端系统与响应系统 $1, 2, \cdots, \frac{n}{2}$ 的同步误差分别为 $e_1(t), e_2(t), \cdots, e_{\frac{n}{2}}(t)$, 则经过参数选择的逻辑控制和比较判决处理, 即可在接收端恢复出信号 $s'(n) = s(n)$.

(4) 异步保密通信. 取 n 维时域混沌系统 $x_n(t) = f(t, u)$ 的某一状态变量 $x(t) \in [a, b]$ 为输出. 令 $A = a - b$, $E = b - a$, 则 $x(t)$ 的任意两个时刻值之差的变化范围为 $[A, E]$. 取 $B, C, D \in (A, E)$, 则 A, B, C, D, E 将域 $[A, E]$ 分成 4 段. 图 1.1 为异步通信系统模型. 设 T_s 为传送原始信号时每比特的时间间隔, 延时器的延时 $T_p = T_s$. 信号处理器对原始数字信号 $s(n)$ 处理后得到的 $s'(n)$ 由 -1 和 1 组成, 分别对应 0 和 1. 处理模块 1 对 $x(t)$ 处理后得到 $x'(t)$, 其中 $t \in (2kT_s, (2k+1)T_s)(k = 0, 1, 2, \cdots)$. 取时间延迟 $\tau = T_s$. 处理模块 2 实现从 $t = t_0$ 时刻开始, 以间隔 T_s 对 $x'(t)$ 取值得到 $x(n)$. 经信号调制器后发送含有 $s(n)$ 的混沌信号 $l(t)$. 在接收端, 首先对接收到的信号 $l(t)$ 进行延时得到 $l(t + \tau)$, 然后根据 $|l(t)| - |l(t + \tau)|$ 落在上述

4 个不同的域, 经比较判别模块和 1~4 号解调器处理, 即可还原出信号 $\hat{s}(n) = s(n)$.

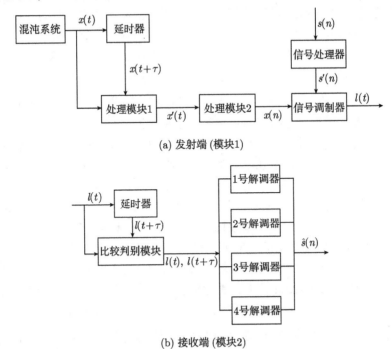

(a) 发射端 (模块1)

(b) 接收端 (模块2)

图 1.1   异步通信系统模型

1.5.3   本书的主要创新之处

1) 混沌保密通信所采用的系统

目前混沌保密通信仅仅停留在时间混沌的一般通信. 由于超混沌系统的动态行为难以预测, 绝大多数实际系统都同时具有时间和空间变量, 并且广义同步的机理更为复杂. 因此, 在利用完全同步实现混沌保密通信的基础上, 更多地利用分数阶、超混沌和时空混沌系统的广义同步实现混沌掩盖、混沌键控等保密通信, 设计出新算法及改进原有算法, 对比同类方案的实验数据, 达到保密性和鲁棒性的最优结合, 会比一般混沌通信系统具有更好的实用性、保密性, 更大的储存容量和信息处理能力以及更强的鲁棒性等. 另外, 以往保密通信系统多设计为无噪声干扰的理想模型, 这与实际系统有很大距离, 为此, 还拟开展在噪声干扰和信道失真下的混沌保密通信系统性能的研究.

除混沌保密通信这部分内容之外, 如何实现各种类型的混沌同步也是本书重点介绍的内容.

2) 模拟保密通信

(1) 迄今已提出并实现了的混沌保密通信方案有混沌掩盖、混沌开关、混沌调制和脉冲位置调制保密通信等. 现有的方案大都需要基于混沌同步, 具有很大局限性, 因而拟设计出一种混沌调制与混沌掩盖相结合的保密通信新方法, 即以指数率快速准确地识别有用信号的观测器保密通信方案, 其具有重要的应用价值及广阔的发展前景.

(2) 单级混沌通信系统中的有用信号是浮于混沌载体之上, 而不是融入混沌载体之中, 并且收发端都只有一个混沌系统, 故其保密性不高, 在传输信号低频段的失真度较大. 而对于多级混沌通信系统, 非法接受者若想从截取的传输信号中获得有用信号, 必须先用传输信号去预测接收端的第一级系统, 这种预测存在着误差; 其次, 利用有误差的预测信号去预测第二级系统, 这样会产生更大的误差; 再次, 利用误差已经很大的预测信号去预测第三级系统, 这显然是很困难的 …… 有用信号经发射端的第一级、第二级 …… 和第 n 级系统的调制发送出去, 这样有用信号就不是浮在载波之上, 而是融入了整个混沌系统当中. 因此, 本系统的安全性是较强的. 另外, 线性系统的设置不仅确保混沌信号不损伤系统的同步, 而且提高了整个系统的安全度, 故窃密者很难通过截得的传输信号获得有用信息.

3) 数字保密通信

混沌模拟通信大都采用混沌噪声叠加小的消息信号的方式进行通信, 一般还是只有一个正的 Lyapunov 指数的弱混沌系统, 破译者可以通过神经网络等方法把混沌信号所遵循的方程重构出来. 即使是采用由多个正的 Lyapunov 指数的超混沌系统, 从理论上讲, 破译者仍可以通过神经网络重构出来, 只是算法所能达到的速度和精度问题, 这样系统的抗破译能力将大打折扣. 而混沌编码的数字通信则是利用混沌序列进行编码, 混沌序列的产生中已加入了舍入误差, 混沌序列已不完全遵守非线性系统方程, 因此, 较难重构. 同时, 混沌序列因初始条件的不同产生很多序列, 而编码又有很多种方法, 因此, 抗破译能力较强. 本书的数字保密通信主要有以下几点创新:

(1) 利用脉冲信号特性实现单信道数字保密通信, 用以切换的两种混沌系统具有相似的振幅, 所以无法通过频率和振幅判断信号, 能有效抵制相空间重构、神经网络、回归映射等方法的攻击, 并且对噪声具有一定鲁棒性.

(2) 根据通信双方事先约定的控制信号的传输情况交替发射不同的驱动函数, 这就大大增加了发射信号的复杂度, 减少了信号的相关性, 增强了实时性. 同时为了克服相空间重构、神经网络、回归影射等预测方法的攻击, 对有用信号又进行多次非线性复合变换, 使破译更加困难. 采用幅度键控的调制方式和轨道误差大小的比较判决的方式, 能有效地降低对控制信号幅度大小的限制, 从而使得本方案有很好的实用价值.

(3) 目前, 大部分基于自治混沌系统的混沌键控通信方案一般只能传输二进制信号, 而不能传输多进制信号. 针对这样的问题, 我们设计出一个基于状态观测器的多进制混沌通信系统. 观测器同步法具有如下优点: 不必计算同步的条件 Lyapunov 指数, 不要求同步两个混沌系统的初始状态处于同一吸引域, 不要求驱动–响应系统完全相同. 可见这种多进制的通信系统不仅传输的信息量大, 效率高, 保密性强, 而且还具有较高的实用价值. 它经过推广还可以传送任意进制的信号.

(4) 以往的异步通信, 常通过判断 $l(t)$ 与 $l(t + \tau)$ 的大小来提取原始信号. 这种方法虽简单易行, 但安全性很低. 因此, 我们提出通过对 $x(t)$ 的取值范围设置不同的域, 然后判断 $|x(t)|$ 与 $|x(t + \tau)|$ 的差值落在哪个域来对 $x(t)$ 进行处理的思想. 设定的域的个数及范围都是随意的. 这里我们设定了 4 个域, 若设定其他个数的域只要相应地改变 $x(t)$ 的处理方式即可. 由于域范围设定的随意性及混沌信号本身的复杂性, 即使窃密者截获信号 $l(t)$, 只要不知道域的设定, 是很难还原出原始信号的. 当然, 这样也在一定程度上增加了硬件的复杂度. 我们通过反复尝试, 发现设定 4 个域是较为合适的. 异步通信系统摆脱了同步暂态的影响, 具有较高的传输效率和安全性.

参 考 文 献

[1] Gleick J. 混沌: 开创新科学. 张淑誉译. 上海: 上海译文出版社, 1990

[2] 郝柏林. 分岔、混沌、奇怪吸引子、湍流及其他. 物理学进展, 1983, 3(3): 329–416

[3] Lorenz E N. 混沌的本质. 刘式达, 刘式适, 严中伟译. 北京: 气象出版社, 1997

[4] 王兴元. 复杂非线性系统中的混沌. 北京: 电子工业出版社, 2003

[5] 郝柏林. 从抛物线谈起 —— 混沌动力学引论. 上海: 上海科技教育出版社, 1993

[6] 陈式刚. 映象与混沌. 北京: 国防工业出版社, 1992

[7] 王兴元. 广义 M-J 集的分形机理. 大连: 大连理工大学出版社, 2002

[8] Lorenz E N. Deterministic nonperodic flow. J. Atmos. Sci., 1963, 20: 130–141

[9] Li T Y, Yorke J A. Period three implies chaos. Amer Math Monthly, 1975, 82: 985–992

[10] May R M. Simple mathematical models with very complicated dynamics. Nature, 1976, 261: 459–467

[11] Feigenbaum M J. Quantitative universality for a class of nonlinear transformations. J. Stat. Phys., 1978, 19(1): 25–52

[12] Takens F. Detecting strange attractors in turbulence. Lect Notes in Math., 1981, 898: 366–381

[13] 尼科里斯, 普利戈金. 探索复杂性. 罗久里, 陈奎宁译. 成都: 四川教育出版社, 1986

[14] Mandelbrot B B. The Fractal Geometry of Nature. San Fransisco: Freeman W H, 1982

[15] Peitgen H O, Richter P H. The Beauty of Fractals. Berlin: Springer-Verlag, 1986

[16] Peitgen H O, Saupe D. The Science of Fractal Images. Berlin: Springer-Verlag, 1988

[17] Barnsley M F. Fractals Everywhere. Boston: Academic Press Professional, 1993

[18] Falconer K J. 分形几何 —— 数学基础及其应用. 曾文曲等译. 沈阳：东北大学出版社, 1991

[19] Wang X Y, Song W J, Zou L X. Julia set of the Newton method for solving some complex exponential equation. International Journal of Image and Graphics, 2009, 9(2): 153–169

[20] Sun Y Y, Wang X Y. Noise-perturbed quaternionic Mandelbrot sets. International Journal of Computer Mathematics, 2009, 86(12): 2008–2028

[21] Wang X Y, Yu X J. Julia set of the Newton transformation for solving some complex expential equation. Fractals, 2009, 17(2): 197–204

[22] Sun Y Y, Wang X Y. Quaternion M set with nonzero critical points. Fractals, 2009, 17(4): 427–439

[23] Wang X Y, Jia R H. The generalized Mandelbrot set perturbed by composing noise of additive and multiplicative. Applied Mathematics and Computation, 2009, 210(1): 107–118

[24] Wang X Y, Li F P. A class of nonlinear iterated function system attractors. Journal of Nonlinear Analysis A: Theory, Methods & Applications, 2009, 70(2): 830–838

[25] Wang X Y, Wang Z, Lang Y H. Noise perturbed generalized Mandelbrot sets. Journal of Mathematical Analysis and Applications, 2008, 347(1): 179–187

[26] Wang X Y, Gu L N. Research fractal structures of generalized M-J sets using three algorithms. Fractals, 2008, 16(1): 79–88

[27] Wang X Y, Zhang X, Sun Y Y, et al. Dynamics of the generalized M set on escape-line diagram. Applied Mathematics and Computation, 2008, 206(1): 474–484

[28] Wang X Y, Jia R H. Rendering of the inside structure of the generalized M set period bulbs based on the pre-period. Fractals, 2008, 16(4): 351–359

[29] Wang X Y, Sun Y Y. The general quaternionic M-J sets on the mapping $z \leftarrow z^{\alpha} + c (\alpha \in N)$. Computers and Mathematics with Applications, 2007, 53(11): 1718–1732

[30] Wang X Y, Wang T T. Julia sets of generalized Newton's method. Fractals, 2007, 15(4): 323–336

[31] Wang X Y, Zhang X. The divisor periodic point of escape-time N of the Mandelbrot set. Applied Mathematics and Computation, 2007, 187(2): 1552–1556

[32] Wang X Y, Yu X J. Visualizing generalized $3x + 1$ function dynamics based on fractal. Applied Mathematics and Computation, 2007, 188(1): 234–243

[33] Wang X Y, Yu X J. Julia sets for the standard Newton's method, Halley's method, and Schröder's method. Applied Mathematics and Computation, 2007, 189(2): 1186–1195

[34] Wang X Y, Chang P J, Gu N N. Additive perturbed generalized Mandelbrot-Julia sets. Applied Mathematics and Computation, 2007, 189(1): 754–765

[35] Wang X Y. Generalized Mandelbort sets from a class complex mapping system. Applied Mathematics & Computation, 2006, 175(2): 1484–1494

[36] Wang X Y, Chang P J. Research on fractal structure of generalized M-J sets uti-
      lized Lyapunov exponents and periodic scanning techniques. Applied Mathematics &
      Computation, 2006, 175(2): 1007–1025

[37] Wang X Y, Liu B. Julia sets of the Schröder iteration functions of a class of one-
      parameter polynomials with high degree. Applied Mathematics & Computation, 2006,
      178(2): 461–473

[38] Wang X Y, Shi Q J. The generalized Mandelbrot-Julia sets from a class of complex
      exponential map. Applied Mathematics & Computation, 2006, 181(2): 816–825

[39] Wang X Y, Luo C. Generalized Julia sets from a non-analytic complex mapping.
      Applied Mathematics & Computation, 2006, 181(1): 113–122

[40] Wang X Y, Liu W, Yu X J. Research on Brownian movement based on the generalized
      Mandelbrot-Julia sets from a class complex mapping system. Modern Physics Letters
      B, 2007, 21(20): 1321–1341

[41] Ott E, Grebogi C, Yorke J A. Controlling chaos. Phys. Rev. Letts, 1990, 64(11):
      1196–1199

[42] Hunt E R.Stabilizing high-period orbits in a chaotic system: the diode resonator.
      Phys. Rev. Lett., 1991, 67(15): 1953–1955

[43] Pyragas K. Continuous control of chaos by self-controlling feedback. Phys. Rev. A,
      1992, 170(6): 421–428

[44] Namenko A V, Loiko N A. Chaos control in external cavity laser diodes using electronic
      impulsive delayed feedback. Int. J. Bifur. Chaos, 1998, 8(9): 1791–1799

[45] Takashi H, Masato T. Experimental stabilization of unstable periodic orbit in magneto-
      elastic chaos by delayed feedback control. Int. J. Bifur. Chaos, 1997, 7(12): 2837–2846

[46] Pierre G. Control of chaos in lasers by feedback and non-feedback methods. Int. J.
      Bifur. Chaos, 1998, 8(9): 1749–1758

[47] Jackson E A, Bier A W. Entrainment andm igration control of two-dimensional maps.
      Physiea D, 1991, 59: 253–265

[48] Hartley T, Mossayebi E. A classical approach to controlling the Lorenz questions. Int.
      J. Bifur. Chaos, 1992, 2(4): 881–887

[49] Piccardi C, Ghezzi L L. Optimal control of a chaos map: fixed-point stabilization and
      attractor confinement. Int. J. Bifur. Chaos, 1997, 7(4): 793–796

[50] Fowler T B. Application of stochastic control techniques to chaotic nonlinear systems.
      IEEE Trans. AC, 1989, 34: 201–205

[51] Wan C J, Sbernstein D. Nonlinear feedback control with global stabilization. Dynamic
      and Control, 1995, 5: 321–346

[52] 薛月菊, 尹逊和, 冯汝鹏. 用基于输入–输出线性化的自适应模糊方法控制混沌系统. 物
      理学报, 2000, 49(4): 641–646

[53] Park J H. Adaptive synchronization of Rössler system with uncertain parameters. Chaos, Solitons Fract., 2005, 25(2): 333–338

[54] 贺明峰, 穆云明, 赵立中. 基于参数自适应控制的混沌同步. 物理学报, 2000, 49(5): 830–831

[55] 关新平, 范正平, 陈彩莲等. 混沌控制及其在保密通信中的应用. 北京: 国防工业出版社, 2002

[56] Pyragas K. Control of chaos via an unstable delayed feedback controller. Phys. Rev. Lett., 2001, 86(11): 2265–2268

[57] Sun J T. Some global Synchronization Criteria for coupled delay-systems via unidirectional linear error feedback approach. Chaos, Solitons Fract., 2004, 19(4): 789–794

[58] Lü J H, Zhou T S, Zhang S C. Chaos synchronization between linearly coupled chaotic systems. Chaos, Solitons Fract., 2002, 14(4): 529–541

[59] Pecora L M, Carroll T L. Synchronization in chaotic systems. Phys. Rev. Lett., 1990, 64(8): 821–827

[60] 方锦清. 非线性系统中混沌控制方法、同步原理及其应用前景 (二). 物理学进展, 1996, 16(2): 137–196

[61] Parlitz U, Ergzinger S. Robust communication based chaotic spreading sequence. Phys. Lett. A, 1994, 188(1): 146–150

[62] Kocarev L, Halle K S, Eckert K, et al. Experimental demonstration of secure communications via chaotic synchronization. Int. J. Bifur. Chaos, 1993, 2(3): 709–713

[63] Kapitaniak T. Experimental synchronization of chaos using continuous control. Int. J. Bifur. Chaos, 1999, 4(2): 493–488

[64] 王光瑞, 于熙龄, 陈式刚. 混沌的控制、同步与利用. 北京: 国防工业出版社, 2001

[65] Cuomo K M, Oppenheim A V, Strogatz S H. Synchronization of lorenzed-based chaotic circuits with applications to communications. IEEE Trans. Circuits Systems-II, 1993, 40(10): 626–633

[66] Dedieu H, Kennedy M P, Hasler M. Chaos shift keying: modulation and demodulation of a chaotic carrier using self-synchronizing chua's circuit. IEEE Trans. Circuits Systems-II, 1993, 40(10): 634–642

[67] Sushchik M, Tsimring L S, Volkovskii A R. Performance analysis of correlation-based communication schemes utilizing chaos. IEEE Trans. Circuits Systems-I, 2001, 48(12): 1684–1691

[68] Dedieu H, Kennedy M P, Hasler M. Chaos shift keying: modulation and demodulation of a chaotic carrier using self-synchronizing Chua's circuits. IEEE Trans. Circuits Systems-II, 1993, 40: 634–642

[69] Abel A, Schwatz W, Gotz M. Noise performance of chaotic communication systems. IEEE Trans. Circuits Systems-I, 2000, 47(12): 1726–1732

[70] Kennedy M P, Kolumban G, Kis G, et al. Performance evaluation of FM-DCSK modulation in multipath environments. IEEE Trans. Circuits Systems-I, 2001, 48(12): 1702–1717

[71] Halle K S, Wu C W, Itoh M, et al. Spread spectrum communications through modulation of chaos. Int. J. Bifur. Chaos, 1993, 3(1): 469–477

[72] Itoh M, Murakami H. New communication systems via chaotic synchronizations and modulations. IEICE Trans. Fund., 1995, E78-A(3): 285–290

[73] Palaniyandi P, Lankshmanan M. Secure digital signal transmission by multistep parameter modulation and alternative driving of transmitter variables. Int. J. Bifur. Chaos, 2001,11(7): 2031–2036

[74] Giuseppe G, Saverio M. A system theory for designing cryptosystems based on hyperchaos. IEEE Trans. Circuits Systems-I,1999,46(9): 1135–1138

[75] Liao T L,Tsai S H. Adaptive synchronization of chaotic systems and its application to secure communications. Chaos, Solitons Fract., 2000,11(9): 1387–1396

[76] Yang T, Wu C W, Chua L O. Cryptography based on chaotic systems. IEEE Trans. Circuits Systems-I,1997,44(5): 469–472

[77] Abarbanel H D, Linsay P S. Secure communication and unstable periodic orbit of strange attractors. IEEE Trans. Circuits Systems-II,1993,40(1): 576–587

[78] Rulkov N F, Sushchik M M, Tsimring L S, et al. Digital communication using chaotic pulse-position modulation. IEEE Trans. Circuits Systems-I, 2001, 48(12): 1436–1444

[79] 王玫, 焦李成. 一种基于混沌序列相关同步的 DS-CDMA 通信系统. 通信学报, 2002, 23(8): 121–127

[80] Matthews R. On the deviation of a "chaotic" encryption algorithm. Crytologia, 1989, 8(1): 29–41

[81] Scharinger J. Fast encryption of image data usinig chaotic Kolmogorov follows. J. Electronic Imaging,1998,7(2): 318–325

[82] Fridrich J. Symmetric ciphers based on two-dimensional chaotic maps. Int. J. Bifur. Chaos, 1998, 8(6): 1259–1284

[83] Wang X Y, Song J M. Adaptive full state hybrid projective synchronization in the unified chaotic system. Mod. Phys. Lett. B, 2009, 23(15): 1913–1921

[84] Wang X Y, Wang M J. Adaptive robust synchronization for a class of different uncertain chaotic systems. Int. J. Mod. Phys. B, 2008, 22(23): 4069–4082

[85] Wang X Y, Wang Y. Parameters identification and adaptive synchronization control of Lorenz-like system. Int. J. Mod. Phys. B, 2008, 22(15): 2453–2461

[86] Wang X Y, Xu M, Zhang H G. Two adaptive synchronization methods of uncertain Chen system. Int. J. Mod. Phys. B, 2009, 23(26): 5163–5169

[87] Wang X Y, Li X G. Adaptive synchronization of two kinds of uncertain Rössler chaotic

system based on parameter identification. Int. J. Mod. Phys. B, 2008, 22(23): 3987–3995

[88] Wang X Y, Wu X J. Parameter identification and adaptive synchronization of uncertain hyperchaotic Chen system. Int. J. Mod. Phys. B, 2008, 22(8): 1015–1023

[89] Wang X Y, Wang M J. Adaptive synchronization for a class of high-dimensional autonomous uncertain chaotic systems. Int. J. Mod. Phys. C, 2007, 18(3): 399–406

[90] 王兴元, 武相军. 不确定 Chen 系统的参数辨识与自适应同步. 物理学报, 2006, 55(2): 605–609

[91] 王兴元, 孟娟. 基于 T-S 模糊模型的超混沌系统自适应投影同步及参数辨识. 物理学报, 2009, 58(6): 3780–3787

[92] Meng J, Wang X Y. Nonlinear observer based phase synchronization of chaotic systems. Phys. Lett. A, 2007, 369(4): 294–298

[93] 王兴元, 段朝锋. 基于线性状态观测器的混沌同步及其在保密通信中的应用. 通信学报, 2005, 26(6): 105–111

[94] Wang X Y, Meng J. Observer-based adaptive fuzzy synchronization for hyperchaotic systems. Chaos, 2008, 18(3): 033102

[95] 孟娟, 王兴元. 基于模糊观测器的 Chua 混沌系统投影同步. 物理学报, 2009, 58(2): 819–823

[96] Wang X Y, Wang M J. A chaotic secure communication scheme based on observer. Commun. Nonlinear Sci. Numer. Simul., 2009, 14(4):1502–1508

[97] Wang X Y, Wu X Y, He Yi J, et al. Chaos synchronization of Chen system and its application to secure communication. Int. J. Mod. Phys. B, 2008, 22(21): 3709–3720

[98] Wang X Y, Zhao Q, Wang M J, et al. Generalized synchronization of different dimensional neural networks and its applications in secure communication. Mod. Phys. Lett. B, 2008, 22(22): 2077–2084

[99] Wang X Y, Wang J G. Synchronization and anti-synchronization of chaotic system based on linear separation and applications in security communication. Mod. Phys. Lett. B, 2007, 21(23): 1545–1553

[100] Hua C C, Yang B, Ouyang G X, et al. A new chaotic secure communication scheme. Phys. Lett. A, 2005, 342(4): 305–308

[101] 王明军, 王兴元. 基于一阶时滞混沌系统参数辨识的保密通信方案. 物理学报, 2009, 58(3): 1467–1472

[102] Wang X Y, Gao Y F. A switch-modulated method for chaos digital secure communication based on user-defined protocol. Commun. Nonlinear Sci. Numer. Simul., 2010, 15(1): 99–104

[103] Wang X Y, Xu B, Zhang H G. A multi-ary number communication system based on hyperchaotic system of 6th-order cellular neural network. Nonlinear Sci. Numer. Simul., 2010, 15(1): 124–133

第2章 混沌控制及保密通信的基本理论与方法

2.1 混沌的基本理论

想要研究如何控制混沌、利用混沌, 首先就要深入了解什么才是混沌. 因此, 本节先阐述关于混沌的基本理论, 给出混沌特征及定义的具体介绍.

2.1.1 混沌的特征

混沌运动是一种不稳定有限定常运动. 即为全局压缩与局部不稳定的运动, 或除了平衡、周期和准周期以外的有限定常运动. 这里, 所谓有限定常运动, 指的是运动状态在某种意义上 (以相空间的有限域为整体) 不随时间而变化. 这个定义指出了混沌运动的两个主要特征: 不稳定性与有限性.

混沌运动是确定性非线性系统所特有的复杂运动形态. 出现在某些耗散系统、不可积 Hamilton 保守系统和非线性离散映射系统中. 至今, 科学上仍没有给混沌下一个完全统一的定义, 它的定常状态不是通常概念下确定性运动的三个状态: 静止 (平衡)、周期运动和准周期运动, 而是局限于有限区域且轨道永不重复、性态复杂的运动. 它有时被描述为具有无穷大周期的周期运动或貌似随机的运动等. 与其他复杂现象相区别, 混沌运动有着如下自己独有的特征:

(1) 有界性. 混沌是有界的, 它的运动始终局限于一个确定的区域, 这个区域叫做混沌吸引域. 无论混沌系统内部多么不稳定, 它的轨线都不会超出混沌吸引域, 所以从整体上来说, 混沌系统是稳定的.

(2) 遍历性. 混沌运动在其混沌吸引域内是各态历经的, 即在有限时间内混沌轨道经过混沌区内每一个状态点.

(3) 内随机性. 在一定条件下, 如果系统的某个状态可能出现, 也可能不出现, 则该系统被认为具有随机性. 一般来说, 当系统受到外界干扰时才产生这种随机性, 一个完全确定的系统 (能用确定的微分方程表示), 在不受外界干扰的情况下, 其运动状态也应当是确定的, 即是可以预测的. 不受外界干扰的混沌系统虽能用确定微分方程表示, 但其运动状态却具有某些 "随机" 性, 那么产生这些随机性的根源只能在系统自身, 即混沌系统内部自发地产生这种随机性. 当然, 混沌的随机性与一般随机性是有很大区别的, 这种内随机性实际就是它的不可预测性, 对初值的敏感性造就了它的这一性质, 同时也说明混沌是局部不稳定的.

(4) 分维性. 分维性是指混沌的运动轨线在相空间中的行为特征. 混沌系统在

相空间中的运动轨线, 在某个有限区域内经过无限次折叠, 不同于一般确定性运动, 不能用一般的几何术语来表示, 而分维正好可以表示这种无限次的折叠. 分维性表示混沌运动状态具有多叶、多层结构, 并且叶层越分越细, 表现为无限层次的自相似结构.

(5) 标度性. 标度性是指混沌的运动是无序中的有序态, 其有序可以理解如下: 只要数值或实验设备精度足够高, 那么总可以在小尺度的混沌区内看到其中有序的运动花样.

(6) 普适性. 所谓普适性是指不同系统在趋向混沌态时所表现出来的某些共同特征, 它不随具体的系统方程或参数而变. 具体体现为几个混沌普适常驻数, 如著名的 Feigenbuam 常数等. 普适性是混沌内在规律性的一种体现.

(7) 统计特征. 正的 Lyapunov 指数以及连续功率谱等. Lyapunov 指数是对非线性映射产生的运动轨道相互间趋近或分离的整体效果进行的定量刻画. 对于非线性映射而言, Lyapunov 指数表示 $n(n = 1, 2, 3, \cdots)$ 维相空间中运动轨道各级向量的平均指数发散率. 当 Lyapunov 指数小于零时, 轨道间的距离按指数消失, 系统运动状态对应于周期运动或不动点; 当 Lyapunov 指数大于零时, 则在初始状态相邻的轨道将按指数分离, 系统运动对应于混沌状态; 当 Lyapunov 指数等于零时, 各轨道间距离不变. 迭代产生的点对应分岔点 (即周期加倍的位置). 对混沌系统而言, 正的 Lyapunov 指数表明轨线在每个局部都是不稳定的, 相邻轨道按指数分离, 但是由吸引子的有界性, 轨道不能分离到无限远处, 所以混沌轨道只能在一个局限区域内反复折叠, 但又永远互不相交. 形成了混沌吸引子的特殊结构. 同时, 正的 Lyapunov 指数也表示相邻点信息量的丢失, 其值越大, 信息量丢失越严重, 混沌程度越高.

考虑一个物理系统, 它与时间的依赖关系是确定的, 即系统的运动可以用微分或差分方程描述. 过去, 人们认为只要给定初始条件, 就可以通过运动方程计算它们未来的特征. 这是因为人们主观地假定确定性运动 (如连续微分方程) 相当得规则, 其演化是连续的. 尽管 19 世纪末期, 数学家 Poincaré 就已经发现时间演化遵守 Hamilton 方程的某些力学系统将出现混沌运动. 但遗憾的是, 许多物理学家不能理解这一思想. 1963 年, 气象学家 Lorenz 发现, 即使很简单的三维一阶非线性常微分方程组, 也可以产生完全混沌的轨道[1]. 但这一论文发表多年以后, 人们才逐渐认识到它的重要性.

系统的混沌运动来自于系统的非线性 (线性微分或差分方程可以用傅氏变换求解, 因此, 不会产生混沌), 但值得注意的是, 非线性只是产生混沌的必要条件, 而非充分条件. 在现实世界中, 非线性是不可避免的, 确定性和随机性之间存在着某种内在联系, 于是人们遇到了极为复杂的系统行为的挑战. 奥地利数学家 Godel 的不完备定理告诉我们, 任何一个有意义的数学系统都是不完备的, 在任何特殊的逻辑系统中总存在可以提出但很难回答甚至不能回答的问题. "确定性系统中存在内禀随机性" 这一事实, 已逐渐被不同领域的科学家所理解. 这种内禀随机性被人们称为混沌现象. 近年来, 由于数理理论研究所取得的重大进展, 高速计算机运算能力的增强和精细的实验技巧. 人们已逐渐认识到混沌是一种普遍的自然现象, 混沌理论已逐渐渗透到自然科学的许多分支[2].

在时间上观察到的混沌特征既不来源于外部噪声 (Lorenz 方程中无噪声), 也不是由于无穷多个自由度 (Lorenz 方程组只有三个自由度). 这种非规则性来源于系统的非线性, 它使原来接近的轨道在相空间的边界区域产生指数分离. 因此, 要精确预测这些系统的长期性态是不可能的, 因为人们实际上只能使初始条件达到有限的精确度, 而误差却按指数增长. 如果人们试图通过计算来求解这些系统, 其结果随时间变化. 时间越长, 表示初始条件的数的数字越多 (无理数). 无理数的数字分布是非规则的, 因此, 轨道变成混沌的. Lorenz 把这种对初始条件的敏感依赖性称为蝴蝶效应.

出现在非线性动力学系统中的混沌是既普遍存在又极其复杂的现象. 它的 "定常状态" 不是通常概念下确定性运动的三种定常状态: 静止 (平衡)、周期运动和准周期运动, 而是一种始终限于有限区域且轨道永不重复的、性态复杂的运动. 它有时被描述为具有无穷大周期的周期运动或貌似随机的运动等. 这些说法是有联系的. 另外, 混沌运动具有通常确定性运动所没有的几何和统计特征, 如局部不稳定而整体稳定、无限自相似、连续功率谱、奇怪吸引子、分维数、正 Lyapunov 特征指数、正测度熵等.

也有学者认为混沌是确定性运动的一种. 然而, 如前所述, 就混沌运动而言, 它具有对初值极端的敏感, 因而严格重复制造两个完全相同的混沌运动仅仅是理论上的, 而事实上是不会发生的.

与随机运动相比较, 混沌运动虽然可以在各态历经的假设下, 应用统计的数学特征来描述, 然而, 此假定尚未证明. 混沌具有确定性运动的特征: 无周期而有序、已发现的三条通向混沌的道路[3]、Feigenbaum 普适常数[4]、有界性和对初值具有强的敏感性, 这些都是随机运动所没有的. 同时, Guckenheimer 还提出了一种依据 "随机运动根本不可预测, 而混沌运动短期可以预测, 长期不可预测" 的算法, 用来区分这两种运动.

已经知道, 在经典力学中, 不论耗散系统还是保守系统的运动, 都可用相空间中的轨道来表示. 若运动方程不含随机项, 则它描述一种确定性的运动. 混沌运动是确定论系统中局限于有限相空间的轨道高度不稳定的运动. 这种轨道高度不稳定是指随着时间的发展, 相邻的相空间的轨道之间的距离会指数地增大. 正是这种不稳定性使系统的长时间行为会显示出某种混乱性. 对时间的或相空间的粗粒平均将呈现典型的随机行为, 所以说混沌是指确定性的非线性系统中所出现的形式上较为混乱的非周期运动. 大量的研究表明, 在非线性耗散系统中有混沌并伴有混沌吸引子, 在非线性保守 (或保面积) 系统中也有混沌, 只是没有混沌吸引子 (KAM 定理). 可见耗散结构和混沌是非线性科学的两朵奇葩, 是探索世界复杂性的两把金钥匙[5].

下面简单介绍一下什么是耗散结构.

多年来, 人们一直在思考一个问题, 那就是宇宙是怎样起源的, 宇宙最终将演化成什么样子? 对于宇宙的起源, 普遍接受的是 "大爆炸" 理论. 为什么说宇宙是 "大爆炸" 来的呢? 用天文望远镜观测太空, 发现恒星之间的距离在扩大, 也就是说, 宇宙在膨胀. 那么明天的宇宙就会比今天的大, 而昨天的宇宙比今天的小. 这样推算到 150 亿年前, 宇宙就是一个能量高度集中的点粒子. 对于后半个问题, 即宇宙的最终演化问题, 克劳修斯 (Clausius) 把热力学第二定律应用到整个宇宙方面. 热力学第二定律指出, 一个孤立系统内的热总是从高温物体传向低温物体, 也就是说, 孤立系统内部的温差或有序程度减小, 最终趋向平衡态. 应用热力学第二定律, 便得出了宇宙将走向单一的热平衡状态的结论, 届时整个宇宙都停止变化. 这是一个从复杂到简单、从无序到有序的退化过程, 也就是所谓的 "宇宙热寂说". 然而, Darwin(达尔文) 的生物进化论所揭示的生物进化过程, 却是一个由低级到高级、由简单到复杂、由无序到有序的演化方向.

显然, 这是一对矛盾. 正是这种矛盾, 促使 20 世纪的科学家在物理学层次上寻找与热力学第二定律相对应的新的自然规律. 为此, 1977 年, 诺贝尔化学奖获得者 Prigogine 考察了这样一个热扩散实验 (图 2.1): 一个包含两种介质 (氢气和氦气) 的容器. 加热容器的一端而冷却另一端. 最后, 两种介质分离,

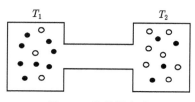

图 2.1　热扩散实验

热的一端充满一种介质, 冷的一端充满另一种介质. 显然, 这是一种远离平衡态的有序结构[6].

Prigogine 详细研究了远离平衡态的开放系统, 发现一个开放系统在到达远离平衡态的非线性区时, 当系统的某个参数变化到一定临界值, 通过涨落, 系统会发生突变, 即非平衡相变, 就可能从原来的无序状态转变到一种时间和空间上有序的新的状态. 当然, 这种有序结构的出现和维持要从外部不断供应物质和能量, 所以是一种耗费物质和能量的结构, 因此, 称之为 "耗散结构". 实际上, 所有生物体都是一种高级的耗散结构. 例如, 人每天要吃饭, 时时要呼吸, 就是一种开放系统和耗散结构.

一个系统要形成耗散结构需要满足 4 个条件: ①系统必须是一个开放系统; ②系统必须远离平衡态; ③系统内部各要素之间存在着非线性的相互作用; ④涨落

导致有序.

耗散结构理论圆满解释了前述的一对矛盾, 热力学第二定律反映了孤立系统的特性, 但宇宙中还有各种开放系统, 整个生物圈就是一个开放系统. 一部生物进化史就是生物从原始的、比较均匀的无序结构发展为高级的、不均匀的有序结构的历史.

从上述的 4 个条件来看, 耗散结构的形成是一个不可逆过程, 如人长大了就不能再回到童年. 在 Prigogine 看来, Newton 和 Einstein 的最大失误就是把时间看成是可逆的. 他的耗散结构理论使我们认识到, 在现实的世界中, 时间是不可逆的, 系统的演化过程和结果与时间相关.

基于上述分析, 混沌的主要特征可总结如下:

1) 敏感初始条件

经典学说认为: 确定性的系统 (微分方程或映射), 只要初始条件给定 (边界条件通常也需给定), 方程的解也就随之确定了. 也就是说, 由确定性系统所描写的运动紧密地依赖于初始条件. 但混沌现象的出现表明: 初始条件的微小差别将最终导致根本不同的现象, 像 logistic 映射这样的系统, 初始迭代值的微小差别使得迭代一定次数后的结果已无法说清了. 也就是说, 初值的信息经过若干次迭代后已消耗殆尽, 结果已与初值没有什么关系了. 这就是混沌敏感初始条件的性质. 这种性质绝不是计算误差形成的, 而是非线性系统的固有特性.

混沌敏感初始条件的性质必然导致系统的长期行为是很难预测, 甚至是不可预测的结论. Lorenz 把它称为 "蝴蝶效应", 意思是说, 一只蝴蝶在大气中拍打一下翅膀, 使大气的状态产生微小的改变; 大气中有 4 千亿个蝴蝶都要拍打翅膀, 都要使大气状态有微小的改变; 这些蝴蝶产生的效果是相一致呢, 还是相互抵消呢, 谁也不知道. 这样本应该认为该有的事情, 经过一段时间反而避免了, 而本应认为不该有的事情却又发生了.

2) 伸长与折叠

从 logistic 映射形成混沌的过程看到, 混沌具有伸长和折叠的特性. 这是形成敏感初始条件的主要机制, 伸长是指系统内部局部不稳定所引起的点之间距离的扩大, 折叠是指系统整体稳定所形成的点之间距离的限制. 经过多次的伸长和折叠, 轨道被搅乱了, 形成混沌.

日常生活中揉面团的过程也是伸长和折叠多次重复的过程. 在发面中放一点碱粉揉面, 首先把面团擀平, 这种伸长过程使碱粉扩展; 然后把擀平的面团折叠过来. 经过多次伸长和折叠, 碱粉的轨道很混乱, 但导致碱粉和面团的充分混合.

3) 具有丰富的层次和自相似的结构

从 logistic 映射形成混沌的过程来看, 混沌绝不能等同于随机运动, 混沌所在的区域中具有很丰富的内涵. 混沌区内有窗口 (稳定的周期解), 窗口里面还有混

沌 这种结构无穷多次重复着,并具有各态历程和层次分明的特征. 同时, 伸长和折叠使混沌运动具有大大小小的各种尺度, 而无特征的尺度, 这些都称为自相似结构.

4) 非线性耗散系统中存在混沌吸引子

这是整体稳定和局部不稳定相结合的产物, 通常的吸引子都有负的 (且无正的)Lyapunov 指数, 唯独混沌吸引子具有正的 Lyapunov 指数, 而且混沌吸引子只能用分数维来表征.

2.1.2 混沌的定义

混沌现象虽已引起学术界的极大兴趣, 然而, 迄今为止, "混沌" 一词还没有一个公认的、普遍适用的数学定义[7]. 有人认为, 在不严格的意义上, 如果一个系统同时具有对初值的敏感性以及出现非周期运动, 则可认为系统是混沌. 但更多的学者认为, 给出混沌的精确定义是相当困难的事情. 这是因为: ①不使用大量的技术术语不可能定义混沌; ②从事不同研究领域的人使用的混沌定义应有所不同, 如正拓扑熵、正 Lyapunov 指数以及存在奇怪吸引子等. 突变论的创始人 Tome 更是认为 "混沌" 一词不可能有严格的数学定义. 尽管如此, 从事不同领域研究的学者都是基于各自对混沌的理解进行研究并谋求各自的应用.

1986 年, 英国皇家学会在伦敦召开了一次有影响的关于混沌的国际会议. 虽然与会者都认为他们知道 "混沌" 的含义是什么 —— 这是他们的研究领域, 虽然他们确实应该知道 —— 但几乎无人愿意提供一个精确的定义. 原因是他们尚未充分理解混沌, 很难给它下定义. 他们认为: 混沌是一种 "确定性" 现象, 混沌是一种非线性动态, 混沌是相对于一些 "不动点"、"周期点" 特定形式的一种未定形的、交融于特定形式间的无序状态. 数学上指在确定性系统中出现的随机性态为混沌.

1990 年, 美国著名科幻小说家 Crichton 推出一力作《侏罗纪公园》. 这部科幻小说以现代科学为基础, 并且非常讲究逻辑. 当时, Crichton 把轰动科学界十余年之久的混沌理论研究热潮艺术化, 写进了小说, 而且整部作品以混沌理论为背景和框架, 按照混沌系统的混沌运动展开. 在小说中, Crichton 是这样解释混沌理论的:

物理学在描述某些问题的行为上取得了巨大的成就; 轨道上运转的行星、向月球飞行的飞船、钟摆、弹簧、滚动的球之类的东西, 这都是物体的规则运动. 这些东西用所谓的线性方程描述, 数学家想解这些方程是轻而易举的事, 几百年来他们干的就是这个.

可是, 还存在着另一类物理学难以描述的行为. 例如, 与湍流有关的问题: 从喷嘴里喷出的水、在机翼上方流动的空气、天气、流过心脏的血液. 湍流要用非线性方程来描述. 这种方程很难求解 —— 事实上, 通常是无法解出的, 所以物理学从来没有弄通这类事情. 直到大约 10 年前 (小说写于 1990 年), 出现了描述这类东西的新理论, 即所谓的混沌理论.

　　这种理论最早起源于 1960 年对天气进行计算机模拟的尝试[1]. 天气是一个庞大而复杂的系统, 它指地球的大气对陆地、太阳所作出的响应. 这个庞杂的系统的行为总是令人难以理解, 所以无法预测天气是很自然的事, 但是较早从事这项研究的人从计算机模拟中明白一点: 即使你能理解它, 也无法预测它. 原因是此系统的行为对初始条件的变化十分敏感.

　　上面是 Crichton 对混沌现象给出的定性的描述, 他依然没有给出精确的数学定义.

　　混沌理论是研究非线性动力学系统随时间变化的规律. 对非线性动力系统研究的基本目的是了解非线性系统发展的最终或渐近状态. 如果该系统是用以时间为自变量的微分方程来刻画的, 则研究的目的是试图预言微分方程的解在遥远的将来 $(t \to +\infty)$ 或推测在遥远的过去 $(t \to -\infty)$ 的最终状态. 如果该系统是以离散形式来进行刻画的, 即

$$x_{n+1} = f(x_n),$$

其中 f 为集合 M 到 M 的映射, 则希望了解随着 n 变大, 序列 $x, f(x), f^2(x), \cdots,$ $f^n(x), \cdots$ 的最终性态. 因此, 称 $x, f(x), f^2(x), \cdots, f^n(x), \cdots$ 的集合为 x 的前向轨道, 用表示 $O^+(x)$, 即 $O^+(x) = \{x, f(x), f^2(x), \cdots\}$. 如果 f 是同胚的, 还可以定义 x 的全轨道 $O(x)$ 为点 $f^n(x)(n \in \mathbf{Z})$ 的集合, x 的后向轨道 $O^-(x)$ 定义为 $x, f^{-1}(x), f^{-2}(x), \cdots, f^{-n}(x), \cdots$ 的集合.

　　定义 2.1　如果对某个 $x_0 \in M$ 有 $f^n(x_0) = x_0$, 但对于小于 n 的自然数 k, $f^k(x_0) \neq x_0$, 则称 x_0 为 f 的一个 n 周期点.

　　当 x_0 是 f 的一个 n 周期点时有 $f^{n+k}(x_0) = f^k(x_0)$. 此时 $O^+(x_0) = \{x_0, x_1, x_2, \cdots, x_{n-1}, x_0, x_1, x_2, \cdots, x_{n-1}, x_0, \cdots\}$, 只有 n 个不同的元素.

　　定义 2.2　当 x_0 是 f 的一个 n 周期点时, 称 $\{x_0, f(x_0), f^2(x_0), \cdots, f^{n-1}(x_0)\}$ 为 f 的 n 周期轨道.

　　目前, 混沌仍没有一个统一的数学定义. 1989 年, Devaney 曾给出了一种人们常用的混沌定义. 该定义把混沌归结为三个特征: ① 不可预测性; ② 不可分解性; ③ 具有规律性行为. Devaney 的定义具体如下:

　　定义 2.3　设 (X, ρ) 是一紧致的度量空间, $f : X \to X$ 是连续映射, 称 f 在 X 上为混沌的, 如果

　　(1) f 具有对初值敏感依赖性;

　　(2) f 在 X 上拓扑传递;

　　(3) f 的周期点在 X 中稠密,

其中 f 具有对初值敏感依赖性是指 $\exists \delta > 0$, 使得 $\forall x \in X$ 及 x 的邻域 $N(x)$, 总

$\exists y \in N(x)$ 及 $n \geqslant 0$, 使得 $\rho(f^n(x), f^n(y)) > \delta$. f 在 X 上拓扑传递是指 $\forall U, V$ 开集, $U, V \subset X$, $\exists k > 0$, 使得 $f^k(U) \bigcap V \neq \varnothing$.

混沌定义 2.3 中的三个条件具有深刻的含义. 因为对初值敏感依赖性, 所以混沌的系统是不可预测的. 因为拓扑传递性, 所以它不能被细分或分解为两个在 f 下不相互影响的子系统 (两个不变的开子集合). 然而, 在这混乱形态中, 毕竟有规律形的成分, 即稠密的周期点. 不过要特别注意的是, 已经证明在定义中, 后面两条, 即拓扑传递性和周期点的稠密性便蕴涵了对初值的敏感依赖性, 因而现在有文献便利用后面两条作为混沌的定义, 关于这方面的文献很多, 有兴趣的读者可以作进一步的研究.

混沌一词最先由 Li 和 Yorke 提出. 1975 年, 他们在美国《数学月刊》上发表了题为 "周期 3 意味着混沌" 的文章, 并给出了混沌的一种数学定义, 现称为 Li–Yorke 定义或 Li–Yorke 定理[8].

考虑一个把区间 $[a, b]$ 映为自身的、连续的、单参数映射

$$F: [a, b] \times \mathbf{R} \to [a, b], \quad (x, \lambda) \mapsto F(x, \lambda), x \in \mathbf{R},$$

也可写成如下点映射形式:

$$x_{n+4} = F(x_n, \lambda), \quad x_n \in [a, b].$$

定义 2.4 连续映射或点映射 $F: [a, b] \times \mathbf{R} \to [a, b], (x, \lambda) \mapsto F(x, \lambda)$ 称为混沌的, 如果

(1) 存在一切周期的周期点;

(2) 存在不可数子集 $S \subset [a, b]$, S 不含周期点, 使得

$$\liminf_{n \to \infty} |F^n(x, \lambda) - F^n(y, \lambda)| = 0, \quad x, y \in S, \quad x \neq y,$$

$$\limsup_{n \to \infty} |F^n(x, \lambda) - F^n(y, \lambda)| > 0, \quad x, y \in S, \quad x \neq y,$$

$$\limsup_{n \to \infty} |F^n(x, \lambda) - F^n(p, \lambda)| > 0, \quad x \in S, \quad p \text{为周期点}.$$

定义 2.4 中前两个极限说明子集的点 $x \in S$ 相当集中而又相当分散, 第三个极限说明子集不会趋近于任意点. 与此同时, Li–Yorke 给出了 logistic 映射

$$x_{n+1} = \lambda x_n(1 - x_n), \quad x_n \in [0, 1], \lambda \in [0, 4],$$

在 $\lambda^* = 3.57$ 时出现混沌的例子.

这一定义本身只预言有非周期轨道存在, 并不管这些非周期点的集合是否具有非零测度, 也不管哪个周期是稳定的. 因此, Li–Yorke 定义的缺陷在于集 S 的勒贝

格测度有可能为零, 此时混沌是不可预测的, 而感兴趣的则是可观测的情形, 则此时 S 有一个正测度.

根据 Li–Yorke 定义, 一个混沌系统应具有三种性质: ① 存在所有阶的周期轨道; ② 存在一个不可数集合, 此集合只含有混沌轨道, 并且任意两个轨道既不趋向远离, 也不趋向接近, 而是两种状态交替出现, 同时任一轨道不趋于任一周期轨道, 即此集合不存在渐近周期轨道; ③ 混沌轨道具有高度的不稳定性.

可见周期轨道与混沌运动有密切关系, 表现在以下两个方面:

第一, 在参数空间中考察定常的运动状态, 系统往往要在参量变化过程中先经历一系列周期制度, 然后进入混沌状态. 这构成所谓 "通向混沌的道路". 掌握这些导向混沌的周期制度的规律, 有助于理解最终的混沌状态的性质.

第二, 一个混沌吸引子里面包含着无穷多条不稳定的周期轨道; 一条混沌轨道中有许许多多或长或短的片段, 它们十分靠近这条或那条不稳定的周期轨道. 原则上可以从一条足够长的混沌轨道的数据中提取出有关的不稳定的周期轨道的信息.

更有甚者, 对于一维线段的映射, 只要知道存在着某个特定的周期轨道就可以判断还存在哪些周期轨道. 这一重要结果是乌克兰数学家 Sharkovskii 在 1964 年证明的, 郝柏林院士对此进行过详细阐述[5], 但该结果曾经在相当长一段时间里鲜为人知.

Sharkovskii 首先为一维映象中的不同周期定义了 "领先" 关系: 如果周期 p 的存在一定导致周期 q 存在, 则称 "p 领先于 q", 记为 $p \prec q$. 然后, 他把所有的自然数按上述领先关系重新编序如下:

$$3 \prec 5 \prec 7 \cdots \prec 3 \times 2 \prec 5 \times 2 \prec 7 \times 2 \prec \cdots$$
$$\prec 3 \times 2^2 \prec 5 \times 2^2 \prec 7 \times 2^2 \prec \cdots \prec 2^3 \prec 2^2 \prec 2 \prec 1, \tag{2.1}$$

这就是 Sharkovskii 序列. Sharkovskii 定理说, 如果在某个一维连续映射中存在着周期 p, 则在序列 (2.1) 中, 一切排在 p 后面的周期都也存在.

这个定理用俄文发表在读者不多的《乌克兰数学杂志》中, 因此, 长期不为人知. 直到 1977 年南斯拉夫年轻而早逝的数学家 Stefan 在英文文献中才作了详细介绍. 在此之前, Sharkovskii 的结果已被许多人部分或全部地重新发现过. 例如, 在序列 (2.1) 中, 数字 3 领先于其他一切整数, 因此, 只要在一个映射中看到了周期 3, 就必然还存在着序列中所有的其他周期的轨道. 这个 "周期 3 意味着混沌" 的定理, 由 Li 和 Yorke 在 1975 年发表. Li–Yorke 定理的基本内容显然是 Sharkovskii 定理的一个特例, 不过这篇论文在混沌动力学的历史上起了重要作用. 文章的明确动机就是研究 1963 年 Lorenz 所发现的非周期行为, 而它的标题把 "混沌" 一词在现代意义下引入科学词汇.

Li–Yorke 定理的第一部分无疑是 Sharkovskii 序列的后果. 第二部分中的上确界 sup 和下确界 inf 包含着对混沌轨道的刻画: 两条无穷长的轨道有时会靠得任意近, 同时也必定要以有限距离分开; 这些事件是以非周期的、不规则的方式发生的; 这样的轨道点有不可数无穷多个.

Sharkovskii 序列和 Li–Yorke 定理都是对参量固定的一个映射的相空间中轨道的论述. 它们并未涉及有关周期轨道的稳定性. 事实上, 定理中提到的周期轨道的绝大多数都是不稳定的. 这两个定理也不过问那些非周期轨道是否可以被观测到, 即它们的测度问题.

除了上述对混沌的定义之外, 还有诸如 Smale 马蹄、横截同宿点、拓扑混合以及符号动力系统等定义.

混沌现象的发现以及基于上述定义, 使人们认识到客观事物的运动不仅是定常、周期或准周期的运动, 而且还存在着一种具有更为普遍意义的形式, 即无序的混沌. 正是有了混沌现象, 人们才发现在确定论和概率论这两套体系的描述之间存在由此及彼的桥梁. 混沌的发现还使人们认识到, 像大气、海洋这样的耗散系统是一个对初始条件极为敏感的系统, 即使初始条件差别微小的两种状态, 那么最终也会导致结果的很大差异, 甚至两种结果变得毫无关系, 这就是所谓的非线性确定性系统的长期不可预测性. 混沌概念的提出, 还使得人们能够将许多复杂现象看成是有目的、有结构的行为, 而不再是某种外来的偶然性行为.

除此之外, 混沌还丰富了人们对远离平衡态现象的认识. 物理系统在远离平衡的条件下, 既可通过突变进入更为有序和对称的状态, 也可能通过突变进入混沌状态. 然而, 混沌并不是简单的 "无序" 或 "混乱", 而是没有明显的周期和对称, 但它却具备了丰富的内部层次的 "有序" 状态. 一般来说, 在自然界中, 混沌是更为普遍的现象.

2.1.3 奇怪吸引子

Hamilton 系统运动的重要特征是相空间容积保持不变, 在自治 Hamilton 系统中就表现为能量守恒. 从这一角度来看, 还有另一大类的系统, 它在运动时, 其相空间容积收缩到维数低于原来相空间维数的吸引子上, 即运动特征是相空间容积收缩, 这类系统就是耗散系统. 在耗散系统中, 存在一些平衡点 (不动点) 或子空间, 随着时间的增加, 轨道或运动都向它逼近, 它就是吸引子. 在相空间中, 耗散系统可能有许多吸引子, 向其中某个吸引子趋向的点的集合称为该吸引子的吸引盆. 在某吸引子的吸引盆中不会有其他吸引子, 与吸引子相反的就是排斥子. 通常耗散系统的简单吸引子有不动点、极限环和环面. 简单吸引子又受系统参数的影响, 随着系统的参数的变化, 耗散运动也会出现混沌, 这时的吸引子就变为奇怪吸引子. 混沌运动表现为奇怪吸引子是耗散系统独具的性质, Hamilton 系统不具有这一点. 因此,混沌运动对于 Hamilton 系统和耗散系统, 既有共同特征又有不同特点, 但研究方法一般是通用的.

对耗散系统中 4 个常有的吸引子解释如下:

(1) 不动点吸引子或定常吸引子, 是一个零维的吸引子, 在相空间中是一个点, 它表示系统在做平衡运动. 例如, 一维系统中稳定的定常解或不动点, 二维系统中稳定的结点和焦点.

(2) 极限环, 是一个一维的吸引子, 在相空间中是环绕平衡点的一条闭合的曲线, 它对应周期运动. 极限环是系统的一个解, 但不是定常解. 若随着时间 $t \to +\infty$, 它邻近的轨道渐近地趋向它或远离它, 如果极限环内有一个不稳定的平衡点, 则该极限环称为稳定的极限环; 如果极限环内有一个稳定的平衡点, 则该极限环称为不稳定的极限环. 如果极限环邻近的轨道随着时间 $t \to +\infty$ 从一边趋向它, 而从另一边远离它, 则它称为半稳定的极限环.

(3) 准周期吸引子, 表现为相空间上的二维环面, 它类似于面包圈的表面, 轨道在状态空间的环面上绕行, 这种运动有两个频率, 一是轨道沿较短方向绕环面运动所决定的频率, 二是轨道绕整个环面运动所决定的频率, 这两个频率不可公约, 它是准周期运动. 二维环面是由极限环经 Hopf 分岔发展而来的.

(4) 奇怪吸引子, 也称为 "随机吸引子"、"混沌吸引子". 它是相空间中无穷多个点的集合, 这些点对应于系统的混沌状态. 它是一种抽象的数学对象. 因此, 它常常隐藏在混沌现象的背后, 借助于计算机可描绘出它的图形. 它是一类具有无限嵌套层次的自相似几何结构, 是一种分形. 由于混沌来源于确定性方程的内在随机运动, 伴随着混沌现象的出现, 人们发现了奇怪吸引子.

遗憾的是, 至今为止, 对吸引子还没有令人满意的定义. 吸引子分为简单吸引子 (或平凡吸引子) 和奇怪吸引子, 不是奇怪吸引子的吸引子称为简单吸引子. 物理上, 对相空间 $\mathbf{R}^n$ 中的一个集合 A 为映射 f 的奇怪吸引子的定义如下:

定义 2.5   由于耗散系统的相空间容积是收缩的, 所以 n 维耗散系统的稳态运动将位于一个小于 n 维的 "曲面"(超曲面) 上, 粗略地说, 这个曲面就是吸引子.

定义 2.6   它首先应是一个吸引子, 即存在一个集合 U, 使得

(1) U 是 A 的一个邻域;

(2) 对每一初始点 $x_0 \in U$, 当 $t > 0$ 时, 应有 $x(t) \in U$; 当 $t \to \infty$ 时, $x(t) \in A$, 即 A 是吸引子;

此外,

(3) 当 $x_0 \in U$ 时, 有对 x_0 的敏感性 (当初值误差为无穷小量时, 它的像的误差随 t 按指数增长), 即 A 是奇怪吸引子;

(4) 对 $\forall y \in A$, 应有 $x(t)$, 使得 $d[y - x(t)] \to 0$, 而奇怪吸引子不应分成两个.

未提及的还有遍历性和其他特性. Smale 以为奇怪吸引子, 首先映射应是均匀双曲型的, 其次奇怪吸引子的任意邻域中都应有周期轨道.

奇怪吸引子是轨道不稳定和耗散系统容积收缩两种系统内在性质同时发生的现象, 轨道不稳定性使轨道局部分离, 而耗散性使相空间收缩到低维的曲面上, 它表现为结构 "紊乱" 的吸引子. 奇怪吸引子有以下几个重要特征:

(1) 对初始条件有非常敏感的依赖性. 在初始时刻, 从这个奇怪吸引子上任何两个非常接近的点出发的两条运动轨道, 最终必然会以指数的形式互相分离. 定量地讲, 它必然存在有正的 Lyapunov 指数. 当然, 由于它是吸引子, 它也必然有负的 Lyapunov 指数.

(2) 它的功率谱是一个宽谱, 此时系统中已被激发出无穷多个特征频率.

(3) 系统中存在马蹄. 这是一个数学概念. 直观地说, 系统在运动过程中存在拉伸和折叠的现象, 因为马蹄的存在意味着双曲不动点的存在, 也就意味着不稳定流形的存在.

(4) 它具有非常奇特的拓扑结构和几何形式. 它是具有无穷多层次自相似结构的、几何维数是非整数的一个集合体. 一般来说, 它在某些维数方向上是连续的, 而在剩下的其他维数方向上则是一种类似于 Cantor 集的结构, 这也可以用不稳定流形的闭包概念来解释.

2.2 混沌研究的判据与准则

混沌理论自 20 世纪 60 年代出现以来, 在短短几十年的时间里进展迅速, 各学科中, 小至粒子, 大至宇宙, 到处可以看到混沌的影子. 例如, 木星巨大红斑的机理、生态系统中个体和群体的演化、太阳系的稳定性问题、湍流以及心脑振荡等, 这些都是混沌研究大有可为的领域. 可以说, 混沌研究正方兴未艾. 混沌研究之所以 "热门", 主要是因为: 第一, 混沌打破了长期以来在人们头脑中形成的思维模式, 拓宽了人们的视野, 开创了科学研究的新领域; 第二, 混沌理论不是局部地观察问题, 而是从总体上了解, 从全局上看一切可能的变化; 第三, 混沌研究自然界的本质特征, 揭示自然界的本质规律; 第四, 混沌显示了确定性与随机性、简单性与复杂性、有序与无序之间的辩证关系; 第五, 计算机为混沌研究插上了双翼. 同时随着混沌分形理论的深入研究和计算机算法的进一步完善, 混沌与分形[9,10] 必将在工程实践中发挥越来越大的作用.

分析复杂的非线性系统可用在相空间观察其轨道的方法. 所谓相空间就是由所要研究的物理量本身作为坐标分量所构成的广义空间, 系统的任意状态相当于相空间中的一个代表点, 系统的状态随时间变化过程对应于代表点在相空间中的变化. 非线性系统随时间的演变将趋向于维数比原来相空间低的极限集合 —— 吸引子[9,10]. 在非线性系统中, 除了平常吸引子, 如不动点、极限环和环面, 也可观察到另一些吸引子, 其轨道性态在经典意义上是不稳定的, 即轨道的小摄动随着时间指数型地增长. 因此, 称这种吸引子为奇怪吸引子 (或混沌吸引子). 数值实验加强了这样的猜测: 几乎在每一个非线性系统中, 都可能出现奇怪吸引子.

　　因为各根轨道一般只对非线性动力学系统的性态提供很少信息, 较好的办法是观察许多根轨道, 但这样一来, 就放弃了研究动力学系统时通常作为基础的严格的确定性. 它只能对平均结果作出统计性的预测. 在技术中, 通常力图把无序的运动缩到最小或加以避免. 因此, 涉及系统性态对参数变化的依赖性的判断准则是有意义的.

　　如果系统的性态是规则的, 则在某些情况下, 也可由相图得到有价值的启示, 但根据各个状态量的时间历程, 却很难对系统作出令人满意的判断. 在数学方面, 对非线性动力学系统尚缺乏一种有严格根据的精确求解法. Kolmogorov 的话可以为此作为依据: "数学上的严格并不是那么重要的, 主要的事情是要做得对. " 然而, 应再次强调, 对非线性动力学系统作一完善判断是不可能的. 通常是把用数值方法得出的结果通过分析和运用拓扑来加以补充.

　　混沌产生于非线性动力系统, 因此, 系统稳定性分析是必不可少的方法; 拓扑变换为理解动力系统的混沌性质提供了基础, 正如 Smale 马蹄所显示的那样; 计算机是混沌研究的重要助手. 因此, 有关混沌研究的主要方法一般包括 Lyapunov 指数、微分拓扑、与混沌研究相应的独特的计算机应用方法与技巧、数值方法、Li–Yorke 定理、符号动力学以及软件科学领域的学者常使用的反演方法等.

　　为了能够区别不同的吸引子, 将讨论特征标志和相应的研究方法. 特别适用的是以下研究方法:

　　(1) 多半由连续系统的一个时间离散化出发得到点映射; 容易把规则性态与混沌性态相区分; 奇怪吸引子以点映射的 Cantor 集结构为其特征.

　　(2) 各个时间测量序列的功率谱容易由 Fourier 变换来确定. 周期性态和拟周期性态以离散功率谱为特征, 混沌性态以连续功率谱表征.

　　(3) Lyapunov 指数描述了相邻轨道的收敛性态或发散性态. 适用于对平常吸引子或奇怪吸引子的研究. 如果不出现正的指数, 就有一个平常吸引子.

　　(4) 维数是一个经典的区分标志. 为了使之对动力学系统有意义, 把维数的概念在概率论的意义上加以推广. 对于平常吸引子, 维数取整数值.

　　(5) 在动力学中, 对熵是从信息论的意义上理解的. 熵对从相空间一个小区域出发的系统性态作出短期预测. 熵取正值是混沌系统的特征.

　　为了研究混沌运动, 可以采用直接观察状态变量随时间的变化这种直观的方法和在相空间 (或相平面) 观察其轨迹. 但是很明显, 当混沌运动很复杂时, 有时直接观察状态随时间变化, 即使时间极长, 也不一定能看出一点头绪, 即如果不对它作进一步加工分析, 是不易了解混沌运动的性质和有关频谱成分等方面的信息, 从而难于区分混沌和其他形式的运动的. 直接观察相空间或相平面中的轨线固然不失为一有效方法, 但是当运动复杂时, 轨线可能是混乱一片, 甚至很可能充满某一区域而看不出什么规律. 下面具体介绍以下几种方法, 可作为混沌的诊断与判据. 所选取的这几种方法在混沌同步与保密通信中也有一定的应用价值.

2.2.1 相空间重构

为了构造相空间, 需要同步测出一切自变量的时间序列. 但实际问题中, 往往可以得到一个等时间间隔的单变量的时间序列. 传统的做法是直接从这个序列去形式地分析它的时间演变, 这有很大的局限性. 因为时间序列是许多物理因子相互作用的综合反映, 它蕴藏着参与运动的全部变量的痕迹, 而且从形式上看, 序列似乎是随机的, 但实际可能包含混沌运动的信息. 而混沌运动至少在三维自治动力系统中才能出现. 因此, 要把时间序列扩展到三维或更高维的相空间中去, 才能把时间序列的混沌信息充分地显露出来, 这就是时间序列的重建相空间.

1980 年, Packard 等提出了由一维可观察量重构一个 "等价的" 相空间来重现系统的动态特性[11]. Takens 则从数学上为其奠定了可靠的基础[12]. 他的基本观点是: 相空间重构法虽然是用一个变量在不同时刻的值构成相空间, 但动力系统的一个变量的变化自然跟此变量与系统的其他变量的相互作用有关, 即此变量随时间的变化隐含着整个系统的动力学规律. 因此, 重构的相空间的轨线也反映系统状态的演化规律, 其原理如下:

由系统某一可观测量的时间序列 $\{x_i(i=1,2,\cdots,N)\}$ 重构 m 维相空间, 得到一组相空间矢量

$$\boldsymbol{X}_i = \{x_i, x_{i+\tau}, \cdots, x_{i+(m-1)\tau}\}, \quad i=1,2,\cdots,M; \quad \boldsymbol{X}_i \in \mathbf{R}^m. \tag{2.2}$$

其中 τ 为时间延迟, $m \geqslant 2d+1$, d 为系统自变量的个数, M 小于 N, 并与 N 有相同的数量级.

相空间重构是相图分析、分维和 Lyapunov 指数计算的关键. 重构相空间的关键在于嵌入空间维数 m 和时间延迟 τ 的选择.

1) 嵌入空间维数 m 的选择

由 Packard 和 Takens 所提出的时间滞后延迟法构造相空间基于拓扑嵌入理论. 下面对这种理论的基本思想作一说明.

若将一条一维的曲线限制在一个二维的曲面上, 一般来说, 这条曲线将在重构法曲面上相交, 并且在曲线上只作微小变形的情况下, 这些交点不会消除, 相反, 当将一条曲线置于三维空间时, 所有的自身相交点都可以通过一个小的形变来消除, 因此, 这些交点可以认为是偶然出现的. 下面将这一显然的结论推广到任意维数的

物体上.

A, B 两个物体, 维数分别为 d_A, d_B, 它们都在 d 维空间中, 定义一个 "交叠维数"(codimension) 以便用来表示 $A \cap B$ 的维数,

$$\text{cod}_A = d - d_A \quad \text{cod}_B = d - d_B \quad \text{cod}_{A\cap B} = d - d_{A\cap B}.$$

这种交叠维数具有加法性质, 即

$$\text{cod}_{A\cap B} = \text{cod}_A + \text{cod}_B.$$

因此, 可得

$$d_{A\cap B} = d_A + d_B - d. \tag{2.3}$$

式 (2.3) 的确定性可以由一些例子说明. 例如, 将两条曲线置于一个平面上, 通常会出现一些交叠 (一般情况下是一些点), 这时 $d_A = d_B = 1$, $d = 2$. 由式 (2.3) 可得 $d_{A\cap B} = 0$, 即相交的是一些点. 而在三维空间中, 它们一般不相交, 这是因为 $d = 3$, $d_{A\cap B} = -1$. 在三维空间中, $d = 1$ 的曲线将和 $d = 2$ 的平面相交, 这是因为 $d_{A\cap B} = 0$.

下面将式 (2.3) 用于完全相同的物体, 即 $A = B$, 希望这个物体能在 d 维空间中自由伸展, 即 A 上的任何部分在伸展时都不必碰到自身其他部分, 由于 $d_{A\cap B}$ 这时不是一个好的标记方法, 令式 (2.3) 左端为 -1. 因此, 嵌入空间的维数为

$$d = 2d_A + 1. \tag{2.4}$$

由式 (2.4) 得到的嵌入空间维数通常比实际需要的要大. 嵌入空间的维数至少是吸引子维数的两倍, 才能保证吸引子的正确恢复. 在实际中, m 值的选取应该通过多次的尝试来确定, 当 m 值取得过大时, 无标度区对应于所有的 m (过大的 m) 值都是相同的.

在混沌运动特征的计算中, 一般来说, 所需的嵌入空间最小维数取决于要从时间序列中提取什么样的物理量. 例如, 相图中, $d > 2d_A$, 而在计算 Lyapunov 指数、分维数时, 只是计及沿轨道的平均性质, 这时取 $d_A < d < 2d_A$ 就可以了.

另外, Roux 等曾讨论了 m 和 τ 值的选择. 他们认为在大多数情况下, m 值可取得比 $m \geqslant 2d + 1$ 的不等式所确定的值小一些, Wolf 等在讨论 Lyapunov 指数计算时也得出了类似的结论. 大多数意见认为, m 值的选取应通过反复试算来确定. Roux 等建议让 m 值逐次加 1, 直到相图上没有附加的结构出现.

2) 时间延迟 τ 的选取

为了由时间序列构造出相空间, 除了确定参数 m 外, 还必须给出合适的采样间隔, 即确定 τ. 从理论上讲, τ 值的选取几乎可以是任意的, 但在实验系统中, τ 的选

取也应通过反复试算来确定. 如果 τ 值过小, 则相空间的轨道趋于一直线; 反之, τ 值过大, 则会使数据点集中在相空间的一个小区域内, 不能从重构的相空间图中得到吸引子的局部结构. 另有许多人提出了各种 τ 值选取的优化方案: 一种方法为使构造矢量 $\boldsymbol{X}_i$ 中的各分量相互独立 (即相关性很小), 就要找出一个 τ 值, 使得相关函数 $(x_i, x_{i+\tau})$ 为零. 但这种方法并不是任何情况下都能给出一个很好的时间间隔 τ. 1986 年, Fraser 和 Swinney 指出, 自相关函数的方法只度量了变量的线性关系, 为了量度两个变量的普遍依赖关系, 应取重构的两分量间的 "互信息函数" 出现第一个极小值时的延迟值 τ 作为最佳的延迟时间, 重构相空间[13].

所谓的互信息 (mutual information) 是这样定义的:

$$S = \{s_i\} = \{x_i\},$$

$$Q = \{q_i\} = \{x_{i+\tau}\}$$

是两个序列, 在 $S - Q$ 的面上用 "数盒子" 的方法可以得到概率分布 $P_s(s_i)$, $P_q(q_i)$ 及联合概率分布 $P_{sq}(s_i, q_i)$.

早在 1928 年, Hartly 就曾引入了用对数表示所得到的信息的概念. 当从一个具有 N 个元素的集合 S 中取得一个元素时有

$$I = \log_2 N = \log_2 \left(\frac{1}{P}\right), \quad P = \frac{1}{N}. \tag{2.5}$$

20 年后, Shannon 考虑了在 S 集合中有 n 个子集 S_i 的情况, 对每个子集都应用式 (2.5) 有

$$I_j = \log_2 \left(\frac{1}{P_j}\right), \quad P_j = \frac{N_j}{N}, \quad N = \sum_j N_j,$$

并对每个子集的信息平均得到总的 S 集合的信息

$$I = \sum_{j=1}^{n} P_j I_j = -\sum_{j=1}^{n} P_j \log_2 P_j. \tag{2.6}$$

将联合概率分布代入式 (2.6) 中得到联合信息

$$H(S, Q) = -\sum_{i,j} P_{sq}(s_i, q_j) \log_2 P_{sq}(s_i, q_j).$$

由 $P_s(s_i)$, $P_q(q_i)$ 得

$$H(S) = -\sum_i P_s(s_i) \log_2 P_s(s_i),$$

$$H(Q) = -\sum_j P_q(q_j) \log_2 P_q(q_j).$$

$H(S), H(Q)$ 按下式定义, 即为 "互信息":

$$I(S,Q) = I(Q,S) = H(Q) + H(S) - H(S,Q).$$

和第一种方法一样, 这种方法给出的 τ 也不能保证构造出一个好的相空间, 因此, 在 τ 的选择上还要作其他的物理特性的考虑, 如延迟时间一定与系统的特性时间具有相同的数量级等. 在实际应用中, 最佳延迟时间 τ 的选取仍需反复地尝试.

2.2.2　功率谱分析

研究复杂非线性系统的运动常用到功率谱, 它是由相空间中坐标的 Fourier 变换求得的. 这里介绍 Welch 所提出的平均周期图方法来计算标量信号的自功率谱估值[14]. 该方法要点如下:

设序列 $x(n)(n = 0, 1, \cdots, N-1)$ 的功率谱为 $P_{xx}(\omega)$, 把 $x(n)$ 序列分成长度为 L 的 K 个重叠段, 就可求得修正的周期图谱估计. 在实现过程中, 诸序列段重叠 $L/2$ 个样点, 诸序列段的总数目为 $K = [(N - L/2)(L/2)]$. 第 i 段的数值定义为

$$x_i(m) = x\left(\frac{iL}{2} + m\right) w_d(m), \quad m = 0, 1, \cdots, L-1, \; i = 0, 1, \cdots, K-1,$$

其中 $w_d(m)$ 为 L 个点的数据窗函数 (如矩形窗函数、汉明窗函数等). 经窗处理后, 序列段 $x_i(m)$ 的 M 点 $(M \geqslant L)$ 离散 Fourier 变换

$$X_i(k) = \sum_{m=0}^{M-1} x_i(m) \mathrm{e}^{-j\frac{2\pi}{M}km}, \quad k = 0, 1, \cdots, M-1, \; i = 0, 1, \cdots, K-1$$

是用 FFT 算法计算的 (如果 $L < M$, 则序列 $x_i(m)$ 要用 $M - L$ 个零值加以补零). 对修正周期图

$$S_i(k) = |x_i(k)|^2, \quad k = 0, 1, \cdots, M-1, \; i = 0, 1, \cdots, K-1,$$

求平均以产生归一化角频率 $2\pi k/M$ 处功率谱估值

$$S_{xx}\left(\frac{2\pi k}{M}\right) = \frac{1}{KU} \sum_{i=0}^{K-1} S_i(k), \quad k = 0, 1, \cdots, M-1,$$

其中 $U = \sum_{m=0}^{L-1} w_d^2(m)$, 则用分贝表示的功率谱估值 $P_{xx}(\omega)$ 为

$$P_{xx}(\omega) = 20\lg\left[S_{xx}\left(\frac{2\pi k}{M}\right)\right] \text{(dB)}.$$

根据采样定理, 当采样的时间间隔为 Δt, 采样频率为 f 时, 时间序列能够反映的最大频率为

$$f_{\max} = \frac{1}{2\Delta t} = \frac{f}{2},\tag{2.7}$$

这样对于 FFT 长度为 M 的时间序列, 其频率间隔 (分辨率) 为

$$\Delta f = \frac{1}{M\Delta t} = \frac{f}{M}.\tag{2.8}$$

频率为 f 的周期系统的功率谱在频率 f 及其高次谐波 $2f$, $3f$, $\cdots$ 处有 δ 函数形式的尖峰. 每个尖峰的高度指示了相应频率的振动强度. 特别地, 当发生分岔时, 功率谱将改变它的特征. 基频为 f_1, f_2, $\cdots$, f_k 的准周期系统的功率谱在 f_1, f_2, $\cdots$, f_k 及其线性组合处有 δ 函数形式的尖峰. 对于混沌系统, 尽管其功率谱仍可能有尖峰, 但它们多少会增宽一些 (不再相应于分辨率), 而且功率谱上会出现宽带的噪声背景. 可见, 功率谱分析对周期和准周期现象的识别以及研究它们与混沌态的转化过程是非常有力的.

2.2.3 Lyapunov 指数

对于非线性动力学系统而言, Lyapunov 指数是最重要的参数指标, 不仅可以用来衡量是否为混沌或超混沌, 还可以作为一种数值计算方法直接应用于混沌同步. 因此, 在本小节中将对其进行详细介绍.

1) Lyapunov 指数的定义

对于非线性动力学系统完善的定性描述, 由于可能出现的不规则运动而似乎是一个不可解决的问题, 但若也附加地应用统计方法, 那么情况将会好一些. 也就是说, 考虑某些平均值的演化, 而不是考虑由一个确定初始条件出发的一根轨道. 目前, 特别在表征混沌运动方面, 显示出重大意义的统计特征值之一是 Lyapunov 指数. 它是相空间中相近轨道的平均收敛性或平均发散性的一种度量.

混沌系统由相空间中的不规则轨道奇怪吸引子来描述. 奇怪吸引子的一个明显特征就是吸引子邻近点的指数离析. 因为相空间中的点表示整个物理系统, 所以邻近点的指数离析意味着初始状态完全确定的系统在长时间情况下, 会不可避免地发生变化. 这种行为就是系统对初始条件具有敏感依赖性的反映, 而引入的 Lyapunov 指数恰可定量表示奇怪吸引子的这种运动性态.

对于 n 维相空间中的连续动力学系统, 考察一个无穷小 n 维球面的长时间演化. 由于流的局部变形特性, 球面将变为 n 维椭球面. 第 i 个 Lyapunov 指数按椭球主轴长度 $p_i(t)$ 定义为

$$\lambda_i = \lim_{t\to\infty} \frac{1}{t} \ln \frac{p_i(t)}{p_i(0)}.\tag{2.9}$$

由式 (2.9) 可以看出, Lyapunov 指数的大小表明相空间中相近轨道的平均收敛或发散的指数率. Lyapunov 指数是很一般的特征数值, 它对每种类型的吸引子都有定义. 对于 n 维相空间有 n 个实指数, 故也称为谱, 并按其大小排列, 一般令 $\lambda_1 \geqslant \lambda_2 \geqslant \lambda_3 \geqslant \cdots \geqslant \lambda_n$. 一般来说, 具有正和零 Lyapunov 指数的方向, 都对支撑起吸引子起作用, 而负 Lyapunov 指数对应着收缩方向, 这两种因素对抗的结果就是伸缩与折叠操作, 这就形成奇怪吸引子的空间几何形状. 因此, 对于奇怪吸引子而言, 其最大 Lyapunov 指数 λ_1 为正的 (另外, 也至少有一个 Lyapunov 指数是负的), 并且 Lyapunov 指数 λ_1 越大, 系统的混沌性越强; 反之亦然.

对于规则 (轨道) 运动, 当初始状态已知时, 人们可以预言任何系统的状态. 对于混沌运动, 由于其对初始状态的敏感依赖性, 人们很难对系统的状态作出预言. 对于两个开始极靠近的状态, 当时间不长时, 两轨道大体很相近, 可以认为系统的轨道是确定的, 从而还可以对运动作出预言. 时间越长, 两轨道越来越发散分离, 从而对状态的预言也就变得越来越不可能了. 显然, 这种使轨道相互分离的趋势就是前面所说的相体积的扩张.

对于一维运动, 可以取满足下式的 t 作为对状态可否预言的分界时间 (设 t_c 为一临界时间, $t < t_c$, 状态大体还可预言; $t > t_c$, 对系统状态只能作概率描述):

$$\varepsilon e^{\lambda t_c} = 1. \tag{2.10}$$

由式 (2.10) 可得

$$t_c = \frac{1}{\lambda} \ln \frac{1}{\varepsilon}. \tag{2.11}$$

对于多维运动, 可以推广式 (2.11), 即根据式 (2.11) 用 K 代替 λ, 于是得到做规则运动的时间极限

$$t_c = \frac{1}{K} \ln \frac{1}{\varepsilon}. \tag{2.12}$$

式 (2.11) 和式 (2.12) 中的 ε 可看成是确定系统状态的精度, 它对 t_c 的影响是对数形式, 不如 K 的影响大, 所以运动越混乱 (K 越大), 对运动状态可预言的时间 t_c 越小. 可见, 最大 Lyapunov 指数 λ_1 的倒数决定了吸引子的行为经多长时间不可预测.

对于耗散系统, Lyapunov 指数谱不仅描述了各条轨道的性态, 而且还描述了从一个吸引子的吸引域出发的所有轨道的稳定性性态.

对于一维 (单变量) 情形, 吸引子只可能是不动点 (稳定定态). 此时, Lyapunov 指数是负的.

对于二维情形, 吸引子或者是不动点, 或者是极限环. 对于不动点, 任意方向的相空间中两靠近点之间的距离都要收缩, 故这时两个 Lyapunov 指数都应该是负的, 即对于不动点, $(\lambda_1, \lambda_2) = (-, -)$. 至于极限环, 如果取相空间中两靠近点之间的距

离始终是垂直于环线的方向, 它一定要收缩, 此时, Lyapunov 指数是负的; 当取相空间中两靠近点之间的距离沿轨道切线方向, 它既不增大也不缩小, 可以想象, 这时 Lyapunov 指数等于零(这类不终止于不动点而又有界的轨道至少有一个 Lyapunov 指数等于零. 证明可参见 Haken 的书 *Advanced Synergetics*)[15]. 因此, 极限环的 Lyapunov 指数是 $(\lambda_1, \lambda_2) = (0, -)$.

同样可知, 在三维情形下有

$(\lambda_1, \lambda_2, \lambda_3) = (-, -, -)$, 不动点;

$(\lambda_1, \lambda_2, \lambda_3) = (0, -, -)$, 极限环;

$(\lambda_1, \lambda_2, \lambda_3) = (0, 0, -)$, 二维环面;

$(\lambda_1, \lambda_2, \lambda_3) = (+, +, 0)$, 不稳极限环;

$(\lambda_1, \lambda_2, \lambda_3) = (+, 0, 0)$, 不稳二维环面;

$(\lambda_1, \lambda_2, \lambda_3) = (+, 0, -)$, 奇怪吸引子.

上面的第一种情形是明显的. 对于三维相空间中的极限环, 由于垂直于环线的两个方向的其他轨道都要趋于此极限环, 故有两个 λ_i 值是负的. 对于二维环面, 垂直于环面法线的 Lyapunov 指数自然是负的, 另外两个在环面上互相垂直方向的 λ_i 则都应等于零, 所以有第三种情形的结果. 对于不稳极限环和不稳二维环面, 自然是把第二种和第三种情形中 λ_i 的负号变为正号, 这就分别是第四种和第五种情形. 对于奇怪吸引子, 沿轨道方向的 λ_i 等于零. 此外, 如前所述, 奇怪吸引子是稳定和不稳定 (或收敛和分离) 两种因素共同作用的结果. 因此, 它的 Lyapunov 指数一定要有一个是正的, 另一个是负的. 这样就得到第六种情形.

在 4 维连续耗散系统中, 有三类不同的奇怪吸引子, 它们分别如下:

$(\lambda_1, \lambda_2, \lambda_3, \lambda_4) = (+, +, 0, -)$,

$(\lambda_1, \lambda_2, \lambda_3, \lambda_4) = (+, 0, -, -)$,

$(\lambda_1, \lambda_2, \lambda_3, \lambda_4) = (+, 0, 0, -)$.

总结上面的分析可以看出, Lyapunov 指数可以表征系统运动的特征, 其沿某一方向取值的正负和大小表示长时间系统在吸引子中相邻轨道沿该方向平均发散 ($\lambda_i > 0$) 或收敛 ($\lambda_i < 0$) 的快慢程度, 因此, 最大 Lyapunov 指数 $\lambda_{\max}$ 决定轨道覆盖整个吸引子的快慢, 最小 Lyapunov 指数 $\lambda_{\min}$ 则决定轨道收缩的快慢, 而所有 Lyapunov 指数之和 $\sum \lambda_i$ 可以认为是大体上表征轨道总的平均发散快慢. 还可以看出: ①任何 (平庸的和奇怪的) 吸引子必定有一个混沌 Lyapunov 指数是负的; ②对于混沌, 必有一个 Lyapunov 指数是正的 (另外, 吸引子也至少有一个 Lyapunov 指数是负的). 因此, 只要由计算得知吸引子至少有一个正的 Lyapunov 指数, 便可以肯定它是奇怪的, 从而运动是混沌的.

2) 差分方程组计算 Lyapunov 指数的方法

定义 2.7　　设 $\mathbf{R}^n$ 空间上的差分方程 $\boldsymbol{x}_{i+1} = \boldsymbol{f}(\boldsymbol{x}_i)$, 其中 $\boldsymbol{f}$ 为 $\mathbf{R}^n$ 上的连续可微映射.

设 $\boldsymbol{f}'(\boldsymbol{x})$ 表示 $\boldsymbol{f}$ 的 Jacobi 矩阵, 即

$$\boldsymbol{f}'(x) = \frac{\partial \boldsymbol{f}}{\partial \boldsymbol{x}} = \begin{pmatrix} \dfrac{\partial f_1}{\partial x_1} & \cdots & \dfrac{\partial f_1}{\partial x_n} \\ \vdots & & \vdots \\ \dfrac{\partial f_n}{\partial x_1} & \cdots & \dfrac{\partial f_n}{\partial x_n} \end{pmatrix}.$$

令

$$\boldsymbol{J}_i = \boldsymbol{f}'(\boldsymbol{x}_0) \cdot \boldsymbol{f}'(\boldsymbol{x}_1) \cdots \boldsymbol{f}'(\boldsymbol{x}_{i-1}) = [\boldsymbol{f}^i(\boldsymbol{x})]'_{x=x_0},$$

将 $\boldsymbol{J}_i$ 的 n 个复特征根取模后, 依从大到小的顺序排列为

$$\left| \lambda_1^{(i)} \right| \geqslant \left| \lambda_2^{(i)} \right| \geqslant \cdots \geqslant \left| \lambda_n^{(i)} \right|,$$

则 $\boldsymbol{f}$ 的 Lyapunov 指数定义为

$$\lambda_k = \lim_{i \to \infty} \frac{1}{i} \ln \left| \lambda_k^{(i)} \right|, \quad k = 1, 2, \cdots, n.$$

定义 2.7 是计算差分方程组的最大 Lyapunov 指数 λ_1 的理论基础. 本书的离散映射都是采用这种方法来计算最大 Lyapunov 指数 λ_1 的.

3) 微分方程组计算最大 Lyapunov 指数的方法

1980 年, Benettin 等提出了计算微分方程组最大 Lyapunov 指数 λ_1 的方法[16], 这在生命科学、社会科学、思维科学中都有很大的应用前景, 其方法如下:

在给定微分方程组所确定的相空间中, 选取两个很靠近的初始点 $\boldsymbol{X}_0$ 和 $\boldsymbol{Y}_0$, 其间距离为 $d_0 = |\boldsymbol{X}_0 - \boldsymbol{Y}_0|$, 并且 d_0 值很小. 在一个小的时间间隔 τ 中, 积分这个微分方程, 利用变换 $\boldsymbol{T}$ 可得

$$\begin{cases} \boldsymbol{X}_1 = \boldsymbol{T}^\tau(\boldsymbol{X}_0), \\ \boldsymbol{Y}_1 = \boldsymbol{T}^\tau(\boldsymbol{Y}_0). \end{cases}$$

这两点间的距离为 $d_1 = |\boldsymbol{X}_1 - \boldsymbol{Y}_1|$. 然后, 选取一个新的点 $\boldsymbol{Y}_1'$, 它的位置在 $\boldsymbol{X}_1$ 和 $\boldsymbol{Y}_1$ 的连线上, 并使得 $|\boldsymbol{Y}_1' - \boldsymbol{X}_1| = d_0$. 对 $\boldsymbol{X}_1$ 和 $\boldsymbol{Y}_1'$ 再作用一次变换 $\boldsymbol{T}$, 可得到 $\boldsymbol{X}_2 = \boldsymbol{T}^\tau(\boldsymbol{X}_1) = \boldsymbol{T}^{2\tau}(\boldsymbol{X}_0)$ 及 $\boldsymbol{Y}_2 = \boldsymbol{T}^\tau(\boldsymbol{Y}_1')$, 并有 $d_2 = |\boldsymbol{Y}_2 - \boldsymbol{X}_2|$. 这个过程重复进行, 如图 2.2 所示, 则 λ_1 可由下列方程来计算:

$$\ln \lambda_1 = \lim_{n \to \infty} \frac{1}{n\tau} \sum_{i=1}^{n} \ln \left(\frac{d_i}{d_0} \right),$$

其中 n 为积分的次数, 故 n 必须很大 (如 10^5), 而 d_0 又必须很小 (如 10^{-5}), 只要 τ 不太大, 计算结果就与 τ 的大小无关了.

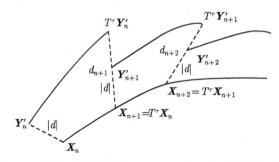

图 2.2　微分方程组计算 Lyapunov 指数的演化替换过程

利用计算机可以实现这种算法, 从而可以对系统运动是否是混沌作出判断.

4) 实验数据计算 Lyapunov 指数的方法

(1) 长度演化法. 1985 年, Wolf 等在总结前人研究结果的基础上, 提出了一种能从实验数据计算非负最大 Lyapunov 指数 λ_1 的算法—— 长度演化法[17], 同时对数据的要求及噪声问题等进行了比较详尽的探讨, 他们的工作为研究生理信号的动力学特征提供了有力的工具, 被研究者广泛采用.

计算方法是由实验数据的时间序列 $X(t)$, 利用时间延迟法构造 m 维相空间, 空间中的每一点是由 $\{X(t), X(t+\tau), \cdots, X(t+(m-1)\tau)\}$ 给出的. 首先找出距初始点 $\{X(t_0), X(t_0+\tau), \cdots, X(t_0+(m-1)\tau)\}$ 最近的点, 用 $L(t_0)$ 表示这两点间的距离. 到 t_1 时刻, $L(t_0)$ 已演化成 $L'(t_1)$, 这时再按以下两个原则寻找一个新的数据点: 它与演化后基准点的距离 $L(t_1)$ 很小, 并且 $L(t_1)$ 与 $L'(t_1)$ 的夹角很小. 这个过程重复进行, 如图 2.3 所示, 直到穷尽所有的数据点, 则

$$\lambda_1 = \frac{1}{t_N - t_0} \sum_{k=1}^{N} \log_2 \frac{L'(t_k)}{L(t_{k-1})},$$

其中 N 为长度元演化的总次数. 当 λ_1 趋于某一稳定值时, 计算才算成功.

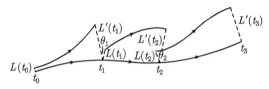

图 2.3　长度演化法计算 Lyapunov 指数的演化替换过程

(2) 面积演化法. 从上述结论可知, 长度演化法在实际处理中具有一定局限性. 若当一条线段增长到显著大时, 无法找到具有相同取向的较短线段的位移, 则失去

吸引子中最膨胀方向的意义, 使正指数与零指数的贡献以系统相关和复合的方式混合在一起, 不能正确计算 λ_1. 下面介绍面积演化法.

由于考虑的是几近于平面局域结构的 $(+,0,-)$ 谱的吸引子 (即要求 $|\lambda_3| \geqslant \lambda_1$), 在重构吸引子中确定三个近邻点 $P(0)$, $Q'(0)$ 及 $R'(0)$, 其中 $P(0)$ 为吸引子中任一点, 如可取第一点 $x_1 = (x_1, x_{1+\tau}, \cdots, x_{1+(m-1)\tau})$, 对应时刻 t_0. 点 $Q'(0)$ 及 $R'(0)$ 则是用穷举法或其他方法找到的 $P(0)$ 的最近邻点, 然后按时间序列向前发展而求得这三个点在时刻 t_1 的新位置记为 $P(1)$, $Q(1)$, $R(1)$. 这两个三角形的面积记为 $A(t_0)$ 和 $A(t_1)$. 试图观察原始三角形 $P(0)Q'(0)R'(0)$ 的长期演化, 但 $P(1)$, $Q(1)$, $R(1)$ 可能分离得太远而使得测量的已不是吸引子的局部性质. 在极端情形下, 点还可能从吸引子的 "壁上" "反跳". 因此, 实际的做法是保持点 $P(1)$ 作为三角形的一个顶点, 而寻找其新的最近邻点 $Q'(1)$ 及 $R'(1)$. 三角形的面积为 $A'(t_1)$. 显然, 量 $\lambda_1 = \log_2 A'(t_1)/A(t_0)$ 反映吸引子的局部膨胀和收缩特性. 重复这一步骤直到所有的数据都用到, 两个最大 Lyapunov 指数之和的估计值为

$$\lambda_1 + \lambda_2 = \frac{1}{t_N - t_0} \sum_{k=1}^{N} \log_2 \frac{A'(t_k)}{A(t_{k-1})},$$

其中 N 为代换的总步数, t_k 为第 k 步代换的时间. 当 λ_1 趋于某一稳定值时, 计算才算成功. 面积演化法的合理性在于: 其一, 整个计算中已经保留了三角形中一点 $P(0)$ 的演化, 从而考虑了相应的一维映射不变概率密度对指数贡献的权重; 其二, 吸引子的局部近似平面, 故面积演化不必考虑其他指数的修正 (图 2.4).

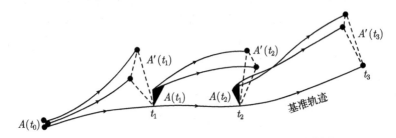

图 2.4　面积演化法计算 Lyapunov 指数的演化替换过程

2.3　混沌控制的基本理论

同步属于控制的特例, 研究混沌同步首先就要研究怎样控制混沌, 因此, 本节将给出几种典型的混沌控制原理.

2.3.1　自适应控制原理

所谓自适应是指生物能改变自己的习性以适应新环境的一种特征. 因此, 直观

地讲, 自适应控制器应当是一种能修正自己的特性以适应对象和扰动的控制器. 自适应控制有很多种定义, 总的来讲, 自适应控制系统应具有如下功能:

(1) 在线进行系统结构和参数的辨识或系统性能指标的度量, 以便得到系统当前状态的改变情况;

(2) 按一定的规律确定当前的控制策略;

(3) 在线修改控制器的参数或可调系统的输入信号.

由这些功能组成的理论性自适应控制系统如图 2.5 所示, 它由性能指标 (IP) 的测量、性能指标的比较与决策、自适应机构以及可调系统组成, 它的功能完全符合自适应控制定义所要求的目标.

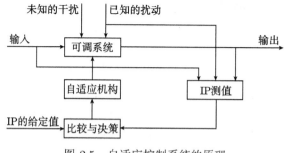

图 2.5　自适应控制系统的原理

自适应控制[18~24] 需要不断地测量系统的状态、性能或参数, 从而 "认识" 或 "掌握" 系统当前的运行指标, 并与期望的指标相比较, 进而作出决策, 以改变控制器的结构、参数或根据自适应律来改变控制作用, 保证系统运行在某种意义下的最优或次最优状态. 当然, 按照这些要求设计的自适应控制系统比常规的调节器要复杂得多, 但是随着现代控制理论蓬勃发展所取得的一些成果, 如状态空间分析法、系统辨识与参数估计、最优控制、随机控制和稳定性理论等, 为自适应控制的形成和发展奠定了理论基础. 另一方面, 微处理机的发展和它的性价比不断降低, 为采用较为复杂的自适应控制创造了物质条件, 使得自适应控制成功地应用于许多实际工程问题中.

2.3.2　反馈控制原理

反馈控制[25~43] 就是从系统状态或输出中提取某些信息作为控制系统的依据, 使原系统成为闭环系统, 通过对反馈信息的选择和变换, 使要控制的目标位置在闭环系统中成为稳定点, 最终达到提高系统动态性能和减小静态误差的目的, 很好地实现对原系统的控制. 图 2.6 为一种传统反馈控制系统, 它将对象扰动和检测到的对象输出反馈到输入端与期望响应比较得到误差, 用这个误差去激励调节器 (或控制器), 经放大或滤波后去驱动对象, 一方面去抵消扰动, 另一方面去调节对象的输出使得误差减小, 这时的调节器的功能既要放大反馈扰动信号使它与输出扰动相等才能消除扰动, 又要将误差信号中输出与期望响应的偏差放大去调节对象输出才能使对象输出跟随上期望响应.

图 2.6　反馈控制系统的原理

反馈控制具有以下优点:

(1) 可以用于对原系统方程中任意解的目标控制, 如不动点、不稳定周期轨道等目标的控制;

(2) 控制器结构简单, 易于构造;

(3) 不受小参数变化的影响, 具有抗干扰特性.

但反馈控制也存在缺点. 对于存在很多系统变量相互耦合的实际系统, 反馈控制在设计上具有一定困难. 也就是说, 对于求取反馈控制律来说, 一个很重要的前提条件是系统的参数必须是确定的. 然而, 在实际情况下, 确定的系统参数是难以获得的. 如果参数不确定, 系统反馈控制系数根本不可能求得.

2.3.3　非反馈控制原理

非反馈方法是在某一系统参数或状态变量上施加一个简单的外部周期扰动, 使得系统达到稳定态. 对于混沌系统而言, 就是使得混沌系统转化为周期轨道, 从而达到控制混沌的目的. 它是一种开环控制. 非反馈控制法有弱周期参数扰动法[18,41]、弱周期脉冲附加法、弱噪声信号附加法等[44,45].

2.4　混沌同步的几种基本方法

2.4.1　反馈同步法

该类方法与混沌控制有密切的关系, 可看成是让被控混沌系统轨道按目标混沌系统轨道运动的控制问题. 这里所讲的被控系统就是响应系统, 目标系统就是驱动系统, 利用驱动系统与响应系统的误差信号, 通过施加反馈控制就可以使响应系统跟踪驱动系统, 从而实现混沌系统的同步.

一般来说, 在混沌同步中, 用到的反馈方法可以分为参数反馈[18~24] 和状态变量反馈[26~43] 两种. 参数反馈指利用反馈的误差信号去调整系统的参数, 这是因为混沌系统对参数的敏感性, 所以通过调整参数就可以使两个混沌系统实现同步化.

状态变量反馈指的是反馈的信号直接加到响应系统的状态变量上去, 不改变系统的参数. 这里仅讨论状态变量反馈, 基本原理如下:

设一个 N 维自治非线性动力系统可用下面的常微分方程组表示:

$$\dot{U} = \boldsymbol{\Gamma}(U, \rho), \tag{2.13}$$

其中 $U = (u_1, u_2, \cdots, u_n)^{\mathrm{T}}$, $\boldsymbol{\Gamma} = (\Psi_1, \Psi_2, \cdots, \Psi_n)^{\mathrm{T}}$ 为 N 维矢量.

以往的研究表明, 具有变量反馈的两个混沌系统实际是耦合系统, 在一定条件下可达到同步. 在响应子系统方程中加一个反馈项

$$\dot{U}' = \boldsymbol{\Gamma}(U', \rho) - \boldsymbol{\Psi}(U', U), \tag{2.14}$$

其中, $\boldsymbol{\Psi}(U', U)$ 可以是一个向量函数, 也可是一个标量函数. 选择合适的 $\boldsymbol{\Psi}(U', U)$, 使得当 $t \to \infty$ 时, $\boldsymbol{\Psi}(U', U) \to 0$ 和 $U' \to U$, 即式 (2.14) 的解渐近跟踪式 (2.13) 的解, 从而使得驱动–响应系统同步.

2.4.2 激活控制法

激活控制法[46~48] 的控制目标是设计控制器, 使得响应系统能渐近跟踪驱动系统, 并最终实现各种类型的混沌同步. 设存在驱动系统

$$\dot{x} = Ax + f(x), \tag{2.15}$$

其中 $x = (x_1, x_2, \cdots, x_n)^{\mathrm{T}} \in \mathbf{R}^n$ 为状态向量, $A \in \mathbf{R}^n \times \mathbf{R}^n$ 为常数矩阵, $f(x)$ 为非线性连续函数.

令响应系统为

$$\dot{y} = Ay + f(y) + u(t), \tag{2.16}$$

其中 $\dot{y} = (y_1, y_2, \cdots, y_n)^{\mathrm{T}} \in \mathbf{R}^n$ 为状态向量, $u(t) = (u_1(t), u_2(t), \cdots, u_n(t))^{\mathrm{T}} \in \mathbf{R}^n$.

控制目标是设计控制器 $u(t)$, 使得响应系统 (2.16) 能渐近跟踪驱动系统 (2.15), 并最终实现同步, 即

$$\lim_{t \to \infty} \|y - x\| = 0,$$

其中 $\|\cdot\|$ 为欧氏范数.

定义误差 $e = y - x$, 可得误差系统

$$\dot{e} = \dot{y} - \dot{x} = Ae + F(x, y) + u(t), \tag{2.17}$$

其中 $F(x, y) = f(y) - f(x)$. 控制器 $u(t)$ 可以消除式 (2.17) 中不含 e 的非线性项, 即

$$u(t) = V(t) - F(x, y), \tag{2.18}$$

其中 $V(t) = Ke$ 是含有 e 的线性项. 将式 (2.18) 代入式 (2.17) 得

$$\dot{e} = Ae + V(t). \tag{2.19}$$

因为 $V(t)$ 是含有 e 的线性项且 $V(t) = Ke$, $K \in \mathbf{R}^{n \times n}$ 为常数对角矩阵, 所以式 (2.19) 变换为

$$\dot{e} = (A + K)e. \tag{2.20}$$

定理 2.1　如果对角矩阵满足条件 $\lambda_i \leqslant 0$, 其中 λ_i 为矩阵 $(A + K)$ 的特征值, 则式 (2.20) 的状态向量渐近收敛到零, 即驱动系统 (2.15) 与响应系统 (2.16) 渐近同步.

证明　解微分方程 $\dot{e} = (A + K)e$ 得

$$\|e(t)\| = \left\| e^{(A+K)t} e(0) \right\|.$$

根据矩阵 $(A + K)$ 的特征值均为不大于零的实数, 故当 $t \to \infty$ 时, $\|e\| \to 0$, 即

$$\lim_{t \to \infty} \|e\| = 0.$$

此时驱动系统 (2.15) 与响应系统 (2.16) 渐近同步. 证毕.

2.4.3　全局同步法

由于全局同步法[47,49] 在实际系统中构造简单, 易于实现, 因此, 它是混沌同步中最有效的方法之一[50,51]. 这里采用文献 [50] 的全局同步准则来实现两个具有单向线性误差反馈耦合的耦合混沌系统同步.

全局同步法可控制形如

$$\dot{x} = Ax + g(x) + u \tag{2.21}$$

的混沌系统有效地达到同步, 其中 $x \in \mathbf{R}^n$ 为状态变量, $u \in \mathbf{R}^n$ 为外部输入控制向量, $A \in \mathbf{R}^n \times \mathbf{R}^n$ 为常量矩阵, $g(x)$ 为连续的非线性函数. 令 $\tilde{x}$ 为式 (2.21) 对应的响应系统的状态变量, 定义一个有界矩阵

$$H = g(\tilde{x}) - g(x), \tag{2.22}$$

矩阵 H 的元素完全取决于 x 和 $\tilde{x}$. 根据单向线性耦合方法, 驱动系统 (2.21) 的响应系统可构造为

$$\dot{\tilde{x}} = A\tilde{x} + g(\tilde{x}) + u + K(\tilde{x} - x), \tag{2.23}$$

其中 $K = \mathrm{diag}(k_1, k_2, \cdots, k_n)$, $k_i \in \mathbf{R}(i = 1, 2, \cdots, n)$ 为反馈增益. 定义误差 $e = \tilde{x} - x$, 可得误差系统

$$\dot{e} = (A - K)e + g(\tilde{x}) - g(x). \tag{2.24}$$

定理 2.2[50] 若令反馈增益矩阵 $\boldsymbol{K}$ 取值为

$$\lambda_i \leqslant \zeta < 0, \quad i = 1, 2, \cdots, n, \tag{2.25}$$

其中 λ_i 为矩阵 $(\boldsymbol{A} - \boldsymbol{K} + \boldsymbol{H})^{\mathrm{T}} \boldsymbol{P} + \boldsymbol{P}(\boldsymbol{A} - \boldsymbol{K} + \boldsymbol{H})$ 的特征值 ($\boldsymbol{P}$ 为正定对称的常量矩阵), ζ 为一个负常量, 则误差系统 (2.24) 全局按指数率收敛到稳定点 —— 原点, 即系统 (2.21) 和 (2.23) 全局渐近同步.

文献 [50] 给出了构造适当的反馈增益矩阵的条件: 选择矩阵 $\boldsymbol{P} = \mathrm{diag}(p_1, p_2, \cdots, p_n)$, 若矩阵 $\boldsymbol{K}$ 满足如下关系:

$$K_i \geqslant \frac{1}{2p_i}(\bar{a}_{ii} + R_i - \zeta), \quad i = 1, 2, \cdots, n, \tag{2.26}$$

其中 $\bar{a}_{ii}$ 为矩阵 $(\bar{a}_{ii})$ 的对角元素. $(\bar{a}_{ii})$ 和 R_i 分别定义为

$$(\bar{a}_{ii}) = (\boldsymbol{A} + \boldsymbol{H})^{\mathrm{T}} \boldsymbol{P} + \boldsymbol{P}(\boldsymbol{A} + \boldsymbol{H}) \tag{2.27}$$

和

$$R_i = \sum_{j=1, j \neq i}^{n} |\bar{a}_{ij}|, \tag{2.28}$$

则不等式 (2.25) 成立, 这就意味着系统 (2.21) 和 (2.23) 全局渐近同步. 为简便起见, 取 $\boldsymbol{P} = \boldsymbol{I}$, 则条件 (2.26) 变为

$$K_i \geqslant \frac{1}{2}(\bar{a}_{ii} + R_i - \zeta), \quad i = 1, 2, \cdots, n. \tag{2.29}$$

2.4.4 基于观测器的同步法

考虑如下一类非线性混沌系统:

$$\begin{cases} \dot{\boldsymbol{x}} = \boldsymbol{A}\boldsymbol{x} + \boldsymbol{B}\boldsymbol{f}(\boldsymbol{y}), \\ \dot{\boldsymbol{y}} = \boldsymbol{C}^{\mathrm{T}}\boldsymbol{x} \end{cases} \tag{2.30}$$

作为驱动系统, 其中 $\boldsymbol{x} \in \mathbf{R}^n$ 为状态向量, $\boldsymbol{A} \in \mathbf{R}^{n \times n}$ 且 $\boldsymbol{B} \in \mathbf{R}^n$ 分别为适当维数的矩阵和向量, $\boldsymbol{f}: \mathbf{R}^n \to \mathbf{R}$ 为非线性映射, $\boldsymbol{y} \in \mathbf{R}^n$ 为系统的输出, $\boldsymbol{C}^{\mathrm{T}}$ 为 $\boldsymbol{C}$ 的转置. 响应系统用如下状态观测器:

$$\begin{cases} \dot{\hat{\boldsymbol{x}}} = \boldsymbol{A}\hat{\boldsymbol{x}} + \boldsymbol{B}\boldsymbol{f}(\boldsymbol{y}) + \boldsymbol{L}(\boldsymbol{y} - \hat{\boldsymbol{y}}), \\ \hat{\boldsymbol{y}} = \boldsymbol{C}^{\mathrm{T}}\hat{\boldsymbol{x}} \end{cases} \tag{2.31}$$

来重构混沌载波信号, 其中 $\hat{\boldsymbol{x}}$ 为观测器的状态, $\hat{\boldsymbol{y}}$ 为观测器的输出, $\boldsymbol{L} \in \mathbf{R}^n$ 为观测器增益. 选择适当的观测器增益 $\boldsymbol{L}$ 可以使系统 (2.31) 和系统 (2.30) 同步. 定义同步误差 $e = \boldsymbol{x} - \hat{\boldsymbol{x}}$, 则由式 (2.30) 和式 (2.31) 可得

$$\dot{e} = (\boldsymbol{A} - \boldsymbol{L}\boldsymbol{C}^{\mathrm{T}})e. \tag{2.32}$$

显然, 如果 (A, C^T) 可观, 则通过选取适当的 L, 使得 $(A - LC^T)$ 的特征值的半径小于 1. 因此, 式 (2.32) 所示的误差系统是渐近稳定的, 即

$$\lim_{t \to \infty} \|e\| = 0,$$

也就是说, 驱动系统 (2.30) 与响应系统 (2.31) 达到了同步. 更多关于观测器同步的内容, 可参见文献 [52]～[54].

2.5　混沌同步在保密通信中的应用

保密通信是用某种方法将被传送的信息加密后传送. 由于混沌信号具有遍历性、非周期、连续宽带频谱、似噪声等特性, 使其特别适用于保密通信.

随着混沌同步控制理论的不断成熟, 混沌同步保密通信正在成为信息安全领域的一个研究热点. 20 世纪 90 年代以来, OGY 混沌控制法[55] 和 PC 同步法[56] 的成功实现为混沌理论的应用打开了方便之门, 其中基于混沌理论的保密通信研究得到了快速发展. 将混沌用于保密通信的想法, 最初是由 Tang 等在研究了混沌同步电路之后提出的. 随后, Chua 研究了锁相电路的混沌同步效应及 Chua 电路的混沌同步过程, Carroll 和 Pecora 研究了 Newcomb 电路的混沌同步现象, 他们均特别强调了混沌用于保密通信的发展前景.

目前, 对混沌同步及其在混沌通信中应用的研究主要基于以下两个方面: ① 混沌同步的研究; ② 混沌调制技术与混沌保密通信的研究. 同步技术在通信系统中具有非常重要的意义, 它是决定相干通信系统能否实现通信的一个重要因素, 同样混沌同步也是混沌相干通信能否实现的重要因素之一. 混沌同步保密通信是通过某种混沌同步方法实现发送端和接收端混沌系统的自同步, 进行实时保密通信. 它们的安全性依赖于混沌系统对参数和初始条件的敏感性以及混沌变量宽带似噪声的特点.

本节主要阐述混沌同步的研究进展, 并且分析当前几种典型的基于混沌同步的保密通信方案的应用方法.

2.5.1　混沌同步通信的优势

对于保密通信来说, 系统必须满足两个要求: 一是有效性与鲁棒性, 即在有外界噪声干扰的情况下, 接收端恢复的信号应和发送端传送的有用信号相一致, 从而使恢复信号的失真尽量小; 二是安全性, 即使用某种算法将被传送的信息加密, 从而使非法接收者难以破译信息信号[57].

在安全通信领域中, 混沌以其独具的魅力显示了潜在的应用前景. 混沌在保密通信中的应用主要表现为以下三个优势: 一是宽带方面, 混沌信号是连续的宽带频

谱, 可以利用混沌序列的非周期性, 用作扩频通信的扩频码; 二是复杂性方面, 混沌信号对初始条件的敏感性、长期不可预测性、隐蔽性及高度复杂性都特别适用于保密通信; 三是正交性方面, 混沌信号具有快速衰减的自相关性和微弱的互相关性, 利用此特性可以将混沌应用于多用户通信应用方面, 这是混沌应用于保密通信的又一崭新领域.

将混沌同步应用于保密通信的基本思想如下: 把被传输的信息源加在某一由混沌系统产生的混沌信号上, 生成混合类噪声信号, 即完成了对信息源加密, 该混合信号发送到接收器上后, 再由一相应的混沌系统分离其中的混沌信号, 即解密过程, 进而接收到原传送的信息源, 由于混沌同步效应的存在, 使得这一解密过程能够实现.

2.5.2　混沌保密通信的应用方案

混沌同步理论应用于通信有如下几种主要方法:

(1) 混沌掩盖[58,59](chaos masking);

(2) 混沌键控[60](chaos shift keying, CSK);

(3) 混沌参数调制[61,62];

(4) 混沌扩频[63,64].

第一种属于混沌模拟通信, 后三种则主要应用于混沌数字通信. 近年来, 如何围绕这 4 大类混沌通信体制进行理论分析、仿真和实验研究, 已成为信息科学界关注的要点之一. 下面对 4 种方法进行简要介绍.

1) 混沌掩盖

混沌掩盖通信是最早研究的混沌保密通信, 它利用了 Pecora-Carroll 的自同步定理. 混沌掩盖的基本原理是利用具有逼近于高斯白噪声统计特性的混沌信号作为一种载体来隐藏信号所要传送的信息, 在接收端利用同步后的混沌信号去掩盖, 从而恢复出有用的信息. 混沌掩盖的方式主要有以下几种:

(1) 相乘: $s_x(t) = s(t)x(t)$;

(2) 相加: $s_x(t) = s(t) + x(t)$;

(3) 相加、相乘结合: $s_x(t) = [1 + ks(t)]x(t)$.

其中 $x(t)$ 为混沌信号, $s(t)$ 为有用的信息信号, $s_x(t)$ 为混沌掩盖信号. 在接收端用同步后的混沌信号进行与之相应的逆运算即可恢复有用的信息信号 $\hat{s}(t)$.

1993 年, Cuomo 和 Oppenheim 基于串联法用 Loernz 系统构造混沌掩盖保密通信系统, 完成了模拟电路实验[65]. 1996 年, Milanovic 和 Zaghloul 在串联法混沌掩盖方案的基础上提出了改进方案[66]. 1997 年, Yu 和 Lookman 进一步完善了这一方案[67]. 为保证同步, 在以上的方案中都要求信息信号的功率远小于混沌信号. 由于混沌掩盖通信存在着对信道噪声敏感、线路带宽限制及保密性低等缺点. 为此, 研究人员提出了各种改进方案. 例如, 基于单向耦合同步的混沌掩盖方案[68,69], 其基本思想是将信息信号以某种方式叠加到混沌信号上的同时注入发送端, 对混沌系统起到了一定的调制作用; 适合较大幅度信息信号的混沌掩盖通信方法[70], 其关键是在接收端采用了一个自适应控制器维持收发系统的混沌同步, 并通过逆变换恢复出信息信号; 适合较大功率信息信号的混沌掩盖通信方案[71], 其关键是注入发送端系统的信号是信息信号与一个自适应控制器的误差.

混沌掩盖保密通信系统电路实现简单, 用于模拟通信, 但抗噪声和参数失配能力较弱, 并且保密性差.

2) 混沌键控

混沌键控的基本思想是利用不同混沌信号代表二进制信息, 即编码器由两个或更多个具有不同参数的自治混沌系统组成. 混沌键控的通信方式从最初的 COOK (混沌开关键控) 和 CSK(混沌移位键控) 到较为优越的 DCSK(差分相关检测). 但是, CSK, COOK 和 DCSK 系统都存在一个共同的不足之处: 要使系统能正常工作, 二进制数字信号{bi}的码率不能太高, 码元脉宽 T 限制在毫秒级范围内. 因此, 它只能用于较低速码率的混沌数字通信中. 为了解决这个问题, 目前对混沌键控通信的研究主要表现为积分混沌移频键控 (QCSK), 调频微分混沌移频键控 (FM-DCSK), 其中 FM-DCSK 系统使用了混沌模拟锁相环 (APLL). 对于一般的蔡氏混振电路只能产生低通混沌信号, 而利用混沌模拟锁相环, 则能产生带通混沌信号, 再将此信号输入到 FM 调制器中, 通过适当地设计 APLL, 可以在 FM 调制器的输出端得到具有均匀功率谱密度的带限频谱信号, 从而使接收端相关器的输出值 (比特能量) 保持为常数, 不受码元速率大小的限制, 并且 FM-DCSK 的抗噪声性能也较好. 目前, FM-DCSK 已被欧洲有关委员会列入长期研究计划[72].

与混沌掩盖相比, 混沌键控抗噪声和参数失配的能力较强, 可用于数字通信, 但保密性及安全性不尽人意, 混沌系统比较容易被破译.

3) 混沌参数调制

混沌参数调制是将所传输的信息信号隐藏在系统参数中, 在接收端通过恢复相应的参数来提取所传输的信息信号. 1996 年, Yang 和 Chua 提出了混沌参数调制, 利用待传输信息调制混沌发射系统的参数[73]. 混沌参数调制通信中, 编码器为一个非自治的混沌系统, 它的状态受到信息信号的影响, 编码器和解码器的同步通过所传输的信号在解码器端重建它的状态, 信息信号恢复通过一个逆编码器操作, 重构出混沌状态和信息信号. 由于混沌参数调制保密通信存在噪声影响、衰减以及带宽问题. 为此, 人们提出了各种改进方案. 例如, 混沌脉冲宽度调制 (CPWM) 新技术[74], 此技术的关键是将数字信息隐藏在脉冲的宽度之中. 此外, 还有一些新的混沌调制通信方案[75]. 研究表明混沌参数调制保密通信具有较好的应用前景.

4) 混沌扩频通信

混沌扩频通信的特点是传输信息所用的带宽远远大于信息本身带宽. 混沌扩频通信有许多优点. 首先, 其具有很强的抗干扰能力; 其次, 其隐蔽性很好. 传统扩频通信通常采用 PN 序列 (伪随机序列) 作为扩频序列, 由于这种序列具有一定的周期性, 因而它的码数量有限, 并且抗截获能力也较弱, 因而引入了混沌扩频通信, 混沌作为一种非线性系统, 具有伪随机序列的优点, 并且摒弃了伪随即序列的缺点. 从理论上讲, 混沌序列是非周期序列, 具有近似于高斯白噪声的统计特性, 并且混沌序列数目众多, 更适合于作扩频通信的扩频码.

混沌扩频通信的扩频方法主要有三种: 直接序列扩频、调频方式扩频、混合方式扩频. 1993 年, Halle 等提出利用混沌调制进行扩频通信的方法[61]. 目前, 主要是利用 logistic 映射或者改进型非线性映射方法产生混沌扩频序列, 其中包括一维和高维的非线性映射.

在混沌扩频中, 对于干扰信号, 由于滤波的作用, 只取其被扩散到消息信号所在频段的那部分, 这样消息信号被完全恢复, 干扰信号只有小部分被恢复, 扩频调制就是通过这种对信号和干扰的非等价处理, 大大抑制了噪声干扰, 从而提高了输出的信噪比.

除了上述基本的混沌通信类型外, 还有不少其他混沌通信方法, 如混沌脉冲定位调制技术 (chaotic pulse position modulation, CPPM)[64]、基于延迟映射 (time delayed map) 的混沌通信、PCTH(pseudo-chaotic time hopping) 法[76]、超带宽 (ultra wideband, UWB) 混沌通信、超高频宽带的直接混沌通信 (direct chaotic communication, DCC)[77,78] 以及激光混沌通信[79] 等.

关于混沌保密通信的更多内容, 可参见文献 [80]~[88]. 由于超混沌具有多个正 Lyapunov 指数, 动力学行为更加难以预测, 可以在保密通信中提供更高的安全性. 因此, 构造新的超混沌系统也是混沌保密通信的一个重要研究内容. 下一小节中将简要介绍一下超混沌系统的设计方法及其电路实现.

2.5.3　超混沌系统的构造与电路设计

近年来, 人们在构造超混沌系统方面进行了广泛深入的研究, 在理论和实践方面取得了许多成果. 例如, Li 等在 Chen 系统的基础上提出了超混沌 Chen 系统[89], 吕金虎等基于 Lü 系统提出了超混沌 Lü 系统[90], Nikolov 和 Clodong 提出了变形超混沌 Rössler 系统[91], Gao 等以另一种方法使 Chen 系统产生超混沌[92]. 本小节则在以上研究的基础上, 针对 Lorenz 系统和 Qi 系统, 分别构造了超混沌 Lorenz 系统和超混沌 Qi 系统, 并给出了相应的电路设计图.

2.5.3.1 超混沌 Lorenz 系统

Lorenz 系统[1] 可表示为如下方程:

$$\begin{cases} \dot{x} = a(y-x), \\ \dot{y} = cx - y - xz, \\ \dot{z} = xy - bz. \end{cases} \tag{2.33}$$

令 $a = 10, b = 8/3, c = 28$, 此时系统处于混沌状态. 系统 (2.33) 混沌吸引子在各平面投影如图 2.7 所示. 在系统 (2.33) 第一个方程中, 引入非线性控制器 w, 令 w 的变化率为 $\dot{w} = -yz + rw$, 则产生的新系统为

$$\begin{cases} \dot{x} = a(y-x) + w, \\ \dot{y} = cx - y - xz, \\ \dot{z} = xy - bz, \\ \dot{w} = -yz + rw. \end{cases} \tag{2.34}$$

人们从发现超混沌 Rössler 系统[93] 以来, 总结出产生超混沌吸引子要满足几个必要条件: 具有耗散结构; 方程的维数不少于 4; 系统至少有两个增强不稳定因素的方程, 并且这两个方程至少有一个含非线性项.

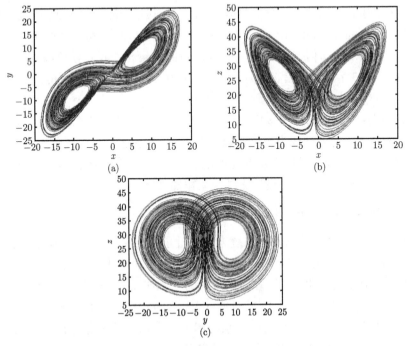

图 2.7   系统 (2.33) 的混沌吸引子在各平面上的投影

系统 (2.34) 中, r 为新引入的控制参数, 仍令 $a = 10, b = 8/3, c = 28$, 只有当

$$\nabla V = \frac{\partial \dot{x}}{\partial x} + \frac{\partial \dot{y}}{\partial y} + \frac{\partial \dot{z}}{\partial z} + \frac{\partial \dot{w}}{\partial w} = -10 - 1 - \frac{8}{3} + r = r - 13.667 < 0$$

时, 才能满足耗散结构, 从而产生混沌吸引子, 因此, 理论上, r 的最大上限为 13.667. 尝试对 r 取零附近的值, 以减小其对原系统耗散性的影响, 王兴元等发现当 $r = -1$ 时, 系统 (2.34) 产生超混沌运动. 应用 Ramasubramanian 和 Sriram 计算微分方程组 Lyapunov 指数谱的方法[94] 得到当 $r = -1$ 时, 系统 (2.34) 的 Lyapunov 指数为 $\lambda_1 = 0.3381, \lambda_2 = 0.1586, \lambda_3 = -0.0007, \lambda_4 = -15.1752$. 此时, 系统 (2.34) 的吸引子在各平面上的投影如图 2.8 所示. 由系统的 Lyapunov 指数可知, 当 $r = -1$ 时, 系统 (2.34) 为超混沌系统.

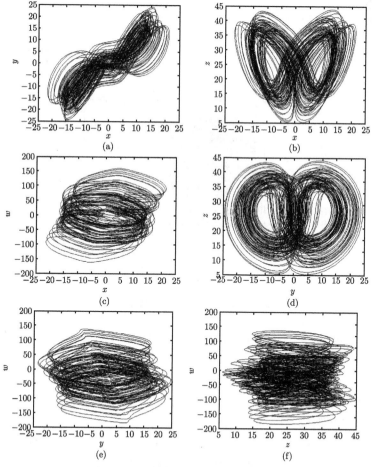

图 2.8　当 $r = -1$ 时系统 (2.34) 的超混沌吸引子在各平面上的投影

对系统 (2.34) 而言, 当 r 取正值时, 其绝对值越大, 整个系统中的驱动力就

会越大, 系统不稳定因素就会增大; 反之, 当 r 取负值时, 其绝对值越大, 整个系统中的耗散力就会越大, 系统稳定因素将得到增强. 当对 r 取零附近的值进行数值模拟时, 王兴元等发现当 $r > 0.17$ 时, 系统 (2.34) 将很快发散. 尝试对 r 取距离零稍远的负值发现, 这时系统 (2.34) 会收敛于稳定平衡点. 仿真结果如图 2.9 所示.

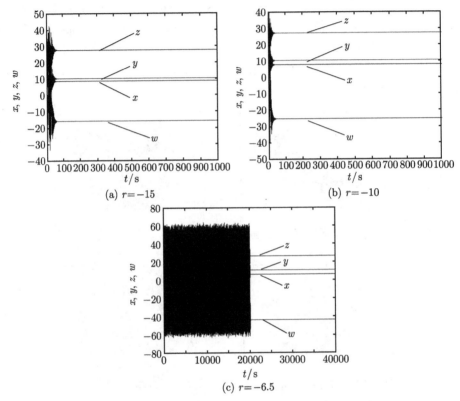

图 2.9　系统 (2.34) 收敛于稳定平衡点

由图 2.9 可见, 有时需要很长时间, 系统 (2.34) 才最终稳定于平衡点. 王兴元等通过模拟系统 (2.34) 的长期运动行为得到: 当 $r < -6.43$ 时, 系统 (2.34) 将最终收敛于某个平衡点.

为研究系统 (2.34) 的动力学行为随 r 值的变化情况, 取 $-6.43 \leqslant r \leqslant 0.17$, 作出如图 2.10 所示的分岔图.

$X_{\max}$ 表示在每个不稳定周期 (或稳定周期) 中 x 的峰值, 当系统做周期运动时, 对应同一个 r 值, $X_{\max}$ 只能取到一个或有限几个值; 而当系统在混沌状态时, 对应同一个 r 值, $X_{\max}$ 能取到无数个值.

应用 Ramasubramanian 和 Sriram 计算微分方程组 Lyapunov 指数谱的方

法 [94] 得到当 $-6.43 \leqslant r \leqslant 0.17$ 时, 系统 (3.34) 的 Lyapunov 指数谱如图 2.11 所示.

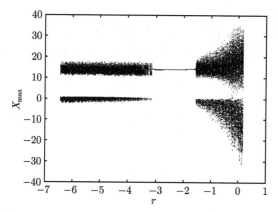

图 2.10 当 $-6.43 \leqslant r \leqslant 0.17$ 时系统 (2.34) 的分岔图

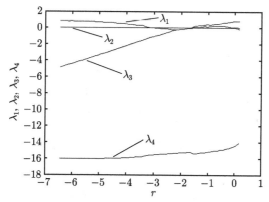

图 2.11 当 $-6.43 \leqslant r \leqslant 0.17$ 时系统 (2.34) 的 Lyapunov 指数谱

依据图 2.10, 图 2.11 及先前的判定结果, 王兴元等针对处于交界区域的 r 值, 为系统 (2.34) 的 Lyapunov 指数作了较为精确的数值计算, 得出如下结论:

当 $r < -6.43$ 时, 系统 (2.34) 最终收敛于稳定平衡点;

当 $-6.43 \leqslant r \leqslant -3.21$ 时, $\lambda_1 > 0, \lambda_2 = 0, \lambda_3 < 0, \lambda_4 < 0$, 系统 (2.34) 处于混沌状态;

当 $-3.21 < r \leqslant -1.52$ 时, $\lambda_1 = 0, \lambda_2 < 0, \lambda_3 < 0, \lambda_4 < 0$, 系统 (2.34) 处于周期运动状态;

当 $-1.52 < r \leqslant -0.06$ 时, $\lambda_1 > 0, \lambda_2 > 0, \lambda_3 = 0, \lambda_4 < 0$, 系统 (2.34) 处于超混沌状态;

当 $-0.06 < r \leqslant 0.17$ 时, $\lambda_1 > 0, \lambda_2 = 0, \lambda_3 < 0, \lambda_4 < 0$, 系统 (2.34) 处于混沌状态;

当 $r > 0.17$ 时, 系统 (2.34) 将发散.

以电容两端的电压作为变量, 可以用运算放大器、乘法器、电容、电阻和导线搭建混沌电路. 考虑到所采用的实际器件有一定电压限制, 因此, 进行如下坐标变换:

$$\begin{cases} x = 10x', \\ y = 10y', \\ z = 10z', \\ w = 10w', \end{cases} \tag{2.35}$$

搭建变量值为原来 1/10 的微缩版超混沌系统

$$\begin{cases} \dot{x}' = a(y' - x') + w', \\ \dot{y}' = cx' - y' - 10x'z', \\ \dot{z}' = 10x'y' - bz', \\ \dot{w}' = -10y'z' + rw'. \end{cases} \tag{2.36}$$

系统 (2.36) 的电路图如图 2.12 所示.

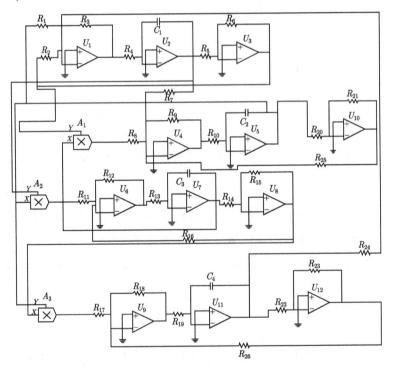

图 2.12　当参数 r 取负值时系统 (2.38) 的电路图

在图 2.12 中, 用 x, y, z, w 代表 C_1, C_2, C_3, C_4 两端的电压, 则该电路可表示如下:

$$
\begin{cases}
\dot{x} = \dfrac{R_3}{R_1 R_4 C_1} y - \dfrac{R_6 R_3}{R_5 R_2 R_4 C_1} x + \dfrac{R_3}{R_{24} R_4 C_1} w, \\[2mm]
\dot{y} = \dfrac{R_9}{R_7 R_{10} C_2} x - \dfrac{R_9 R_{21}}{R_{20} R_{25} R_{10} C_2} y - \dfrac{R_9 R_6}{R_5 R_8 R_{10} C_2} xz, \\[2mm]
\dot{z} = -\dfrac{R_{12} R_{15}}{R_{13} R_{14} R_{16} C_3} z + \dfrac{R_{12}}{R_{11} R_{13} C_3} xy, \\[2mm]
\dot{w} = -\dfrac{R_{15} R_{18}}{R_{14} R_{17} R_{19} C_4} yz + \dfrac{-R_{23} R_{18}}{R_{22} R_{26} R_{19} C_4} w.
\end{cases}
\tag{2.37}
$$

显然, 选取适当的电阻和电容, 可以令式 (2.37) 等价于当 r 取负时的式 (2.36)(超混沌存在于 r 取负时). 当选取

$R_1 = 10\text{k}\Omega,\quad R_2 = 20\text{k}\Omega,\quad R_3 = 10\text{k}\Omega,\quad R_4 = 100\text{k}\Omega,\quad R_5 = 10\text{k}\Omega,\quad R_6 = 20\text{k}\Omega,$

$R_7 = 14.286\text{k}\Omega,\quad R_8 = 80\text{k}\Omega,\quad R_9 = 40\text{k}\Omega,\quad R_{10} = 100\text{k}\Omega,\quad R_{11} = 10\text{k}\Omega,$

$R_{12} = 10\text{k}\Omega,\quad R_{13} = 100\text{k}\Omega,\quad R_{14} = 10\text{k}\Omega,\quad R_{15} = 16\text{k}\Omega,\quad R_{16} = 60\text{k}\Omega,$

$R_{17} = 80\text{k}\Omega,\quad R_{18} = 50\text{k}\Omega,\quad R_{19} = 100\text{k}\Omega,\quad R_{20} = 50\text{k}\Omega,\quad R_{21} = 10\text{k}\Omega,$

$R_{22} = 50\text{k}\Omega,\quad R_{23} = 8\text{k}\Omega,\quad R_{24} = 100\text{k}\Omega,\quad R_{25} = 80\text{k}\Omega,\quad R_{26} = 80\text{k}\Omega,$

$C_1 = C_2 = C_3 = C_4 = 1\mu\text{F}$

时, 系统 (2.37) 等价于参数值选取 $a = 10$, $b = 8/3$, $c = 28$, $r = -1$ 的系统 (2.36). 图 2.13 为该电路使用 Multisim 7.0 得到的仿真结果.

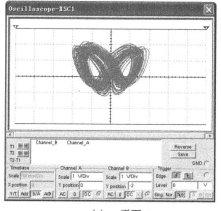
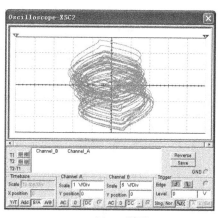

(a) xz 平面   (b) yw 平面

图 2.13 系统 (2.37) 的电路仿真结果

电路仿真结果和 Matlab 的仿真结果相吻合. 由式 (2.36) 和式 (2.37) 有 $r = -R_{23} R_{18}/(R_{22} R_{26} R_{19} C_4)$. 选取 R_{26} 为可调电阻, 就可以得到一个参数可调节的超

混沌电路, 该超混沌电路对应所构造的新的超混沌 Lorenz 系统. 关于该超混沌系统的详细内容, 请参见文献 [95].

2.5.3.2　超混沌 Qi 系统

Qi 系统[96] 可表示为如下方程:

$$\begin{cases} \dot{x} = a(y-x) + yz, \\ \dot{y} = cx - y - xz, \\ \dot{z} = xy - bz. \end{cases} \tag{2.38}$$

令 $a = 35$, $b = 38$, $c = 55$, 系统处于混沌状态. 系统 (2.38) 混沌吸引子在各平面投影如图 2.14 所示.

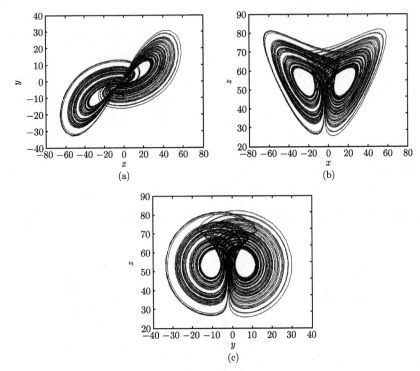

图 2.14　系统 (2.38) 的混沌吸引子在各平面上的投影

应用同样的原理与方法, 设计了新的超混沌 Qi 系统如下:

$$\begin{cases} \dot{x} = a(y-x) + yz, \\ \dot{y} = cx - y - xz + w, \\ \dot{z} = xy - bz, \\ \dot{w} = -xz + rw, \end{cases} \tag{2.39}$$

其中 r 为控制参数. 当 $r = 1.3$ 时, 系统 (2.39) 的 Lyapunov 指数为 $\lambda_1 = 1.4164$, $\lambda_2 = 0.5318$, $\lambda_3 = 0$, $\lambda_4 = -39.1015$. 显然, 此时系统 (2.39) 呈现超混沌状态, 其吸引子的投影图如图 2.15 所示.

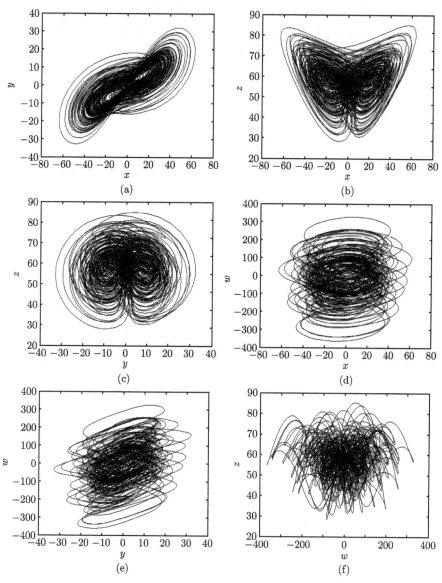

图 2.15 系统 (2.39) 的混沌吸引子在各平面上的投影

同样利用分岔图和 Lyapunov 指数谱对系统 (2.39) 进行分析, 可得出如下结论:

当 $-11.19 < r \leqslant -10.64, -7.35 \leqslant r \leqslant -7.21$ 或 $-7.19 \leqslant r \leqslant -4.05$ 时, $\lambda_1 = 0, \lambda_2 < 0, \lambda_3 < 0, \lambda_4 < 0$, 系统 (2.39) 呈现周期态.

当 $-12 \leqslant r \leqslant -11.19, -10.64 < r < -7.35, -7.21 < r < -7.19$ 或 $-4.05 < r \leqslant 0.41$ 时, $\lambda_1 > 0, \lambda_2 = 0, \lambda_3 < 0, \lambda_4 < 0$, 系统 (2.39) 呈现混沌态.

当 $0.41 < r \leqslant 3$ 时, $\lambda_1 > 0, \lambda_2 > 0, \lambda_3 = 0, \lambda_4 < 0$, 系统 (2.39) 呈现超混沌.

同理, 搭建变量值为原来 1/10 的微缩版超混沌系统

$$
\begin{cases}
\dot{x} = a(y - x) + 10yz, \\
\dot{y} = cx - y - 10xz + w, \\
\dot{z} = 10xy - bz, \\
\dot{w} = -10xz + rw,
\end{cases}
\tag{2.40}
$$

系统 (2.40) 的电路图如图 2.16 所示.

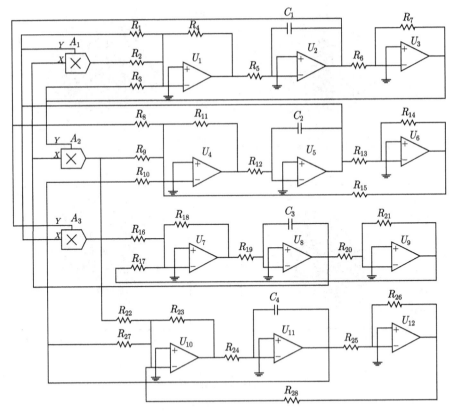

图 2.16　系统 (2.40) 的电路图

在图 2.16 中, 用 x, y, z, w 代表 C_1, C_2, C_3, C_4 两端的电压, 则该电路可表示如下:

$$\begin{cases} \dot{x} = \dfrac{R_4}{R_1 R_5 C_1} y - \dfrac{R_4 R_7}{R_3 R_6 R_5 C_1} x + \dfrac{R_4}{R_2 R_5 C_1} yz, \\[2mm] \dot{y} = \dfrac{R_{11}}{R_8 R_{12} C_2} x - \dfrac{R_{11} R_{14}}{R_{15} R_{13} R_{12} C_2} y - \dfrac{R_{11} R_7}{R_9 R_6 R_{12} C_2} xz + \dfrac{R_{11}}{R_{10} R_{12} C_2} w, \\[2mm] \dot{z} = \dfrac{R_{18}}{R_{16} R_{19} C_3} xy - \dfrac{R_{18} R_{21}}{R_{17} R_{20} R_{19} C_3} z, \\[2mm] \dot{w} = -\dfrac{R_{23} R_7}{R_{22} R_6 R_{24} C_4} xz + \left(\dfrac{R_{23}}{R_{27} R_{24} C_4} - \dfrac{R_{23} R_{26}}{R_{28} R_{25} R_{24} C_4} \right) w. \end{cases} \quad (2.41)$$

显然, 选取适当的电阻和电容, 可以令式 (2.40) 等价于式 (2.40). 当

$$R_1 = R_3 = 4\text{k}\Omega, \quad R_2 = R_4 = 14\text{k}\Omega, \quad R_5 = R_{12} = R_{19} = R_{24} = 100\text{k}\Omega,$$
$$R_6 = R_7 = 10\text{k}\Omega, \quad R_8 = 4\text{k}\Omega, \quad R_{10} = 220\text{k}\Omega, \quad R_9 = R_{11} = 22\text{k}\Omega,$$
$$R_{13} = 20\text{k}\Omega, \quad R_{14} = 10\text{k}\Omega, \quad R_{15} = 110\text{k}\Omega, \quad R_{16} = R_{17} = R_{18} = 10\text{k}\Omega,$$
$$R_{20} = 60\text{k}\Omega, \quad R_{21} = 16\text{k}\Omega, \quad R_{22} = R_{23} = R_{25} = R_{26} = 10\text{k}\Omega,$$
$$R_{27} = 25\text{k}\Omega, \quad C_1 = C_2 = C_3 = C_4 = 1\mu\text{F}$$

时, 式 (2.41) 等价于系统 (2.40) , 此时

$$r = \frac{R_{23}}{R_{27} R_{24} C_4} - \frac{R_{23} R_{26}}{R_{28} R_{25} R_{24} C_4} = 4 - \frac{100}{R_{28}}, \quad (2.42)$$

调整 R_{28} 就可以获得适当的控制参数. 该超混沌电路对应所构造的新的超混沌 Qi 系统. 图 2.17 和图 2.18 为该电路使用 Multisim 7.0 得到的仿真结果. 关于构造超混沌 Qi 系统的更多内容, 请参见文献 [97], [98].

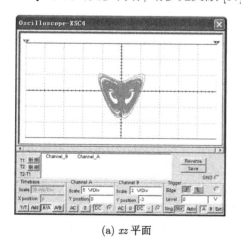
(a) xz 平面

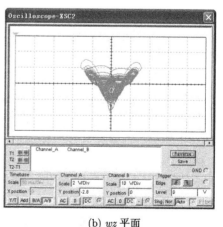
(b) wz 平面

图 2.17　当 $r = -11.5$, $R_{28} = 6.45161\text{k}\Omega$ 时系统 (2.41) 混沌吸引子的电路仿真结果

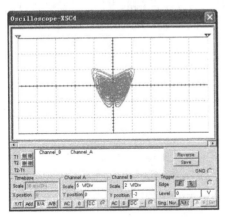
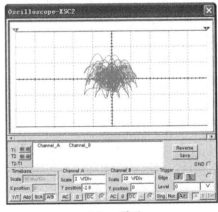

(a) xz 平面　　　　　　　　　　　　　(b) wz 平面

图 2.18　当 $r = 1.5$, $R_{28} = 40\mathrm{k}\Omega$ 时系统 (2.41) 超混沌吸引子的电路仿真结果

2.5.4　混沌保密通信中值得注意的几个问题

混沌同步理论在保密通信实际应用中必须考虑如下两个重要问题:

(1) 同步的鲁棒性;

(2) 参数的敏感性.

同步的鲁棒性是指一个混沌驱动–响应系统在一定的扰动下保持同步的能力. 混沌系统中参数的敏感性对保密通信至关重要, 参数的微小差异将导致失步, 从而使信号不能复原. 在密码学领域中, 混沌系统的参数即为保密通信系统的密钥, 只有当接收器和发送器具有相同的密钥时, 才能在接收端复原真实信号. 因此, 要在工程上实际应用还有许多理论和技术上的问题需要解决, 主要表现为以下几方面:

(1) 噪声干扰问题. 目前对混沌同步通信的研究主要是在理想信道中进行的, 但是信号在实际传输过程中会受到各种噪声的干扰, 因而在混沌同步中加入噪声研究具有实际意义.

(2) 参数匹配及混沌同步通信的保密性与鲁棒性. 混沌系统同步状态的鲁棒性与保密通信的安全性是相互矛盾的. 因此, 在实际中, 如何把握二者之间的矛盾是研究者面临的难题.

(3) 高维超混沌系统同步的物理机制和方法. 非线性动力学系统的混沌大体上有 4 种类型: 一是时间混沌; 二是空间混沌; 三是时空混沌; 四是功能混沌. 现有的混沌同步方法主要针对时间混沌, 一般只有一个 Lyapunov 指数大于 0 的低维混沌系统. 研究表明利用超混沌和时空混沌实现保密通信比一般混沌通信具有更好的保密性和信息处理能力, 因而它是今后混沌通信领域中重要的研究方向.

(4) 混沌广义同步理论在通信领域中的研究与应用. 目前关于广义同步在通信

研究应用还很少, 这是对未来研究的挑战.

(5) 基于混沌通信的非线性电路问题. 混沌通信系统的未来应用将大大地依赖发展可靠的非线性电路的硬件性能, 以便可靠地产生和处理混沌信号, 特别地, 研制有效的和可靠性好的混沌发生器是一项根本任务.

参 考 文 献

[1] Lorenz E N. Deterministic nonperodic flow. J. Atmos. Sci., 1963, 20: 130–141

[2] Gleick J. 混沌: 开创新科学. 张淑誉译. 上海: 上海译文出版社, 1990

[3] Eckmann J P. Roads to turbulence in dissipative dynamics system. Rev. Mod. Phys., 1981, 53: 643–649

[4] Feigenbaum M J. Quantitative universality for a class of nonlinear transformations. J. Stat. Phys., 1978, 19(1): 25–52

[5] 郝柏林. 分岔、混沌、奇怪吸引子、湍流及其他. 物理学进展, 1983, 3(3): 329–416

[6] 普利戈金, 斯唐热. 从混沌到有序. 曾庆宏, 沈小峰译. 上海: 上海译文出版社, 1987; 134 183

[7] 郝柏林. 从抛物线谈起 —— 混沌动力学引论. 上海: 上海科技教育出版社, 1993

[8] Li T Y, Yorke J A. Period three implies chaos. Amer Math Monthly, 1975, 82: 985–992

[9] 王兴元. 复杂非线性系统中的混沌. 北京: 电子工业出版社, 2003

[10] 王兴元. 广义 M-J 集的分形机理. 大连: 大连理工大学出版社, 2002

[11] Packard N H, Crutchfield J P, Farmer J D, et al. Geometry from a time series. Phys. Rev. Lett., 1980, 45: 712–716

[12] Takens F. Detecting strange attractors in turbulence. Lect Notes in Math., 1981, 898: 366–381

[13] Fraser A M, Swinney H L. Independent coordinates for strange attractors from mutual information. Phys. Rev. A, 1986, 33: 1134–1142

[14] Welch P D. The use of fast fourier transform for the estimation for the estimation of power spectra: a method based on time averaging over short, modified periodograms. IEEE Trans. Audio and Electroacoust, 1967, 15(2): 70–73

[15] Haken H. Advanced Synergetics. New York: Springer-Verlag, 1983

[16] Benettin G, Galgani L, Giorgilli A, et al. Lyapunov characteristic exponents for smooth dynamical systems and for Hamiltonian systems: a method for computing all of them. Meccanica, 1980, 15: 9–20

[17] Wolf A, Swift J B, Swinney H L, et al. Determining Lyapunov exponents from a time series. Physica D, 1985, 16: 285–298

[18] Wang M J, Wang X Y. Controlling Liu system with different methods. Modern Physics Letters B, 2009, 23(14): 1805–1818

[19] Wang X Y, Wang M J. Adaptive robust synchronization for a class of different uncertain chaotic systems. Int. J. Mod. Phys. B, 2008, 22(23): 4069–4082

[20] Wang X Y, Wang Y. Parameters identification and adaptive synchronization control of Lorenz-like system. Int. J. Mod. Phys. B, 2008, 22(15): 2453–2461

[21] Wang X Y, Xu M, Zhang H G. Two adaptive synchronization methods of uncertain Chen system. Int. J. Mod. Phys. B, 2009, 23(26): 5163–5169

[22] Wang X Y, Li X G. Adaptive synchronization of two kinds of uncertain Rössler chaotic system based on parameter identification. Int. J. Mod. Phys. B, 2008, 22(23): 3987–3995

[23] Wang X Y, Wu X J. Parameter identification and adaptive synchronization of uncertain hyperchaotic Chen system. Int. J. Mod. Phys. B, 2008, 22(8): 1015–1023

[24] Wang X Y, Wang M J. Adaptive synchronization for a class of high-dimensional autonomous uncertain chaotic systems. Int. J. Mod. Phys. C, 2007, 18(3): 399–406

[25] Wang X Y, Zhao Q. Tracking control and synchronization of two coupled neurons. Journal of Nonlinear Analysis-A: Real World Applications, 2010, 11(2): 849–855

[26] Wang X Y, Song J M. Synchronization of the fractional order hyperchaos Lorenz systems with activation feedback control. Nonlinear Sci. Numer. Simul., 2009, 14(8): 3351–3357

[27] Wang X Y, He Y J, Wang M J. Chaos control of a fractional order modified coupled dynamos system. Nonlinear Analysis Series A: Theory, Methods & Applications, 2009, 71(12): 6126–6134

[28] Lin D, Wang X Y. Controlling the multi-scroll chaotic attractors using fuzzy neural networks compensator. Chin. J. Phys., 2009, 47(5): 686–701

[29] Wang X Y, Lin D. Controlling the uncertain multiscroll critical chaotic system with input nonlinear using sliding mode control. Mod. Phys. Lett. B, 2009, 23(16): 2021–2034

[30] Meng J, Wang X Y. Generalized synchronization via nonlinear control. Chaos, 2008, 18(2): 023108

[31] Wang X Y, Liu M, Wang M J, et al. Sliding mode control of Lorenz system with multiple inputs containing sector nonlinearities and dead zone. Int. J. Mod. Phys. B, 2008, 22(13): 2187–2196

[32] Wang X Y, Wang M J. Tracking control for a class of chaotic systems. Int. J. Mod. Phys. B, 2008, 22(12): 1977–1984

[33] Wang X Y, Wang M J. Chaotic control of Logistic map. Mod. Phys. Lett. B, 2008, 22(20): 1941–1949

[34] Wang X Y, Niu D H, Wang M J. Active tracking control of the hyperchaotic Lorenz system. Mod. Phys. Lett. B, 2008, 22(19): 1859–1865

[35] Wang X Y, Wang Y. Anti-synchronization of three-dimensional autonomous chaotic systems via active control. Int. J. Mod. Phys. B, 2007, 21(17): 3017–3027

[36] Wang X Y, Wu X J. Chaos control of a modified coupled dynamos system. Int. J. Mod. Phys. B, 2007, 21(26): 4593–4610

[37] Wang X Y, Jia B, Wang M J. Active tracking control of the hyperchaotic LC oscillator system. Int. J. Mod. Phys. B, 2007, 21(20): 3643–3655

[38] Wang X Y, Wu X J, Lang Y H. A new chaotic system and control. Mod. Phys. Lett. B, 2007, 21(25): 1687–1696

[39] Wang X Y, Gao Y. The inverse optimal control of a chaotic system with multiple attractors. Mod. Phys. Lett. B, 2007, 21(29): 1999–2007

[40] Wang X Y, Wu X J. Tracking control and synchronization of 4-D hyperchaotic Rössler system. Chaos, 2006, 16(3): 033121

[41] 王兴元, 武相军. 变形耦合发电机系统中的混沌控制. 物理学报, 2006, 55(10): 5083–5093

[42] 武相军, 王兴元. 基于非线性控制的超混沌 Chen 系统混沌同步. 物理学报, 2006, 55(12): 6261–6266

[43] 王兴元, 段朝锋. 用线性反馈方法实现 Lorenz 系统的混沌控制. 大连理工大学学报, 2005, 45(6): 892–896

[44] Rajasekar S. Controlling of chaotic motion by chaos and noise signals in a logistic map and a Bonhoeffer-van der Pol oscillator. Phys. Rev. E, 1995, 51(1):775–778

[45] Rameshi M, Narayanan S. Chaos control by nonfeedback methods in the presence of noise. Chaos, Solitons Fract., 1999, 10(9): 1473–1489

[46] 王兴元, 王勇. 基于线性分离的自治混沌系统的投影同步. 物理学报, 2007, 56(5): 2498–2503

[47] 王兴元, 王明军. 三种方法实现超混沌 Chen 系统的反同步. 物理学报, 2007, 56(12): 6843–6850

[48] 王兴元, 王勇. 基于主动控制的三维自治混沌系统的异结构反同步. 动力学与控制学报, 2007, 5(1): 13–17

[49] 王兴元, 武相军. 耦合发电机系统的自适应控制与同步. 物理学报, 2006, 55(10): 5077–5082

[50] Jiang G P, Tang K S, Chen G. A simple global synchronization criterion for coupled chaotic systems. Chaos, Solitons Fract., 2003, 15(5):925–935

[51] Agiza H N. Chaos synchronization of two coupled dynamos systems with unknown system parameters. Int. J. Mod. Phys. C, 2004, 15(6):873–883.

[52] Meng J, Wang X Y. Nonlinear observer based phase synchronization of chaotic systems. Phys. Lett. A, 2007, 369(4): 294–298

[53] 王兴元, 段朝锋. 基于线性状态观测器的混沌同步及其在保密通信中的应用. 通信学报, 2005, 26(6): 105–111

[54] Wang X Y, Meng J. Observer-based adaptive fuzzy synchronization for hyperchaotic systems. Chaos, 2008, 18(3): 033102

[55] Ott E, Grebogi C, Yorke J A. Controlling chaos. Phys. Rev. Letts, 1990, 64(11): 1196–1199

[56] Pecora L M, Carroll T L. Synchronization in chaotic systems. Phys. Rev. Lett., 1990, 64(8): 821–827

[57] Stinson D R. Cryptography-Theory and Practice. Boca Raton. Florida:CRC Press, 1995

[58] Kocarev L, Halle K S, Eckert K, et al. Experimental demonstration of secure communications via chaotic synchronization. Int. J. Bifur. Chaos, 1993, 2(3): 709–713

[59] Cuomo K M, Oppenheim A V, Strogatz S H. Synchronization of lorenzed-based chaotic circuits with applications to communications. IEEE Trans. Circuits Systems-II, 1993, 40(10): 626–633

[60] Dedieu H, Kennedy M P, Hasler M. Chaos shift keying: modulation and demodulation of a chaotic carrier using self-synchronizing chua's circuit. IEEE Trans. Circuits Systems-II, 1993, 40(10): 634–642

[61] Halle K S, Wu C W, Itoh M, et al. Spread spectrum communications through modulation of chaos. Int. J. Bifur. Chaos, 1993, 3(1): 469–477

[62] Itoh M, Murakami H. New communication systems via chaotic synchronizations and modulations. IEICE Trans. Fund., 1995, E78-A(3): 285–290

[63] Abarbanel H D, Linsay P S. Secure communication and unstable periodic orbit of strange attractors. IEEE Trans. Circuits Systems-II,1993,40(1): 576–587

[64] Rulkov N F, Sushchik M M, Tsimring L S, et al. Digital communication using chaotic pulse-position modulation. IEEE Trans. Circuits Systems-I, 2001, 48(12): 1436–1444

[65] Cuomo K M, Oppenheim A V. Circuit implementation of synchronized chaos with application to communications. Phys. Rev. Lett., 1993, 71: 65–68

[66] Milanovic V, Zaghloul M E. Improved masking algorithm chaotic communications systems.Elec. Lett., 1996, 1: 11, 12

[67] Yu P, Lookman T. Extract Recovery From Masked Chaotic Signal.Mini SymPosium Cryptograghy. Toronto: Canadian Applied Mathematics Society, 1997

[68] 刘峰, 陈小利, 穆肇骊等. 混沌系统的反馈同步及其在保密通信中的应用. 电子学报, 2000, 28(8): 46–48

[69] Liao T, Huang N S. An obsevered-based approach for chaotic synchronization with applications to secure communications. IEEE Trans. Circuits Systems-I, 1999, 46(9): 1144–1150

[70] 李建芬, 李农. 一种新的蔡氏混沌掩盖通信方法. 系统工程与电子技术, 2002, 24(4): 41–43

[71] 李农, 李建芬, 张智军. 一种改进的混沌掩盖通信方法. 系统工程与电子技术, 2004, 26(5): 583–586

[72] 赵耿, 方锦清. 现代信息安全与混沌保密通信应用研究的进展. 物理学进展, 2003, 23(2): 212–256

[73] Yang T, Chua L O. Secure communication via chaotic parameter modulation. IEEE Trans. Circuits Systems-I, 1996, 43(9): 817–819

[74] 邓成良, 丘水生. 一种新的混沌调制技术在保密通信中的应用. 南昌大学学报 (理科版), 2004, 28(2): 178–182

[75] 李建芬, 李农, 林辉. 适合传输快变信息信号的混沌调制保密通信. 物理学报, 2004, 53(6): 1694–1698

[76] Maggio G M, Rulkov N, Reggiani L. Pseudo-Chaotic time hopping for UWB impulse radio. IEEE Trans. Circuits Systems-I, 2001, 48(12): 1424–1435

[77] Dmitriev A S, Hasler M, Pahas A I, et al. Basic principles of direct chaotic communications. Nonlinear phenomena in complex systems. 2002, 4(1): 1–14

[78] Dmitriev A S, Kyarginsky B Y, Pahas A I, et al. Experiments on direct chaotic communications in microwave band. Int. J. Bifur. Chaos, 2003, 13(6): 1495–1507

[79] 车会生, 邵毅. 激光混沌保密通信. 激光与光电子学进展, 2003, 40(5): 7–13

[80] Wang X Y, Wang M J. A chaotic secure communication scheme based on observer. Commun. Nonlinear Sci. Numer. Simul., 2009, 14(4):1502–1508

[81] Wang X Y, Wu X Y, He Yi J, et al. Chaos synchronization of Chen system and its application to secure communication. Int. J. Mod. Phys. B, 2008, 22(21): 3709–3720

[82] Wang X Y, Zhao Q, Wang M J, et al. Generalized synchronization of different dimensional neural networks and its applications in secure communication. Mod. Phys. Lett. B, 2008, 22(22): 2077–2084

[83] Wang X Y, Wang J G. Synchronization and anti-synchronization of chaotic system based on linear separation and applications in security communication. Mod. Phys. Lett. B, 2007, 21(23): 1545–1553

[84] Hua C C, Yang B, Ouyang G X, et al. A new chaotic secure communication scheme. Phys. Lett. A, 2005, 342(4): 305–308

[85] 王明军, 王兴元. 基于一阶时滞混沌系统参数辨识的保密通信方案. 物理学报, 2009, 58(3): 1467–1472

[86] Wang X Y, Gao Y F. A switch-modulated method for chaos digital secure communication based on user-defined protocol. Commun. Nonlinear Sci. Numer. Simul., 2010, 15(1): 99–104

[87] Wang X Y, Xu B, Zhang H G. A multi-ary number communication system based on hyperchaotic system of 6th-order cellular neural network. Nonlinear Sci. Numer. Simul., 2010, 15(1): 124–133

[88] Wang X Y, Wang M J. Chaos synchronization via unidirectional coupling and its application to secure communication. Int. J. Mod. Phys. B, 2009, 23(32): 5949–5964

[89] Li Y X, Tang W K S, Chen G R. Generating hyperchaos via state feedback control. Int. J. Bifur. Chaos, 2005, 15(10): 3367–3375

[90] Chen A M, Lu J A, Lü J H, et al. Generating hyperchaotic Lü attractor via state feedback control. Physica A, 2006, 364: 103–110

[91] Nikolov S, Clodong S. Occurrence of regular, chaotic and hyperchaotic behavior in a family of modified Rössler hyperchaotic systems. Chaos Solitons Fract., 2004, 22(2): 407–431

[92] Gao T G, Chen Z Q, Yuan Z Z, et al. A hyperchaos generated from Chen's system. Int. J. Mod Phys. C, 2006, 17(4): 471–478

[93] Rössler O E . An equation for hyperchaos. Phys. Lett. A, 1979, 71(2, 3): 155–156

[94] Ramasubramanian K, Sriram M S. A comparative study of computation of Lyapunov spectra with different algorithms. Physica D, 2000, 139: 72–86

[95] 王兴元, 王明军. 超混沌 Lorenz 系统. 物理学报, 2007, 56(9)：5136–5141

[96] Qi G, Chen G, Du S, et al. Analysis of a new chaotic system. Physica A, 2005, 352(2-4): 295–308

[97] Niu Y J, Wang X Y, Wang M J, et al. A new hyperchaotic system and its circuit implementation. Nonlinear Sci. Numer. Simul., 2010, 15(11): 3518–3524

[98] Wang X Y, Zhang Y X, Gao Y F. Hyperchaos generated from Qi system and its Observer. Mod. Phys. Lett. B, 2009, 23(7): 963–974

第3章 混沌系统的完全同步

自 1990 年, Pecora 和 Carroll[1,2] 发表了关于混沌同步的开创性工作以来, 混沌系统的同步问题逐渐成为非线性学科研究领域中最受人们关注的问题之一. 在大多数情况下, 混沌保密通信需要依赖混沌同步, 因此, 随着近年来混沌保密通信技术的飞速发展, 人们对混沌同步进行了较为深入的研究, 并发现了许多实现混沌同步的控制方法, 如驱动–响应控制方法[3,4]、耦合同步法[5~10]、线性和非线性反馈控制方法[11,12]、自适应同步法[13~16]、主动控制同步法[17,18]、变结构同步控制[19,20]、神经网络控制法[21,22] 和模糊控制同步法[23~25] 等, 其中完全同步是被研究得最多的混沌同步控制方法, 所谓完全同步, 即指响应系统与驱动系统的状态向量达到完全一致, 也是混沌保密通信涉及最多的同步类型, 因此, 本章将结合一些具体案例对混沌系统的完全同步技术进行阐述.

3.1 自适应同步

在很多情况下, 混沌系统的参数是不确定的, 需要在同步过程中对系统的不确定参数进行动态调整, 这种同步类型被称为自适应同步[13~16]. 自适应同步不仅适用于相同混沌系统间的完全同步, 也适用于不同混沌系统间的完全同步. 本节将具体讨论采用自适应方法实现完全同步的具体案例.

3.1.1 同结构混沌系统间的自适应完全同步

3.1.1.1 不确定 Chen 系统的参数辨识与自适应同步

2003 年, 陈关荣和吕金虎发现了与 Lorenz 吸引子相似、但不拓扑等价的 Chen 吸引子, 并对 Chen 系统的动力学行为进行了详细研究[26]. Chen 系统可以用如下方程:

$$
\begin{cases}
\dot{x} = a(y - x), \\
\dot{y} = (c - a)x - xz + cy, \\
\dot{z} = xy - bz
\end{cases}
\tag{3.1}
$$

来描述, 其中 a, b 和 c 为控制参数. 当 $a + b > c$ 时, 系统 (3.1) 是耗散的; 当 $a = 35$, $b = 3$ 和 $c = 28$ 时, 系统 (3.1) 进入混沌. 图 3.1 为对应的 Chen 吸引子.

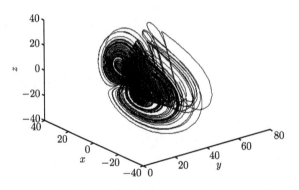

图 3.1   Chen 吸引子

设具有相同表示形式的两个 Chen 系统, 分别作为驱动系统

$$\begin{cases} \dot{x}_1 = a(y_1 - x_1), \\ \dot{y}_1 = (c-a)x_1 - x_1 z_1 + c y_1, \\ \dot{z}_1 = x_1 y_1 - b z_1 \end{cases} \tag{3.2}$$

和响应系统

$$\begin{cases} \dot{x}_2 = a_1(y_2 - x_2) - u_1, \\ \dot{y}_2 = (c_1 - a_1)x_2 - x_2 z_2 + c_1 y_2 - u_2, \\ \dot{z}_2 = x_2 y_2 - b_1 z_2 - u_3, \end{cases} \tag{3.3}$$

其中 a_1, b_1 和 c_1 为在驱动–响应系统同步过程中需要辨识的未知参数, u_1, u_2 和 u_3 为非线性控制器, 它控制驱动系统 (3.2) 和响应系统 (3.3) 渐近地达到同步.

令驱动–响应系统之间的误差变量为 $e_1 = x_2 - x_1$, $e_2 = y_2 - y_1$ 和 $e_3 = z_2 - z_1$, 则有 $\dot{e}_1 = \dot{x}_2 - \dot{x}_1$, $\dot{e}_2 = \dot{y}_2 - \dot{y}_1$ 和 $\dot{e}_3 = \dot{z}_2 - \dot{z}_1$, 故由式 (3.2) 式 (3.3) 可得误差系统如下:

$$\begin{cases} \dot{e}_1 = a_1(y_2 - x_2) - a(y_1 - x_1) - u_1, \\ \dot{e}_2 = (c_1 - a_1)x_2 - (c-a)x_1 - x_2 z_2 + x_1 z_1 + c_1 y_2 - c y_1 - u_2, \\ \dot{e}_3 = x_2 y_2 - x_1 y_1 - b_1 z_2 + b z_1 - u_3. \end{cases} \tag{3.4}$$

对于响应系统 (3.3) 的参数不确定性, 这里采用了自适应控制方法, 可使得驱动系统 (3.2) 和响应系统 (3.3) 达到同步, 即

$$\lim_{t \to \infty} \|e\| = 0,$$

其中 $e = (e_1, e_2, e_3)^{\mathrm{T}}$.

因为混沌系统对初值具有敏感的依赖性, 所以在未加控制的情况下, 即 $u_1 = 0$, $u_2 = 0$ 和 $u_3 = 0$, 对于两个完全相同的 Chen 系统 (3.2) 和 (3.3), 若选取的初始值

不同, 如 $x_1(0) = 5$, $y_1(0) = 15$ 和 $z_1(0) = 15$, $x_2(0) = 5$, $y_2(0) = 15$ 和 $z_2(0) = 10$, 则这两个系统的轨道会迅速地分开而变得毫不相干 (图 3.2).

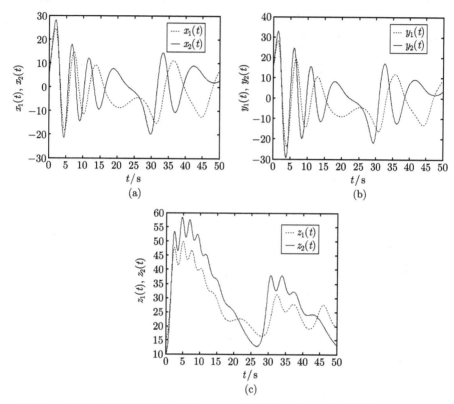

图 3.2 当未加控制时系统 (3.2) 和 (3.3) 从不同的初始点出发的轨道随时间的变化

如果设计适当的控制器, 就可以使系统 (3.2) 和 (3.3) 从任何不同的初始条件下出发都可以渐近地达到同步. 这里设计的控制器为

$$\begin{cases} \dot{u}_1 = (1 - a_1)e_1 + a_1 e_2, \\ \dot{u}_2 = (1 + c_1)e_2 - x_2 z_2 + x_1 z_1 + (c_1 - a_1)x_2 + (a_1 - c_1)x_1, \\ \dot{u}_3 = (1 - b_1)e_3 + x_2 y_2 - x_1 y_1, \end{cases} \qquad (3.5)$$

未知参数 a, b 和 c 的更新规则为

$$\begin{cases} \dot{a}_1 = -(y_1 - x_1)e_1 + x_1 e_2, \\ \dot{b}_1 = z_1 e_3, \\ \dot{c}_1 = -(y_1 + x_1)e_2. \end{cases} \qquad (3.6)$$

Barbalat 引理[27] 令 $f(t)$ 是连续光滑的实函数, 对于范数 L_2 和 L_∞, 若 $f(t) \in L_2 \cap L_\infty$, 并且 $f(t) \in L_\infty$, 则有

$$\lim_{t\to\infty} f(t) = 0.$$

定理 3.1   若选取控制器为式 (3.5), 并且更新规则为式 (3.6), 则驱动系统 (3.2) 与响应系统 (3.3) 从任意初始值出发, 轨道均可以达到同步.

证明   令 Lyapunov 函数

$$V(t) = \frac{1}{2}(e_1^2 + e_2^2 + e_3^2 + e_a^2 + e_b^2 + e_c^2), \tag{3.7}$$

参数误差

$$e_a = a_1 - a, \quad e_b = b_1 - b, \quad e_c = c_1 - c. \tag{3.8}$$

对式 (3.7) 求导, 并由式 (3.4) 和 (3.7) 可得

$$\begin{aligned}
\dot{V}(t) &= e_1\dot{e}_1 + e_2\dot{e}_2 + e_3\dot{e}_3 + e_a\dot{e}_a + e_b\dot{e}_b + e_c\dot{e}_c \\
&= e_1[a_1(y_2 - x_2) - a(y_1 - x_1) - u_1] + e_2[(c_1 - a_1)x_2 \\
&\quad - (c - a)x_1 - x_2z_2 + x_1z_1 + c_1y_2 - cy_1 - u_2] \\
&\quad + e_3(x_2y_2 - x_1y_1 - b_1z_2 + bz_1 - u_3) + \dot{e}_a(a_1 - a) + \dot{e}_b(b_1 - b) + \dot{e}_c(c_1 - c).
\end{aligned}$$

将式 (3.5) 和 (3.6) 代入上式可得

$$\begin{aligned}
\dot{V}(t) &= e_1[a_1(y_2 - x_2) - a(y_1 - x_1) - e_1 + a_1e_1 - a_1e_2] \\
&\quad + e_2[(c_1 - a_1)x_2 - (c - a)x_1 - x_2z_2 + x_1z_1 + c_1y_2 - cy_1 \\
&\quad - e_2 - c_1e_2 + x_2z_2 - x_1z_1 - (c_1 - a_1)x_2 - (a_1 - c_1)x_1] \\
&\quad + e_3(x_2y_2 - x_1y_1 - b_1z_2 + bz_1 - e_3 + b_1e_3 - x_1y_1 + x_2y_2) \\
&\quad - (a_1 - a)(y_1 - x_1)e_1 + (a_1 - a)x_1e_2 + (b_1 - b)z_1e_3 \\
&\quad - (c_1 - c)y_1e_2 - (c_1 - c)x_1e_2 \\
&= -e_1^2 - e_2^2 - e_3^2 = -\boldsymbol{e}^{\mathrm{T}}\boldsymbol{e}.
\end{aligned}$$

显然, 由上式可知, $\dot{V}(t)$ 是负的且半正定的. 当 $\dot{V}(t) \leqslant 0$ 时有 $e_1, e_2, e_3 \in L_\infty$, e_a, $e_b, e_c \in L_\infty$. 因此, 根据误差系统 (3.4) 可知, $\dot{e}_1, \dot{e}_2, \dot{e}_3 \in L_\infty$. 由 $\dot{V}(t) = -\boldsymbol{e}^{\mathrm{T}}\boldsymbol{e}$ 可以得到

$$\int_0^t \|\boldsymbol{e}\|^2\mathrm{d}t \leqslant \int_0^t \boldsymbol{e}^{\mathrm{T}}\boldsymbol{e}\mathrm{d}t \leqslant \int_0^t -\dot{V}\mathrm{d}t = V(0) - V(t) \leqslant 0.$$

$V(0)$ 是 Lyapunov 函数 (3.7) 的初始值, 而 $V(0)$ 是有界的, 故 $e_1, e_2, e_3 \in L_2$. 根据 Barbalat 引理可知, 当 $t \to \infty$ 时, $e_1, e_2, e_3 \to 0$, 即

$$\lim_{t\to\infty} \|\boldsymbol{e}(t)\| = 0.$$

可见, 误差系统 (3.4) 是渐近稳定的, 即驱动系统 (3.2) 与响应系统 (3.3) 可渐近地达到同步. 证毕.

在数值仿真实验中, 选取时间步长为 $\tau = 0.001\text{s}$, 采用四阶 Runge-Kutta 法去求解方程 (3.2) 和 (3.3), 研究了驱动系统 (3.2) 与响应系统 (3.3) 的同步, 其中驱动系统 (3.2) 与响应系统 (3.3) 的初始点分别选取为

$$x_1(0) = 5, \quad y_1(0) = 15, \quad z_1(0) = 15$$

和

$$x_2(0) = 1, \quad y_2(0) = 2, \quad z_2(0) = 3.$$

因此, 误差系统 (3.4) 的初始值为 $e_1(0) = 4$, $e_2(0) = 13$ 和 $e_3(0) = 12$. 为使驱动系统 (3.2) 处于混沌状态, 选取参数 $a = 35$, $b = 3$ 和 $c = 28$. 选取响应系统 (3.3) 的初始参数 $a_1 = 0.01$, $b_1 = 0.01$ 和 $c_1 = 0.01$. 利用控制器 (3.5) 和更新规则 (3.6) 得到驱动系统 (3.2) 和响应系统 (3.3) 的同步过程模拟结果如图 3.3 和图 3.4 所示, 响应系统 (3.3) 的参数 $a_1(t)$, $b_1(t)$ 和 $c_1(t)$ 的辨识过程如图 3.5 所示. 由图 3.3(a) 和 (b) 可见, 在响应系统 (3.3) 的参数未知的情况下, 当 t 接近 48s 时, 驱动系统 (3.2) 与响应系统 (3.3) 的 $x_1(t)$ 和 $x_2(t)$, $y_1(t)$ 和 $y_2(t)$ 分别达到了同步. 由图 3.3(c) 可见, 当 t 接近 41s 时, 驱动系统 (3.2) 与响应系统 (3.3) 的 $z_1(t)$ 和 $z_2(t)$ 达到了同步. 由

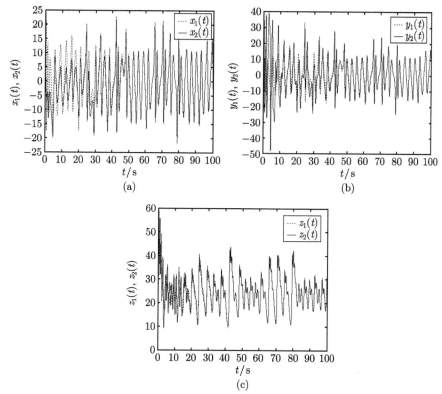

图 3.3 控制器 (3.5) 作用下系统 (3.2) 和 (3.3) 的同步过程模拟结果

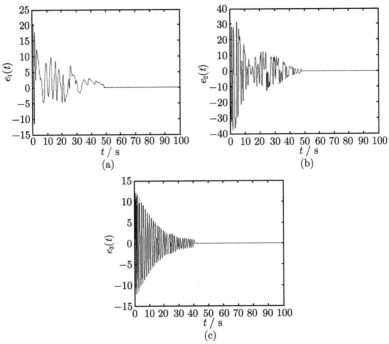

图 3.4　控制器 (3.5) 作用下系统 (3.2) 和 (3.3) 的同步误差曲线

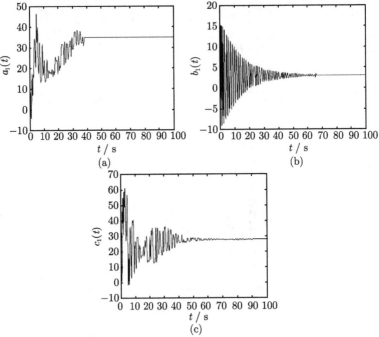

图 3.5　系统 (3.3) 的参数 $a_1(t)$, $b_1(t)$ 和 $c_1(t)$ 的辨识过程

误差效果图 3.4(a) 和 (b) 可以看到, 当 t 接近 48s 时, 误差 $e_1(t)$ 和 $e_2(t)$ 已基本稳定在零点附近; 由图 3.4(c) 也可以看出, 当 t 接近 41s 时, 误差 $e_3(t)$ 已基本稳定在零点附近. 由图 3.5 还可以看到, 当 t 接近 38s, 66s 和 90s 时, 参数 $a_1(t)$, $b_1(t)$ 和 $c_1(t)$ 的值分别稳定在 $35, 3$ 和 28. 可见, 利用参数更新规则 (3.6), 可以辨识出响应系统的未知参数.

显然, 用自适应控制方法实现了两个初始值不同且参数不确定的 Chen 系统的完全同步. 关于本小节的详细内容, 可参见文献 [28].

3.1.1.2 耦合神经元的参数辨识与自适应同步

自适应同步法不仅适用于一般的混沌系统, 也可以应用于生物医学中的神经元. 一些细胞通过一种特殊的细胞间通路实现相互之间的连接, 称之为间隙连接[29]. 这里研究两个间隙连接的耦合神经元, 其系统模型描述如下[30]:

$$\begin{cases} \dfrac{\mathrm{d}X_1}{\mathrm{d}t} = X_1(X_1-1)(1-rX_1) - Y_1 - g(X_1-X_2) + I_0, \\[2mm] \dfrac{\mathrm{d}Y_1}{\mathrm{d}t} = bX_1, \\[2mm] \dfrac{\mathrm{d}X_2}{\mathrm{d}t} = X_2(X_2-1)(1-rX_2) - Y_2 - g(X_2-X_1) + I_0, \\[2mm] \dfrac{\mathrm{d}Y_2}{\mathrm{d}t} = bX_2, \end{cases} \tag{3.9}$$

其中 X_i 和 $Y_i(i=1,2)$ 为状态变量, g 为间隙连接的耦合强度, $I_0(t) = \dfrac{A}{\omega}\cos\omega t$ 为外部刺激.

合理地选择参数可使神经元系统表现出混沌特性. 当 $r = 10$, $b = 1$, $g = 0.1$, $A = 0.1$ 和 $\omega = 2\pi \times 0.1271$ 时, 耦合神经元系统是混沌的, 图 3.6 为对应的混沌吸引子.

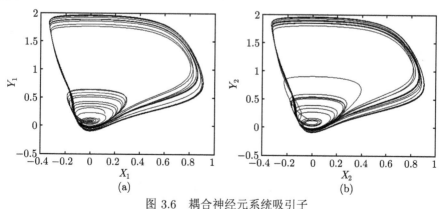

图 3.6 耦合神经元系统吸引子

　　由文献 [30] 的研究结果可知, 在未加控制器的条件下, 当且仅当间隙连接的耦合强度满足某些条件时, 耦合神经元系统才能达到同步. 本小节设计了一种自适应控制器, 使得耦合神经元系统在不需考虑间隙连接的耦合强度的情况下同样可以达到同步.

　　为了较好地观察耦合神经元系统的同步过程, 构造两个参数相等但未知的神经元系统, 分别作为驱动系统

$$
\begin{cases}
\dot{X}_1 = X_1(X_1 - 1)(1 - rX_1) - Y_1 - g(X_1 - X_2) + I_0, \\
\dot{Y}_1 = bX_1
\end{cases}
\tag{3.10}
$$

和响应系统

$$
\begin{cases}
\dot{X}_2 = X_2(X_2 - 1)(1 - rX_2) - Y_2 - g(X_2 - X_1) + I_0 + u_1, \\
\dot{Y}_2 = bX_2 + u_2,
\end{cases}
\tag{3.11}
$$

其中 r, g 和 b 为在同步过程中需要辨识的未知参数, u_1 和 u_2 为非线性控制器. 正确地设计控制器 u_1 和 u_2, 可使驱动系统 (3.10) 和响应系统 (3.11) 渐近地达到同步.

　　定义驱动–响应神经元系统之间的误差变量为 $e_1 = X_2 - X_1$ 和 $e_2 = Y_2 - Y_1$, 则有 $\dot{e}_1 = \dot{X}_2 - \dot{X}_1$ 和 $\dot{e}_2 = \dot{Y}_2 - \dot{Y}_1$, 故由式 (3.10) 和式 (3.11), 可得误差系统为

$$
\begin{cases}
\dot{e}_1 = X_2(X_2 - 1) - X_1(X_1 - 1) + r[X_1^2(X_1 - 1) - X_2^2(X_2 - 1)] - e_2 - 2ge_1 + u_1, \\
\dot{e}_2 = be_1 + u_2.
\end{cases}
\tag{3.12}
$$

定义参数误差为

$$
\begin{cases}
e_r = r - \hat{r}, \\
e_g = g - \hat{g}, \\
e_b = b - \hat{b},
\end{cases}
\tag{3.13}
$$

其中 $\hat{r}$, $\hat{g}$ 和 $\hat{b}$ 分别为 r, g 和 b 的估计值.

　　设计自适应控制器 $\boldsymbol{U}$ 为

$$
\begin{cases}
u_1 = X_1(X_1 - 1) - X_2(X_2 - 1) + \hat{r}[X_2^2(X_2 - 1) - X_1^2(X_1 - 1)] + e_2 + 2\hat{g}e_1 - e_1, \\
u_2 = -\hat{b}e_1 - e_2,
\end{cases}
\tag{3.14}
$$

未知参数 r, g 和 b 的更新规则为

$$
\begin{cases}
\dot{\hat{r}} = [X_1^2(X_1 - 1) - X_2^2(X_2 - 1)]e_1, \\
\dot{\hat{g}} = -2e_1^2, \\
\dot{\hat{b}} = e_1 e_2.
\end{cases}
\tag{3.15}
$$

定理 3.2 若选取控制器为式 (3.14), 并且更新规则为式 (3.15), 则驱动系统 (3.10) 与响应系统 (3.11) 从任意初始值出发, 轨道均可达到同步.

证明 构造 Lyapunov 误差函数

$$V(t) = V(e) + \frac{1}{2}(e_r^2 + e_g^2 + e_b^2), \tag{3.16}$$

其中 $V(e) = \frac{1}{2}(e_1^2 + e_2^2)$. 易证 $V(t)$ 为非负函数.

对式 (3.16) 求导, 并由式 (3.12) 可得

$$\begin{aligned}
\dot{V}(t) &= e_1\dot{e}_1 + e_2\dot{e}_2 + e_r\dot{e}_r + e_g\dot{e}_g + e_b\dot{e}_b \\
&= e_1(X_2(X_2 - 1) - X_1(X_1 - 1) + r(X_1^2(X_1 - 1) - X_2^2(X_2 - 1)) \\
&\quad - e_2 - 2ge_1 + u_1) + e_2(be_1 + u_2) + \dot{e}_r(r - \hat{r}) + \dot{e}_g(g - \hat{g}) + \dot{e}_b(b - \hat{b}).
\end{aligned}$$

将式 (3.14) 和式 (3.15) 代入上式, 化简后可得

$$\dot{V}(t) = -e_1^2 - e_2^2 = -2V(e). \tag{3.17}$$

显然, 由式 (3.17) 可知, $\dot{V}(t)$ 是负的且半正定的. 由于 $V(t)$ 是非负的, 并且 $\dot{V}(t)$ 是负的、半正定的, 因此, 式 (3.12) 和式 (3.15) 的平衡点 $e_i = 0 (i = 1, 2)$, $\hat{r} = r$, $\hat{g} = g$ 和 $\hat{b} = b$ 是稳定的, 即 $e_i(t) \in L_\infty$ $(i = 1, 2)$, $\hat{r} \in L_\infty$, $\hat{g} \in L_\infty$, $\hat{b} \in L_\infty$. 根据误差系统 (3.4) 可知, $\dot{e}_i \in L_\infty (i = 1, 2)$. 由式 (3.17) 易知, $e_i(t)(i = 1, 2)$ 为平方可积的, 即 $e_i(t) \in L_2 (i = 1, 2)$. 根据 Barbalat 引理可得

$$\lim_{t \to \infty} e_i(t) = 0, \quad i = 1, 2.$$

可见, 误差系统 (3.12) 是渐近稳定的, 即驱动系统 (3.10) 与响应系统 (3.11) 可渐近地达到同步. 证毕.

为了验证本章控制器的有效性, 给出一个数值仿真的例子, 具体研究了驱动系统 (3.10) 与响应系统 (3.11) 的同步问题. 选取时间步长为 $\tau = 0.001\text{s}$, 采用四阶 Runge-Kutta 法求解方程 (3.10) 和 (3.11), 其中驱动系统 (3.10) 与响应系统 (3.11) 的初始点分别选取为

$$X_1(0) = 0.1, \quad Y_1(0) = 0.1$$

和

$$X_2(0) = 0.2, \quad Y_2(0) = 0.05.$$

因此, 误差系统 (3.12) 的初始值为 $e_1(0) = 0.1$ 和 $e_2(0) = -0.05$. 选取系统 (3.10) 与系统 (3.11) 的未知参数的初始估计值分别为 $\hat{r}_0 = 0.2$, $\hat{g}_0 = 0.2$ 和 $\hat{b}_0 = 0.2$. 由误差效果图 3.7(a), (b) 可以看出, 当 t 分别接近 2.6s 和 6.8s 时, 误差 $e_1(t)$ 和 $e_2(t)$ 已分别稳定在零点, 即驱动系统 (3.10) 与响应系统 (3.11) 达到了同步. 图 3.8 给出

了系统未知参数的辨识过程. 由图 3.8 可以看出, 当 t 接近 2.1s 时, 系统参数 $\hat{r}(t)$, $\hat{g}(t)$ 和 $\hat{b}(t)$ 分别达到了稳定. 可见, 利用参数更新规则 (3.15), 可以辨识出系统的未知参数.

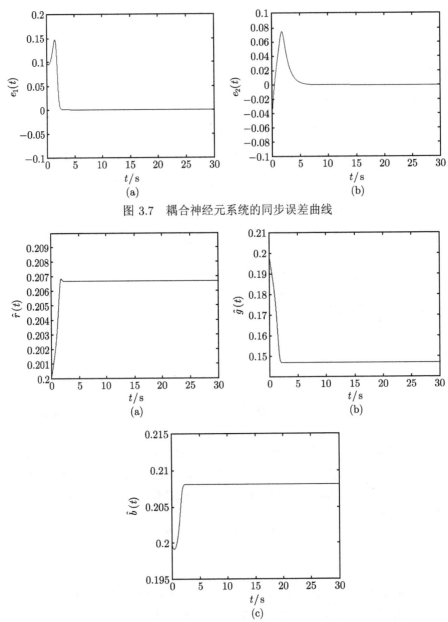

图 3.7 耦合神经元系统的同步误差曲线

图 3.8 未知参数 $\hat{r}(t)$, $\hat{g}(t)$ 和 $\hat{b}(t)$ 的辨识过程

3.1.1.3 一类高维自治不确定系统的自适应混沌同步

本小节研究控制参数为一次的一类高维自治不确定混沌系统的自适应同步和参数辨识问题, 设计了该类系统具有普适意义的自适应控制器和参数更新规则, 理论证明了该控制器可使两个相同的该系统 —— 驱动系统和未知参数的响应系统渐近地达到同步, 并且可以辨识出响应系统的未知参数.

设控制参数为一次的一类高维自治系统由如下方程:

$$
\begin{cases}
\dot{x}_1 = \displaystyle\sum_{i=1}^{l} a_i f_{1i}(x_1, x_2, \cdots, x_k) + F_1(x_1, x_2, \cdots, x_k), \\[2mm]
\dot{x}_2 = \displaystyle\sum_{i=1}^{l} a_i f_{2i}(x_1, x_2, \cdots, x_k) + F_2(x_1, x_2, \cdots, x_k), \\
\quad \cdots\cdots \\
\dot{x}_k = \displaystyle\sum_{i=1}^{l} a_i f_{ki}(x_1, x_2, \cdots, x_k) + F_k(x_1, x_2, \cdots, x_k)
\end{cases}
\tag{3.18}
$$

来表示, 其中 k 为自由度的个数, $a_1, a_2, \cdots, a_l$ 为 l 个控制参数; f_{mn} 和 F_m $(m = 1, 2, \cdots, k, n = 1, 2, \cdots, l)$ 为变量 $x_1, x_2, \cdots, x_k$ 的函数, 也可为常数或零.

令式 (3.18) 为驱动系统, 响应系统为

$$
\begin{cases}
\dot{y}_1 = \displaystyle\sum_{i=1}^{l} b_i f_{1i}(y_1, y_2, \cdots, y_k) + F_1(y_1, y_2, \cdots, y_k) - u_1, \\[2mm]
\dot{y}_2 = \displaystyle\sum_{i=1}^{l} b_i f_{2i}(y_1, y_2, \cdots, y_k) + F_2(y_1, y_2, \cdots, y_k) - u_2, \\
\quad \cdots\cdots \\
\dot{y}_k = \displaystyle\sum_{i=1}^{l} b_i f_{ki}(y_1, y_2, \cdots, y_k) + F_k(y_1, y_2, \cdots, y_k) - u_k,
\end{cases}
\tag{3.19}
$$

其中 $b_1, b_2, \cdots, b_l$ 为在驱动–响应系统同步过程中需要辨识的未知参数, $u_1, u_2, \cdots, u_k$ 为控制驱动系统 (3.18) 和响应系统 (3.19) 渐近地达到同步的非线性控制器.

令驱动–响应系统之间的误差变量为 $e_1 = y_1 - x_1, e_2 = y_2 - x_2, \cdots, e_k = y_k - x_k$, 则有 $\dot{e}_1 = \dot{y}_1 - \dot{x}_1, \dot{e}_2 = \dot{y}_2 - \dot{x}_2, \cdots, \dot{e}_k = \dot{y}_k - \dot{x}_k$. 由式 (3.18) 和式 (3.19) 可得误差系统为

$$
\begin{cases}
\dot{e}_1 = \sum_{i=1}^{l} b_i f_{1i}(y_1, y_2, \cdots, y_k) - \sum_{i=1}^{l} a_i f_{1i}(x_1, x_2, \cdots, x_k) \\
\qquad + F_1(y_1, y_2, \cdots, y_k) - F_1(x_1, x_2, \cdots, x_k) - u_1, \\
\dot{e}_2 = \sum_{i=1}^{l} b_i f_{2i}(y_1, y_2, \cdots, y_k) - \sum_{i=1}^{l} a_i f_{2i}(x_1, x_2, \cdots, x_k) + F_2(y_1, y_2, \cdots, y_k) \\
\qquad - F_2(x_1, x_2, \cdots, x_k) - u_2, \\
\cdots \cdots \\
\dot{e}_k = \sum_{i=1}^{l} b_i f_{ki}(y_1, y_2, \cdots, y_k) - \sum_{i=1}^{l} a_i f_{ki}(x_1, x_2, \cdots, x_k) + F_k(y_1, y_2, \cdots, y_k) \\
\qquad - F_k(x_1, x_2, \cdots, x_k) - u_k.
\end{cases}
\tag{3.20}
$$

令自适应控制器为

$$
\begin{cases}
u_1 = \sum_{i=1}^{l} b_i \big(f_{1i}(y_1, y_2, \cdots, y_k) - f_{1i}(x_1, x_2, \cdots, x_k) \big) + F_1(y_1, y_2, \cdots, y_k) \\
\qquad - F_1(x_1, x_2, \cdots, x_k) + e_1, \\
u_2 = \sum_{i=1}^{l} b_i \big(f_{2i}(y_1, y_2, \cdots, y_k) - f_{2i}(x_1, x_2, \cdots, x_k) \big) + F_2(y_1, y_2, \cdots, y_k) \\
\qquad - F_2(x_1, x_2, \cdots, x_k) + e_2, \\
\cdots \cdots \\
u_k = \sum_{i=1}^{l} b_i \big(f_{ki}(y_1, y_2, \cdots, y_k) - f_{ki}(x_1, x_2, \cdots, x_k) \big) + F_k(y_1, y_2, \cdots, y_k) \\
\qquad - F_k(x_1, x_2, \cdots, x_k) + e_k,
\end{cases}
\tag{3.21}
$$

未知参数 $b_1, b_2, \cdots, b_l$ 的更新规则为

$$
\begin{cases}
\dot{b}_1 = -\sum_{i=1}^{k} e_i f_{i1}(x_1, x_2, \cdots, x_k), \\
\dot{b}_2 = -\sum_{i=1}^{k} e_i f_{i2}(x_1, x_2, \cdots, x_k), \\
\cdots \cdots \\
\dot{b}_l = -\sum_{i=1}^{k} e_i f_{il}(x_1, x_2, \cdots, x_k).
\end{cases}
\tag{3.22}
$$

定义 Lyapunov 函数为

$$V(t) = \frac{1}{2}\left(\sum_{i=1}^{k} e_i^2 + \sum_{i=1}^{l} e_{ai}^2\right), \tag{3.23}$$

参数误差为

$$\begin{cases} e_{a1} = b_1 - a_1, \\ e_{a2} = b_2 - a_2, \\ \cdots\cdots \\ e_{al} = b_l - a_l. \end{cases} \tag{3.24}$$

对式 (3.23) 求导可得

$$\dot{V}(t) = \sum_{i=1}^{k} e_i \dot{e}_i + \sum_{i=1}^{l} e_{ai} \dot{e}_{ai}, \tag{3.25}$$

其中 $\dot{e}_{ai} = \dot{b}_i$. 将式 (3.20)~(3.22) 和式 (3.24) 代入式 (3.25), 整理后可得

$$\dot{V}(t) = -\sum_{i=1}^{k} e_i^2.$$

令 $\boldsymbol{e} = (e_1, e_2, \cdots, e_k)^{\mathrm{T}}$, 则有

$$\dot{V}(t) = -\boldsymbol{e}^{\mathrm{T}}\boldsymbol{e}. \tag{3.26}$$

显然, 由式 (3.26) 可知, $\dot{V}(t)$ 是负的且半正定的. 当 $\dot{V}(t) \leqslant 0$ 时有 $e_m \in L_\infty(m = 1, 2, \cdots, k)$, $e_{an} \in L_\infty(n = 1, 2, \cdots, l)$. 因此, 根据误差系统 (3.20) 可知, $\dot{e}_m \in L_\infty(m = 1, 2, \cdots, k)$. 由式 (3.26) 可以得到

$$\int_0^t \|\boldsymbol{e}\|^2 \mathrm{d}t \leqslant \int_0^t \boldsymbol{e}^{\mathrm{T}}\boldsymbol{e}\mathrm{d}t \leqslant \int_0^t -\dot{V}\mathrm{d}t = V(0) - V(t) \leqslant 0.$$

$V(0)$ 是 Lyapunov 函数 (3.23) 的初始值. 因为 $V(0)$ 是有界的, 所以 $e_m \in L_2(m = 1, 2, \cdots, k)$. 可知, 当 $t \to \infty$ 时, $e_m \to 0(m = 1, 2, \cdots, k)$, 即

$$\lim_{t\to\infty} \|\boldsymbol{e}(t)\| = 0.$$

可见, 误差系统 (3.20) 是渐近稳定的, 即驱动系统 (3.18) 与响应系统 (3.19) 可渐近地达到同步.

选取满足方程 (3.18) 的有代表性的 Chen 系统[31,32]、耦合发电机系统[33,34] 及四维超混沌 Rössler 系统[35,36] 进行了如下仿真实验:

1) Chen 系统的仿真结果

令 Chen 系统

$$\begin{cases} \dot{x}_1 = a(y_1 - x_1), \\ \dot{y}_1 = (c - a)x_1 - x_1 z_1 + c y_1, \\ \dot{z}_1 = x_1 y_1 - b z_1 \end{cases} \tag{3.27}$$

为驱动系统, 具有相同表示形式的受控 Chen 系统

$$
\begin{cases}
\dot{x}_2 = a_1(y_2 - x_2) - u_1, \\
\dot{y}_2 = (c_1 - a_1)x_2 - x_2 z_2 + c_1 y_2 - u_2, \\
\dot{z}_2 = x_2 y_2 - b_1 z_2 - u_3
\end{cases}
\tag{3.28}
$$

为响应系统, 其中 u_1, u_2, u_3 为非线性控制器. 令驱动系统 (3.27) 和响应系统 (3.28) 之间的误差变量为 $e_1 = x_2 - x_1$, $e_2 = y_2 - y_1$ 和 $e_3 = z_2 - z_1$, 则有 $\dot{e}_1 = \dot{x}_2 - \dot{x}_1$, $\dot{e}_2 = \dot{y}_2 - \dot{y}_1$ 和 $\dot{e}_3 = \dot{z}_2 - \dot{z}_1$. 由式 (3.27) 和式 (3.28) 可得误差系统为

$$
\begin{cases}
\dot{e}_1 = a_1(y_2 - x_2) - a(y_1 - x_1) - u_1, \\
\dot{e}_2 = (c_1 - a_1)x_2 - (c - a)x_1 - x_2 z_2 + x_1 z_1 + c_1 y_2 - c y_1 - u_2, \\
\dot{e}_3 = x_2 y_2 - x_1 y_1 - b_1 z_2 + b z_1 - u_3.
\end{cases}
\tag{3.29}
$$

依据前面的理论分析结果可得自适应控制器为

$$
\begin{cases}
u_1 = a_1((y_2 - x_2) - (y_1 - x_1)) + e_1, \\
u_2 = c_1(x_2 - x_1 + y_2 - y_1) + a_1(x_1 - x_2) - x_2 z_2 + x_1 z_1 + e_2, \\
u_3 = x_2 y_2 - x_1 y_1 - b_1(z_2 - z_1) + e_3,
\end{cases}
\tag{3.30}
$$

未知参数更新规则为

$$
\begin{cases}
\dot{a}_1 = -(y_1 - x_1)e_1 + x_1 e_2, \\
\dot{b}_1 = z_1 e_3, \\
\dot{c}_1 = -(x_1 + y_1)e_2.
\end{cases}
\tag{3.31}
$$

　　选取时间步长为 $\tau = 0.001\mathrm{s}$, 采用四阶 Runge-Kutta 法去求解方程 (3.27) 和 (3.28), 研究了驱动系统 (3.27) 与响应系统 (3.28) 的同步, 其中驱动系统 (3.27) 与响应系统 (3.28) 的初始点分别选取为

$$
x_1(0) = 5, \quad y_1(0) = 10, \quad z_1(0) = 15
$$

和

$$
x_2(0) = 20, \quad y_2(0) = 30, \quad z_2(0) = 5.
$$

因此, 误差系统 (3.29) 的初始值为 $e_1(0) = 15$, $e_2(0) = 20$ 和 $e_3(0) = -10$. 为使驱动系统 (3.17) 处于混沌状态, 选取参数 $a = 35$, $b = 3$ 和 $c = 28$, 选取响应系统的初始参数 $a_1 = 0.1$, $b_1 = 0.1$ 和 $c_1 = 1$. 利用控制器 (3.30) 和更新规则 (3.31) 得到驱动系统 (3.27) 和响应系统 (3.28) 的同步过程模拟结果如图 3.9 所示, 响应系统 (3.28) 的参数 $a_1(t)$, $b_1(t)$ 和 $c_1(t)$ 的辨识过程如图 3.10 所示.

　　由误差效果图 3.9 可见, 当 t 接近 26s, 27s 和 28s 时, 误差 $e_1(t)$, $e_2(t)$ 和 $e_3(t)$ 已分别基本稳定在零点附近. 由图 3.10 可见, 当 t 接近 28s, 36s 和 27s 时, 参数 $a_1(t)$, $b_1(t)$ 和 $c_1(t)$ 的值分别稳定在 35, 3 和 28. 可见, 利用参数更新规则 (3.31), 可以辨识出响应系统 (3.28) 的未知参数.

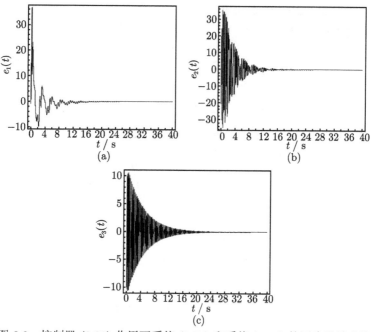

图 3.9 控制器 (3.30) 作用下系统 (3.27) 和系统 (3.28) 的同步误差曲线

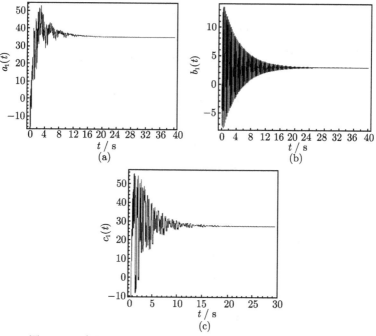

图 3.10 系统 (3.28) 的参数 $a_1(t)$, $b_1(t)$ 和 $c_1(t)$ 的辨识过程

2) 耦合发电机系统的仿真结果

令耦合发电机系统

$$\begin{cases} \dot{x}_1 = -\mu x_1 + y_1(z_1 + \alpha), \\ \dot{y}_1 = -\mu y_1 + x_1(z_1 - \alpha), \\ \dot{z}_1 = 1 - x_1 y_1 \end{cases} \tag{3.32}$$

为驱动系统, 具有相同表示形式的耦合发电机系统

$$\begin{cases} \dot{x}_2 = -\mu_1 x_2 + y_2(z_2 + a_1) - u_1, \\ \dot{y}_2 = -\mu_1 y_2 + x_2(z_2 - a_1) - u_2, \\ \dot{z}_2 = 1 - x_2 y_2 - u_3 \end{cases} \tag{3.33}$$

为响应系统, 其中 u_1, u_2, u_3 为非线性控制器. 令驱动系统 (3.32) 和响应系统 (3.33) 之间的误差变量为 $e_1 = x_2 - x_1$, $e_2 = y_2 - y_1$ 和 $e_3 = z_2 - z_1$, 则有 $\dot{e}_1 = \dot{x}_2 - \dot{x}_1$, $\dot{e}_2 = \dot{y}_2 - \dot{y}_1$ 和 $\dot{e}_3 = \dot{z}_2 - \dot{z}_1$. 由式 (3.32) 和式 (3.33) 可得误差系统为

$$\begin{cases} \dot{e}_1 = \mu x_1 - \mu_1 x_2 + y_2 z_2 + y_2 a_1 - y_1 z_1 - y_1 a - u_1, \\ \dot{e}_2 = \mu y_1 - \mu_1 y_2 + x_2 z_2 - x_2 a_1 - x_1 z_1 + x_1 a - u_2, \\ \dot{e}_3 = x_1 y_1 - x_2 y_2 - u_3. \end{cases} \tag{3.34}$$

依据前面的理论分析结果可得自适应控制器为

$$\begin{cases} u_1 = \mu_1(x_1 - x_2) + y_2 z_2 - y_1 z_1 + a_1(y_2 - y_1) + e_1, \\ u_2 = \mu_1(y_1 - y_2) + x_2 z_2 - x_1 z_1 + a_1(x_1 - x_2) + e_2, \\ u_3 = x_1 y_1 - x_2 y_2 + e_3, \end{cases} \tag{3.35}$$

未知参数更新规则为

$$\begin{cases} \dot{a}_1 = -y_1 e_1 + x_1 e_2, \\ \dot{\mu}_1 = x_1 e_1 + y_1 e_2. \end{cases} \tag{3.36}$$

选取时间步长为 $\tau = 0.001\mathrm{s}$, 采用四阶 Runge-Kutta 法去求解方程 (3.32) 和 (3.33), 研究驱动系统 (3.32) 与响应系统 (3.33) 的同步, 其中驱动系统 (3.32) 与响应系统 (3.33) 的初始点分别选取为

$$x_1(0) = 5, \quad y_1(0) = 6, \quad z_1(0) = 7$$

和

$$x_2(0) = 20, \quad y_2(0) = 30, \quad z_2(0) = 1.$$

因此, 误差系统 (3.34) 的初始值为 $e_1(0) = 15$, $e_2(0) = 24$ 和 $e_3(0) = -6$. 为使驱动系统 (3.32) 处于混沌状态, 选取参数 $a = 1.9$ 和 $\mu = 1$. 选取响应系统的初始参数

$a_1 = 0.1$ 和 $\mu_1 = 0.1$. 利用控制器 (3.35) 和更新规则 (3.36) 得到驱动系统 (3.32) 和响应系统 (3.33) 的同步过程模拟结果如图 3.11 所示, 响应系统 (3.33) 的参数 $a_1(t)$ 和 $\mu_1(t)$ 的辨识过程如图 3.12 所示.

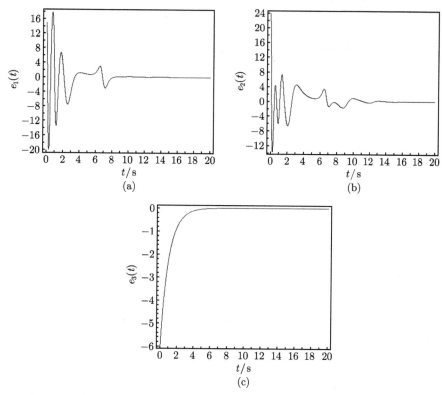

图 3.11 控制器 (3.35) 作用下系统 (3.32) 和系统 (3.33) 的同步误差曲线

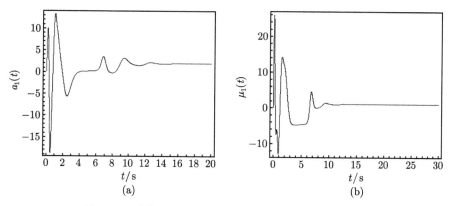

图 3.12 系统 (3.33) 的参数 $a_1(t)$ 和 $\mu_1(t)$ 的辨识过程

由误差效果图 3.11 可见, 当 t 接近 16s, 16s 和 8s 时, 误差 $e_1(t)$, $e_2(t)$ 和 $e_3(t)$ 已分别基本稳定在零点附近. 由图 3.12 可见, 当 t 接近 16s 和 14s 时, 参数 $a_1(t)$ 和 $\mu_1(t)$ 的值分别稳定在 1.9 和 1. 可见, 利用参数更新规则 (3.36), 可以辨识出响应系统 (3.33) 的未知参数.

3) 四维超混沌 Rössler 系统的仿真结果

令四维超混沌 Rössler 系统

$$
\begin{cases}
\dot{x}_1 = -y_1 - z_1, \\
\dot{y}_1 = x_1 + ay_1 + w_1, \\
\dot{z}_1 = b + x_1 z_1, \\
\dot{w}_1 = -cz_1 + dw_1
\end{cases}
\tag{3.37}
$$

为驱动系统, 具有相同表示形式的四维超混沌 Rössler 系统

$$
\begin{cases}
\dot{x}_2 = -y_2 - z_2 - u_1, \\
\dot{y}_2 = x_2 + a_1 y_2 + w_2 - u_2, \\
\dot{z}_2 = b_1 + x_2 z_2 - u_3, \\
\dot{w}_2 = -c_1 z_2 + d_1 w_2 - u_4
\end{cases}
\tag{3.38}
$$

为响应系统, 其中 u_1, u_2, u_3, u_4 为非线性控制器. 令驱动系统 (3.37) 和响应系统 (3.38) 之间的误差变量为 $e_1 = x_2 - x_1$, $e_2 = y_2 - y_1$, $e_3 = z_2 - z_1$ 和 $e_4 = w_2 - w_1$, 则有 $\dot{e}_1 = \dot{x}_2 - \dot{x}_1$, $\dot{e}_2 = \dot{y}_2 - \dot{y}_1$, $\dot{e}_3 = \dot{z}_2 - \dot{z}_1$ 和 $\dot{e}_4 = \dot{w}_2 - \dot{w}_1$. 由式 (3.37) 和式 (3.38) 可得误差系统为

$$
\begin{cases}
\dot{e}_1 = y_1 + z_1 - y_2 - z_2 - u_1, \\
\dot{e}_2 = x_2 - x_1 + a_1 y_2 - ay_1 + w_2 - w_1 - u_2, \\
\dot{e}_3 = b_1 - b + x_2 z_2 - x_1 z_1 - u_3, \\
\dot{e}_4 = cz_1 - c_1 z_2 + d_1 w_2 - dw_1 - u_4.
\end{cases}
\tag{3.39}
$$

依据前面的理论分析结果可得自适应控制器为

$$
\begin{cases}
u_1 = y_1 + z_1 - y_2 - z_2 + e_1, \\
u_2 = x_2 - x_1 + a_1(y_2 - y_1) + w_2 - w_1 + e_2, \\
u_3 = x_2 z_2 - x_1 z_1 + e_3, \\
u_4 = c_1(z_1 - z_2) + d_1(w_2 - w_1) + e_4,
\end{cases}
\tag{3.40}
$$

未知参数更新规则为

$$
\begin{cases}
\dot{a}_1 = -y_1 e_2, \\
\dot{b}_1 = -e_3, \\
\dot{c}_1 = z_1 e_4, \\
\dot{d}_1 = -w_1 e_4.
\end{cases}
\tag{3.41}
$$

选取时间步长为 $\tau = 0.001s$, 采用四阶 Runge-Kutta 法去求解方程 (3.37) 和 (3.38), 研究驱动系统 (3.37) 与响应系统 (3.38) 的同步, 其中驱动系统 (3.37) 与响应系统 (3.38) 的初始点分别选取为

$$x_1(0) = -20, \quad y_1(0) = 0, \quad z_1(0) = 0, \quad w_1(0) = 15$$

和

$$x_2(0) = 5, \quad y_2(0) = 7, \quad z_2(0) = 100, \quad w_2(0) = 11,$$

因此, 误差系统 (3.39) 的初始值为 $e_1(0) = 25$, $e_2(0) = 7$, $e_3(0) = 100$ 和 $e_4(0) = -4$. 为使驱动系统 (3.37) 处于混沌状态, 选取参数 $a = 0.25$, $b = 3$, $c = 0.5$ 和 $d = 0.05$, 选取响应系统的初始参数 $a_1 = 0.1$, $b_1 = 10$, $c_1 = 0.1$ 和 $d_1 = 3$. 利用控制器 (3.40) 和更新规则 (3.41) 得到驱动系统 (3.37) 和响应系统 (3.38) 的同步过程模拟结果如图 3.13 所示, 响应系统 (3.38) 的参数 $a_1(t)$, $b_1(t)$, $c_1(t)$ 和 $d_1(t)$ 的辨识过程如图 3.14 所示.

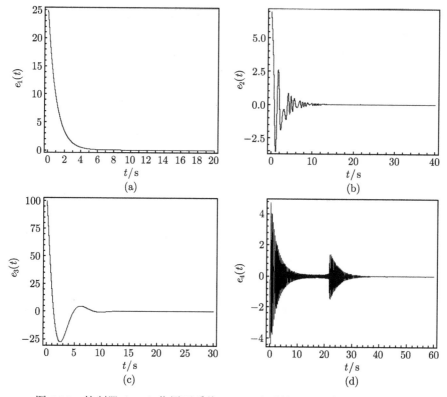

图 3.13 控制器 (3.40) 作用下系统 (3.37) 和系统 (3.38) 的同步误差曲线

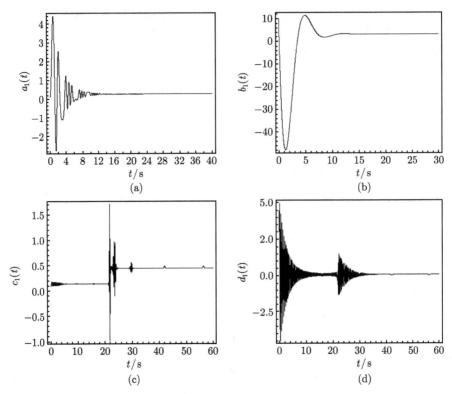

图 3.14   系统 (3.38) 的参数 $a_1(t)$, $b_1(t)$, $c_1(t)$ 和 $d_1(t)$ 的辨识过程

由误差效果图 3.13 可见, 当 t 接近 9s, 22s, 13s 和 44s 时, 误差 $e_1(t)$, $e_2(t)$, $e_3(t)$ 和 $e_4(t)$ 已分别基本稳定在零点附近. 由图 3.14 可见, 当 t 接近 24s, 14s, 57s 和 57s 时, 参数 $a_1(t)$, $b_1(t)$, $c_1(t)$ 和 $d_1(t)$ 的值分别稳定在 0.25, 3, 0.5 和 0.05. 可见, 利用参数更新规则 (3.41), 可以辨识出响应系统 (3.38) 的未知参数.

本小节给出了一类混沌系统通用的自适应同步控制器和参数更新规则的设计方案, 详细内容可参见文献 [37]. 自适应同步还可以应用于离散混沌系统和复杂网络系统, 在下面两小节将对此进行介绍.

3.1.1.4   二维 logistic 映射的同步与参数识别

考虑下列方程描述的离散映射:

$$\boldsymbol{X}_{n+1} = \boldsymbol{F}(\boldsymbol{X}_n, \boldsymbol{U}_t), \tag{3.42}$$

$$\boldsymbol{Y}_{n+1} = \boldsymbol{F}(\boldsymbol{Y}_n, \boldsymbol{U}_b), \tag{3.43}$$

$$\boldsymbol{U}_{n+1} = \boldsymbol{U}_n + \boldsymbol{R} \cdot \boldsymbol{V}(e_{n+1}), \tag{3.44}$$

其中 $\boldsymbol{F} : \mathbf{R}^m \times \mathbf{R}^h \to \mathbf{R}^m$, $\boldsymbol{X}_n, \boldsymbol{Y}_n \in \mathbf{R}^m$ 为状态变量, $\boldsymbol{U}_t, \boldsymbol{U}_b$ 为参数向量, $\boldsymbol{U}_t$ 为全局参数向量, 它的值决定驱动系统 (3.42) 的动力学行为, $\boldsymbol{U}_b$ 为响应系统 (3.43)

的参数时间进展, $\boldsymbol{V}: \mathbf{R}^m \to \mathbf{R}^m$ 为误差信号函数向量, $\boldsymbol{e}_{n+1} = \boldsymbol{Y}_{n+1} - \boldsymbol{X}_{n+1}$ 为误差信号量, 一般地, $\boldsymbol{V}$ 为一个非线性向量, 以误差信号作为其参数, $\boldsymbol{R} \in \mathbf{R}^{h \times m}$ 为控制矩阵. 式 (3.42) 与式 (3.43) 是离散映射, 式 (3.44) 是需设计的控制器.

目的是选择一个合适的控制器, 对任何初始条件, 响应系统 (3.43) 状态变量能趋向于驱动系统 (3.42) 的状态变量, 最终达到同步, 即有

$$\lim_{t \to \infty} \|\boldsymbol{U}_t - \boldsymbol{U}_b\| = 0$$

和

$$\lim_{t \to \infty} \|\boldsymbol{Y}_n - \boldsymbol{X}_n\| = 0,$$

其中条件 $\|\cdot\|$ 为 Euclid 范数. 当响应系统 (3.43) 的参数向量 $\boldsymbol{U}_b$ 趋向 $\boldsymbol{U}_t$ 时, 如果响应系统 (3.43) 的动力学行为趋向平衡, 则式 (3.42)~(3.44) 组成的系统是成功的参数自适应控制系统.

具有对称二次耦合项的二维 logistic 映射为

$$\begin{cases} p_{n+1} = \mu_1 x_n(1-x_n) + \gamma x_n y_n, \\ q_{n+1} = \mu_2 y_n(1-y_n) + \gamma x_n y_n, \end{cases} \tag{3.45}$$

其动力学行为是由控制参数 μ_1, μ_2 和 γ 决定的. 当 $\mu_1 = \mu_2 = 2.8$, $\gamma \in [0.1, 0.7]$ 时, 其吸引子和分岔图如图 3.15 所示.

由图 3.15 可见, 当 $\gamma = 0.1$ 时, 系统趋向于相平面的稳定不动点 (图 3.15(f)); 当 $\gamma = 0.184$ 时, 相平面出现了两个稳定不动点 (图 3.15(f)); 当 γ 增加到 0.425 时, 两个不动点失稳, 新的稳定状态是围绕着原有不动点的两个极限环, 这个过程称为 Hopf 分岔, 图 3.15(a) 表明这两个稳定极限环是一个闭合环, 临近的轨道都向它收敛; 当 $\gamma = 0.445$ 时, 极限环再次出现 (图 3.15(b)); 当 γ 增加到 0.525 时, 相平面又显示出两个极限环, 只不过尺寸增大且出现了两个 "尖角", 这表明系统又回到周期运动 (图 3.15(c)); 当 γ 继续增加时, 轨道上的点密度增大且轨道按复杂方式扭曲, 相平面出现了奇怪吸引子, 并且随着 γ 的增大, 奇怪吸引子的两个分开部分的尺寸增大且变形, 彼此靠近 (图 3.15(d)); 最后分开部分连成一整体 (图 3.15(e)). 由上述分析可知, 该演化过程是按周期行为与混沌现象交替出现的间歇突发通向混沌的, 即通过 Pomeau-Mannecille 途径走向混沌, 并且该间歇性与 Hopf 分岔有关.

定理 3.3[38]   令 $z_n = x_n + y_n \mathrm{i}$, $z_n^* = y_n + x_n \mathrm{i}$, 则式 (3.45) 可表示为 $z_{n+1} = f(z_n)$. 当参数 $\mu_1 = \mu_2 = \mu$ 时, 由式 (3.45) 构造吸引子有

$$[f^k(z_n)]^* = f^k(z_n^*), \quad k = 1, 2, \cdots, N, N \text{ 为迭代次数}.$$

定理 3.3 说明当参数 $\mu_1 = \mu_2 = \mu$ 时, 式 (3.45) 的吸引子关于直线 $y = x$ 成轴对称.

令驱动系统为

$$\begin{cases} x_{n+1} = \mu_1 x_n (1 - x_n) + 0.55 x_n y_n, \\ y_{n+1} = \mu_2 y_n (1 - y_n) + 0.55 x_n y_n, \end{cases} \tag{3.46}$$

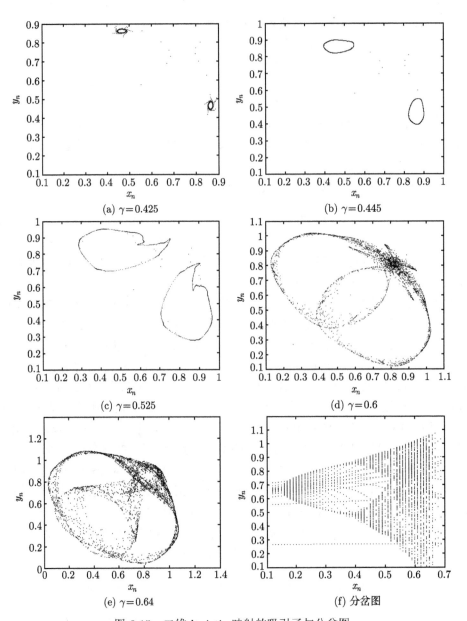

(a) $\gamma = 0.425$ (b) $\gamma = 0.445$

(c) $\gamma = 0.525$ (d) $\gamma = 0.6$

(e) $\gamma = 0.64$ (f) 分岔图

图 3.15　二维 logistic 映射的吸引子与分岔图

响应系统为

$$\begin{cases} p_{n+1} = \mu_1(1)x_n(1-x_n) + 0.55x_ny_n, \\ q_{n+1} = \mu_2(1)y_n(1-y_n) + 0.55x_ny_n, \end{cases} \tag{3.47}$$

其中, $\mu_1(1)$ 和 $\mu_2(1)$ 为事先任意给定的初值, 响应系统 (3.47) 以驱动系统 (3.46) 的 x_n 和 y_n 作为输入信号. 响应系统可写为如下形式:

$$\begin{pmatrix} p_{n+1} \\ q_{n+1} \end{pmatrix} = \begin{pmatrix} x_n(1-x_n) & 0 \\ 0 & y_n(1-y_n) \end{pmatrix} \begin{pmatrix} \mu_1(n) \\ \mu_2(n) \end{pmatrix} + \begin{pmatrix} 0.55x_ny_n \\ 0.55x_ny_n \end{pmatrix}.$$

令控制器为

$$\begin{pmatrix} \mu_1(n+1) \\ \mu_2(n+1) \end{pmatrix} = \begin{pmatrix} \mu_1(n) \\ \mu_2(n) \end{pmatrix} + \begin{pmatrix} \alpha_1 & 0 \\ 0 & \alpha_2 \end{pmatrix} \begin{pmatrix} p(n+1) - x(n+1) \\ q(n+1) - q(n+1) \end{pmatrix}, \tag{3.48}$$

选取合适的 α_1 和 α_2, 使其满足

$$|1 + x_n(1-x_n)\alpha_1| < 1, \quad |1 + y_n(1-y_n)\alpha_2| < 1. \tag{3.49}$$

令更新规则如下:

(1) 当 $0 \leqslant y_n \leqslant 1, 0 \leqslant y_n \leqslant 1$ 时有

$$\frac{-2}{y_n(1-y_n)} < \alpha_1 < 0, \quad \frac{-2}{y_n(1-y_n)} < \alpha_2 < 0, \tag{3.50}$$

不妨令 $\alpha_1 = \alpha_2 = -6$;

(2) 当 $x_n < 0, y_n < 0$ 时有

$$0 < \alpha_1 < \frac{-2}{x_n(1-x_n)}, \quad 0 < \alpha_2 < \frac{-2}{x_n(1-x_n)}, \tag{3.51}$$

不妨令 $\alpha_1 = \alpha_2 = \frac{1}{2}$;

(3) 当 $x_n > 1, y_n \geqslant 1$ 时有

$$0 < \alpha_1 < \frac{-2}{x_n(1-x_n)}, \quad 0 < \alpha_2 < \frac{-2}{x_n(1-x_n)}, \tag{3.52}$$

不妨令 $\alpha_1 = \alpha_2 = \frac{1}{2}$.

定理 3.4 若选取控制器为式 (3.48), 更新规则为式 (3.49)~(3.52), 则驱动系统 (3.46) 与响应系统 (3.47) 从任意初始点出发, 轨道均可以达到同步.

证明 令

$$\boldsymbol{F} = \begin{pmatrix} x_n(1-x_n) & 0 \\ 0 & y_n(1-y_n) \end{pmatrix},$$

矩阵 $\boldsymbol{F}$ 的特征值为 $\lambda_1 = x_n(1 - x_n)$ 和 $\lambda_2 = y_n(1 - y_n)$, 则对角矩阵为

$$\boldsymbol{\Lambda} = \left(\begin{array}{cc} x_n(1 - x_n) & 0 \\ 0 & y_n(1 - y_n) \end{array} \right),$$

特征向量为

$$\boldsymbol{P} = \left(\begin{array}{cc} x_n & 0 \\ 0 & y_n \end{array} \right), \quad \boldsymbol{P}^{-1} = \left(\begin{array}{cc} x_n^{-1} & 0 \\ 0 & y_n^{-1} \end{array} \right),$$

则有 $\boldsymbol{F} = \boldsymbol{P}\boldsymbol{\Lambda}\boldsymbol{P}^{-1}$.

令

$$\boldsymbol{\Lambda}_1 = \left(\begin{array}{cc} \alpha_1 & 0 \\ 0 & \alpha_2 \end{array} \right), \quad \boldsymbol{P}\boldsymbol{\Lambda}_1\boldsymbol{P}^{-1} = \boldsymbol{R}\boldsymbol{V}_E^{(n+1)}, \quad \boldsymbol{R}\boldsymbol{V}_E^{(n+1)}\boldsymbol{F} = \boldsymbol{W},$$

其中, $\boldsymbol{R}$ 为控制矩阵, $\boldsymbol{V}_E^{(n+1)}$ 为一个误差函数矩阵, 则有

$$\boldsymbol{W} + \boldsymbol{E} = \boldsymbol{P}\boldsymbol{\Lambda}_1\boldsymbol{P}\boldsymbol{P}^{-1}\boldsymbol{\Lambda}\boldsymbol{P}^{-1} + \boldsymbol{P}\boldsymbol{P}^{-1} = \boldsymbol{P}(\boldsymbol{\Lambda}_1\boldsymbol{\Lambda} + \boldsymbol{E})\boldsymbol{P}^{-1}.$$

根据更新规则始终使条件 (3.49) 成立, 故 $\boldsymbol{W} + \boldsymbol{E}$ 的特征值在单位圆中.

因为 $\boldsymbol{e}_{n+1} = \boldsymbol{Y}_{n+1} - \boldsymbol{X}_{n+1}$, 故

$$\boldsymbol{e}_{n+1} = \left(\begin{array}{c} (\mu_1(n) - \mu_1)x_n(1 - x_n) \\ (q_1(n) - q_1)y_n(1 - y_n) \end{array} \right) = \boldsymbol{F} \left(\begin{array}{c} \mu_1(n) - \mu_1 \\ q_1(n) - q_1 \end{array} \right) = \boldsymbol{F}\Delta\boldsymbol{U}_n. \quad (3.53)$$

等式 (3.44) 两边都减去 $\boldsymbol{U}_t$ 得

$$\Delta\boldsymbol{U}_{n+1} = \Delta\boldsymbol{U}_n + \boldsymbol{R}\boldsymbol{V}(e_{n+1}), \quad (3.54)$$

其中

$$\boldsymbol{V}(e_{n+1}) = (v_1(e_{n+1}^{(1)}), v_2(e_{n+1}^{(2)}))^{\mathrm{T}},$$

因为 $v_i(e_{n+1}^{(i)})(i = 1, 2)$ 是可微的, 由 Taylor 公式可知

$$v_i(e_{n+1}^{(i)}) = v_i(0) + \dot{v}_i(\hat{e}_{n+1}^{(j)})e_{n+1}^{(i)},$$

其中 $0 < \hat{e}_{n+1}^{(j)} < e_{n+1}^{(i)}$, $v_i(0) = 0$ 且 $\boldsymbol{V}(e_{n+1}) = \boldsymbol{0}$ 与 $e_{n+1} = 0$ 是参数自适应控制稳定的必要条件. 再由式 (3.43) 可得

$$\boldsymbol{V}(e_{n+1}) = \boldsymbol{V}_E^{n+1}\boldsymbol{F}\Delta\boldsymbol{U}_n, \quad (3.55)$$

其中

$$\boldsymbol{V}_E^{n+1} = \left(\begin{array}{cc} \dot{v}_i(\hat{e}_{n+1}^{(1)}) & 0 \\ 0 & \dot{v}_i(\hat{e}_{n+1}^{(2)}) \end{array} \right).$$

将式 (3.55) 代入式 (3.54) 可得

$$\Delta \boldsymbol{U}_{n+1} = (\boldsymbol{E} + \boldsymbol{W})\Delta \boldsymbol{U}_n,$$

即

$$\mu(n+1) - \mu_1 = (\boldsymbol{E} + \boldsymbol{W})(\mu_1(n) - \mu_1). \tag{3.56}$$

令

$$\boldsymbol{W}_i = \boldsymbol{R}_i \boldsymbol{V}_E^i \boldsymbol{F}^{(i)},$$

则有

$$\mu(n+1) - \mu_1 = (\mu_1(n) - \mu_1)\prod_{i=1}^{n}(\boldsymbol{E} + \boldsymbol{W}_i). \tag{3.57}$$

因为所有 $\boldsymbol{E} + \boldsymbol{W}$ 的特征值都在单位圆中, 故式 (3.57) 是压缩映射. 当 $n \to +\infty$ 时有

$$\Delta \boldsymbol{U}_{n+1} \to 0, \quad \boldsymbol{V}(e_{n+1}) = \begin{pmatrix} v(e_{n+1}^1) \\ v(e_{n+1}^2) \end{pmatrix} = \begin{pmatrix} (\mu_1(n) - \mu_1)x_n(1 - x_n) \\ (q_1(n) - q_1)y_n(1 - y_n) \end{pmatrix},$$

其中 $v(e_{n+1}^1)$ 与 $v(e_{n+1}^2)$ 为单值函数. 又因为

$$\Delta \boldsymbol{U}_n = \boldsymbol{U}_n - \boldsymbol{U}_t = \begin{pmatrix} \mu_1(n) - \mu_1 \\ q_1(n) - q_1 \end{pmatrix},$$

所以当 $n \to +\infty$ 时有

$$\Delta \boldsymbol{U}_{n+1} \to 0,$$

即 $\mu_1(n) \to \mu_1$, 于是有

$$q_1(n) \to q_1.$$

选取时间步长为 $\tau = 0.001\mathrm{s}$, 驱动系统 (3.46) 与响应系统 (3.47) 的初始点分别选取为 $x_1(0) = 0.10$ 和 $y_1(0) = 0.11$, $\mu_1(0) = 51$ 和 $\mu_2(0) = 0.8$. 为使驱动系统 (3.46) 处于混沌状态, 选取参数 $\mu_1 = 2.8$, $\mu_2 = 2.9$ 和 $\gamma = 0.55$. 利用控制器 (3.48) 和更新规则 (3.49)~(3.52), 得到驱动系统 (3.46) 和响应系统 (3.47) 的同步过程模拟结果如图 3.16 和图 3.17 所示. 由误差效果图 3.16 可以看到, 当 t 接近 35s 和 43s 时, 误差 $e_1(t)$ 和 $e_2(t)$ 已基本稳定在零点附近, 即驱动系统 (3.46) 与响应系统 (3.47) 的 $x(t)$ 和 $p(t)$, $y(t)$ 和 $q(t)$ 分别达到了同步. 响应系统 (3.47) 的参数 $\mu_1(t)$ 和 $\mu_2(t)$ 的辨识过程图 3.17 可见, 在响应系统 (3.47) 的参数未知的情况下, 当 t 接近 41s 和 43s 时, 参数 $\mu_1(t)$ 和 $\mu_2(t)$ 的值分别稳定在 2.8 和 2.9. 可见, 利用参数更新规则 (3.49)~(3.52), 可以辨识出响应系统的未知参数.

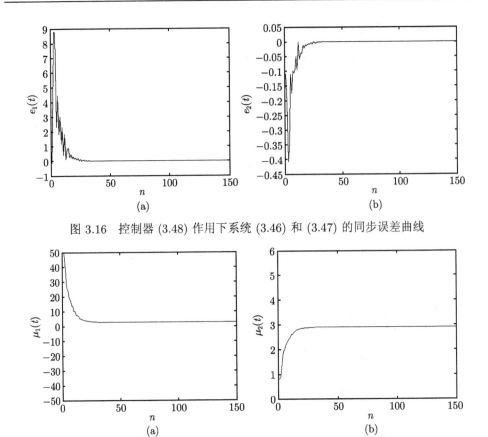

图 3.16   控制器 (3.48) 作用下系统 (3.46) 和 (3.47) 的同步误差曲线

图 3.17   利用更新规则 (3.49)~(3.52) 所得出的系统 (3.47) 的参数辨识过程

3.1.1.5   复杂网络动力系统中的混沌自适应同步

由于复杂动力网络存在于现实世界的各个领域, 因此, 复杂动力网络的研究已经越来越受到人们的关注. 复杂网络是由许多相互连接的节点所组成的, 节点是复杂网络的基本单元, 每个节点都具有特定的意义和动力特性, 各个节点之间相互耦合形成一个整体, 绝大多数复杂网络都在整体拓扑结构上表现出它的复杂性. 复杂网络的复杂性本质引出了许多重要的研究问题, 其中一个十分重要而有意义的问题就是如何让网络上所有节点的动力特性同步起来. 同步是动力系统的一个很重要的特性, 特别是在由混沌振荡器耦合的大规模网络中的同步, 已经成为许多学科和工程领域的一个研究热点. 本小节研究了带有自适应控制器的复杂网络的同步问题, 提出了一种新的渐近稳定方法, 并从理论上进行了证明. 数值仿真进一步验证了本方法的有效性.

考虑一个以 N 个相同的动力系统 $\dot{\boldsymbol{X}}_i = \boldsymbol{f}(\boldsymbol{X}_i)$ 作为节点的耗散耦合动力系统

$$\dot{\boldsymbol{X}}_i = \boldsymbol{f}(\boldsymbol{X}_i) + \delta \sum_{j=1}^{N} c_{ij}\boldsymbol{\phi}(\boldsymbol{X}_j), \quad i = 1, 2, \cdots, N, \tag{3.58}$$

其中 $\boldsymbol{f} : \boldsymbol{D} \subseteq \mathbf{R}^n \to \mathbf{R}^n$ 为光滑的混沌系统函数, $\boldsymbol{X}_i = (x_{i1}, x_{i2}, \cdots, x_{in})^{\mathrm{T}} \in \boldsymbol{D}$ 为节点 i 的状态向量, $\boldsymbol{\phi} : \boldsymbol{D} \to \mathbf{R}^n$ 为各个节点状态变量之间的内部耦合函数, $\boldsymbol{C} = (c_{ij}) \in \mathbf{R}^{N \times N}$ 有两个意义: 其一, 它表示耦合网络的拓扑结构, 从这个意义上讲, 它是外部耦合矩阵; 其二, c_{ij} 表示第 i 个节点和第 j 个节点之间的耦合权, 从这个意义上讲, 它是耦合权矩阵, δ 为耦合强度. 另外, 本小节研究的是耗散耦合动力系统, 所以外部耦合矩阵 $\boldsymbol{C}$, 应当满足耗散耦合条件

$$c_{ii} = -\sum_{\substack{j=1 \\ j \neq i}}^{N} c_{ij} = -\sum_{\substack{j=1 \\ j \neq i}}^{N} c_{ji}, \quad i = 1, 2, \cdots, N. \tag{3.59}$$

设网络系统 (3.58) 没有孤立簇, 即外部耦合矩阵 $\boldsymbol{C}$ 是不可约的.

定义 3.1 当 $t \to \infty$ 时, 如果网络动力系统 (3.58) 有

$$\boldsymbol{X}_1(t) \to \boldsymbol{X}_2(t) \to \cdots \to \boldsymbol{X}_N(t) \to \boldsymbol{S}(t), \tag{3.60}$$

或者, 更严格地说, 存在一个非空开集 $\boldsymbol{E} \subseteq \boldsymbol{D}$, 使得从 $\boldsymbol{E}$ 中任意初始状态出发, 均有

$$\lim_{t \to \infty} \|\boldsymbol{X}_i(t) - \boldsymbol{S}(t)\|_2 = 0, \quad i = 1, 2, \cdots, N, \tag{3.61}$$

则称网络动力系统 (3.58) 实现了同步, 其中 $\boldsymbol{S}(t)$ 为孤立节点的解, 它应当满足

$$\dot{\boldsymbol{S}} = \boldsymbol{f}(\boldsymbol{S}). \tag{3.62}$$

它可以是稳定点、周期轨道、准周期轨道, 甚至是混沌吸引子.

由定义 3.1 不难看出, 当网络动力系统 (3.58) 达到同步时, 内部耦合函数应满足

$$\boldsymbol{\phi}(\boldsymbol{X}_1) = \boldsymbol{\phi}(\boldsymbol{X}_2) = \cdots = \boldsymbol{\phi}(\boldsymbol{X}_N) = \boldsymbol{\phi}(\boldsymbol{S}) = \boldsymbol{0}. \tag{3.63}$$

为了使网络动力系统 (3.58) 实现同步, 给系统添加控制器

$$\dot{\boldsymbol{X}}_i = \boldsymbol{f}(\boldsymbol{X}_i) + \delta \sum_{j=1}^{N} c_{ij}\boldsymbol{\phi}(X_j) + \boldsymbol{u}_i, \quad i = 1, 2, \cdots, N, \tag{3.64}$$

其中 $\boldsymbol{u}_i$ 为第 i 个节点的自适应控制器. 第 i 个节点的实时误差为

$$\boldsymbol{e}_i(t) = \boldsymbol{X}_i(t) - \boldsymbol{S}(t). \tag{3.65}$$

假设 $\|\boldsymbol{A}\|_2 \leqslant \alpha$, 其中 $\boldsymbol{A} = \boldsymbol{D}\boldsymbol{f}(\boldsymbol{S})$ 为孤立点系统的 Jacobi 矩阵.

定理 3.5　如果上述假设成立, 并且网络动力系统 (3.64) 的自适应控制器 u_i 设计如下:

$$\boldsymbol{u}_i = -(\sigma_i + \mu)\boldsymbol{e}_i, \tag{3.66}$$

其中 μ 为足够大的正常数, 参数 σ_i 的更新律如下:

$$\dot{\sigma}_i = -\frac{\varepsilon_i \delta}{\sigma_i} \sum_{j=1}^{N} c_{ij} \boldsymbol{\phi}^{\mathrm{T}}(\boldsymbol{X}_j) \boldsymbol{e}_i, \tag{3.67}$$

则网络动力系统 (3.64) 可实现渐近同步.

证明　根据式 (3.64) 和式 (3.65), 第 i 个节点的误差动力系统如下:

$$\dot{\boldsymbol{e}}_i(t) = \dot{\boldsymbol{X}}_i(t) - \dot{\boldsymbol{S}}(t) = \boldsymbol{A}\boldsymbol{e}_i(t) + \delta \sum_{j=1}^{N} c_{ij} \boldsymbol{\phi}(\boldsymbol{X}_j) + \boldsymbol{u}_i, \quad i = 1, 2, \cdots, N. \tag{3.68}$$

定义如下的 Lyapunov 函数:

$$V = \frac{1}{2} \sum_{i=1}^{N} \boldsymbol{e}_i^{\mathrm{T}} \boldsymbol{e}_i + \frac{1}{2} \sum_{i=1}^{N} \frac{1}{\varepsilon_i} \sigma_i^2, \tag{3.69}$$

其中 ε_i 为正常数. 由式 (3.69) 可得

$$\begin{aligned}
\dot{V} &= \frac{1}{2} \sum_{i=1}^{N} (\dot{\boldsymbol{e}}_i^{\mathrm{T}} \boldsymbol{e}_i + \boldsymbol{e}_i^{\mathrm{T}} \dot{\boldsymbol{e}}_i) - \sum_{i=1}^{N} \sigma_i \left(\frac{\delta}{\sigma_i} \sum_{j=1}^{N} c_{ij} \boldsymbol{\phi}^{\mathrm{T}}(\boldsymbol{X}_j) \boldsymbol{e}_i \right) \\
&= \frac{1}{2} \sum_{i=1}^{N} \left[\left(\boldsymbol{A}\boldsymbol{e}_i(t) + \delta \sum_{j=1}^{N} c_{ij} \boldsymbol{\phi}(\boldsymbol{X}_j) + \boldsymbol{u}_i \right)^{\mathrm{T}} \boldsymbol{e}_i \right. \\
&\quad \left. + \boldsymbol{e}_i^{\mathrm{T}} \left(\boldsymbol{A}\boldsymbol{e}_i(t) + \delta \sum_{j=1}^{N} c_{ij} \boldsymbol{\phi}(X_j) + \boldsymbol{u}_i \right) \right] - \sum_{i=1}^{N} \left[\delta \sum_{j=1}^{N} c_{ij} \boldsymbol{\phi}^{\mathrm{T}}(\boldsymbol{X}_j) \boldsymbol{e}_i \right] \\
&= \frac{1}{2} \sum_{i=1}^{N} \left\{ \boldsymbol{e}_i^{\mathrm{T}}(\boldsymbol{A}^{\mathrm{T}} + \boldsymbol{A})\boldsymbol{e}_i + 2\delta \sum_{j=1}^{N} c_{ij} \boldsymbol{\phi}^{\mathrm{T}}(\boldsymbol{X}_j)\boldsymbol{e}_i + 2\boldsymbol{u}_i^{\mathrm{T}}\boldsymbol{e}_i \right\} - \sum_{i=1}^{N} \left[\delta \sum_{j=1}^{N} c_{ij} \boldsymbol{\phi}^{\mathrm{T}}(\boldsymbol{X}_j) \boldsymbol{e}_i \right] \\
&= \sum_{i=1}^{N} \left[\boldsymbol{e}_i^{\mathrm{T}} \left(\frac{\boldsymbol{A}^{\mathrm{T}} + \boldsymbol{A}}{2} \right) \boldsymbol{e}_i + \delta \sum_{j=1}^{N} c_{ij} \boldsymbol{\phi}^{\mathrm{T}}(\boldsymbol{X}_j)\boldsymbol{e}_j + \boldsymbol{u}_i^{\mathrm{T}}\boldsymbol{e}_i \right] - \sum_{i=1}^{N} \left[\delta \sum_{j=1}^{N} c_{ij} \boldsymbol{\phi}^{\mathrm{T}}(\boldsymbol{X}_j) \boldsymbol{e}_i \right] \\
&\leqslant \sum_{i=1}^{N} \left[\alpha \boldsymbol{e}_i^{\mathrm{T}} \boldsymbol{e}_i + \delta \sum_{j=1}^{N} c_{ij} \boldsymbol{\phi}^{\mathrm{T}}(\boldsymbol{X}_j)\boldsymbol{e}_i + \boldsymbol{u}_i^{\mathrm{T}}\boldsymbol{e}_i \right] - \sum_{i=1}^{N} \left[\delta \sum_{j=1}^{N} c_{ij} \boldsymbol{\phi}^{\mathrm{T}}(\boldsymbol{X}_j) \boldsymbol{e}_i \right] \\
&= \sum_{i=1}^{N} \left[\alpha \boldsymbol{e}_i^{\mathrm{T}} \boldsymbol{e}_i + \delta \sum_{j=1}^{N} c_{ij} \boldsymbol{\phi}^{\mathrm{T}}(\boldsymbol{X}_j)\boldsymbol{e}_i - (\sigma_i + \mu)\boldsymbol{e}_i^{\mathrm{T}}\boldsymbol{e}_i \right] - \sum_{i=1}^{N} \left[\delta \sum_{j=1}^{N} c_{ij} \boldsymbol{\phi}^{\mathrm{T}}(\boldsymbol{X}_j) \boldsymbol{e}_i \right]
\end{aligned}$$

$$= \sum_{i=1}^{N} [(\alpha - \sigma_i - \mu) e_i^{\mathrm{T}} e_i],$$

所以只要选取足够大的 μ, 则 $\dot{V} < 0$, 即网络动力系统 (3.64) 在自适应控制器 (3.66) 下, 按照式 (3.67) 的更新律, 可实现渐近同步.

考虑一个由 50 个 Lorenz 系统组成的网络动力系统, 其第 i 个节点的动力系统如下:

$$\begin{cases} \dot{x}_{i1} = a(x_{i2} - x_{i1}), \\ \dot{x}_{i2} = rx_{i1} - x_{i1}x_{i3} - x_{i2}, \\ \dot{x}_{i3} = x_{i1}x_{i2} - bx_{i3}, \end{cases} \tag{3.70}$$

其中 $\boldsymbol{X}_i = (x_{i1}, x_{i2}, x_{i3})^{\mathrm{T}}$. 取 $a = 10$, $r = 28$, $b = 8/3$, 则第 i 个节点系统达到混沌状态.

选取 $\delta = 1$, $\varepsilon_i = 1$, $\boldsymbol{\phi}(\boldsymbol{X}_i) = \boldsymbol{X}_i$ 和 $\mu = 100$, 则网络动力系统为

$$\begin{cases} \dot{\boldsymbol{X}}_i - \boldsymbol{f}(\boldsymbol{X}_i) + \sum_{j=1}^{N} c_{ij}\boldsymbol{X}_j + \boldsymbol{u}_i, \\ \boldsymbol{u}_i = -(\sigma_i + \mu)\boldsymbol{e}_i, \qquad i = 1, 2, \cdots, N. \\ \dot{\sigma}_i = -\frac{1}{\sigma_i} \sum_{j=1}^{N} c_{ij}\boldsymbol{X}_j^{\mathrm{T}}\boldsymbol{e}_i, \end{cases} \tag{3.71}$$

方案 1 网络系统是全局耦合的, 选取如下的外部耦合矩阵:

$$\boldsymbol{C} = \begin{pmatrix} -N+1 & \cdots & 1 \\ \vdots & & \vdots \\ 1 & \cdots & -N+1 \end{pmatrix}.$$

方案 2 网络系统是环型耦合的, 选取如下的外部耦合矩阵:

$$\boldsymbol{C} = \begin{pmatrix} -2 & 1 & \cdots & 1 \\ 1 & -2 & \cdots & 0 \\ \vdots & \vdots & & \vdots \\ 1 & 0 & \cdots & -2 \end{pmatrix}.$$

方案 3 网络系统是最近邻耦合的, 选取如下的外部耦合矩阵 (取近邻数 $k = 5$):

$$C = \begin{pmatrix} -10 & 1 & \cdots & 1 \\ 1 & -10 & \cdots & 1 \\ \vdots & \vdots & & \vdots \\ 1 & 1 & \cdots & -10 \end{pmatrix}.$$

采用四阶 Runge-Kutta 法, 分别在以上三种方案下求解系统 (3.71), 选择初值 $\boldsymbol{S}(0) = (4,6,8)$, $\sigma_i(0) = 1$, $x_{i1} = 4 + 0.5i$, $x_{i1} = 5 + 0.5i$, $x_{i1} = -6 + 0.5i$. 图 3.18 是全局耦合的网络动力系统误差演化与示意图 (为了清楚起见, 图 3.18 中的网络节点数取 16), 图 3.19 是环型耦合的网络动力系统状态变量演化与拓扑示意图, 图 3.20 是最近邻耦合的网络动力系统误差演化与拓扑示意图. 显然, 在以上三种耦合方案中, 网络动力系统 (3.71) 都实现了全局渐近稳定. 由于最近邻耦合的耦合系数 $c = O(N^2)$, 所以最近邻耦合的网络动力系统一般很难实现同步, 而图 3.19 表明, 本

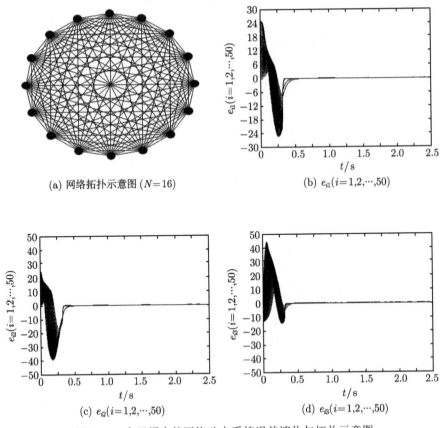

(a) 网络拓扑示意图 $(N=16)$　　　　(b) $e_{i1}(i=1,2,\cdots,50)$

(c) $e_{i2}(i=1,2,\cdots,50)$　　　　(d) $e_{i3}(i=1,2,\cdots,50)$

图 3.18　全局耦合的网络动力系统误差演化与拓扑示意图

方法使最近邻耦合的网络动力系也能够很好地实现渐近同步, 这证明本方法是十分有效的.

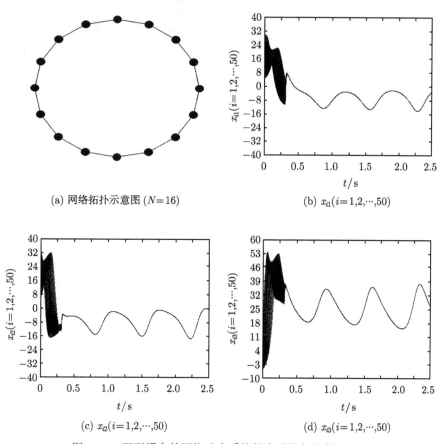

(a) 网络拓扑示意图 ($N=16$)

(b) $x_{i1}(i=1,2,\cdots,50)$

(c) $x_{i2}(i=1,2,\cdots,50)$

(d) $x_{i3}(i=1,2,\cdots,50)$

图 3.19 环型耦合的网络动力系统状态演化与拓扑示意图

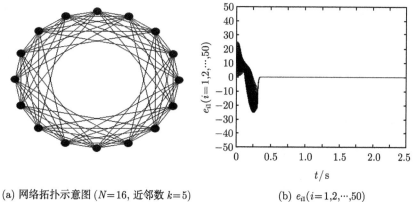

(a) 网络拓扑示意图 ($N=16$, 近邻数 $k=5$)

(b) $e_{i1}(i=1,2,\cdots,50)$

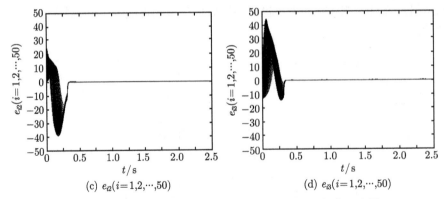

(c) $e_{i2}(i=1,2,\cdots,50)$ (d) $e_{i3}(i=1,2,\cdots,50)$

图 3.20　最近邻耦合的网络动力系统状态演化与拓扑示意图

3.1.1.6　存在扰动情况下统一混沌系统的自适应同步

在实际应用中, 混沌同步经常会面临不确定参数漂移、外部干扰、噪声等问题[39]. 考虑到系统在正常工作时, 扰动常常是在一定范围内. 为此, 本小节结合主动控制和参数自适应方法, 在驱动-响应系统均存在外部有界扰动、响应系统存在参数微扰或参数未知的三种情况下, 分别设计了适当的控制器及参数自适应律, 实现了统一混沌系统的同步. 数值仿真进一步验证了本方法的有效性.

统一混沌系统为[39]

$$\begin{cases} \dot{x}_1 = (25\alpha + 10)(x_2 - x_1), \\ \dot{x}_2 = (28 - 35\alpha)x_1 - x_1x_3 + (29\alpha - 1)x_2, \\ \dot{x}_3 = x_1x_2 - \dfrac{(8+\alpha)x_3}{3}, \end{cases} \tag{3.72}$$

其中 x_1, x_2 和 x_3 为系统状态变量, α 为系统控制参数. 当 $\alpha \in [0,1]$ 时, 系统 (3.72) 为混沌态; 当 $\alpha \in [0, 0.8)$ 时, 系统 (3.72) 为广义 Lorenz 系统; 当 $\alpha \in (0.8, 1]$ 时, 系统 (3.72) 为广义 Chen 系统; 当 $\alpha = 0.8$ 时, 系统 (3.72) 为广义 Lü系统; 当 $\alpha = 0$ 或 1 两种极端情形时, 系统 (3.72) 分别为经典的 Lorenz 混沌系统和 Chen 混沌系统[39]. 统一混沌系统的全域混沌特性标示着研究该系统具有重要的理论意义.

若令系统 (3.72) 中 $a = 25\alpha + 10$, $b = 28 - 35\alpha$, $c = 29\alpha - 1$ 和 $d = (8+\alpha)/3$, 则在存在外部扰动情况下, 系统 (3.72) 可表示为

$$\begin{cases} \dot{x}_1 = a(x_2 - x_1) + n_1, \\ \dot{x}_2 = bx_1 - x_1x_3 + cx_2 + n_2, \\ \dot{x}_3 = x_1x_2 - dx_3 + n_3, \end{cases} \tag{3.73}$$

其中 n_1, n_2 和 n_3 为来自外界的扰动. 当 $\alpha \in [0,1]$, a, b, c 和 d 为常参数时, 系统 (3.73) 处于混沌态.

设系统 (3.73) 为驱动系统, 对应的存在外部扰动的受控响应系统为

$$\begin{cases} \dot{y}_1 = a(y_2 - y_1) + n_1' + u_1, \\ \dot{y}_2 = by_1 - y_1y_3 + cy_2 + n_2' + u_2, \\ \dot{y}_3 = y_1y_2 - dy_3 + n_3' + u_3, \end{cases} \tag{3.74}$$

其中 n_1', n_2' 和 n_3' 为来自外界的扰动, u_1, u_2 和 u_3 为反馈控制器.

设驱动系统 (3.73) 和响应系统 (3.74) 之间的状态误差为 $(e_1, e_2, e_3)^{\mathrm{T}}$, 其中 $e_1 = y_1 - x_1$, $e_2 = y_2 - x_2$ 和 $e_3 = y_3 - x_3$. 由式 (3.74) 和式 (3.73) 可得同步误差系统为

$$\begin{cases} \dot{e}_1 = a(e_2 - e_1) + n_1' - n_1 + u_1, \\ \dot{e}_2 = be_1 - y_1y_3 + x_1x_3 + ce_2 + n_2' - n_2 + u_2, \\ \dot{e}_3 = y_1y_2 - x_1x_2 - de_3 + n_3' - n_3 + u_3. \end{cases} \tag{3.75}$$

设外界扰动是有界的, 即

$$|n_i| \leqslant L, \quad |n_i'| \leqslant L, \quad i = 1, 2, 3, \tag{3.76}$$

其中 L 为正常数, 则驱动系统 (3.73) 和响应系统 (3.74) 之间的混沌同步问题转化为误差系统 (3.75) 在原点处的渐近稳定问题.

定理 3.6　当系统 (3.72) 中 $\alpha \in [0,1]$ 时, 若取反馈控制器为

$$\begin{cases} u_1 = -(a+b)(y_2 - x_2) - 2L\mathrm{sgn}(y_1 - x_1), \\ u_2 = y_1y_3 - x_1x_3 - (c+1)(y_2 - x_2) - 2L\mathrm{sgn}(y_2 - x_2), \\ u_3 = x_1x_2 - y_1y_2 - 2L\mathrm{sgn}(y_3 - x_3), \end{cases} \tag{3.77}$$

则从任意初始点出发, 驱动系统 (3.73) 和响应系统 (3.74) 均可渐近同步.

证明　构造 Lyapunov 函数为

$$V = \frac{e_1^2 + e_2^2 + e_3^2}{2}, \tag{3.78}$$

对式 (3.78) 求导可得

$$\begin{aligned} \dot{V} &= e_1\dot{e}_1 + e_2\dot{e}_2 + e_3\dot{e}_3 \\ &= e_1\left[a(e_2 - e_1) + n_1' - n_1 + u_1\right] + e_2[be_1 - y_1y_3 + x_1x_3 + ce_2 \\ &\quad + n_2' - n_2 + u_2] + e_3\left[y_1y_2 - x_1x_2 - de_3 + n_3' - n_3 + u_3\right] \\ &= e_1\left[a(e_2 - e_1) + n_1' - n_1 - (a+b)(y_2 - x_2) - 2L\mathrm{sgn}(y_1 - x_1)\right] \end{aligned}$$

$$+ e_2[be_1 - y_1y_3 + x_1x_3 + ce_2 + n_2' - n_2 + y_1y_3$$

$$- x_1x_3 - (c+1)(y_2 - x_2) - 2L\mathrm{sgn}(y_2 - x_2)]$$

$$+ e_3\left[y_1y_2 - x_1x_2 - de_3 + n_3' - n_3 + x_1x_2 - y_1y_2 - 2L\mathrm{sgn}(y_3 - x_3)\right]$$

$$= -ae_1^2 + e_1(n_1' - n_1) - 2L\left|e_1\right| + e_2(n_2' - n_2) - e_2^2$$

$$- 2L\left|e_2\right| - de_3^2 + e_3(n_3' - n_3) - 2L\left|e_3\right|$$

$$\leqslant -ae_1^2 + \left|e_1\right|\left|n_1' - n_1\right| - 2L\left|e_1\right| + \left|e_2\right|\left|n_2' - n_2\right| - e_2^2$$

$$- 2L\left|e_2\right| - de_3^2 + \left|e_3\right|\left|n_3' - n_3\right| - 2L\left|e_3\right|$$

$$\leqslant -ae_1^2 - e_2^2 - de_3^2 \leqslant 0.$$

根据 Lyapunov 函数稳定性理论可知, 平衡点 $e = \mathbf{0}$, 即同步误差系统 (3.75) 在原点渐近稳定. 定理得证.

若取系统 (3.72) 中 $\alpha = 0$, 则有 $a = 10$, $b = 28$, $c = -1$ 和 $d = 8/3$, 系统 (3.73) 变为经典 Lorenz 系统. 若取 $n_1 = 0.02\sin t$, $n_2 = 0.3\sin(2t)$, $n_3 = 0.01\sin t$, $n_1' = 0.02\sin(2t)$, $n_2' = 0.1\sin t$, $n_3' = 0.05\sin t$, 则有 $L = 0.5$. 由式 (3.77) 可得反馈控制律为

$$\begin{cases} u_1 = -38(y_2 - x_2) - 2 \times 0.5\mathrm{sgn}(y_1 - x_1), \\ u_2 = y_1y_3 - x_1x_3 - 2 \times 0.5\mathrm{sgn}(y_2 - x_2), \\ u_3 = x_1x_2 - y_1y_2 - 2 \times 0.5\mathrm{sgn}(y_3 - x_3). \end{cases} \tag{3.79}$$

取驱动系统 (3.73) 的初始点为 $x_1(0) = 10$, $x_2(0) = 10$ 和 $x_3(0) = 10$, 响应系统 (3.74) 的初始点为 $y_1(0) = -4$, $y_2(0) = -8$ 和 $y_3(0) = -10$. 采用步长为 0.001 的四阶 Runge-Kutta 法, 用 Matlab7.0 进行数值仿真, 得到系统 (3.73) 和 (3.74) 的同步误差曲线如图 3.21 所示. 由图 3.21 可知, 非线性控制器 (3.79) 能使系统 (3.73) 和 (3.74) 快速实现同步.

假定存在外界扰动和参数微扰, 设系统 (3.73) 为驱动系统, 对应的存在参数微扰及外部扰动的响应系统为

$$\begin{cases} \dot{y}_1 = (a + \Delta a)(y_2 - y_1) + n_1' + u_1, \\ \dot{y}_2 = (b + \Delta b)y_1 - y_1y_3 + (c + \Delta c)y_2 + n_2' + u_2, \\ \dot{y}_3 = y_1y_2 - (d + \Delta d)y_3 + n_3' + u_3. \end{cases} \tag{3.80}$$

由式 (3.80) 和式 (3.73) 可得同步误差系统

$$\begin{cases} \dot{e}_1 = a(e_2 - e_1) + \Delta a(y_2 - y_1) + n_1' - n_1 + u_1, \\ \dot{e}_2 = be_1 + \Delta by_1 - y_1y_3 + x_1x_3 + ce_2 + \Delta cy_2 + n_2' - n_2 + u_2, \\ \dot{e}_3 = y_1y_2 - x_1x_2 - de_3 - \Delta dy_3 + n_3' - n_3 + u_3. \end{cases} \tag{3.81}$$

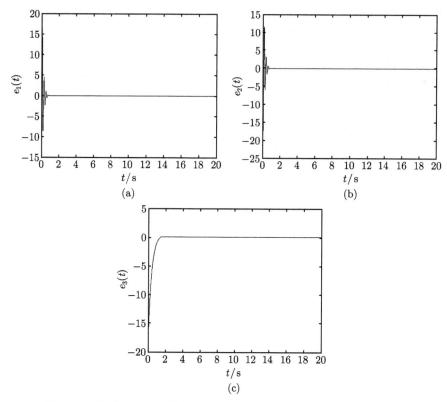

图 3.21 控制器 (3.79) 作用下系统 (3.73) 和 (3.74) 的同步误差曲线

设外界扰动仍满足式 (3.76), 则驱动系统 (3.73) 和响应系统 (3.80) 的同步问题转化为设计适当的控制器及参数扰动控制规则, 使误差系统 (3.81) 在原点处渐近稳定.

定理 3.7 当系统 (3.72) 中 $\alpha \in [0,1]$ 时, 若取反馈控制器仍为式 (3.77), 参数扰动控制规则为

$$
\begin{cases}
\Delta \dot{a} = (y_1 - y_2)(y_1 - x_1) - \Delta a, \\
\Delta \dot{b} = -y_1(y_2 - x_2) - \Delta b, \\
\Delta \dot{c} = -y_2(y_2 - x_2) - \Delta c, \\
\Delta \dot{d} = y_3(y_3 - x_3) - \Delta d,
\end{cases}
\tag{3.82}
$$

则从任意初始点出发, 驱动系统 (3.73) 和响应系统 (3.80) 均可渐近同步.

证明 构造 Lyapunov 函数为

$$
V = \frac{e_1^2 + e_2^2 + e_3^2 + \Delta a^2 + \Delta b^2 + \Delta c^2 + \Delta d^2}{2},
\tag{3.83}
$$

对式 (3.83) 求导可得

$$
\begin{aligned}
\dot{V} &= e_1\dot{e}_1 + e_2\dot{e}_2 + e_3\dot{e}_3 + \Delta a\Delta\dot{a} + \Delta b\Delta\dot{b} + \Delta c\Delta\dot{c} + \Delta d\Delta\dot{d} \\
&= e_1\left[a(e_2 - e_1) + \Delta a(y_2 - y_1) + n_1' - n_1 - (a + b)(y_2 - x_2) - 2L\mathrm{sgn}(y_1 - x_1)\right] \\
&\quad + e_2[be_1 + \Delta by_1 - y_1y_3 + x_1x_3 + ce_2 + \Delta cy_2 + n_2' - n_2 + y_1y_3 \\
&\quad\quad - x_1x_3 - (c + 1)(y_2 - x_2) - 2L\mathrm{sgn}(y_2 - x_2)] \\
&\quad + e_3[y_1y_2 - x_1x_2 - de_3 - \Delta dy_3 + n_3' - n_3 + x_1x_2 - y_1y_2 - 2L\mathrm{sgn}(y_3 - x_3)] \\
&\quad + \Delta a[(y_1 - y_2)(y_1 - x_1) - \Delta a] + \Delta b[-y_1(y_2 - x_2) - \Delta b] \\
&\quad + \Delta c[-y_2(y_2 - x_2) - \Delta c] + \Delta d[y_3(y_3 - x_3) - \Delta d] \\
&= -ae_1^2 + e_1(n_1' - n_1) - 2L\,|e_1| + e_2(n_2' - n_2) - e_2^2 - 2L\,|e_2| - de_3^2 + e_3(n_3' - n_3) \\
&\quad - 2L\,|e_3| - \Delta a^2 - \Delta b^2 - \Delta c^2 - \Delta d^2 \\
&\leqslant -ae_1^2 + |e_1|\,|n_1' - n_1| - 2L\,|e_1| + |e_2|\,|n_2' - n_2| - e_2^2 \\
&\quad - 2L\,|e_2| - de_3^2 + |e_3|\,|n_3' - n_3| - 2L\,|e_3| - \Delta a^2 - \Delta b^2 - \Delta c^2 - \Delta d^2 \\
&\leqslant -ae_1^2 - e_2^2 - de_3^2 - \Delta a^2 - \Delta b^2 - \Delta c^2 - \Delta d^2 \leqslant 0.
\end{aligned}
$$

根据 Lyapunov 函数稳定性理论可知, 平衡点 $e = 0$, $\Delta a = \Delta b = \Delta c = \Delta d = 0$, 即同步误差系统 (3.81) 在原点渐近稳定. 定理得证.

若取系统 (3.72) 中 $\alpha = 0.8$, 则有 $a = 30$, $b = 0$, $c = 22.2$ 和 $d = 8.8/3$, 系统 (3.73) 变为广义 Lü 系统

$$
\begin{cases}
\dot{x}_1 = a(x_2 - x_1) + n_1, \\
\dot{x}_2 = -x_1x_3 + cx_2 + n_2, \\
\dot{x}_3 = x_1x_2 - dx_3 + n_3,
\end{cases}
\tag{3.84}
$$

受控响应系统 (3.80) 为

$$
\begin{cases}
\dot{y}_1 = (a + \Delta a)(y_2 - y_1) + n_1' + u_1, \\
\dot{y}_2 = -y_1y_3 + (c + \Delta c)y_2 + n_2' + u_2, \\
\dot{y}_3 = y_1y_2 - (d + \Delta d)y_3 + n_3' + u_3,
\end{cases}
\tag{3.85}
$$

其中参数为 a, c 和 d. 若取 $n_1 = 0.02\sin t$, $n_2 = 0.3\sin(2t)$, $n_3 = 0.01\sin t$, $n_1' = 0.02\sin(2t)$, $n_2' = 0.1\sin t$, $n_3' = 0.05\sin t$, 则有 $L = 0.5$. 由式 (3.77) 与式 (3.82) 得反馈控制律及参数扰动 Δa, Δc 和 Δd 的控制规则为

$$\begin{cases} u_1 = -30(y_2 - x_2) - 2 \times 0.5\text{sgn}(y_1 - x_1), \\ u_2 = y_1 y_3 - x_1 x_3 - 23.2(y_2 - x_2) - 2 \times 0.5\text{sgn}(y_2 - x_2), \\ u_3 = x_1 x_2 - y_1 y_2 - 2 \times 0.5\text{sgn}(y_3 - x_3), \\ \Delta \dot{a} = (y_1 - y_2)(y_1 - x_1) - \Delta a, \\ \Delta \dot{c} = -y_2(y_2 - x_2) - \Delta c, \\ \Delta \dot{d} = y_3(y_3 - x_3) - \Delta d. \end{cases} \tag{3.86}$$

取驱动系统 (3.84) 的初始点为 $x_1(0) = 1$, $x_2(0) = 2$ 和 $x_3(0) = 3$, 参数扰动为 $\Delta a = -6$, $\Delta c = -7$ 和 $\Delta d = -8$, 响应系统 (3.85) 的初始点为 $y_1(0) = 4$, $y_2(0) = 5$ 和 $y_3(0) = 6$. 采用步长为 0.001 的四阶 Runge-Kutta 法, 用 Matlab7.0 进行数值仿真, 得到系统 (3.84) 和 (3.85) 的同步误差曲线如图 3.22 所示, 参数扰动控制过程如图 3.23 所示. 由图 3.22 和图 3.23 可知, 非线性控制器及参数扰动控制规则 (3.86) 能使系统 (3.84) 和 (3.85) 快速实现同步, 并将参数扰动快速地控制到零点.

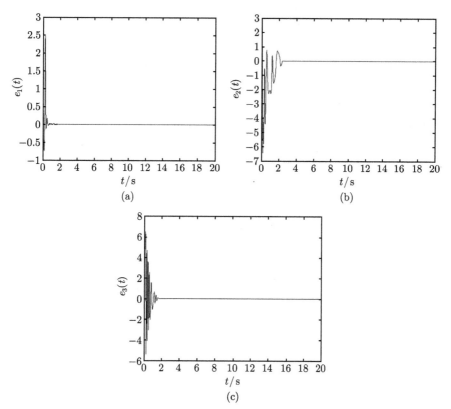

图 3.22 控制器及参数扰动规则 (3.86) 作用下系统 (3.84) 和 (3.85) 的同步误差曲线

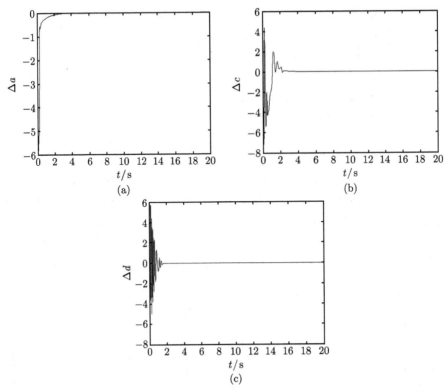

图 3.23　控制器及参数扰动规则 (3.86) 作用下系统 (3.85) 的参数扰动控制过程

假定存在外部有界扰动且参数未知, 设系统 (3.73) 为驱动系统, 对应的存在外部扰动且参数未知的受控响应系统为

$$
\begin{cases}
\dot{y}_1 = a'(y_2 - y_1) + n_1' + u_1, \\
\dot{y}_2 = b'y_1 - y_1y_3 + c'y_2 + n_2' + u_2, \\
\dot{y}_3 = y_1y_2 - d'y_3 + n_3' + u_3,
\end{cases}
\tag{3.87}
$$

其中 a', b', c' 和 d' 为待辨识的参数.

设 $e_a = a' - a$, $e_b = b' - b$, $e_c = c' - c$, $e_d = d' - d$, 由式 (3.73) 和 (3.87) 可得同步误差系统为

$$
\begin{cases}
\dot{e}_1 = e_ay_2 + ae_2 - e_ay_1 - ae_1 + n_1' - n_1 + u_1, \\
\dot{e}_2 = e_by_1 + be_1 - y_1y_3 + x_1x_3 + e_cy_2 + ce_2 + n_2' - n_2 + u_2, \\
\dot{e}_3 = y_1y_2 - x_1x_2 - e_dy_3 - de_3 + n_3' - n_3 + u_3.
\end{cases}
\tag{3.88}
$$

设外部扰动仍满足式 (3.76), 则驱动系统 (3.73) 和响应系统 (3.88) 的混沌同步问题转化为设计适当的控制器及参数自适应律, 使误差系统 (3.88) 在原点处渐近稳定.

定理 3.8 当系统 (3.72) 中 $\alpha \in [0,1]$ 时, 若取反馈控制器仍为式 (3.77), 参数自适应律为

$$
\begin{cases}
\dot{a}' = (y_1 - y_2)(y_1 - x_1) - (a' - a), \\
\dot{b}' = -y_1(y_2 - x_2) - (b' - b), \\
\dot{c}' = -y_2(y_2 - x_2) - (c' - c), \\
\dot{d}' = y_3(y_3 - x_3) - (d' - d),
\end{cases}
\tag{3.89}
$$

则从任意初始点出发, 驱动系统 (3.73) 和响应系统 (3.87) 均可渐近同步.

证明 构造 Lyapunov 函数为

$$
V = \frac{e_1^2 + e_2^2 + e_3^2 + e_a^2 + e_b^2 + e_c^2 + e_d^2}{2},
\tag{3.90}
$$

对式 (3.90) 求导可得

$$
\begin{aligned}
\dot{V} &= e_1\dot{e}_1 + e_2\dot{e}_2 + e_3\dot{e}_3 + e_a\dot{a}' + e_b\dot{b}' + e_c\dot{c}' + e_d\dot{d}' \\
&= e_1\left[e_a y_2 + ae_2 - e_a y_1 - ae_1 + n_1' - n_1 - (a+b)(y_2 - x_2) - 2L\mathrm{sgn}(y_1 - x_1)\right] \\
&\quad + e_2[e_b y_1 + be_1 - y_1 y_3 + x_1 x_3 + e_c y_2 + ce_2 + n_2' - n_2 + y_1 y_3 \\
&\quad - x_1 x_3 - (c+1)(y_2 - x_2) - 2L\mathrm{sgn}(y_2 - x_2)] \\
&\quad + e_3[y_1 y_2 - x_1 x_2 - e_d y_3 - de_3 + n_3' - n_3 + x_1 x_2 - y_1 y_2 - 2L\mathrm{sgn}(y_3 - x_3)] \\
&\quad + e_a[(y_1 - y_2)(y_1 - x_1) - (a' - a)] + e_b[-y_1(y_2 - x_2) - (b' - b)] \\
&\quad + e_c[-y_2(y_2 - x_2) - (c' - c)] + e_d[y_3(y_3 - x_3) - (d' - d)] \\
&= -ae_1^2 + e_1(n_1' - n_1) - 2L\,|e_1| + e_2(n_2' - n_2) - e_2^2 - 2L\,|e_2| - de_3^2 \\
&\quad + e_3(n_3' - n_3) - 2L\,|e_3| - e_a^2 - e_b^2 - e_c^2 - e_d^2 \\
&\leqslant -ae_1^2 + |e_1|\,|n_1' - n_1| - 2L\,|e_1| + |e_2|\,|n_2' - n_2| - e_2^2 \\
&\quad - 2L\,|e_2| - de_3^2 + |e_3|\,|n_3' - n_3| - 2L\,|e_3| - e_a^2 - e_b^2 - e_c^2 - e_d^2 \\
&\leqslant -ae_1^2 - e_2^2 - de_3^2 - e_a^2 - e_b^2 - e_c^2 - e_d^2 \leqslant 0.
\end{aligned}
$$

根据 Lyapunov 函数稳定性理论可知, 平衡点 $\boldsymbol{e} = \boldsymbol{0}$, $e_a = e_b = e_c = e_d = 0$, 即同步误差系统 (3.88) 在原点渐近稳定. 定理得证.

若取系统 (3.42) 中 $\alpha = 1$, 则有 $a = 35$, $b = -7$, $c = 28$ 和 $d = 3$, 系统 (3.73) 变为经典 Chen 系统. 若取 $n_1 = 0.02\sin t$, $n_2 = 0.3\sin(2t)$, $n_3 = 0.01\sin t$, $n_1' = 0.02\sin(2t)$, $n_2' = 0.1\sin t$, $n_3' = 0.05\sin t$, 则有 $L = 0.5$. 由式 (3.77) 与 (3.89) 可得反馈控制律及参数自适应律为

$$\begin{cases} u_1 = -28(y_2 - x_2) - 2 \times 0.5\text{sgn}(y_1 - x_1), \\ u_2 = y_1 y_3 - x_1 x_3 - 29(y_2 - x_2) - 2 \times 0.5\text{sgn}(y_2 - x_2), \\ u_3 = x_1 x_2 - y_1 y_2 - 2 \times 0.5\text{sgn}(y_3 - x_3), \\ \dot{a}' = (y_1 - y_2)(y_1 - x_1) - (a' - 35), \\ \dot{b}' = -y_1(y_2 - x_2) - (b' + 7), \\ \dot{c}' = -y_2(y_2 - x_2) - (c' - 28), \\ \dot{d}' = y_3(y_3 - x_3) - (d' - 3). \end{cases} \tag{3.91}$$

取驱动系统 (3.73) 的初始点为 $x_1(0) = 2$, $x_2(0) = 3$ 和 $x_3(0) = 1$, 响应系统 (3.87) 的初始点为 $y_1(0) = -4$, $y_2(0) = -8$ 和 $y_3(0) = -6$, 参数估计的初始值为 $a'(0) = -1$, $b'(0) = -2$, $c'(0) = -2$ 和 $d'(0) = -1$. 采用步长为 0.001 的四阶 Runge-Kutta 法, 用 Matlab7.0 进行数值仿真, 得到系统 (3.73) 和 (3.87) 的同步误差曲线如图 3.24 所示, 参数辨识过程如图 3.25 所示. 由图 3.24 和图 3.25 可知, 非线性控制器及参数自适应规则 (3.91) 能使系统 (3.73) 和 (3.87) 快速实现同步, 并将未知参数很快辨识出来.

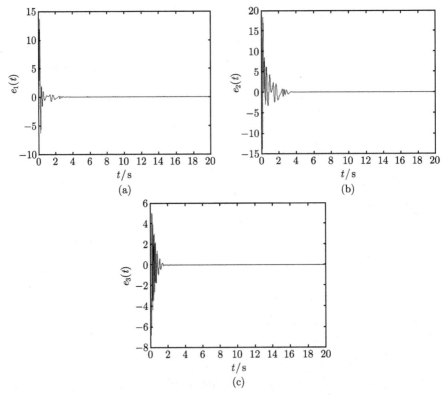

图 3.24   控制器及参数辨识律 (3.91) 作用下系统 (3.73) 和 (3.87) 的同步误差曲线

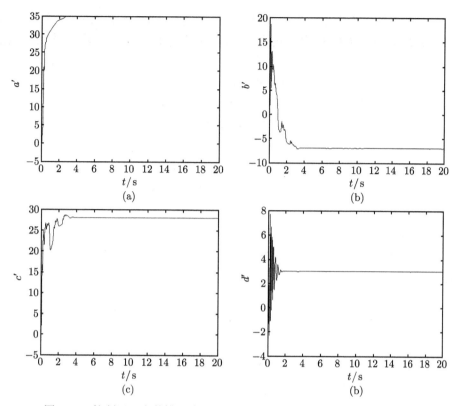

图 3.25 控制器及参数辨识律 (3.91) 作用下系统 (3.87) 的参数辨识曲线

3.1.2 异结构混沌系统间的自适应完全同步

3.1.2.1 Lü 系统与 Rössler 系统的自适应同步

1976 年, Rössler 在研究具有中间产物的化学反应问题时, 通过适当的标度变换, 给出了 Rössler 方程[40]

$$\begin{cases} \dot{x} = -y - z, \\ \dot{y} = x + ay, \\ \dot{z} = b + z(x - c). \end{cases} \tag{3.92}$$

Lü 系统[39] 的定义为

$$\begin{cases} \dot{x} = p(y - x), \\ \dot{y} = -xz + ry, \\ \dot{z} = xy - qz, \end{cases} \tag{3.93}$$

它是 2002 年由吕金虎等发现的、介于 Lorenz 系统和 Chen 系统之间的一个新系统.

为了研究不确定混沌系统的异结构同步, 选取不确定 Rössler 系统为主系统, 不确定 Lü系统为受控从系统, 从系统通过自适应控制器同步追踪主系统. 定义主从系统分别为如下形式:

$$\begin{cases} \dot{x}_m = -y_m - z_m, \\ \dot{y}_m = x_m + ay_m, \\ \dot{z}_m = b + z_m(x_m - c) \end{cases} \tag{3.94}$$

和

$$\begin{cases} \dot{x}_s = p(y_s - x_s) + u_1, \\ \dot{y}_s = -x_s z_s + ry_s + u_2, \\ \dot{z}_s = x_s y_s - qz_s + u_3, \end{cases} \tag{3.95}$$

其中 a, b 和 c 为未知的正常数, p, q 和 r 为待定参数, u_1, u_2 和 u_3 为控制输入.

为了给出受控 Lü系统的控制输入, 定义 Rössler 系统与受控 Lü系统的状态误差为

$$\begin{cases} e_1 = x_s - x_m, \\ e_2 = y_s - y_m, \\ e_3 = z_s - z_m. \end{cases} \tag{3.96}$$

将式 (3.94) 和式 (3.95) 代入式 (3.96), 并求导可得

$$\begin{cases} \dot{e}_1 = p(e_2 - e_1) + (p+1)(y_m - x_m) + x_m + z_m + u_1, \\ \dot{e}_2 = re_2 + (r-a)y_m - x_s z_s - x_m + u_2, \\ \dot{e}_3 = -qe_3 - (q-c)z_m - b + x_s y_s - z_m x_m + u_3. \end{cases} \tag{3.97}$$

又由式 (3.96) 可得

$$\begin{cases} x_s z_s = e_1 e_3 + x_m e_3 + z_m e_1 + x_m z_m, \\ x_s y_s = e_1 e_2 + x_m e_2 + y_m e_1 + x_m y_m. \end{cases} \tag{3.98}$$

将式 (3.98) 代入式 (3.97) 可得

$$\begin{cases} \dot{e}_1 = p(e_2 - e_1) + (p+1)(y_m - x_m) + x_m + z_m + u_1, \\ \dot{e}_2 = re_2 + (r-a)y_m - e_1 e_3 - x_m e_3 - z_m e_1 - x_m z_m - x_m + u_2, \\ \dot{e}_3 = -qe_3 - (q-c)z_m - b + e_1 e_2 + x_m e_2 + y_m e_1 + x_m y_m - z_m x_m + u_3. \end{cases} \tag{3.99}$$

定义从系统的自适应控制输入为

$$\begin{cases} u_1 = -(k_1 - p)e_1 - (p - z_m)e_2 - x_m - z_m, \\ u_2 = -(k_2 + r)e_2 + x_m z_m + x_m, \\ u_3 = -(k_3 - q)e_3 + w - y_m e_1 - x_m y_m + z_m x_m, \end{cases} \tag{3.100}$$

其中 k_1, k_2 和 k_3 为正实数, w 为待定参数.

为了实现主从混沌系统的同步, 定义参数 p, q, r 和 w 的自适应定律为

$$\begin{cases} \dot{p} = -\beta_1(y_m - x_m)e_1, \\ \dot{q} = \beta_2 z_m e_3, \\ \dot{r} = -\beta_3 y_m e_2, \\ \dot{w} = -\beta_4 e_3, \end{cases} \tag{3.101}$$

其中 $\beta_i > 0 (i = 1, 2, 3, 4)$, 调整 β_i 的值可以适当地调整自适应速度.

定理 3.9 若取从系统的自适应控制输入为式 (3.100), 自适应定律为式 (3.101), 则从系统 (3.95) 与主系统 (3.94) 可达到同步.

证明 构造如下 Lyapunov 函数:

$$V = \frac{1}{2}\left(e_1^2 + e_2^2 + e_3^2 + \frac{1}{\beta_1}e_p^2 + \frac{1}{\beta_2}e_q^2 + \frac{1}{\beta_3}e_r^2 + \frac{1}{\beta_4}e_w^2\right), \tag{3.102}$$

其中 $e_p = p + 1$, $e_q = q - c$, $e_r = r - a$ 和 $e_w = w - b$.

将 V 沿系统轨迹对时间 t 求导得

$$\begin{aligned}
\dot{V} &= \dot{e}_1 e_1 + \dot{e}_2 e_2 + \dot{e}_3 e_3 + \frac{1}{\beta_1}\dot{e}_p e_p + \frac{1}{\beta_2}\dot{e}_q e_q + \frac{1}{\beta_3}\dot{e}_r e_r + \frac{1}{\beta_4}\dot{e}_w e_w \\
&= e_1[p(e_2 - e_1) + (p+1)(y_m - x_m) + x_m + z_m + u_1] \\
&\quad + e_2[re_2 + (r - a)y_m - e_1 e_3 - x_m e_3 - z_m e_1 - x_m z_m - x_m + u_2] \\
&\quad + e_3[-qe_3 - (q - c)z_m - b + e_1 e_2 + x_m e_2 + y_m e_1 + x_m y_m - z_m x_m + u_3] \\
&\quad + \frac{\dot{e}_p(p+1)}{\beta_1} + \frac{\dot{e}_q(q-c)}{\beta_2} + \frac{\dot{e}_r(r-a)}{\beta_3} + \frac{\dot{e}_w(w-b)}{\beta_4} \\
&= (p - z_m)e_1 e_2 - pe_1^2 + x_m e_1 + z_m e_1 + u_1 e_1 + re_2^2 - x_m z_m e_2 - x_m e_2 + u_2 e \\
&\quad - qe_3^2 - be_3 + y_m e_1 e_3 + x_m y_m e_3 - z_m x_m e_3 - (w - b)e_3 + u_3 e_{32}.
\end{aligned}$$

将式 (3.100) 代入上式, 化简后可得

$$\dot{V} = -k_1 e_1^2 - k_2 e_2^2 - k_3 e_3^2 = -e^{\mathrm{T}} \boldsymbol{P} e, \tag{3.103}$$

其中 $\boldsymbol{P} = \mathrm{diag}(k_1, k_2, k_3)$. 因为 $\dot{V}$ 为负定的, 故有

$$\dot{V} = -e^{\mathrm{T}} \boldsymbol{P} e \leqslant -\lambda_{\min}(\boldsymbol{P}) \|e\|^2 < 0, \tag{3.104}$$

其中 $\lambda_{\min}(\boldsymbol{P})$ 为矩阵 $\boldsymbol{P}$ 的最小特征值. 因为

$$V = \frac{1}{2}\|e\|^2, \tag{3.105}$$

所以

$$\dot{V} \leqslant -2\lambda_{\min}(\boldsymbol{P})V. \tag{3.106}$$

由式 (3.106) 可推得

$$V(t) \leqslant V(0)\mathrm{e}^{-2\lambda_{\min}(\boldsymbol{P})t}, \tag{3.107}$$

其中 $V(0)$ 为 Lyapunov 函数的初始值. 因为 $V(0)$ 是有界的, 所以误差系统渐近稳定, 即受控的从系统通过自适应控制器可以达到与主系统的同步化.

为了说明控制器的有效性, 选取 Rössler 系统的控制参数为 $a = 0.2$, $b = 0.2$ 和 $c = 5.7$, 初始点为 $(x_m(0), y_m(0), z_m(0)) = (2, 3, 2)$. 选取 Lü 系统的待定参数初始值为 $p = 0.01$, $q = 0.01$ 和 $r = 0.01$, 初始点为 $(x_s(0), y_s(0), z_s(0)) = (10, 10, 10)$, $(k_1, k_2, k_3) = (2, 10, 2)$, $(\beta_1, \beta_2, \beta_3, \beta_4) = (5, 5, 5, 1)$, 待定参数 $w = 0.01$, 取时间步长为 0.001s, 由四阶 Runge-Kutta 法去求解方程 (3.94) 和 (3.95), 得到上述主从不确定混沌系统的异结构同步的仿真试验结果 (图 3.26 和图 3.27). 由图 3.26(a)~(c) 可见, 系统误差 e_1, e_2 和 e_3 很快分别趋于稳定的零点, 即主、从两个混沌系统 (3.94) 和 (3.95) 达到了准确同步. 由图 3.26(d)~(f) 也可以看到, 主、从两个混沌系统 (3.94)

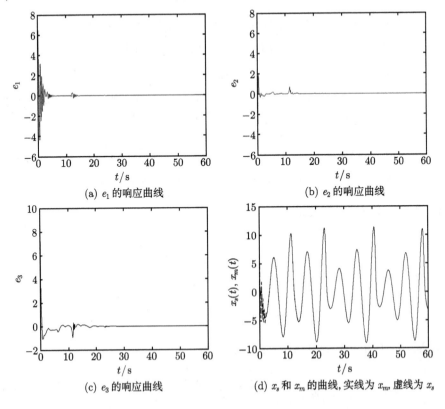

(a) e_1 的响应曲线

(b) e_2 的响应曲线

(c) e_3 的响应曲线

(d) x_s 和 x_m 的曲线, 实线为 x_m, 虚线为 x_s

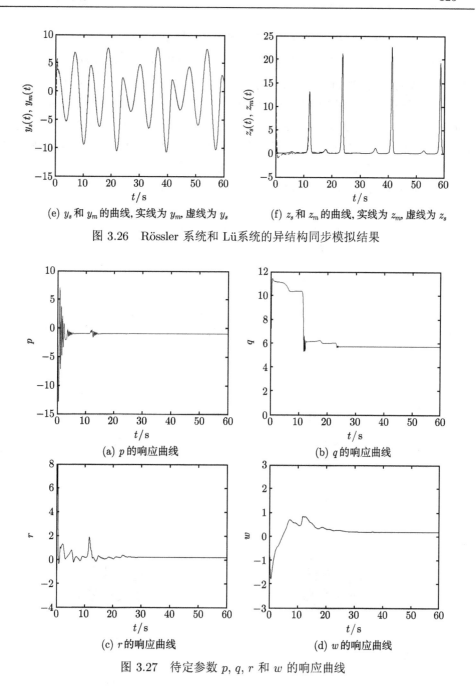

(e) y_s 和 y_m 的曲线, 实线为 y_m, 虚线为 y_s

(f) z_s 和 z_m 的曲线, 实线为 z_m, 虚线为 z_s

图 3.26　Rössler 系统和 Lü系统的异结构同步模拟结果

(a) p 的响应曲线

(b) q 的响应曲线

(c) r 的响应曲线

(d) w 的响应曲线

图 3.27　待定参数 p, q, r 和 w 的响应曲线

和 (3.95) 很快达到了准确同步. 图 3.27 给出了待定参数 p, q, r 和 w 的响应过程, 由图 3.27 可见, 参数 p, q, r 和 w 的值很快分别稳定到主系统的参数, 即主、从系统达到了同步.

3.1.2.2　参数不确定的超混沌系统的异结构同步

超混沌系统具有更为复杂的非线性特征, 特别是对参数未知的超混沌系统的异结构同步的研究, 将为人们更好地利用混沌同步提供理论支持. 为此, 本小节研究了参数不确定的超混沌系统的自适应异结构同步问题. 以超混沌 Lorenz 系统及超混沌 Rössler 系统为例, 给出了自适应控制器的设计方案与参数更新法则. 基于 Lyapunov 稳定性理论, 证明了此方案为参数不确定的超混沌系统的异结构同步充分条件, 并给出了数值模拟, 进一步验证了方法的有效性.

超混沌 Lorenz 系统的方程为

$$\begin{cases} \dot{x}_1 = \alpha(x_2 - x_1), \\ \dot{x}_2 = \beta x_1 + x_2 - x_1 x_3 - x_4, \\ \dot{x}_3 = x_1 x_2 - \gamma x_3, \\ \dot{x}_4 = \theta x_2 x_3, \end{cases} \tag{3.108}$$

其中 $\boldsymbol{X} = (x_1, x_2, x_3, x_4)^{\mathrm{T}} \in \mathbf{R}^4$ 代表系统的状态, α, β, γ 和 θ 为系统的控制参数. 当 $\alpha = 10$, $\beta = 28$, $\gamma = 8/3$ 和 $\theta = 0.1$ 时, 系统 (3.108) 是超混沌的, 图 3.28 为系统 (3.108) 超混沌吸引子的三维投影.

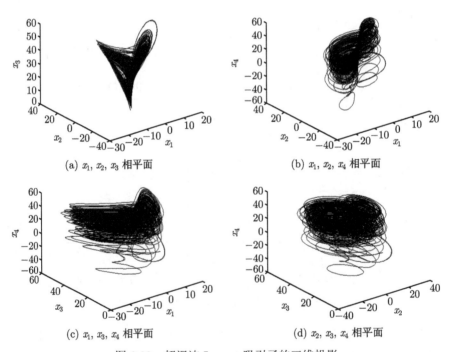

(a) x_1, x_2, x_3 相平面　　　　　　　　　　(b) x_1, x_2, x_4 相平面

(c) x_1, x_3, x_4 相平面　　　　　　　　　　(d) x_2, x_3, x_4 相平面

图 3.28　超混沌 Lorenz 吸引子的三维投影

超混沌 Rössler 方程[41] 为

$$
\begin{cases}
\dot{x}_1 = -x_2 - x_4, \\
\dot{x}_2 = x_1 + ax_2 + x_3, \\
\dot{x}_3 = bx_3 - cx_4, \\
\dot{x}_4 = x_1x_4 + d,
\end{cases}
\tag{3.109}
$$

其中 a, b, c 和 d 为系统参数, x_1, x_2, x_3 和 x_4 为系统状态变量. 当参数取 $a = 0.25$, $b = 0.05$, $c = 0.5$, $d = 3$ 时, 该系统出现超混沌行为, 超混沌 Rössler 吸引子的三维投影如图 3.29 所示.

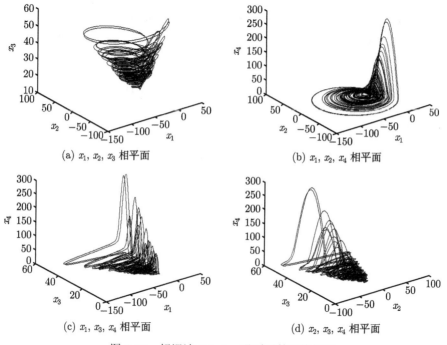

(a) x_1, x_2, x_3 相平面

(b) x_1, x_2, x_4 相平面

(c) x_1, x_3, x_4 相平面

(d) x_2, x_3, x_4 相平面

图 3.29 超混沌 Rössler 吸引子的三维投影

令超混沌 Lorenz 系统 (3.108) 为驱动系统, 受控超混沌 Rössler 系统

$$
\begin{cases}
\dot{y}_1 = -y_2 - y_4 + u_1, \\
\dot{y}_2 = y_1 + ay_2 + y_3 + u_2, \\
\dot{y}_3 = by_3 - cy_4 + u_3, \\
\dot{y}_4 = y_1y_4 + d + u_4
\end{cases}
\tag{3.110}
$$

为响应系统, 其中 $\boldsymbol{U} = (u_1, u_2, u_3, u_4)^{\mathrm{T}}$ 为控制函数. 令误差变量为 $e_1 = y_1 - x_1$, $e_2 = y_2 - x_2$, $e_3 = y_3 - x_3$, $e_4 = y_4 - x_4$, 则得到下列误差系统:

$$
\begin{cases}
\dot{e}_1 = (-y_2 - y_4) - \alpha(x_2 - x_1) + u_1, \\
\dot{e}_2 = y_1 + ay_2 + y_3 - (\beta x_1 + x_2 - x_1 x_3 - x_4) + u_2, \\
\dot{e}_3 = by_3 - cy_4 - (x_1 x_2 - \gamma x_3) + u_3, \\
\dot{e}_4 = y_1 y_4 + d - \theta x_2 x_3 + u_4.
\end{cases}
\tag{3.111}
$$

这里可以看出, 只要能找到合适的控制器 $\boldsymbol{U} = (u_1, u_2, u_3, u_4)^{\mathrm{T}}$, 使得当 $t \to \infty$ 时, $\|e_1\| \to 0$, $\|e_2\| \to 0$, $\|e_3\| \to 0$, $\|e_4\| \to 0$, 即得到超混沌 Lorenz 系统 (3.108) 与超混沌 Rössler 系统 (3.110) 同步的充分条件.

以下给出自适应控制器的设计方案与参数更新法则, 并利用 Lyapunov 稳定性理论证明, 系统 (3.108) 与系统 (3.110) 在此控制器下同步.

定理 3.10   参数不确定的超混沌 Lorenz 系统 (3.108) 与超混沌 Rössler 系统 (3.110) 可以实现混沌同步, 当控制函数 $\boldsymbol{U} = (u_1, u_2, u_3, u_4)^{\mathrm{T}}$ 满足以下条件:

$$
\begin{cases}
u_1 = y_2 + y_4 + \alpha'(x_2 - x_1) - k_1 e_1, \\
u_2 = -y_1 - a'y_2 - y_3 + (\beta' x_1 + x_2 - x_1 x_3 - x_4) - k_2 e_2, \\
u_3 = -b'y_3 + c'y_4 + (x_1 x_2 - \gamma' x_3) - k_3 e_3, \\
u_4 = -y_1 y_4 - d' + \theta' x_2 x_3 - k_4 e_4,
\end{cases}
\tag{3.112}
$$

其中 $k_i (i = 1, 2, 3, 4)$ 为正整数, $\alpha', \beta', \gamma', \theta', a', b', c', d'$ 分别为 $\alpha, \beta, \gamma, \theta, a, b, c, d$ 的参数估计, 并且参数自适应更新法则为

$$
\begin{cases}
\dot{\alpha}' = e_1(x_1 - x_2), \\
\dot{\beta}' = -x_1 e_2, \\
\dot{\gamma}' = x_3 e_3, \\
\dot{\theta}' = -x_2 x_3 e_4, \\
\dot{a}' = y_2 e_2, \\
\dot{b}' = y_3 e_3, \\
\dot{c}' = -y_4 e_3, \\
\dot{d}' = e_4.
\end{cases}
\tag{3.113}
$$

证明   把式 (3.112) 代入式 (3.111) 得到误差系统如下:

$$
\begin{cases}
e_1 = -\alpha''(x_2 - x_1) - k_1 e_1, \\
e_2 = a'' y_2 - \beta'' x_1 - k_2 e_2, \\
e_3 = b'' y_3 - c'' y_4 + \gamma'' x_3 - k_3 e_3, \\
e_4 = d'' - \theta'' x_2 x_3 - k_4 e_4,
\end{cases}
\tag{3.114}
$$

其中 $\alpha'' = \alpha - \alpha'$, $\beta'' = \beta - \beta'$, $\gamma'' = \gamma - \gamma'$, $\theta'' = \theta - \theta'$, $a'' = a - a'$, $b'' = b - b'$, $c'' = c - c'$, $d'' = d - d'$. 考虑 Lyapunov 函数

$$V(t) = \frac{1}{2}(e^{\mathrm{T}}e + \alpha''^2 + \beta''^2 + \gamma''^2 + \theta''^2 + a''^2 + b''^2 + c''^2 + d''^2), \qquad (3.115)$$

对其求导可得

$$
\begin{aligned}
\dot{V}(t) &= e^{\mathrm{T}}\dot{e} + \alpha''\dot{\alpha}'' + \beta''\dot{\beta}'' + \gamma''\dot{\gamma}'' + \theta''\dot{\theta}'' + a''\dot{a}'' + b''\dot{b}'' + c''\dot{c}'' + d''\dot{d}'' \\
&= e_1\dot{e}_1 + e_2\dot{e}_2 + e_3\dot{e}_3 + e_4\dot{e}_4 + \alpha''(-\dot{\alpha}') + \beta''(-\dot{\beta}') + \gamma''(-\dot{\gamma}') + \theta''(-\dot{\theta}') \\
&\quad + a''(-\dot{a}') + b''(-\dot{b}') + c''(-\dot{c}') + d''(-\dot{d}').
\end{aligned}
$$

将式 (3.113) 与式 (3.114) 代入式 (3.115) 得

$$\dot{V}(t) = -k_1 e_1^2 - k_2 e_2^2 - k_3 e_3^2 - k_4 e_4^2 = -e^{\mathrm{T}}\boldsymbol{P}e, \qquad (3.116)$$

其中 $\boldsymbol{P} = \mathrm{diag}(k_1, k_2, k_3, k_4)$.

可见, $\dot{V}(t)$ 为误差系统 (3.111) 的负定函数. 根据 Lyapunov 稳定性定理, 误差系统 (3.111) 在零值区域内渐近稳定, 即驱动系统 (3.108) 和响应系统 (3.110) 达到了同步. 定理证毕.

为了验证本章提出的自适应控制器的有效性, 下面以超混沌 Lorenz 系统和超混沌 Rössler 系统为例, 给出数值仿真实验结果.

选择合适的时间步长, 运用四阶 Runge-Kutta 积分算法求解微分方程, 用 Matlab 7.0 编码实验. 选取控制参数 $(k_1, k_2, k_3, k_4) = (1, 1, 1, 1)$, 为了保证超混沌 Lorenz 和超混沌 Rössler 系统混沌行为, 取系统的参数如下: 超混沌 Lorenz 系统: $\alpha = 10$, $\beta = 28$, $\gamma = 8/3$ 和 $\theta = 0.1$, 初始值为 $\boldsymbol{X}_0 = (-1, -1, 1, 1)$; 超混沌 Rössler 系统: $a = 0.25$, $b = 0.05$, $c = 0.5$ 和 $d = 3$, 初始值为 $\boldsymbol{Y}_0 = (-20, 0, 15, 5)$.

此外, 选定估计参数的初始值 $\alpha' = 10$, $\beta' = 10$, $\gamma' = 10$, $\theta' = 10$, $a' = 1$, $b' = 1$, $c' = 1$, $d' = 1$, 图 3.30~ 图 3.32 给出了系统数值验证结果, 其中图 3.30 为超混沌 Lorenz 与超混沌 Rössler 系统同步误差曲线, 图 3.31 为参数估计 $\alpha', \beta', \gamma', \theta'$ 的参

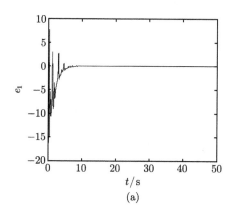

(a)

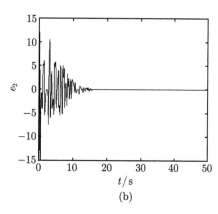

(b)

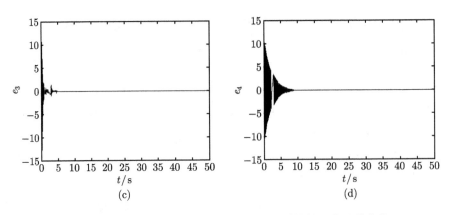

图 3.30   超混沌 Lorenz 与超混沌 Rössler 系统的同步误差曲线

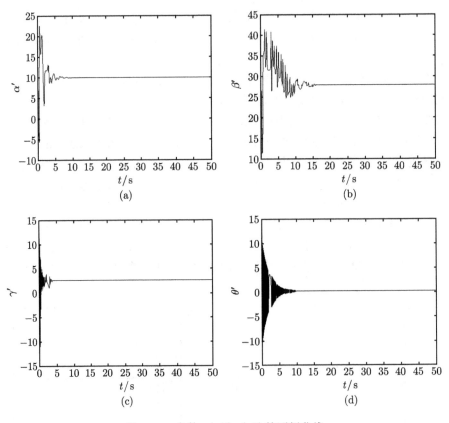

图 3.31   参数 $\alpha', \beta', \gamma', \theta'$ 的更新曲线

数更新曲线, 图 3.32 为参数估计 a', b', c', d' 的参数更新曲线. 从仿真结果可以看出, 这两种超混沌系统实现了参数辨识和自适应同步.

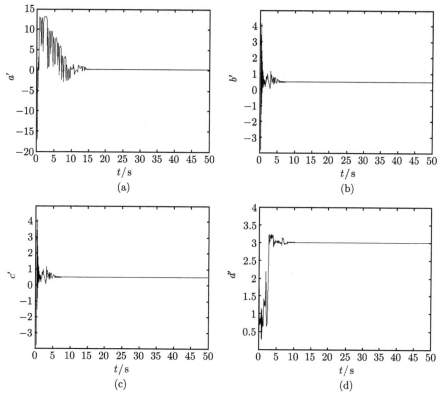

图 3.32 参数 a', b', c', d' 的更新曲线

3.1.2.3 一类不确定异结构混沌系统的鲁棒自适应同步

在自适应同步方面, 一般需要针对不同的混沌系统设计不同的自适应控制器和参数更新规则. 特别地, 对高维的异结构系统, 普适的自适应同步方法还有待发展. 为此, 本小节针对一类不确定异结构混沌系统设计了具有一定普适意义的自适应同步控制器和参数更新规则, 理论和数值实验均证明了该方法的有效性及对噪声的鲁棒性.

设如下一类高维自治混沌系统:

$$\begin{cases} \dot{x}_1 = f_1(x_1, x_2, \cdots, x_k, a_1, a_2, \cdots, a_l) + F_1(x_1, x_2, \cdots, x_k), \\ \dot{x}_2 = f_2(x_1, x_2, \cdots, x_k, a_1, a_2, \cdots, a_l) + F_2(x_1, x_2, \cdots, x_k), \\ \cdots\cdots \\ \dot{x}_k = f_k(x_1, x_2, \cdots, x_k, a_1, a_2, \cdots, a_l) + F_k(x_1, x_2, \cdots, x_k) \end{cases} \quad (3.117)$$

作为驱动系统, 其中 k 为自由度的个数, $a_1, a_2, \cdots, a_l$ 为 l 个未知参数, 以系数形式出现在方程中. 响应系统为

$$\begin{cases} \dot{y}_1 = g_1(y_1, y_2, \cdots, y_k, b_1, b_2, \cdots, b_h) + G_1(y_1, y_2, \cdots, y_k) + u_1, \\ \dot{y}_2 = g_2(y_1, y_2, \cdots, y_k, b_1, b_2, \cdots, b_h) + G_2(y_1, y_2, \cdots, y_k) + u_2, \\ \qquad \cdots\cdots \\ \dot{y}_k = g_k(y_1, y_2, \cdots, y_k, b_1, b_2, \cdots, b_h) + G_k(y_1, y_2, \cdots, y_k) + u_k, \end{cases} \tag{3.118}$$

其中 $b_1, b_2, \cdots, b_h$ 为在响应系统中需要辨识的未知参数, 以系数形式出现在方程中, $u_1, u_2, \cdots, u_k$ 为控制驱动系统 (3.117) 和响应系统 (3.118) 渐近达到同步的非线性控制器.

令驱动–响应系统之间的误差变量为 $e_1 = y_1 - x_1, e_2 = y_2 - x_2, \cdots, e_k = y_k - x_k,$ 则有 $\dot{e}_1 = \dot{y}_1 - \dot{x}_1, \dot{e}_2 = \dot{y}_2 - \dot{x}_2, \cdots, \dot{e}_k = \dot{y}_k - \dot{x}_k.$ 由式 (3.117) 和式 (3.118) 可得误差系统为

$$\begin{cases} \dot{e}_1 = g_1(y_1, \cdots, y_k, b_1, \cdots, b_h) - f_1(x_1, \cdots, x_k, a_1, \cdots, a_l) + G_1(y_1, \cdots, y_k) \\ \qquad - F_1(x_1, \cdots, x_k) + u_1, \\ \dot{e}_2 = g_2(y_1, \cdots, y_k, b_1, \cdots, b_h) - f_2(x_1, \cdots, x_k, a_1, \cdots, a_l) + G_2(y_1, \cdots, y_k) \\ \qquad - F_2(x_1, \cdots, x_k) + u_2, \\ \qquad \cdots\cdots \\ \dot{e}_k = g_k(y_1, \cdots, y_k, b_1, \cdots, b_h) - f_k(x_1, \cdots, x_k, a_1, \cdots, a_l) + G_k(y_1, \cdots, y_k) \\ \qquad - F_k(x_1, \cdots, x_k) + u_k. \end{cases} \tag{3.119}$$

假设响应系统 (3.118) 所加控制器 $u_1, u_2, \cdots, u_k$ 中引入的噪声分别为 $\delta_1(t),$ $\delta_2(t), \cdots, \delta_k(t),$ 并且任意时刻均满足 $|\delta_1(t)| \leqslant \varepsilon_1, |\delta_2(t)| \leqslant \varepsilon_2, \cdots, |\delta_k(t)| \leqslant \varepsilon_k,$ $\varepsilon_1, \varepsilon_2, \cdots, \varepsilon_k$ 为正常数. 令自适应控制器为

$$\begin{cases} u_1 = -g_1(y_1, \cdots, y_k, \hat{b}_1, \cdots \hat{b}_h) + f_1(x_1, \cdots, x_k, \hat{a}_1, \cdots, \hat{a}_l) - G_1(y_1, \cdots, y_k) \\ \qquad + F_1(x_1, \cdots, x_k) + \varphi_1, \\ u_2 = -g_2(y_1, \cdots, y_k, \hat{b}_1, \cdots \hat{b}_h) + f_2(x_1, \cdots, x_k, \hat{a}_1, \cdots, \hat{a}_l) - G_2(y_1, \cdots, y_k) \\ \qquad + F_2(x_1, \cdots, x_k) + \varphi_2, \\ \qquad \cdots\cdots \\ u_k = -g_k(y_1, \cdots, y_k, \hat{b}_1, \cdots \hat{b}_h) + f_k(x_1, \cdots, x_k, \hat{a}_1, \cdots, \hat{a}_l) - G_k(y_1, \cdots, y_k) \\ \qquad + F_k(x_1, \cdots, x_k) + \varphi_k, \end{cases} \tag{3.120}$$

其中 $\hat{a}_1, \hat{a}_2, \cdots, \hat{a}_l$ 和 $\hat{b}_1, \hat{b}_2, \cdots, \hat{b}_h$ 为对未知参数 $a_1, a_2, \cdots, a_l$ 和 $b_1, b_2, \cdots, b_h$ 的预先估计. 令

$$\begin{cases} \varphi_1 = \delta_1 - \varepsilon_1 \mathrm{sgn}(e_1) - \theta_1 e_1, \\ \varphi_2 = \delta_2 - \varepsilon_2 \mathrm{sgn}(e_2) - \theta_2 e_2, \\ \qquad \cdots\cdots \\ \varphi_k = \delta_k - \varepsilon_k \mathrm{sgn}(e_k) - \theta_k e_k, \end{cases} \tag{3.121}$$

其中 $\operatorname{sgn}(e_i(t))$ 为 $e_i(t)$ 的符号函数. 若 $e_i(t) > 0$, 则 $\operatorname{sgn}(e_i(t)) = 1$; 若 $e_i(t) = 0$, 则 $\operatorname{sgn}(e_i(t)) = 0$; 若 $e_i(t) < 0$, 则 $\operatorname{sgn}(e_i(t)) = -1$. $\theta_1, \theta_2, \cdots, \theta_k$ 为正常数, 用来控制同步的速度. 驱动系统 (3.117) 和响应系统 (3.118) 中的未知参数更新规则为

$$
\begin{cases}
\dot{a}_1 = \displaystyle\sum_{i=1}^{k} e_i \frac{\partial f_i}{\partial a_1}, \\[2mm]
\dot{a}_2 = \displaystyle\sum_{i=1}^{k} e_i \frac{\partial f_i}{\partial a_2}, \\[2mm]
\cdots\cdots \\[2mm]
\dot{a}_l = \displaystyle\sum_{i=1}^{k} e_i \frac{\partial f_i}{\partial a_l}, \\[2mm]
\dot{b}_1 = -\displaystyle\sum_{i=1}^{k} e_i \frac{\partial g_i}{\partial b_1}, \\[2mm]
\dot{b}_2 = -\displaystyle\sum_{i=1}^{k} e_i \frac{\partial g_i}{\partial b_2}, \\[2mm]
\cdots\cdots \\[2mm]
\dot{b}_h = -\displaystyle\sum_{i=1}^{k} e_i \frac{\partial g_i}{\partial b_h}.
\end{cases}
\tag{3.122}
$$

定义 Lyapunov 函数为

$$
V(t) = \frac{1}{2} \left(\sum_{i=1}^{k} e_i^2 + \sum_{i=1}^{l} e_{ai}^2 + \sum_{i=1}^{h} e_{bi}^2 \right),
\tag{3.123}
$$

参数误差为

$$
\begin{cases}
e_{a1} = a_1 - \hat{a}_1, \\
e_{a2} = a_2 - \hat{a}_2, \\
\cdots\cdots \\
e_{al} = a_l - \hat{a}_l, \\
e_{b1} = b_1 - \hat{b}_1, \\
e_{b2} = b_2 - \hat{b}_2, \\
\cdots\cdots \\
e_{bh} = b_h - \hat{b}_h.
\end{cases}
\tag{3.124}
$$

对式 (3.123) 求导可得

$$
\dot{V}(t) = \sum_{i=1}^{k} e_i \dot{e}_i + \sum_{i=1}^{l} e_{ai} \dot{e}_{ai} + \sum_{i=1}^{h} e_{bi} \dot{e}_{bi},
\tag{3.125}
$$

其中 $\dot{e}_{ai} = \dot{a}_i, \dot{e}_{bi} = \dot{b}_i$. 将式 (3.119)~(3.122) 和式 (3.124) 代入式 (3.125), 整理后可得

$$\dot{V}(t) = \sum_{i=1}^{k} \{e_i[\delta_i - \varepsilon_i \mathrm{sgn}(e_i)] - \theta_i e_i^2\} \leqslant -\sum_{i=1}^{k} \theta_i e_i^2 \leqslant 0.$$

由 Lyapunov 稳定性定理可知, 误差系统 (3.119) 是渐近稳定的, 即驱动系统 (3.117) 与响应系统 (3.118) 渐近地达到同步.

(1) 变形耦合发电机系统与 Chen 系统的自适应同步, 驱动系统含未知参数. 令变形耦合发电机系统[42,43]

$$\begin{cases} \dot{x}_1 = -\mu_1 x_1 + y_1(z_1 + a_1), \\ \dot{y}_1 = -\mu_1 y_1 + x_1(z_1 - a_1), \\ \dot{z}_1 = z_1 - x_1 y_1 \end{cases} \quad (3.126)$$

为驱动系统, 受控 Chen 系统[31]

$$\begin{cases} \dot{x}_2 = a_2(y_2 - x_2) + u_1, \\ \dot{y}_2 = (c_2 - a_2)x_2 - x_2 z_2 + c_2 y_2 + u_2, \\ \dot{z}_2 = x_2 y_2 - b_2 z_2 + u_3 \end{cases} \quad (3.127)$$

为响应系统, 其中 $\mu_1, a_1, a_2, b_2, c_2$ 为未知参数, u_1, u_2, u_3 为非线性控制器. 令驱动系统 (3.126) 和响应系统 (3.127) 之间的误差变量为 $e_1 = x_2 - x_1$, $e_2 = y_2 - y_1$ 和 $e_3 = z_2 - z_1$, 则有 $\dot{e}_1 = \dot{x}_2 - \dot{x}_1$, $\dot{e}_2 = \dot{y}_2 - \dot{y}_1$ 和 $\dot{e}_3 = \dot{z}_2 - \dot{z}_1$. 由式 (3.126) 和式 (3.127) 可得误差系统为

$$\begin{cases} \dot{e}_1 = a_2(y_2 - x_2) + \mu_1 x_1 - y_1(z_1 + a_1) + u_1, \\ \dot{e}_2 = (c_2 - a_2)x_2 - x_2 z_2 + c_2 y_2 + \mu_1 y_1 - x_1(z_1 - a_1) + u_2, \\ \dot{e}_3 = x_2 y_2 - b_2 z_2 - z_1 + x_1 y_1 + u_3. \end{cases} \quad (3.128)$$

依据前面的理论分析结果, 可得自适应控制器为

$$\begin{cases} u_1 = -\hat{a}_2(y_2 - x_2) - \hat{\mu}_1 x_1 + y_1(z_1 + \hat{a}_1) + \delta_1 - \varepsilon_1 \mathrm{sgn}(e_1) - \theta_1 e_1, \\ u_2 = -(\hat{c}_2 - \hat{a}_2)x_2 + x_2 z_2 - \hat{c}_2 y_2 - \hat{\mu}_1 y_1 + x_1(z_1 - \hat{a}_1) + \delta_2 - \varepsilon_2 \mathrm{sgn}(e_2) - \theta_2 e_2, \\ u_3 = -x_2 y_2 + \hat{b}_2 z_2 + z_1 - x_1 y_1 + \delta_3 - \varepsilon_3 \mathrm{sgn}(e_3) - \theta_3 e_3. \end{cases}$$
$$(3.129)$$

未知参数更新规则为

$$\begin{cases} \dot{a}_1 = y_1 e_1 - x_1 e_2, \\ \dot{\mu}_1 = -x_1 e_1 - y_1 e_2, \\ \dot{a}_2 = -(y_2 - x_2)e_1 + x_2 e_2, \\ \dot{b}_2 = z_2 e_3, \\ \dot{c}_2 = -(x_2 + y_2)e_2. \end{cases} \quad (3.130)$$

选取时间步长为 $\tau = 0.0003\mathrm{s}$, 采用四阶 Runge-Kutta 法去求解方程 (3.126) 和 (3.127), 研究了驱动系统 (3.126) 与响应系统 (3.127) 的同步, 其中驱动系统 (3.126) 与响应系统 (3.127) 的初始点分别选取为

$$x_1(0) = -13, \quad y_1(0) = 30, \quad z_1(0) = 19$$

和

$$x_2(0) = 2, \quad y_2(0) = 5, \quad z_2(0) = -4.$$

因此, 误差系统 (3.128) 的初始值为 $e_1(0) = 15$, $e_2(0) = -25$ 和 $e_3(0) = -23$, 未知参数的估计值选取为 $\hat{\mu}_1 = 2, \hat{a}_1 = 1, \hat{a}_2 = 35, \hat{b}_2 = 3, \hat{c}_2 = 28$, 未知参数的初始值选取为 $\mu_1(0) = 0.1, a_1(0) = 0.1, a_2(0) = 30, b_2(0) = 5, c_2(0) = 20$, 取控制器噪声 $\delta_1(t) = 0.8\sin t, \delta_2(t) = 0.8\cos t, \delta_3(t) = 0.8\sin(2t)$, 取 $\varepsilon_1 = 0.8, \varepsilon_2 = 0.8, \varepsilon_3 = 0.8$, 令 $\theta_1 = \theta_2 = \theta_3 = 10$, 利用控制器 (3.129) 和参数更新规则 (3.130), 得到驱动系统 (3.126) 和响应系统 (3.127) 的同步过程模拟结果如图 3.33 所示, 未知参数 $\mu_1(t)$, $a_1(t)$, $a_2(t)$, $b_2(t)$ 和 $c_2(t)$ 的辨识过程如图 3.34 所示. 由误差效果图 3.33 可见, 当 t 接近 3.4s, 3.6s 和 1.4s 时, 误差 $e_1(t)$, $e_2(t)$ 和 $e_3(t)$ 已分别基本稳定在零点附近. 由图 3.34 可见, 参数 $\mu_1(t)$, $a_1(t)$, $a_2(t)$, $b_2(t)$ 和 $c_2(t)$ 的值最终分别收敛于常值.

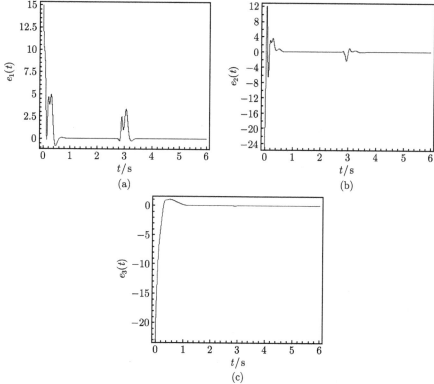

图 3.33 控制器 (3.129) 作用下系统 (3.126) 和系统 (3.127) 的同步误差曲线

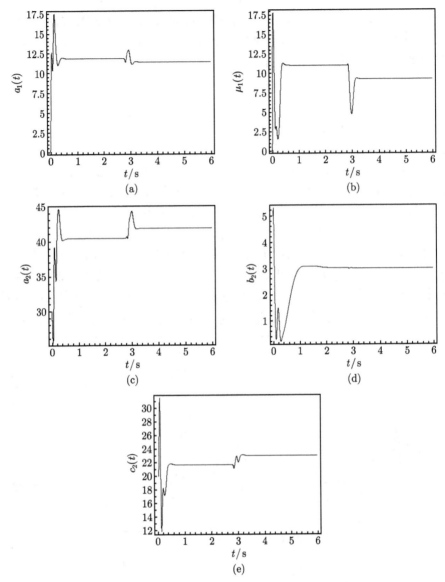

图 3.34　未知参数 $a_1(t)$, $\mu_1(t)$, $a_2(t)$, $b_2(t)$ 和 $c_2(t)$ 的辨识过程

(2) 变形耦合发电机系统与 Chen 系统的自适应同步, 驱动系统不含未知参数. 令变形耦合发电机系统

$$\begin{cases} \dot{x}_1 = -2x_1 + y_1(z_1 + 1), \\ \dot{y}_1 = -2y_1 + x_1(z_1 - 1), \\ \dot{z}_1 = z_1 - x_1 y_1 \end{cases} \tag{3.131}$$

为驱动系统, 受控 Chen 系统

$$\begin{cases} \dot{x}_2 = a_2(y_2 - x_2) + u_1, \\ \dot{y}_2 = (c_2 - a_2)x_2 - x_2z_2 + c_2y_2 + u_2, \\ \dot{z}_2 = x_2y_2 - b_2z_2 + u_3 \end{cases} \tag{3.132}$$

为响应系统, 其中 a_2, b_2, c_2 为未知参数, u_1, u_2, u_3 为非线性控制器. 令驱动系统 (3.131) 和响应系统 (3.132) 之间的误差变量为 $e_1 = x_2 - x_1$, $e_2 = y_2 - y_1$ 和 $e_3 = z_2 - z_1$, 则有 $\dot{e}_1 = \dot{x}_2 - \dot{x}_1$, $\dot{e}_2 = \dot{y}_2 - \dot{y}_1$ 和 $\dot{e}_3 = \dot{z}_2 - \dot{z}_1$. 由式 (3.131) 和式 (3.132) 可得误差系统为

$$\begin{cases} \dot{e}_1 = a_2(y_2 - x_2) + 2x_1 - y_1(z_1 + 1) + u_1, \\ \dot{e}_2 = (c_2 - a_2)x_2 - x_2z_2 + c_2y_2 + 2y_1 - x_1(z_1 - 1) + u_2, \\ \dot{e}_3 = x_2y_2 - b_2z_2 - z_1 + x_1y_1 + u_3. \end{cases} \tag{3.133}$$

依据前面的理论分析结果, 可得自适应控制器为

$$\begin{cases} u_1 = -\hat{a}_2(y_2 - x_2) - 2x_1 + y_1(z_1 + 1) + \delta_1 - \varepsilon_1 \mathrm{sgn}(e_1) - \theta_1 e_1, \\ u_2 = -(\hat{c}_2 - \hat{a}_2)x_2 + x_2z_2 - \hat{c}_2y_2 - 2y_1 + x_1(z_1 - 1) + \delta_2 - \varepsilon_2 \mathrm{sgn}(e_2) - \theta_2 e_2, \\ u_3 = -x_2y_2 + \hat{b}_2z_2 + z_1 - x_1y_1 + \delta_3 - \varepsilon_3 \mathrm{sgn}(e_3) - \theta_3 e_3. \end{cases} \tag{3.134}$$

未知参数更新规则为

$$\begin{cases} \dot{\hat{a}}_2 = -(y_2 - x_2)e_1 + x_2e_2, \\ \dot{\hat{b}}_2 = z_2e_3, \\ \dot{\hat{c}}_2 = -(x_2 + y_2)e_2. \end{cases} \tag{3.135}$$

选取时间步长为 $\tau = 0.0003\mathrm{s}$, 采用四阶 Runge-Kutta 法去求解方程 (3.131) 和 (3.132), 研究了驱动系统 (3.131) 与响应系统 (3.132) 的同步, 其中驱动系统 (3.131) 与响应系统 (3.132) 的初始点分别选取为

$$x_1(0) = -13, \quad y_1(0) = 30, \quad z_1(0) = 19$$

和

$$x_2(0) = 2, \quad y_2(0) = 5, \quad z_2(0) = -4.$$

因此, 误差系统 (3.133) 的初始值为 $e_1(0) = 15, e_2(0) = -25$ 和 $e_3(0) = -23$, 未知参数的估计值选取 $\hat{a}_2 = 35, \hat{b}_2 = 3, \hat{c}_2 = 28$, 未知参数的初始值选取 $a_2(0) = 30, b_2(0) = 5, c_2(0) = 20$, 取控制器噪声 $\delta_1(t) = 0.8\sin t$, $\delta_2(t) = 0.8\cos t$, $\delta_3(t) = 0.8\sin(2t)$, 取 $\varepsilon_1 = 0.8, \varepsilon_2 = 0.8, \varepsilon_3 = 0.8$, 令 $\theta_1 = \theta_2 = \theta_3 = 10$, 利用控制器 (3.134) 和参数更新规则 (3.135), 得到驱动系统 (3.131) 和响应系统 (3.132) 的同步过程模拟结果如图 3.35 所示, 未知参数 $a_2(t), b_2(t)$ 和 $c_2(t)$ 的辨识过程如图 3.36 所示. 由误差效果图

3.35 可见, 当 t 接近 2s, 2.4s 和 1.6s 时, 误差 $e_1(t)$, $e_2(t)$ 和 $e_3(t)$ 已分别基本稳定在零点附近. 由图 3.36 可见, 参数 $a_2(t)$, $b_2(t)$ 和 $c_2(t)$ 的值最终分别收敛于所对应的估计值 $\hat{a}_2, \hat{b}_2, \hat{c}_2$.

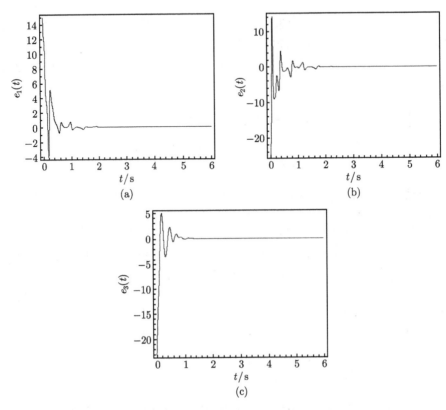

图 3.35　控制器 (3.134) 作用下系统 (3.131) 和系统 (3.132) 的同步误差曲线

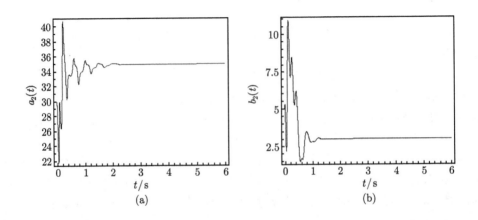

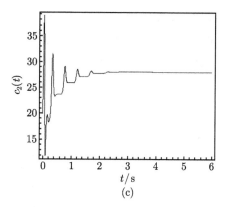

图 3.36 未知参数 $a_2(t)$, $b_2(t)$ 和 $c_2(t)$ 的辨识过程

在很多情况下要求驱动系统处于混沌状态, 因此, 驱动系统参数是固定的. 在这种情况下, 本小节设计的自适应控制器和参数更新规则不但可以使驱动–响应系统渐近同步, 而且能使响应系统中未知参数准确达到估计值. 在更为特殊情况下, 若选取同构的驱动–响应系统, 则转化为文献 [37] 中所描述的同结构混沌系统自适应同步及参数辨识问题. 本小节设计的控制器与参数更新规则同样适用于这种特例. 为验证本方法的普适性, 下面对都含有未知参数的超混沌驱动–响应系统进行仿真实验.

(3) 超混沌 Rössler 系统与超混沌 Chen 系统的自适应同步, 以含未知参数的超混沌 Rössler 系统[41]

$$\begin{cases} \dot{x}_1 = -y_1 - z_1, \\ \dot{y}_1 = x_1 + a_1 y_1 + w_1, \\ \dot{z}_1 = b_1 + x_1 z_1, \\ \dot{w}_1 = -c_1 z_1 + d_1 w_1 \end{cases} \tag{3.136}$$

为驱动系统, 以含未知参数的受控超混沌 Chen 系统[35,44]

$$\begin{cases} \dot{x}_2 = a_2(y_2 - x_2) + w_2 + u_1, \\ \dot{y}_2 = d_2 x_2 - x_2 z_2 + c_2 y_2 + u_2, \\ \dot{z}_2 = x_2 y_2 - b_2 z_2 + u_3, \\ \dot{w}_2 = y_2 z_2 + r_2 w_2 + u_4 \end{cases} \tag{3.137}$$

为响应系统, 其中 $a_1, b_1, c_1, d_1, a_2, b_2, c_2, d_2, r_2$ 为未知参数, u_1, u_2, u_3, u_4 为非线性控制器. 令驱动系统 (3.136) 和响应系统 (3.137) 之间的误差变量为 $e_1 = x_2 - x_1$, $e_2 = y_2 - y_1$, $e_3 = z_2 - z_1$ 和 $e_4 = w_2 - w_1$, 则有 $\dot{e}_1 = \dot{x}_2 - \dot{x}_1$, $\dot{e}_2 = \dot{y}_2 - \dot{y}_1$, $\dot{e}_3 = \dot{z}_2 - \dot{z}_1$ 和 $\dot{e}_4 = \dot{w}_2 - \dot{w}_1$. 由式 (3.136) 和式 (3.137), 可得误差系统为

$$\begin{cases} \dot{e}_1 = a_2(y_2 - x_2) + w_2 + y_1 + z_1 + u_1, \\ \dot{e}_2 = d_2 x_2 - x_2 z_2 + c_2 y_2 - x_1 - a_1 y_1 - w_1 + u_2, \\ \dot{e}_3 = x_2 y_2 - b_2 z_2 - b_1 - x_1 z_1 + u_3, \\ \dot{e}_4 = y_2 z_2 + r_2 w_2 + c_1 z_1 - d_1 w_1 + u_4. \end{cases} \tag{3.138}$$

依据前面的理论分析结果, 可得自适应控制器为

$$\begin{cases} u_1 = -\hat{a}_2(y_2 - x_2) - w_2 - y_1 - z_1 + \delta_1 - \varepsilon_1 \mathrm{sgn}(e_1) - \theta_1 e_1, \\ u_2 = -\hat{d}_2 x_2 + x_2 z_2 - \hat{c}_2 y_2 + x_1 + \hat{a}_1 y_1 + w_1 + \delta_2 - \varepsilon_2 \mathrm{sgn}(e_2) - \theta_2 e_2, \\ u_3 = -x_2 y_2 + \hat{b}_1 z_2 + \hat{b}_1 + x_1 z_1 + \delta_3 - \varepsilon_3 \mathrm{sgn}(e_3) - \theta_3 e_3, \\ u_4 = -y_2 z_2 - \hat{r}_2 w_2 - \hat{c}_1 z_1 + \hat{d}_1 w_1 + \delta_4 - \varepsilon_4 \mathrm{sgn}(e_4) - \theta_4 e_4. \end{cases} \tag{3.139}$$

未知参数更新规则为

$$\begin{cases} \dot{a}_1 = y_1 e_2, \\ \dot{b}_1 = e_3, \\ \dot{c}_1 = -z_1 e_4, \\ \dot{d}_1 = w_1 e_4, \\ \dot{a}_2 = -(y_2 - x_2) e_1, \\ \dot{b}_2 = z_2 e_3, \\ \dot{c}_2 = -y_2 e_2, \\ \dot{d}_2 = -x_2 e_2, \\ \dot{r}_2 = -w_2 e_4. \end{cases} \tag{3.140}$$

选取时间步长为 $\tau = 0.0003$s, 采用四阶 Runge-Kutta 法去求解方程 (3.136) 和 (3.137), 研究了驱动系统 (3.136) 与响应系统 (3.137) 的同步, 其中驱动系统 (3.136) 与响应系统 (3.137) 的初始点分别选取为

$$x_1(0) = 1, \quad y_1(0) = 2, \quad z_1(0) = 3, \quad w_1(0) = 4$$

和

$$x_2(0) = -1, \quad y_2(0) = 3, \quad z_2(0) = -2, \quad w_2(0) = 6.$$

因此, 误差系统 (3.138) 的初始值为 $e_1(0) = -2, e_2(0) = 1, e_3(0) = -5$ 和 $e_4(0) = 2$, 未知参数的估计值选取 $\hat{a}_1 = 0.25, \hat{b}_1 = 3, \hat{c}_1 = 0.5, \hat{d}_1 = 0.05, \hat{a}_2 = 35, \hat{b}_2 = 3, \hat{c}_2 = 12, \hat{d}_2 = 7, \hat{r}_2 = 0.2$, 未知参数的初始值选取为 $a_1(0) = 0.1, b_1(0) = 2.9, c_1(0) = 1, d_1(0) = 1, a_2(0) = 0.1, b_2(0) = 1, c_2(0) = 3, d_2(0) = 4.8, r_2(0) = 0.1$, 取控制器噪声 $\delta_1(t) = 0.8 \sin t, \delta_2(t) = 0.8 \cos t, \delta_3(t) = \delta_4(t) = 0.8 \sin(2t)$, 取 $\varepsilon_1 = \varepsilon_2 = \varepsilon_3 = \varepsilon_4 = 0.8$, $\theta_1 = \theta_2 = \theta_3 = 10$, 利用控制器 (3.139) 和参数更新规则 (3.140), 得到驱动系统 (3.136) 和响应系统 (3.137) 的同步过程模拟结果如图 3.37 所示, 未知参数

$a_1(t), b_1(t), c_1(t), d_1(t), a_2(t), b_2(t), c_2(t), d_2(t), r_2(t)$ 的辨识过程如图 3.38 所示. 由误差效果图 3.37 可见, 当 t 接近 1.4s, 2s, 4.6s 和 2.6s 时, 误差 $e_1(t)$, $e_2(t)$, $e_3(t)$ 和 $e_4(t)$ 已分别基本稳定在零点附近. 由图 3.38 可见, 参数 $a_1(t), b_1(t), c_1(t), d_1(t), a_2(t),$ $b_2(t), c_2(t), d_2(t), r_2(t)$ 的值最终分别收敛于常值.

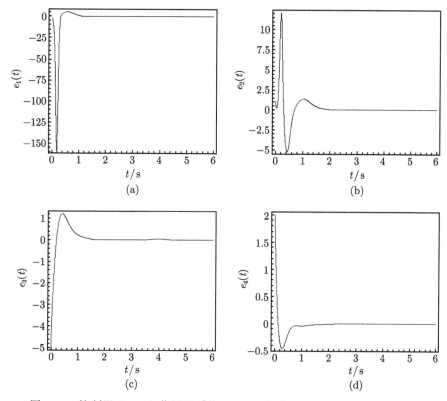

图 3.37　控制器 (3.139) 作用下系统 (3.136) 和系统 (3.137) 的同步误差曲线

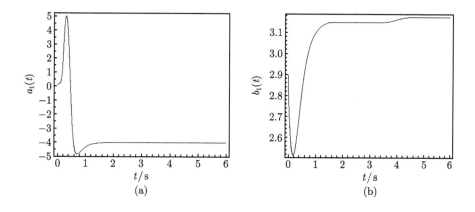

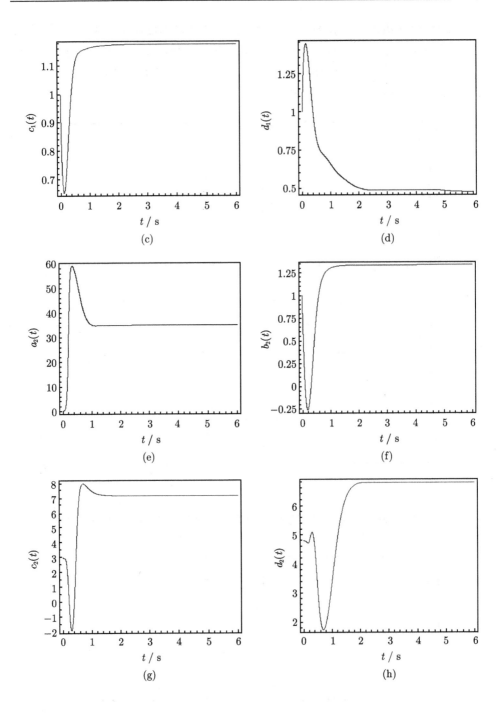

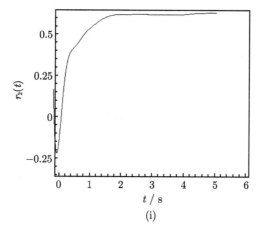

图 3.38 参数 $a_1(t), b_1(t), c_1(t), d_1(t), a_2(t), b_2(t), c_2(t), d_2(t), r_2(t)$ 的辨识过程

(4) 当驱动系统与响应系统维数不同时, 可以添加低维系统的维数, 然后使用本方法使两者自适应同步. Lorenz 系统[26] 为

$$\begin{cases} \dot{x} = a(y - x), \\ \dot{y} = cx - y - xz, \\ \dot{z} = xy - bz. \end{cases}$$

以增加维数后的不确定 Lorenz 系统

$$\begin{cases} \dot{x}_1 = a_1(y_1 - x_1), \\ \dot{y}_1 = c_1 x_1 - y_1 - x_1 z_1, \\ \dot{z}_1 = x_1 y_1 - b_1 z_1, \\ \dot{w}_1 = 0 \end{cases} \tag{3.141}$$

为驱动系统, 以含未知参数的受控超混沌 Rössler 系统[41]

$$\begin{cases} \dot{x}_2 = -y_2 - z_2 + u_1, \\ \dot{y}_2 = x_2 + a_2 y_2 + w_2 + u_2, \\ \dot{z}_2 = b_2 + x_2 z_2 + u_3, \\ \dot{w}_2 = -c_2 z_2 + d_2 w_2 + u_4 \end{cases} \tag{3.142}$$

为响应系统, 其中 $a_1, b_1, c_1, a_2, b_2, c_2, d_2$ 为未知参数, u_1, u_2, u_3, u_4 为非线性控制器. 令系统 (3.141) 和系统 (3.142) 之间的误差变量 $e_1 = x_2 - x_1$, $e_2 = y_2 - y_1$, $e_3 = z_2 - z_1$ 和 $e_4 = w_2 - w_1$, 则有 $\dot{e}_1 = \dot{x}_2 - \dot{x}_1$, $\dot{e}_2 = \dot{y}_2 - \dot{y}_1$, $\dot{e}_3 = \dot{z}_2 - \dot{z}_1$ 和 $\dot{e}_4 = \dot{w}_2 - \dot{w}_1$. 由式 (3.141) 和式 (3.142), 可得误差系统为

$$
\begin{cases}
\dot{e}_1 = -y_2 - z_2 - a_1(y_1 - x_1) + u_1, \\
\dot{e}_2 = x_2 + a_2 y_2 + w_2 - c_1 x_1 + y_1 + x_1 z_1 + u_2, \\
\dot{e}_3 = b_2 + x_2 z_2 - x_1 y_1 + b_1 z_1 + u_3, \\
\dot{e}_4 = -c_2 z_2 + d_2 w_2 + u_4.
\end{cases}
\tag{3.143}
$$

依据前面的理论分析结果, 可得自适应控制器为

$$
\begin{cases}
u_1 = y_2 + z_2 + \hat{a}_1(y_1 - x_1) + \delta_1 - \varepsilon_1 \operatorname{sgn}(e_1) - \theta_1 e_1, \\
u_2 = -x_2 - \hat{a}_2 y_2 - w_2 + \hat{c}_1 x_1 - y_1 - x_1 z_1 + \delta_2 - \varepsilon_2 \operatorname{sgn}(e_2) - \theta_2 e_2, \\
u_3 = -\hat{b}_2 - x_2 z_2 + x_1 y_1 - \hat{b}_1 z_1 + \delta_3 - \varepsilon_3 \operatorname{sgn}(e_3) - \theta_3 e_3, \\
u_4 = \hat{c}_2 z_2 - \hat{d}_2 w_2 + \delta_4 - \varepsilon_4 \operatorname{sgn}(e_4) - \theta_4 e_4.
\end{cases}
\tag{3.144}
$$

未知参数更新规则为

$$
\begin{cases}
\dot{a}_1 = (y_1 - x_1)e_1, \\
\dot{b}_1 = -z_1 e_3, \\
\dot{c}_1 = x_1 e_2, \\
\dot{a}_2 = -y_2 e_2, \\
\dot{b}_2 = -e_3, \\
\dot{c}_2 = z_2 e_4, \\
\dot{d}_2 = -w_2 e_4.
\end{cases}
\tag{3.145}
$$

选取时间步长为 $\tau = 0.0003\mathrm{s}$, 采用四阶 Runge-Kutta 法去求解方程 (3.141) 和 (3.142), 研究了驱动系统 (3.141) 与响应系统 (3.142) 的同步, 其中驱动系统 (3.141) 与响应系统 (3.142) 的初始点分别选取为

$$
x_1(0) = 1, \quad y_1(0) = 2, \quad z_1(0) = 3, \quad w_1(0) = 4
$$

和

$$
x_2(0) = -1, \quad y_2(0) = 3, \quad z_2(0) = -2, \quad w_2(0) = 6.
$$

因此, 误差系统 (3.143) 的初始值为 $e_1(0) = -2, e_2(0) = 1, e_3(0) = -5$ 和 $e_4(0) = 2$, 未知参数的估计值选取 $\hat{a}_1 = 10, \hat{b}_1 = 8/3, \hat{c}_1 = 28, \hat{a}_2 = 0.25, \hat{b}_2 = 3, \hat{c}_2 = 0.5, \hat{d}_2 = 0.05$, 未知参数的初始值选取 $a_1(0) = 0.1, b_1(0) = 1, c_1(0) = 3, a_2(0) = 0.1, b_2(0) = 2.9, c_2(0) = 1, d_2(0) = 1$, 取控制器噪声 $\delta_1(t) = 0.8\sin t, \delta_2(t) = 0.8\cos t, \delta_3(t) = 0.8\sin(2t), \delta_4(t) = 0.8\sin(2t)$, 取 $\varepsilon_1 = \varepsilon_2 = \varepsilon_3 = \varepsilon_4 = 0.8, \theta_1 = \theta_2 = \theta_3 = 10$, 利用控制器 (3.144) 和参数更新规则 (3.145), 得到驱动系统 (3.141) 和响应系统 (3.142) 的同步过程模拟结果如图 3.39 所示, 未知参数 $a_1(t), b_1(t), c_1(t), a_2(t), b_2(t), c_2(t), d_2(t)$

的辨识过程如图 3.40 所示. 由误差效果图 3.39 可见, 当 t 接近 5.4s, 5.5s, 2.4s 和 3.8s 时, 误差 $e_1(t)$, $e_2(t)$, $e_3(t)$ 和 $e_4(t)$ 已分别基本稳定在零点附近. 由图 3.40 可见, 参数 $a_1(t), b_1(t), c_1(t), a_2(t), b_2(t), c_2(t), d_2(t)$ 的值最终分别收敛于常值. 从仿真结果可见, 实现了所要求的自适应同步和参数辨识. 关于本小节的详细内容, 可参见文献 [45].

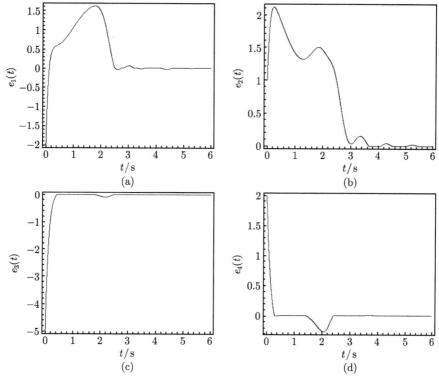

图 3.39 控制器 (3.144) 作用下系统 (3.141) 和系统 (3.142) 的同步误差曲线

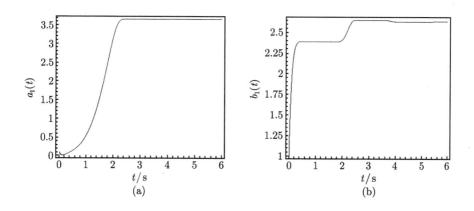

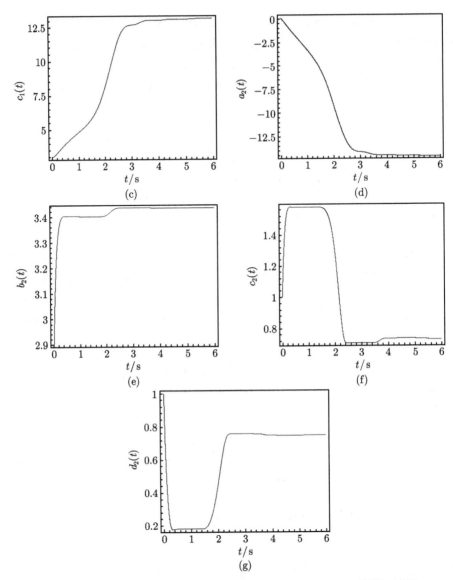

图 3.40 未知参数 $a_1(t), b_1(t), c_1(t), a_2(t), b_2(t), c_2(t), d_2(t)$ 的辨识过程

关于混沌自适应完全同步方面, 科研工作者们曾做过大量的工作, 一些其他具体案例可参见文献 [46]~[52].

3.2 线性耦合同步

耦合同步[5~10] 是一种很常见的混沌同步方法, 在实际应用中, 传递线性状态向量较方便, 并且在保密通信中, 线性耦合同步[5,7] 应用得较为普遍, 因此, 本节主要讨论采用线性耦合实现完全同步的具体案例.

3.2.1 统一混沌系统的线性耦合同步

统一混沌系统[39] 的数学模型为

$$\begin{cases} \dot{x} = (25\alpha + 10)(y - x), \\ \dot{y} = (28 - 35\alpha)x + (29\alpha - 1)y - xz, \\ \dot{z} = xy - \dfrac{8 + \alpha}{3}z, \end{cases} \tag{3.146}$$

其中参数 $\alpha \in [0, 1]$. 当 $\alpha \in [0, 0.8)$ 时, 系统 (3.146) 为广义 Lorenz 系统; 当 $\alpha = 0.8$ 时, 系统 (3.146) 为广义 Lü系统; 当 $\alpha \in (0.8, 1]$ 时, 系统 (3.146) 为广义 Chen 系统. 系统 (3.146) 所具备的上述性质, 为研究混沌控制与同步提供了一个很好的模型.

考虑线性耦合的两个相同的统一混沌系统

$$\begin{cases} \dot{x}_1 = (25\alpha + 10)(x_2 - x_1) + d_1(y_1 - x_1)\,, \\ \dot{x}_2 = (28 - 35\alpha)x_1 + (29\alpha - 1)x_2 - x_1 x_3 + d_2(y_2 - x_2), \\ \dot{x}_3 = x_1 x_2 - \dfrac{8 + \alpha}{3}x_3 + d_3(y_3 - x_3)\,, \\ \dot{y}_1 = (25\alpha + 10)(y_2 - y_1) + d_1(x_1 - y_1)\,, \\ \dot{y}_2 = (28 - 35\alpha)y_1 + (29\alpha - 1)y_2 - y_1 y_3 + d_2(x_2 - y_2), \\ \dot{y}_3 = y_1 y_2 - \dfrac{8 + \alpha}{3}y_3 + d_3(x_3 - y_3)\,, \end{cases} \tag{3.147}$$

其中 $x_i, y_i (i = 1, 2, 3)$ 为系统的状态变量, $d_i (i = 1, 2, 3)$ 为确保两个混沌系统同步所需要的耦合系数, 在此并不限定 $d_i > 0$.

定义两个系统 (3.147) 的误差信号为

$$\begin{cases} e_1(t) = x_1(t) - y_1(t), \\ e_2(t) = x_2(t) - y_2(t), \\ e_3(t) = x_3(t) - y_3(t), \end{cases} \tag{3.148}$$

则由式 (3.147) 可得误差系统为

$$\begin{cases} \dot{e}_1 = -(25\alpha + 10 + 2d_1)e_1 + (25\alpha + 10)e_2\,, \\ \dot{e}_2 = (28 - 35\alpha - x_3)e_1 + (29\alpha - 1 - 2d_1)e_2 - y_1 e_3, \\ \dot{e}_3 = x_2 e_1 + y_1 e_2 - \left(\dfrac{8 + \alpha}{3} + 2d_2\right)e_3\,. \end{cases} \tag{3.149}$$

式 (3.149) 的系数矩阵为

$$\boldsymbol{J}(t) = \begin{pmatrix} -(25\alpha + 10 + 2d_1) & 25\alpha + 10 & 0 \\ 28 - 35\alpha - x_3 & 29\alpha - 1 - 2d_2 & -y_1 \\ x_2 & y_1 & -\left(\dfrac{8+\alpha}{3} + 2d_3\right) \end{pmatrix}. \tag{3.150}$$

显然, 只需让耦合系数满足一定的条件, 使得当 $t \to \infty$ 时其误差系统 (3.149) 渐近稳定, 就能够实现初始条件不同的两个结构相同的统一混沌系统耦合同步.

设

$$D_1 = 25\alpha + 10 + 2d_1, \quad D_2 = -29\alpha + 1 + 2d_2, \quad D_3 = \frac{8+\alpha}{3} + 2d_3,$$

$$X_3 = -5\alpha + 19 - \frac{x_3}{2}, \quad X_2 = \frac{x_2}{2}, \tag{3.151}$$

并对 $\boldsymbol{J}$ 进行如下变换:

$$\boldsymbol{B} = \frac{\boldsymbol{J} + \boldsymbol{J}^{\mathrm{T}}}{2} = \begin{pmatrix} -D_1 & X_3 & X_2 \\ X_3 & -D_2 & 0 \\ X_2 & 0 & -D_3 \end{pmatrix}. \tag{3.152}$$

由于 $\boldsymbol{B}$ 为实对称矩阵, 所以其特征值均为实数, 避免了出现复数特征值, 并且 $\boldsymbol{B}$ 的特征值等于 $\boldsymbol{J}$ 的特征值实部. 设 λ_a 和 λ_b 分别为 $\boldsymbol{B}$ 的最小和最大特征值, 由文献 [53] 可得引理 3.1.

引理 3.1   设微分方程 $\dot{\boldsymbol{x}} = \boldsymbol{A}\boldsymbol{x}$ 有解 $\boldsymbol{x}(t)$, 则 $\boldsymbol{x}(t)$ 满足

$$\|\boldsymbol{x}\| \exp\left\{\int_0^t \lambda_a(s)\mathrm{d}s\right\} \leqslant \|\boldsymbol{x}(t)\| \leqslant \|\boldsymbol{x}(0)\| \exp\left\{\int_0^t \lambda_b(s)\mathrm{d}s\right\}. \tag{3.153}$$

若 $\forall \varepsilon > 0, \exists \lambda_b < -\varepsilon$, 则对于任意给定的初值 $x_0, x(t)$ 按指数速率收敛到零.

若误差系统 (3.149) 的解满足引理 3.1, 则 $e(t)$ 以指数率收敛到零, 即相互耦合的两个统一混沌系统 (3.147) 达到同步. 针对本小节采用的统一混沌系统, 可进一步推导出定理 3.11.

定理 3.11   若式 (3.151) 成立, 并且耦合系数满足如下条件:

$$D_2 > D_3, \quad D_1 + D_2 > 0, \quad D_1 D_3 + D_2 D_3 + D_1 D_2 > X_2^2 + X_3^2, \quad D_1 D_2 D_3 > X_2^2 D_2 + X_3^2 D_3, \tag{3.154}$$

则对于适当的初始值, 当 $t \to \infty$ 时, 两个耦合的统一混沌系统达到渐近一致同步.

证明   矩阵 $\boldsymbol{B}$ 的特征多项式为

$$B = \begin{vmatrix} -D_1 - \lambda & X_3 & X_2 \\ X_3 & -D_2 - \lambda & 0 \\ X_2 & 0 & -D_3 - \lambda \end{vmatrix} = -(\lambda^3 + p\lambda^2 + q\lambda + r) = 0, \quad (3.155)$$

其中

$$p = D_1 + D_2 + D_3, \quad q = D_1 D_3 + D_2 D_3 + D_1 D_2 - X_2^2 - X_3^2, \quad r = D_1 D_2 D_3 - X_2^2 D_2 - X_3^2 D_3.$$

令 $s = pq - r$, 则

$$\begin{aligned} s &= (D_1 + D_2 + D_3)(D_1 D_3 + D_2 D_3 + D_1 D_2 - X_2^2 - X_3^2) \\ &\quad - (D_1 D_2 D_3 - X_2^2 D_2 - X_3^2 D_3) \\ &= (D_1 + D_2)(D_1 D_3 + D_2 D_3 + D_1 D_2 + D_3^2 - X_2^2 - X_3^2) + X_2^2(D_2 - D_3). \end{aligned}$$

根据 Routh-Hurwitz 判据, 若满足 $p > 0, q > 0, r > 0$ 且 $pq > r$, 则方程 (3.155) 的特征方程的所有特征值均为负值, 方程 (3.149) 所示的误差系统稳定.

首先来看 $s > 0$, 即

$$(D_1 + D_2)(D_1 D_3 + D_2 D_3 + D_1 D_2 + D_3^2 - X_2^2 - X_3^2) + X_2^2(D_2 - D_3) > 0.$$

若 $D_2 > D_3$, 则

$$s > (D_1 + D_2)(D_1 D_3 + D_2 D_3 + D_1 D_2 + D_3^2 - X_2^2 - X_3^2);$$

若 $(D_1 + D_2) > 0$, 则

$$D_1 D_3 + D_2 D_3 + D_1 D_2 + D_3^2 > X_2^2 + X_3^2$$

即可满足 $s > 0$.

其次来看 $q = D_1 D_3 + D_2 D_3 + D_1 D_2 - X_2^2 - X_3^2 > 0$, 只需

$$D_1 D_3 + D_2 D_3 + D_1 D_2 > X_2^2 + X_3^2$$

成立, 即可满足.

若 $r > 0$, 则

$$r = D_1 D_2 D_3 - X_2^2 D_2 - X_3^2 D_3 > 0,$$

即

$$D_1 D_2 D_3 > X_2^2 D_2 + X_3^2 D_3.$$

因为 $s = pq - r$, 由以上条件可得出 $s > 0, q > 0, r > 0$, 故可推出 $p > 0$.

综上, 以上条件为

$$D_2 > D_3, \quad D_1 + D_2 > 0, \quad D_1 D_3 + D_2 D_3 + D_1 D_2 + D_3^2 > X_2^2 + X_3^2,$$

$$D_1 D_3 + D_2 D_3 + D_1 D_2 > X_2^2 + X_3^2, \quad D_1 D_2 D_3 > X_2^2 D_2 + X_3^2 D_3,$$

即

$$D_2 > D_3, \quad D_1 + D_2 > 0, \quad D_1 D_3 + D_2 D_3 + D_1 D_2 > X_2^2 + X_3^2, \quad D_1 D_2 D_3 > X_2^2 D_2 + X_3^2 D_3.$$

证毕.

定理 3.11 的稳定条件仅仅是给出了耦合统一系统 (3.147) 同步的充分条件, 而非必要条件. 为简单起见, 假设 $D_2 > D_3$, 但对于一些即使耦合系数不满足此条件的系统也能够达到渐近同步.

由数值仿真可求出 X_2 和 X_3 的取值范围为 $-25 < x_2 < 25, 5 < x_3 < 45$, 故有 $X_2^2 = x_2^2/4 < 313, X_3^2 = (-5\alpha + 19 + x_3/2) < 361$, 这样即可确定耦合系数的范围.

选取时间步长为 $\tau = 0.005\mathrm{s}$, 采用四阶 Runge-Kutta 法对满足条件的耦合系数进行数值仿真, 设初值为 $(x_1(0), x_2(0), x_3(0), y_1(0), y_2(0), y_3(0)) = (1,1,1,2,3,4)$. 仿真结果如图 3.41~ 图 3.43 所示. 图 3.41 为当 $\alpha = 0$, 耦合系数 $d_1 = 20, d_2 = 7$, $d_3 = 5$ 时, Lorenz 混沌系统耦合同步的误差效果图. 由图 3.41 可见, 当 t 接近 1s 时, 误差 $e_1(t)$, $e_2(t)$ 和 $e_3(t)$ 已基本稳定在零点附近, 即两个结构相同的统一混沌系统 (3.147) 达到了同步. 图 3.42 为当 $\alpha = 0.8$, 耦合系数 $d_1 = 11, d_2 = 17, d_3 = 6$ 时, 广义 Lü 混沌系统耦合同步的模拟结果. 由误差效果图 3.42 可见, 当 t 接近 0.6s 时, 误差 $e_1(t)$, $e_2(t)$ 和 $e_3(t)$ 已基本稳定在零点附近, 即两个结构相同的统一混沌系统 (3.147) 达到了同步. 图 3.43 为当 $\alpha = 1$, $d_1 = -2.5, d_2 = 24, d_3 = 12$ 时, Chen 混沌系统耦合同步的模拟结果. 由图 3.43 可见, 当 t 接近 0.5s 时, 误差 $e_1(t)$, $e_2(t)$ 和 $e_3(t)$ 已基本稳定在零点附近, 即两个结构相同的统一混沌系统 (3.147) 达到了同步.

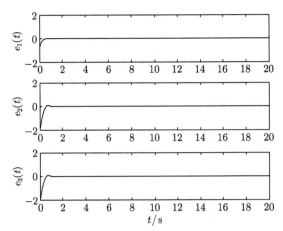

图 3.41   当 $\alpha = 0$, $d_1 = 20$, $d_2 = 7$, $d_3 = 5$ 时, Lorenz 混沌系统耦合同步的误差曲线

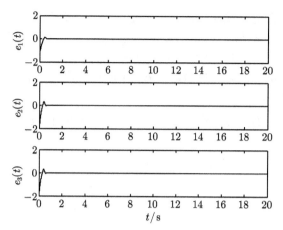

图 3.42 当 $\alpha = 0.8$, $d_1 = 11$, $d_2 = 17$, $d_3 = 6$ 时, 广义 Lü混沌系统耦合同步的误差曲线

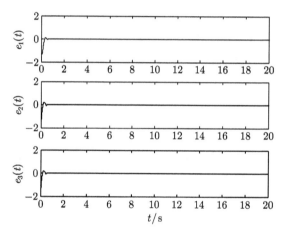

图 3.43 当 $\alpha = 1$, $d_1 = -2.5$, $d_2 = 24$, $d_3 = 12$ 时, Chen 混沌系统耦合同步的误差系统

3.2.2 单向耦合混沌同步

上面研究的是统一混沌系统的双向耦合同步, 事实上, 在大多数情况下, 耦合都是单向的, 即只有响应系统中才存在耦合项, 因此, 本小节将就几种单向耦合同步方法进行讨论.

设某混沌系统表示为

$$\dot{\boldsymbol{X}} = \boldsymbol{F}(\boldsymbol{X}),$$

则由该系统作为驱动系统和响应系统组成的单向耦合的动力学方程组表示为

$$\begin{cases} \dot{\boldsymbol{X}}_1 = \boldsymbol{F}(\boldsymbol{X}_1), \\ \dot{\boldsymbol{X}}_2 = \boldsymbol{F}(\boldsymbol{X}_2) + \alpha \boldsymbol{E}(\boldsymbol{X}_1 - \boldsymbol{X}_2), \end{cases} \tag{3.156}$$

其中 $\boldsymbol{E}$ 为一个矩阵, 它是确定响应系统与驱动系统变量差的线性组合, α 为耦合强度或反馈系数, 在通常情况下, 取 $\alpha\boldsymbol{E} = \mathrm{diag}(k_1, k_2, \cdots, k_n)$($n$ 为变量的个数). 式 (3.156) 中两个方程的相应变量差可定义为误差系统 $\boldsymbol{e} = \boldsymbol{X}_2 - \boldsymbol{X}_1$, 这里考虑 $\boldsymbol{e}$ 是很小的值, 其解取决于误差系统的稳定性. 下面分别以 Lorenz 系统和变形耦合发电机系统为例进行说明.

(1) 以 Lorenz 系统为例. 设具有相同表示形式的两个 Lorenz 系统分别作为驱动系统

$$\begin{cases} \dot{x}_1 = a(y_1 - x_1), \\ \dot{y}_1 = cx_1 - y_1 - x_1 z_1, \\ \dot{z}_1 = x_1 y_1 - bz_1 \end{cases} \tag{3.157}$$

和响应系统

$$\begin{cases} \dot{x}_2 = a(y_2 - x_2) - k_1(x_2 - x_1), \\ \dot{y}_2 = cx_2 - y_2 - x_2 z_2 - k_2(y_2 - y_1), \\ \dot{z}_2 = x_2 y_2 - bz_2 - k_3(z_2 - z_1), \end{cases} \tag{3.158}$$

其中 k_1, k_2 和 k_3 为反馈增益. 令

$$\begin{cases} e_1 = x_2 - x_1, \\ e_2 = y_2 - y_1, \\ e_3 = z_2 - z_1, \end{cases} \tag{3.159}$$

则有 $\dot{e}_1 = \dot{x}_2 - \dot{x}_1$, $\dot{e}_2 = \dot{y}_2 - \dot{y}_1$ 和 $\dot{e}_3 = \dot{z}_2 - \dot{z}_1$, 故可得误差系统为

$$\begin{cases} \dot{e}_1 = a(y_2 - x_2) - a(y_1 - x_1) - k_1(x_2 - x_1) = -(k_1 + a)e_1 + ae_2, \\ \dot{e}_2 = cx_2 - cx_1 + y_1 + x_1 z_1 - y_2 - x_2 z_2 - k_2(y_2 - y_1) \\ \quad = (c - z_1)e_1 - (k_2 + 1)e_2 - x_1 e_3 - e_1 e_3, \\ \dot{e}_3 = x_2 y_2 - x_1 y_1 - bz_2 + bz_1 - k_3(z_2 - z_1) = y_1 e_1 + x_1 e_2 - (k_3 + b)e_3 + e_1 e_2. \end{cases} \tag{3.160}$$

选取 Lyapunov 函数为

$$V(t) = \frac{1}{2}(e_1^2 + e_2^2 + e_3^2), \tag{3.161}$$

对式 (3.161) 求导可得

$$\dot{V}(t) = e_1 \dot{e}_1 + e_2 \dot{e}_2 + e_3 \dot{e}_3. \tag{3.162}$$

将式 (3.159) 和式 (3.160) 代入式 (3.162), 整理后可得

$$\dot{V}(t) = -\left[e_1 - \frac{1}{2}(a + c - z_1)e_2\right]^2 - (k_1 - 1)e_1^2 - \left[(k_2 + 1) - \frac{1}{4}(a + c - z_1)^2\right]e_2^2$$
$$- \left(\sqrt{a}e_1 - \frac{y_1}{2\sqrt{a}}e_3\right)^2 - \left(k_3 + b - \frac{y_1^2}{4a}\right)e_3^2. \tag{3.163}$$

显然, $V(t) \geqslant 0$, 若满足

$$\begin{cases} k_1 > 1, \\ k_2 > \dfrac{1}{4}(a+c-z_1)^2 - 1, \\ k_3 > \dfrac{y_1^2}{4a} - b, \end{cases} \tag{3.164}$$

则 $\dot{V}(t) \leqslant 0$. 由 Lyapunov 稳定性定理可知, 误差系统 (3.160) 是渐近稳定的, 即驱动系统 (3.157) 与响应系统 (3.158) 可渐近地达到同步. 因为 y_1 和 z_1 都是有界的, 所以只要 $k_1 > 1$, k_2 和 k_3 足够大, 即可满足式 (3.164).

在数值仿真实验中, 选取时间步长为 $\tau = 0.001$s, 采用四阶 Runge-Kutta 法去求解方程 (3.157) 和 (3.158), 驱动系统 (3.157) 与响应系统 (3.158) 的初始点分别选取为 $x_1(0) = -15$, $y_1(0) = -20$ 和 $z_1(0) = 50$, $x_2(0) = 20$, $y_2(0) = 30$ 和 $z_2(0) = 1$. 因此, 误差系统 (3.160) 的初始值为 $e_1(0) = 35$, $e_2(0) = 50$ 和 $e_3(0) = -49$. 为使驱动系统 (3.157) 处于混沌状态, 选取参数 $a = 10$, $b = 8/3$ 和 $c = 28$, 对应的混沌吸引子在 yz 平面上的投影如图 3.44 所示.

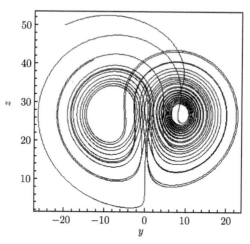

图 3.44　Lorenz 吸引子在 yz 平面上的投影

根据图 3.44 中所示变量的取值范围, 令 $k_1 = 15$, $k_2 = 400$ 和 $k_3 = 15$, 即可满足式 (3.164). 图 3.45 为驱动系统 (3.157) 和响应系统 (3.158) 的同步过程模拟结果. 由误差效果图 3.45 可见, 误差 $e_1(t)$, $e_2(t)$ 和 $e_3(t)$ 很快稳定在零点附近. 即当 $k_1 = 15$, $k_2 = 400$ 和 $k_3 = 15$ 时, 驱动系统 (3.157) 与响应系统 (3.158) 达到了同步.

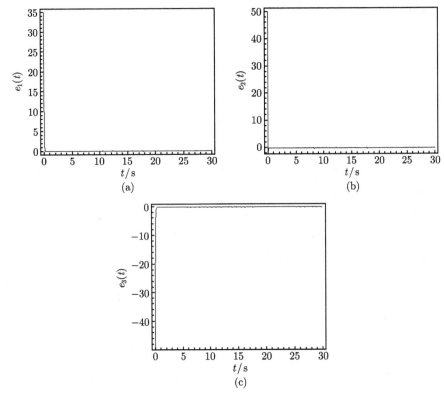

图 3.45   系统 (3.157) 和系统 (3.158) 的同步误差曲线

(2) 以变形耦合发电机系统为例. 最近, 基于耦合发电机系统[42], 王兴元和武相军提出了变形耦合发电机系统[43]. 设具有相同表示形式的两个变形耦合发电机系统分别作为驱动系统

$$\begin{cases} \dot{x}_1 = -\mu x_1 + y_1(z_1 + a), \\ \dot{y}_1 = -\mu y_1 + x_1(z_1 - a), \\ \dot{z}_1 = z_1 - x_1 y_1 \end{cases} \tag{3.165}$$

和响应系统

$$\begin{cases} \dot{x}_2 = -\mu x_2 + y_2(z_2 + a) - k_1(x_2 - x_1), \\ \dot{y}_2 = -\mu y_2 + x_2(z_2 - a) - k_2(y_2 - y_1), \\ \dot{z}_2 = z_2 - x_2 y_2 - k_3(z_2 - z_1), \end{cases} \tag{3.166}$$

其中 k_1, k_2 和 k_3 为反馈增益. 令系统 (3.165) 和系统 (3.166) 的误差为式 (3.159), 则可得误差系统为

$$\begin{cases} \dot{e}_1 = -\mu e_1 + a e_2 + y_2 z_2 - y_1 z_1 - k_1 e_1, \\ \dot{e}_2 = -\mu e_2 - a e_1 + x_2 z_2 - x_1 z_1 - k_2 e_2, \\ \dot{e}_3 = e_3 - x_2 y_2 + x_1 y_1 - k_3 e_3. \end{cases} \tag{3.167}$$

全局同步法可使具有如下形式的混沌系统:

$$\dot{x} = Ax + g(x) + u \tag{3.168}$$

有效地达到同步, 其中 $x \in \mathbf{R}^n$ 为状态变量, $u \in \mathbf{R}^n$ 为外部输入控制向量, $A \in \mathbf{R}^n \times \mathbf{R}^n$ 为常量矩阵, $g(x)$ 为连续的非线性函数. 令 $\tilde{x}$ 是系统 (3.168) 的响应系统的状态变量, 响应系统可以表示为

$$\dot{\tilde{x}} = A\tilde{x} + g(\tilde{x}) + u - K(\tilde{x} - x), \tag{3.169}$$

其中 $K = \mathrm{diag}(k_1, k_2, \cdots, k_n)$, $k_i \in \mathbf{R}(i = 1, 2, \cdots, n)$ 为反馈增益. 定义误差 $e = \tilde{x} - x$, 可得误差系统

$$\dot{e} = (A - K)e + g(\tilde{x}) - g(x). \tag{3.170}$$

定义一个有界矩阵 H, 其元素完全取决于 x 和 $\tilde{x}$, 其可表示为如下形式:

$$He = g(\tilde{x}) - g(x). \tag{3.171}$$

定理 3.12 [54]   设

$$\lambda_i \leqslant \xi < 0, \quad i = 1, 2, \cdots, n, \tag{3.172}$$

其中 ξ 为负的常量. 若存在正定对称常量矩阵 P, 并且 λ_i 是矩阵 $(A - K + H)^\mathrm{T} P + P(A - K + H)$ 的特征值, 则误差系统 (3.170) 全局指数级收敛, 并稳定于原点, 即系统 (3.168) 和 (3.169) 全局渐近稳定.

在 Jiang 等研究的基础上[54], 本小节给出构造恰当的反馈增益矩阵的条件. 选择矩阵 $P = \mathrm{diag}(p_1, p_2, \cdots, p_n)$, 若选择的矩阵 K 满足如下关系:

$$K_i \geqslant \frac{1}{2p_i}(\bar{a}_{ii} + R_1 - \xi), \quad i = 1, 2, \cdots, n, \tag{3.173}$$

其中 $\bar{a}_{ii}$ 为矩阵 $(\bar{a}_{ii})$ 的对角元素. $(\bar{a}_{ii})$ 和 R_i 分别定义如下:

$$(\bar{a}_{ii}) = (A + H)^\mathrm{T} P + P(A + H), \tag{3.174}$$

$$R_i = \sum_{j=1, j \neq i}^{n} |\bar{a}_{ij}|, \tag{3.175}$$

则满足定理 3.12 的要求, 系统 (3.168) 和 (3.169) 全局渐近稳定. 为简便起见, 取 $P = I$, 则条件 (3.173) 变为

$$K_i \geqslant \frac{1}{2}(\bar{a}_{ii} + R_i - \xi), \quad i = 1, 2, \cdots, n.$$

可将误差系统写为如下形式:

$$\dot{e} = Ae + g(x_2) - g(x_1) - Ke, \tag{3.176}$$

其中

$$\boldsymbol{A} = \begin{pmatrix} -\mu & a & 0 \\ -a & -\mu & 0 \\ 0 & 0 & 1 \end{pmatrix}, \quad \boldsymbol{K} = \begin{pmatrix} k_1 & 0 & 0 \\ 0 & k_2 & 0 \\ 0 & 0 & k_3 \end{pmatrix}, \quad \boldsymbol{e} = \begin{pmatrix} x_2 - x_1 \\ y_2 - y_1 \\ z_2 - z_1 \end{pmatrix}$$

$$\boldsymbol{g}(\boldsymbol{x}_1) = \begin{pmatrix} y_1 z_1 \\ x_1 z_1 \\ -x_1 y_1 \end{pmatrix}, \quad \boldsymbol{g}(\boldsymbol{x}_2) = \begin{pmatrix} y_2 z_2 \\ x_2 z_2 \\ -x_2 y_2 \end{pmatrix}.$$

考虑下式:

$$\boldsymbol{g}(\boldsymbol{x}_2) - \boldsymbol{g}(\boldsymbol{x}_1) = \begin{pmatrix} y_2 z_2 - y_1 z_1 \\ x_2 z_2 - x_1 z_1 \\ -x_2 y_2 + x_1 y_1 \end{pmatrix} = \begin{pmatrix} 0 & z_2 & y_1 \\ z_2 & 0 & x_1 \\ -y_2 & -x_1 & 0 \end{pmatrix} \begin{pmatrix} x_2 - x_1 \\ y_2 - y_1 \\ z_2 - z_1 \end{pmatrix} = \boldsymbol{H}\boldsymbol{e}, \tag{3.177}$$

则

$$\boldsymbol{H} = \begin{pmatrix} 0 & z_2 & y_1 \\ z_2 & 0 & x_1 \\ -y_2 & -x_1 & 0 \end{pmatrix}, \quad \boldsymbol{A} + \boldsymbol{H} = \begin{pmatrix} -\mu & a + z_2 & y_1 \\ -a + z_2 & -\mu & x_1 \\ -y_2 & -x_1 & 1 \end{pmatrix},$$

从而可得

$$(\boldsymbol{A} + \boldsymbol{H}) + (\boldsymbol{A} + \boldsymbol{H})^{\mathrm{T}} = \begin{pmatrix} -2\mu & 2z_2 & y_1 - y_2 \\ 2z_1 & -2\mu & 0 \\ y_1 - y_2 & 0 & 2 \end{pmatrix}. \tag{3.178}$$

根据 Jiang 等的研究成果[54] 还可以得到

$$\begin{cases} k_1 > 0.5(-2\mu + 2|z_2| + |y_1 - y_2| - \xi), \\ k_2 > 0.5(-2\mu + 2|z_2| - \xi), \\ k_3 > 0.5(2 + |y_1 - y_2| - \xi), \end{cases} \tag{3.179}$$

故当不等式组 (3.179) 成立时, 驱动系统 (3.165) 和响应系统 (3.166) 全局渐近同步. 由混沌系统的运动轨道有界性可知, 一定存在足够大的 k_1, k_2, k_3 满足不等式组 (3.179).

在数值仿真实验中, 选取时间步长为 $\tau = 0.001\mathrm{s}$, 采用四阶 Runge-Kutta 法去求解方程 (3.165) 和 (3.166). 驱动系统 (3.165) 与响应系统 (3.166) 的初始点分别选取为 $x_1(0) = -10$, $y_1(0) = 15$ 和 $z_1(0) = 12$, $x_2(0) = 5$, $y_2(0) = -12$ 和 $z_2(0) = 3$. 因此, 误差系统 (3.167) 的初始值为 $e_1(0) = 15$, $e_2(0) = -27$ 和 $e_3(0) = -9$. 为使驱动系统 (3.165) 处于混沌状态, 选取参数 $a = 1$ 和 $\mu = 2$, 对应的混沌吸引子在 yz 平面上的投影如图 3.46 所示.

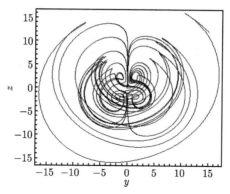

图 3.46 变形耦合发电机的混沌吸引子在 yz 平面上的投影

观察图 3.46 中所示变量的取值范围可见, y_1, z_1 有界. 因为考察的是误差在零点附近的稳定性, 所以 y_2, z_2 的取值范围可认为和 y_1, z_1 的相同. 令 $k_1 = 40$, $k_2 = 20$ 和 $k_3 = 20$, 即可满足式 (3.179). 图 3.47 为驱动系统 (3.165) 和响应系统 (3.166) 的同步过程模拟结果. 由误差效果图 3.47 可见, 误差 $e_1(t)$, $e_2(t)$ 和 $e_3(t)$ 很快稳定

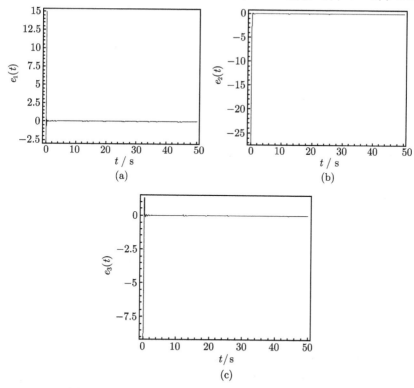

图 3.47 系统 (3.165) 和系统 (3.166) 的同步误差曲线

在零点附近, 即当 $k_1 = 40$, $k_1 = 20$ 和 $k_3 = 20$ 时, 驱动系统 (3.165) 与响应系统 (3.166) 达到了同步.

上面驱动系统需要发送多路信号控制响应系统与其同步, 显然, 这在保密通信实际应用中并不适用. 下面分别对 Lorenz 系统和变形耦合发电机系统使用单个变量单向耦合使响应系统与驱动系统同步.

(3) 以 Lorenz 系统为例. 设系统 (3.157) 为驱动系统, 具有相同形式的另一个 Lorenz 系统为响应系统

$$\begin{cases} \dot{x}_2 = a(y_2 - x_2) - k_1(x_2 - x_1), \\ \dot{y}_2 = cx_2 - y_2 - x_2 z_2, \\ \dot{z}_2 = x_2 y_2 - b z_2, \end{cases} \tag{3.180}$$

其中 k_1 为反馈增益. 令系统 (3.157) 和系统 (3.180) 的误差为式 (3.159), 则可得误差系统为

$$\begin{cases} \dot{e}_1 = a(y_2 - x_2) - a(y_1 - x_1) - k_1(x_2 - x_1) = -(k_1 + a)e_1 + ae_2, \\ \dot{e}_2 = cx_2 - cx_1 + y_1 + x_1 z_1 - y_2 - x_2 z_2 = (c - z_1)e_1 - e_2 - x_1 e_3 - e_1 e_3, \\ \dot{e}_3 = x_2 y_2 - x_1 y_1 - b z_2 + b z_1 = y_1 e_1 + x_1 e_2 - b e_3 + e_1 e_2. \end{cases} \tag{3.181}$$

选取 Lyapunov 函数为

$$V(t) = \frac{1}{2}(e_1^2 + e_2^2 + e_3^2), \tag{3.182}$$

对式 (3.182) 求导可得

$$\dot{V}(t) = e_1 \dot{e}_1 + e_2 \dot{e}_2 + e_3 \dot{e}_3. \tag{3.183}$$

将式 (3.159) 和式 (3.181) 代入式 (3.183), 整理后可得

$$\dot{V}(t) = -\left[k_1 + a - \frac{y_1^2}{4b} - \frac{1}{4}(a+c-z_1)^2\right]e_1^2 - \left[e_2 - \frac{1}{2}(a+c-z_1)e_1\right]^2 - \left(\sqrt{b}e_3 - \frac{y_1}{2\sqrt{b}}e_1\right)^2.$$

显然, $V(t) \geqslant 0$, 若满足

$$k_1 > \frac{y_1^2}{4b} + \frac{1}{4}(a+c-z_1)^2 - a, \tag{3.184}$$

则 $\dot{V}(t) \leqslant 0$. 由 Lyapunov 稳定性定理可知, 误差系统 (3.181) 是渐近稳定的, 即驱动系统 (3.157) 与响应系统 (3.180) 可渐近地达到同步. 因为 y_1 和 z_1 都是有界的, 所以只要 k_1 足够大即可满足式 (3.184).

在数值仿真实验中, 选取时间步长为 $\tau = 0.001$s, 采用四阶 Runge-Kutta 法去求解方程 (3.157) 和 (3.180). 驱动系统 (3.157) 与响应系统 (3.180) 的初始点分别选取为

$$x_1(0) = -15, \quad y_1(0) = -20, \quad z_1(0) = 50$$

和

$$x_2(0) = 20, \quad y_2(0) = 30, \quad z_2(0) = 1.$$

因此, 误差系统 (3.181) 的初始值为 $e_1(0) = 35$, $e_2(0) = 50$ 和 $e_3(0) = -49$. 为使驱动系统处于混沌状态, 选取参数 $a = 10$, $b = 8/3$ 和 $c = 28$. 根据图 3.44 中 Lorenz 吸引子在 yz 平面投影的取值范围, 令 $k_1 = 500$ 即可满足式 (3.184). 图 3.48 为驱动系统 (3.157) 和响应系统 (3.180) 的同步过程模拟结果. 由误差效果图 3.48 可见, 当接近 3s, 4s 和 4s 时, 误差 $e_1(t)$, $e_2(t)$ 和 $e_3(t)$ 分别基本稳定在零点附近, 即当 $k_1 = 500$ 时, 驱动系统 (3.157) 与响应系统 (3.180) 渐近达到同步.

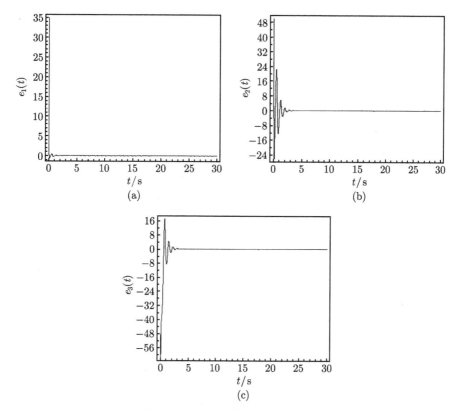

图 3.48 系统 (3.157) 和系统 (3.180) 的同步误差曲线

混沌系统进行耦合同步时往往很难找到合适的 Lyapunov 函数并证明其有效性, 因此, 在下面的例子中, 将使用计算最大 Lyapunov 指数的方法. 当误差系统的最大 Lyapunov 指数小于零时, 响应系统将会与驱动系统达到同步.

(4) 以变形耦合发电机系统为例. 设系统 (3.165) 为驱动系统, 具有相同表示形

式的另一个变形耦合发电机系统为响应系统

$$
\begin{cases}
\dot{x}_2 = -\mu x_2 + y_2(z_2 + a), \\
\dot{y}_2 = -\mu y_2 + x_2(z_2 - a), \\
\dot{z}_2 = z_2 - x_2 y_2 - k(z_2 - z_1),
\end{cases}
\tag{3.185}
$$

其中 k 为反馈增益. 令系统 (3.165) 和系统 (3.185) 的误差为式 (3.159), 则可得误差系统为

$$
\begin{cases}
\dot{e}_1 = -\mu e_1 + a e_2 + y_2 z_2 - y_1 z_1, \\
\dot{e}_2 = -\mu e_2 - a e_1 + x_2 z_2 - x_1 z_1, \\
\dot{e}_3 = e_3 - x_2 y_2 + x_1 y_1 - k e_3,
\end{cases}
\tag{3.186}
$$

即

$$
\begin{pmatrix} \dot{e}_1 \\ \dot{e}_2 \\ \dot{e}_3 \end{pmatrix} =
\begin{pmatrix} -\mu & a + z_1 & y_1 \\ -a + z_1 & -\mu & x_1 \\ -y_1 & -x_1 & 1 - k \end{pmatrix}
\begin{pmatrix} e_1 \\ e_2 \\ e_3 \end{pmatrix} +
\begin{pmatrix} e_2 e_3 \\ e_1 e_3 \\ -e_1 e_2 \end{pmatrix}.
\tag{3.187}
$$

为使驱动系统 (3.165) 处于混沌状态, 选取参数 $a = 1$ 和 $\mu = 2$. 根据 Bennetin 等提出的计算最大 Lyapunov 指数 λ_1 的方法[55], 依次取 $k = 0, 0.5, 1, 4, 5, 6, 10, 15$, 求出对应的最大 Lyapunov 指数 $\lambda_1 = 0.485, 0.275, -0.005, -0.876, -1.046, -0.785, -0.518, -0.295$, 式 (3.187) 线性部分的 λ_1 与 k 的关系如图 3.49 所示.

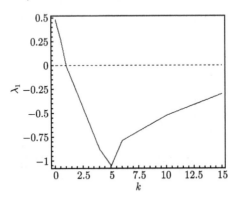

图 3.49   系统 (3.187) 最大 Lyapunov 指数 λ_1 与 k 的关系

在数值仿真实验中, 令 $k = 4$, 选取时间步长为 $\tau = 0.001\mathrm{s}$, 采用四阶 Runge-Kutta 法求解方程 (3.165) 和 (3.185). 驱动系统 (3.165) 与响应系统 (3.185) 的初始点分别选取为 $x_1(0) = -13$, $y_1(0) = 30$ 和 $z_1(0) = 19$, $x_2(0) = 6$, $y_2(0) = -10$ 和 $z_2(0) = 3$. 因此, 误差系统 (3.186) 的初始值为 $e_1(0) = 19$, $e_2(0) = -40$ 和 $e_3(0) = -16$. 图 3.50 为驱动系统 (3.165) 和响应系统 (3.185) 的同步过程模拟结果.

由误差效果图 3.50 可见, 当接近 24s 时, 误差 $e_1(t)$, $e_2(t)$ 和 $e_3(t)$ 分别基本稳定在零点附近, 即当 $k=4$ 时, 驱动系统 (3.165) 与响应系统 (3.185) 达到了同步.

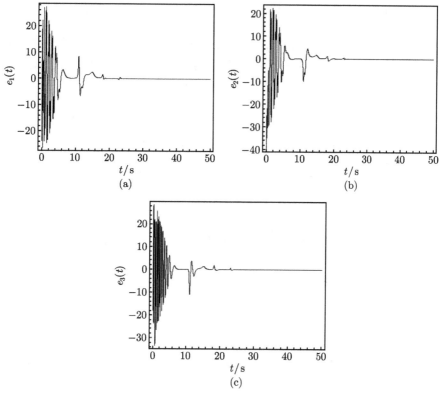

图 3.50 系统 (3.165) 和系统 (3.185) 的同步误差曲线

3.2.3 存在扰动的线性耦合混沌同步

本小节基于 Lyapunov 稳定性定理, 给出了在存在有界扰动情况下实现线性反馈同步的方法, 选取 Lorenz 系统、Chua 电路这两种典型的混沌系统进行了理论证明和数值仿真, 验证了该方法能在有界不确定扰动下达到任意精度的近似同步. 变结构控制的引入在不产生抖动的情况下有效地控制了误差的范围, 避免了过大的反馈增益, 使该方案更具实用性.

设一类未受扰动影响的混沌系统表示为

$$\dot{X} = AX + f(X),$$

其中 AX 代表系统的线性部分, $f(X)$ 代表系统的非线性部分. 当存在扰动时, 该系统可表示为

$$\dot{X} = (A + \Delta A(t))X + f(X) + \Delta f(X, t) + D(t), \tag{3.188}$$

其中 $\Delta\boldsymbol{A}(t)$ 和 $\Delta\boldsymbol{f}(\boldsymbol{X},t)$ 代表参数扰动, $\boldsymbol{D}(t)$ 为外部扰动. 以系统 (3.188) 为驱动系统, 通过线性反馈与之同步的响应系统表示为

$$\dot{\boldsymbol{Y}} = (\boldsymbol{A} + \Delta\boldsymbol{A}'(t))\boldsymbol{Y} + \boldsymbol{f}(\boldsymbol{Y}) + \Delta\boldsymbol{f}'(\boldsymbol{Y},t) - \boldsymbol{K}(\boldsymbol{Y} - \boldsymbol{X}) + \boldsymbol{D}'(t), \tag{3.189}$$

其中 $\Delta\boldsymbol{A}'(t)$, $\Delta\boldsymbol{f}'(\boldsymbol{Y},t)$ 和 $\boldsymbol{D}'(t)$ 代表响应系统中的扰动项, 通常取矩阵 $\boldsymbol{K} = \mathrm{diag}(k_1,k_2,\cdots,k_n)(n$ 为混沌系统的维数). 定义误差为 $\boldsymbol{E} = \boldsymbol{Y} - \boldsymbol{X}$, 则误差系统为

$$\begin{aligned}\dot{\boldsymbol{E}} =& (\boldsymbol{A} - \boldsymbol{K})\boldsymbol{E} + \boldsymbol{f}(\boldsymbol{Y}) - \boldsymbol{f}(\boldsymbol{X}) + \Delta\boldsymbol{A}'(t)\boldsymbol{Y} - \Delta\boldsymbol{A}(t)\boldsymbol{X} \\ &+ \Delta\boldsymbol{f}'(\boldsymbol{Y},t) - \Delta\boldsymbol{f}(\boldsymbol{X},t) + \boldsymbol{D}'(t) - \boldsymbol{D}(t).\end{aligned} \tag{3.190}$$

设 ε 为很小的正数, $\boldsymbol{E} = (e_1,e_2,\cdots,e_n)^T$, 选取适当的 $\boldsymbol{K}$, 若 $i = 1,2,\cdots,n$, 均有

$$\lim_{t\to\infty}\|e_i(t)\| \leqslant \varepsilon,$$

则系统 (3.188) 和系统 (3.189) 达到了精度为 ε 的近似同步, 当 ε 非常接近于零时, 可以认为系统 (3.188) 和系统 (3.189) 达到同步.

选取 Lyapunov 函数为

$$V = \frac{1}{2}\sum_{i=1}^{n}e_i^2,$$

则

$$\dot{V} = \sum_{i=1}^{n}e_i\dot{e}_i.$$

依据式 (3.190) 可把每个变量的误差的导数转化成如下形式:

$$\dot{e}_j = \sum_{i=1}^{n}a_{ji}e_i + \sum_{i=1}^{n}h_{ji}(\boldsymbol{X},\boldsymbol{Y})e_i + g_j(\boldsymbol{X},\boldsymbol{Y}) + d_j - k_je_j, \tag{3.191}$$

其中 a_{ji} 对应 $\boldsymbol{A}$ 中第 j 行第 i 列的元素, $h_{ji}(\boldsymbol{X},\boldsymbol{Y})$ 和 $g_j(\boldsymbol{X},\boldsymbol{Y})$ 为有界函数, d_j 为有界干扰, k_j 为反馈系数. 误差在大于 ε 时, 则有

$$e_j\dot{e}_j \leqslant \frac{|g_j(\boldsymbol{X},\boldsymbol{Y}) + d_j|}{\varepsilon}e_j^2 - k_je_j^2 + \sum_{i=1}^{n}\frac{|a_{ji}|}{2}(e_i^2 + e_j^2) + \sum_{i=1}^{n}\frac{|h_{ji}(\boldsymbol{X},\boldsymbol{Y})|}{2}(e_i^2 + e_j^2), \tag{3.192}$$

$$\begin{aligned}\dot{V} = \sum_{j=1}^{n}e_j\dot{e}_j \leqslant \sum_{j=1}^{n}\Bigg(&\frac{|g_j(\boldsymbol{X},\boldsymbol{Y}) + d_j|}{\varepsilon}e_j^2 - k_je_j^2 + \sum_{i=1}^{n}\frac{|a_{ji}|}{2}(e_i^2 + e_j^2) \\ &+ \sum_{i=1}^{n}\frac{|h_{ji}(\boldsymbol{X},\boldsymbol{Y})|}{2}(e_i^2 + e_j^2)\Bigg)\end{aligned}$$

$$= \sum_{j=1}^{n} \left(\frac{|g_j(\boldsymbol{X}, \boldsymbol{Y}) + d_j|}{\varepsilon} - k_j + \sum_{i=1}^{n} \frac{|a_{ji}|}{2} + \sum_{i=1}^{n} \frac{|a_{ij}|}{2} \right.$$
$$\left. + \sum_{i=1}^{n} \frac{|h_{ji}(\boldsymbol{X}, \boldsymbol{Y})|}{2} + \sum_{i=1}^{n} \frac{|h_{ij}(\boldsymbol{X}, \boldsymbol{Y})|}{2} \right) e_j^2. \tag{3.193}$$

只要

$$k_j > \frac{|g_j(\boldsymbol{X}, \boldsymbol{Y})| + |d_j|}{\varepsilon} + \sum_{i=1}^{n} \frac{|a_{ji}|}{2} + \sum_{i=1}^{n} \frac{|a_{ij}|}{2}$$
$$+ \sum_{i=1}^{n} \frac{|h_{ji}(\boldsymbol{X}, \boldsymbol{Y})|}{2} + \sum_{i=1}^{n} \frac{|h_{ij}(\boldsymbol{X}, \boldsymbol{Y})|}{2}, \tag{3.194}$$

就可以满足

$$\dot{V} = \sum_{i=1}^{n} e_i \dot{e}_i < 0, \tag{3.195}$$

从而误差在大于 ε 时将以指数率向零点渐近收敛. 系统 (3.188) 和系统 (3.189) 将很快达到精度为 ε 的近似同步.

Lorenz 系统和 Chua 电路可以代表具有不同非线性部分的两类混沌系统, 下面将以这两种系统为例进行仿真实验.

Lorenz 系统由如下方程来描述:

$$\begin{cases} \dot{x} = a(y - x), \\ \dot{y} = cx - y - xz, \\ \dot{z} = xy - bz. \end{cases} \tag{3.196}$$

选取参数 $a = 10$, $b = 8/3$ 和 $c = 28$ 使系统 (3.196) 呈现混沌状态. 系统 (3.196) 的吸引子在各平面的投影图如图 3.51 所示, 显然有 $|x| \leqslant 20, |y| \leqslant 30, |z| \leqslant 50$.

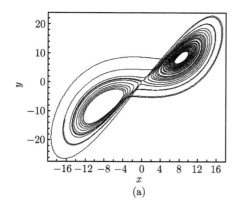

(a)

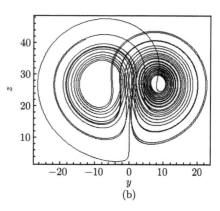

(b)

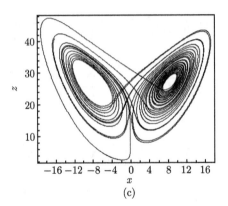

图 3.51　Lorenz 吸引子在二维平面上的投影

以受扰动的 Lorenz 系统

$$\begin{cases} \dot{x}_1 = (a + \xi_a)(x_2 - x_1) + d_1, \\ \dot{x}_2 = (c + \xi_c)x_1 - x_2 - x_1 x_3 + d_2, \\ \dot{x}_3 = x_1 x_2 - (b + \xi_b)x_3 + d_3 \end{cases} \tag{3.197}$$

作为驱动系统, 受扰动的响应系统描述如下:

$$\begin{cases} \dot{y}_1 = (a + \xi_a')(y_2 - y_1) + d_1' - k_1(y_1 - x_1), \\ \dot{y}_2 = (c + \xi_c')y_1 - y_2 - y_1 y_3 + d_2' - k_2(y_2 - x_2), \\ \dot{y}_3 = y_1 y_2 - (b + \xi_b')y_3 + d_3' - k_3(y_3 - x_3), \end{cases} \tag{3.198}$$

其中 $\xi_a, \xi_b, \xi_c, \xi_a', \xi_b', \xi_c'$ 为参数扰动项, $d_1, d_2, d_3, d_1', d_2', d_3'$ 为外部扰动项, k_1, k_2 和 k_3 为反馈系数. 令

$$\begin{cases} e_1 = y_1 - x_1, \\ e_2 = y_2 - x_2, \\ e_3 = y_3 - x_3, \end{cases} \tag{3.199}$$

则有 $\dot{e}_1 = \dot{y}_1 - \dot{x}_1$, $\dot{e}_2 = \dot{y}_2 - \dot{x}_2$ 和 $\dot{e}_3 = \dot{y}_3 - \dot{x}_3$, 故可得误差系统为

$$\begin{cases} \dot{e}_1 = a(e_2 - e_1) + \xi_a'(y_2 - y_1) - \xi_a(x_2 - x_1) + d_1' - d_1 - k_1 e_1, \\ \dot{e}_2 = ce_1 - e_2 - (y_3 e_1 + x_1 e_3) + \xi_c' y_1 - \xi_c x_1 + d_2' - d_1 - k_2 e_2, \\ \dot{e}_3 = -be_3 + y_2 e_1 + x_1 e_2 - (\xi_b' y_3 - \xi_b x_3) + d_3' - d_3 - k_3 e_3, \end{cases} \tag{3.200}$$

因此有

$$\begin{cases} e_1 \dot{e}_1 \leqslant \dfrac{a}{2}(e_1^2 + e_2^2) - ae_1^2 + l_1 e_1^2 - k_1 e_1^2, \\ e_2 \dot{e}_2 \leqslant \dfrac{c}{2}(e_1^2 + e_2^2) - e_2^2 + \dfrac{|y_3|}{2}(e_1^2 + e_2^2) + \dfrac{|x_1|}{2}(e_2^2 + e_3^2) + l_2 e_2^2 - k_2 e_2^2, \\ e_3 \dot{e}_3 \leqslant -be_3^2 + \dfrac{|y_2|}{2}(e_2^2 + e_3^2) + \dfrac{|x_1|}{2}(e_2^2 + e_3^2) + l_3 e_3^2 - k_3 e_3^2, \end{cases} \tag{3.201}$$

其中

$$
\begin{cases}
l_1 = \dfrac{|\xi_a'|\,(|y_2| + |y_1|) + |\xi_a|\,(|x_2| + |x_1|) + |d_1'| + |d_1|}{\varepsilon}, \\[3mm]
l_2 = \dfrac{|\xi_c'|\,|y_1| + |\xi_c|\,|x_1| + |d_2'| + |d_1|}{\varepsilon}, \\[3mm]
l_3 = \dfrac{|\xi_b'|\,|y_3| + |\xi_b|\,|x_3| + |d_3'| + |d_3|}{\varepsilon}.
\end{cases}
\tag{3.202}
$$

选取 Lyapunov 函数为

$$
V(t) = \frac{1}{2}(e_1^2 + e_2^2 + e_3^2),
\tag{3.203}
$$

对式 (3.203) 求导可得

$$
\dot{V}(t) = e_1 \dot{e}_1 + e_2 \dot{e}_2 + e_3 \dot{e}_3.
\tag{3.204}
$$

将式 (3.201) 代入式 (3.204), 整理后可得

$$
\dot{V} = \left(l_1 + \frac{c - a + |y_3| + |y_2|}{2} - k_1\right)e_1^2 + \left(l_2 - 1 + \frac{a + c + |y_3|}{2} + |x_1| - k_2\right)e_2^2
$$
$$
+ \left(l_3 - b + \frac{|y_2|}{2} + |x_1| - k_3\right)e_3^2.
$$

若满足

$$
\begin{cases}
k_1 > l_1 + \dfrac{c - a + |y_3| + |y_2|}{2}, \\[3mm]
k_2 > l_2 - 1 + \dfrac{a + c + |y_3|}{2} + |x_1|, \\[3mm]
k_3 > l_3 - b + \dfrac{|y_2|}{2} + |x_1|,
\end{cases}
\tag{3.205}
$$

则 $\dot{V}(t) < 0$. 由 Lyapunov 稳定性定理可知, 误差系统 (3.200) 是渐近稳定的, 即驱动系统 (3.197) 与响应系统 (3.198) 可渐近地达到精度为 ε 的近似同步.

当扰动项不大时, 可以认为状态变量的取值范围与图 3.51 所示相同, 假定所有的扰动项最大幅值不超过 0.5, 取 $\varepsilon = 0.1$, 代入式 (3.202) 和式 (3.205) 计算可得当

$$
\begin{cases}
k_1 > 559, \\
k_2 > 273, \\
k_3 > 543
\end{cases}
\tag{3.206}
$$

时, 式 (3.205) 恒成立.

在数值仿真实验中, 设 $\xi_a = 0.5\sin(2t)$, $\xi_b = 0.5\cos t$, $\xi_c = 0.5\cos(t+1)$, $\xi_a' = 0.5\cos(3t+2)$, $\xi_b' = 0.5\sin(5t)$, $\xi_c' = 0.5\sin(2t)$, 外部扰动 $d_1, d_2, d_3, d_1', d_2', d_3'$ 取 $-0.5 \sim 0.5$ 的随机值, 选取时间步长为 $\tau = 0.0001\mathrm{s}$, 采用四阶 Runge-Kutta 法

去求解方程 (3.197) 和 (3.198), 驱动系统 (3.197) 与响应系统 (3.198) 的初始点分别选取为

$$x_1(0) = -15, \quad x_2(0) = -20, \quad x_3(0) = 50$$

和

$$y_1(0) = 20, \quad y_2(0) = 30, \quad y_3(0) = 1.$$

因此, 误差系统 (3.200) 的初始值为 $e_1(0) = 35, e_2(0) = 50$ 和 $e_3(0) = -49$. 令 $k_1 = 560, k_2 = 280$ 和 $k_3 = 550$, 得到 0.1s 内驱动系统 (3.197) 和响应系统 (3.198) 的误差示意图 3.52. 由图 3.52 可见, 误差 $e_1(t)$, $e_2(t)$ 和 $e_3(t)$ 很快地稳定在零点附近. 图 3.53 为 0.1s 后的误差示意图, 由图 3.53 可见, 当 $k_1 = 560, k_2 = 280$ 和 $k_3 = 550$ 时, 驱动系统 (3.197) 与响应系统 (3.198) 达到了精度不低于 0.1 的近似同步. 因为依据最坏情况进行计算, 所以实际精度高于 0.1.

Chua 电路[56] 由如下方程来描述:

$$\begin{cases} \dot{x} = a(y - x - f(x)), \\ \dot{y} = x - y + z, \\ \dot{z} = -by, \end{cases} \tag{3.207}$$

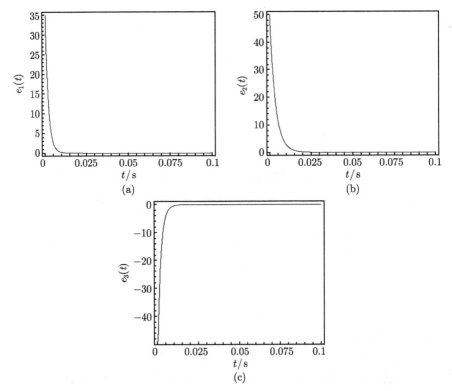

图 3.52   0.1s 内系统 (3.197) 和系统 (3.198) 的同步误差曲线

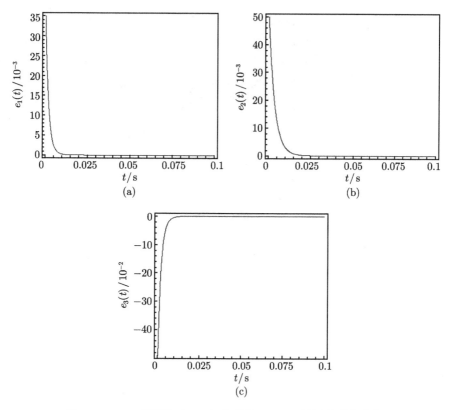

图 3.53   0.1s 后系统 (3.197) 和系统 (3.198) 的同步误差曲线

其中 $f(x) = dx + 0.5(c-d)(|x+1|-|x-1|)$. 选取参数 $a = 9.78$, $b = 14.97$, $c = -1.31$ 和 $d = -0.75$, 使系统 (3.207) 呈现混沌状态[56]. 系统 (3.207) 的吸引子在各平面的投影图如图 3.54 所示, 显然有 $|x| \leqslant 4$, $|y| \leqslant 1$, $|z| \leqslant 5.5$.

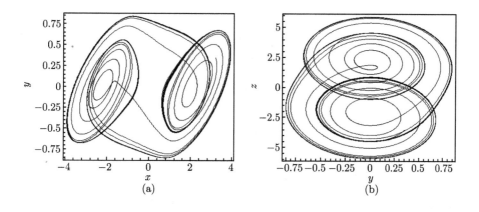

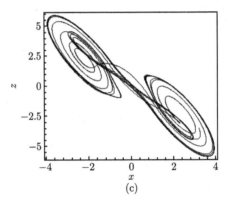

图 3.54   Chua 电路吸引子在二维平面上的投影

以受扰动的 Chua 电路

$$\begin{cases} \dot{x}_1 = (a + \xi_a)(x_2 - x_1 - f(x_1)) + d_1, \\ \dot{x}_2 = x_1 - x_2 + x_3 + d_2, \\ \dot{x}_3 = -(b + \xi_b)x_2 + d_3 \end{cases} \tag{3.208}$$

作为驱动系统, 其中 $f(x_1) = (d + \xi_d)x_1 + 0.5((c + \xi_c) - (d + \xi_d))(|x_1 + 1| - |x_1 - 1|)$. 受扰动的响应系统为

$$\begin{cases} \dot{y}_1 = (a + \xi_a')(y_2 - y_1 - f(y_1)) + d_1' - k_1(y_1 - x_1), \\ \dot{y}_2 = y_1 - y_2 + y_3 + d_2' - k_2(y_2 - x_2), \\ \dot{y}_3 = -(b + \xi_b')y_2 + d_3' - k_3(y_3 - x_3), \end{cases} \tag{3.209}$$

其中 $f(y_1) = (d + \xi_d')y_1 + 0.5((c + \xi_c') - (d + \xi_d'))(|y_1 + 1| - |y_1 - 1|)$, $\xi_a, \xi_b, \xi_c, \xi_d$, $\xi_a', \xi_b', \xi_c', \xi_d'$ 为参数扰动项, $d_1, d_2, d_3, d_1', d_2', d_3'$ 为外部扰动项, k_1, k_2 和 k_3 为反馈系数. 令

$$\begin{cases} e_1 = y_1 - x_1, \\ e_2 = y_2 - x_2, \\ e_3 = y_3 - x_3, \end{cases} \tag{3.210}$$

则有 $\dot{e}_1 = \dot{y}_1 - \dot{x}_1$, $\dot{e}_2 = \dot{y}_2 - \dot{x}_2$ 和 $\dot{e}_3 = \dot{y}_3 - \dot{x}_3$, 故可得误差系统为

$$\begin{cases} \dot{e}_1 = a(e_2 - e_1 - (f(y_1) - f(x_1))) + \xi_a'(y_2 - y_1 - f(y_1)) \\ \qquad -\xi_a(x_2 - x_1 - f(x_1)) + d_1' - d_1 - k_1 e_1, \\ \dot{e}_2 = e_1 - e_2 + e_3 + d_2' - d_1 - k_2 e_2, \\ \dot{e}_3 = -be_2 - (\xi_b' y_2 - \xi_b x_2) + d_3' - d_3 - k_3 e_3. \end{cases} \tag{3.211}$$

当扰动项不大时, 可以认为状态变量的取值范围与图 3.54 所示相同. 为简便起见, 下面将直接代入状态变量的极值, 故有

$$\sup(f(x_1)) \leqslant 4(|d| + |\xi_d|) + |c| + |\xi_c| + |d| + |\xi_d| = 5(|d| + |\xi_d|) + |c| + |\xi_c|, \quad (3.212)$$

$$\sup(f(y_1)) \leqslant 4(|d| + |\xi_d'|) + |c| + |\xi_c'| + |d| + |\xi_d'| = 5(|d| + |\xi_d'|) + |c| + |\xi_c'|, \quad (3.213)$$

因为

$$(|y_1 + 1| - |y_1 - 1|) - (|x_1 + 1| - |x_1 - 1|)$$
$$= (|y_1 + 1| - |x_1 + 1|) + (|x_1 - 1| - |y_1 - 1|)$$
$$\leqslant |(y_1 + 1) - (x_1 + 1)| + |(x_1 - 1) - (y_1 - 1)| = 2|e_1|,$$

所以有

$$\sup(f(y_1) - f(x_1)) \leqslant |d| |e_1| + 4 |\xi_d'| + 4 |\xi_d| + |(c - d)| |e_1| + (|\xi_d'| + |\xi_d| + |\xi_c'| + |\xi_c|)$$
$$= |d| |e_1| + 5 |\xi_d'| + 5 |\xi_d| + |c - d| |e_1| + |\xi_c'| + |\xi_c|. \quad (3.214)$$

因此有

$$\begin{cases} e_1 \dot{e}_1 \leqslant \dfrac{|a|}{2}(e_1^2 + e_2^2) - a e_1^2 + |ad| e_1^2 + |a| |c - d| e_1^2 + l_1 e_1^2 - k_1 e_1^2, \\[2mm] e_2 \dot{e}_2 \leqslant \dfrac{1}{2}(e_1^2 + e_2^2) - e_2^2 + \dfrac{1}{2}(e_2^2 + e_3^2) + l_2 e_2^2 - k_2 e_2^2, \\[2mm] e_3 \dot{e}_3 \leqslant \dfrac{|b|}{2}(e_2^2 + e_3^2) + l_3 e_3^2 - k_3 e_3^2, \end{cases} \quad (3.215)$$

其中

$$\begin{cases} l_1 = \dfrac{l_f + |\xi_a'| \, (5 + 5 |d| + 5 |\xi_d'| + |c| + |\xi_c'|) + |\xi_a| \, (5 + 5 |d| + 5 |\xi_d| + |c| + |\xi_c|) + |d_1'| + |d_1|}{\varepsilon}, \\[3mm] l_2 = \dfrac{|d_2'| + |d_1|}{\varepsilon}, \\[3mm] l_3 = \dfrac{|\xi_b'| + |\xi_b| + |d_3'| + |d_3|}{\varepsilon}, \end{cases} \quad (3.216)$$

$l_f = |a| \, (5 |\xi_d'| + 5 |\xi_d| + |\xi_c'| + |\xi_c|).$

选取 Lyapunov 函数为

$$V(t) = \frac{1}{2}(e_1^2 + e_2^2 + e_3^2), \quad (3.217)$$

对式 (3.217) 求导可得

$$\dot{V}(t) = e_1 \dot{e}_1 + e_2 \dot{e}_2 + e_3 \dot{e}_3. \quad (3.218)$$

将式 (3.215) 代入式 (3.218), 整理后可得

$$\dot{V} = \left(|ad| + |a| \, |c - d| - \frac{a - 1}{2} + l_1 - k_1\right) e_1^2 + \left(\frac{|a| + |b|}{2} + l_2 - k_2\right) e_2^2 + \left(\frac{1 + |b|}{2} + l_3 - k_3\right) e_3^2.$$

若满足

$$
\begin{cases}
k_1 > |ad| + |a|\,|c - d| - \dfrac{a - 1}{2} + l_1, \\[2mm]
k_2 > \dfrac{|a| + |b|}{2} + l_2, \\[2mm]
k_3 > \dfrac{1 + |b|}{2} + l_3,
\end{cases}
\tag{3.219}
$$

则 $\dot{V}(t) < 0$. 由 Lyapunov 稳定性定理可知, 误差系统 (3.211) 是渐近稳定的, 即驱动系统 (3.208) 与响应系统 (3.209) 可渐近地达到精度为 ε 的近似同步.

假定所有的扰动项最大幅值不超过 0.2, 取 $\varepsilon = 0.05$, 代入式 (3.216) 和式 (3.219), 计算可得当

$$
\begin{cases}
k_1 > 576, \\
k_2 > 21, \\
k_3 > 16
\end{cases}
\tag{3.220}
$$

时, 式 (3.219) 恒成立.

在数值仿真实验中, 设 $\xi_a = 0.2\sin(t + 3), \xi_b = 0.2\cos(8t + 5), \xi_c = 0.2\cos(3t + 5), \xi_d = 0.2\sin(2t), \xi_a' = 0.2\sin(t + 1), \xi_b' = 0.2\cos(5t + 3), \xi_c' = 0.2\cos(5t + 1), \xi_d' = 0.2\sin(3t + 2)$, 外部扰动 $d_1, d_2, d_3, d_1', d_2', d_3'$ 取 $-0.2 \sim 0.2$ 的随机值, 选取时间步长为 $\tau = 0.0001\text{s}$, 采用四阶 Runge-Kutta 法去求解方程 (3.208) 和 (3.209), 驱动系统 (3.208) 与响应系统 (3.209) 的初始点分别选取为

$$
x_1(0) = -1.6, \quad x_2(0) = 0, \quad x_3(0) = 1.6
$$

和

$$
y_1(0) = 2, \quad y_2(0) = 3, \quad y_3(0) = -1.
$$

因此, 误差系统 (3.200) 初始值为 $e_1(0) = 3.6$, $e_2(0) = 3$ 和 $e_3(0) = -2.6$. 令 $k_1 = 580$, $k_2 = 30$ 和 $k_3 = 20$, 图 3.55 为 0.5s 内驱动系统 (3.208) 和响应系统

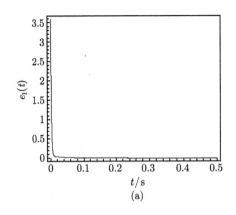

(a)

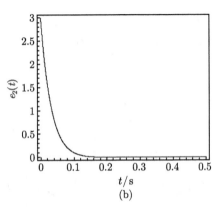

(b)

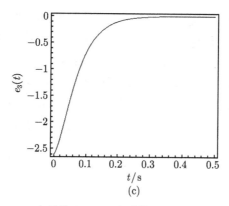

图 3.55   0.5s 内系统 (3.209) 和系统 (3.209) 的同步误差曲线

(3.209) 的误差示意图. 由图 3.55 可见, 误差 $e_1(t)$, $e_2(t)$ 和 $e_3(t)$ 很快地稳定在零点附近. 图 3.56 为 0.5s 后的误差示意图, 由图 3.56 可见, 当 $k_1 = 580$, $k_2 = 30$ 和 $k_3 = 20$ 时, 驱动系统 (3.208) 与响应系统 (3.209) 达到了精度不低于 0.05 的近似同步. 因为依据最坏情况进行计算, 所以实际精度高于 0.05.

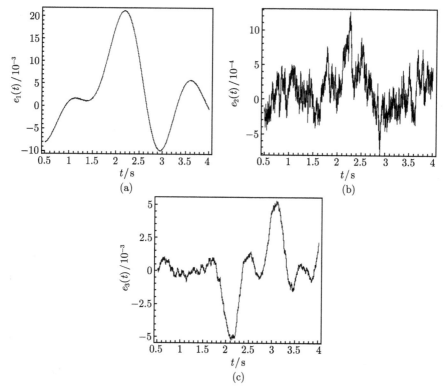

图 3.56   0.5s 后系统 (3.208) 和系统 (3.209) 的同步误差曲线

需要注意的是, 反馈增益 (指前面的 $k_i e_i$) 受实际条件限制不可能无限大下去. 考虑到误差在没有达到所设精度之前是渐近减小的, 由于混沌运动的轨迹在吸引子范围内具有遍历性, 因此, 当不加控制时, 驱动系统和响应系统的轨道也会出现很接近的情况, 所以可选择两个系统轨道接近时再加以同步控制, 这样能在反馈系数较高的情况下避免反馈增益超出实际的许可范围. 当然, 也可以采用其他控制方法, 先把误差粗略控制到一个较小的范围, 然后再采用前文的反馈同步方法.

仍以 Lorenz 系统为例, 以系统 (3.197) 为驱动系统, 受扰动的响应系统描述如下:

$$\begin{cases} \dot{y}_1 = (a + \xi'_a)(y_2 - y_1) + d'_1 + u_1, \\ \dot{y}_2 = (c + \xi'_c)y_1 - y_2 - y_1 y_3 + d'_2 + u_2, \\ \dot{y}_3 = y_1 y_2 - (b + \xi'_b)y_3 + d'_3 + u_3, \end{cases} \tag{3.221}$$

其中 u_1, u_2, u_3 为反馈控制器. 假定 u_1, u_2, u_3 的绝对值最大不能超过 600, 其他条件和要求与前面相同, 则由式 (3.206) 得出当 $|e_i| \leqslant 1 (i = 1, 2, 3)$ 时, 适用于前面的控制策略, 在此之前, 需要先用其他方法控制误差的大小.

基于变结构控制的思想, 令

$$u_i = \begin{cases} -\mu, & e_i > 1, \\ -k_i e_i, & -1 \leqslant e_i \leqslant 1, \qquad i = 1, 2, 3, \\ \mu, & e_i < -1, \end{cases} \tag{3.222}$$

其中 μ 为一个不超过 600 的比较大的正常数.

仍取 $k_1 = 560$, $k_2 = 280$ 和 $k_3 = 550$, 选取 $\mu = 500$, 其他条件与前面相同. 由仿真结果, 如图 3.57 和图 3.58 可见, 系统 (3.197) 和系统 (3.221) 达到了预期精度的近似同步, 反馈增益也被控制在许可范围内. 在误差绝对值大于 1 时采用变结构控制, 也避免了切换引起的抖动现象.

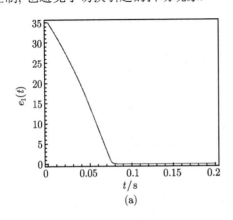

(a)

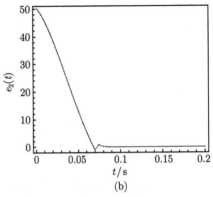

(b)

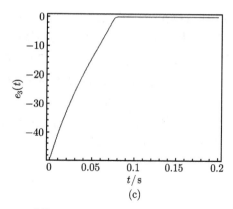

图 3.57 系统 (3.197) 和系统 (3.221) 的同步误差曲线

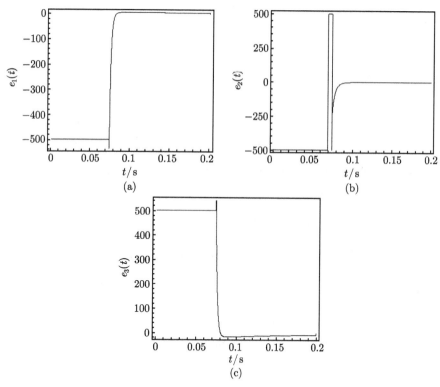

图 3.58 反馈增益的变化曲线

3.2.4 混沌系统实现脉冲同步的简单判据

脉冲同步由于只在离散时刻传递信息, 能量消耗小, 同步速度快, 易于实现单信道传输, 因而在混沌保密通信中更具实用性. 近年来, 人们对脉冲同步已做了许多研究工作. 例如, Itoh 等[57] 提出了混沌系统及超混沌系统达到脉冲同步所需要的条件; Li 和 Liao[58] 使用小幅度脉冲实现了超混沌系统的完全同步和延时同步; Wang 等[59] 分析了一类连续系统的脉冲控制和同步; Ren 和 Zhao[60] 用自适应反馈法实现了耦合混沌系统的脉冲同步; Mohammad 和 Mahsa[61] 以超混沌 Chen 系统为例提出了获得脉冲同步充分条件的新方法. 但以上方法缺乏通用性, 对不同系统需要具体问题具体分析, 并且所获得的实现同步的充分条件较为苛刻, 将大部分较宽松的实现条件排除在外. 本小节从 Lyapunov 指数的角度研究了混沌系统的脉冲同步, 给出并证明了具有普适意义的脉冲同步新判据, 通过对 Lorenz 系统、Chua 电路及超混沌 Chen 系统的数值仿真验证了本方法的有效性.

设某 n 维混沌系统

$$\dot{\boldsymbol{X}} = \boldsymbol{F}(t, \boldsymbol{X}) \tag{3.223}$$

为驱动系统, 响应系统为

$$\begin{cases} \dot{\boldsymbol{Y}} = \boldsymbol{F}(t, \boldsymbol{Y}) & t \neq t_i, \\ \Delta \boldsymbol{Y} = \boldsymbol{Y}(t_i^+) - \boldsymbol{Y}(t_i^-) = \boldsymbol{Y}(t_i^+) - \boldsymbol{Y}(t_i) = \boldsymbol{B}\boldsymbol{E}, & t = t_i, i = 1, 2, 3, \cdots, \\ \boldsymbol{Y}(t_0^+) = \boldsymbol{Y}(0), \end{cases} \tag{3.224}$$

其中 $\boldsymbol{B}$ 为一个矩阵, 它是确定响应系统与驱动系统变量差的线性组合, 取 $\boldsymbol{B} = \mathrm{diag}(b_1, b_2, \cdots, b_n)$, 误差向量 $\boldsymbol{E} = \boldsymbol{Y} - \boldsymbol{X}$, t_i 代表驱动系统向响应系统发送脉冲信号的时刻. 由系统 (3.223) 和系统 (3.224) 可以得到误差系统为

$$\begin{cases} \dot{\boldsymbol{E}} = \boldsymbol{F}(t, \boldsymbol{Y}) - \boldsymbol{F}(t, \boldsymbol{X}), & t \neq t_i, \\ \Delta \boldsymbol{E} = \boldsymbol{B}\boldsymbol{E}, & t = t_i, \end{cases} \tag{3.225}$$

假设传送脉冲的时刻具有相等的时间间隔 η, 并且 $\eta = t_{i+1} - t_i$. 若 η 和 $\boldsymbol{B}$ 满足一定条件, 使得

$$\lim_{t \to \infty} \|\boldsymbol{E}(t)\| = 0$$

成立, 则系统 (3.223) 和系统 (3.224) 达到了同步.

假定系统 (3.223) 和系统 (3.224) 的初始状态距离为 $\|\boldsymbol{E}(0)\|$, 该混沌系统的正 Lyapunov 指数之和为 λ, 即

$$\lambda = \sum_{i=1}^{j} \lambda_i, \quad \lambda_j > 0, \lambda_{j+1} \leqslant 0,$$

其中 $\lambda_1, \lambda_2, \lambda_3, \cdots$ 为该系统的 Lyapunov 指数且 $\lambda_1 \geqslant \lambda_2 \geqslant \lambda_3 \geqslant \cdots$, 则在不加控制的情况下, 经过比较短的 Δt 时间后, 其距离不会超过 $\|\boldsymbol{E}(0)\|^{\lambda \Delta t}$, 通常认为混沌运动的最大可预测时间为 $1/\lambda$[62]. 由此可得出如下定理:

定理 3.13 设 β 是 $(\boldsymbol{I}+\boldsymbol{B})^{\mathrm{T}}(\boldsymbol{I}+\boldsymbol{B})$($\boldsymbol{I}$ 代表单位矩阵) 的最大特征值, λ 是系统 (3.223) 的正 Lyapunov 指数之和, η 是脉冲间隔, $\varepsilon>1$ 且为常数, 若选取适当的 β 和 η 满足

$$\ln\varepsilon\beta+2\lambda\eta\leqslant 0 \tag{3.226}$$

且 $\eta<1/\lambda$, 则系统 (3.223) 和系统 (3.224) 将达到同步.

证明 设

$$V(t)=\boldsymbol{E}(t)^{\mathrm{T}}\boldsymbol{E}(t), \tag{3.227}$$

则

$$V(t_0)=V(t_0^+)=\boldsymbol{E}(t_0)^{\mathrm{T}}\boldsymbol{E}(t_0), \tag{3.228}$$

因此有

$$V(t_1)=\boldsymbol{E}(t_1)^{\mathrm{T}}\boldsymbol{E}(t_1)\leqslant[\mathrm{e}^{\lambda\eta}\boldsymbol{E}(t_0)]^{\mathrm{T}}[\mathrm{e}^{\lambda\eta}\boldsymbol{E}(t_0)]=\mathrm{e}^{2\lambda\eta}V(t_0), \tag{3.229}$$

$$V(t_1^+)=[(\boldsymbol{I}+\boldsymbol{B})\boldsymbol{E}(t_1)]^{\mathrm{T}}(\boldsymbol{I}+\boldsymbol{B})\boldsymbol{E}(t_1)\leqslant\beta\boldsymbol{E}(t_1)^{\mathrm{T}}\boldsymbol{E}(t_1)=\beta V(t_1)\leqslant\beta\mathrm{e}^{2\lambda\eta}V(t_0). \tag{3.230}$$

同理,

$$V(t_2)=\boldsymbol{E}(t_2)^{\mathrm{T}}\boldsymbol{E}(t_2)\leqslant[\mathrm{e}^{\lambda\eta}\boldsymbol{E}(t_1^+)]^{\mathrm{T}}[\mathrm{e}^{\lambda\eta}\boldsymbol{E}(t_1^+)]=\mathrm{e}^{2\lambda\eta}V(t_1^+)\leqslant\beta\mathrm{e}^{2\lambda\eta}\mathrm{e}^{2\lambda\eta}V(t_0), \tag{3.231}$$

$$V(t_2^+)=[(\boldsymbol{I}+\boldsymbol{B})\boldsymbol{E}(t_2)]^{\mathrm{T}}(\boldsymbol{I}+\boldsymbol{B})\boldsymbol{E}(t_2)\leqslant\beta\boldsymbol{E}(t_2)^{\mathrm{T}}\boldsymbol{E}(t_2)=\beta V(t_2)\leqslant(\beta\mathrm{e}^{2\lambda\eta})^2V(t_0). \tag{3.232}$$

以此类推,

$$V(t_i^+)\leqslant(\beta\mathrm{e}^{2\lambda\eta})^iV(t_0),\quad i=1,2,3,\cdots. \tag{3.233}$$

由定理 3.13 中的条件 $\ln\varepsilon\beta+2\lambda\eta\leqslant 0$ 有

$$\beta\mathrm{e}^{2\lambda\eta}\leqslant\frac{1}{\varepsilon}<1, \tag{3.234}$$

由式 (3.233) 可知

$$\lim_{i\to\infty}V(t_i^+)=0,$$

因此有

$$\lim_{t\to\infty}\|\boldsymbol{E}(t)\|=0.$$

证明完毕.

Lorenz 系统由如下方程来描述:

$$\begin{cases}\dot{x}=a(y-x),\\ \dot{y}=cx-y-xz,\\ \dot{z}=xy-bz.\end{cases} \tag{3.235}$$

选取参数 $a = 10$, $b = 8/3$ 和 $c = 28$ 使系统 (3.235) 呈混沌状态[26], 此时最大 Lyapunov 指数 $\lambda_1 = 0.906$, 则有 $\lambda = \lambda_1 = 0.906$. 假定系统 (3.223) 表示作为驱动系统的 Lorenz 系统, 系统 (3.224) 表示相应的响应系统, 系统 (3.225) 表示误差系统, 其中 $\boldsymbol{X} = (x_1, x_2, x_3)^{\mathrm{T}}$, $\boldsymbol{Y} = (y_1, y_2, y_3)^{\mathrm{T}}$, $\boldsymbol{E} = (e_1, e_2, e_3)^{\mathrm{T}} = (y_1 - x_1, y_2 - x_2, y_3 - x_3)^{\mathrm{T}}$, $\boldsymbol{B} = \mathrm{diag}(b_1, b_2, b_3)$. 依据定理 3.13 中的条件有 $\eta < 1/\lambda = 1.1038$, 取 $\varepsilon = 3$, $\eta = 0.2\mathrm{s}$, 代入式 (3.226) 解得 $\beta \leqslant 0.232$.

在数值仿真实验中, 取 $\boldsymbol{B} = \mathrm{diag}(-0.7, -0.7, -0.7)$, $\eta = 0.2\mathrm{s}$, 可满足式 (3.226). 选取时间步长为 $\tau = 0.0001\mathrm{s}$, 采用四阶 Runge-Kutta 法求解方程 (3.223) 和 (3.224). 驱动系统 (3.223) 与响应系统 (3.224) 的初始点分别选取为 $\boldsymbol{X}(0) = (-15, -20, 50)$ 和 $\boldsymbol{Y}(0) = (20, 30, 1)$. 因此, 误差系统 (3.225) 的初始值为 $\boldsymbol{E}(0) = (35, 50, -49)$. 图 3.59 为驱动系统 (3.223) 和响应系统 (3.224) 的同步模拟结果. 由误差效果图 3.59 可见, $e_1(t)$, $e_2(t)$ 和 $e_3(t)$ 最终稳定在零点附近, 即 $\boldsymbol{B} = \mathrm{diag}(-0.7, -0.7, -0.7)$, 脉冲间隔 $\eta = 0.2\mathrm{s}$ 时, 驱动系统 (3.223) 与响应系统 (3.224) 实现了脉冲同步.

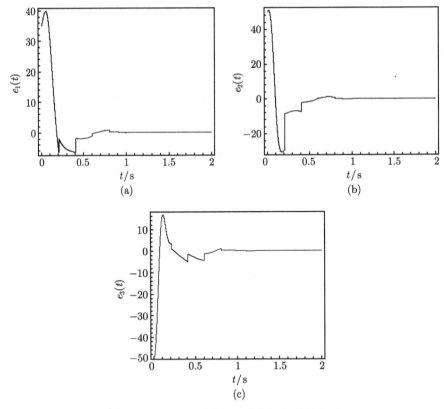

图 3.59　Lorenz 系统的脉冲自同步误差曲线

Chua 电路[56] 由如下方程来描述:

$$\begin{cases} \dot{x} = a(y - x - f(x)), \\ \dot{y} = x - y + z, \\ \dot{z} = -by, \end{cases} \tag{3.236}$$

其中 $f(x) = dx + 0.5(c-d)(|x+1| - |x-1|)$. 选取参数 $a = 10$, $b = 15.68$, $c = -1.2768$ 和 $d = -0.6888$, 使系统 (3.236) 呈现混沌状态, 此时最大 Lyapunov 指数 $\lambda_1 = 0.382$, 则有 $\lambda = \lambda_1 = 0.382$. 假定系统 (3.223) 表示作为驱动系统的 Chua 电路, 系统 (3.224) 表示相应的响应系统, 系统 (3.225) 表示误差系统, 其中 $\boldsymbol{X} = (x_1, x_2, x_3)^T$, $\boldsymbol{Y} = (y_1, y_2, y_3)^T$, $\boldsymbol{E} = (e_1, e_2, e_3)^T = (y_1 - x_1, y_2 - x_2, y_3 - x_3)^T$, $\boldsymbol{B} = \text{diag}(b_1, b_2, b_3)$. 依据定理 3.13 中的条件有 $\eta < 1/\lambda = 2.6178$, 取 $\varepsilon = 4$, $\eta = 0.2$s, 代入式 (3.226) 解得 $\beta \leqslant 0.215$.

在数值仿真实验中, 取 $\boldsymbol{B} = \text{diag}(-0.6, -0.6, -0.6)$, $\eta = 0.2$s, 可满足式 (3.226). 选取时间步长为 $\tau = 0.0001$s, 采用四阶 Runge-Kutta 法求解方程 (3.223) 和 (3.224). 驱动系统 (3.223) 与响应系统 (3.224) 的初始点分别选取为 $\boldsymbol{X}(0) = (-1.6, 0, 1.6)$ 和 $\boldsymbol{Y}(0) = (2, 3, -1)$. 因此, 误差系统 (3.225) 的初始值为 $\boldsymbol{E}(0) = (3.6, 3, -2.6)$. 图 3.60

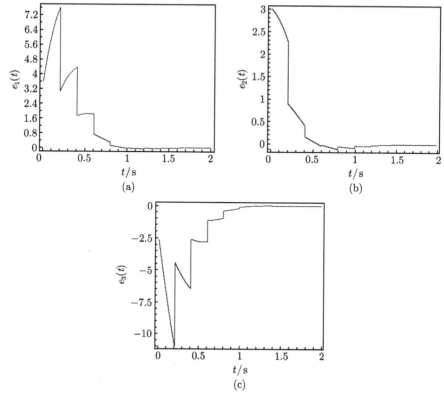

图 3.60 Chua 电路的脉冲自同步误差曲线

为驱动系统 (3.223) 和响应系统 (3.224) 的同步模拟结果. 由误差效果图 3.60 可见, $e_1(t)$, $e_2(t)$ 和 $e_3(t)$ 最终稳定在零点附近, 即 $\boldsymbol{B} = \text{diag}(-0.6, -0.6, -0.6)$, 脉冲间隔 $\eta = 0.2\text{s}$ 时, 驱动系统 (3.223) 与响应系统 (3.224) 实现了脉冲同步.

超混沌 Chen 系统[35] 由如下方程来描述:

$$\begin{cases} \dot{x} = a(y - x) + w, \\ \dot{y} = dx - xz + cy, \\ \dot{z} = xy - bz, \\ \dot{w} = yz + rw. \end{cases} \tag{3.237}$$

选取参数 $a = 35$, $b = 3$, $c = 12$, $d = 7$ 和 $r = 0.5$, 使系统 (3.237) 呈超混沌状态[35], 此时最大 Lyapunov 指数 $\lambda_1 = 0.502$, 此外 $\lambda_2 = 0.131$, 因此有 $\lambda = 0.633$. 假定系统 (3.223) 表示作为驱动系统的超混沌 Chen 系统, 系统 (3.224) 表示相应的响应系统, 系统 (3.225) 表示误差系统, 其中 $\boldsymbol{X} = (x_1, x_2, x_3, x_4)^{\text{T}}$, $\boldsymbol{Y} = (y_1, y_2, y_3, y_4)^{\text{T}}$, $\boldsymbol{E} = (e_1, e_2, e_3, e_4)^{\text{T}} = (y_1 - x_1, y_2 - x_2, y_3 - x_3, y_4 - x_4)^{\text{T}}$, $\boldsymbol{B} = \text{diag}(b_1, b_2, b_3, b_4)$. 依据定理 3.13 中的条件有 $\eta < 1/\lambda = 1.580$, 取 $\varepsilon = 3$, $\eta = 0.3\text{s}$, 代入式 (3.226) 解得 $\beta \leqslant 0.228$.

在数值仿真实验中, 取 $\boldsymbol{B} = \text{diag}(-0.6, -0.6, -0.6, -0.6)$, $\eta = 0.3\text{s}$, 可满足式 (3.226), 选取时间步长为 $\tau = 0.0001\text{s}$, 采用四阶 Runge-Kutta 法求解方程 (3.223) 和 (3.224). 驱动系统 (3.223) 与响应系统 (3.224) 的初始点分别选取 $\boldsymbol{X}(0) = (-10, 5, 8, 15)$ 和 $\boldsymbol{Y}(0) = (8, -12, -20, 30)$. 因此, 误差系统 (3.225) 的初始值为 $\boldsymbol{E}(0) = (18, -17, -28, 15)$. 图 3.61 为驱动系统 (3.223) 和响应系统 (3.224) 的同步模拟结果. 由误差效果图 3.61 可见, $e_1(t)$, $e_2(t)$, $e_3(t)$ 和 $e_4(t)$ 最终稳定在零点附近, 即 $\boldsymbol{B} = \text{diag}(-0.6, -0.6, -0.6, -0.6)$, 脉冲间隔 $\eta = 0.3\text{s}$ 时, 驱动系统 (3.223) 与响应系统 (3.224) 实现了脉冲同步.

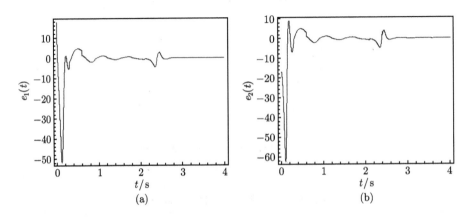

(a)　　　　　　　　　　　　　　　(b)

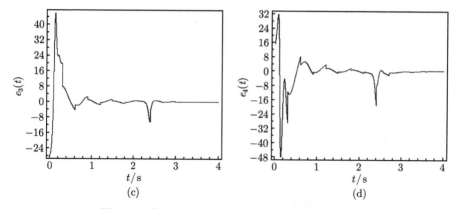

图 3.61 超混沌 Chen 系统的脉冲自同步误差曲线

3.2.5 两种脉冲混沌同步的比较

本小节研究了超混沌 Lü 系统的脉冲同步问题, 分别基于混沌系统有界性 (文献 [61] 中所用的方法) 和最大 Lyapunov 指数 (3.2.4 小节中所提出的方法) 给出了脉冲同步的充分条件, 并对这两种方法加以分析比较. 显然, 王兴元等提出的后一种方法得到的条件适用范围更广. 数值仿真验证了该方法的有效性.

与前面相同, 仍设某 n 维混沌系统

$$\dot{\boldsymbol{X}} = \boldsymbol{F}(t, \boldsymbol{X}) \tag{3.238}$$

为驱动系统, 响应系统为

$$\begin{cases} \dot{\boldsymbol{Y}} = \boldsymbol{F}(t, \boldsymbol{Y}), & t \neq t_i, \\ \Delta \boldsymbol{Y} = \boldsymbol{Y}(t_i^+) - \boldsymbol{Y}(t_i^-) = \boldsymbol{Y}(t_i^+) - \boldsymbol{Y}(t_i) = \boldsymbol{B}\boldsymbol{E}, & t = t_i, i = 1, 2, 3, \cdots, \\ \boldsymbol{Y}(t_0^+) = \boldsymbol{Y}(0), \end{cases} \tag{3.239}$$

其中 $\boldsymbol{B}$ 为一个矩阵, 它是确定响应系统与驱动系统变量差的线性组合, 取 $\boldsymbol{B} = \mathrm{diag}(b_1, b_2, \cdots, b_n)$, $\boldsymbol{E} = \boldsymbol{Y} - \boldsymbol{X}$ 为误差向量, t_i 代表驱动系统向响应系统发送脉冲信号的时刻. 由系统 (3.238) 和系统 (3.239) 可得误差系统为

$$\begin{cases} \dot{\boldsymbol{E}} = \boldsymbol{F}(t, \boldsymbol{Y}) - \boldsymbol{F}(t, \boldsymbol{X}), & t \neq t_i, \\ \Delta \boldsymbol{E} = \boldsymbol{B}\boldsymbol{E}, & t = t_i. \end{cases} \tag{3.240}$$

假设传送脉冲的时刻具有相等的时间间隔 η, 并且 $\eta = t_{i+1} - t_i$. 若 η 和 $\boldsymbol{B}$ 满足一定条件, 使得

$$\lim_{t \to \infty} \|\boldsymbol{E}(t)\| = 0$$

成立, 则系统 (3.238) 和系统 (2.339) 达到了同步. 下面以超混沌 Lü 系统为例给出具体的实现方法.

超混沌 Lü系统[63] 为

$$
\begin{cases}
\dot{x} = a(y-x) + w, \\
\dot{y} = -xz + cy, \\
\dot{z} = xy - bz, \\
\dot{w} = xz + dw.
\end{cases}
\tag{3.241}
$$

当参数 $a = 36$, $b = 3$, $c = 20$ 和 $d = 1$ 时, 系统 (3.241) 处于超混沌状态[63]. 图 3.62 为对应的 Lü超混沌吸引子在二维平面的投影.

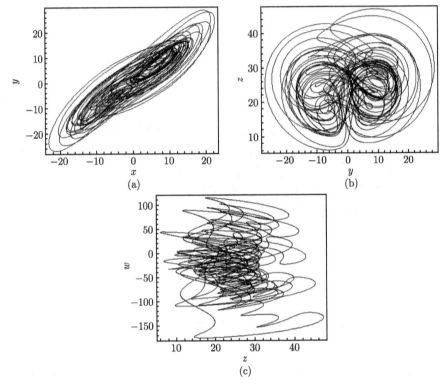

图 3.62　Lü超混沌吸引子在二维平面上的投影

令超混沌 Lü系统

$$
\begin{cases}
\dot{x}_1 = a(x_2 - x_1) + x_4, \\
\dot{x}_2 = -x_1 x_3 + c x_2, \\
\dot{x}_3 = x_1 x_2 - b x_3, \\
\dot{x}_4 = x_1 x_3 + d x_4
\end{cases}
\tag{3.242}
$$

作为驱动系统. 系统 (3.242) 可以写成如下形式:

$$
\dot{\boldsymbol{X}} = \boldsymbol{A}\boldsymbol{X} + \boldsymbol{\varphi}(\boldsymbol{X}),
\tag{3.243}
$$

其中

$$\boldsymbol{A} = \begin{pmatrix} -a & a & 0 & 1 \\ 0 & c & 0 & 0 \\ 0 & 0 & -b & 0 \\ 0 & 0 & 0 & d \end{pmatrix}, \quad \boldsymbol{\varphi}(\boldsymbol{X}) = \begin{pmatrix} 0 \\ -x_1 x_3 \\ x_1 x_2 \\ x_1 x_3 \end{pmatrix}.$$

响应系统可以写成如下形式:

$$\begin{cases} \dot{\boldsymbol{Y}} = \boldsymbol{AY} + \boldsymbol{\varphi}(\boldsymbol{Y}), & t \neq t_i, i = 1, 2, 3, \cdots, \\ \Delta \boldsymbol{Y} = \boldsymbol{Y}(t_i^+) - \boldsymbol{Y}(t_i^-) = \boldsymbol{Y}(t_i^+) - \boldsymbol{Y}(t_i) = \boldsymbol{BE}, & t = t_i, i = 1, 2, 3, \cdots, \\ \boldsymbol{Y}(t_0^+) = \boldsymbol{Y}(0), \end{cases} \tag{3.244}$$

其中

$$\boldsymbol{Y} = (y_1, y_2, y_3, y_4)^{\mathrm{T}}, \quad \boldsymbol{E} = (e_1, e_2, e_3, e_4)^{\mathrm{T}} = (y_1 - x_1, y_2 - x_2, y_3 - x_3, y_4 - x_4)^{\mathrm{T}},$$

$$\boldsymbol{B} = \mathrm{diag}(b_1, b_2, b_3, b_4),$$

则误差系统为

$$\begin{cases} \dot{\boldsymbol{E}} = \boldsymbol{AE} + \boldsymbol{\rho}(\boldsymbol{X}, \boldsymbol{Y}), & t \neq t_i, \\ \Delta \boldsymbol{E} = \boldsymbol{BE}, & t = t_i, \end{cases} \tag{3.245}$$

其中

$$\boldsymbol{\rho}(\boldsymbol{X}, \boldsymbol{Y}) = \boldsymbol{\varphi}(\boldsymbol{Y}) - \boldsymbol{\varphi}(\boldsymbol{X}) = \begin{pmatrix} 0 \\ x_1 x_3 - y_1 y_3 \\ y_1 y_2 - x_1 x_2 \\ y_1 y_3 - x_1 x_3 \end{pmatrix} = \begin{pmatrix} 0 \\ -y_3 e_1 - x_1 e_3 \\ y_2 e_1 + x_1 e_2 \\ y_3 e_1 + x_1 e_3 \end{pmatrix}.$$

下面将基于不同的角度给出超混沌 Lü 系统实现脉冲同步的充分条件.

1) 利用混沌系统的有界性

定理 3.14 设 M 不小于系统 (3.244) 中 y_1, y_2, y_3 绝对值的上界, β 是 $(\boldsymbol{I} + \boldsymbol{B})^{\mathrm{T}}(\boldsymbol{I} + \boldsymbol{B})$ 的最大特征值 ($\boldsymbol{I}$ 代表 4 阶单位矩阵), λ 是 $0.5(\boldsymbol{A} + \boldsymbol{A}^{\mathrm{T}})$ 的最大特征值, ε 是大于 1 的常数, η 是脉冲间隔, 若选取适当的 β 和 η 满足

$$\ln(\varepsilon\beta) + (2\lambda + 3M)\eta \leqslant 0, \tag{3.246}$$

则系统 (3.243) 和系统 (3.244) 将达到同步.

证明 选取 Lyapunov 函数

$$V = 0.5\boldsymbol{E}^{\mathrm{T}}\boldsymbol{E}, \tag{3.247}$$

在时刻 $t \in (t_{i-1}, t_i] (i = 1, 2, 3, \cdots)$, 对式 (3.247) 求导得到

$$\begin{aligned}
\dot{V} &= 0.5(\boldsymbol{AE} + \rho(\boldsymbol{X},\boldsymbol{Y}))^{\mathrm{T}}\boldsymbol{E} + 0.5\boldsymbol{E}^{\mathrm{T}}(\boldsymbol{AE} + \rho(\boldsymbol{X},\boldsymbol{Y})) \\
&= 0.5\boldsymbol{E}^{\mathrm{T}}(\boldsymbol{A}^{\mathrm{T}} + \boldsymbol{A})\boldsymbol{E} - y_3 e_1 e_2 + y_2 e_1 e_3 + y_3 e_1 e_4 + x_1 e_3 e_4 \\
&\leqslant 2\lambda V + M(|e_1||e_2| + |e_1||e_3| + |e_1||e_4| + |e_3||e_4|) \\
&\leqslant 2\lambda V + M(|e_1||e_2| + |e_1||e_3| + |e_1||e_4| + |e_3||e_4| + |e_2||e_3| + |e_2||e_4|) \\
&\leqslant 2\lambda V + 3MV = (2\lambda + 3M)V,
\end{aligned} \tag{3.248}$$

即在 $t \in (t_{i-1}, t_i](i = 1, 2, 3, \cdots)$ 有

$$V(\boldsymbol{E}(t)) \leqslant V(\boldsymbol{E}(t_{i-1}^+))\mathrm{e}^{(2\lambda + 3M)(t - t_{i-1})}. \tag{3.249}$$

当 $t = t_i$ 时, 误差系统 (3.245) 为离散系统, 由式 (3.245) 可得

$$V(\boldsymbol{E}(t_i^+)) = 0.5[(\boldsymbol{I} + \boldsymbol{B})\boldsymbol{E}(t_i)]^{\mathrm{T}}(\boldsymbol{I} + \boldsymbol{B})\boldsymbol{E}(t_i) \leqslant 0.5\beta \boldsymbol{E}(t_i)^{\mathrm{T}}\boldsymbol{E}(t_i) = \beta V(\boldsymbol{E}(t_i)). \tag{3.250}$$

令 $i = 1$, 由式 (3.249) 可知, 当 $t \in (t_0, t_1]$ 时有

$$V(\boldsymbol{E}(t)) \leqslant V(\boldsymbol{E}(t_0^+))\mathrm{e}^{(2\lambda + 3M)(t - t_0)}. \tag{3.251}$$

当 $t = t_1$ 时, 由式 (3.251) 可得

$$V(\boldsymbol{E}(t_1)) \leqslant V(\boldsymbol{E}(t_0^+))\mathrm{e}^{(2\lambda + 3M)(t_1 - t_0)}, \tag{3.252}$$

由式 (3.250) 和式 (3.252) 可得

$$V(\boldsymbol{E}(t_1^+)) \leqslant \beta V(\boldsymbol{E}(t_1)) \leqslant \beta V(\boldsymbol{E}(t_0^+))\mathrm{e}^{(2\lambda + 3M)(t_1 - t_0)}. \tag{3.253}$$

由式 (3.249) 可得当 $t \in (t_1, t_2]$ 时有

$$\begin{aligned}
V(\boldsymbol{E}(t)) &\leqslant V(\boldsymbol{E}(t_1^+))\mathrm{e}^{(2\lambda + 3M)(t - t_1)} \\
&\leqslant \beta V(\boldsymbol{E}(t_0^+))\mathrm{e}^{(2\lambda + 3M)(t_1 - t_0)}\mathrm{e}^{(2\lambda + 3M)(t - t_1)} \\
&= \beta V(\boldsymbol{E}(t_0^+))\mathrm{e}^{(2\lambda + 3M)(t - t_0)}.
\end{aligned} \tag{3.254}$$

以此类推, 当 $t \in (t_{i-1}, t_i](i = 1, 2, 3, \cdots)$ 时有

$$V(\boldsymbol{E}(t)) \leqslant \beta^{i-1} V(\boldsymbol{E}(t_0^+))\mathrm{e}^{(2\lambda + 3M)(t - t_0)}. \tag{3.255}$$

由式 (3.246) 可得

$$\varepsilon \beta \mathrm{e}^{(2\lambda + 3M)\eta} \leqslant 1, \tag{3.256}$$

因此,

$$\beta^{i-1} \leqslant \frac{1}{\varepsilon^{i-1}(\mathrm{e}^{(2\lambda + 3M)\eta})^{i-1}} = \frac{1}{\varepsilon^{i-1}\mathrm{e}^{(2\lambda + 3M)(i-1)\eta}}. \tag{3.257}$$

将式 (3.257) 代入式 (3.255) 可知, 当 $t \in (t_{i-1}, t_i](i = 1, 2, 3, \cdots)$ 时有

$$V(\boldsymbol{E}(t)) \leqslant \frac{1}{\varepsilon^{i-1} \mathrm{e}^{(2\lambda+3M)(i-1)\eta}} V(\boldsymbol{E}(t_0^+)) \mathrm{e}^{(2\lambda+3M)(t-t_0)}$$
$$= \frac{1}{\varepsilon^{i-1}} V(\boldsymbol{E}(t_0^+)) \mathrm{e}^{(2\lambda+3M)(t-t_{i-1})}. \tag{3.258}$$

当 $t \in (t_{i-1}, t_i]$ 时有 $t - t_{i-1} \leqslant \eta$. 由定理 3.14 中的条件 $\varepsilon > 1$ 可知

$$\lim_{i \to \infty} V(\boldsymbol{E}(t)) = 0,$$

因此有

$$\lim_{t \to \infty} \|\boldsymbol{E}(t)\| = 0,$$

即系统 (3.243) 与系统 (3.244) 在满足定理 3.14 的情况下将达到同步. 证明完毕.

由图 3.62 可知 $M = 50$ 满足要求, 计算得出 $0.5(\boldsymbol{A} + \boldsymbol{A}^{\mathrm{T}})$ 的最大特征值 $\lambda = 25.287$. 若式 (3.246) 成立, 则有 $\ln(\varepsilon\beta) < 0$, 进而推出 $0 < \varepsilon\beta < 1$. 显然, $0 < \beta < 1$ 且 β 很接近零. 取 $\boldsymbol{B} = \mathrm{diag}(-1.1, -1.1, -1.1, -1.1)$, $\varepsilon = 5$, 解得 $\eta \leqslant 0.0149$, 即 $\boldsymbol{B} = \mathrm{diag}(-1.1, -1.1, -1.1, -1.1)$, 脉冲间隔不大于 0.0149s, 可以令系统 (3.243) 和系统 (3.244) 同步.

在数值仿真实验中, 令 $\boldsymbol{B} = \mathrm{diag}(-1.1, -1.1, -1.1, -1.1)$, 脉冲间隔 $\eta = 0.01$s, 选取时间步长为 $\tau = 0.0001$s, 采用四阶 Runge-Kutta 法求解方程 (3.243) 和 (3.244). 驱动系统 (3.243) 与响应系统 (3.244) 的初始点分别选取为 $\boldsymbol{X}(0) = (-10, 5, 8, 15)$ 和 $\boldsymbol{Y}(0) = (8, -12, -20, 30)$. 因此, 误差系统 (3.245) 的初始值为 $\boldsymbol{E}(0) = (18, -17, -28, 15)$. 图 3.63 为驱动系统 (3.243) 和响应系统 (3.244) 的同步模拟结果. 由误差效果图 3.63 可见, $e_1(t)$, $e_2(t)$, $e_3(t)$ 和 $e_4(t)$ 最终稳定在零点附近, 即 $\boldsymbol{B} = \mathrm{diag}(-1.1, -1.1, -1.1, -1.1)$, $\eta = 0.01$s 时, 驱动系统 (3.243) 与响应系统 (3.244) 达到了同步.

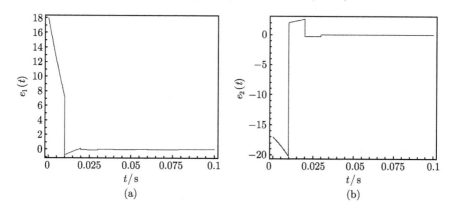

(a) (b)

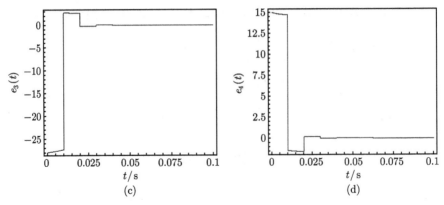

图 3.63　系统 (3.243) 和系统 (3.244) 的同步误差曲线

2) 利用最大 Lyapunov 指数

式 (3.246) 只是系统 (3.243) 和系统 (3.244) 达到同步的充分条件, 而不是必要条件. 通过仿真实验发现, 当脉冲间隔远大于由式 (3.246) 解得的值时, 同样能够取得同步, 可见由上述方法得出的充分条件较为苛刻. 下面将基于混沌系统的动力学特性, 从最大 Lyapunov 指数的角度给出实现脉冲混沌同步的充分条件.

假定系统 (3.238) 和系统 (3.239) 的初始状态距离为 $\|\boldsymbol{E}(0)\|$, 该混沌系统的最大 Lyapunov 指数为 λ_1, 对系统 (3.239) 不加控制, 则经过较短的时间 Δt 后该距离不会超过

$$\|\boldsymbol{E}(0)\|^{\lambda_1 \Delta t},$$

通常认为混沌运动的最大可预测时间为 $1/\lambda_1$[64]. 由此可得出如下定理:

定理 3.15　设 β 是 $(\boldsymbol{I}+\boldsymbol{B})^{\mathrm{T}}(\boldsymbol{I}+\boldsymbol{B})(\boldsymbol{I}$ 代表单位矩阵) 的最大特征值, λ_1 是系统 (3.238) 的最大 Lyapunov 指数, η 是脉冲间隔, $\varepsilon > 1$ 且为常数, 若选取适当的 β 和 η 满足

$$\ln \varepsilon\beta + 2\lambda_1\eta \leqslant 0, \tag{3.259}$$

并且 $\eta < 1/\lambda_1$, 则系统 (3.238) 和系统 (3.239) 将达到同步.

证明　设

$$V(t) = \boldsymbol{E}(t)^{\mathrm{T}}\boldsymbol{E}(t), \tag{3.260}$$

则

$$V(t_0) = V(t_0^+) = \boldsymbol{E}(t_0)^{\mathrm{T}}\boldsymbol{E}(t_0), \tag{3.261}$$

因此有

$$V(t_1) = \boldsymbol{E}(t_1)^{\mathrm{T}}\boldsymbol{E}(t_1) \leqslant [\mathrm{e}^{\lambda_1\eta}\boldsymbol{E}(t_0)]^{\mathrm{T}}[\mathrm{e}^{\lambda_1\eta}\boldsymbol{E}(t_0)] = \mathrm{e}^{2\lambda_1\eta}V(t_0), \tag{3.262}$$

$$V(t_1^+) = [(\boldsymbol{I}+\boldsymbol{B})\boldsymbol{E}(t_1)]^{\mathrm{T}}(\boldsymbol{I}+\boldsymbol{B})\boldsymbol{E}(t_1)$$

$$\leqslant \beta \boldsymbol{E}(t_1)^{\mathrm{T}} \boldsymbol{E}(t_1) = \beta V(t_1) \leqslant \beta \mathrm{e}^{2\lambda_1 \eta} V(t_0). \tag{3.263}$$

同理,

$$V(t_2) = \boldsymbol{E}(t_2)^{\mathrm{T}} \boldsymbol{E}(t_2) \leqslant [\mathrm{e}^{\lambda_1 \eta} E(t_1^+)]^{\mathrm{T}} [\mathrm{e}^{\lambda_1 \eta} E(t_1^+)]$$
$$= \mathrm{e}^{2\lambda_1 \eta} V(t_1^+) \leqslant \beta \mathrm{e}^{2\lambda_1 \eta} \mathrm{e}^{2\lambda_1 \eta} V(t_0), \tag{3.264}$$

$$V(t_2^+) = [(\boldsymbol{I} + \boldsymbol{B})\boldsymbol{E}(t_2)]^{\mathrm{T}} (\boldsymbol{I} + \boldsymbol{B})\boldsymbol{E}(t_2)$$
$$\leqslant \beta \boldsymbol{E}(t_2)^{\mathrm{T}} \boldsymbol{E}(t_2) = \beta V(t_2) \leqslant (\beta \mathrm{e}^{2\lambda_1 \eta})^2 V(t_0). \tag{3.265}$$

以此类推,

$$V(t_i^+) \leqslant (\beta \mathrm{e}^{2\lambda_1 \eta})^i V(t_0), \quad i = 1, 2, 3 \cdots. \tag{3.266}$$

由定理 3.15 中的条件 $\ln \varepsilon\beta + 2\lambda_1\eta \leqslant 0$ 有

$$\beta \mathrm{e}^{2\lambda_1 \eta} \leqslant \frac{1}{\varepsilon} < 1, \tag{3.267}$$

由式 (3.266) 可知

$$\lim_{i \to \infty} V(t_i^+) = 0,$$

因此有

$$\lim_{t \to \infty} \|\boldsymbol{E}(t)\| = 0.$$

证明完毕.

这里仍选取超混沌 Lü系统的控制参数 $a = 36$, $b = 3$, $c = 20$ 和 $d = 1$, 使系统 (3.242) 呈超混沌状态[63], 此时系统 (3.242) 最大 Lyapunov 指数 $\lambda_1 = 1.065$. 将系统 (3.242) 表示成系统 (3.243) 形式, 假定系统 (3.242) 表示驱动系统, 系统 (3.244) 表示响应系统, 系统 (3.245) 表示误差系统, $\boldsymbol{X} = (x_1, x_2, x_3, x_4)^{\mathrm{T}}$, $\boldsymbol{Y} = (y_1, y_2, y_3, y_4)^{\mathrm{T}}$, $\boldsymbol{E} = (e_1, e_2, e_3, e_4)^{\mathrm{T}} = (y_1 - x_1, y_2 - x_2, y_3 - x_3, y_4 - x_4)^{\mathrm{T}}$. 同前面一样, 仍取 $\boldsymbol{B} = \mathrm{diag}(-1.1, -1.1, -1.1, -1.1)$, $\varepsilon = 5$, 代入式 (3.259) 解得 $\eta \leqslant 1.406$. 显然, 满足 $\eta < 1/\lambda_1 = 0.939$ 即可, 即 $\boldsymbol{B} = \mathrm{diag}(-1.1, -1.1, -1.1, -1.1)$, 脉冲间隔不大于 0.939s, 就可以令系统 (3.243) 和系统 (3.244) 同步.

在数值仿真实验中, 取 $\boldsymbol{B} = \mathrm{diag}(-1.1, -1.1, -1.1, -1.1)$, $\eta = 0.3$s, 选取时间步长为 $\tau = 0.0001$s, 采用四阶 Runge-Kutta 法求解方程 (3.243) 和 (3.244). 驱动系统 (3.243) 与响应系统 (3.244) 的初始点分别选取为 $\boldsymbol{X}(0) = (-10, 5, 8, 15)$ 和 $\boldsymbol{Y}(0) = (8, -12, -20, 30)$. 因此, 误差系统 (3.245) 的初始值为 $\boldsymbol{E}(0) = (18, -17, -28, 15)$. 图 3.64 为驱动系统 (3.243) 和响应系统 (3.244) 的同步模拟结果. 由误差效果图 3.64 可见, $e_1(t)$, $e_2(t)$, $e_3(t)$ 和 $e_4(t)$ 最终稳定在零点附近, 即 $\boldsymbol{B} = \mathrm{diag}(-1.1, -1.1, -1.1, -1.1)$, 脉冲间隔 $\eta = 0.3$s 时, 驱动系统 (3.243) 与响应系统 (3.244) 达到了同步.

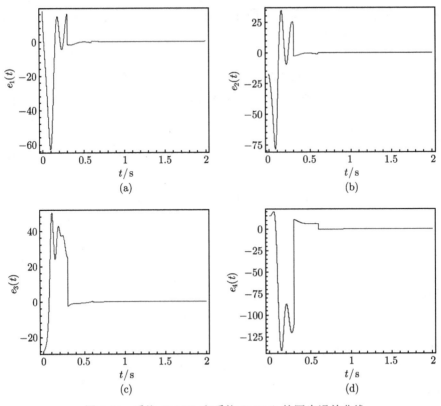

图 3.64　系统 (3.243) 和系统 (3.244) 的同步误差曲线

3) 两种方法的比较

实现脉冲同步, 则误差系统将最终稳定于零点. 令 $\boldsymbol{B} = \mathrm{diag}(k, k, k, k)$, 用 η 表示脉冲间隔, 由定理 3.14 和定理 3.15 给出的条件, 分别绘出对应不同 ε 值的稳定区域分界线如图 3.65 和图 3.66 所示 (η 的值在分界线下方, 误差系统将稳定于零点, 图 3.66 中并未加入 $\eta < 1/\lambda_1$ 这一限制).

从图 3.65 和图 3.66 可见, 当其他条件相同时, 定理 3.14 对脉冲间隔的要求要比定理 3.15 苛刻得多. 对比定理 3.14 和定理 3.15 的推导过程可以看出, 定理 3.14 依据混沌系统的有界性, 始终按照最极端的情况考虑, 而定理 3.15 使用了最大 Lyapunov 指数, 从平均情况进行考虑, 因此定理 3.14 得出的结论只是定理 3.15 的一部分. 当然, 考虑到同步时间和同步效果的具体要求, 脉冲间隔在实际应用中也不宜取值过大.

线性耦合是一种方便实用的同步方法, 更多关于线性耦合混沌同步的内容, 请参见文献 [65]~[68].

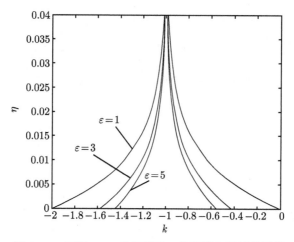

图 3.65 定理 3.14 对应不同 ε 值的稳定区域分界线

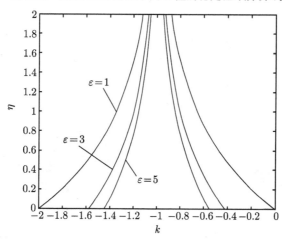

图 3.66 定理 3.15 对应不同 ε 值的稳定区域分界线

3.3 非线性反馈同步

线性耦合, 或者说线性反馈方法, 一般只能使两个相同的混沌系统实现同步, 而非线性控制是使两个相同或不同的混沌系统达到同步的一种有效的方法, 因此, 本节中将具体研究如何利用非线性控制器实现混沌系统的同步.

3.3.1 主动控制法

3.3.1.1 三阶 Winner-Take-All 竞争型神经元系统的主动控制混沌同步

三阶 Winner-Take-All 竞争型混沌神经元系统描述如下[69]:

$$
\begin{cases}
\dot{x}_1 = \sigma(-x_1 + x_2) - x_1 \sum_j a_{1j} x_j^2, \\
\dot{x}_2 = \rho x_1 - x_2 - 20 x_1 x_3 - x_2 \sum_j a_{2j} x_j^2, \\
\dot{x}_3 = -\beta x_3 + 5 x_1 x_2 - x_3 \sum_j a_{3j} x_j^2,
\end{cases}
\tag{3.268}
$$

其中

$$
\sigma = 16, \quad \beta = 4, \quad \rho = 45.92, \quad \boldsymbol{a} = \alpha_0 \begin{pmatrix} 0 & 1 & -1 \\ -1 & 0 & 1 \\ 1 & -1 & 0 \end{pmatrix}.
$$

式 (3.268) 是一个加入了一些竞争项的 Lorenz 方程, 其 Jacobi 矩阵为

$$
\begin{pmatrix}
-\sigma - p'_{x_1}(x_1, x_2, x_3) & \sigma - p'_{x_2}(x_1, x_2, x_3) & -p'_{x_3}(x_1, x_2, x_3) \\
\rho - 20 x_3 - q'_{x_1}(x_1, x_2, x_3) & -1 - q'_{x_2}(x_1, x_2, x_3) & -20 x_1 - q'_{x_3}(x_1, x_2, x_3) \\
5 x_2 - r'_{x_1}(x_1, x_2, x_3) & 5 x_1 - r'_{x_2}(x_1, x_2, x_3) & -\beta - r'_{x_3}(x_1, x_2, x_3)
\end{pmatrix}.
$$

应用 Ramasubramanian 和 Sriram 提出的计算微分方程组 Lyapunov 指数谱的方法[70], 可以得到当 $\alpha_0 = 0.165$ 时, 系统 (3.268) 的 Lyapunov 指数为 $\lambda_1 = 1.15$, $\lambda_2 = 0$ 和 $\lambda_3 = -22$. 最大 Lyapunov 指数为正, 表明系统 (3.268) 处于混沌状态, 其吸引子在二维平面上的投影如图 3.67 所示.

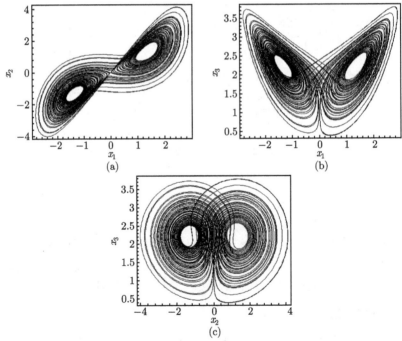

图 3.67   系统 (3.268) 的混沌吸引子在二维平面上的投影

由图 3.67 可见, 该系统的吸引子与 Lorenz 吸引子较为相似, 但由于竞争项的存在, 导致它具有更高的系统复杂度, 所以三阶 Winner-Take-All 竞争型神经元系统混沌同步的研究, 对该系统的应用及类似系统的研究都具有一定的启发意义.

1) 自同步

假定自治混沌系统描述为

$$\dot{\boldsymbol{x}}(t) = \boldsymbol{g}(\boldsymbol{x}(t)) + \boldsymbol{h}(\boldsymbol{x}(t), t), \tag{3.269}$$

其中 $\boldsymbol{x}(t) \in \mathbf{R}^n$ 为系统的 n 维状态矢量,

$$\boldsymbol{g}(\boldsymbol{x}(t)) = \boldsymbol{A}\boldsymbol{x}(t) \tag{3.270}$$

为 $\dot{\boldsymbol{x}}(t)$ 的线性部分, $\boldsymbol{A}$ 为常满秩矩阵, 并且它所有的特征值的实部都是负的, $\boldsymbol{h}(\boldsymbol{x}(t), t)$ $= \dot{\boldsymbol{x}}(t) - \boldsymbol{g}(\boldsymbol{x}(t))$ 为 $\dot{\boldsymbol{x}}(t)$ 的非线性部分. 构造一个新系统

$$\dot{\boldsymbol{y}}(t) = \boldsymbol{g}(\boldsymbol{y}(t)) + \boldsymbol{h}(\boldsymbol{x}(t), t), \tag{3.271}$$

其中 $\boldsymbol{y}(t) \in \mathbf{R}^n$ 为系统的 n 维状态矢量. 定义系统 (3.269) 与系统 (3.271) 的同步误差为 $\boldsymbol{e}(t) = \boldsymbol{y}(t) - \boldsymbol{x}(t)$, 其解由下式:

$$\dot{\boldsymbol{e}}(t) = \dot{\boldsymbol{y}}(t) - \dot{\boldsymbol{x}}(t) = \boldsymbol{g}(\boldsymbol{y}(t)) - \boldsymbol{g}(\boldsymbol{x}(t)) = \boldsymbol{A}\boldsymbol{y}(t) - \boldsymbol{A}\boldsymbol{x}(t) = \boldsymbol{A}(\boldsymbol{y}(t) - \boldsymbol{x}(t)) = \boldsymbol{A}\boldsymbol{e}(t) \tag{3.272}$$

来确定. 由式 (3.272) 可知, $\boldsymbol{e}(t)$ 的零点就是 $\dot{\boldsymbol{e}}(t)$ 的平衡点. 因为矩阵 $\boldsymbol{A}$ 的所有特征值的实部都为负, 根据线性系统的稳定判定准则知, 同步误差系统 (3.272) 在零点是渐近稳定的, 并且有

$$\lim_{t \to \infty} \boldsymbol{e}(t) = \boldsymbol{0},$$

即系统 (3.269) 的状态矢量 $\boldsymbol{x}(t)$ 和系统 (3.271) 的状态矢量 $\boldsymbol{y}(t)$ 达到同步.

令式 (3.268) 为驱动系统, 响应系统为

$$\begin{pmatrix} \dot{y}_1 \\ \dot{y}_2 \\ \dot{y}_3 \end{pmatrix} = \boldsymbol{A} \begin{pmatrix} y_1 \\ y_2 \\ y_3 \end{pmatrix} + \begin{pmatrix} u_1 \\ u_2 \\ u_3 \end{pmatrix}. \tag{3.273}$$

取

$$\boldsymbol{A} = \begin{pmatrix} -7.5 & 6 & 0 \\ -2 & -1 & 0 \\ 0 & 0 & -4 \end{pmatrix},$$

其全部特征值为 $\lambda_1 = -4.25 + 1.99i, \lambda_2 = -4.25 - 1.99i, \lambda_3 = -4$. 可见, 这些特征值的实部均为负数. 由线性系统的稳定判定准则可知, 系统 (3.268) 与 (3.273) 达到同步.

构造控制器为

$$\begin{pmatrix} u_1 \\ u_2 \\ u_3 \end{pmatrix} = \begin{pmatrix} -8.5x_1 + 10x_2 - x_1 \sum_j a_{1j}x_j^2 \\ 47.92x_1 - 20x_1x_3 - x_2 \sum_j a_{2j}x_j^2 \\ 5x_1x_2 - x_3 \sum_j a_{3j}x_j^2 \end{pmatrix},$$

设

$$\begin{cases} \dot{e}_1 = \dot{y}_1 - \dot{x}_1, \\ \dot{e}_2 = \dot{y}_2 - \dot{x}_2, \\ \dot{e}_3 = \dot{y}_3 - \dot{x}_3, \end{cases}$$

则系统 (3.268) 与 (3.273) 的误差系统为

$$\begin{cases} \dot{e}_1 = -7.5e_1 + 6e_2, \\ \dot{e}_2 = -2e_1 - e_2, \\ \dot{e}_3 = -4e_3, \end{cases}$$

在仿真实验中, 选取时间步长为 $\tau = 0.0005s$, 采用四阶 Runge-Kutta 法求解方程 (3.268) 和 (3.273). 系统 (3.268) 与系统 (3.273) 的初始点分别选取为 $x_1(0) = 0.1$, $x_2(0) = 0.2$ 和 $x_3(0) = 0.5$, $y_1(0) = 12$, $y_2(0) = 14$ 和 $y_3(0) = 6$. 由误差效果图 3.68(a)~(c) 可见, 当 t 分别接近 1.75s, 1.81s 和 1.89s 时, 误差 $e_1(t)$, $e_2(t)$ 和 $e_3(t)$ 已分别稳定在零点, 即系统 (3.268) 与 (3.273) 达到同步.

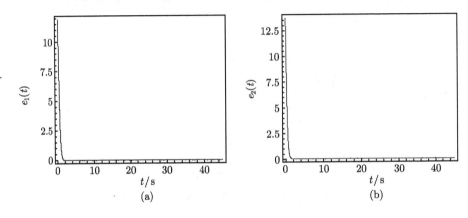

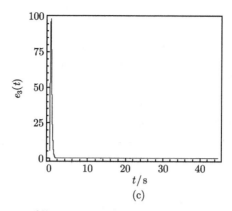

图 3.68 系统 (3.268) 和 (3.273) 的同步误差响应曲线

2) 异结构同步

Lorenz 系统为

$$\begin{cases} \dot{x} = a(y - x), \\ \dot{y} = cx - y - xz, \\ \dot{z} = xy - bz. \end{cases}$$

当参数 $a = 10$, $b = 8/3$ 和 $c = 28$ 时, Lorenz 系统是混沌的. 令系统 (3.268) 为驱动系统, 受控 Lorenz 系统

$$\begin{cases} \dot{y}_1 = a(y_2 - y_1) + u_1(t), \\ \dot{y}_2 = cy_1 - y_2 - y_1y_3 + u_2(t), \\ \dot{y}_3 = y_1y_2 - by_3 + u_3(t) \end{cases} \tag{3.274}$$

为响应系统, 其中 $u_i(t)(i = 1, 2, 3)$ 为控制函数. 取驱动–响应系统状态误差为 $e_i = y_i - x_i(i = 1, 2, 3)$, 整理可得误差系统为

$$\begin{cases} \dot{e}_1 = a(y_2 - y_1) + u_1(t) - \sigma(-x_1 + x_2) + x_1 \sum_j a_{1j}x_j^2, \\ \dot{e}_2 = cy_1 - y_2 - y_1y_3 + u_2(t) - \rho x_1 + x_2 + 20x_1x_3 + x_2 \sum_j a_{2j}x_j^2, \\ \dot{e}_3 = y_1y_2 - by_3 + u_3(t) + \beta x_3 - 5x_1x_2 + x_3 \sum_j a_{3j}x_j^2. \end{cases} \tag{3.275}$$

选择控制函数为

$$\begin{cases} u_1(t) = \rho(t) + \sigma(-x_1 + x_2) - x_1 \sum_j a_{1j}x_j^2, \\ u_2(t) = \mu(t) + \rho x_1 - x_2 - 20x_1x_3 - x_2 \sum_j a_{2j}x_j^2, \\ u_3(t) = \sigma(t) - \beta x_3 + 5x_1x_2 - x_3 \sum_j a_{3j}x_j^2. \end{cases} \tag{3.276}$$

将式 (3.276) 代入式 (3.275), 整理得

$$\begin{cases} \dot{e}_1 = \rho(t) + a(y_2 - y_1), \\ \dot{e}_2 = \mu(t) + cy_1 - y_2 - y_1 y_3, \\ \dot{e}_3 = \sigma(t) + y_1 y_2 - by_3. \end{cases}$$

令

$$\begin{cases} \rho(t) = -a(y_2 - y_1) - 5e_1 + 5e_2 + e_3, \\ \mu(t) = -cy_1 + y_2 + y_1 y_3 - 3e_1 - e_2 + 2e_3, \\ \sigma(t) = -y_1 y_2 + by_3 + e_1 + e_2 - 3e_3, \end{cases}$$

则有

$$\begin{pmatrix} \dot{e}_1 \\ \dot{e}_2 \\ \dot{e}_3 \end{pmatrix} = \boldsymbol{A} \begin{pmatrix} e_1 \\ e_2 \\ e_3 \end{pmatrix},$$

其中

$$\boldsymbol{A} = \begin{pmatrix} -5 & 5 & 1 \\ -3 & -1 & 2 \\ 1 & 1 & -3 \end{pmatrix}.$$

$\boldsymbol{A}$ 的全部特征值为 $\lambda_1 = -3.5 + 2.958\mathrm{i}, \lambda_2 = -3.5 - 2.958\mathrm{i}, \lambda_3 = -2.$ 可见, 这些特征值的实部均为负数. 由线性系统的稳定判定准则, 系统 (3.268) 与系统 (3.274) 达到同步, 其误差系统为

$$\begin{cases} \dot{e}_1 = -5e_1 + 5e_2 + e_3, \\ \dot{e}_2 = -3e_1 - e_2 + 2e_3, \\ \dot{e}_3 = e_1 + e_2 - 3e_3. \end{cases}$$

在仿真实验中, 选取时间步长为 $\tau = 0.0005\mathrm{s}$, 采用四阶 Runge-Kutta 法求解方程 (3.268) 和 (3.274). 系统 (3.268) 与系统 (3.274) 的初始点分别选取为 $x_1(0) = 0.2$, $x_2(0) = 0.4$ 和 $x_3(0) = 0.6$, $y_1(0) = 20$, $y_2(0) = 16$ 和 $y_3(0) = 8$. 由误差效果图 3.69(a)~(c) 可见, 当 t 分别接近 2.12s, 2.85s 和 2.47s 时, 误差 $e_1(t)$, $e_2(t)$ 和 $e_3(t)$ 已分别稳定在零点, 即系统 (3.268) 与 (3.274) 达到同步.

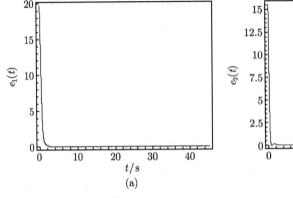

(a)

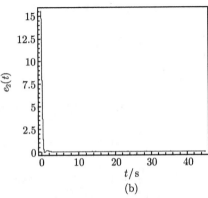

(b)

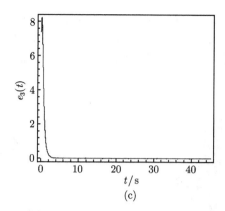

图 3.69 系统 (3.268) 和 (3.274) 的同步误差响应曲线

3.3.1.2 基于非线性控制的超混沌 Chen 系统混沌同步

超混沌系统的一般定义是, 具有 4 维或 4 维以上的微分方程系统, 并且至少有两个或两个以上正的 Lyapunov 指数. 2004 年, Li 等通过设计非线性状态反馈控制器从 Chen 系统中得到了超混沌系统, 并对其动力学行为进行了研究. 超混沌 Chen 系统[35] 用如下方程:

$$\begin{cases} \dot{x} = a(y-x) + w, \\ \dot{y} = dx - xz + cy, \\ \dot{z} = xy - bz, \\ \dot{w} = yz + rw \end{cases} \tag{3.277}$$

来描述, 其中 x, y, z 和 w 为系统的状态变量, a, b, c, d 和 r 为系统的控制参数. 当参数 $a = 35$, $b = 3$, $c = 12$, $d = 7$ 和 $0 \leqslant r \leqslant 0.085$ 时, 系统 (3.277) 表现为混沌运动; 当 $a = 35$, $b = 3$, $c = 12$, $d = 7$ 和 $0.085 < r \leqslant 0.798$ 时, 系统 (3.42) 表现为超混沌运动; 当 $a = 35$, $b = 3$, $c = 12$, $d = 7$ 和 $0.798 < r \leqslant 0.90$ 时, 系统 (3.277) 表现为周期性运动[35].

这里研究的是超混沌 Chen 系统, 即选取系统 (3.277) 的参数 $a = 35$, $b = 3$, $c = 12$, $d = 7$ 和 $0.085 < r \leqslant 0.798$. 当 $a = 35$, $b = 3$, $c = 12$, $d = 7$ 和 $r = 0.6$ 时, 图 3.70 给出了超混沌 Chen 系统吸引子的投影. 通过计算得到, 此时系统 (3.277) 只有一个平衡点 $(0,0,0,0)$. 根据 Ramasubramanian 和 Sriram 计算微分方程组 Lyapunov 指数谱的方法[70], 计算出系统 (3.277) 有两个正的 Lyapunov 指数, 分别为 $\lambda_1 = 0.567$, $\lambda_2 = 0.126$.

当 $a = 35$, $b = 3$, $c = 12$, $d = 7$ 和 $0.085 < r \leqslant 0.798$ 时, 系统 (3.277) 流的微分为

$$\nabla \cdot \boldsymbol{F} = \frac{\partial F_1}{\partial x} + \frac{\partial F_2}{\partial y} + \frac{\partial F_3}{\partial z} + \frac{\partial F_4}{\partial w} = c - (a+b) + r = r - 26 < 0,$$

其中 $\boldsymbol{F} = (F_1, F_2, F_3, F_4) = (a(y-x)+w, dx-xz+cy, xy-bz, yz+rw)$. 可见, 系统 (3.277) 是受迫耗散系统, 故 $\forall t \geqslant 0$, $\exists x(t)$, $y(t)$, $z(t)$ 和 $w(t)$ 全局有界且连续可微. 因此, $\forall t \geqslant 0$, 存在常数 $\xi > 0$, 使得 $|x(t)| \leqslant \xi < \infty$, $|y(t)| \leqslant \xi < \infty$, $|z(t)| \leqslant \xi < \infty$ 和 $|w(t)| \leqslant \xi < \infty$ 成立.

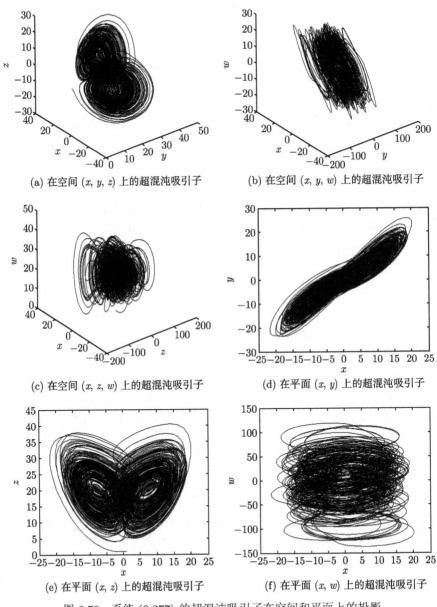

(a) 在空间 (x, y, z) 上的超混沌吸引子

(b) 在空间 (x, y, w) 上的超混沌吸引子

(c) 在空间 (x, z, w) 上的超混沌吸引子

(d) 在平面 (x, y) 上的超混沌吸引子

(e) 在平面 (x, z) 上的超混沌吸引子

(f) 在平面 (x, w) 上的超混沌吸引子

图 3.70   系统 (3.277) 的超混沌吸引子在空间和平面上的投影

考虑如下一类混沌系统:

$$\dot{x} = Ax + f(x), \tag{3.278}$$

其中 $x \in \mathbf{R}^n$ 为状态变量, $A \in \mathbf{R}^{n \times n}$ 为系数矩阵, $f(x)$ 为非线性连续函数.

若将式 (3.278) 作为驱动系统, 令 $U \in \mathbf{R}^n$ 为外部输入控制向量, 则响应系统可表示为

$$\dot{\tilde{x}} = B\tilde{x} + g(\tilde{x}) + U, \tag{3.279}$$

其中 $\tilde{x} \in \mathbf{R}^n$ 为响应系统的状态变量, $B \in \mathbf{R}^{n \times n}$ 为响应系统的系数矩阵, $g(\tilde{x})$ 为非线性连续函数.

如果 $A = B$ 且 $f(x) = g(x)$, 则 x 和 $\tilde{x}$ 是两个相同的混沌系统的状态变量; 若 $A \neq B$ 或 $f(x) \neq g(x)$, 则 x 和 $\tilde{x}$ 是两个不同的混沌系统的状态变量.

若令误差向量 $e = \tilde{x} - x$, 则误差系统可表示为

$$\dot{e} = \dot{\tilde{x}} - \dot{x} = B\tilde{x} - Ax + g(\tilde{x}) - f(x) + U. \tag{3.280}$$

要使驱动系统 (3.278) 与响应系统 (3.279) 达到同步, 需使

$$\lim_{t \to \infty} \|e\| = 0,$$

也就是设计合适的控制器 U, 使得误差系统 (3.280) 在平衡点 (原点) 渐近稳定.

如果选取 Lyapunov 函数 $V(e) = e^{\mathrm{T}} Pe$ (其中 $e = (e_1, e_2, e_3, e_4)^{\mathrm{T}}$, P 为正定矩阵), 则有 $V(e) > 0$. 若 $\dot{V}(e) = -e^{\mathrm{T}} Qe(Q$ 为正定矩阵), 则可推出 $\dot{V}(e) < 0$. 这表明此时误差系统全局渐近稳定, 即驱动系统与响应系统达到了同步. 如何设计合适的控制器 U, 以满足上述假设, 成为拟解决的关键问题.

1) 自同步

令驱动系统为

$$\begin{cases} \dot{x}_1 = a(y_1 - x_1) + w_1, \\ \dot{y}_1 = dx_1 - x_1 z_1 + cy_1, \\ \dot{z}_1 = x_1 y_1 - bz_1, \\ \dot{w}_1 = y_1 z_1 + rw_1, \end{cases} \tag{3.281}$$

响应系统为

$$\begin{cases} \dot{x}_2 = a(y_2 - x_2) + w_2 + u_1, \\ \dot{y}_2 = dx_2 - x_2 z_2 + cy_2 + u_2, \\ \dot{z}_2 = x_2 y_2 - bz_2 + u_3, \\ \dot{w}_2 = y_2 z_2 + rw_2 + u_4, \end{cases} \tag{3.282}$$

其中 $U = (u_1, u_2, u_3, u_4)$ 为控制向量. 在 U 的控制下, 可使得驱动系统 (3.281) 与响应系统 (3.282) 达到全局渐近自同步.

若令误差变量 $e_1 = x_2 - x_1$, $e_2 = y_2 - y_1$, $e_3 = z_2 - z_1$ 和 $e_4 = w_2 - w_1$, 则可得到误差系统为

$$\begin{cases} \dot{e}_1 = a(e_2 - e_1) + e_4 + u_1, \\ \dot{e}_2 = de_1 + ce_2 - z_1e_1 - x_1e_3 - e_1e_3 + u_2, \\ \dot{e}_3 = -be_3 + x_1e_2 + y_1e_1 + e_1e_2 + u_3, \\ \dot{e}_4 = re_4 + y_1e_3 + z_1e_2 + e_2e_3 + u_4. \end{cases} \tag{3.283}$$

选取 Lyapunov 函数为

$$V(e) = e^{\mathrm{T}} \boldsymbol{P} e, \tag{3.284}$$

其中

$$\boldsymbol{P} = \begin{pmatrix} 1 & 0 & 0 & 0 \\ 0 & 5 & 0 & 0 \\ 0 & 0 & 5 & 0 \\ 0 & 0 & 0 & 2 \end{pmatrix}.$$

显然, $V(e) > 0$. 为了使得 $\dot{V}(e) < 0$, 设计控制器为

$$\begin{cases} u_1 = -e_4, \\ u_2 = -2de_1 - (c+1)e_2 + z_1e_1 + x_1e_3, \\ u_3 = -x_1e_2 - y_1e_1, \\ u_4 = -e_4 - e_2e_3 - y_1e_3 - z_1e_2. \end{cases} \tag{3.285}$$

对式 (3.284) 求导可得

$$\dot{V}(e) = \dot{e}^{\mathrm{T}} \boldsymbol{P} e + e^{\mathrm{T}} \boldsymbol{P} \dot{e} = -70e_1^2 - 10e_2^2 - 30e_3^2 - 1.6e_4^2 = -e^{\mathrm{T}} \boldsymbol{Q} e,$$

其中

$$\boldsymbol{Q} = \begin{pmatrix} 70 & 0 & 0 & 0 \\ 0 & 10 & 0 & 0 \\ 0 & 0 & 30 & 0 \\ 0 & 0 & 0 & 1.6 \end{pmatrix}.$$

显然, $\boldsymbol{Q}$ 是正定矩阵, 故有 $\dot{V}(e) < 0$. 根据 Lyapunov 稳定性理论, 误差系统 (3.283) 在原点渐近稳定, 即驱动系统 (3.281) 和响应系统 (3.282) 可达到同步.

2) 异结构同步

令式 (3.281) 为驱动系统, 响应系统为超混沌 Rössler 系统[41]

$$\begin{cases} \dot{x}_2 = -y_2 - w_2 + u_1, \\ \dot{y}_2 = x_2 + 0.25y_2 + z_2 + u_2, \\ \dot{z}_2 = 0.05z_2 - 0.5w_2 + u_3, \\ \dot{w}_2 = x_2w_2 + 3 + u_4. \end{cases} \tag{3.286}$$

令误差变量 $e_1 = x_2 - x_1$, $e_2 = y_2 - y_1$, $e_3 = z_2 - z_1$ 和 $e_4 = w_2 - w_1$, 则可得到误差系统为

$$\begin{cases} \dot{e}_1 = -e_2 - e_4 + ax_1 - (a+1)y_1 - 2w_1 + u_1, \\ \dot{e}_2 = e_1 + 0.25e_2 + e_3 - (d-1)x_1 - (c-0.25)y_1 + z_1 + x_1z_1 + u_2, \\ \dot{e}_3 = 0.05e_3 - 0.5e_4 + (b+0.05)z_1 - 0.5w_1 + x_1y_1 + u_3, \\ \dot{e}_4 = e_1e_4 + w_1e_1 + x_1e_4 + x_1w_1 - y_1z_1 - rw_1 + 3 + u_4. \end{cases} \tag{3.287}$$

选取 Lyapunov 函数为

$$V(e) = e^{\mathrm{T}} P e, \tag{3.288}$$

其中

$$P = \begin{pmatrix} 1 & 0 & 0 & 0 \\ 0 & 1 & 0 & 0 \\ 0 & 0 & 2 & 0 \\ 0 & 0 & 0 & 1 \end{pmatrix}.$$

显然, $V(e) > 0$. 为了使得 $\dot{V}(e) < 0$, 设计控制器为

$$\begin{cases} u_1 = -e_1 - ax_1 + (a+1)y_1 + 2w_1, \\ u_2 = -e_2 - e_3 + (d-1)x_1 + (c-0.25)y_1 - z_1 - x_1z_1, \\ u_3 = -0.05e_3 + 0.5e_4 - (b+0.05)z_1 + 0.5w_1 - x_1y_1, \\ u_4 = -e_4 + e_1 - e_1e_4 - w_1e_1 - x_1e_4 - x_1w_1 + y_1z_1 + rw_1 - 3. \end{cases} \tag{3.289}$$

对式 (3.288) 求导可得

$$\dot{V}(e) = \dot{e}^{\mathrm{T}} P e + e^{\mathrm{T}} P \dot{e} = -2e_1^2 - 1.5e_2^2 - e_3^2 - e_4^2 = -e^{\mathrm{T}} Q e,$$

其中

$$Q = \begin{pmatrix} 2 & 0 & 0 & 0 \\ 0 & 1.5 & 0 & 0 \\ 0 & 0 & 1 & 0 \\ 0 & 0 & 0 & 1 \end{pmatrix}.$$

显然, Q 是正定矩阵, 故有 $\dot{V}(e) < 0$. 根据 Lyapunov 稳定性理论, 误差系统 (3.287) 在原点渐近稳定, 即驱动系统 (3.281) 和响应系统 (3.286) 可达到同步.

3) 自同步数值模拟

采用 ODE45 算法去求解方程 (3.283), 利用控制器 (3.285), 模拟了驱动系统 (3.281) 与响应系统 (3.282) 的自同步过程 (图 3.71 所示). 驱动系统 (3.281) 与响应系统 (3.282) 的初始点分别选取为

$$x_1(0) = 1, \quad y_1(0) = -1, \quad z_1(0) = 1, \quad w_1(0) = 0$$

和
$$x_2(0) = 3, \quad y_2(0) = -2, \quad z_2(0) = 0, \quad w_2(0) = 1.$$

因此, 误差系统 (3.287) 的初始值为 $e_1(0) = 2$, $e_2(0) = -1$, $e_3(0) = -1$ 和 $e_4(0) = 1$. 为使驱动系统 (3.281) 处于超混沌状态, 选取参数 $a = 35$, $b = 3$, $c = 12$, $d = 7$ 和 $r = 0.6$. 由误差效果图 3.71(a)~(d) 可以看到, 当 t 分别接近 0.3s, 0.3s, 0.5s 和 2.2s 时, 误差 $e_1(t)$, $e_2(t)$, $e_3(t)$ 和 $e_4(t)$ 已分别稳定在零点, 即驱动系统 (2.281) 与响应系统 (3.282) 达到了同步.

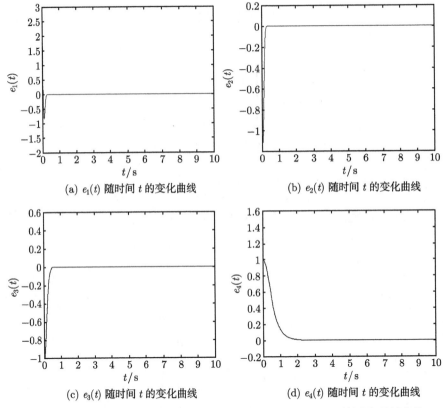

(a) $e_1(t)$ 随时间 t 的变化曲线　　　　　　(b) $e_2(t)$ 随时间 t 的变化曲线

(c) $e_3(t)$ 随时间 t 的变化曲线　　　　　　(d) $e_4(t)$ 随时间 t 的变化曲线

图 3.71　控制器 (3.285) 作用下系统 (3.281) 和系统 (3.282) 的同步误差曲线

4) 异结构同步数值模拟

采用 ODE45 算法去求解方程 (3.287), 利用控制器 (3.289), 模拟了驱动系统 (3.281) 与响应系统 (3.286) 的异结构同步过程 (图 3.72). 驱动系统 (3.281) 与响应系统 (3.286) 的初始点分别选取为
$$x_1(0) = 1, \quad y_1(0) = -2, \quad z_1(0) = 0, \quad w_1(0) = 0$$

和

$$x_2(0) = -20, \quad y_2(0) = 0, \quad z_2(0) = 10, \quad w_2(0) = 0.$$

因此, 误差系统 (3.287) 的初始值为 $e_1(0) = -21$, $e_2(0) = 2$, $e_3(0) = 10$ 和 $e_4(0) = 0$. 为使驱动系统 (3.281) 处于超混沌状态, 选取参数 $a = 35$, $b = 3$, $c = 12$, $d = 7$ 和 $r = 0.6$. 由误差效果图 3.72(a)~(d) 可看到, 当 t 分别接近 5.5s、6s、12s 和 7s 时, 误差 $e_1(t)$, $e_2(t)$, $e_3(t)$ 和 $e_4(t)$ 已分别稳定在零点, 即驱动系统 (3.281) 与响应系统 (3.286) 达到了同步.

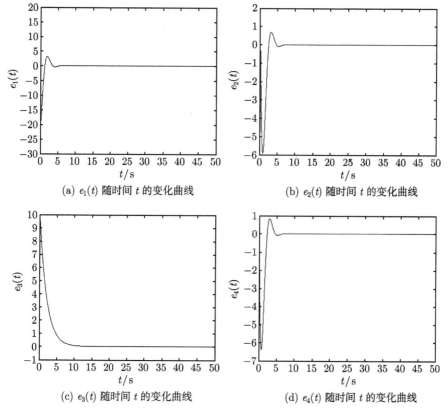

(a) $e_1(t)$ 随时间 t 的变化曲线　　　　　(b) $e_2(t)$ 随时间 t 的变化曲线

(c) $e_3(t)$ 随时间 t 的变化曲线　　　　　(d) $e_4(t)$ 随时间 t 的变化曲线

图 3.72　控制器 (3.289) 作用下系统 (3.281) 和系统 (3.286) 的同步误差曲线

关于本小节的详细内容, 可参见文献 [71].

3.3.2　Lorenz 混沌系统的滑模控制

由于滑模变结构控制不受受控系统参数变化和噪声干扰的影响, 具有很强的鲁棒性[72]. 为此, 基于 Emelyanov 等的思想, 1997 年后, Chen 和 Yau 等先后利用滑模变结构连续控制去消除因控制器的切换而引起的抖振, 并实现了不确定混沌系统的控制[73,74]. 2002 年, Tsai 等利用随时间变化的多动态滑模变结构控制器, 驱动具有外部激励的混沌系统到达任意目标轨道[75]. 2004 年, Yau 和 Yan 设计了具有扇区非线性输入的 Lorenz 系统的滑模变结构控制器[76], 使具有扇区非线性输入的 Lorenz 系统到达了某些特定的稳定点上.

但上述研究都是假设混沌系统的控制输入不含有死区的情况. 2004 年, Hsu 等设计了一类具有多重扇区非线性输入及死区的不确定非线性系统的滑模控制器[77], 并成功地将该类非线性系统控制到了原点上. 为此, 本小节在上述研究工作的基础上, 分析了具有多重非线性输入且含有死区的不确定 Lorenz 混沌系统的控制问题, 设计了滑模变结构控制器, 通过该控制器, Lorenz 混沌系统不仅可以达到任意的目标轨道之上, 并且对于控制输入的非线性、死区以及 Lorenz 系统的不确定性是不敏感的, 通过对该 Lorenz 系统的仿真研究, 验证了所给控制器的有效性.

Lorenz 系统可描述如下:

$$\begin{cases} \dot{x}_1 = -\sigma x_1 + \sigma x_2 , \\ \dot{x}_2 = rx_1 - x_2 - x_1 x_3, \\ \dot{x}_3 = x_1 x_2 - bx_3 , \end{cases} \tag{3.290}$$

其中 x_1, x_2 和 x_3 为状态变量, σ, r 和 b 为正实数的参数, 分别表示 Prandtl 数、Rayleigh 和常系数 (没有直接的物理意义). 当系统参数取适当值时, Lorenz 系统表现为一个复杂的混沌吸引子. 为了控制 Lorenz 系统产生的混沌行为, 分别为 $x_i(i = 1, 2, 3)$ 加上一个控制输入 $\phi_i(u_i)(i = 1, 2, 3)$. 为模拟真实的物理环境, 控制输入 $\phi_i(u_i)(i = 1, 2, 3)$ 为非线性函数. 因此, 得到如下受控 Lorenz 系统形式:

$$\begin{cases} \dot{x}_1 = -\sigma x_1 + \sigma x_2 + d_1(t) + \phi_1(u_1) , \\ \dot{x}_2 = rx_1 - x_2 - x_1 x_3 + d_2(t) + \phi_2(u_2), \\ \dot{x}_3 = x_1 x_2 - bx_3 + d_3(t) + \phi_3(u_3) , \end{cases} \tag{3.291}$$

其中 $d_i(t)(i = 1, 2, 3)$ 为不确定有界外部干扰, 并且 $|d_i(t)| \leqslant k_i$. 非线性输入 $\phi_i(u_i)$ 为连续函数, 并且假设当 $-u_{i0-} \leqslant u_i \leqslant u_{i0+}$ 时, $\phi_i(u_i) = 0$. 除此之外, $\phi_i(u_i)$ 应还满足如下条件:

$$\begin{cases} \alpha_{i1}(u_i - u_{i0+})^2 \leqslant (u_i - u_{i0+})\phi_i(u_i) \leqslant \alpha_{i2}(u_i - u_{i0+})^2, & u_i > u_{i0+}, \\ \alpha_{i1}(u_i + u_{i0-})^2 \leqslant (u_i + u_{i0-})\phi_i(u_i) \leqslant \alpha_{i2}(u_i - u_{i0-})^2, & u_i < -u_{i0-}. \end{cases} \tag{3.292}$$

图 3.73 为控制输入 u_i 的非线性连续函数 $\phi_i(u_i)$ 曲线, 可见其具有扇区非线性输入及死区的特征.

目标轨道定义为 $\boldsymbol{X}_d(t) = (x_{d1}(t), x_{d2}(t), x_{d3}(t))$, 因此, 可将 Lorenz 系统 (3.291) 转化为如下形式:

$$\dot{\boldsymbol{X}} = \boldsymbol{P}\boldsymbol{X} + \boldsymbol{D}'(t) + \boldsymbol{\Phi}(\boldsymbol{u}), \tag{3.293}$$

其中

$$\boldsymbol{X} = \begin{pmatrix} x_1 \\ x_2 \\ x_3 \end{pmatrix}, \quad \boldsymbol{P} = \begin{pmatrix} p_1 \\ p_2 \\ p_3 \end{pmatrix} = \begin{pmatrix} -\sigma & \sigma & 0 \\ r & -1 & 0 \\ 0 & 0 & -b \end{pmatrix},$$

$$\boldsymbol{D}'(t) = \begin{pmatrix} d_1'(t) \\ d_2'(t) \\ d_3'(t) \end{pmatrix} = \begin{pmatrix} d_1(t) \\ -x_1 x_3 + d_2(t) \\ x_1 x_2 + d_3(t) \end{pmatrix}, \quad \boldsymbol{\Phi}(\boldsymbol{u}) = \begin{pmatrix} \phi_1(u_1) \\ \phi_2(u_2) \\ \phi_3(u_3) \end{pmatrix}.$$

记

$$\begin{cases} |d_1'(t)| \leqslant |d_1(t)| = d_1''(t), \\ |d_2'(t)| \leqslant |-x_1 x_3 + d_2(t)| \leqslant |x_1 x_3| + |d_2(t)| \leqslant |x_1 x_3| + |k_2| = d_2''(t), \\ |d_3'(t)| \leqslant |x_1 x_2 + d_3(t)| \leqslant |x_1 x_2| + |d_3(t)| \leqslant |x_1 x_2| + |k_3| = d_3''(t). \end{cases} \quad (3.294)$$

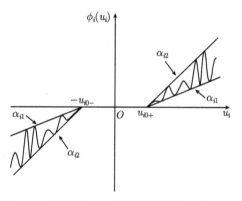

图 3.73 控制输入 u_i 的非线性连续函数 $\phi_i(u_i)$

定义误差向量为

$$\boldsymbol{E}(t) = \begin{pmatrix} e_1(t) \\ e_2(t) \\ e_3(t) \end{pmatrix} = \begin{pmatrix} x_1 - x_{d1} \\ x_2 - x_{d2} \\ x_3 - x_{d3} \end{pmatrix}. \quad (3.295)$$

定义滑动曲面如下:

$$\boldsymbol{S}(t) = \boldsymbol{E}(t), \quad (3.296)$$

其中 $\boldsymbol{S}(t) = (s_1(t), s_2(t), s_3(t))^{\mathrm{T}}$ 为滑动曲面的向量.

引理 3.2 若满足下面的条件:

$$\boldsymbol{S}^{\mathrm{T}}(t)\dot{\boldsymbol{S}}(t) < 0, \quad \forall t \geqslant 0, \quad (3.297)$$

则滑动曲面 (3.296) 上的运动趋于稳态.

证明 令

$$V_i(t) = \frac{1}{2}s_i^2(t)$$

为系统 (3.291) 中拥有非线性输入 $\phi_i(u_i)$ 的 Lyapunov 函数. 根据 Lyapunov 稳定性定理,

$$\dot{V}_i(t) = s_i(t)\dot{s}_i(t) < 0$$

保证了滑动模 $s_i(t) = e_i(t)$ 是渐近稳定的, 因此, 对于多重输入的 Lorenz 系统, 如果选择

$$V = \frac{1}{2}\boldsymbol{S}^{\mathrm{T}}(t)\boldsymbol{S}(t)$$

为系统的 Lyapunov 函数, 那么当 $\boldsymbol{S}(t) \neq \boldsymbol{0}$ 时,

$$\dot{V} = \boldsymbol{S}^{\mathrm{T}}(t)\dot{\boldsymbol{S}}(t) = \sum_{i=1}^{3} s_i(t)\dot{s}_i(t) < 0. \tag{3.298}$$

因此, $\boldsymbol{S}(t)$ 指向滑动曲面且滑动曲面 (3.296) 上的运动趋于稳定平衡点.

为了得到引理 3.2 给出的条件, 给出如下控制策略:

$$u_i(t) = \begin{cases} -\gamma_i\eta_i\mathrm{sgn}(s_i(t)) + u_{i0-}, & s_i(t) < 0, \\ 0, & s_i(t) = 0, \\ -\gamma_i\eta_i\mathrm{sgn}(s_i(t)) + u_{i0+}, & s_i(t) > 0, \end{cases} \tag{3.299}$$

其中 $\eta_i = \|p_iX\| + d_i''(t) + |\dot{x}_{di}|$, $\gamma_i = \beta/\alpha_{i1}(\beta > 1)$, $\mathrm{sgn}(s_i(t))$ 为 $s_i(t)$ 的符号函数, 若 $s_i(t) > 0$, 则 $\mathrm{sgn}(s_i(t)) = 1$; 若 $s_i(t) = 0$, 则 $\mathrm{sgn}(s_i(t)) = 0$; 若 $s_i(t) < 0$, 则 $\mathrm{sgn}(s_i(t)) = -1$. 下面证明控制策略式可驱动 Lorenz 系统 (3.291) 到达目标轨道上.

定理 3.16 考虑具有非线性和死区输入的 Lorenz 系统 (3.291), 若满足滑模条件 (3.297) 且控制策略 $u_i(t)$ 为式 (3.299), 则 Lorenz 系统 (3.291) 的轨道误差将趋于滑动曲面 (3.296) 上同步平衡点.

证明 令系统的 Lyapunov 函数为

$$V = \frac{1}{2}\boldsymbol{S}^{\mathrm{T}}(t)\boldsymbol{S}(t),$$

则由式 (3.298) 和式 (3.294) 可得

$$\dot{V} = \boldsymbol{S}^{\mathrm{T}}(t)\dot{\boldsymbol{S}}(t) = \sum_{i=1}^{3} s_i(t)\dot{s}_i(t) = \sum_{i=1}^{3} s_i(t)(\dot{x}_i - \dot{x}_{di})$$

$$= \sum_{i=1}^{3} s_i(t)(p_iX + d_i'(t) + \phi_i(u(t)) - \dot{x}_{di})$$

$$\leqslant \sum_{i=1}^{3} \left[|s_i(t)| \left(\|p_i X\| + d_i''(t) + |\dot{x}_{di}| \right) + s_i(t)\phi_i(u_i) \right]$$

$$= \sum_{i=1}^{3} \left[|s_i(t)| \, \eta_i + s_i(t)\phi_i(u_i) \right]. \tag{3.300}$$

当 $s_i < 0$ 时,

$$(u_i - u_{i0-})\phi_i(u_i) = -\gamma_i \eta_i \mathrm{sgn}(s_i(t))\phi_i(u_i) \geqslant \alpha_{i1}(u_i - u_{i0-})^2 = \alpha_{i1}\gamma_i^2 \eta_i^2 [\mathrm{sgn}(s_i(t))]^2; \tag{3.301}$$

当 $s_i > 0$ 时,

$$(u_i + u_{i0+})\phi_i(u_i) = -\gamma_i \eta_i \mathrm{sgn}(s_i(t))\phi_i(u_i) \geqslant \alpha_{i1}(u_i - u_{i0-})^2 = \alpha_{i1}\gamma_i^2 \eta_i^2 [\mathrm{sgn}(s_i(t))]^2. \tag{3.302}$$

因为 $s_i^2(t) \geqslant 0$, 故有

$$-\gamma_i \eta_i s_i(t)^2 \mathrm{sgn}(s_i(t))\phi_i(u_i) \geqslant \alpha_{i1}\gamma_i^2 \eta_i^2 s_i(t)^2 [\mathrm{sgn}(s_i(t))]^2$$

$$\Rightarrow -\gamma_i \eta_i s_i(t)\phi_i(u_i) \geqslant \alpha_{i1}\gamma_i^2 \eta_i^2 |s_i(t)|$$

$$\Rightarrow s_i(t)\phi_i(u_i) \leqslant -\alpha_{i1}\gamma_i \eta_i |s_i(t)|. \tag{3.303}$$

将式 (3.303) 代入式 (3.300) 可得

$$\boldsymbol{S}^{\mathrm{T}}(t)\dot{\boldsymbol{S}}(t) \leqslant \sum_{i=1}^{3} (1 - \alpha_{i1}\gamma_i)\eta_i |s(t)|. \tag{3.304}$$

由于 $\gamma_i = \beta/\alpha_{i1}(\beta > 1)$, 因此, 可断定条件 (3.297) 一直被满足, 故命题真.

为了说明控制器的有效性, 选取 Lorenz 系统的初始条件为 $(x_1, x_2, x_3) = (10, 10, 10)$, 参数为 $\sigma = 10$, $b = 8/3$ 和 $r = 28$, 并选取

$$\begin{cases} d_1(t) = 0.2\cos(2\pi t), \\ d_2(t) = 0.3\cos(3\pi t), \\ d_3(t) = 0.4\cos(4\pi t), \end{cases} \tag{3.305}$$

定义非线性输入为

$$\phi_1(u_1) = \begin{cases} (0.6 + 0.3\sin u_1)(u_1 - u_{10+}), & u_1 > u_{10+}, \\ 0, & -u_{10-} \leqslant u_1 \leqslant u_{10+}, \\ (0.6 + 0.3\sin u_1)(u_1 + u_{10-}), & u_1 < -u_{10-}, \end{cases} \tag{3.306}$$

$$\phi_2(u_2) = \begin{cases} (0.7 + 0.2\sin u_2)(u_2 - u_{20+}), & u_2 > u_{20+}, \\ 0, & -u_{20-} \leqslant u_2 \leqslant u_{20+}, \\ (0.7 + 0.2\sin u_2)(u_2 + u_{20-}), & u_2 < -u_{20-}, \end{cases} \tag{3.307}$$

$$\phi_3(u_3) = \begin{cases} (0.5 + 0.3\sin u_3)(u_3 - u_{30+}), & u_3 > u_{30+}, \\ 0, & -u_{30-} \leqslant u_3 \leqslant u_{30+}, \\ (0.5 + 0.3\sin u_3)(u_3 + u_{30-}), & u_3 < -u_{30-}. \end{cases} \quad (3.308)$$

由式 (3.306)~(3.308) 可知 $\alpha_{11} = 0.3$, $\alpha_{21} = 0.5$, $\alpha_{31} = 0.2$. 选取 $\beta = 1.01$, 满足定理 3.16 的要求. 选取 $u_{10-} = u_{10+} = 5$, $u_{20-} = u_{20+} = 6$, $u_{30-} = u_{30+} = 7$.

首先模拟目标轨道为固定点的情况. 选取目标轨道为 $(x_{r1}, x_{r2}, x_{r3}) = (-10, 0, 10)$, 在 $t = 5$ 时打开控制器, 并在 $t = 10$ 时, 将目标轨道变为 $(x_{r1}, x_{r2}, x_{r3}) = (-20, 0, 20)$, 图 3.74(a)~(d) 显示了控制结果, 由图中的结果可以看出, 控制器能够顺利、快速地将 Lorenz 系统控制到目标轨道上, 即使中间更改目标轨道, 控制器仍然能够快速地反应, 迅速地将 Lorenz 系统控制到新的目标轨道上去.

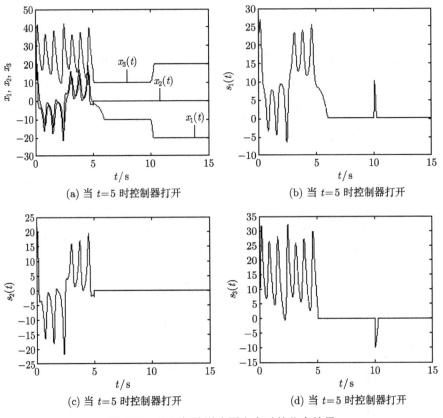

(a) 当 $t=5$ 时控制器打开

(b) 当 $t=5$ 时控制器打开

(c) 当 $t=5$ 时控制器打开

(d) 当 $t=5$ 时控制器打开

图 3.74   当目标轨道为固定点时的仿真结果

研究目标轨道为曲线时的情况, 取 $(x_{r1}, x_{r2}, x_{r3}) = (10\sin(1.1t), 10\sin(1.5t), 10\sin(2t))$. 同样, 当 $t = 5$ 时打开控制器, 图 3.75(a)~(d) 显示了当目标轨道为曲线时的控制结果. 从图 3.75 中不难看出, 即使目标轨道为曲线, 控制器同样也能够很好地将 Lorenz 系统控制到目标轨道上去. 关于本小节的详细内容, 可参见文献 [78] 和 [79].

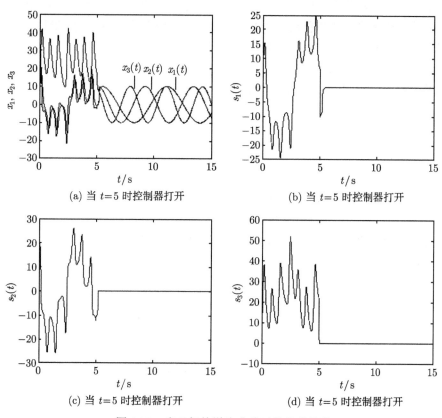

(a) 当 $t=5$ 时控制器打开

(b) 当 $t=5$ 时控制器打开

(c) 当 $t=5$ 时控制器打开

(d) 当 $t=5$ 时控制器打开

图 3.75 当目标轨道为曲线时的仿真结果

3.3.3 基于非奇异快速终端滑模的混沌同步

设计滑模变结构控制器的首要问题是滑模面的选择. 当选择线性滑动模态超曲面时, 滑动模态不会在有限时间内收敛至零. 针对这一问题, Zak 提出了终端滑模 (terminal sliding mode, TSM)[80], 它是一种有限时间收敛的滑模控制策略, 通过在滑模中有目的地引入非线性项, 改善了系统的收敛特性, 使得系统状态在有限时间内收敛到给定轨迹. TSM 控制的难点之一是控制律的奇异问题, 即当系统状态接近零时, 控制律中状态负指数项会导致控制量趋向于无穷大, 产生奇异点. 为此, Feng 等[81] 提出一种非奇异 TSM (nonsingular TSM, TNSM), 使滑动阶段的状态有限时间收敛且控制律无负指数项. 但是该 TSM 在远离平衡点的区域收敛速度较慢, 不可避免地存在 "抖振" 问题.

　　为综合解决 TSM 控制的奇异、抖振和收敛缓慢的问题, 本小节使用一种非奇异快速终端滑模面 (nonsingular fast TSM, NFTSM)[82], 并利用 Lyapunov 方法对滑动阶段和到达阶段的有限收敛特性和滑模面的全局存在性进行了证明. 同时, 考虑参数的不确定性和外部扰动, 设计出一种终端滑模自适应控制器. 最后, 通过仿真试验进一步验证了本方法的有效性.

　　1) 问题描述

　　考虑如下两个混沌系统, 分别为驱动系统

$$\begin{cases} \dot{x}_1 = x_2, \\ \dot{x}_2 = f(\boldsymbol{x}, t), \end{cases} \tag{3.309}$$

和响应系统

$$\begin{cases} \dot{y}_1 = y_2, \\ \dot{y}_2 = f(\boldsymbol{y}, t) + u(t), \end{cases} \tag{3.310}$$

其中 $u(t) \in \mathbf{R}$ 为控制输入, $f(\cdot)$ 为 $t, \boldsymbol{x}$ 或 $\boldsymbol{y}$ 的非线性函数.

　　令误差

$$\boldsymbol{e}(t) = (e_1, e_2)^{\mathrm{T}} = (y_1(t) - x_1(t), y_2(t) - x_2(t))^{\mathrm{T}},$$

由式 (3.310) 减去式 (3.309) 可得到同步误差动力学系统

$$\begin{cases} \dot{e}_1 = e_2, \\ \dot{e}_2 = g(\boldsymbol{e}, t) + u(t), \end{cases} \tag{3.311}$$

其中 $g(\boldsymbol{e}, t) = f(\boldsymbol{y}, t) - f(\boldsymbol{x}, t)$.

　　选择合适的参数使驱动系统 (3.309) 为混沌状态. 本文研究的问题可以表述如下: 驱动系统 (3.309) 和响应系统 (3.310) 在不同的初始条件下开始运行, 设计一个合适的控制律, 使得驱动系统与响应系统同步, 即

$$\lim_{t \to T} \|\boldsymbol{y}(t) - \boldsymbol{x}(t)\| = \lim_{t \to T} \|\boldsymbol{e}(t)\| \to 0,$$

其中 $\|\cdot\|$ 表示向量的 Euclid 范数.

　　2) 终端滑模控制器的设计

　　对于非奇异快速终端滑模面, 针对同步误差动力学系统 (3.311), 使用如下指数型非线性滑动模态超曲面[82]:

$$s = e_1 + \frac{1}{\alpha} e_1^{\frac{g}{h}} + \frac{1}{\beta} e_2^{\frac{p}{q}}, \tag{3.312}$$

其中 $\alpha, \beta \in \mathbf{R}^+, p, q, g, h \in \mathbf{N}$ 且为奇数, 并满足 $1 < p/q < 2, g/h > p/q$.

定理 3.17 误差动力学系统 (3.311) 的状态变量在式 (3.312) 的滑模面上是渐近稳定的, 并能在有限时间到达衡点.

证明 当系统状态处于滑模面超平面时, 即 $s = 0$ 成立, 由式 (3.312) 可得

$$\dot{e}_1^{\frac{p}{q}} = -\beta e_1 - \frac{\beta}{\alpha} e_1^{\frac{g}{h}}. \tag{3.313}$$

取 Lyapunov 函数

$$V = \frac{1}{2} e_1^2,$$

将该 Lyapunov 函数求导并整理得

$$\dot{V}^{\frac{p}{q}} = -\beta e_1^{\frac{p+q}{q}} - \frac{\beta}{\alpha} e_1^{\frac{p}{q}+\frac{g}{h}}. \tag{3.314}$$

因为 p,q,g,h 为奇数, 故有 $\dot{V} < 0$.

由 Lyapunov 稳定性判据和文献 [82] 知, e_1 在有限时间 t_s 收敛到平衡点, 其中

$$t_s = 2\tau_1^{-\frac{q}{p}} \frac{p}{p-q} V(0)^{\frac{p-q}{2p}} F\left(A, B, C, -\frac{\tau_2}{\tau_1} V(0)^{\frac{g-h}{2h}}\right), \tag{3.315}$$

其中

$$\tau_1 = 2^{\frac{p+q}{2q}}\beta, \quad \tau_2 = 2^{\frac{p}{2q}+\frac{g}{2h}}\frac{\beta}{\alpha}, \quad A = \frac{q}{p}, \quad B = \frac{(p-q)h}{p(g-h)}, \quad C = \frac{pg-qh}{p(g-h)}, \quad V = \frac{1}{2}e_1^2,$$

$F(\cdot)$ 为高斯超几何函数. 由 $\dot{e}_1 = e_2$ 和式 (3.315) 知 $e_2(t_s) = 0$. 定理得证.

下面设计非奇异快速终端滑模控制器.

为了保证空间中的点不断向滑动模面运动, 最终在到达滑模面, 选择终端吸引子为

$$\dot{s} = (-\phi s - \gamma s^{\frac{m}{n}})e_2^{\frac{p}{q}-1}, \tag{3.316}$$

其中 $\phi \in \mathbf{R}^+, \gamma \in \mathbf{R}^+, m,n \in \mathbf{N}$ 为奇数, 并且满足 $0 < m/n < 1$. 从而可得非奇异快速终端滑模控制律为

$$u = -\frac{\beta q}{p}\left[(\phi s + \gamma s^{m/n}) + e_2^{2-\frac{p}{q}}\left(1 + \frac{g}{\alpha h}e_1^{\frac{g}{h}-1}\right)\right] - g(\boldsymbol{e}, t). \tag{3.317}$$

由于 $1 < p/q < 2, g/h > 1$, 所以式 (3.317) 中状态变量 e_1, e_2 的指数皆大于零, 无负指数项, 这说明基于 NFTSM (3.312) 和终端吸引子 (3.316) 的滑模控制方法完全避免了奇异问题, 并且控制律时间连续, 无抖振.

定理 3.18 采用式 (3.317) 的控制器一定能够使得满足滑模面的到达条件 (3.313), 并且在滑模面上形成渐近稳定的滑动模态.

证明 取 Lyapunov 函数

$$V = \frac{1}{2}s^2,$$

于是有

$$\dot{V} = s\dot{s} = -(\phi s^2 + \gamma s^{\frac{m}{n}+1})e_2^{\frac{p}{q}-1}. \tag{3.318}$$

当 $e_2 \neq 0$ 时, 由 p, q, m, n 为奇数可知 $e_2^{\frac{p}{q}-1} > 0, s^{\frac{m}{n}+1} > 0$, 则 $\dot{V} < 0$; 当 $e_2 = 0$ 时, 将式 (3.317) 代入系统 (3.311) 有

$$\begin{cases} \dot{e}_1 = e_2, \\ \dot{e}_2 = -\dfrac{\beta q}{p}\left(\phi s + \gamma s^{\frac{m}{n}}\right) = -\dfrac{\beta q}{p}\left[\phi\left(e_1 + \dfrac{1}{\alpha}e_1^{\frac{g}{h}}\right) + \gamma\left(e_1 + \dfrac{1}{\alpha}e_1^{\frac{g}{h}}\right)^{\frac{m}{n}}\right], \end{cases} \tag{3.319}$$

则在 $e_1 e_2$ 相平面上, 当 $e_2 = 0$ 时的相轨迹的斜率方程为

$$\frac{\mathrm{d}e_2}{\mathrm{d}e_1} = \frac{\dot{e}_2}{\dot{e}_1} = \frac{-\dfrac{\beta q}{p}\left[\phi\left(e_1 + \dfrac{1}{\alpha}e_1^{\frac{g}{h}}\right) + \gamma\left(e_1 + \dfrac{1}{\alpha}e_1^{\frac{g}{h}}\right)^{\frac{m}{n}}\right]}{e_2}. \tag{3.320}$$

因为 p, q, g, h, m, n 为奇数, 则

(1) 在 e_1 正半轴,

$$\frac{\mathrm{d}e_2}{\mathrm{d}e_1} = -\infty, \quad \dot{e}_2 < 0,$$

即相轨迹垂直于该轴, 方向向下, 并且状态 e_2 的运动速度不为零.

(2) 在 e_1 负半轴,

$$\frac{\mathrm{d}e_2}{\mathrm{d}e_1} = +\infty, \quad \dot{e}_2 > 0,$$

即相轨迹垂直于该轴, 方向向上, 并且状态 e_2 的运动速度不为零.

图 3.76 为误差系统 (3.311) 的相轨迹. 图中横坐标轴上的箭头为当 $e_2 = 0$ 时的相轨迹的运动方向, 粗实线为 NFTSM 滑模面, 带箭头的细虚线表示上相轨迹的运动方向. 可见, 当 $e_2 = 0$ 时, 系统状态能到达滑动模态 $s = 0$, 则由任意位置出发的状态变量可渐近收敛至滑模面. 定理证毕.

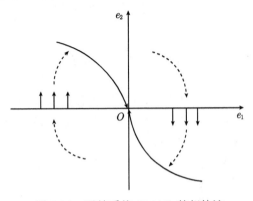

图 3.76   误差系统 (3.311) 的相轨迹

下面设计自适应非奇异快速终端滑模控制器.

在实际的系统中, 由于存在模型误差和外部干扰, 当系统中的不确定性或外部扰动发生变化时, 趋近律中固定的实常数难于调节, 未必再适应新的情况, 从而有可能影响混沌同步的效果, 严重时甚至失去同步. 针对此种情形, 本节将讨论如何设计趋近律和控制器, 以克服不确定性对混沌同步造成的影响.

考虑下列不确定混沌系统:

$$\begin{cases} \dot{y}_1 = y_2, \\ \dot{y}_2 = f(\boldsymbol{y}, t) + \Delta f(\boldsymbol{y}) + d(t) + u(t), \end{cases} \tag{3.321}$$

其中 $u(t) \in \mathbf{R}$ 为控制输入, $f(\cdot)$ 为 t, $\boldsymbol{x}$ 或 $\boldsymbol{y}$ 的非线性函数, $\Delta f(\cdot)$ 为不确定项, 代表系统参数摄动或未建模动态, $d(t)$ 为外部扰动.

由式 (3.321) 减去式 (3.309) 可得到同步误差系统

$$\begin{cases} \dot{e}_1 = e_2, \\ \dot{e}_2 = g(\boldsymbol{e}, t) + \Delta f(\boldsymbol{y}) + d(t) + u(t), \end{cases} \tag{3.322}$$

其中 $g(\boldsymbol{e}, t) = f(\boldsymbol{y}, t) - f(\boldsymbol{x}, t)$.

假设 3.1 不确定项 $\Delta f(\boldsymbol{y})$ 和外部扰动 $d(t)$ 满足不等式

$$\|\Delta f(\boldsymbol{y}) + d(t)\| \leqslant l_0 + l_1 \|y(t)\|, \tag{3.323}$$

其中 l_0 和 l_1 为未知的非负常数.

设 $\hat{l}_0(t)$ 和 $\hat{l}_1(t)$ 分别为 l_0 和 l_1 的估计值, 估计误差表示为

$$\begin{cases} \tilde{l}_0 = \hat{l}_0 - l_0, \\ \tilde{l}_1 = \hat{l}_1 - l_1, \end{cases} \tag{3.324}$$

自适应律为

$$\begin{cases} \dot{\tilde{l}}_0 = \dot{\hat{l}}_0 = k_0^{-1} \dfrac{p}{\beta q} e_2^{\frac{p}{q}-1} \|s(t)\|, \\ \dot{\tilde{l}}_1 = \dot{\hat{l}}_1 = k_1^{-1} \dfrac{p}{\beta q} e_2^{\frac{p}{q}-1} \|y(t)\| \|s(t)\|, \end{cases} \tag{3.325}$$

其中自适应增益 k_0 和 k_1 为正实常数.

基于以上给定的自适应律, 可得到终端滑模自适应控制器

$$u = -\frac{\beta q}{p} \left[(\phi s + \gamma s^{\frac{m}{n}}) + e_2^{2-\frac{p}{q}} \left(1 + \frac{g}{\alpha h} e_1^{\frac{g}{h}-1} \right) \right] - g(\boldsymbol{e}, t) - (\hat{l}_0 + \hat{l}_1 \|\boldsymbol{y}(t)\|) \operatorname{sgn}(s). \tag{3.326}$$

定理 3.19 在控制器 (3.326) 的控制下, 误差系统 (3.322) 将渐近稳定, 从而实现系统 (3.321) 和 (3.309) 的混沌同步.

证明　构造系统的一个 Lyapunov 函数为

$$V = \frac{1}{2}(s^2 + k_0 \tilde{l}_0^2 + k_1 \tilde{l}_1^2), \tag{3.327}$$

则有

$$
\begin{aligned}
\dot{V} &= s\dot{s} + k_0 \tilde{l}_0 \dot{\tilde{l}}_0 + k_1 \tilde{l}_1 \dot{\tilde{l}}_1 \\
&= s\left[-(\phi s + \gamma s^{\frac{m}{n}}) + \frac{p}{\beta q}(\Delta f(\boldsymbol{y}) + d(t) - (\hat{l}_0 + \hat{l}_1 \|\boldsymbol{y}(t)\|)\mathrm{sgn}(s)) \right] e_2^{\frac{p}{q}-1} \\
&\quad + k_0(\hat{l}_0 - l_0)\dot{\hat{l}}_0 + k_1(\hat{l}_1 - l_1)\dot{\hat{l}}_1 \\
&\leqslant \left[-(\varphi s^2 + \gamma s^{\frac{m}{n}+1}) + \frac{p}{\beta q}((l_0 + l_1 \|\boldsymbol{y}(t)\|) - (\hat{l}_0 + \hat{l}_1 \|\boldsymbol{y}(t)\|))|s| \right] e_2^{\frac{p}{q}-1} \\
&\quad + \frac{p}{\beta q}((\hat{l}_0 + \hat{l}_1 \|\boldsymbol{y}(t)\|) - (l_0 + l_1 \|\boldsymbol{y}(t)\|))|s| \, e_2^{\frac{p}{q}-1} \\
&= -(\phi s^2 + \gamma s^{\frac{m}{n}+1}) e_2^{\frac{p}{q}-1}, \tag{3.328}
\end{aligned}
$$

因为 m, n, p, q 均为奇数, 则有 $\dot{V} \leqslant 0$. 定理得证.

注 3.1　为了消除抖振, 使用饱和函数 $\mathrm{sat}(s/\Delta)$ 代替符号函数 $\mathrm{sgn}(s)$.

3) 仿真实验

首先采用终端滑模控制. 以 Lorenz 混沌系统为例, 证明了误差系统的运动满足到达条件, 并且滑模面上形成了渐近稳定的滑动模态, 从而最终实现了 Lorenz 混沌系统的自同步.

Lorenz 混沌系统为典型的混沌系统, 其模型方程如下:

$$
\begin{cases}
\dot{x}_1 = \delta(x_2 - x_1), \\
\dot{x}_2 = rx_1 - x_2 - x_1 x_3, \\
\dot{x}_3 = x_1 x_2 - bx_3,
\end{cases} \tag{3.329}
$$

其中 x_1, x_2 和 x_3 为状态变量. 当参数 $\delta = 10, r = 28$ 和 $b = 8/3$ 时, Lorenz 系统处于混沌状态.

根据混沌同步的概念, 响应系统可以写成

$$
\begin{cases}
\dot{y}_1 = \delta(y_2 - y_1), \\
\dot{y}_2 = ry_1 - y_2 - y_1 y_3 + u_1, \\
\dot{y}_3 = y_1 y_2 - by_3 + u_2,
\end{cases} \tag{3.330}
$$

其中 $\boldsymbol{u} = (u_1, u_2)^{\mathrm{T}}$ 为控制变量. 于是驱动和响应系统的同步误差方程为

$$
\begin{cases}
\dot{e}_1 = \delta(e_2 - e_1), \\
\dot{e}_2 = re_1 - e_2 - e_1(x_3 + e_3) - x_1 e_3 + u_1, \\
\dot{e}_3 = e_1(x_2 + e_2) + x_1 e_2 - be_3 + u_2.
\end{cases} \tag{3.331}
$$

定义新状态 $\boldsymbol{Z} = (z_1, z_2)^{\mathrm{T}} = \boldsymbol{P}(e_1, e_2)^{\mathrm{T}}$, 其中变换矩阵

$$\boldsymbol{P} = \begin{pmatrix} \dfrac{1}{\delta} & 0 \\ -1 & 1 \end{pmatrix},$$

则有

$$\begin{cases} \dot{z}_1 = z_2, \\ \dot{z}_2 = (r - x_3 - e_3 - 1)\delta z_1 - (\delta + 1)z_2 - x_1 e_3 + u_1, \\ \dot{e}_3 = e_1(x_2 + e_2) + x_1 e_2 - b e_3 + u_2. \end{cases} \tag{3.332}$$

根据式 (3.317) 得实现混沌同步的变结构控制器为

$$\begin{aligned} u_1 = -\frac{\beta q}{p} \left[(\varphi s + \gamma s^{\frac{m}{n}}) + e_2^{2-\frac{p}{q}} \left(l + \frac{g}{\alpha h} e_1^{\frac{g}{h}-1} \right) \right] \\ - ((r - x_3 - e_3 - 1)\delta z_1 - (\delta + 1)z_2 - x_1 e_3), \end{aligned} \tag{3.333}$$

选取参数 $p = 5, q = 3, g = 7, h = 3, \alpha = 7, \beta = 2, m = 1, n = 3, \phi = 1.2, \gamma = 1.2$.

在控制器 u_1 的控制下, $\boldsymbol{Z} = (z_1, z_2)^{\mathrm{T}}$ 将进入滑模面 (3.312), 并最终到达衡点. 此时有 e_1 和 e_2 为零, 于是式 (3.332) 中的第三式变为

$$\dot{e}_3 = -b e_3 + u_2. \tag{3.334}$$

取

$$u_2 = -3 e_3^{\frac{5}{7}},$$

可知在一段时间内使得 e_3 恒为零, 从而驱动系统 (3.329) 和响应系统 (3.330) 实现了完全同步.

设主动系统 (3.329) 和受控的被动系统 (3.330) 的初始条件分别为

$$\boldsymbol{x}(0) = (3.0, 1.0, 0.1)^{\mathrm{T}}, \quad \boldsymbol{y}(0) = (0.2, -0.5, -0.2)^{\mathrm{T}},$$

可得仿真结果如图 3.77 所示. 从图 3.77 中可以看出, 同步误差 e_1, e_2 和 e_3 很快就收敛到零, 从而 Lorenz 混沌系统 (3.329) 和 (3.330) 达到了完全同步. 这与上面理论分析的结果是一致的.

其次, 采用自适应终端滑模控制. 为了验证自适应控制方法的有效性, 考虑如下的两个 Duffing-Holmes 混沌系统

$$\begin{cases} \dot{x}_1 = x_2, \\ \dot{x}_2 = -p_1 x_1 - p_2 x_2 - x_1^3 + q_1 \cos(\omega t), \end{cases} \tag{3.335}$$

$$\begin{cases} \dot{y}_1 = y_2, \\ \dot{y}_2 = -p_1 y_1 - p_2 y_2 - y_1^3 + q_1 \cos(\omega t) + \Delta f(\boldsymbol{y}) + d(t) + u, \end{cases} \tag{3.336}$$

其中 $\Delta f(\boldsymbol{y})$ 为不确定项, $d(t)$ 为外部扰动.

令系统 (3.335) 作为主动系统, 系统 (3.336) 作为受控的被动系统. 可得误差系统为

$$\begin{cases} \dot{e}_1 = e_2, \\ \dot{e}_2 = -p_1 e_1 - p_2 e_2 - y_1^3 + x_1^3 + \Delta f(\boldsymbol{y}) + d(t) + u(t). \end{cases} \tag{3.337}$$

为了简便起见, 令不确定项 $\Delta f(\boldsymbol{y}) = 5y_1$, 外干扰项 $d(t) = 3\sin(t)$. 实际上, 不需要知道它们的具体形式, 只需要知道它们满足假设条件即可.

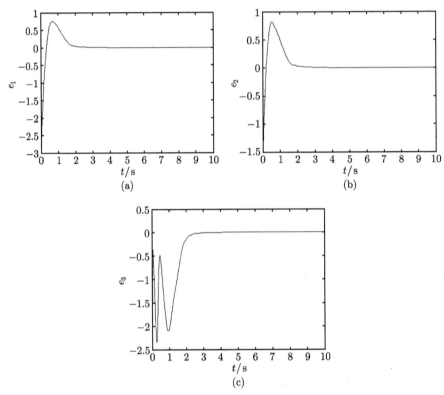

图 3.77 系统 (3.329) 和系统 (3.330) 的同步误差曲线

根据式 (3.326) 得实现混沌同步的变结构控制器为

$$u = -\frac{\beta q}{p} \left[(\phi s + \gamma s^{\frac{m}{n}}) + e_2^{2-\frac{p}{q}} \left(1 + \frac{g}{\alpha h} e_1^{\frac{g}{h}-1} \right) \right]$$
$$- (-p_1 e_1 - p_2 e_2 - y_1^3 + x_1^3) - (\hat{l}_0 + \hat{l}_1 \|y(t)\|) \mathrm{sgn}(s).$$

自适应律采用式 (3.325), 取自适应增益 $k_0 = k_1 = 0.05$. 选取参数 $p = 5, q = 3, g = 7, h = 3, \alpha = 7, \beta = 2, m = 1, n = 3, \phi = 1.2, \gamma = 1.2$.

设主动系统 (3.335) 和受控的被动系统 (3.336) 的初始条件分别为

$$\boldsymbol{x}(0) = (0.1, 0.1)^{\mathrm{T}}, \quad \boldsymbol{y}(0) = (-0.5, -0.5)^{\mathrm{T}},$$

可得仿真结果如图 3.78 和图 3.79 所示. 从图 3.78 可以看出, 同步误差 e_1 和 e_2 很快就收敛到零, 即主动系统 (3.335) 和受控的被动系统 (3.336) 实现了完全同步. 由图 3.79 可见, 未知参数的估计值 $\hat{l}_0$ 和 $\hat{l}_1$ 很快趋于稳定, 即未知参数 l_0 和 l_1 被辨识出来. 虽然受控系统存在不确定项和外干扰, 但是通过上述滑模变结构控制仍然较好地实现了混沌同步.

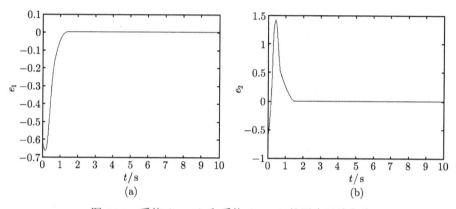

图 3.78 系统 (3.335) 和系统 (3.336) 的同步误差曲线

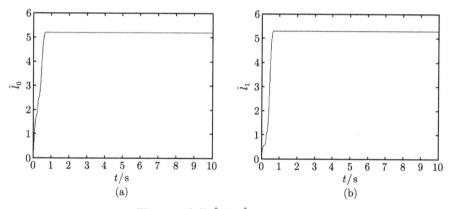

图 3.79 参数 $\hat{l}_0$ 和 $\hat{l}_1$ 的收敛曲线

4) 小结

本小节将非奇异快速终端滑模的概念引入到一类混沌系统同步中, 设计了同步控制器, 使系统状态变量能以较快的速度到达滑模面, 并最终收敛到平衡点. 同时, 考虑参数的不确定性和外部扰动, 设计出一种新终端滑模自适应控制器. 最后, 进行仿真试验, 验证该同步策略的可行性和有效性.

3.3.4   基于状态观测器实现蔡氏超混沌系统的同步

本小节基于全维状态观测器理论, 以单向耦合蔡氏超混沌系统为研究对象, 实现了高维超混沌系统的同步. 该方法简单, 同步速度快, 并且同步精度高, 同样适用于其他混沌系统. 应用文献 [83] 中的计算机仿真方法, 验证了该方案的有效性.

构造高维超混沌系统并非易事. 这里借鉴了 Kocarev 和 Parlitza 利用熟悉的低维弱混沌系统 (具有一个正的 Lyapunov 指数) 来构造高维混沌系统的方法[84]. 1995 年, Kocarev 和 Parliza[84] 曾把两个蔡氏电路通过单向耦合, 构成一个如下 6 维的系统:

$$\begin{cases} \dot{x}_1 = \alpha(x_2 - x_1 - f(x_1)), \\ \dot{x}_2 = x_1 - x_2 + x_3 + m(x_5 - x_2), \\ \dot{x}_3 = -\beta x_2, \\ \dot{x}_4 = \alpha(x_5 - x_4 - f(x_4)), \\ \dot{x}_5 = x_4 - x_5 + x_6, \\ \dot{x}_6 = -\beta x_5, \end{cases} \tag{3.338}$$

其中参数 α, β、a 和 b 为常数, m 为耦合系数, 并且 $f(x_1) = bx_1 + (a - b)(|x_1 + 1| - |x_1 - 1|)/2$, $f(x_4) = bx_4 + (a - b)(|x_4 + 1| - |x_4 - 1|)/2$. 选取参数 $m = 0.02$, $\alpha = 9.78$, $\beta = 14.97$, $a = -1.27$ 和 $b = -0.68$, Kocarev 和 Parliza[84] 求出了系统 (3.338) 有两个正的 Lyapunov 指数 $\lambda_1 = 0.431$, $\lambda_2 = 0.412$. 此时, 系统 (3.338) 是超混沌的. 图 3.80 给出了对应的超混沌吸引子在 $x_i - x_j(i, j = 1, 2, 3, 4, i \neq j)$ 平面上的投影.

设驱动系统为

$$\begin{cases} \dot{\boldsymbol{x}} = \boldsymbol{A}\boldsymbol{x} + \boldsymbol{B}\boldsymbol{f}(x) + \boldsymbol{c}, \\ \boldsymbol{y} = \boldsymbol{k}\boldsymbol{x} + \boldsymbol{f}(\boldsymbol{x}), \end{cases} \tag{3.339}$$

其中 $\boldsymbol{x} \in \mathbf{R}^{n \times 1}$ 为状态向量, $\boldsymbol{A} \in \mathbf{R}^{n \times n}$, $\boldsymbol{B} \in \mathbf{R}^{n \times m}$, $\boldsymbol{c} \in \mathbf{R}^{n \times 1}$ 为常数向量, $\boldsymbol{f} : \mathbf{R}^n \to \mathbf{R}^m (m \leqslant n)$, $\boldsymbol{f}(\boldsymbol{x})$ 为非线性映射, $\boldsymbol{A}\boldsymbol{x}$ 为线性部分, $\boldsymbol{B}\boldsymbol{f}(\boldsymbol{x})$ 为非线性部分, $\boldsymbol{y}$ 为系统输出, $\boldsymbol{k}$ 为待定增益常向量.

利用状态观测器理论, 取驱动系统输出 $\boldsymbol{y}$ 与响应系统输出 $\hat{\boldsymbol{y}}$ 之差作为修正量, 将其增益矩阵 $\boldsymbol{L}$ 反馈送回, 在非线性系统 $\{\boldsymbol{A}, \boldsymbol{B}, \boldsymbol{k}\}$ 满足一定条件的情况下, 通过适当选取增益矩阵 $\boldsymbol{L}$ 和 $\boldsymbol{k}$ 实现混沌信号的同步, 则全维状态观测器的动态方程为

$$\begin{cases} \dot{\hat{\boldsymbol{x}}} = \boldsymbol{A}\hat{\boldsymbol{x}} + \boldsymbol{B}\boldsymbol{f}(\hat{\boldsymbol{x}}) + \boldsymbol{L}(\boldsymbol{y} - \hat{\boldsymbol{y}}) + \boldsymbol{c}, \\ \hat{\boldsymbol{y}} = \boldsymbol{k}\hat{\boldsymbol{x}} + \boldsymbol{f}(\hat{\boldsymbol{x}}), \end{cases} \tag{3.340}$$

其中 $\hat{\boldsymbol{x}}$ 为观测器状态向量, $\hat{\boldsymbol{y}}$ 为观测器输出向量, $\boldsymbol{L}$ 为增益矩阵.

令 $\boldsymbol{L} = \boldsymbol{B}$, 则式 (3.340) 可简化为

$$\begin{cases} \dot{\hat{\boldsymbol{x}}} = (\boldsymbol{A} - \boldsymbol{B}\boldsymbol{k})\hat{\boldsymbol{x}} + \boldsymbol{B}\boldsymbol{y} + \boldsymbol{c}, \\ \hat{\boldsymbol{y}} = \boldsymbol{k}\hat{\boldsymbol{x}} + \boldsymbol{f}(\hat{\boldsymbol{x}}), \end{cases} \tag{3.341}$$

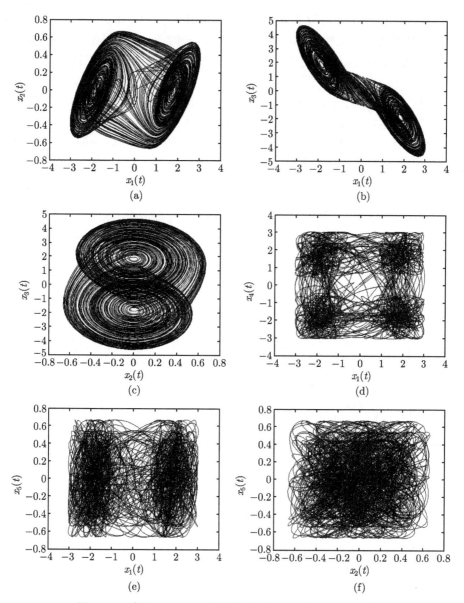

图 3.80 系统 (3.338) 的超混沌吸引子在二维平面上的投影

定理 3.20 如果 $n \times n$ 矩阵 $(\boldsymbol{B}, \boldsymbol{AB}, \boldsymbol{A}^2\boldsymbol{B}, \cdots, \boldsymbol{A}^{n-1}\boldsymbol{B})$ 满秩, 适当选择 $\boldsymbol{k}$, 使得 $(\boldsymbol{A} - \boldsymbol{Bk})$ 的所有特征值位于左半开平面, 则式 (3.341) 就是式 (3.339) 的一个全局状态观测器.

证明 式 (3.339) 和式 (3.341) 的误差系统的动态方程为

$$\dot{\boldsymbol{e}} = \dot{\hat{\boldsymbol{x}}} - \dot{\boldsymbol{x}} = \boldsymbol{A}(\hat{\boldsymbol{x}} - \boldsymbol{x}) - \boldsymbol{B}\left[\boldsymbol{f}(\hat{\boldsymbol{x}}) - \boldsymbol{f}(\boldsymbol{x}) + \hat{\boldsymbol{y}} - \boldsymbol{y}\right] = \boldsymbol{Ae} - \boldsymbol{Bke} = \boldsymbol{Ae} + \boldsymbol{Bu}. \quad (3.342)$$

式 (3.342) 为一个线性时不变的单输入系统, 其中 $u = -ke$ 相当于状态反馈. 由条件可知, 原点是它的全局稳定不动点, 即当 $t \to \infty$ 时, $e \to \mathbf{0}$, 因而 $\hat{x} \to x$. 证毕.

通过极点配置方法, 能使 (A, B) 可控, 则可实现对同步建立时间的控制和调节.

定理 3.21　对由式 (3.339) 所给出的 n 维非线性定常系统, 若 (A, B) 为能控, 则可通过选择增益常向量 k 来任意配置 $(A - Bk)$ 的全部特征值.

证明　由定理 3.20 的证明可知, 式 (3.342) 中的 $u = -ke$ 扮演着状态反馈的角色, 并且误差系统可视为线性系统. 根据极点配置问题的基本结论可以得到, 对于任给 n 个实数或共轭复数特征值 $\{\lambda_1^*, \lambda_2^*, \cdots, \lambda_n^*\}$, 都存在实常向量 c, 使得

$$\lambda_i(A - Bc) = \lambda_i^*, \quad i = 1, 2, \cdots, n$$

成立, 故当 $k = c$ 时也能使之成立, 即可任意配置 $(A - Bk)$ 的全部特征值. 证毕.

把式 (3.338) 改写成如下的矩阵形式:

$$\begin{cases} \dot{x} = \begin{pmatrix} -\alpha & \alpha & 0 & 0 & 0 & 0 \\ 1 & -m-1 & 1 & 0 & m & 0 \\ 0 & -\beta & 0 & 0 & 0 & 0 \\ 0 & 0 & 0 & -\alpha & \alpha & 0 \\ 0 & 0 & 0 & 1 & -1 & 1 \\ 0 & 0 & 0 & 0 & -\beta & 0 \end{pmatrix} x + \begin{pmatrix} -\alpha & 0 \\ 0 & 0 \\ 0 & 0 \\ 0 & 0 \\ 0 & -\alpha \\ 0 & 0 \end{pmatrix} \begin{pmatrix} f(x_1) \\ f(x_4) \end{pmatrix}, \\ \dot{y} = kx + \begin{pmatrix} f(x_1) \\ f(x_4) \end{pmatrix}, \end{cases} \tag{3.343}$$

可求出矩阵 $(B, AB, A^2B, \cdots, A^{n-1}B)$ 的秩为 6, 故全维状态观测器可表示为

$$\begin{cases} \dot{\hat{x}} = \begin{pmatrix} -\alpha & \alpha & 0 & 0 & 0 & 0 \\ 1 & -m-1 & 1 & 0 & m & 0 \\ 0 & -\beta & 0 & 0 & 0 & 0 \\ 0 & 0 & 0 & -\alpha & \alpha & 0 \\ 0 & 0 & 0 & 1 & -1 & 1 \\ 0 & 0 & 0 & 0 & -\beta & 0 \end{pmatrix} \hat{x} + \begin{pmatrix} -\alpha & 0 \\ 0 & 0 \\ 0 & 0 \\ 0 & 0 \\ 0 & -\alpha \\ 0 & 0 \end{pmatrix} \begin{pmatrix} f(x_1) \\ f(x_4) \end{pmatrix} \\ \quad + \begin{pmatrix} -\alpha & 0 \\ 0 & 0 \\ 0 & 0 \\ 0 & 0 \\ 0 & -\alpha \\ 0 & 0 \end{pmatrix} (y - \hat{y}), \\ \dot{\hat{y}} = k\hat{x} + \begin{pmatrix} f(x_1) \\ f(x_4) \end{pmatrix}, \end{cases} \tag{3.344}$$

误差动态系统为

$$
\dot{e} = \left[\begin{pmatrix} -\alpha & \alpha & 0 & 0 & 0 & 0 \\ 1 & -m-1 & 1 & 0 & m & 0 \\ 0 & -\beta & 0 & 0 & 0 & 0 \\ 0 & 0 & 0 & -\alpha & \alpha & 0 \\ 0 & 0 & 0 & 1 & -1 & 1 \\ 0 & 0 & 0 & 0 & -\beta & 0 \end{pmatrix} - \begin{pmatrix} -\alpha & 0 \\ 0 & 0 \\ 0 & 0 \\ 0 & 0 \\ 0 & -\alpha \\ 0 & 0 \end{pmatrix} k \right] e, \qquad (3.345)
$$

其中

$$
k = \begin{pmatrix} k_{11} & k_{12} & k_{13} & k_{14} & k_{15} & k_{16} \\ k_{21} & k_{22} & k_{23} & k_{24} & k_{25} & k_{26} \end{pmatrix}.
$$

利用极点配置法, 选择极点位置为

$$
P = (-40, -20, -15+0.5\mathrm{i}, -15-0.5\mathrm{i}, -4+0.2\mathrm{i}, -4-0.2\mathrm{i}),
$$

可得到

$$
k = \begin{pmatrix} -3.0185 & -42.713 & 4.2566 & -0.5156 & -9.3006 & 1.6584 \\ -0.5322 & -8.5451 & -0.7170 & -4.7954 & -75.3566 & -10.4514 \end{pmatrix}.
$$

(a)

(b)

(c)

(d)

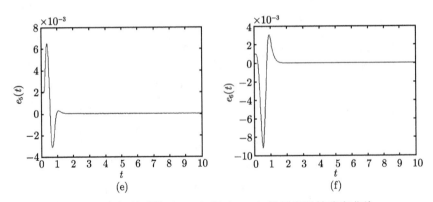

图 3.81　超混沌系统 (3.343) 和 (3.344) 的同步误差响应曲线

选取初始值 $x_1(0) = 0.010$, $x_2(0) = 0.011$, $x_3(0) = 0.012$, $x_4(0) = 0.013$, $x_5(0) = 0.014$, $x_6(0) = 0.011$, $\hat{x}_1(0) = 3.012$, $\hat{x}_2(0) = 0.012$, $\hat{x}_3(0) = 0.012$, $\hat{x}_4(0) = 0.012$, $\hat{x}_5(0) = 0.012$, $\hat{x}_6(0) = 0.010$, 研究了系统 (3.343) 和 (3.344) 的同步, 图 3.81 为数值模拟结果. 由图 3.81 可见, 超混沌系统的 6 个状态变量均在 2s 内达到完全同步. 这说明该方法同步速度快, 同步性能比较理想. 由超混沌系统 (3.343) 和 (3.344) 的对应变量关系图 3.82 可见, 同步建立时间很短, 实现效果比较理想.

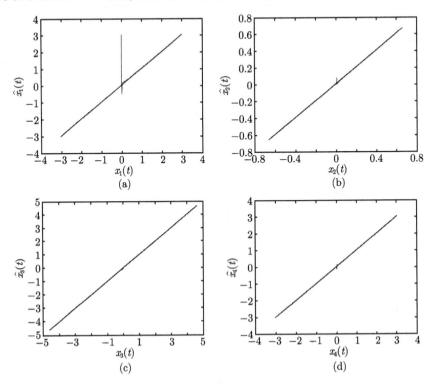

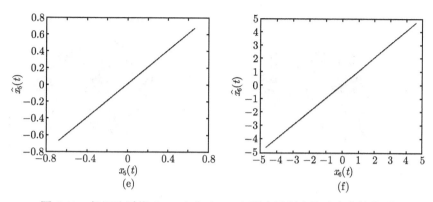

图 3.82 超混沌系统 (3.343) 和 (3.344) 同步过程中的对应变量关系图

3.3.5 一种新的超混沌 Lorenz 系统的全局同步

1979 年, Rössler 曾给出了超混沌的概念[41]. 超混沌系统有多个正的 Lyapunov 指数, 其动力学特征具有更加复杂的特点, 应用前景更为广泛. 本小节针对王兴元等最近提出的一种新的超混沌 Lorenz 系统[85], 分析了其实现全局同步的充分条件, 并利用数值仿真实验证明了这两种方法的有效性. 为了更详细地描述全局同步方法, 除了给出非线性反馈的例子, 还给出了线性耦合实现全局同步的案例.

王兴元等的新超混沌 Lorenz 系统[85] 可表示为

$$\begin{cases} \dot{x} = a(y-x) + w, \\ \dot{y} = cx - y - xz, \\ \dot{z} = xy - bz, \\ \dot{w} = -yz + dw. \end{cases} \tag{3.346}$$

当参数 $a = 10, b = 8/3, c = 28, d = -1$ 时, 系统 (3.315) 是超混沌的[85]. 图 3.83 为对应的超混沌 Lorenz 吸引子在二维平面的投影.

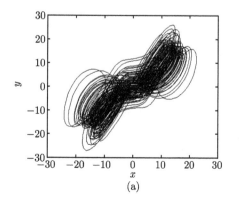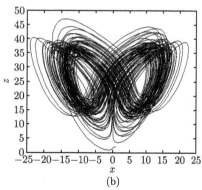

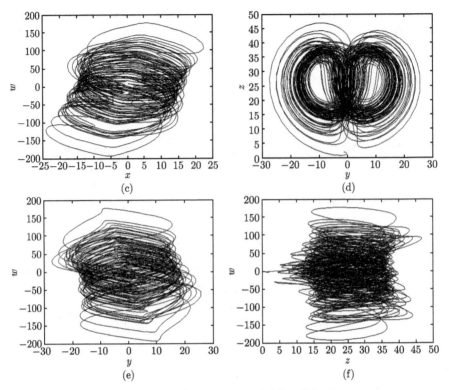

图 3.83   超混沌 Lorenz 吸引子的二维投影

系统 (3.346) 可写成如下矩阵形式:

$$\dot{\boldsymbol{x}} = \boldsymbol{A}\boldsymbol{x} + \boldsymbol{f}(\boldsymbol{x}), \tag{3.347}$$

其中

$$\boldsymbol{x} = (x_1, x_2, x_3, x_4)^{\mathrm{T}}, \quad \boldsymbol{A} = \begin{pmatrix} -a & a & 0 & 1 \\ c & -1 & 0 & 0 \\ 0 & 0 & -b & 0 \\ 0 & 0 & 0 & d \end{pmatrix}, \quad \boldsymbol{f}(\boldsymbol{x}) = \begin{pmatrix} 0 \\ -x_1 x_3 \\ x_1 x_2 \\ -x_2 x_3 \end{pmatrix}.$$

系统 (3.347) 的耦合系统为

$$\dot{\boldsymbol{y}} = \boldsymbol{A}\boldsymbol{y} + \boldsymbol{f}(\boldsymbol{y}) + \boldsymbol{K}(\boldsymbol{x} - \boldsymbol{y}), \tag{3.348}$$

其中 $\boldsymbol{K}$ 为耦合强度矩阵. 记耦合系统 (3.348) 与 (3.347) 的误差

$$\dot{\boldsymbol{e}} = \boldsymbol{y} - \boldsymbol{x} = [e_1, e_2, e_3, e_4]^{\mathrm{T}}, \quad e_i = y_i - x_i, i = 1, 2, 3, 4,$$

则其误差系统为

$$\dot{\boldsymbol{e}} = \boldsymbol{A}\boldsymbol{e} + (\boldsymbol{f}(\boldsymbol{y}) - \boldsymbol{f}(\boldsymbol{x})) - \boldsymbol{K}\boldsymbol{e}, \tag{3.349}$$

其中

$$f(y) - f(x) = \begin{pmatrix} 0 \\ -y_1 y_3 + x_1 x_3 \\ y_1 y_2 - x_1 x_2 \\ -y_2 y_3 + x_2 x_3 \end{pmatrix} = \begin{pmatrix} 0 & 0 & 0 & 0 \\ -y_3 & 0 & -x_1 & 0 \\ y_2 & x_1 & 0 & 0 \\ 0 & -y_3 & -x_2 & 0 \end{pmatrix} \begin{pmatrix} e_1 \\ e_2 \\ e_3 \\ e_4 \end{pmatrix} = \boldsymbol{B} \boldsymbol{e},$$

$$\boldsymbol{B} = \begin{pmatrix} 0 & 0 & 0 & 0 \\ -y_3 & 0 & -x_1 & 0 \\ y_2 & x_1 & 0 & 0 \\ 0 & -y_3 & -x_2 & 0 \end{pmatrix}.$$

当 $t \to \infty$ 时, 系统误差 $e_i \to 0 (i = 1, 2, 3, 4)$, 即

$$\lim_{t \to \infty} \boldsymbol{e} = \boldsymbol{0},$$

耦合系统 (3.348) 和 (3.347) 达到同步.

1) 线性耦合同步

若系统 (3.348) 的耦合矩阵为常值矩阵, 则称系统 (3.348) 和 (3.347) 为线性耦合. 为了控制器简便起见, 可取

$$\boldsymbol{K} = \mathrm{diag}(k_1, k_2, k_3, k_4), \quad k_i > 0, i = 1, 2, 3, 4$$

为待定参数, 则误差系统 (3.349) 为

$$\dot{\boldsymbol{e}} = \boldsymbol{A} \boldsymbol{e} + \boldsymbol{B} \boldsymbol{e} - \boldsymbol{K} \boldsymbol{e}. \tag{3.350}$$

由于超混沌系统 (3.347) 是有界的, 记

$$M = \max_{i=1,2,3,4} \{|x_i|\} = \max_{i=1,2,3,4} \{|y_i|\}, \quad \tilde{\boldsymbol{e}} = (|e_1|, |e_2|, |e_3|, |e_4|)^{\mathrm{T}}.$$

因为

$$\boldsymbol{e}^{\mathrm{T}} \boldsymbol{B} \boldsymbol{e} \leqslant M \tilde{\boldsymbol{e}}^{\mathrm{T}} \boldsymbol{B}_1 \tilde{\boldsymbol{e}} = M \tilde{\boldsymbol{e}}^{\mathrm{T}} \tilde{\boldsymbol{B}} \tilde{\boldsymbol{e}} \leqslant M \lambda_{\max}(\tilde{\boldsymbol{B}}) \boldsymbol{e}^{\mathrm{T}} \boldsymbol{e},$$

其中

$$\boldsymbol{B}_1 = \begin{pmatrix} 0 & 0 & 0 & 0 \\ 1 & 0 & 1 & 0 \\ 1 & 1 & 0 & 0 \\ 0 & 1 & 1 & 0 \end{pmatrix}, \quad \tilde{\boldsymbol{B}} = \frac{1}{2}(\boldsymbol{B}_1 + \boldsymbol{B}_1^{\mathrm{T}}) = \begin{pmatrix} 0 & 0.5 & 0.5 & 0 \\ 0.5 & 0 & 1 & 0.5 \\ 0.5 & 1 & 0 & 0.5 \\ 0 & 0.5 & 0.5 & 0 \end{pmatrix},$$

$\lambda_{\max}(\cdot)$ 为 $(\cdot)$ 的最大特征值. 故若记

$$m_{\boldsymbol{B}} = \lambda_{\max}(\tilde{\boldsymbol{B}}) \approx 1.618,$$

则有

$$e^{\mathrm{T}}Be \leqslant Mm_B e^{\mathrm{T}}e.$$

又记

$$m_A = \lambda_{\max}\left(\frac{A + A^{\mathrm{T}}}{2}\right),$$

因为 A 为常值矩阵, 故 m_A 为一定值. 现取 A 中参数 $a = 10, b = 8/3, c = 28, d = -1$, 则

$$A = \begin{pmatrix} -10 & 10 & 0 & 1 \\ 28 & -1 & 0 & 0 \\ 0 & 0 & -8/3 & 0 \\ 0 & 0 & 0 & -1 \end{pmatrix}, \quad m_A \approx 14.032.$$

定理 3.22　当系统 (3.348) 中耦合强度矩阵

$$K = \mathrm{diag}(k_1, k_2, k_3, k_4)$$

满足

$$k_i > m_A + Mm_B, \quad i = 1, 2, 3, 4$$

时, 耦合系统 (3.348) 和 (3.347) 在全局范围内同步.

证明　取 Lyapunov 函数

$$V(e) = \frac{1}{2}e^{\mathrm{T}}e,$$

它沿误差系统 (6.350) 对 t 的导数为

$$\begin{aligned} \dot{V} = e^{\mathrm{T}}\dot{e} = e^{\mathrm{T}}(Ae + Be - Ke) &\leqslant e^{\mathrm{T}}\frac{A + A^{\mathrm{T}}}{2}e + Mm_B e^{\mathrm{T}}e - e^{\mathrm{T}}Ke \\ &\leqslant m_A e^{\mathrm{T}}e + Mm_B e^{\mathrm{T}}e - e^{\mathrm{T}}Ke \\ &= e^{\mathrm{T}}(m_A I + Mm_B I - K)e = e^{\mathrm{T}}Pe, \end{aligned}$$

其中

$$P = \mathrm{diag}(m_A + Mm_B - k_1, m_A + Mm_B - k_2, m_A + Mm_B - k_3, m_A + Mm_B - k_4).$$

显然, 当 k_i 满足 $k_i > m_A + Mm_B(i = 1, 2, 3, 4)$ 时, P 负定, 从而 $\dot{V} < 0$. 此时, 误差系统 (3.350) 在原点附近全局渐近稳定, 即对于任意的初始条件 $x(0)$ 和 $y(0)$, 均有

$$\lim_{t\to\infty} e = 0.$$

上述线性耦合的方法需要估计系统 (3.347) 的界, 而目前系统 (3.347) 确切的界未知, 为了克服这一不足, 下面接着给出非线性耦合同步的方法.

2) 非线性耦合同步

若取系统 (3.348) 中的耦合矩阵为

$$K = \begin{pmatrix} \tilde{k}_1 & -y_3 & y_2 & 0 \\ 0 & \tilde{k}_2 & 0 & -y_3 \\ 0 & 0 & \tilde{k}_3 & -x_2 \\ 0 & 0 & 0 & \tilde{k}_4 \end{pmatrix},$$

其中 $\tilde{k}_i \geqslant 0 (i = 1, 2, 3, 4)$ 为待定参数, 则可称系统 (3.348) 与 (3.347) 为非线性耦合的. 此时, 误差系统 (3.349) 为

$$\dot{e} = Ae + (B - K)e, \tag{3.351}$$

其中

$$B - K = \begin{pmatrix} -\tilde{k}_1 & y_3 & y_2 & 0 \\ -y_3 & -\tilde{k}_2 & -x_1 & y_3 \\ y_2 & x_1 & -\tilde{k}_3 & x_2 \\ 0 & -y_3 & -x_2 & -\tilde{k}_4 \end{pmatrix},$$

则有

$$\frac{1}{2}[(B - K) + (B - K)^{\mathrm{T}}] = \mathrm{diag}(-\tilde{k}_1, -\tilde{k}_2, -\tilde{k}_3, -\tilde{k}_4) = \tilde{K}.$$

定理 3.23 当系统 (3.348) 中,

$$K = \begin{pmatrix} 0 & -y_3 & y_2 & 0 \\ 0 & \tilde{k}_2 & 0 & -y_3 \\ 0 & 0 & 0 & -x_2 \\ 0 & 0 & 0 & \tilde{k}_4 \end{pmatrix},$$

并且有

$$\tilde{k}_2 > \frac{(a + c)^2}{4a} - 1, \quad \tilde{k}_4 > d - \frac{1 + \tilde{k}_2}{(a + c)^2 - 4a(1 + \tilde{k}_2)} \tag{3.352}$$

时, 耦合系统 (3.348) 和 (3.347) 在全局范围内同步.

证明 取 Lyapunov 函数

$$V(e) = \frac{1}{2}e^{\mathrm{T}}e,$$

它沿误差系统 (3.351) 对 t 的导数为

$$\dot{V} = e^{\mathrm{T}}\dot{e} = e^{\mathrm{T}}Ae + e^{\mathrm{T}}(B - K)e = e^{\mathrm{T}}\frac{A + A^{\mathrm{T}}}{2}e + e^{\mathrm{T}}\tilde{K}e = e^{\mathrm{T}}\tilde{P}e,$$

其中

$$\tilde{P} = \begin{pmatrix} -a - \tilde{k}_1 & \dfrac{a + c}{2} & 0 & \dfrac{1}{2} \\ \dfrac{a + c}{2} & -1 - \tilde{k}_2 & 0 & 0 \\ 0 & 0 & -b - \tilde{k}_3 & 0 \\ \dfrac{1}{2} & 0 & 0 & d - \tilde{k}_4 \end{pmatrix}.$$

若 $\tilde{\boldsymbol{P}}$ 负定, 则要求 k_1, k_2, k_3, k_4 必须同时满足如下条件:

$$\begin{cases} \Delta_1 = -a - \tilde{k}_1 < 0, \\[2mm] \Delta_2 = (a + \tilde{k}_1)(1 + \tilde{k}_2) - \dfrac{(a+c)^2}{4} > 0, \\[2mm] \Delta_3 = -(b + \tilde{k}_3)\Delta_2 < 0, \\[2mm] \Delta_4 = (d - \tilde{k}_4)\Delta_3 - \dfrac{1}{4}(1 + \tilde{k}_2)(b + \tilde{k}_3) > 0, \end{cases} \qquad (3.353)$$

故可取 $\tilde{k}_1 = \tilde{k}_3 = 0$, 并且 $\tilde{k}_2, \tilde{k}_4$ 满足式 (3.352). 此时 $\tilde{\boldsymbol{P}}$ 负定, 从而 $\dot{V} < 0$, 故误差系统 (3.351) 在原点全局渐近稳定, 即对任意的初始条件 $\boldsymbol{x}(0)$ 和 $\boldsymbol{y}(0)$, 均有

$$\lim_{t \to \infty} \boldsymbol{e} = \boldsymbol{0}.$$

3) 数值仿真

选取时间步长为 $\tau = 0.001\mathrm{s}$, 采用四阶 Runge-Kutta 法去求解方程 (3.350) 和 (3.351), 分别采用线性耦合与非线性耦合方法研究了系统 (3.347) 与 (3.348) 的全局同步. 为使驱动系统 (3.347) 处于混沌状态, 选取控制参数为 $a = 10$, $b = 8/3$, $c = 28$ 和 $d = -1$.

图 3.84 为利用线性耦合法得到的驱动系统 (3.347) 和响应系统 (3.348) 的同步过程模拟结果, 其中驱动系统 (3.347) 和响应系统 (3.348) 的初始点分别选取为 $x_1(0) = 4$, $x_2(0) = 8$, $x_3(0) = 2$ 和 $x_4(0) = 3$, $y_1(0) = 5$, $y_2(0) = 7$, $y_3(0) = -1$ 和 $y_4(0) = 6$. 因此, 误差系统 (3.349) 的初始值为 $e_1(0) = 1$, $e_2(0) = -1$, $e_3(0) = -3$ 和 $e_4(0) = 3$. 由图 3.84, 可选取 $M = 200$ 为系统 (3.347) 和 (3.348) 的上界, 经计算得

$$m_A \approx 14.032, \quad m_B = \lambda_{\max}(\tilde{\boldsymbol{B}}) \approx 1.618.$$

为满足

$$k_i > m_A + M m_B, \quad i = 1, 2, 3, 4,$$

选取反馈增益 $k_1 = 340$, $k_2 = 345$, $k_3 = 350$ 和 $k_4 = 355$. 由误差效果图 3.84 可见, 当 t 接近 $0.017\mathrm{s}$, $0.012\mathrm{s}$, $0.014\mathrm{s}$ 和 $0.018\mathrm{s}$ 时, 误差 $e_1(t)$, $e_2(t)$, $e_3(t)$ 和 $e_4(t)$ 已基本稳定在零点附近.

图 3.85 为非线性耦合法得到的驱动系统 (3.347) 和响应系统 (3.348) 的同步过程仿真结果, 其中驱动系统 (3.347) 和响应系统 (3.348) 的初始点分别选取为 $x_1(0) = 15$, $x_2(0) = 20$, $x_3(0) = 5$ 和 $x_4(0) = 7$, $y_1(0) = 20$, $y_2(0) = 10$, $y_3(0) = -10$ 和 $y_4(0) = 10$. 因此, 误差系统 (3.351) 的初始值为 $e_1(0) = 5$, $e_2(0) = -10$, $e_3(0) = -15$ 和 $e_4(0) = 3$. 由定理 3.23, 经计算选取符合式 (3.352) 的

$$\tilde{k}_1 = 0, \quad \tilde{k}_2 = 36, \quad \tilde{k}_3 = 0, \quad \tilde{k}_4 = 1.$$

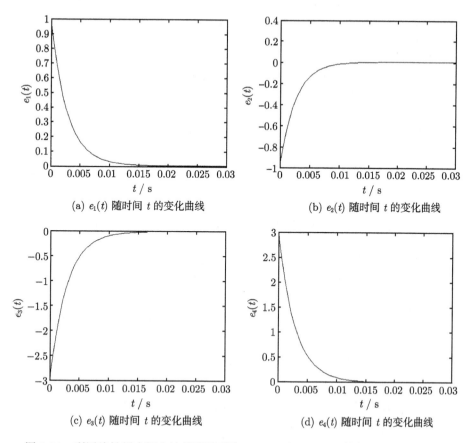

(a) $e_1(t)$ 随时间 t 的变化曲线

(b) $e_2(t)$ 随时间 t 的变化曲线

(c) $e_3(t)$ 随时间 t 的变化曲线

(d) $e_4(t)$ 随时间 t 的变化曲线

图 3.84 利用线性耦合同步法得到的系统 (3.316) 与 (3.317) 的全局同步误差曲线

由图 3.85 可见, 当 t 接近 1.6s, 1.9s, 1.2s 和 1.4s 时, 误差 $e_1(t)$, $e_2(t)$, $e_3(t)$ 和 $e_4(t)$ 很快稳定在零点附近, 从而达到了较好的同步效果.

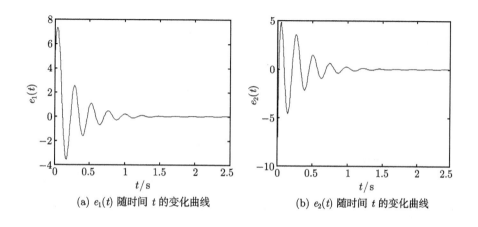

(a) $e_1(t)$ 随时间 t 的变化曲线

(b) $e_2(t)$ 随时间 t 的变化曲线

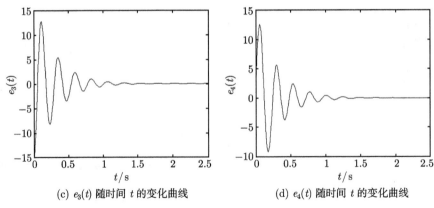

(c) $e_3(t)$ 随时间 t 的变化曲线   (d) $e_4(t)$ 随时间 t 的变化曲线

图 3.85   利用非线性耦合法得到的的系统 (3.316) 与 (3.317) 的全局同步误差曲线

非线性控制法是一种常见的同步方法, 不仅可用于混沌系统的完全同步, 更是实现广义混沌同步必须掌握的控制方法. 第 4 章将具体讲述广义混沌同步, 更多基于非线性控制实现混沌同步的内容, 请参见文献 [86]~[116].

3.4   其他几种混沌同步的方法

3.4.1   基于 OPNCL 方法的时滞神经网络的异结构混沌同步

近年来, 生物神经网络引起了研究者的普遍兴趣[117~123]. 在生物神经网络中, 存在几类时滞, 如细胞时滞、传递时滞及突触时滞等[124,125]. 在人工神经网络中, 也存在信号传递时滞. 1992 年, Roska 和 Chua 在细胞神经网络中引入线性时滞模块和非线性模块, 得到了非线性时滞细胞神经网络 (DCNN), 这种带时滞的细胞神经网络属于大规模神经网络模型[126]. 2006 年, 黄创霞等在进一步研究小规模网络 —— 单个神经元模型与二元神经网络模型的基础上, 提出了一种带时滞的二元神经元网络模型[127]. 最近, 时滞神经网络的同步研究已吸引了人们越来越多的关注[128~131]. 但现有的同步方法, 如驱动–响应法[132]、线性与非线性反馈法[133]、自适应法[134]、主动控制法[135]、脉冲法[136] 等, 多适用于两个相同的神经网络, 而对于两个不同神经网络间的同步, 由于其结构不同且参数不匹配, 因而通常不再有效[137]. 在现实中, 很难假定两系统是等同的, 尤其是当混沌同步应用于保密通信中时, 驱动系统与响应系统结构一般是不同的. 因此, 不同结构混沌系统的同步研究在现实中具有更加广阔的应用前景. 为此, 本小节基于开环加非线性闭环 (open plus nonlinear closed loop, OPNCL) 方法设计了一种控制器, 实现了两种不同时滞神经网络的异结构混沌同步. 数值模拟进一步验证了所提方案的有效性.

首先设计同步控制器. 带时滞的二元神经元网络模型为

$$\begin{cases} \dot{x}_1(t) = -a_1(t)x_1(t) + b_1(t)f_1(x_1(t-\tau_{11}(t)), x_2(t-\tau_{12}(t))) + I_1(t), \\ \dot{x}_2(t) = -a_2(t)x_2(t) + b_2(t)f_2(x_1(t-\tau_{21}(t)), x_2(t-\tau_{22}(t))) + I_2(t), \end{cases} \quad (3.354)$$

其中两个神经元具有共同 $a_i \in C(\mathbf{R}, (0,\infty))$, $b_i, I_i \in C(\mathbf{R}, \mathbf{R})$ $(i=1,2)$ 的周期 $\omega(\omega>0)$, $f_i \in C(\mathbf{R}^2, \mathbf{R})$, $\tau_{ij} \in C(\mathbf{R}, [0,\infty))(i,j=1,2)$ 均为 ω 周期的, 其具体形式为

$$a_1(t) = 4 + \sin t, \quad a_2(t) = 3 + \cos t, \quad b_1(t) = \frac{\pi}{50}\sin t, \quad b_2(t) = \frac{3\pi}{50}\cos t,$$

$$I_1(t) = \frac{\pi}{20}\sin t, \quad I_2(t) = \frac{\pi}{40}\sin t,$$

$$f_1(x_1, x_2) = \cos\left(\frac{1}{4}x_1\right) + \frac{1}{8}x_1 + \sin\left(\frac{1}{3}x_2\right) - \frac{1}{6}|x_2|,$$

$$f_2(x_1, x_2) = \sin\left(\frac{1}{3}x_1\right) - \frac{1}{6}|x_1| + \cos\left(\frac{1}{4}x_2\right) + \frac{1}{8}x_2,$$

$$0 \leqslant \tau_{ij}(t) \leqslant \frac{1}{2}, \quad i,j = 1,2,$$

均为任意 2π 周期的连续函数.

考虑右端为 m 次多项式系统

$$\frac{\mathrm{d}z}{\mathrm{d}t} = F(z,t), \quad z \in \mathbf{R}^n. \quad (3.355)$$

基于 OPNCL 方法, 针对系统 (3.355) 设控制器为

$$K(g,z,t) = \frac{\mathrm{d}g}{\mathrm{d}t} - F(g,t) + D(g,z,t)(g(t)-z(t)), \quad (3.356)$$

其中 $D(g,z,t)$ 为 $g(t)-z(t)$ 的非线性函数. 将式 (3.356) 代入式 (3.355) 的右端, 可得受控系统

$$\frac{\mathrm{d}z}{\mathrm{d}t} = F(z,t) + s(t)K(g,z,t). \quad (3.357)$$

下面证明对于任意给定的目标函数

$$z(t) = g(t) + u(t), \quad u(t) \in \mathbf{R}^n,$$

系统 (3.355) 的传递域不空, 并且是全局的.

对系统 (3.357), 设 $s(t) = 1$, 并作变量代换代入式 (3.357) 得

$$\frac{\mathrm{d}g}{\mathrm{d}t} + \frac{\mathrm{d}u}{\mathrm{d}t} = F(g+u,t) + K(g,g+u,t). \quad (3.358)$$

将式 (3.356) 代入式 (3.358), 注意到 $F(\boldsymbol{z},t)$ 是关于 $\boldsymbol{z}$ 的 m 次多项式, 于是可得

$$\frac{\mathrm{d}u_i}{\mathrm{d}t} = \sum_{k=1}^{m} \sum_{j_1,\cdots,j_k=1}^{n} \frac{1}{k!} \frac{\partial^k F_i(\boldsymbol{g},t)}{\partial g_{j_1} \partial g_{j_2} \cdots \partial g_{j_k}} u_{j_1} u_{j_2} \cdots u_{j_k} - \sum_{j=1}^{n} D_{ij}(\boldsymbol{g},\boldsymbol{z},t) u_j. \quad (3.359)$$

为了将 (3.355) 系统的解 $\boldsymbol{z}(t)$ 传递到目标 $\boldsymbol{g}(t)$, 要求

$$\lim_{t\to\infty} \boldsymbol{u}(t) = 0$$

成立. 因此, 可设

$$D_{ij}(\boldsymbol{g},\boldsymbol{z},t) = \frac{\partial F_i}{\partial g_j} + \sum_{k=2}^{m} \sum_{j_2,\cdots,j_k=1}^{n} \frac{1}{k!} \frac{\partial^k F_i(\boldsymbol{g},t)}{\partial g_{j_1} \partial g_{j_2} \cdots \partial g_{j_k}} u_{j_1} u_{j_2} \cdots u_{j_k} - a_{ij}, \quad (3.360)$$

其中 $\boldsymbol{A} = (a_{ij})$ 为任意 $n \times n$ 实常矩阵, 它的所有特征值都具有负实部.

为使系统 (3.354) 的解趋于

$$\boldsymbol{g}(t) = (g_1(t), g_2(t)),$$

可对系统 (3.354) 实行 OPNCL 控制, 得到关于 $\boldsymbol{u}$ 的方程组

$$\frac{\mathrm{d}u_i}{\mathrm{d}t} = \sum_{j=1}^{2} b_{ij} u_j + \frac{1}{2} \sum_{j=1}^{2} \sum_{k=1}^{2} \frac{\partial^2 F_i(\boldsymbol{g},t)}{\partial g_j \partial g_k} u_j u_k, \quad i = 1, 2. \quad (3.361)$$

将式 (3.354) 的系数代入式 (3.361), 其中

$$\sum_{j,k=1}^{2} \frac{\partial^2 F_i(\boldsymbol{g},t)}{\partial g_j \partial g_k} u_j u_k = \frac{\partial^2 F_1}{\partial g_1^2} u_1^2 = -\frac{\pi}{800} \sin t \cos\left(\frac{1}{4} g_1\right) u_1^2,$$

$$\sum_{j,k=1}^{2} \frac{\partial^2 F_i(\boldsymbol{g},t)}{\partial g_j \partial g_k} u_j u_k = \frac{\partial^2 F_2}{\partial g_2^2} u_2^2 = -\frac{3\pi}{800} \cos t \cos\left(\frac{1}{4} g_2\right) u_2^2,$$

于是可得

$$\frac{\mathrm{d}u_1}{\mathrm{d}t} = b_{11} u_1 - \frac{\pi}{1600} \sin t \cos\left(\frac{1}{4} g_1\right) u_1^2,$$

$$\frac{\mathrm{d}u_2}{\mathrm{d}t} = b_{22} u_2 - \frac{3\pi}{1600} \cos t \cos\left(\frac{1}{4} g_2\right) u_2^2.$$

带时滞的细胞神经网络模型为

$$\begin{cases} \dot{y}_1(t) = -r_1(t) y_1(t) + a_{11}(t) f_1(y_1(t)) + a_{12}(t) f_2(y_2(t)) + b_{11}(t) f_1(y_1(t - \eta_{11}(t)) \\ \quad + b_{12}(t) f_2(y_2(t - \eta_{12}(t))) + L_1(t), \\ \dot{y}_2(t) = -r_2(t) y_2(t) + a_{21}(t) f_1(y_1(t)) + a_{22}(t) f_2(y_2(t)) + b_{21}(t) f_1(y_1(t - \eta_{21}(t)) \\ \quad + b_{22}(t) f_2(y_2(t - \eta_{22}(t))) + L_2(t), \end{cases}$$

$$(3.362)$$

其中两个神经元具有共同 $r_i \in C(\mathbf{R}, (0, \infty))$, $a_{ij}, b_{ij}, L_i \in C(\mathbf{R}, \mathbf{R})$ $(i = 1, 2)$ 的周期 $\omega(\omega > 0)$, $f_i \in C(\mathbf{R}^2, \mathbf{R})$, $\eta_{ij} \in C(\mathbf{R}, [0, \infty))(i, j = 1, 2)$ 均是 ω 周期的, 其具体形式为

$$r_1(t) = 4 + \sin t, \quad r_2(t) = 3 + \cos t, \quad a_{11}(t) = \frac{1}{5} \sin t,$$

$$a_{12}(t) = \frac{4}{3} \cos t, \quad b_{11}(t) = \frac{2}{5} \cos t, \quad b_{12}(t) = \frac{4}{3} \sin t,$$

$$a_{21}(t) = \frac{3}{5} \cos t, \quad a_{22}(t) = \sin t, \quad b_{21}(t) = \frac{3}{5} \sin t,$$

$$b_{22}(t) = \frac{1}{3} \cos t, \quad L_1(t) = 2 \cos t, \quad L_2(t) = 3 \sin t,$$

$$f_1(y) = \sin\left(\frac{1}{3} y\right) + \frac{1}{3} y, \quad f_2(y) = \cos\left(\frac{1}{2} y\right) + \frac{1}{4} y, \quad \eta_{ij}(t) \geqslant 0, \ i, j = 1, 2$$

均为任意 2π 周期的连续函数.

将式 (3.362) 的系数代入式 (3.361), 其中

$$\sum_{j,k=1}^{2} \frac{\partial^2 F_i(\boldsymbol{g}, t)}{\partial g_j \partial g_k} u_j u_k = \frac{\partial^2 F_1}{\partial g_1^2} u_1^2 = -\frac{1}{45}\left[\sin t \sin\left(\frac{1}{3} g_1\right) + 2 \cos t \sin\left(\frac{1}{3} g_1\right)\right] u_{11}^2,$$

$$\sum_{j,k=1}^{2} \frac{\partial^2 F_i(\boldsymbol{g}, t)}{\partial g_j \partial g_k} u_j u_k = \frac{\partial^2 F_2}{\partial g_2^2} u_2^2 = -\frac{1}{4}\left[\sin t \cos\left(\frac{1}{2} g_2\right) + \frac{1}{3} \cos t \cos\left(\frac{1}{2} g_2\right)\right] u_{22}^2,$$

于是可得

$$\frac{\mathrm{d}u_1}{\mathrm{d}t} = b_{11} u_{11} - \frac{1}{90}\left[\sin t \sin\left(\frac{1}{3} g_1\right) + 2 \cos t \sin\left(\frac{1}{3} g_1\right)\right] u_{11}^2,$$

$$\frac{\mathrm{d}u_2}{\mathrm{d}t} = b_{22} u_{22} - \frac{1}{8}\left[\sin t \cos\left(\frac{1}{2} g_2\right) + \frac{1}{3} \cos t \cos\left(\frac{1}{2} g_2\right)\right] u_{22}^2.$$

因此, 可以取控制器为

$$K_i = K(\boldsymbol{g}, \boldsymbol{y}, t) - K(\boldsymbol{g}, \boldsymbol{x}, t) = \begin{pmatrix} \alpha_1 \\ \alpha_2 \end{pmatrix} + \begin{pmatrix} \beta_1 \\ \beta_2 \end{pmatrix} + \begin{pmatrix} \gamma_1 \\ \gamma_2 \end{pmatrix} - \begin{pmatrix} \mu_1 \\ \mu_2 \end{pmatrix}, \quad i = 1, 2,$$

其中

$$\alpha_1 = r_1(t) g_1 - a_{11}(t) f_1(g_1) - a_{12}(t) f_2(g_2) - b_{11}(t) f_1(g_1(t)) - b_{12}(t) f_2(g_2(t)) - L_1(t),$$

$$\alpha_2 = r_2(t) g_2 - a_{21}(t) f_1(g_1) - a_{22}(t) f_2(g_2) - b_{21}(t) f_1(g_1(t)) - b_{22}(t) f_2(g_2(t)) - L_2(t),$$

$$\beta_1 = \left\{-r_1(t) + a_{11}(t)\left[\frac{1}{3} \cos\left(\frac{y_1}{3}\right) + \frac{1}{3}\right] + b_{11}(t)\left[\frac{1}{3} \cos\left(\frac{y_1}{3}\right) + \frac{1}{3}\right]\right\}(g_1 - y_1)$$

$$+\left\{a_{12}(t)\left[-\frac{1}{2}\sin\left(\frac{y_2}{2}\right)+\frac{1}{4}\right]b_{12}(t)\left[-\frac{1}{2}\sin\left(\frac{y_2}{2}\right)+\frac{1}{4}\right]\right\}(g_2-y_2),$$

$$\beta_2=\left\{a_{21}(t)\left[\frac{1}{3}\cos\left(\frac{y_1}{3}\right)+\frac{1}{3}\right]+b_{21}(t)\left[\frac{1}{3}\cos\left(\frac{y_1}{3}\right)+\frac{1}{3}\right]\right\}(g_1-y_1)$$

$$+\left\{-r_2(t)+a_{22}(t)\left[-\frac{1}{2}\sin\left(\frac{y_2}{2}\right)+\frac{1}{4}\right]b_{22}(t)\left[-\frac{1}{2}\sin\left(\frac{x_2}{2}\right)+\frac{1}{4}\right]\right\}(g_2-x_2),$$

$$\gamma_1=u_{11}+\frac{1}{90}\left[\sin t\sin\left(\frac{g_1}{3}\right)+2\cos t\sin\left(\frac{g_1}{3}\right)\right]u_{11}^2$$

$$-\left[u_1+\frac{\pi}{1600}\sin t\cos\left(\frac{g_1}{4}\right)u_1^2\right],$$

$$\gamma_2=u_{22}+\frac{1}{8}\left[\sin t\cos\left(\frac{g_2}{2}\right)+\frac{1}{3}\cos t\cos\left(\frac{g_2}{2}\right)\right]u_{22}^2$$

$$-\left[u_2+\frac{3\pi}{1600}\cos t\cos\left(\frac{g_2}{4}\right)u_2^2\right],$$

$$\mu_1=a_1(t)g_1-b_1(t)f_1(g_1,g_2)-I_1(t)$$

$$+\left\{-a_1(t)+b_1(t)\left[-\frac{1}{4}\sin\left(\frac{x_1}{4}\right)+\frac{1}{8}\right]\right\}(g_1-x_1)$$

$$+b_1(t)\left[\frac{1}{3}\cos\left(\frac{x_2}{3}\right)-\frac{1}{6}\right](g_2-x_2),$$

$$\mu_2=a_2(t)g_2-b_2(t)f_2(g_1,g_2)-I_2(t)+b_2(t)\left[\frac{1}{3}\cos\left(\frac{x_1}{3}\right)-\frac{1}{6}\right](g_1-x_1)$$

$$+\left\{-a_2(t)+b_2(t)\left[-\frac{1}{4}\sin\left(\frac{x_2}{4}\right)+\frac{1}{8}\right]\right\}(g_2-x_2).$$

令系统 (3.354) 为驱动系统, 响应系统如下:

$$\begin{cases}\dot{y}_1(t)=-r_1(t)y_1(t)+a_{11}(t)f_1(y_1(t))+a_{12}(t)f_2(y_2(t))+b_{11}(t)\,f_1(y_1(t-\eta_{11}(t)))\\\qquad+b_{12}(t)f_2(y_2(t-\eta_{12}(t)))+L_1(t)+K_1,\\\dot{y}_2(t)=-r_2(t)y_2(t)+a_{21}(t)f_1(y_1(t))+a_{22}(t)f_2(y_2(t))+b_{21}(t)\,f_1(y_1(t-\eta_{21}(t)))\\\qquad+b_{22}(t)f_2(y_2(t-\eta_{22}(t)))+L_2(t)+K_2.\end{cases}$$

$$(3.363)$$

设同步误差

$$e_1=y_1-x_1,\quad e_2=y_2-x_2,$$

则有

$$\dot{e}_1=\dot{y}_1-\dot{x}_1,\quad \dot{e}_2=\dot{y}_2-\dot{x}_2.$$

误差动力学系统为

$$
\begin{cases}
\dot{e}_1(t) = \left[-r_1(t) + \dfrac{1}{8}b_1(t)\right]e_1(t) + \left[\dfrac{1}{3}a_{11}(t) - \dfrac{1}{8}b_1(t)\right]y_1(t) + a_{11}(t)\sin\left(\dfrac{1}{3}y_1(t)\right) \\
\qquad + b_{11}(t)f_1(y_1(t)) - b_1(t)\left[\cos\left(\dfrac{1}{4}x_1(t)\right) + \sin\left(\dfrac{1}{3}x_2(t)\right) - \dfrac{1}{6}x_2(t)\right] \\
\qquad + b_{12}(t)f_2(y_2(t)) + a_{12}(t)f_2(y_2(t)) + L_1(t) - I_1(t) + K_1, \\[2mm]
\dot{e}_2(t) = \left[-r_2(t) + \dfrac{1}{8}b_2(t)\right]e_2(t) + \left[\dfrac{1}{4}b_{22}(t) - \dfrac{1}{8}b_2(t)\right]y_2(t) + b_{22}(t)\cos\left(\dfrac{1}{2}y_2(t)\right) \\
\qquad + b_{21}(t)f_1(y_1(t)) - b_2(t)\left[\cos\left(\dfrac{1}{4}x_2(t)\right) + \sin\left(\dfrac{1}{3}x_1(t)\right) - \dfrac{1}{6}x_1(t)\right] \\
\qquad + a_{21}(t)f_1(y_1(t)) + a_{22}(t)f_2(y_2(t)) + L_2(t) - I_2(t) + K_2.
\end{cases}
\tag{3.364}
$$

代入前面给出的系数, 可得误差动力学系统 (3.364) 的 Jacobi 矩阵为

$$
\boldsymbol{A} = \begin{pmatrix} -4 - \sin t + \dfrac{\pi}{400}\sin t & 0 \\ 0 & -3 - \cos t + \dfrac{3\pi}{400}\cos t \end{pmatrix}.
$$

$\boldsymbol{A}$ 的特征多项式为

$$
\begin{aligned}
|\lambda \boldsymbol{I} - \boldsymbol{A}| &= \begin{vmatrix} \lambda + 4 + \sin t - \dfrac{\pi}{400}\sin t & 0 \\ 0 & \lambda + 3 + \cos t - \dfrac{3\pi}{400}\cos t \end{vmatrix} \\
&= \left(\lambda + 4 + \sin t - \dfrac{\pi}{400}\sin t\right)\left(\lambda + 3 + \cos t - \dfrac{3\pi}{400}\cos t\right).
\end{aligned}
$$

再求特征多项式的根, 即解如下方程:

$$
|\lambda \boldsymbol{I} - \boldsymbol{A}| = \left(\lambda_1 + 4 + \sin t - \dfrac{\pi}{400}\sin t\right)\left(\lambda_2 + 3 + \cos t - \dfrac{3\pi}{400}\cos t\right) = 0,
$$

得到两个根为

$$
\lambda_1 = -4 - \sin t + \dfrac{\pi}{400}\sin t, \quad \lambda_2 = -3 - \cos t + \dfrac{3\pi}{400}\cos t,
$$

它们即为 $\boldsymbol{A}$ 的两个特征值.

这表明误差动力学系统 (3.364) 的 Jacobi 矩阵特征值均为负. 根据 Lyapunov 稳定性定理可知

$$
\lim_{t \to \infty} \|e_i(t)\| = 0, \quad i = 1, 2,
$$

即驱动系统 (3.354) 和响应系统 (3.363) 可达到异结构同步.

再进行数值模拟. 驱动-响应带时滞的神经网络 (3.354) 和 (3.363) 的初始条件分别选取为

$$(x_1(t), x_2(t)) = \left(\frac{2\pi}{3}, \frac{\pi}{6}\right), \quad (y_1(t), y_2(t)) = \left(\frac{\pi}{4}, \pi\right),$$

参数 $a_1(t)$, $a_2(t)$, $b_1(t)$, $b_2(t)$, $I_1(t)$, $I_2(t)$, $f_1(x_1, x_2)$, $f_2(x_1, x_2)$, τ_{ij}, $r_1(t)$, $r_2(t)$, $a_{11}(t)$, $a_{12}(t)$, $b_{11}(t)$, $b_{12}(t)$, $a_{21}(t)$, $a_{22}(t)$, $b_{21}(t)$, $b_{22}(t)$, $L_1(t)$, $L_2(t)$, $f_1(y)$, $f_2(y)$, η_{ij} 取前面给出的表达式和系数,

$$\boldsymbol{g}(t) = (g_1, g_2) = (9.6t, 7.2t), \quad t \in [0, 2\pi].$$

图 3.86 给出了驱动系统 (3.354) 和响应系统 (3.363) 的异结构同步误差效果图. 从图中可以看出, 误差 $e_1(t)$ 和 $e_2(t)$ 分别渐近稳定到零点, 这表明系统 (3.354) 和系统 (3.363) 获得了异结构同步.

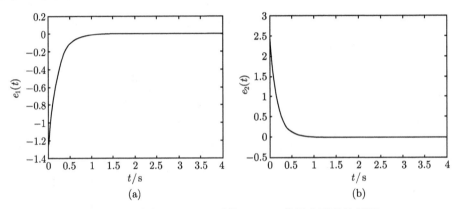

图 3.86　系统 (3.354) 和系统 (3.363) 的同步误差效果图

3.4.2　基于 TDF 方法的时滞神经网络的异结构混沌同步

自从 1987 年, Kosko[137~139] 将 Hopfield 的单层单向联想记忆模型推广到一种对称互连的双层双向拓扑结构, 即双向联想记忆模型 (BAM) 以来, 由于这类具有高性能、高容量的 BAM 模型在模式辨识和智能控制等领域中具有巨大的潜在应用前景[140], BAM 模型现已成为神经网络研究的新热点[128~141]. 并联限制细胞神经网络是一类新型的细胞神经网络, 它们由 Bouzerdoum 和 Pinter 提出[142]. 现在并联限制细胞神经网络已被广泛应用在数据压缩、图像处理、机器人、联想记忆、优化设计等许多方面.

为此, 在已有神经网络的同步研究的基础上[128~130], 本小节基于时间延迟反馈 (time delay feedback, TDF) 方法设计了一种控制器, 实现了时滞 BAM 模型和定常

延时并联限制细胞神经网络的异结构混沌同步. 数值模拟进一步验证了所提方案的有效性.

首先进行控制器的设计. 具周期系数的时滞 BAM 模型为

$$
\begin{cases}
\dot{x}_1(t) = -c_1(t)x_1(t) + \sum_{j=1}^{2} b_{1j}(t)f_j(x_j(t)) + \sum_{j=1}^{2} p_{1j}(t)f_j(x_j(t-\tau_{ij})) + I_1(t), \\
\dot{x}_2(t) = -c_2(t)x_2(t) + \sum_{j=1}^{2} b_{2j}(t)f_j(x_j(t)) + \sum_{j=1}^{2} p_{2j}(t)f_j(x_j(t-\tau_{ij})) + I_2(t), \\
\dot{x}_3(t) = -c_3(t)x_3(t) + \sum_{j=1}^{2} b_{3j}(t)f_j(x_j(t)) + \sum_{j=1}^{2} p_{3j}(t)f_j(x_j(t-\tau_{ij})) + I_3(t),
\end{cases}
$$

(3.365)

其中

$$
I_i(t) = \sin t, \quad 0 \leqslant \tau_{ij} \leqslant \frac{\pi}{2}.
$$

信号传输函数

$$
f_j = f(x) - \frac{1}{2}(|x+1| - |x-1|), \quad i = 1,2,3, j = 1,2,
$$

并设

$$
(c_1(t),\ c_2(t),\ c_3(t))^{\mathrm{T}} = (2 - \sin t,\ 2 - \cos t,\ 2 - \sin t)^{\mathrm{T}},
$$

$$
\begin{pmatrix} b_{11}(t) & b_{12}(t) \\ b_{21}(t) & b_{22}(t) \\ b_{31}(t) & b_{32}(t) \end{pmatrix} = \begin{pmatrix} 0.15\sin t & -0.25\cos t \\ 0.12\cos t & 0.16\sin t \\ -0.25\sin t & 0.25\cos t \end{pmatrix},
$$

$$
\begin{pmatrix} p_{11}(t) & p_{12}(t) \\ p_{21}(t) & p_{22}(t) \\ p_{31}(t) & p_{32}(t) \end{pmatrix} = \begin{pmatrix} -0.18\cos t & 0.14\sin t \\ 0.25\sin t & 0.15\cos t \\ 0.35\cos t & 0.08\sin t \end{pmatrix}.
$$

系统 (3.365) 可写成如下标准仿射非线性系统的形式:

$$
\dot{x} = f(x) + g(x)u_1,
$$

(3.366)

其中 $x \in \mathbf{R}^n$ 为状态变量, $u_1 \in \mathbf{R}^1$ 为复杂网络外部所施加的输入,

$$
f(x) = \begin{pmatrix} -c_1(t)x_1(t) + \sum_{j=1}^{2} b_{1j}(t)f_j(x_j(t)) + \sum_{j=1}^{2} p_{1j}(t)f_j(x_j(t-\tau_{ij})) + I_1(t) \\ -c_2(t)x_2(t) + \sum_{j=1}^{2} b_{2j}(t)f_j(x_j(t)) + \sum_{j=1}^{2} p_{2j}(t)f_j(x_j(t-\tau_{ij})) + I_2(t) \\ -c_3(t)x_3(t) + \sum_{j=1}^{2} b_{3j}(t)f_j(x_j(t)) + \sum_{j=1}^{2} p_{3j}(t)f_j(x_j(t-\tau_{ij})) + I_3(t) \end{pmatrix},
$$

$$g(\boldsymbol{x}) = \begin{pmatrix} 0 \\ 1 \\ 0 \end{pmatrix}.$$

下面分析非线性系统 (3.366) 的精确线性化条件. 根据系统 (3.366) 有

$$\mathrm{ad}_f \boldsymbol{g}(\boldsymbol{x}) = \frac{\partial \boldsymbol{g}(\boldsymbol{x})}{\partial \boldsymbol{x}} f(\boldsymbol{x}) - \frac{\partial \boldsymbol{f}(\boldsymbol{x})}{\partial \boldsymbol{x}} \boldsymbol{g}(\boldsymbol{x})$$

$$= \begin{pmatrix} 0 \\ 0 \\ 0 \end{pmatrix} - \begin{pmatrix} -2 + 1.15\sin t - 0.18\cos t & 0.14\sin t - 0.25\cos t & 0 \\ 0.12\cos t + 0.25\sin t & -2 + 0.16\sin t + 1.15\cos t & 0 \\ -0.25\sin t + 0.35\cos t & 0.25\cos t + 0.08\sin t & -2 + \sin t \end{pmatrix} \begin{pmatrix} 0 \\ 1 \\ 0 \end{pmatrix}$$

$$= \begin{pmatrix} -0.14\sin t + 0.25\cos t \\ 2 - 0.16\sin t - 1.15\cos t \\ -0.25\cos t - 0.08\sin t \end{pmatrix}, \tag{3.367}$$

由于系统 (3.366) 的相对阶 $r = n = 3$, 故可实现状态空间的精确线性化.

下面求解状态空间的精确线性化所需的输出函数. 根据 Isidori 提出的引理 4.2.2[130]: 存在一个输出函数

$$h(\boldsymbol{x}) = \lambda(\boldsymbol{x}),$$

并满足

$$\mathrm{d}\lambda(\boldsymbol{x})(\boldsymbol{g}(\boldsymbol{x})\, \mathrm{ad}_f \boldsymbol{g}(\boldsymbol{x}) \cdots \mathrm{ad}_f^{n-2} \boldsymbol{g}(\boldsymbol{x})) = \boldsymbol{0}, \tag{3.368}$$

即有

$$\begin{pmatrix} \dfrac{\partial \lambda}{\partial x_1} & \dfrac{\partial \lambda}{\partial x_2} & \dfrac{\partial \lambda}{\partial x_3} \end{pmatrix} \begin{pmatrix} 0 & 0.25\cos t - 0.14\sin t \\ 1 & 2 - 0.16\sin t - 1.15\cos t \\ 0 & -0.25\cos t - 0.08\sin t \end{pmatrix} = (0\ 0\ 0) \tag{3.369}$$

成立.

解偏微分方程 (3.369) 有

$$\frac{\partial \lambda}{\partial x_2} = 0$$

和

$$\frac{\partial \lambda}{\partial x_1}(0.25\cos t - 0.14\sin t) + \frac{\partial \lambda}{\partial x_2}(2 - 0.16\sin t - 1.15\cos t) + \frac{\partial \lambda}{\partial x_3}(-0.25\cos t - 0.08\sin t) = 0.$$

容易看出, 输出函数 $h(\boldsymbol{x}) = \lambda(\boldsymbol{x})$ 可由下式给出:

$$\lambda(\boldsymbol{x}) = (0.25\cos t + 0.08\sin t)x_1 + (0.25\cos t - 0.14\sin t)x_3. \tag{3.370}$$

定常延时并联限制细胞神经网络模型为

$$
\begin{cases}
\dot{y}_1(t) = -a_{1j}y_{1j}(t) - \displaystyle\sum_{j=1}^{3} d_{1j}f(y_{1j}(t-\eta_{ij}))y_{1j}(t) + L_{1j}, \\[4mm]
\dot{y}_2(t) = -a_{2j}y_{2j}(t) - \displaystyle\sum_{j=1}^{3} d_{2j}f(y_{2j}(t-\eta_{ij}))y_{2j}(t) + L_{2j}, \\[4mm]
\dot{y}_3(t) = -a_{3j}y_{3j}(t) - \displaystyle\sum_{j=1}^{3} d_{3j}f(y_{3j}(t-\eta_{ij}))y_{3j}(t) + L_{3j},
\end{cases}
\tag{3.371}
$$

其中

$$
\boldsymbol{A} = (a_{ij}) = \begin{pmatrix} 1 & 1 & 3 \\ 0.5 & 2 & 0.5 \\ 1 & 1 & 2 \end{pmatrix}, \quad
\boldsymbol{d} = (d_{ij}) = \begin{pmatrix} 0.1 & 0.1 & 0.2 \\ 0.2 & 0.1 & 0.1 \\ 0.1 & 0.1 & 0.1 \end{pmatrix},
$$

$$
\boldsymbol{L} = (L_{ij}) = \begin{pmatrix} 0.1 & 0.1 & 0.2 \\ 0.2 & 0.3 & 0.3 \\ 0.2 & 0.3 & 0.2 \end{pmatrix}, \quad 0 \leqslant \eta_{ij} \leqslant 2\pi,
$$

$$
f(y) = \frac{1}{20}(|y+1| - |y-1|), \quad i,j = 1,2,3.
$$

系统 (3.371) 可写成如下标准仿射非线性系统的形式:

$$
\dot{\boldsymbol{y}} = \boldsymbol{f}(\boldsymbol{y}) + \boldsymbol{g}(\boldsymbol{y})u_2,
\tag{3.372}
$$

其中 $\boldsymbol{y} \in \mathbf{R}^n$ 为状态变量, $u_2 \in \mathbf{R}^1$ 为复杂网络外部所施加的输入,

$$
\boldsymbol{f}(\boldsymbol{y}) = \begin{pmatrix}
-a_{1j}y_{1j}(t) - \displaystyle\sum_{j=1}^{3} d_{1j}f(y_{1j}(t-\eta_{ij}))y_{1j}(t) + L_{1j} \\[4mm]
-a_{2j}y_{2j}(t) - \displaystyle\sum_{j=1}^{3} d_{2j}f(y_{2j}(t-\eta_{ij}))y_{2j}(t) + L_{2j} \\[4mm]
-a_{3j}y_{3j}(t) - \displaystyle\sum_{j=1}^{3} d_{3j}f(y_{3j}(t-\eta_{ij}))y_{3j}(t) + L_{3j}
\end{pmatrix}, \quad
\boldsymbol{g}(\boldsymbol{y}) = \begin{pmatrix} 0 \\ 1 \\ 0 \end{pmatrix}.
$$

下面分析非线性系统 (3.372) 的精确线性化条件. 根据系统 (3.372) 有

$$
\mathrm{ad}_f\boldsymbol{g}(\boldsymbol{y}) = \frac{\partial \boldsymbol{g}(\boldsymbol{y})}{\partial \boldsymbol{y}}\boldsymbol{f}(\boldsymbol{y}) - \frac{\partial \boldsymbol{f}(\boldsymbol{y})}{\partial \boldsymbol{y}}\boldsymbol{g}(\boldsymbol{y})
$$

$$
= \begin{pmatrix} 0 \\ 0 \\ 0 \end{pmatrix} - \begin{pmatrix} -1 - \dfrac{1}{50}y_1 & -1 - \dfrac{1}{50}y_2 & -3 - \dfrac{1}{25}y_3 \\ -0.5 - \dfrac{1}{25}y_1 & -2 - \dfrac{1}{50}y_2 & -0.5 - \dfrac{1}{25}y_3 \\ -1 - \dfrac{1}{50}y_1 & -1 - \dfrac{1}{50}y_2 & -2 - \dfrac{1}{50}y_3 \end{pmatrix} \begin{pmatrix} 0 \\ 1 \\ 0 \end{pmatrix}
$$

$$
= \begin{pmatrix} 0 \\ 0 \\ 0 \end{pmatrix} - \begin{pmatrix} -1 - \dfrac{1}{50}y_2 \\ -2 - \dfrac{1}{50}y_2 \\ -1 - \dfrac{1}{50}y_2 \end{pmatrix} = \begin{pmatrix} 1 + \dfrac{1}{50}y_2 \\ 2 + \dfrac{1}{50}y_2 \\ 1 + \dfrac{1}{50}y_2 \end{pmatrix}. \tag{3.373}
$$

由于系统 (3.372) 的相对阶 $r = n = 3$, 故可实现状态空间的精确线性化.

下面求解状态空间的精确线性化所需的输出函数. 根据 Isidori 提出的引理 4.2.2[130]：存在一个输出函数

$$
h(\boldsymbol{y}) = \lambda(\boldsymbol{y}),
$$

并满足

$$
\mathrm{d}\lambda(\boldsymbol{y})(\boldsymbol{g}(\boldsymbol{y}) \ \mathrm{ad}_f\boldsymbol{g}(\boldsymbol{y}) \cdots \ \mathrm{ad}_f^{n-2}\boldsymbol{g}(\boldsymbol{y})) = 0, \tag{3.374}
$$

即有

$$
\begin{pmatrix} \dfrac{\partial \lambda}{\partial y_1} & \dfrac{\partial \lambda}{\partial y_2} & \dfrac{\partial \lambda}{\partial y_3} \end{pmatrix} \begin{pmatrix} 0 & 1 + \dfrac{1}{50}y_2 \\ 1 & 2 + \dfrac{1}{50}y_2 \\ 0 & 1 + \dfrac{1}{50}y_2 \end{pmatrix} = (0 \ 0 \ 0) \tag{3.375}
$$

成立. 解偏微分方程 (3.375), 有

$$
\frac{\partial \lambda}{\partial y_2} = 0
$$

和

$$
\frac{\partial \lambda}{\partial y_1}\left(1 + \frac{1}{50}y_2\right) + \frac{\partial \lambda}{\partial y_2}\left(2 + \frac{1}{50}y_2\right) + \frac{\partial \lambda}{\partial y_3}\left(1 + \frac{1}{50}y_2\right) = 0.
$$

容易看出, 输出函数 $h(\boldsymbol{y}) = \lambda(\boldsymbol{y})$ 可由下式给出：

$$
\lambda(\boldsymbol{y}) = y_3 - y_1, \tag{3.376}
$$

因此, 可以取控制器为

$$
K = \varepsilon\sigma[y_3(t - \theta) - y_1(t - \theta) - (0.25\cos t + 0.08\sin t)x_1(t - \theta)]
$$

$$- (0.25 \cos t - 0.14 \sin t)x_3(t - \theta)]. \tag{3.377}$$

令系统 (3.365) 为驱动系统, 系统 (3.371) 为响应系统. 对系统 (3.371) 施加如下控制:

$$
\begin{cases}
\dot{y}_1(t) = -a_{1j}y_{1j}(t) - \displaystyle\sum_{j=1}^{3} d_{1j}f(y_{1j}(t - \eta_{ij}))y_{1j}(t) + L_{1j}, \\[2mm]
\dot{y}_2(t) = -a_{2j}y_{2j}(t) - \displaystyle\sum_{j=1}^{3} d_{2j}f(y_{2j}(t - \eta_{ij}))y_{2j}(t) + L_{2j} + K, \\[2mm]
\dot{y}_3(t) = -a_{3j}y_{3j}(t) - \displaystyle\sum_{j=1}^{3} d_{3j}f(y_{3j}(t - \eta_{ij}))y_{3j}(t) + L_{3j}.
\end{cases} \tag{3.378}
$$

设系统 (3.365) 与 (3.371) 的误差

$$e_1 = y_1 - x_1, \quad e_2 = y_2 - x_2, \quad e_3 = y_3 - x_3,$$

则有

$$\dot{e}_1 = \dot{y}_1 - \dot{x}_1, \quad \dot{e}_2 = \dot{y}_2 - \dot{x}_2, \quad \dot{e}_3 = \dot{y}_3 - \dot{x}_3.$$

误差动力学系统为

$$
\begin{cases}
\dot{e}_1(t) = -(c_1 - b_{11} - p_{11})e_1 + (-a_{11} + c_1 - b_{11} - p_{11})x_1 - (b_{12} + p_{12})e_2 \\[2mm]
\qquad + (-a_{12} - b_{12} - p_{12})x_2 - \displaystyle\sum_{j=1}^{3} d_{1j}f(y_{1j})y_{1j} + L_{1j} - I_1, \\[2mm]
\dot{e}_2(t) = -(c_2 - b_{22} - p_{22})e_2 + (-a_{22} + c_2 - b_{22} - p_{22})y_2 - a_{21}y_1 - a_{23}y_3 \\[2mm]
\qquad - (b_{21} + p_{21})x_1 - \displaystyle\sum_{j=1}^{3} d_{2j}f(y_{2j})y_{2j} + L_{2j} - I_2 + K, \\[2mm]
\dot{e}_3(t) = -a_{31}y_1 - a_{32}y_2 - c_3e_3 + (-a_{33} + c_3)y_3 - (b_{31} + p_{31})x_1 - (b_{32} + p_{32})x_2 \\[2mm]
\qquad - \displaystyle\sum_{j=1}^{3} d_{3j}f(y_{3j})y_{3j} + L_{3j} - I_3.
\end{cases} \tag{3.379}
$$

代入前面给出的系数, 可得误差动力学系统 (3.379) 的 Jacobi 矩阵为

$$
\boldsymbol{A} = \begin{pmatrix}
-(2 - 1.15 \sin t + 0.18 \cos t) & 0.25 \cos t - 0.14 \sin t & 0 \\
0 & -(2 - 1.15 \cos t - 0.16 \sin t) & 0 \\
0 & 0 & -(2 - \sin t)
\end{pmatrix}.
$$

A 的特征多项式为

$$|\lambda I - A|$$

$$= \begin{vmatrix} \lambda + (2-1.15\sin t + 0.18\cos t) & 0.14\sin t - 0.25\cos t & 0 \\ 0 & \lambda + (2-1.15\cos t - 0.16\sin t) & 0 \\ 0 & 0 & \lambda + (2-\sin t) \end{vmatrix}$$

$$= (\lambda + (2-1.15\sin t + 0.18\cos t)) \begin{vmatrix} \lambda + (2-1.15\cos t - 0.16\sin t) & 0 \\ 0 & \lambda + (2-\sin t) \end{vmatrix}$$

$$= (\lambda + (2-1.15\sin t + 0.18\cos t))(\lambda + (2-1.15\cos t - 0.16\sin t))(\lambda + (2-\sin t)).$$

再求特征多项式的根, 即解如下方程:

$$|\lambda I - A| = [\lambda_1 + (2-1.15\sin t + 0.18\cos t)][\lambda_2 + (2-1.15\cos t - 0.16\sin t)][\lambda_3 + (2-\sin t)],$$

得到三个根

$$\lambda_1 = -(2-1.15\sin t + 0.18\cos t), \quad \lambda_2 = -(2-1.15\cos t - 0.16\sin t), \quad \lambda_3 = -(2-\sin t),$$

它们即为 A 的三个特征值. 这表明误差系统 (3.379) 的 Jacobi 矩阵特征值均为负. 根据 Lyapunov 稳定性定理可知

$$\lim_{t\to\infty} \|e_i(t)\| = 0, \quad i = 1, 2, 3,$$

即驱动系统 (3.365) 和响应系统 (3.371) 可达到异结构同步.

下面进行数值模拟. 驱动–响应带时滞的神经网络 (3.365) 和 (3.371) 的初始条件分别选取为

$$(x_1(t), x_2(t), x_3(t)) = \left(\frac{\pi}{6}, \frac{\pi}{3}, \frac{\pi}{4}\right), \quad (y_1(t), y_2(t), y_3(t)) = \left(\frac{-2\pi}{3}, \frac{\pi}{4}, \frac{\pi}{3}\right),$$

参数 $c_1(t), c_2(t), c_3(t), b_{11}(t), b_{12}(t), b_{21}(t), b_{22}(t), b_{31}(t), b_{32}(t), p_{11}(t), p_{12}(t), p_{21}(t),$ $p_{22}(t), p_{31}(t), p_{32}(t), I_1(t), I_2(t), I_3(t), f_1, f_2, \tau_{ij}, a_{11}, a_{12}, a_{13}, a_{21}, a_{22}, a_{23}, a_{33}, d_{11}, d_{12},$ $d_{13}, d_{21}, d_{22}, d_{23}, d_{31}, d_{32}, d_{33}, L_{11}, L_{12}, L_{13}, L_{21}, L_{22}, L_{23}, L_{31}, L_{32}, L_{33}, f(y_{ij}),$ η_{ij} 取前面给出的表达式和系数, $\theta = 1/2, \varepsilon = 1, \sigma = 30$. 图 3.87 给出了在控制器 (3.377) 作用下驱动系统 (3.365) 和响应系统 (3.371) 的异结构同步误差效果图. 从图 3.87 可以看出, 误差 $e_1(t)$, $e_2(t)$ 和 $e_3(t)$ 分别渐近稳定到零点, 这表明系统 (3.365) 和系统 (3.371) 获得了异结构同步.

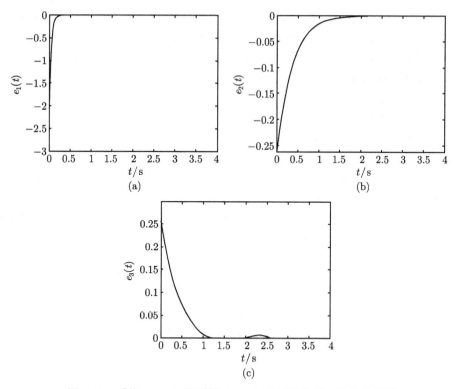

图 3.87 系统 (3.365) 和系统 (3.371) 的异结构同步误差效果图

参 考 文 献

[1] Pecora L M, Carroll T L. Synchronization in chaotic systems. Phys. Rev. Lett., 1990, 64(8): 821–824

[2] Carroll T L, Pecora L M. Synchronizing chaotic circuits. IEEE Trans. Circuits Systems, 1991, 38(4): 453–456

[3] Pecora L M, Carroll T L, Johnson G A, et al. Fundamentals of synchronization in chaotic systems,concepts, and applications. Chaos, 1997, 7(4): 520–543

[4] Pecora L M, Carroll T L. Driving systems with chaotic sgnals. Phys. Rev. A, 1991, 44(4): 2374–2383

[5] Liu F, Ren Y, Shan X M, et al. A linear feedback synchronization theorem for a class of chaotic system. Chaos, Solitons Fract., 2002, 13(4): 723–730

[6] Guan S G, Li K, Lai C H. Chaotic synchronization through coupling strategies. Chaos, 2006, 16(2): 023107

[7] Li D M, Lu J A, Wu X Q. Linearly coupled synchronization of the unified chaoic systems and the Lorenz systems. Chaos, Solitons Fract., 2005, 23: 79–85

[8] Park J H. Stability criterion for synchronization of linearly coupled nuified chaotic systems. Chaos, Solitons Fract., 2005, 23: 1319–1325

[9] 刘扬正, 费树岷. Sprott-B 和 Sprott-C 系统之间的耦合混沌同步. 物理学报, 2006, 55(3)：1035–1039

[10] 王铁帮, 覃团发, 陈光旨. 超混沌系统的耦合同步. 物理学报, 2001, 50(10)：1851–1855

[11] Yassen M T. Controlling chaos and synchronization for new chaotic system using linear feedback control. Chaos, Solitons Fract., 2005, 26: 913–920

[12] 陶朝海, 陆君安, 吕金虎. 统一混沌系统的反馈同步. 物理学报, 2002, 51(7)：1497–1501

[13] Yassen M T. Adaptive chaos control and synchronization for uncertain new chaotic dynamical system. Phys. Lett. A, 2006, 350: 36–43

[14] Chen S H, Hua J, Wang C P, et al. Adaptive synchronization of uncertain Rössler hyperchaotic system based on parameter identification. Phys. Lett. A, 2004, 321(1): 50–55

[15] Elabbasy E M, Agiza H N, El-Dessoky M M. Adaptive synchronization of Lü system with uncertain parameters. Chaos, Solitons Fract., 2004, 21(3): 657–667

[16] Wang Y W, Guan Z H, Wen X J. Adaptive synchronization for Chen chaotic system with fully unknown parameters. Chaos, Solitons Fract., 2004, 19(4): 899–903

[17] Li G H. An active control synchronization for two modified chua circuits. Chin. Phys., 2005, 14(3): 472–475

[18] Vincent U E. Synchronization of Rikitake chaotic attractor using active control. Phys. Lett. A, 2005, 343: 133–138

[19] Huang L L, Feng R P, Wang M. Synchronization of uncertain chaotic systems with perturbation based on variable structure control. Phys. Lett. A, 2006, 350: 197–200

[20] Etemadi S, Alasty A, Salarieh H. Synchronization of chaotic systems with parameter uncertainties via variable structure control. Phys. Lett. A, 2006, 357: 17–21

[21] 关新平, 范正平, 彭海朋等. 扰动情况下基于 RBF 网络的混沌系统同步. 物理学报, 2001, 50(9)：1670–1674

[22] 关新平, 唐英干, 范正平等. 基于神经网络的混沌系统鲁棒自适应同步. 物理学报, 2001, 50(11): 2112–2115

[23] Lian K Y, Chiu C S, Chiang T S, et al. LMI-based fuzzy chaotic synchronization and communications. IEEE Trans. Fuzzy Syst., 2001, 9(4): 539–553

[24] Lian K Y, Chiang T S, Chiu C S, et al. Synthesis of fuzzy model-based desgns to synchronization and secure communications for chaotic systems. IEEE Trans. Fuzzy Syst. Man Cybernet B, 2001, 31: 66–83

[25] Kim J H, Park C W, Kim E, et al. Adaptive synchronization of T-S fuzzy chaotic systems with unknown parameters. Chaos, Solitons Fract., 2005, 24:1353–1361

[26] 陈关荣, 吕金虎. Lorenz 系统族的动力学分析、控制与同步. 北京：科学出版社, 2003

[27] Gopalsamy K. Stability and Oscillations in Delay Differential Equations of Population Dynamics. Dordrecht: Kluwer Academic Publishers, 1992

[28] 王兴元, 武相军. 不确定 Chen 系统的参数辨识与自适应同步. 物理学报, 2006, 55(2): 605–609

[29] Bennett M V, Verselis V K. Biophysics of gap junction. Semin. Cell Biol., 1992, 3(1): 29–47

[30] Wang J, Deng B, Tsang K M. Chaotic synchronization of neurons coupled with gap junction under external electrical stimulation. Chaos, Solitons Fract., 2004, 22(2): 469–476

[31] Chen G, Ueta T. Yet another chaotic attractor. Int. J. Bifur. Chaos, 1999, 9(7): 1465–1466

[32] Ueta T, Chen G . Bifurcation analysis of Chen's attractor. Int. J. Bifur. Chaos, 2000, 10(9): 1917–1931

[33] Agiza H N. Controlling chaos for the dynamical system of coupled dynamos. Chaos, Solitons Fract., 2002, 13(2): 341–352

[34] Agiza H N. Chaos synchronization of two coupled dynamos systems with unknown system parameters. Int. J. Mod. Phys. C, 2004, 15(6): 873–883

[35] Li Y X, Tang W K S, Chen G R. Generating hyperchaos via state feedback control. Int. J. Bifur. Chaos, 2005, 15(10): 3367–3375

[36] Yan Z Y. Controlling hyperchaos in the new hyperchaotic Chen system. Appl. Math. Comput., 2005, 168(2): 1239–1250

[37] Wang X Y, Wang M J. Adaptive synchronization for a class of high-dimensional autonomous uncertain chaotic systems. Int. J. Mod. Phys. C, 2007, 18(3): 399–406

[38] 王兴元. 复杂非线性系统中的混沌. 北京: 电子工业出版社, 2003

[39] Lü J H, Chen G R, Cheng D Z, et al. Bridge the gap between the Lorenz system and the Chen system. Int. J. Bifur. Chaos, 2002, 12(12): 2917–2926

[40] Rössler O E. An equation for continuous chaos. Phys. Lett. A, 1976, 57: 397–398

[41] Rössler O E. An equation for hyperchaos. Phys. Lett. A, 1979, 71(2, 3): 155–156

[42] Agiza H N. Controlling chaos for the dynamical system of coupled dynamos. Chaos, Solitons Fract., 2002, 13(2): 341–352

[43] 王兴元, 武相军. 变形耦合发电机系统中的混沌控制. 物理学报, 2006, 55(10): 5083–5093

[44] Yan Z Y. Controlling hyperchaos in the new hyperchaotic Chen system. Applied Mathematics and Computation, 2005, 168(2): 1239–1250

[45] Wang X Y, Wang M J. Adaptive robust synchronization for a class of different uncertain chaotic systems. Int. J. Mod. Phys. B, 2008, 22(23): 4069–4082

[46] Park J H. Adaptive synchronization of Rössler system with uncertain parameters. Chaos, Solitons Fract., 2005, 25(2): 333–338

[47] Wang X Y, Song J M. Adaptive full state hybrid projective synchronization in the unified chaotic system. Mod. Phys. Lett. B, 2009, 23(15): 1913–1921

[48] Wang X Y, Xu M, Zhang H G. Two adaptive synchronization methods of uncertain Chen system. Int. J. Mod. Phys. B, 2009, 23(26): 5163–5169

[49] 蔡国梁, 黄娟娟. 超混沌 Chen 系统和超混沌 Rössler 系统的异结构同步. 物理学报, 2006, 55(8): 3997–4004

[50] Wang X Y, Wu X J. Parameter identification and adaptive synchronization of uncertain hyperchaotic Chen system. Int. J. Mod. Phys. B, 2008, 22(8): 1015–1023

[51] Wang X Y, Li X G. Adaptive synchronization of two kinds of uncertain Rössler chaotic system based on parameter identification. Int. J. Mod. Phys. B, 2008, 22(23): 3987–3995

[52] Wang X Y, Wang Y. Parameters identification and adaptive synchronization control of Lorenz-like system. Int. J. Mod. Phys. B, 2008, 22(15): 2453–2461

[53] Lü J H, Zhou T S, Zhou S C. Chaos synchronization between linearly coupled chaotic systems. Chaos, Solitons Fract., 2002, 14(4): 529–541

[54] Jiang G P, Tang K S, Chen G. A simple global synchronization criterion for coupled chaotic systems. Chaos, Solitons Fract., 2003, 15(5): 925–935

[55] Benettin G, Galgani L, Giorgilli A, et al. Lyapunov characteristic exponents for smooth dynamical systems and for Hamiltonian systems: a method for computing all of them. Meccanica, 1980, 15: 9–20

[56] Shil'nikov L P. Chua's circuit: rigorous results and future problems. Int. J. Bifur. Chaos, 1994, 4(3): 489–519

[57] Itoh M, Yang T, Chua L O. Conditions for impulsive synchronization of chaotic and hyperchaotic systems. Int. J. Bifur. Chaos, 2001, 11(2): 551–560

[58] Li C D, Liao X F. Complete and lag synchronization of hyperchaotic systems using small impulses. Chaos, Solitons Fract., 2004, 22(4): 857–867

[59] Wang Y W, Guan Z H, Xiao J. Impulsive control for synchronization of a class of continuous systems. Chaos, 2004, 14(1): 199–203

[60] Ren Q S, Zhao J Y. Impulsive synchronization of coupled chaotic systems via adaptive-feedback approach. Phys. Lett. A, 2006, 355(4, 5): 342–347

[61] Mohammad H, Mahsa D. Impulsive synchronization of Chen's hyperchaotic system. Phys. Lett. A, 2006, 356(3): 226–230

[62] 刘秉正, 彭建华. 非线性动力学. 北京: 高等教育出版社, 2004, 414–415

[63] Chen A M, Lu J A, Lü J H, et al. Generating hyperchaotic Lü attractor via state feedback control. Physica A, 2006, 364: 103–110

[64] 吕金虎, 陆君安, 陈士华. 混沌时间序列分析及其应用. 武汉: 武汉大学出版社, 2002: 176–177

[65] 王兴元, 武相军. 耦合发电机系统的自适应控制与同步. 物理学报, 2006, 55(10): 5077–5082

[66] 王兴元, 古丽孜拉, 王明军. 单向耦合混沌同步及其在保密通信中的应用. 动力学与控制学报, 2008, 6(1): 40–44

[67] Wang X Y, Wu X Y, He Yi J, et al. Chaos synchronization of Chen system and its application to secure communication. Int. J. Mod. Phys. B, 2008, 22(21): 3709–3720

[68] Wang X Y, Wang M J. Dynamic analysis of the fractional order Liu system and its synchronization. Chaos, 2007, 17(3): 033106

[69] Freeman W J, Yao Y, Burke G. Central pattern generating and recognizing in olfactory bulb: a correlation leaning rule. Neural Networks, 1998, 1: 277–288

[70] Ramasubramanian K, Sriram M S. A comparative study of computation of Lyapunov spectra with different algorithms. Physica D, 2000, 139: 72–86

[71] 武相军, 王兴元. 基于非线性控制的超混沌 Chen 系统混沌同步. 物理学报, 2006, 55(12): 6261–6266

[72] 关新平, 范正平, 陈彩莲等. 混沌控制及其在保密通信中的应用. 北京: 国防工业出版社, 2002

[73] Chen C L, Lin W Y. Sliding mode control for nonlinear systems with global invariance. Proceedings of the Institution of Mechanical Engineers Part I-Journal of Systems & Control Engineering, 1997, 211(1): 75–82

[74] Yau H T, Chen C K, Chen C L. Sliding mode control of chaotic systems with uncertainties. Int. J. Bifur. Chaos, 2000, 10(5): 1139–1147

[75] Tsai H H, Fuh C C, Chang C N. A robust controller for chaotic systems under external excitation. Chaos, Solitons Fract., 2002, 14(4): 627–632

[76] Yau H T, Yan J J. Desgn of sliding mode controller for Lorenz chaotic system with nonlinear input. Chaos, Solitons Fract., 2004, 19(4): 891–898

[77] Hsu K C, Wang W Y, Lin P Z . Sliding mode control for uncertain nonlinear systems with multiple inputs containing sector nonlinearities and deadzones. IEEE Transactions on Systems, Man, and Cybernetics, Part B: Cybernetics, 2004, 34(1): 374–380

[78] 王兴元, 刘明. 具有扇区非线性和死区的多输入 Lorenz 系统的滑模控制. 计算物理, 2007, 24(1): 121–126

[79] 王兴元, 刘明. 用滑模控制方法实现具有扇区非线性输入的主从混沌系统同步. 物理学报, 2005, 54(6): 2584–2589

[80] Zak M. Terminal attractors in neural networks. Neural Networks, 1989, 2(2): 259–274

[81] Feng Y, Yu X H, Man Z H. Non-singular terminal sliding mode control and its application for robot manipulators. Proceedings of the IEEE International Symposium on Circuits and Systems. Piscataway NJ, USA: IEEE, 2001, 545–548

[82] Li S B, Li K Q, Wang J Q, et al. Nonsingular and fast terminal sliding mode control method. Information and Control, 2009, 38(1): 1–8

[83] 王立宁, 乐光新, 詹菲. MATLAB 与通信仿真. 北京: 人民邮电出版社, 2000

[84] Kocarev L, Parliza V. General approach for chaotic synchronization with application to communication. Phys. Rev. Lett., 1995, 74(25): 5028–5031

[85] Wang X Y, Wang M J. A hyperchaos generated from Lorenz system. Physica A, 2008, 387(14): 3751–3758

[86] Wang X Y, Song J M. Synchronization of the fractional order hyperchaos Lorenz systems with activation feedback control. Nonlinear Sci. Numer. Simul., 2009, 14(8): 3351–3357

[87] Wang X Y, He Y J, Wang M J. Chaos control of a fractional order modified coupled dynamos system. Nonlinear Analysis Series A: Theory, Methods & Applications, 2009, 71(12): 6126–6134

[88] Meng J, Wang X Y. Generalized synchronization via nonlinear control. Chaos, 2008, 18(2): 023108

[89] Wang X Y, Wang Y. Anti-synchronization of three-dimensional autonomous chaotic systems via active control. Int. J. Mod. Phys. B, 2007, 21(17): 3017–3027

[90] 武相军, 王兴元. 基于非线性控制的超混沌 Chen 系统混沌同步. 物理学报, 2006, 55(12): 6261–6266

[91] 王兴元, 王勇. 基于线性分离的自治混沌系统的投影同步. 物理学报, 2007, 56(5): 2498–2503

[92] 王兴元, 王明军. 三种方法实现超混沌 Chen 系统的反同步. 物理学报, 2007, 56(12): 6843–6850

[93] 王兴元, 王勇. 基于主动控制的三维自治混沌系统的异结构反同步. 动力学与控制学报, 2007, 5(1): 13–17

[94] 孟娟, 王兴元. 基于模糊观测器的 Chua 混沌系统投影同步. 物理学报, 2009, 58(2): 819–823

[95] Wang X Y, Nian F Z, Guo G. High precision fast projective synchronization in chaotic (hyperchaotic) systems. Phys. Lett. A, 2009, 373(20): 1754–1761

[96] Wang T S, Wang X Y. Generalized synchronization of fractional order hyperchaotic Lorenz system. Mod. Phys. Lett. B, 2009, 23(17): 2167–2178

[97] Wang X Y, Zhang J. Synchronization and generalized synchronization of fractional order chaotic systems. Mod. Phys. Lett. B, 2009, 23(13): 1695–1714

[98] Wang X Y, He Y J. Projective synchronization of fractional order chaotic system based on linear separation. Phys. Lett. A, 2008, 372(4): 435–441

[99] Meng J, Wang X Y. Generalized projective synchronization of a class of delayed neural networks. Mod. Phys. Lett. B, 2008, 22(3): 181–190

[100] Wang X Y, Zhao Q, Wang M J, et al. Generalized synchronization of different dimensional neural networks and its applications in secure communication. Mod. Phys. Lett. B, 2008, 22(22): 2077–2084

[101] 王兴元, 贺毅杰. 分数阶统一混沌系统的投影同步. 物理学报, 2008, 57(3): 1485–1492

[102] 王兴元, 孟娟. 自治混沌系统的线性和非线性广义同步. 物理学报, 2008, 57(2): 726–730

[103] 王兴元, 孟娟. 混沌神经网络的广义投影同步: 观测器设计. 应用力学学报, 2008, 25(4): 656–659

[104] Meng J, Wang X Y. Robust anti-synchronization of a class of delayed chaotic neural networks. Chaos, 2007, 17(2): 023113

[105] Wang X Y, Wang J G. Synchronization and anti-synchronization of chaotic system based on linear separation and applications in security communication. Mod. Phys. Lett. B, 2007, 21(23): 1545–1553

[106] 王兴元, 武相军. 基于状态观测器的一类混沌系统的反同步. 物理学报, 2007, 56(4): 1988–1993

[107] 孟娟, 王兴元. 基于非线性观测器的一类混沌系统的相同步. 物理学报, 2007, 56(9): 5142–5148

[108] 王兴元, 孟娟. 超混沌系统的广义同步化. 物理学报, 2007, 56(11): 6288–6293

[109] 王兴元, 刘明. 基于滑模控制实现具有扇区非线性和死区输入的主从混沌系统同步. 应用力学学报, 2007, 24(3): 368–372

[110] Nian F Z, Wang X Y. Efficient immunization strategies on complex networks. Journal of Theoretical Biology, 2010, 264(1): 77–83

[111] Tang Q, Wang X Y. Chaos control and synchronization of cellular neural network with delays based on OPNCL control. Chinese Physics Letters, 2010, 27(3): 030508

[112] 王明军, 王兴元. 分数阶 Newton-Leipnik 系统的动力学分析. 物理学报, 2010, 59(3): 1583–1592

[113] Liu Z Z, Wang X Y, Wang M G. Inhomogeneity of epidemic spreading. Chaos, 2010, 20(2): 023128

[114] Lin D, Wang X Y. Observer-based decentralized fuzzy neural sliding mode control for interconnected unknown chaotic systems via network structure adaptation. Fuzzy Sets and Systems, 2010, 161(15): 2066–2080

[115] Nian F Z, Wang X Y. Chaotic synchronization of hybrid state on complex networks. Int. J. Mod. Phys. C, 2010, 21(4): 457–469

[116] Wang X Y, Meng J. Generalized projective synchronization of chaotic neural networks: Observer-based approach. Int. J. Mod. Phys. B, 2010, 24(17): 3351–3363

[117] Gopalsamy K, Leung I. Delay induced periodicity in a neural network of excitation and inhibition. Physica D, 1996, 89(3–4): 395–426

[118] Olien L, Blair J. Bifurcation, stability and monotonicity properties of a delayed neural network model. Physica D, 1997, 102(3–4): 349–363

[119] Gopalsamy K, Sariyasa S. Time delays and stimulus-dependent pattern formation in periodic environments in isolated neurons. IEEE Trans. Neural Network, 2002, 13(3): 551–563

[120] Shayer L, Campbell S. Stability, bifurcation, and multistability in a system of two coupled neurons with multiple time delays. SIAM Journal Appllied Mathematics, 2000, 61(2): 673–700

[121] Faria T. On a planar system modeling a neuron network with memory. Journal Differential Equations, 2000, 168(1): 129–149

[122] Huang L, Wu J. Nolinear waves in networks of neurons with delayed feedback: pattern formation and continuation. SIAM Journal Mathematics Analysis, 2003, 34(4): 836–860

[123] Chen Y, Wu J. Minimal instability and unstable set of a phase-locked periodic orbit in a delayed neural network. Physica D, 1999, 134(2): 185–199

[124] Kleinfeld D, Sompolinsky H. Associative neural network model for the generation of temporal patterns. Biophysics Journal, 1988, 2(54): 1039–1051

[125] Scott A. Neurophysics. New York: Wiley-Interscience, 1977: 98–99

[126] Roska T, Chua L. Cellular neural networks with nonlinear and delay type template elements and non-uniform grids. International Journal Circuit Theory and Appllications, 1992, 2(20): 469–481

[127] 黄创霞. 几类神经网络模型的动力学研究. 湖南大学 (应用数学专业) 博士学位论文, 2006: 25–41

[128] Chen G, Dong X. From Chaos to Order: Methodologies, Perspectives and Applications. Singapore: World Scientific, 1998: 12–27

[129] 王光瑞, 于熙龄, 陈式刚. 混沌的控制、同步与利用. 北京：国防工业出版社, 2001

[130] Isidori A. Nonlinear Control Systems. London: Springer-Verlag, 1995

[131] Chen A P, Huang L H, Guo S J, et al. Existence and stability of periodic solution for BAM neural networks with variable coefficients and delays. Neural Networks, 2004, 17(10): 1415–1425

[132] Yang X S, Duan C K, Liao X X, et al. A note on mathematical aspects of drive-response type synchronization. Chaos, Solitons & Fractals, 1999, 10(9): 1457–1462

[133] Lu J A, Wu X, Han X, et al. Adaptive feedback synchronization of a unified chaotic system. Physics Letters A, 2004, 329(4–5): 327–333

[134] 肖江文, 王燕舞. 单变量耦合及自适应控制统一混沌系统的同步. 系统工程与电子技术, 2004, 26(5): 628–630

[135] Ucar A, Lonngren K E, Bai E W, et al. Synchronization of the unified chaotic systems via active control. Chaos, Solitons Fract., 2006, 27(5): 1292–1297

[136] Chen S, Yang Q, Wang C, et al. Impulsive control and synchronization of unified chaotic system. Chaos, Solitons Fract., 2004, 20(4): 751–758

[137] Kosko B. Bi-directional associative memories. IEEE Transactions on System, Man and Cybernetics, 1988, SMC-18(1): 49–60

[138] Kosko B. Adaptive bi-directional associative memories. Applied Optics, 1987, 26(23): 4947–4960

[139] Kosko B. Unsupervised learning in noise. IEEE Trans. on Neural Networks, 1990, 1(1): 44–57

[140] Mathai C, Upadhyaya B C. Performance analysis and application of the bi-directional associative memory to industrial spectral sgnature. Proceedings of IJCNN, 1989, 1: 33–37

[141] Chen A P, Huang L H, Guo S J, et al. Existence and stability of periodic solution for BAM neural networks with variable coefficients and delays. Neural Networks, 2004, 17(10): 1415–1425

[142] Bouzerdoum A, Pinter R B. Shunting inhibitory cellular neural networks: derivation and stability analysis. IEEE Trans. Circuits Systems I, 1993, 40: 215–221

第 4 章　混沌系统的广义同步

1990 年, Pecora 和 Carroll 提出了 "混沌同步" 的概念[1], 并在实验室用电路实现了同一信号驱动下两个相同的耦合混沌系统的同步[2]. 如今, 人们对混沌同步已作了深入的研究[3~5], 并在不同的混沌系统中实现了不同类型的混沌同步, 如完全同步[6,7]、反同步[8]、相同步[9,10]、延迟同步[11]、投影同步[12] 等. 完全同步是指从不同初始点出发的两个混沌系统, 随时间的推移, 其轨道趋于一致, 第 3 章的内容都是关于完全同步的; 反同步是指主从混沌系统轨道的振幅大小相同, 方向相反; 相同步是指两个混沌系统轨道的相位差锁定在 2π 以内, 而它们的振幅仍然保持混沌状态且互不相关; 延迟同步是指两个混沌系统轨道是一致的, 但具有固定时间延迟; 投影同步是指主从混沌系统的轨道的振幅成正比且相位相同.

当主从混沌系统的轨道之间满足一个特定的函数关系时, 把这样的同步称为广义同步[13]. 从这个意义上说, 反同步、延迟同步、投影同步等都可以称为广义同步. 因此, 本书中将这些同步方式都归结为广义同步范畴. 事实上, 完全同步也可以看成特殊的广义同步. 显然, 广义同步比完全同步具有更为宽广的应用领域. 近年来, 人们对广义同步进行了较为深入的研究, 并提出了一系列解决方案[14,15]. 例如, Yang 和 Chua[16] 利用线性变换方法, 研究了混沌系统的广义同步问题; Lu 和 Xi[17] 实现了时间连续的混沌系统的线性广义同步; Wang 和 Guan[18] 实现了连续混沌系统的广义同步; Zhang 等[19] 实现了不同维的混沌系统间的广义同步. 第 3 章中, 讨论了关于完全同步的多种方法, 由于广义同步在保密通信中也有较广泛的应用, 本章将以具体案例对其他多种广义同步方式进行阐述.

4.1　反　同　步

考虑如下的混沌系统:

$$\dot{x} = f(t, x), \tag{4.1}$$

其中 $x \in \mathbf{R}^n$ 为状态向量, $f : \mathbf{R}^n \to \mathbf{R}^n$ 为非线性映射. 设式 (4.1) 为驱动系统, 相应的响应系统定义为

$$\dot{y} = g(t, y) + u(t, x, y), \tag{4.2}$$

其中 $y \in \mathbf{R}^n$ 为状态向量, $g : \mathbf{R}^n \to \mathbf{R}^n$ 为非线性映射, $u(t, x, y)$ 为控制函数.

将式 (4.1) 与式 (4.2) 相加得到误差系统为

$$\dot{e} = f(t, x) + g(t, y) + u(t, x, y), \tag{4.3}$$

其中 $e(t) = x(t) + y(t)$. 反同步的目标就是设计适当的控制函数 $u(t, x, y)$, 使得驱动系统 (4.1) 与响应系统 (4.2) 的状态达到反同步, 即使

$$\lim_{t \to \infty} \|e(t)\| = 0, \tag{4.4}$$

就说系统 (4.2) 在控制器作用下成功地实现了和系统 (4.1) 的反同步.

4.1.1 统一混沌系统的反同步

Lorenz 方程[20]

$$\begin{cases} \dot{x} = a(y - x), \\ \dot{y} = cx - xz - y, \\ \dot{z} = xy - bz \end{cases} \tag{4.5}$$

是 1963 年数学家 Lorenz 在《大气科学杂志》上所提出的. 当参数 $a = 10$, $b = 8/3$, $c = 28$ 时, Lorenz 系统 (4.5) 给出奇怪吸引子 (图 4.1(a)). 1999 年, Chen 等发现当 $\alpha = 35$, $\beta = 3$, $\gamma = 28$ 时, 三维自治方程组

$$\begin{cases} \dot{x} = \alpha(y - x), \\ \dot{y} = (\gamma - \alpha)x - xz + \gamma y, \\ \dot{z} = xy - \beta z \end{cases} \tag{4.6}$$

可给出比 Lorenz 吸引子的结构更为复杂的另一奇怪吸引子 (图 4.1(b)), 该系统称为 Chen 系统[21]. 2002 年, Lü 等发现了介于 Lorenz 系统和 Chen 系统之间的一个新系统, 即 Lü系统[22], 它由如下的三维自治方程组:

$$\begin{cases} \dot{x} = \rho(y - x), \\ \dot{y} = -xz + \nu y, \\ \dot{z} = xy - \mu z \end{cases} \tag{4.7}$$

来描述. 当 $\rho = 36$, $\mu = 3$, $\nu = 20$ 时, 系统 (4.7) 进入混沌状态, 图 4.1(c) 为相应的 Lü吸引子.

1996 年, Vanecek 和 Celikovsky[23] 发现三维自治方程组的动力学行为是由其线形部分 $A = (a_{ij})_{3 \times 3}$ 来决定的. 当 $a_{12}a_{21} > 0$ 时, 其动力学行为类似于 Lorenz 系统 (称为广义 Lorenz 系统族); 当 $a_{12}a_{21} < 0$ 时, 其动力学行为类似于 Chen 系统; 当 $a_{12}a_{21} = 0$ 时, 其动力学行为介于 Lorenz 系统和 Chen 系统之间, 由 Lü系

统来描述. Lorenz 系统、Chen 系统和 Lü系统是拓扑不等价的, 同属于统一混沌系统[24]. 本小节研究的就是这三个混沌系统之间的反同步问题.

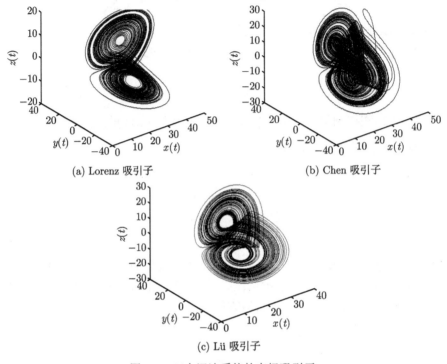

(a) Lorenz 吸引子   (b) Chen 吸引子

(c) Lü 吸引子

图 4.1   三个混沌系统的奇怪吸引子

1) Lorenz 系统与 Chen 系统之间的反同步

选取参数不确定的 Lorenz 系统

$$\begin{cases} \dot{x}_1 = a(y_1 - x_1), \\ \dot{y}_1 = cx_1 - x_1 z_1 - y_1, \\ \dot{z}_1 = x_1 y_1 - bz_1 \end{cases} \tag{4.8}$$

为主系统, 参数不确定的 Chen 系统

$$\begin{cases} \dot{x}_2 = \alpha(y_2 - x_2) + u_1, \\ \dot{y}_2 = (\gamma - \alpha)x_2 - x_2 z_2 + \gamma y_2 + u_2, \\ \dot{z}_2 = x_2 y_2 - \beta z_2 + u_3 \end{cases} \tag{4.9}$$

为受控的从系统, 其中 a, b, c, α, β和γ为未知的正常数; u_1, u_2 和 u_3 为控制输入. 从系统 (4.9) 通过主动控制器 $\boldsymbol{U} = (u_1, u_2, u_3)^{\mathrm{T}}$ 的作用可反同步追踪主系统 (4.8).

定义 Lorenz 系统 (4.8) 与受控 Chen 系统 (4.9) 的反同步状态误差为

$$\begin{cases} e_1 = x_1 + x_2, \\ e_2 = y_1 + y_2, \\ e_3 = z_1 + z_3. \end{cases} \tag{4.10}$$

将式 (4.8) 和式 (4.9) 代入式 (4.10), 整理后可得

$$\begin{cases} \dot{e}_1 = a(e_2 - e_1) + (a - \alpha)(x_2 - y_2) + u_1, \\ \dot{e}_2 = ce_1 - e_2 + (\gamma - \alpha - c)x_2 + (\gamma + 1)y_2 - x_1z_1 - x_2z_2 + u_2, \\ \dot{e}_3 = -be_3 + (b - \beta)z_2 + x_1y_1 + x_2y_2 + u_3, \end{cases} \tag{4.11}$$

定义主动控制器 $\boldsymbol{U}$ 为

$$\begin{cases} u_1 = -(a - \alpha)(x_2 - y_2) + (a - k_1)e_1 - ae_2, \\ u_2 = -(\gamma - \alpha - c)x_2 - (\gamma + 1)y_2 + x_1z_1 + x_2z_2 - ce_1 + (1 - k_2)e_2, \\ u_3 = -(b - \beta)z_2 - x_1y_1 - x_2y_2 + (b - k_3)e_3, \end{cases} \tag{4.12}$$

其中 k_1, k_2 和 k_3 为正实数.

定理 4.1 若选取受控从系统 (4.9) 的控制器 $\boldsymbol{U}$ 为式 (4.12), 则从系统 (4.9) 可与主系统 (4.8) 实现反同步.

证明 设 Lyapunov 函数为

$$V = \frac{e_1^2 + e_2^2 + e_3^2}{2}, \tag{4.13}$$

则由式 (4.11) 可得

$$\begin{aligned} \dot{V} &= \dot{e}_1 e_1 + \dot{e}_2 e_2 + \dot{e}_3 e_3 \\ &= e_1[a(e_2 - e_1) + (a + \alpha)(x_2 - y_2) + u_1] \\ &\quad + e_2[ce_1 - e_2 + (\gamma - \alpha - c)x_2 + (\gamma + 1)y_2 - x_1z_1 - x_2z_2 + u_2] \\ &\quad + e_3[-be_3 + (b - \beta)z_2 + x_1y_1 + x_2y_2 + u_3]. \end{aligned} \tag{4.14}$$

将式 (4.12) 代入式 (4.14), 化简后可得

$$\dot{V} = -k_1 e_1^2 - k_2 e_2^2 - k_3 e_3^2 = -\boldsymbol{e}^{\mathrm{T}} \boldsymbol{P} \boldsymbol{e}, \tag{4.15}$$

其中 $\boldsymbol{P} = \mathrm{diag}(k_1, k_2, k_3)$. 由于 $\dot{V}$ 是负定的, 故

$$\dot{V} = -\boldsymbol{e}^{\mathrm{T}} \boldsymbol{P} \boldsymbol{e} \leqslant -\lambda_{\min}(\boldsymbol{P}) \|\boldsymbol{e}\|^2 < 0, \tag{4.16}$$

其中 $\lambda_{\min}(\boldsymbol{P})$ 为矩阵 $\boldsymbol{P}$ 的最小特征值. 因为

$$V = \frac{1}{2} \|\boldsymbol{e}\|^2, \tag{4.17}$$

故有

$$\dot{V} \leqslant -2\lambda_{\min}(\boldsymbol{P})V, \tag{4.18}$$

所以可推得

$$V(t) \leqslant V(0)\mathrm{e}^{-2\lambda_{\min}(\boldsymbol{P})t}, \tag{4.19}$$

其中 $V(0)$ 为 Lyapunov 函数的初始值. 因为 $V(0)$ 是有界的, 所以误差系统 (4.10) 是渐近稳定的, 即受控从系统 (4.9) 通过主动控制器 $\boldsymbol{U}$ 可以达到与主系统 (4.8) 的反同步.

2) Chen 系统与 Lü系统之间的反同步

选取参数不确定的 Chen 系统

$$\begin{cases} \dot{x}_1 = \alpha(y_1 - x_1), \\ \dot{y}_1 = (\gamma - \alpha)x_1 - x_1 z_1 + \gamma y_1, \\ \dot{z}_1 = x_1 y_1 - \beta z_1 \end{cases} \tag{4.20}$$

为主系统, 参数不确定的 Lü系统

$$\begin{cases} \dot{x}_2 = \rho(y_2 - x_2) + u_1, \\ \dot{y}_2 = -x_2 z_2 + \nu y_2 + u_2, \\ \dot{z}_2 = x_2 y_2 - \mu z_2 + u_3 \end{cases} \tag{4.21}$$

为受控的从系统, 其中 α, β, γ, ρ, μ 和 ν 为未知的正常数, u_1, u_2 和 u_3 为控制输入. 从系统 (4.21) 通过主动控制器 U 的作用可反同步追踪主系统 (4.20).

定义 Chen 系统 (4.20) 与受控 Lü系统 (4.21) 的反同步状态误差为式 (4.10), 将式 (4.20) 和式 (4.21) 代入式 (4.10), 整理后可得

$$\begin{cases} \dot{e}_1 = \alpha(e_2 - e_1) + (\alpha - \rho)(x_2 - y_2) + u_1, \\ \dot{e}_2 = (\gamma - \alpha)e_1 + \gamma e_2 - (\gamma - \alpha)x_2 - (\gamma - \nu)y_2 - x_1 z_1 - x_2 z_2 + u_2, \\ \dot{e}_3 = -\beta e_3 + (\beta - \mu)z_2 + x_1 y_1 + x_2 y_2 + u_3. \end{cases} \tag{4.22}$$

定义主动控制器 $\boldsymbol{U}$ 为

$$\begin{cases} u_1 = -(\alpha - \beta)(x_2 - y_2) + (\alpha - k_1)e_1 - \alpha e_2, \\ u_2 = (\gamma - \alpha)x_2 + (\gamma - v)y_2 + x_1 z_1 + x_2 z_2 - (\gamma - \alpha)e_1 - (\gamma + k_2)e_2, \\ u_3 = -(\beta - \mu)z_2 - x_1 y_1 - x_2 y_2 + (\beta - k_3)e_3, \end{cases} \tag{4.23}$$

其中 k_1, k_2 和 k_3 为正实数.

定理 4.2　若选取受控从系统 (4.21) 的控制器 $\boldsymbol{U}$ 为式 (4.23), 则从系统 (4.21) 可与主系统 (4.20) 实现反同步.

证明 设 Lyapunov 函数为式 (4.13), 则由式 (4.22) 可得

$$\dot{V} = \dot{e}_1 e_1 + \dot{e}_2 e_2 + \dot{e}_3 e_3$$

$$= e_1[\alpha(e_2 - e_1) + (\alpha - \rho)(x_2 - y_2) + u_1]$$

$$+ e_2[(\gamma - \alpha)e_1 + \gamma e_2 - (\gamma - \alpha)x_2 - (\gamma - \nu)y_2 - x_1 z_1 - x_2 z_2 + u_2]$$

$$+ e_3[-\beta e_3 + (\beta - \mu)z_2 + x_1 y_1 + x_2 y_2 + u_3]. \tag{4.24}$$

将式 (4.23) 代入式 (4.24), 化简后可得

$$\dot{V} = -k_1 e_1^2 - k_2 e_2^2 - k_3 e_3^2 = -\boldsymbol{e}^{\mathrm{T}} \boldsymbol{P} \boldsymbol{e}, \tag{4.25}$$

其中 $\boldsymbol{P} = \mathrm{diag}(k_1, k_2, k_3)$. 模仿定理 4.1 的证明过程可知, 此时误差系统渐近稳定, 即受控从系统 (4.21) 通过主动控制器 $\boldsymbol{U}$ 可以达到与主系统 (4.20) 的反同步.

3) Lü 系统与 Lorenz 系统之间的反同步

选取参数不确定的 Lü 系统

$$\begin{cases} \dot{x}_1 = \rho(y_1 - x_1), \\ \dot{y}_1 = -x_1 z_1 + \nu y_1, \\ \dot{z}_1 = x_1 y_1 - \mu z_1 \end{cases} \tag{4.26}$$

为主系统, 参数不确定的 Lorenz 系统

$$\begin{cases} \dot{x}_2 = a(y_2 - x_2) + u_1, \\ \dot{y}_2 = c x_2 - x_2 z_2 - y_2 + u_2, \\ \dot{z}_2 = x_2 y_2 - b z_2 + u_3 \end{cases} \tag{4.27}$$

为受控的从系统, 其中 ρ, μ, ν, a, b 和 c 为未知的正常数, u_1, u_2 和 u_3 为控制输入. 从系统 (4.27) 通过主动控制器 $\boldsymbol{U}$ 的作用可反同步追踪主系统 (4.26).

定义 Lü 系统 (4.26) 与受控 Lorenz 系统 (4.27) 的反同步状态误差为式 (4.10), 将式 (4.27) 和式 (4.26) 代入式 (4.10), 整理后可得

$$\begin{cases} \dot{e}_1 = \rho(e_2 - e_1) + (\rho - a)(x_2 - y_2) + u_1, \\ \dot{e}_2 = c e_1 + \nu e_2 - c x_1 - (\nu + 1)y_2 - x_1 z_1 - x_2 z_2 + u_2, \\ \dot{e}_3 = -\mu e_3 + (\mu - b)z_2 + x_1 y_1 + x_2 y_2 + u_3. \end{cases} \tag{4.28}$$

定义主动控制器 $\boldsymbol{U}$ 为

$$\begin{cases} u_1 = -(\rho - a)(x_2 - y_2) + (\rho - k_1)e_1 - \rho e_2, \\ u_2 = c x_2 + (\nu + 1)y_2 + x_1 z_1 + x_2 z_2 - c e_1 - (\nu + k_2)e_2, \\ u_3 = -(\mu - b)z_2 - x_1 y_1 - x_2 y_2 + (\mu - k_3)e_3, \end{cases} \tag{4.29}$$

其中 k_1, k_2 和 k_3 为正实数.

定理 4.3　若选取受控从系统 (4.27) 的控制器 U 为式 (4.29),则从系统 (4.27) 可与主系统 (4.26) 实现反同步.

证明　设 Lyapunov 函数为式 (4.13),则由式 (4.28) 可得

$$
\begin{aligned}
\dot{V} &= \dot{e}_1 e_1 + \dot{e}_2 e_2 + \dot{e}_3 e_3 \\
&= e_1[\rho(e_2 - e_1) + (\rho - a)(x_2 - y_2) + u_1] \\
&\quad + e_2[ce_1 + \nu e_2 - cx_1 - (\nu + 1)y_2 - x_1 z_1 - x_2 z_2 + u_2] \\
&\quad + e_3[-\mu e_3 + (\mu - b)z_2 + x_1 y_1 + x_2 y_2 + u_3].
\end{aligned}
\tag{4.30}
$$

将式 (4.29) 代入式 (4.30),化简后可得

$$
\dot{V} = -k_1 e_1^2 - k_2 e_2^2 - k_3 e_3^2 = -e^{\mathrm{T}} \boldsymbol{P} e,
\tag{4.31}
$$

其中 $\boldsymbol{P} = \operatorname{diag}(k_1, k_2, k_3)$. 模仿定理 4.1 的证明过程可知,此时误差系统渐近稳定,即受控从系统 (4.27) 通过主动控制器 U 可以达到与主系统 (4.26) 的反同步.

4) 仿真实验结果

为了验证上述控制器的有效性,这里给出三个数值仿真的例子. 在例子中,选取时间步长为 $\tau = 0.001\mathrm{s}$,采用四阶 Runge-Kutta 法去求解三维自治方程组.

例 4.1　选取 Lorenz 系统 (4.8) 的参数为 $a = 10$, $b = 8/3$, $c = 28$,初始点为 $(x_1(0), y_1(0), z_1(0)) = (0, 0, 5)$; Chen 系统 (4.9) 的参数为 $\alpha = 35$, $\beta = 3$, $\gamma = 28$,初始点选取 $(x_2(0), y_2(0), z_2(0)) = (10, 10, 10)$, $(k_1, k_2, k_3) = (5, 5, 5)$,研究了 Lorenz 系统 (4.8) 和 Chen 系统 (4.9) 的异结构反同步. 图 4.2 为数值仿真结果. 由图 4.2(a)~(c) 可见,当 t 接近 17s,16s 和 7s 时,系统误差 $e_1(t)$,$e_2(t)$ 和 $e_3(t)$ 已分别精确地稳定在零点,即 Lorenz 系统 (4.8) 和 Chen 系统 (4.9) 达到了准确的反同步.

例 4.2　选取 Chen 系统 (4.20) 的参数为 $\alpha = 35$, $\beta = 3$, $\gamma = 28$,初始点为 $(x_1(0), y_1(0), z_1(0)) = (0, 0, 15)$; 选取 Lü 系统 (4.21) 的参数为 $\rho = 36$, $\mu = 3$, $\nu = 20$,初始点为 $(x_2(0), y_2(0), z_2(0)) = (20, 20, 20)$; $(k_1, k_2, k_3) = (7, 8, 9)$,研究了 Chen 系统 (4.20) 和 Lü 系统 (4.21) 的异结构反同步. 图 4.3 为数值仿真结果. 由图 4.3(a)~(c) 可见,当 t 接近 13s,4s 和 10s 时,系统误差 $e_1(t)$,$e_2(t)$ 和 $e_3(t)$ 已分别精确地稳定在零点,即 Chen 系统 (4.20) 和 Lü 系统 (4.21) 达到了准确的反同步.

例 4.3　选取 Lü 系统 (4.26) 的参数为 $\rho = 36$, $\mu = 3$, $\nu = 20$,初始点为 $(x_1(0), y_1(0), z_1(0)) = (0, 0, 5)$; 选取 Lorenz 系统 (4.27) 的参数为 $a = 10$, $b = 8/3$, $c = 28$,初始点为 $(x_2(0), y_2(0), z_2(0)) = (10, 10, 10)$, $(k_1, k_2, k_3) = (9, 9, 9)$,研究了 Lü 系统 (4.26) 和 Lorenz 系统 (4.27) 的异结构反同步. 图 4.4 为数值仿真结果. 由图 4.4(a)~(c) 可见,当 t 接近 9.5s,7.5s 和 14s 时,系统误差 $e_1(t)$,$e_2(t)$ 和 $e_3(t)$ 已

分别精确地稳定在零点, 即 Lü系统 (4.26) 和 Lorenz 系统 (4.27) 达到了准确的反同步.

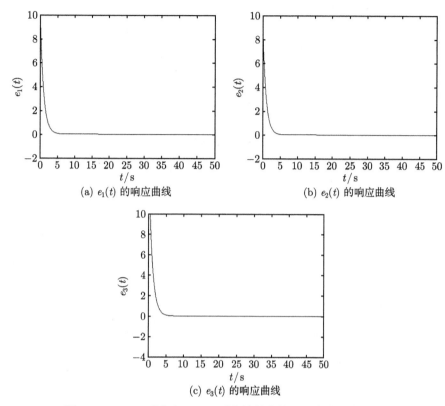

图 4.2 Lorenz 系统和 Chen 系统的异结构反同步的仿真结果

本小节研究了统一混沌系统的异结构反同步问题, 更多相关内容, 请参见文献 [25].

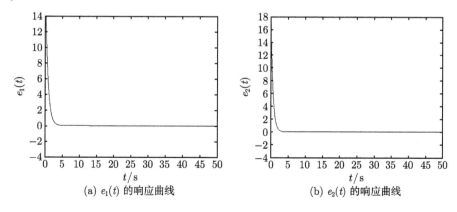

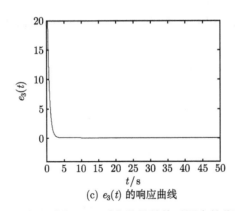

(c) $e_3(t)$ 的响应曲线

图 4.3　Chen 系统和 Lü系统的异结构反同步的仿真结果

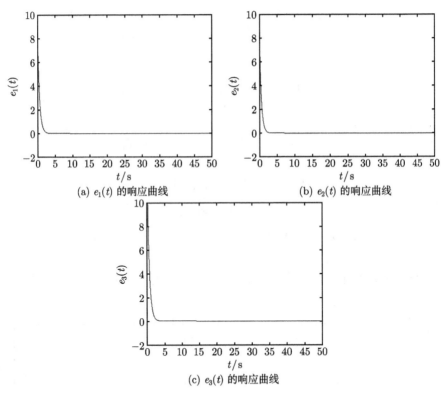

(a) $e_1(t)$ 的响应曲线

(b) $e_2(t)$ 的响应曲线

(c) $e_3(t)$ 的响应曲线

图 4.4　Lü系统和 Lorenz 系统的异结构反同步的仿真结果

4.1.2　两个相同或不同超混沌系统间的反同步

超混沌 Lorenz 系统[26,27] 是对 Lorenz 系统[20] 添加了一个非线性控制器 w(其变化率 $\dot{w} = -yz + rw$) 之后得到的, 其微分方程描述为

$$\begin{cases} \dot{x} = a(y-x) + w, \\ \dot{y} = cx - y - xz, \\ \dot{z} = xy - bz, \\ \dot{w} = -yz + rw, \end{cases} \tag{4.32}$$

其中 x,y,z,w 为状态变量, a,b,c,r 为系统参数. 当 $a = 10$, $b = 8/3$, $c = 28$, $r < -6.43$ 时, 系统 (4.32) 最终收敛于稳定平衡点; 当 $a = 10$, $b = 8/3$, $c = 28$, $-6.43 \leqslant r \leqslant -3.21$ 时; 系统 (4.32) 处于混沌状态; 当 $a = 10$, $b = 8/3$, $c = 28$, $-3.21 < r \leqslant -1.52$ 时, 系统 (4.32) 处于周期运动状态; 当 $a = 10$, $b = 8/3$, $c = 28$, $-1.52 < r \leqslant -0.06$ 时, 系统 (4.32) 处于超混沌状态, 其超混沌吸引子如图 4.5 所示; 当 $a = 10$, $b = 8/3$, $c = 28$, $-0.06 < r \leqslant 0.17$ 时, 系统 (4.32) 处于混沌状态; 当 $a = 10$, $b = 8/3$, $c = 28$, $r > 0.17$ 时, 系统 (4.32) 将发散[26].

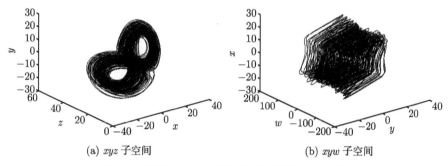

(a) xyz 子空间   (b) xyw 子空间

图 4.5 系统 (4.32) 的超混沌吸引子的三维投影

超混沌 Chen 系统[28] 是 Li 等对 Chen 混沌系统[21] 实施反馈控制后得到的, 其描述如下:

$$\begin{cases} \dot{x} = a(y-x) + w, \\ \dot{y} = dx - xz + cy, \\ \dot{z} = xy - bz, \\ \dot{w} = yz + rw, \end{cases} \tag{4.33}$$

其中 x,y,z,w 为状态变量, a, b, c, d, r 为系统参数. 当 $a = 35$, $b = 3$, $c = 12$, $d = 7$, $0 \leqslant r \leqslant 0.085$ 时, 系统 (4.33) 处于混沌状态; 当 $a = 35$, $b = 3$, $c = 12$, $d = 7$, $0.085 < r \leqslant 0.798$ 时, 系统 (4.33) 处于超混沌状态, 其超混沌吸引子如图 4.6 所示; 当 $a = 35$, $b = 3$, $c = 12$, $d = 7$, $0.798 < r \leqslant 0.9$ 时, 系统 (4.33) 呈现周期性.

1) 同结构超混沌系统的反同步

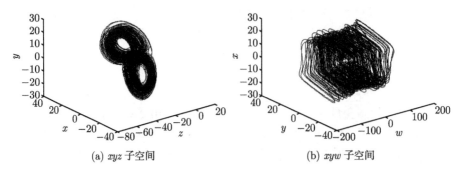

(a) xyz 子空间 　　　　　　　　　　　(b) xyw 子空间

图 4.6　系统 (4.33) 的超混沌吸引子的三维投影

令超混沌 Lorenz 系统

$$\begin{cases} \dot{x}_1 = a(y_1 - x_1) + w_1, \\ \dot{y}_1 = cx_1 - y_1 - x_1 z_1, \\ \dot{z}_1 = x_1 y_1 - bz_1, \\ \dot{w}_1 = -y_1 z_1 + rw_1 \end{cases} \tag{4.34}$$

为驱动系统, 其同结构加了控制器后的响应系统为

$$\begin{cases} \dot{x}_2 = a(y_2 - x_2) + w_2 + u_1, \\ \dot{y}_2 = cx_2 - y_2 - x_2 z_2 + u_2, \\ \dot{z}_2 = x_2 y_2 - bz_2 + u_3, \\ \dot{w}_2 = -y_2 z_2 + rw_2 + u_4, \end{cases} \tag{4.35}$$

其中 $\boldsymbol{U} = (u_1, u_2, u_3, u_4)^{\mathrm{T}}$ 为将要设计的控制器.

将式 (4.34) 和 (4.35) 相加, 得到误差动态系统为

$$\begin{cases} \dot{e}_1 = a(e_2 - e_1) + e_4 + u_1, \\ \dot{e}_2 = ce_1 - e_2 - x_1 z_1 - x_2 z_2 + u_2, \\ \dot{e}_3 = x_1 y_1 + x_2 y_2 - be_3 + u_3, \\ \dot{e}_4 = -y_1 z_1 - y_2 z_2 + re_4 + u_4, \end{cases} \tag{4.36}$$

其中 $e_1 = x_1 + x_2$, $e_2 = y_1 + y_2$, $e_3 = z_1 + z_2$, $e_4 = w_1 + w_2$. 控制的目标是设计合适的 $\boldsymbol{U}$, 将驱动系统 (4.34) 和响应系统 (4.35) 全局渐近反同步.

根据非线性控制理论, 设计控制器 $\boldsymbol{U}$ 为

$$\begin{cases} u_1 = \mu_1, \\ u_2 = x_1 z_1 + x_2 z_2 + \mu_2, \\ u_3 = -x_1 y_1 - x_2 y_2 + \mu_3, \\ u_4 = y_1 z_1 + y_2 z_2 + \mu_4. \end{cases} \tag{4.37}$$

将式 (4.37) 代入式 (4.36), 则误差系统 (4.36) 就可以描述为如下形式:

$$\begin{cases} \dot{e}_1 = a(e_2 - e_1) + e_4 + \mu_1, \\ \dot{e}_2 = ce_1 - e_2 + \mu_2, \\ \dot{e}_3 = -be_3 + \mu_3, \\ \dot{e}_4 = re_4 + \mu_4. \end{cases} \tag{4.38}$$

取 Lyapunov 函数为

$$V(\boldsymbol{e}) = \frac{1}{2}\boldsymbol{e}^{\mathrm{T}}\boldsymbol{e}, \tag{4.39}$$

由于 Lyapunov 函数 (4.39) 的一阶导数为

$$\dot{V}(\boldsymbol{e}) = e_1\dot{e}_1 + e_2\dot{e}_2 + e_3\dot{e}_3 + e_4\dot{e}_4$$

$$= e_1[a(e_2 - e_1) + e_4 + \mu_1] + e_2(ce_1 - e_2 + \mu_2) + e_3(-be_3 + \mu_3) + e_4(re_4 + \mu_4),$$

显然, 需要 $\dot{V}(\boldsymbol{e}) < 0$, 故取

$$\begin{cases} \mu_1 = -e_4 - ae_2, \\ \mu_2 = -ce_1, \\ \mu_3 = 0, \\ \mu_4 = 0, \end{cases} \tag{4.40}$$

则可得到

$$\dot{V}(\boldsymbol{e}) = -ae_1^2 - e_2^2 - be_3^2 + re_4^2. \tag{4.41}$$

因超混沌 Lorenz 系统的参数 a, b, c 为正[26], r 为负, 所以 $\dot{V}(\boldsymbol{e}) < 0$, 即满足 $V(\boldsymbol{e})$ 为负定函数, 说明超混沌 Lorenz 系统 (4.34) 和 (4.35) 达到反同步.

在 Matlab 平台上模拟所设计控制器的控制效果. 取时间步长 $\tau = 0.001$, 超混沌 Lorenz 系统参数为 $a = 10$, $b = 8/3$, $c = 28$, $r = -1$, 此时系统 (4.34) 表现超混沌行为; 驱动系统 (4.34) 和响应系统 (4.35) 的初值分别取为 $x_1(0) = 12$, $y_1(0) = 15$, $z_1(0) = 30$, $w_1(0) = 10$ 和 $x_2(0) = 10$, $y_2(0) = -10$, $z_2(0) = 3$, $w_2(0) = 10$, 得到系统 (4.34) 与 (4.35) 反同步的时间响应状态图如图 4.7 所示, 误差状态图如图 4.8 所示. 由图 4.7 和图 4.8 可见, 经很短时间, 驱动系统 (4.34) 与响应系统 (4.35) 的对应状态变量分别达到了反同步, 各误差分量也分别稳定在零点.

2) 异结构超混沌系统的反同步

设超混沌 Lorenz 系统

$$\begin{cases} \dot{x}_1 = a_1(y_1 - x_1) + w_1, \\ \dot{y}_1 = c_1x_1 - y_1 - x_1z_1, \\ \dot{z}_1 = x_1y_1 - b_1z_1, \\ \dot{w}_1 = -y_1z_1 + r_1w_1 \end{cases} \tag{4.42}$$

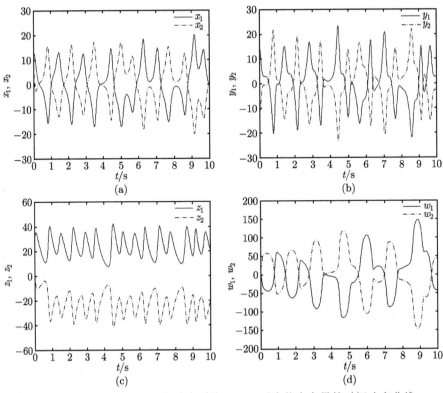

图 4.7   驱动系统 (4.34) 与响应系统 (4.35) 对应状态变量的时间响应曲线

为驱动系统, 超混沌 Chen 系统

$$
\begin{cases}
\dot{x}_2 = a_2(y_2 - x_2) + w_2 + u_1, \\
\dot{y}_2 = d_2 x_2 - x_2 z_2 + c_2 y_2 + u_2, \\
\dot{z}_2 = x_2 y_2 - b_2 z_2 + u_3, \\
\dot{w}_2 = y_2 z_2 + r_2 w_2 + u_4
\end{cases}
\tag{4.43}
$$

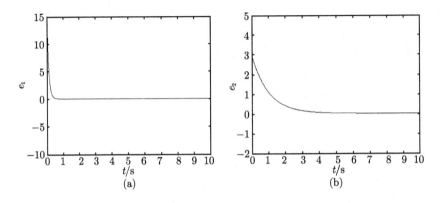

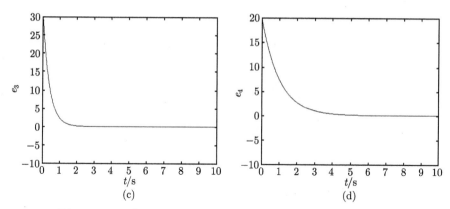

图 4.8 驱动系统 (4.34) 与响应系统 (4.35) 之间的误差响应曲线

为响应系统, 并且两系统的参数均未知, 其中 $U = (u_1, u_2, u_3, u_4)^T$ 为将要设计的控制器.

将式 (4.42) 和 (4.43) 相加, 得到误差动态系统为

$$\begin{cases} \dot{e}_1 = a_1(y_1 - x_1) + a_2(y_2 - x_2) + e_4 + u_1, \\ \dot{e}_2 = c_1 x_1 + d_2 x_2 + c_2 y_2 - y_1 - x_1 z_1 - x_2 z_2 + u_2, \\ \dot{e}_3 = -b_1 z_1 - b_2 z_2 + x_1 y_1 + x_2 y_2 + u_3, \\ \dot{e}_4 = r_1 w_1 + r_2 w_2 - y_1 z_1 + y_2 z_2 + u_4, \end{cases} \tag{4.44}$$

其中 $e_1 = x_1 + x_2$, $e_2 = y_1 + y_2$, $e_3 = z_1 + z_2$, $e_4 = w_1 + w_2$. 目标是设计合适的控制器 U 及参数自适应率, 使得系统 (4.42) 和 (4.43) 全局渐近反同步.

根据 Lyapunov 稳定性理论, 设计控制器 U 为

$$\begin{cases} u_1 = -\hat{a}_1(y_1 - x_1) - \hat{a}_2(y_2 - x_2) - e_4 - e_1, \\ u_2 = -\hat{c}_1 x_1 - \hat{d}_2 x_2 - \hat{c}_2 y_2 + y_1 + x_1 z_1 + x_2 z_2 - e_2, \\ u_3 = \hat{b}_1 z_1 + \hat{b}_2 z_2 - x_1 y_1 - x_2 y_2 - e_3, \\ u_4 = -\hat{r}_1 w_1 - \hat{r}_2 w_2 + y_1 z_1 - y_2 z_2 - e_4, \end{cases} \tag{4.45}$$

其中 $\hat{a}_1$, $\hat{b}_1$, $\hat{c}_1$, $\hat{r}_1$ 及 $\hat{a}_2$, $\hat{b}_2$, $\hat{c}_2$, $\hat{d}_2$, $\hat{r}_2$ 分别为驱动系统 (4.42) 及响应系统 (4.43) 的未知参数, a_1, b_1, c_1, r_1, a_2, b_2, c_2, d_2, r_2 的估计值.

将式 (4.45) 代入式 (4.44), 那么误差系统 (4.44) 就可以描述为如下形式:

$$\begin{cases} \dot{e}_1 = \tilde{a}_1(y_1 - x_1) + \tilde{a}_2(y_2 - x_2) - e_1, \\ \dot{e}_2 = \tilde{c}_1 x_1 + \tilde{d}_2 x_2 + \tilde{c}_2 y_2 - e_2, \\ \dot{e}_3 = -\tilde{b}_1 z_1 - \tilde{b}_2 z_2 - e_3, \\ \dot{e}_4 = \tilde{r}_1 w_1 + \tilde{r}_2 w_2 - e_4, \end{cases} \tag{4.46}$$

其中 $\tilde{a}_1 = a_1 - \hat{a}_1$, $\tilde{b}_1 = b_1 - \hat{b}_1$, $\tilde{c}_1 = c_1 - \hat{c}_1$, $\tilde{r}_1 = r_1 - \hat{r}_1$, $\tilde{a}_2 = a_2 - \hat{a}_2$, $\tilde{b}_2 = b_2 - \hat{b}_2$, $\tilde{c}_2 = c_2 - \hat{c}_2$, $\tilde{d}_2 = d_2 - \hat{d}_2$, $\tilde{r}_2 = r_2 - \hat{r}_2$.

取 Lyapunov 函数为

$$V(e) = \frac{1}{2}(e^{\mathrm{T}}e + \tilde{a}_1^2 + \tilde{b}_1^2 + \tilde{c}_1^2 + \tilde{r}_1^2 + \tilde{a}_2^2 + \tilde{b}_2^2 + \tilde{c}_2^2 + \tilde{d}_2^2 + \tilde{r}_2^2). \tag{4.47}$$

由于 Lyapunov 函数 (4.47) 的一阶导数为

$$
\begin{aligned}
\dot{V}(e) = {} & e_1\dot{e}_1 + e_2\dot{e}_2 + e_3\dot{e}_3 + e_4\dot{e}_4 + \tilde{a}_1\dot{\tilde{a}}_1 + \tilde{b}_1\dot{\tilde{b}}_1 + \tilde{c}_1\dot{\tilde{c}}_1 + \tilde{r}_1\dot{\tilde{r}}_1 + \tilde{a}_2\dot{\tilde{a}}_2 \\
& + \tilde{b}_2\dot{\tilde{b}}_2 + \tilde{c}_2\dot{\tilde{c}}_2 + \tilde{d}_2\dot{\tilde{d}}_2 + \tilde{r}_2\dot{\tilde{r}}_2 \\
= {} & e_1[\tilde{a}_1(y_1 - x_1) + \tilde{a}_2(y_2 - x_2) - e_1] + e_2(\tilde{c}_1 x_1 + \tilde{d}_2 x_2 + \tilde{c}_2 y_2 - e_2) \\
& + e_3(-\tilde{b}_1 z_1 - \tilde{b}_2 z_2 - e_3) + e_4(\tilde{r}_1 w_1 + \tilde{r}_2 w_2 - e_4) + \tilde{a}_1\dot{\tilde{a}}_1 + \tilde{b}_1\dot{\tilde{b}}_1 + \tilde{c}_1\dot{\tilde{c}}_1 \\
& + \tilde{r}_1\dot{\tilde{r}}_1 + \tilde{a}_2\dot{\tilde{a}}_2 + \tilde{b}_2\dot{\tilde{b}}_2 + \tilde{c}_2\dot{\tilde{c}}_2 + \tilde{d}_2\dot{\tilde{d}}_2 + \tilde{r}_2\dot{\tilde{r}},
\end{aligned}
$$

为实现反同步, 需要使 $\dot{V}(e) < 0$. 取参数自适应率为

$$
\begin{cases}
\dot{\hat{a}}_1 = (y_1 - x_1)e_1, \\
\dot{\hat{b}}_1 = -z_1 e_3, \\
\dot{\hat{c}}_1 = x_1 e_2, \\
\dot{\hat{r}}_1 = w_1 e_4, \\
\dot{\hat{a}}_2 = (y_2 - x_2)e_1, \\
\dot{\hat{b}}_2 = -z_2 e_3, \\
\dot{\hat{c}}_2 = y_2 e_2, \\
\dot{\hat{d}}_2 = x_2 e_2, \\
\dot{\hat{r}}_2 = w_2 e_4,
\end{cases}
\tag{4.48}
$$

则可得到

$$\dot{V}(e) = -e_1^2 - e_2^2 - e_3^2 - e_4^2. \tag{4.49}$$

由于 V 是一个正定函数, 并且 $\dot{V}(e)$ 为一负定函数, 因此, 误差系统最终稳定于零, 说明超混沌 Lorenz 系统 (4.42) 和超混沌 Chen 系统 (4.43) 达到反同步.

在 Matlab 平台上模拟 4.1 所设计控制器的控制效果. 取时间步长 $\tau = 0.001$, 驱动系统参数 (4.42) 为 $a_1 = 10$, $b_1 = 8/3$, $c_1 = 28$, $r_1 = -1$, 响应系统 (4.43) 参数为 $a_2 = 35$, $b_2 = 3$, $c_2 = 12$, $d_2 = 7$, $r_2 = 0.5$, 此时超混沌 Lorenz 系统和超混沌 Chen 系统都表现超混沌行为. 驱动系统 (4.42) 和响应系统 (4.43) 的初值分别取为 $x_1(0) = 12$, $y_1(0) = 15, z_1(0) = 30, w_1(0) = 10$ 和 $x_2(0) = 10$, $y_2(0) = -12$, $z_2(0) = 3$, $w_2(0) = 10$. 取系统 (4.42) 和 (4.43) 的估计参数的初值分别为 $\hat{a}_1(0) = 5$, $\hat{b}_1(0) = 7$,

$\hat{c}_1(0) = 16$, $\hat{r}_1(0) = 12$ 及 $\hat{a}_2(0) = 8$, $\hat{b}_2(0) = 14$, $\hat{c}_2(0) = 7$, $\hat{d}_2(0) = 15$, $\hat{r}_2(0) = 8$, 得到系统 (4.42) 与 (4.43) 反同步的时间响应状态图如图 4.9 所示, 误差状态图如图 4.10 所示, 图 4.11 显示了驱动系统与响应系统未知参数的辨识过程. 由图 4.9～ 图 4.11 可见, 经很短时间, 驱动系统 (4.42) 与响应系统 (4.43) 的对应状态变量分别达到了反同步, 各误差分量也分别稳定在零点, 系统各未知参数均达到了稳定, 即可以辨识出系统的未知参数.

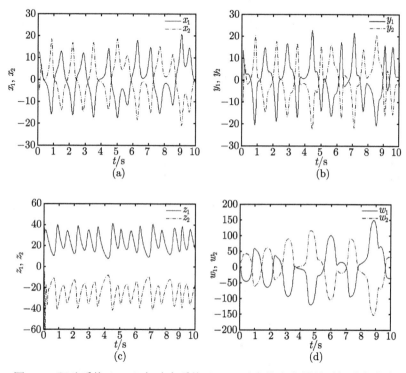

图 4.9 驱动系统 (4.42) 与响应系统 (4.43) 对应状态变量的时间响应曲线

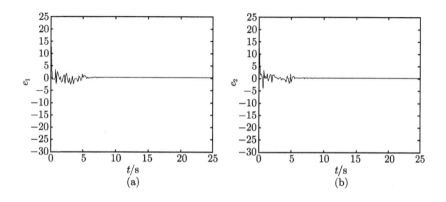

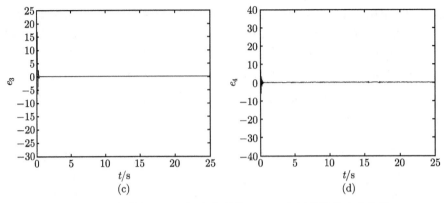

图 4.10　驱动系统 (4.42) 与响应系统 (4.43) 之间的误差响应曲线

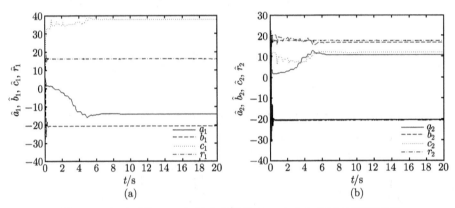

图 4.11　驱动系统 (4.42) 与响应系统 (4.43) 未知参数的辨识过程

4.1.3　一类延迟混沌神经网络的鲁棒反同步

一类循环延迟混沌神经网络系统, 可以用如下的延迟微分方程描述[29~34]:

$$\dot{x}_i(t) = -c_i x_i(t) + \sum_{j=1}^{n} a_{ij} f_j(x_j(t)) + \sum_{j=1}^{n} b_{ij} f_j(x_j(t - \tau_{ij})), \qquad (4.50)$$

其中 $n \geqslant 2$ 为神经网络中神经元的个数, x_i 为第 i 个神经元的状态变量. 式 (4.50) 也可以改写成如下的形式:

$$\dot{\boldsymbol{x}}(t) = -\boldsymbol{C}\boldsymbol{x}(t) + \boldsymbol{A}\boldsymbol{f}(\boldsymbol{x}(t)) + \boldsymbol{B}\boldsymbol{f}(\boldsymbol{x}(t - \tau)), \qquad (4.51)$$

其中 $\boldsymbol{x}(t) = (x_1(t), x_2(t), \cdots, x_n(t))^{\mathrm{T}} \in \mathbf{R}^n$ 为神经网络的状态矢量, $\boldsymbol{C} = \mathrm{diag}(c_1, c_2, \cdots, c_n)$ 为一个对角矩阵, $c_i > 0 (i = 1, 2, \cdots, n)$, 权重矩阵 $\boldsymbol{A} = (a_{ij})_{n \times n}$ 表示神经网络中神经元之间相互联系的强度, 延迟权重矩阵 $\boldsymbol{B} = (b_{ij})_{n \times n}$ 表示具有延迟参

数 τ 的网络中神经元之间的联系强度, 激励函数 $\boldsymbol{f}(\boldsymbol{x}(t)) = (f_1(x_1(t)), f_2(x_2(t)), \cdots,$
$f_n(x_n(t)))^{\mathrm{T}}$ 表示神经元之间相互作用的方式.

式 (4.50) 的初始条件为

$$x_i(t) = \phi_i(t) \in C([-\tau, 0], \mathbf{R}),$$

其中 $C([-\tau, 0], \mathbf{R})$ 为 $[-\tau, 0]$ 到 $\mathbf{R}$ 中所有连续函数的集合.

有研究表明, 合理选取系统矩阵 $\boldsymbol{A}$ 和 $\boldsymbol{B}$ 以及延迟参数 τ 可以使系统 (4.50) 表现出混沌特性[35~38]. 式 (4.50) 和式 (4.51) 可以表示一些较著名的循环延迟神经网络, 如延迟 Hopfield 网络和延迟细胞神经网络. 当激励函数 $f_i(x_i)$ 为 Sigmoid 型函数时, 式 (4.50) 描述的是 Hopfield 神经网络的动态特性; 当

$$f_i(x_i) = \frac{|x_i + 1| - |x_i - 1|}{2}$$

时, 式 (4.50) 描述的是细胞神经网络的动态特性. 本小节主要研究了这类混沌神经网络的反同步问题.

通常激励函数 $f_i(x_i)$ 为全局 Lipschitz 连续的, 即其满足如下假设:

函数 $f_i : \mathbf{R} \to \mathbf{R}(i \in \{1, 2, \cdots, n\})$ 是有界的, 并且存在常数 $K_i > 0 (i = 1, 2, \cdots, n)$, 对于

$$\forall x_1, x_2 \in \mathbf{R}, \quad \exists |f_i(x_1) - f_i(x_2)| \leqslant K_i |x_1 - x_2|.$$

混沌动力系统具有较强的初值敏感性. 为了较好地观察混沌神经网络的同步过程, 构造两个主从混沌神经网络, 其中主系统的状态变量为 x_i, 从系统的状态变量为 y_i. 主从系统具有相同的动态方程, 但它们的初始条件不同. 主系统的动态方程可以用式 (4.51) 表示, 从系统的动态方程可以用如下的式子描述:

$$\dot{\boldsymbol{y}}(t) = -\boldsymbol{C}\boldsymbol{y}(t) + \boldsymbol{A}\boldsymbol{f}(\boldsymbol{y}(t)) + \boldsymbol{B}\boldsymbol{f}(\boldsymbol{y}(t - \tau)) + \boldsymbol{u}, \qquad (4.52)$$

其中 $\boldsymbol{y}(t) = (y_1(t), y_2(t), \cdots, y_n(t))^{\mathrm{T}}$ 为从系统的状态矢量, $\boldsymbol{u} = (u_1(t), u_2(t), \cdots, u_n(t))^{\mathrm{T}}$ 为外部控制输入矢量. 式 (4.52) 的初始条件为

$$y_i(t) = \varphi_i(t) \in C([-\tau, 0], \mathbf{R}).$$

因此, 具有相同参数、不同初始条件的主–从神经网络的同步问题可以归结为如何正确设计出控制量 u_i.

定义 4.1　对于 $n \times n$ 实对称矩阵 $\boldsymbol{\Omega}$, 如果

$$\boldsymbol{\Omega} = \boldsymbol{\Omega}^{\mathrm{T}},$$

并且对于

$$\forall \boldsymbol{x} \neq \boldsymbol{0}, \quad \exists \boldsymbol{x}^{\mathrm{T}} \boldsymbol{\Omega} \boldsymbol{x} < 0,$$

则称 $\boldsymbol{\Omega}$ 为负定矩阵.

对于给定的实对称矩阵 $\boldsymbol{\Omega}$, 当且仅当其所有的特征值为负时, $\boldsymbol{\Omega}$ 为负定的. 易证对于所有的 $\boldsymbol{x} \in \mathbf{R}^n$,

$$\lambda_{\min}(\boldsymbol{\Omega}) \left\| \boldsymbol{x} \right\|^2 \leqslant \boldsymbol{x}^{\mathrm{T}} \boldsymbol{\Omega} \boldsymbol{x} \leqslant \lambda_{\max}(\boldsymbol{\Omega}) \left\| \boldsymbol{x} \right\|^2$$

成立.

引理 4.1(Halanay 不等式[39])　设常数 $\tau \geqslant 0$, 并且函数 $V(t)$ 是 $[-\tau, \infty)$ 上的非负连续函数, 假设

$$\dot{V}(t) \leqslant -aV(t) + b \left(\sup_{t-\tau \leqslant s \leqslant t} V(s) \right), \quad t \geqslant 0. \tag{4.53}$$

如果 $a > b > 0$, 则有

$$V(t) \leqslant \left(\sup_{-\tau \leqslant s \leqslant 0} V(s) \right) \mathrm{e}^{-\gamma t}, \quad t > 0, \tag{4.54}$$

其中 γ 为方程

$$\gamma = a - b\mathrm{e}^{\gamma \tau} \tag{4.55}$$

的唯一正根.

定义主–从系统的反相同步误差信号为

$$e_i(t) = x_i(t) + y_i(t), \tag{4.56}$$

其中 $x_i(t)$ 和 $y_i(t)$ 分别为主系统和从系统的第 i 个状态变量. 反同步的目的是使

$$\lim_{t \to \infty} e_i(t) \to 0.$$

误差动力系统可以表示为

$$\dot{e}_i(t) = -c_i e_i(t) + \sum_{j=1}^{n} a_{ij}[f_j(x_j(t)) + f_j(e_j(t) - x_j(t))]$$

$$+ \sum_{j=1}^{n} b_{ij}[f_j(x_j(t-\tau)) + f_j(e_j(t-\tau) - x_j(t-\tau))] + u_i, \tag{4.57}$$

式 (4.57) 也可以写成如下的形式:

$$\dot{e}(t) = -\boldsymbol{C}e(t) + \boldsymbol{A}g(e(t)) + \boldsymbol{B}g(e(t-\tau)) + \boldsymbol{u}(t), \tag{4.58}$$

其中

$$\boldsymbol{e}(t) = (e_1(t), e_2(t), \cdots, e_n(t))^{\mathrm{T}} \in \mathbf{R}^n,$$

$$\boldsymbol{g}(\boldsymbol{e}) = (g_1(e_1) = f_1(x_1) + f_1(e_1 - x_1), g_2(e_2) = f_2(x_2) + f_2(e_2 - x_2), \cdots,$$

$$g_n(e_n) = f_n(x_n) + f_n(e_n - x_n))^{\mathrm{T}} \in \mathbf{R}^n,$$

$$\boldsymbol{u}(t) = (u_1(t), u_2(t), \cdots, u_n(t))^{\mathrm{T}}$$

为控制输入矢量.

控制输入矢量 $\boldsymbol{u}(t)$ 定义为主–从神经网络的状态变量的函数, 即其可以用如下的形式描述:

$$
\begin{pmatrix} u_1(t) \\ \vdots \\ u_n(t) \end{pmatrix} = \begin{pmatrix} \displaystyle\sum_{j=1}^{n} \omega_{1j}(x_j(t) + y_j(t)) \\ \vdots \\ \displaystyle\sum_{j=1}^{n} \omega_{nj}(x_j(t) + y_j(t)) \end{pmatrix}
$$

$$
= \begin{pmatrix} \omega_{11} & \cdots & \omega_{1n} \\ \vdots & & \vdots \\ \omega_{n1} & \cdots & \omega_{nn} \end{pmatrix} \begin{pmatrix} x_1(t) + y_1(t) \\ \vdots \\ x_n(t) + y_n(t) \end{pmatrix} = \boldsymbol{\Omega} \begin{pmatrix} e_1(t) \\ \vdots \\ e_n(t) \end{pmatrix}, \quad (4.59)
$$

其中 $\boldsymbol{\Omega}$ 为控制增益矩阵. 在实现主–从神经网络的反同步过程中, 需要适当地选取 $\boldsymbol{\Omega}$. 基于控制规律 (4.59), 误差动力系统可改写如下形式:

$$\dot{\boldsymbol{e}}(t) = -\boldsymbol{C}\boldsymbol{e}(t) + \boldsymbol{A}\boldsymbol{g}(\boldsymbol{e}(t)) + \boldsymbol{B}\boldsymbol{g}(\boldsymbol{e}(t - \tau)) + \boldsymbol{\Omega}\boldsymbol{e}(t). \quad (4.60)$$

定理 4.4 对于满足上面假设的主–从混沌神经网络 (4.51) 和 (4.52), 若式 (4.59) 中的控制增益矩阵 $\boldsymbol{\Omega}$ 为负定矩阵, 并且满足

$$\frac{\min\limits_{1 \leqslant i \leqslant n}(c_i) - \lambda_{\max}(\boldsymbol{\Omega})}{K(\|\boldsymbol{A}\| + \|\boldsymbol{B}\|)} > 1, \quad (4.61)$$

其中

$$K = \max_{1 \leqslant i \leqslant n}(K_i),$$

则系统 (4.51) 和系统 (4.52) 将获得反同步.

证明 构造 Lyapunov 误差函数

$$V(t) = \frac{1}{2}\boldsymbol{e}^{\mathrm{T}}\boldsymbol{e} = \frac{1}{2}\|\boldsymbol{e}\|^2, \quad (4.62)$$

易证 $V(t)$ 为非负函数.

由于 Hopfield 神经网络和细胞神经网络中的 f_i 为奇函数, 从而可由上面给定的假设推出, 对于任意的 $x_1, x_2 \in \mathbf{R}$, 存在 $K_i > 0 (i = 1, 2, \cdots, n)$, 使得下式:

$$|f_i(x_1) + f_i(x_2)| \leqslant K_i |x_1 + x_2| \tag{4.63}$$

成立. 根据函数 g_i 的定义以及式 (4.63) 可以得到

$$|g_i(e_i(t))| \leqslant K_i |e_i(t)|, \tag{4.64}$$

从而可得

$$\|\boldsymbol{g}(\boldsymbol{e}(t))\| \leqslant K \|\boldsymbol{e}(t)\| . \tag{4.65}$$

同理,

$$\|\boldsymbol{g}(\boldsymbol{e}(t - \tau))\| \leqslant K \|\boldsymbol{e}(t - \tau)\| . \tag{4.66}$$

计算函数 $V(t)$ 沿式 (4.60) 轨道的时间导数,

$$
\begin{aligned}
\dot{V}(t) &= -\boldsymbol{e}^{\mathrm{T}} \boldsymbol{C} \boldsymbol{e} + \boldsymbol{e}^{\mathrm{T}} \boldsymbol{A} \boldsymbol{g}(\boldsymbol{e}(t)) + \boldsymbol{e}^{\mathrm{T}} \boldsymbol{B} \boldsymbol{g}(\boldsymbol{e}(t - \tau)) + \boldsymbol{e}^{\mathrm{T}} \boldsymbol{\Omega} \boldsymbol{e} \\
&\leqslant -\sum_{i=1}^{n} c_i e_i^2 + \|\boldsymbol{e}\| \|\boldsymbol{A}\| \|\boldsymbol{g}(\boldsymbol{e}(t))\| + \|\boldsymbol{e}\| \|\boldsymbol{B}\| \|\boldsymbol{g}(\boldsymbol{e}(t - \tau))\| + \lambda_{\max}(\boldsymbol{\Omega}) \|\boldsymbol{e}\|^2 \\
&\leqslant -\min_{1 \leqslant i \leqslant n} (c_i) \|\boldsymbol{e}\|^2 + K \|\boldsymbol{A}\| \|\boldsymbol{e}\|^2 + K \|\boldsymbol{B}\| \|\boldsymbol{e}\| \|\boldsymbol{e}(t - \tau)\| + \lambda_{\max}(\boldsymbol{\Omega}) \|\boldsymbol{e}\|^2 \\
&\leqslant -\min_{1 \leqslant i \leqslant n} (c_i) \|\boldsymbol{e}\|^2 + K \|\boldsymbol{A}\| \|\boldsymbol{e}\|^2 \\
&\quad + K \|\boldsymbol{B}\| \left[\frac{1}{2} (\|\boldsymbol{e}\|^2 + \|\boldsymbol{e}(t - \tau)\|^2) \right] + \lambda_{\max}(\boldsymbol{\Omega}) \|\boldsymbol{e}\|^2 \\
&= -(2 \min_{1 \leqslant i \leqslant n} (c_i) - 2K \|\boldsymbol{A}\| - K \|\boldsymbol{B}\| - 2\lambda_{\max}(\boldsymbol{\Omega})) \frac{1}{2} \|\boldsymbol{e}\|^2 + K \|\boldsymbol{B}\| \frac{1}{2} \|\boldsymbol{e}(t - \tau)\|^2 \\
&\leqslant -(2 \min_{1 \leqslant i \leqslant n} (c_i) - 2K \|\boldsymbol{A}\| - K \|\boldsymbol{B}\| - 2\lambda_{\max}(\boldsymbol{\Omega})) V(t) \\
&\quad + K \|\boldsymbol{B}\| \max_{t - \tau \leqslant s \leqslant t} (V(s)). \tag{4.67}
\end{aligned}
$$

根据引理 4.1 可以得到

$$\frac{\displaystyle\min_{1 \leqslant i \leqslant n} (c_i) - \lambda_{\max}(\boldsymbol{\Omega})}{K(\|\boldsymbol{A}\| + \|\boldsymbol{B}\|)} > 1,$$

从而

$$V(t) \leqslant \left(\sup_{-\tau \leqslant s \leqslant 0} V(s) \right) \mathrm{e}^{-\gamma t}, \tag{4.68}$$

其中 γ 为如下方程:

$$\gamma = (2 \min_{1 \leqslant i \leqslant n} (c_i) - 2K \|\boldsymbol{A}\| - K \|\boldsymbol{B}\| - 2\lambda_{\max}(\boldsymbol{\Omega})) - K \|\boldsymbol{B}\| \mathrm{e}^{\gamma \tau} \tag{4.69}$$

的唯一正根. 因此, 可以看出 $V(t)$ 指数收敛于 0, 并且可以得到 $e(t)$ 全局收敛于 0,

$$\|e(t)\| = o(e^{-\gamma t/2}).$$

由此可知, 误差动态系统 (4.60) 的轨道渐近收敛, 即从系统的轨道与主系统的轨道
达到反同步. 证毕.

为了验证本节控制器的有效性, 给出两个数值仿真的例子.

例 4.4 考虑一类典型的含有两个神经元的延迟 Hopfield 神经网络[37], 其动
态方程描述如下:

$$\dot{\boldsymbol{x}}(t) = -\boldsymbol{C}\boldsymbol{x}(t) + \boldsymbol{A}\boldsymbol{f}(\boldsymbol{x}(t)) + \boldsymbol{B}\boldsymbol{f}(\boldsymbol{x}(t-1)), \tag{4.70}$$

其中

$$\boldsymbol{x}(t) = (x_1(t), x_2(t))^{\mathrm{T}}, \quad \boldsymbol{f}(x(t)) = (\tanh(x_1(t)), \tanh(x_2(t)))^{\mathrm{T}},$$

$$\boldsymbol{C} = \begin{pmatrix} 1 & 0 \\ 0 & 1 \end{pmatrix}, \quad \boldsymbol{A} = \begin{pmatrix} 2.0 & -0.1 \\ -5.0 & 3.0 \end{pmatrix}, \quad \boldsymbol{B} = \begin{pmatrix} -1.5 & -0.1 \\ -0.2 & -2.5 \end{pmatrix}.$$

图 4.12 给出了该延迟 Hopfield 神经网络的混沌吸引子. 当 $K_1 = K_2 = 1$ 时,
易证该神经网络满足上面的假设. 容易得到

$$\|\boldsymbol{A}\| = 6.0989, \quad \|\boldsymbol{B}\| = 2.5226.$$

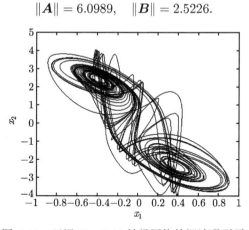

图 4.12 延迟 Hopfield 神经网络的混沌吸引子

响应延迟 Hopfield 神经网络的动态方程设计为

$$\dot{\boldsymbol{y}}(t) = -\boldsymbol{C}\boldsymbol{y}(t) + \boldsymbol{A}\boldsymbol{f}(\boldsymbol{y}(t)) + \boldsymbol{B}\boldsymbol{f}(\boldsymbol{y}(t-1)) + \boldsymbol{u}. \tag{4.71}$$

选取控制增益矩阵

$$\boldsymbol{\Omega} = \begin{pmatrix} -16 & 2 \\ 2 & -25 \end{pmatrix},$$

可以得出其特征根

$$\lambda_{\min} = -25.4244, \quad \lambda_{\max} = -15.5756.$$

可以证明其满足式 (4.61), 即主–从延迟 Hopfield 网络能够达到同步. 选取主–从神经网络的初始值分别为

$$(x_1(t_0), x_2(t_0)) = (0.4, 0.6)$$

和

$$(y_1(t_0), y_2(t_0)) = (0.35, 0.55), \quad t_0 \leqslant 0.$$

图 4.13 给出了误差效果图. 由图 4.13 可以看出, 当 t 分别接近 2.1 s 和 1.4 s 时, 误差 $e_1(t)$ 和 $e_2(t)$ 分别稳定于零点, 即驱动神经网络 (4.70) 与响应神经网络 (4.71) 达到了同步.

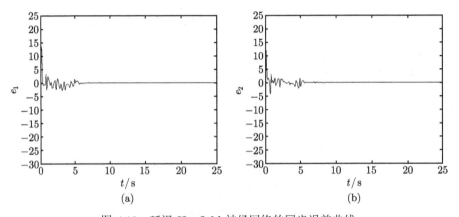

图 4.13　延迟 Hopfield 神经网络的同步误差曲线

例 4.5　考虑如下的延迟细胞神经网络[36]:

$$\dot{\boldsymbol{x}}(t) = -\boldsymbol{C}\boldsymbol{x}(t) + \boldsymbol{A}\boldsymbol{f}(\boldsymbol{x}(t)) + \boldsymbol{B}\boldsymbol{f}(\boldsymbol{x}(t-1)), \tag{4.72}$$

其中

$$\boldsymbol{x}(t) = \begin{pmatrix} x_1(t) \\ x_2(t) \end{pmatrix}, \quad \boldsymbol{f}(\boldsymbol{x}(t)) = \begin{pmatrix} (|x_1+1| - |x_1-1|)/2 \\ (|x_2+1| - |x_2-1|)/2 \end{pmatrix},$$

$$\boldsymbol{C} = \begin{pmatrix} 1 & 0 \\ 0 & 1 \end{pmatrix}, \quad \boldsymbol{A} = \begin{pmatrix} 1+\pi/4 & 20 \\ 0.1 & 1+\pi/4 \end{pmatrix},$$

$$\boldsymbol{B} = \begin{pmatrix} -\sqrt{2}(\pi/4)1.3 & 0.1 \\ 0.1 & -\sqrt{2}(\pi/4)1.3 \end{pmatrix}.$$

图 4.14 给出了该延迟细胞神经网络的混沌吸引子. 当 $K_1 = K_2 = 1$ 时, 易证该神经网络满足假设. 容易得到

$$\|\boldsymbol{A}\| = 20.1589, \quad \|\boldsymbol{B}\| = 1.5439.$$

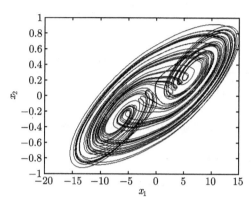

图 4.14 延迟细胞神经网络的混沌吸引子

响应延迟细胞神经网络的动态方程设计为

$$\dot{\boldsymbol{y}}(t) = -\boldsymbol{C}\boldsymbol{y}(t) + \boldsymbol{A}\boldsymbol{f}(\boldsymbol{y}(t)) + \boldsymbol{B}\boldsymbol{f}(\boldsymbol{y}(t-1)) + \boldsymbol{u}, \tag{4.73}$$

选取控制增益矩阵

$$\boldsymbol{\Omega} = \begin{pmatrix} -25 & 4 \\ 4 & -40 \end{pmatrix},$$

可以得出其特征根

$$\lambda_{\min} = -41, \quad \lambda_{\max} = -24.$$

可以证明其满足式 (4.61), 即主–从延迟细胞神经网络能够达到同步. 选取主–从神经网络的初始值分别为

$$(x_1(t_0), x_2(t_0)) = (0.1, 0.1)$$

和

$$(y_1(t_0), y_2(t_0)) = (0.15, -0.15), \quad t_0 \leqslant 0.$$

图 4.15 给出了误差效果图. 由图 4.15 可以看出, 当 t 分别接近 1.5 s 和 1.1 s 时, 误差 $e_1(t)$ 和 $e_2(t)$ 分别稳定于零点, 即驱动神经网络 (4.72) 与响应神经网络 (4.73) 达到了同步.

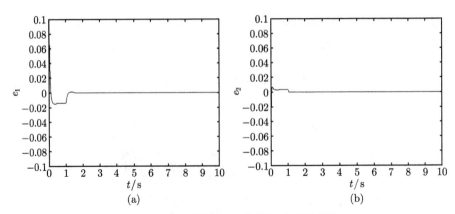

图 4.15　延迟细胞神经网络的同步误差曲线

关于本小节的更多相关内容, 请参见文献 [40].

4.1.4　滑模控制实现不确定混沌系统的反同步

考虑具有如下形式的一类非线性系统:

$$\dot{x} = Ax + h(x), \tag{4.74}$$

其中 $x \in \mathbf{R}^n$ 为系统的 n 维状态向量, Ax 为系统的线性部分, $A \in \mathbf{R}^{n \times n}$ 为线性部分的系数矩阵, $h(x) : \mathbf{R}^n \to \mathbf{R}^n$ 为系统的非线性部分, 是一个连续光滑函数.

具有多扇区、死区输入和不确定外部干扰的系统 (4.74) 可以表示为

$$\dot{y} = Ay + h(y) + \Delta f + D(t) + \Phi(u), \tag{4.75}$$

其中 Δf 为由系统参数扰动引起的不确定项, 通常 Δf 被设定为有界函数.

$$D(t) = (d_1(t), d_2(t), \cdots, d_n(t))^{\mathrm{T}},$$

$d_i(t)(i = 1, 2, \cdots, n)$ 为不确定外部干扰, 并且 $d_i(t)$ 是有界的, 设

$$|d_i(t)| \leqslant p_i,$$

p_i 为大于零的常数.

$$\Phi(u) = (\phi_1(u_1), \phi_2(u_2), \cdots, \phi_n(u_n))^{\mathrm{T}},$$

$\phi_i(u_i)(i = 1, 2, \cdots, n)$ 为扇区非线性的连续函数, 并且假设当 $-u_{i0-} \leqslant u_i \leqslant u_{i0+}$ 时,

$$\phi_i(u_i) = 0.$$

另外, $\phi_i(u_i)$ 还应满足如下条件:

$$
\begin{cases}
\alpha_{i1}(u_i - u_{i0+})^2 \leqslant (u_i - u_{i0+})\phi_i(u_i) \leqslant \alpha_{i2}(u_i - u_{i0+})^2, & u_i > u_{i0+}, \\
\alpha_{i1}(u_i + u_{i0-})^2 \leqslant (u_i + u_{i0-})\phi_i(u_i) \leqslant \alpha_{i2}(u_i + u_{i0-})^2, & u_i < -u_{i0-}.
\end{cases}
\tag{4.76}
$$

图 4.16 给出了在扇区 $[\alpha_{i1}, \alpha_{i2}]$ 内且带有死区的非线性连续函数 $\phi_i(u_i)(i = 1, 2, \cdots, n)$ 的变化曲线.

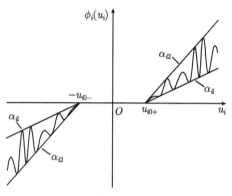

图 4.16　扇区 $[\alpha_{i1}, \alpha_{i2}]$ 内且带有死区的非线性函数 $\phi_i(u_i)$ 的曲线

定义系统 (4.74) 为驱动系统, 系统 (4.75) 为响应系统, 驱动系统 (4.74) 与响应系统 (4.75) 的反同步误差为

$$
\boldsymbol{e} = \boldsymbol{y} + \boldsymbol{x},
$$

则由系统 (4.74) 和系统 (4.75) 可知, 反同步误差系统为

$$
\dot{\boldsymbol{e}} = \dot{\boldsymbol{y}} + \dot{\boldsymbol{x}} = \boldsymbol{A}\boldsymbol{e} + \boldsymbol{h}(\boldsymbol{y}) + \boldsymbol{h}(\boldsymbol{x}) + \Delta\boldsymbol{f} + \boldsymbol{D}(t) + \boldsymbol{\Phi}(\boldsymbol{u}).
\tag{4.77}
$$

本小节研究的目标是设计一个鲁棒的滑模控制器, 使得

$$
\lim_{t \to \infty} \|\boldsymbol{e}\| = \lim_{t \to \infty} \|\boldsymbol{y} + \boldsymbol{x}\| = 0
\tag{4.78}
$$

成立, 从而使驱动系统 (4.74) 和响应系统 (4.75) 达到反同步, 而且不受多扇区、死区非线性输入、不确定项和外部噪声的影响.

通常用滑模变结构方法实现具有非线性输入混沌系统反同步的基本步骤如下:
① 选定一个滑膜面, 保证反同步误差系统在滑膜面上运动的稳定性, 即式 (4.78) 成立; ② 确定一个保证滑膜运动的发生, 并对非线性输入强鲁棒的控制器.

定义滑模面为

$$
\boldsymbol{S}(t) = \boldsymbol{e}(t) - \int_0^t (\boldsymbol{A} - \boldsymbol{K})\boldsymbol{e}(\tau)\mathrm{d}\tau = 0,
\tag{4.79}
$$

其中

$$\boldsymbol{S}(t) = (s_1(t), s_2(t), \cdots, s_n(t))^{\mathrm{T}}$$

为滑动曲面向量, $\boldsymbol{K} \in \mathbf{R}^{n \times n}$ 为 n 维矩阵.

当系统在滑膜面上运动时, 如下的等式必须成立:

$$\dot{\boldsymbol{S}} = \dot{e} - (\boldsymbol{A} - \boldsymbol{K})e = 0. \tag{4.80}$$

由式 (4.80) 可得

$$\dot{e} = (\boldsymbol{A} - \boldsymbol{K})e. \tag{4.81}$$

由式 (4.81) 可知, 当 $(\boldsymbol{A}, \boldsymbol{I})$ 可控时, 利用极点配置技术, 总存在增益矩阵 $\boldsymbol{K}$, 使得矩阵 $(\boldsymbol{A} - \boldsymbol{K})$ 的特征值均为负实数. 这就保证了式 (4.78) 成立, 即响应系统 (4.75) 的状态向量 $\boldsymbol{y}$ 随着时间的增大无限接近 $-\boldsymbol{x}$, 而与系统 (4.75) 和系统 (4.74) 的初始值无关.

为了保证滑膜运动的发生, 给出如下控制策略:

$$u_i(t) = \begin{cases} -\gamma_i \eta_i \mathrm{sgn}(s_i(t)) - u_{i0_-}, & s_i(t) > 0, \\ 0, & s_i(t) = 0, \\ -\gamma_i \eta_i \mathrm{sgn}(s_i(t)) + u_{i0_+}, & s_i(t) < 0, \end{cases} \tag{4.82}$$

其中

$$\eta_i = |h_i(\boldsymbol{y}) + h_i(\boldsymbol{x})| + |\Delta f| + |p_i| + |k_i e|, \quad r_i = \beta/\alpha_{i1}, \beta > 1,$$

$\mathrm{sgn}(s_i(t))$ 为 $s_i(t)$ 的符号函数, 若 $s_i(t) > 0$, 则

$$\mathrm{sgn}(s_i(t)) = 1;$$

若 $s_i(t) = 0$, 则

$$\mathrm{sgn}(s_i(t)) = 0;$$

若 $s_i(t) < 0$, 则

$$\mathrm{sgn}(s_i(t)) = -1.$$

下面证明控制策略 (4.82) 保证滑膜运动的发生, 可控制系统 (4.74) 和系统 (4.75) 达到反同步.

定理 4.5　在控制策略 (4.82) 的控制下, 驱动系统 (4.74) 和响应系统 (4.75) 的反同步误差向量收敛到滑膜面 (4.79) 上的平衡点.

证明　考虑如下的 Lyapunov 函数:

$$V = 0.5\boldsymbol{S}^{\mathrm{T}}(t)\boldsymbol{S}(t),$$

则由式 (4.77) 和 (4.80) 可得

$$\begin{aligned}
\dot{V} &= \boldsymbol{S}^{\mathrm{T}}(t)\dot{\boldsymbol{S}}(t) \\
&= \boldsymbol{S}^{\mathrm{T}}(t)[\dot{\boldsymbol{e}} - (\boldsymbol{A} - \boldsymbol{K})\boldsymbol{e}] \\
&= \boldsymbol{S}^{\mathrm{T}}(t)[\boldsymbol{A}\boldsymbol{e} + \boldsymbol{h}(\boldsymbol{y}) + \boldsymbol{h}(\boldsymbol{x}) + \Delta\boldsymbol{f}(\boldsymbol{y}) + \boldsymbol{D}(t) + \boldsymbol{\Phi}(\boldsymbol{u}) - (\boldsymbol{A} - \boldsymbol{K})\boldsymbol{e}] \\
&= \boldsymbol{S}^{\mathrm{T}}(t)[\boldsymbol{h}(\boldsymbol{y}) + \boldsymbol{h}(\boldsymbol{x}) + \Delta\boldsymbol{f}(\boldsymbol{y}) + \boldsymbol{D}(t) + \boldsymbol{K}\boldsymbol{e}] + \boldsymbol{S}^{\mathrm{T}}(t)\boldsymbol{\Phi}(\boldsymbol{u}) \\
&= \sum_{i=1}^{n}[s_i(t)(h_i(y) + h_i(\boldsymbol{x}) + \Delta f_i(y) + d_i(t) + k_i e) + s_i(t)\phi_i(u_i)] \\
&\leqslant \sum_{i=1}^{n}[|s_i(t)|\,(|h_i(\boldsymbol{y}) + h_i(\boldsymbol{x})| + |\Delta f_i(\boldsymbol{y})| + p_i + |k_i e|) + s_i(t)\phi_i(u_i)] \\
&= \sum_{i=1}^{n}[|s_i(t)|\,\eta_i + s_i(t)\phi_i(u_i)]. \tag{4.83}
\end{aligned}$$

当 $s_i > 0$ 时有

$$\begin{aligned}
(u_i + u_{i0-})\phi_i(u_i) &= -\gamma_i\eta_i\mathrm{sgn}(s_i(t))\phi_i(u_i) \\
&\geqslant \alpha_{i1}(u_i + u_{i0-})^2 = \alpha_{i1}\gamma_i^2\eta_i^2[\mathrm{sgn}(s_i(t))]^2; \tag{4.84}
\end{aligned}$$

当 $s_i < 0$ 时有

$$\begin{aligned}
(u_i - u_{i0+})\phi_i(u_i) &= -\gamma_i\eta_i\mathrm{sgn}(s_i(t))\phi_i(u_i) \\
&\geqslant \alpha_{i1}(u_i - u_{i0+})^2 = \alpha_{i1}\gamma_i^2\eta_i^2[\mathrm{sgn}(s_i(t))]^2. \tag{4.85}
\end{aligned}$$

因为

$$s_i^2(t) \geqslant 0,$$

根据 (4.84) 和 (4.85) 有

$$-\gamma_i\eta_i s_i(t)^2\mathrm{sgn}(s_i(t))\phi_i(u_i) \geqslant \alpha_{i1}\gamma_i^2\eta_i^2 s_i(t)^2[\mathrm{sgn}(s_i(t))]^2,$$

可推得

$$-\gamma_i\eta_i s_i(t)\phi_i(u_i) \geqslant \alpha_{i1}\gamma_i^2\eta_i^2\,|s_i(t)|\,, \tag{4.86}$$

$$s_i(t)\phi_i(u_i) \leqslant -\alpha_{i1}\gamma_i\eta_i\,|s_i(t)|\,. \tag{4.87}$$

将式 (4.87) 代入式 (4.83) 可得

$$\boldsymbol{S}^{\mathrm{T}}(t)\dot{\boldsymbol{S}}(t) \leqslant \sum_{i=1}^{n}(1 - \alpha_{i1}r_i)\eta_i\,|s_i(t)|. \tag{4.88}$$

因为

$$\gamma_i = \frac{\beta}{\alpha_{i1}}, \quad \beta > 1,$$

所以条件

$$\dot{V} = \boldsymbol{S}^{\mathrm{T}}(t)\dot{\boldsymbol{S}}(t) < 0 \tag{4.89}$$

一直被满足.

所选的 Lyapunov 函数为

$$V = 0.5\boldsymbol{S}^{\mathrm{T}}(t)\boldsymbol{S}(t),$$

而且式 (4.89) 一直被满足, 根据 Lyapunov 稳定性定理, 滑膜面 (4.79) 是渐近稳定的, 所以在滑膜面上的反同步误差系统收敛到滑膜面 (4.79) 上的平衡点. 故命题真.

根据定理 4.5, 利用控制策略 (4.82) 可使系统 (4.74) 和系统 (4.75) 达到反同步, 而且不受多扇区、死区输入、不确定项和外部噪声的影响.

为了进一步说明本方法的有效性, 利用上述设计的滑模变结构控制器, 研究了具有多扇区非线性输入的 Lorenz 系统[20] 的反同步, 驱动系统和响应系统分别表示为

$$\begin{cases} \dot{x}_1 = -\sigma x_1 + \sigma x_2, \\ \dot{x}_2 = r x_1 - x_2 - x_1 x_3, \\ \dot{x}_3 = x_1 x_2 - b x_3 \end{cases} \tag{4.90}$$

和

$$\begin{cases} \dot{y}_1 = -\sigma y_1 + \sigma y_2 + \Delta f_1 + d_1 + \phi_1, \\ \dot{y}_2 = r y_1 - y_2 - y_1 y_3 + \Delta f_2 + d_2 + \phi_2, \\ \dot{y}_3 = y_1 y_2 - b y_3 + \Delta f_3 + d_3 + \phi_3. \end{cases} \tag{4.91}$$

参数选取 $\sigma = 10$, $r = 28$ 和 $b = 8/3$, 显然, 矩阵 $\boldsymbol{A}$、$\boldsymbol{h}(\boldsymbol{x})$ 和 $\boldsymbol{h}(\boldsymbol{y})$ 分别为

$$\boldsymbol{A} = \begin{pmatrix} -\sigma & \sigma & 0 \\ r & -1 & 0 \\ 0 & 0 & -b \end{pmatrix}, \quad \boldsymbol{h}(x) = \begin{pmatrix} 0 \\ -x_1 x_3 \\ x_1 x_2 \end{pmatrix}, \quad \boldsymbol{h}(y) = \begin{pmatrix} 0 \\ -y_1 y_3 \\ y_1 y_2 \end{pmatrix}. \tag{4.92}$$

由于矩阵

$$(\boldsymbol{I}, \boldsymbol{A} \times \boldsymbol{I}, \boldsymbol{A}^2 \times \boldsymbol{I})$$

的秩为 3, 即满秩, 所以 $(\boldsymbol{A}, \boldsymbol{I})$ 可控, 可利用极点配置技术来构造反馈增益矩阵 $\boldsymbol{K}$. 为了保证反同步误差系统 (4.77) 收敛于原点, 这里选取矩阵 $(\boldsymbol{A} - \boldsymbol{K})$ 的特征值为

$$-1, \quad -2, \quad -3,$$

求出矩阵 $\boldsymbol{K}$ 为

$$\boldsymbol{K} = \begin{pmatrix} -9 & 10 & 0 \\ 28 & 1 & 0 \\ 0 & 0 & 1/3 \end{pmatrix}. \tag{4.93}$$

选取系统的初始点为 $(x_1, x_2, x_3) = (1, 1, 1)$, $(y_1, y_2, y_3) = (2, 2, 2)$, 则误差系统 (4.77) 的初始值为 $(e_1, e_2, e_3) = (3, 3, 3)$. 分别选取不确定项 $\Delta \boldsymbol{f}$ 为

$$\begin{cases} \Delta f_1 = 0.01 y_1^2, \\ \Delta f_2 = 0.01 y_2^2, \\ \Delta f_3 = 0.01 y_3^2, \end{cases} \tag{4.94}$$

外部干扰 $\boldsymbol{D}(t)$ 为

$$\begin{cases} d_1(t) = 0.2\cos(2\pi t), \\ d_2(t) = 0.3\cos(3\pi t), \\ d_3(t) = 0.4\cos(4\pi t), \end{cases}$$

故有

$$d_1(t) \leqslant p_1 = 0.2, \quad d_2(t) \leqslant p_2 = 0.3, \quad d_3(t) \leqslant p_3 = 0.4.$$

定义扇区内带有死区的非线性函数 $\phi_i(u_i)$ 为

$$\phi_1(u_1) = \begin{cases} (0.8 + 0.1\sin u_1)(u_1 - u_{10+}), & u_1 > u_{10+}, \\ 0, & -u_{10-} \leqslant u_1 \leqslant u_{10+}, \\ (0.8 + 0.1\sin u_1)(u_1 + u_{10-}), & u_1 < -u_{10-}, \end{cases} \tag{4.95}$$

$$\phi_2(u_2) = \begin{cases} (0.9 + 0.2\sin u_2)(u_2 - u_{20+}), & u_2 > u_{20+}, \\ 0, & -u_{20-} \leqslant u_2 \leqslant u_{20+}, \\ (0.9 + 0.2\sin u_2)(u_2 + u_{20-}), & u_2 < -u_{20-}, \end{cases} \tag{4.96}$$

$$\phi_3(u_3) = \begin{cases} (0.9 + 0.3\sin u_3)(u_3 - u_{30+}), & u_3 > u_{30+}, \\ 0, & -u_{30-} \leqslant u_3 \leqslant u_{30+}, \\ (0.9 + 0.3\sin u_3)(u_3 + u_{30-}), & u_3 < -u_{30-}. \end{cases} \tag{4.97}$$

由式 (4.95)~(4.97) 可知

$$\alpha_{11} = 0.7, \quad \alpha_{21} = 0.7, \quad \alpha_{31} = 0.6.$$

选取

$$\beta = 1.01, \quad u_{10-} = u_{10+} = 1, \quad u_{20-} = u_{20+} = 2, \quad u_{30-} = u_{30+} = 3,$$

上述参数满足定理 4.5 的要求.

　　反同步过程的模拟结果如图 4.17～ 图 4.19 所示. 由图 4.17 可见, 系统 (4.90) 和系统 (4.91) 的状态变量 $x_1 - y_1$, $x_2 - y_2$ 和 $x_3 - y_3$ 最终均处于相图的反对角线上, 这说明系统 (4.90) 和系统 (4.91) 达到了反同步. 由误差效果图 4.18 可见, 误差 e_1,

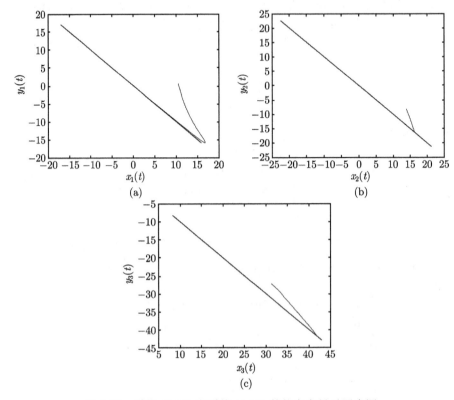

图 4.17　系统 (4.90) 和系统 (4.91) 的状态变量反同步图

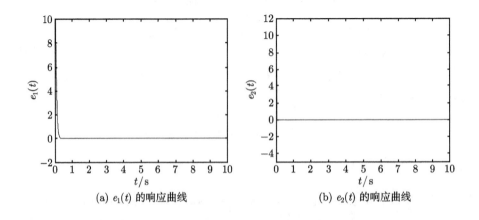

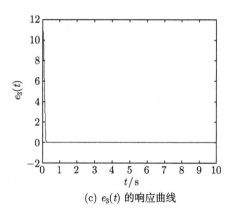

(c) $e_3(t)$ 的响应曲线

图 4.18 系统 (4.90) 和系统 (4.91) 的反同步误差曲线图

e_2 和 e_3 很快分别稳定在零点上. 由图 4.19 可见, 系统 (4.90) 和系统 (4.91) 的相空间中的轨迹在二维平面的投影是反对称的, 这也都说明此时两者已达到了反同步.

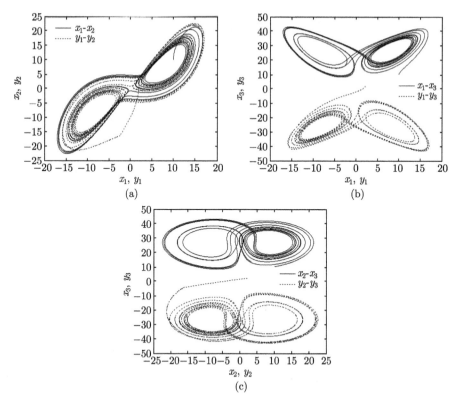

图 4.19 系统 (4.90) 和系统 (4.91) 的相轨迹在二维平面的投影

4.1.5 三种方法实现超混沌 Chen 系统的反同步

超混沌 Chen 系统[28] 方程如下:

$$\begin{cases} \dot{x} = a(y - x) + w, \\ \dot{y} = dx - xz + cy, \\ \dot{z} = xy - bz, \\ \dot{w} = yz + rw. \end{cases} \tag{4.98}$$

这里令参数 $a = 35$, $b = 3$, $c = 12$, $d = 7$ 和 $r = 0.2$, 以使系统 (4.98) 处于超混沌状态[28]. 下面分别用三种方法实现超混沌 Chen 系统的反同步.

4.1.5.1 主动控制法

令系统 (4.98) 为驱动系统, 响应系统如下:

$$\begin{cases} \dot{x}_1 = a(y_1 - x_1) + w_1 + u_1, \\ \dot{y}_1 = dx_1 - x_1z_1 + cy_1 + u_2, \\ \dot{z}_1 = x_1y_1 - bz_1 + u_3, \\ \dot{w}_1 = y_1z_1 + rw_1 + u_4, \end{cases} \tag{4.99}$$

其中 $u_i(i = 1, 2, 3, 4)$ 为控制器. 设

$$e_1 = x + x_1, \quad e_2 = y + y_1, \quad e_3 = z + z_1, \quad e_4 = w + w_1,$$

则有

$$\dot{e}_1 = \dot{x} + \dot{x}_1, \quad \dot{e}_2 = \dot{y} + \dot{y}_1, \quad \dot{e}_3 = \dot{z} + \dot{z}_1, \quad \dot{e}_4 = \dot{w} + \dot{w}_1.$$

反同步误差系统为

$$\begin{cases} \dot{e}_1 = a(e_2 - e_1) + e_4 + u_1, \\ \dot{e}_2 = de_1 + ce_2 - xz - x_1z_1 + u_2, \\ \dot{e}_3 = xy + x_1y_1 - be_3 + u_3, \\ \dot{e}_4 = yz + y_1z_1 + re_4 + u_4, \end{cases} \tag{4.100}$$

选择如下控制器:

$$\begin{cases} u_1 = a(e_1 - e_2) - e_4 - k_1e_1, \\ u_2 = xz + x_1z_1 - de_1 - (c + k_2)e_2, \\ u_3 = (b - k_3)e_3 - xy - x_1y_1, \\ u_4 = -yz - y_1z_1 - (r + k_4)e_4, \end{cases} \tag{4.101}$$

其中 $k_i > 0(i = 1, 2, 3, 4)$, 用来控制达到反同步的速度快慢. 将式 (4.101) 代入式

(4.100), 得到反同步误差系统如下:

$$\begin{cases} \dot{e}_1 = -k_1 e_1, \\ \dot{e}_2 = -k_2 e_2, \\ \dot{e}_3 = -k_3 e_3, \\ \dot{e}_4 = -k_4 e_4. \end{cases} \qquad (4.102)$$

显然, 误差系统 (4.102) 的 Jacobi 矩阵特征值均为负. 根据 Lyapunov 稳定性定理可知

$$\lim_{t\to\infty} \|\boldsymbol{e}_i(t)\| = 0, \quad i = 1, 2, 3, 4,$$

即驱动系统 (4.98) 和响应系统 (4.99) 达到了反同步.

在数值仿真实验中, 选取时间步长为 $\tau = 0.0002\text{s}$. 令 $k_1 = k_2 = k_3 = k_4 = 0.5$, 采用四阶 Runge-Kutta 法求解方程 (4.98) 和 (4.99). 驱动系统 (4.99) 与响应系统 (4.99) 的初始点分别选取为 $x(0) = -10$, $y(0) = 25$, $z(0) = 18$ 和 $w(0) = 15$, $x_1(0) = -13$, $y_1(0) = -12$, $z_1(0) = 5$ 和 $w_1(0) = 30$. 因此, 误差系统 (4.100) 的初始值为 $e_1(0) = -23$, $e_2(0) = 13$, $e_3(0) = 23$ 和 $e_4(0) = 45$. 图 4.20 为驱动系统 (4.98)

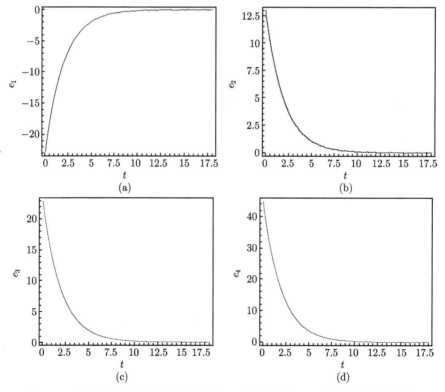

图 4.20 控制器 (4.101) 作用下系统 (4.98) 和系统 (4.99) 的反同步误差曲线

和响应系统 (4.99) 的反同步过程的模拟结果. 由误差效果图 4.20 可见, $e_1(t)$, $e_2(t)$, $e_3(t)$ 和 $e_4(t)$ 最终稳定在零点附近, 即在控制器 (4.101) 的作用下, 驱动系统 (4.98) 与响应系统 (4.99) 达到了反同步.

4.1.5.2　全局控制法

定理 4.6　设某自治混沌系统形如

$$\dot{X} = AX + f(X), \tag{4.103}$$

其中 A 为一个矩阵, AX 代表线性部分, $f(X)$ 代表非线性部分. 以系统 (4.103) 为驱动系统, 响应系统如下:

$$\dot{Y} = \hat{A}Y - BX - f(X), \tag{4.104}$$

则只要满足

$$A = \hat{A} + B$$

且 $\hat{A}$ 所有特征值的实部均为负, 系统 (4.103) 和系统 (4.104) 将达到反同步.

　　证明　设误差系统

$$\dot{E} = \dot{X} + \dot{Y},$$

代入式 (4.103) 和 (4.104) 得

$$\dot{E} = AX + \hat{A}Y - BX = (\hat{A} + B)X + \hat{A}Y - BX = \hat{A}(X + Y) = \hat{A}E.$$

因为 $\hat{A}$ 的所有特征值的实部均为负, 根据 Lyapunov 稳定性定理可知

$$\lim_{t \to \infty} \|E(t)\| = 0,$$

即驱动系统 (4.103) 和响应系统 (4.104) 达到了反同步.

　　令系统 (4.98) 为驱动系统, 取如下响应系统:

$$
\begin{pmatrix} \dot{x}_1 \\ \dot{y}_1 \\ \dot{z}_1 \\ \dot{w}_1 \end{pmatrix} =
\begin{pmatrix} -a & a & 0 & 1 \\ d & -10 & 0 & 0 \\ 0 & 0 & -b & 0 \\ 0 & 0 & 0 & -10 \end{pmatrix}
\begin{pmatrix} x_1 \\ y_1 \\ z_1 \\ w_1 \end{pmatrix}
$$

$$
-\begin{pmatrix} 0 & 0 & 0 & 0 \\ 0 & c+10 & 0 & 0 \\ 0 & 0 & 0 & 0 \\ 0 & 0 & 0 & r+10 \end{pmatrix}
\begin{pmatrix} x \\ y \\ z \\ w \end{pmatrix}
+ \begin{pmatrix} 0 \\ xz \\ -xy \\ -yz \end{pmatrix}. \tag{4.105}
$$

设

$$e_1 = x + x_1, \quad e_2 = y + y_1, \quad e_3 = z + z_1, \quad e_4 = w + w_1,$$

则反同步误差系统为

$$
\begin{cases}
\dot{e}_1 = \dot{x} + \dot{x}_1, \\
\dot{e}_2 = \dot{y} + \dot{y}_1, \\
\dot{e}_3 = \dot{z} + \dot{z}_1, \\
\dot{e}_4 = \dot{w} + \dot{w}_1.
\end{cases}
\tag{4.106}
$$

计算得出式 (4.105) 中,

$$(x_1, y_1, z_1, w_1)^{\mathrm{T}}$$

的系数矩阵的所有特征值的实部均为负, 这种满足条件的矩阵可以应用 Routh-Hurwitz 判据由驱动系统 (4.98) 的线性部分获得. 驱动系统 (4.98) 和响应系统 (4.99) 符合定理 4.6 的形式和条件, 可以达到反同步.

在数值仿真实验中, 选取时间步长为 $\tau = 0.0002\mathrm{s}$, 采用四阶 Runge-Kutta 法求解方程 (4.98) 和 (4.99). 驱动系统 (4.98) 与响应系统 (4.99) 的初始点分别选取为 $x(0) = -10$, $y(0) = 25$, $z(0) = 18$ 和 $w(0) = 15$, $x_1(0) = -13$, $y_1(0) = -12$, $z_1(0) = 5$ 和 $w_1(0) = 30$. 因此, 误差系统 (4.106) 的初始值为 $e_1(0) = -23$, $e_2(0) = 13$, $e_3(0) = 23$ 和 $e_4(0) = 45$. 图 4.21 为驱动系统 (4.98) 和响应系统 (4.99) 的反同步过

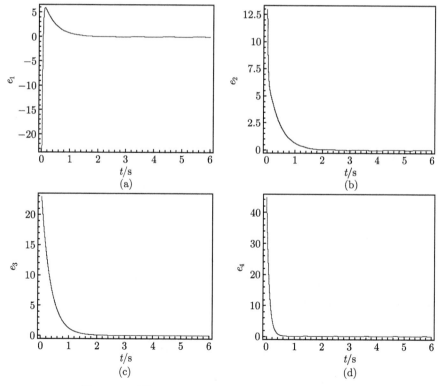

图 4.21　系统 (4.98) 和系统 (4.99) 的反同步误差曲线

程的模拟结果. 由误差效果图 4.21 可见, $e_1(t)$, $e_2(t)$, $e_3(t)$ 和 $e_4(t)$ 最终稳定在零点附近, 即驱动系统 (4.98) 与响应系统 (4.99) 达到了反同步.

应用全局控制法, 驱动系统中有几个方程含有非线性项, 就至少需要发送几路信号给响应系统, 这显然优于主动控制法. 对于只有一个方程含非线性项的混沌系统, 如 Rössler 系统、超混沌 Rössler 系统等, 则有可能发送单路信号实现反同步, 这对于保密通信及观测器的实现具有实际意义. 下面将提出一种新方法, 能够传递单路信号实现反同步.

4.1.5.3　变量替换法

设某自治混沌系统形如

$$\dot{\boldsymbol{X}} = \boldsymbol{F}(\boldsymbol{X}), \tag{4.107}$$

以系统 (4.107) 为驱动系统, 响应系统如下:

$$\dot{\boldsymbol{Y}} = \boldsymbol{F}(\boldsymbol{Y}) - (\boldsymbol{g}(\boldsymbol{Y}) - \boldsymbol{g}(\boldsymbol{X})), \tag{4.108}$$

则一定可以找到函数 $\boldsymbol{g}$, 使得系统 (4.107) 和系统 (4.108) 达到完全同步, 即存在函数 $\boldsymbol{g}$, 使得

$$\lim_{t \to \infty} \|\boldsymbol{X} - \boldsymbol{Y}\| = 0.$$

令 $\boldsymbol{Z} = -\boldsymbol{Y}$, 则有

$$\lim_{t \to \infty} \|\boldsymbol{X} + \boldsymbol{Z}\| = 0,$$

即输出 $\boldsymbol{Z}$ 的系统与系统 (4.107) 达到反同步. 将 $\boldsymbol{Z} = -\boldsymbol{Y}$ 代入系统 (4.108) 得到

$$-\dot{\boldsymbol{Z}} = \boldsymbol{F}(-\boldsymbol{Z}) - (\boldsymbol{g}(-\boldsymbol{Z}) - \boldsymbol{g}(\boldsymbol{X})). \tag{4.109}$$

由系统 (4.109) 解出受控于 $\boldsymbol{X}$ 的关于 $\boldsymbol{Z}$ 的微分方程

$$\dot{\boldsymbol{Z}} = -\boldsymbol{F}(-\boldsymbol{Z}) + (\boldsymbol{g}(-\boldsymbol{Z}) - \boldsymbol{g}(\boldsymbol{X})),$$

则该方程描述的系统能与系统 (4.108) 反同步.

Peng 等提出了发送单路组合信号的方案[41], 成功地实现了超混沌 Rössler 系统的完全同步控制. 这里也将采用这一方法, 先找到与系统 (4.98) 能达到完全同步的响应系统, 再由该系统解出与系统 (4.98) 反同步的系统.

设系统 (4.98) 的完全同步响应系统为

$$\begin{cases} \dot{x}_2 = a(y_2 - x_2) + w_2, \\ \dot{y}_2 = dx_2 - x_2 z_2 + cy_2 - ku\cos\theta, \\ \dot{z}_2 = x_2 y_2 - bz_2 - ku\sin\theta, \\ \dot{w}_2 = y_2 z_2 + rw_2, \end{cases} \tag{4.110}$$

其中 k 为反馈增益, 控制器

$$u = \sin\theta(y_2 - y) + \cos\theta(z_2 - z), \quad 0 \leqslant \theta < \frac{\pi}{2},$$

即驱动系统 (4.98) 只需要发送 $y\sin\theta + z\cos\theta$ 这一路信号即可.

令

$$\begin{cases} e_1 = x_2 - x, \\ e_2 = y_2 - y, \\ e_3 = z_2 - z, \\ e_4 = w_2 - w, \end{cases} \tag{4.111}$$

则有

$$\dot{e}_1 = \dot{x}_2 - \dot{x}, \quad \dot{e}_2 = \dot{y}_2 - \dot{y}, \quad \dot{e}_3 = \dot{z}_2 - \dot{z}, \quad \dot{e}_4 = \dot{w}_2 - \dot{w},$$

故可得同步误差系统为

$$\begin{cases} \dot{e}_1 = -ae_1 + ae_2 + e_4, \\ \dot{e}_2 = (d - z)e_1 + (c - k\cos\theta\sin\theta)e_2 - (x + k\cos\theta\cos\theta)e_3 - c_1c_3, \\ \dot{e}_3 = ye_1 + (x - k\sin\theta\sin\theta)e_2 - (b + k\cos\theta\sin\theta)e_3 + e_1e_2, \\ \dot{e}_4 = ze_2 + ye_3 + re_4 + e_2e_3. \end{cases} \tag{4.112}$$

令 $k = 3$, 根据 Bennetin 等提出的计算最大 Lyapunov 指数的方法[42], 依次取 $\theta = \pi/12, 5\pi/24, \pi/4, 7\pi/24, 5\pi/12$, 求出 $\lambda_1 = 1.122, -0.381, -0.547, -0.299, 0.064$, 式 (4.112) 在 $k = 3$ 时线性部分的 λ_1 与 θ 的关系如图 4.22 所示.

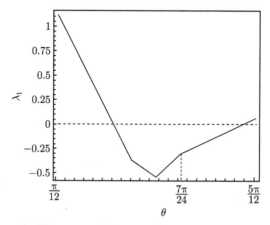

图 4.22 $k = 3$ 时系统 (4.112) 线性部分最大 Lyapunov 指数 λ_1 与 θ 的关系

在数值仿真实验中, 令 $k = 3, \theta = 7\pi/24$, 选取时间步长为 $\tau = 0.001$s, 采用四阶 Runge-Kutta 法求解方程 (4.98) 和 (4.110). 驱动系统 (4.98) 与响应系统 (4.110)

的初始点分别选取为

$$x(0) = -10, \quad y(0) = 25, \quad z(0) = 18, \quad w(0) = 15$$

和

$$x_2(0) = 13, \quad y_2(0) = -12, \quad z_2(0) = 5, \quad w_2(0) = 30.$$

因此, 误差系统 (4.112) 的初始值为

$$e_1(0) = 23, \quad e_2(0) = -37, \quad e_3(0) = -13, \quad e_4(0) = 15.$$

图 4.23 为驱动系统 (4.98) 和响应系统 (4.110) 的同步过程的模拟结果. 由误差效果图 4.23 可见, 同步误差 $e_1(t)$, $e_2(t)$, $e_3(t)$ 和 $e_4(t)$ 最终基本稳定在零点附近, 即当 $k = 3$, $\theta = 7\pi/24$ 时, 驱动系统 (4.98) 与响应系统 (4.110) 达到了同步.

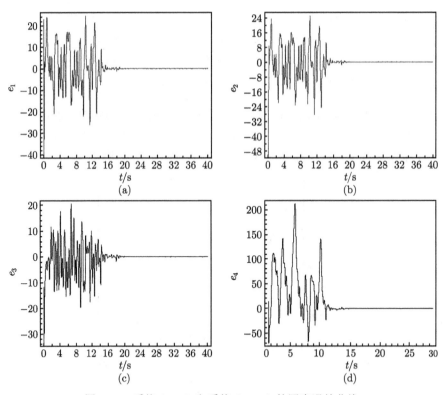

图 4.23　系统 (4.98) 和系统 (4.110) 的同步误差曲线

设

$$x_2 = -x_1, \quad y_2 = -y_1, \quad z_2 = -z_1, \quad w_2 = -w_1,$$

则系统 (4.110) 变换为

$$
\begin{cases}
-\dot{x}_1 = a(x_1 - y_1) - w_1, \\
-\dot{y}_1 = -dx_1 - x_1 z_1 - cy_1 - ku\cos\theta, \\
-\dot{z}_1 = x_1 y_1 + bz_1 - ku\sin\theta, \\
-\dot{w}_1 = y_1 z_1 - rw_1,
\end{cases}
\tag{4.113}
$$

代入

$$
u = \sin\theta(y_2 - y) + \cos\theta(z_2 - z) = \sin\theta(-y_1 - y) + \cos\theta(-z_1 - z),
$$

整理得

$$
\begin{cases}
\dot{x}_1 = a(y_1 - x_1) + w_1, \\
\dot{y}_1 = dx_1 + x_1 z_1 + cy_1 - k\hat{u}\cos\theta, \\
\dot{z}_1 = -x_1 y_1 - bz_1 - k\hat{u}\sin\theta, \\
\dot{w}_1 = -y_1 z_1 + rw_1,
\end{cases}
\tag{4.114}
$$

其中

$$
\hat{u} = \sin\theta(y_1 + y) + \cos\theta(z_1 + z),
$$

则系统 (4.114) 即为能与系统 (4.98) 反同步的系统.

设

$$
e_1 = x + x_1, \quad e_2 = y + y_1, \quad e_3 = z + z_1, \quad e_4 = w + w_1,
$$

则反同步误差系统为

$$
\begin{cases}
\dot{e}_1 = \dot{x} + \dot{x}_1, \\
\dot{e}_2 = \dot{y} + \dot{y}_1, \\
\dot{e}_3 = \dot{z} + \dot{z}_1, \\
\dot{e}_4 = \dot{w} + \dot{w}_1.
\end{cases}
\tag{4.115}
$$

选取时间步长为 $\tau = 0.0002$s, 采用四阶 Runge-Kutta 法求解方程 (4.98) 和 (4.114). 驱动系统 (4.98) 与响应系统 (4.114) 的初始点分别选取为

$$
x(0) = -10, \quad y(0) = 25, \quad z(0) = 18, \quad w(0) = 15
$$

和

$$
x_1(0) = 13, \quad y_1(0) = -12, \quad z_1(0) = 5, \quad w_1(0) = 30.
$$

因此, 误差系统 (4.115) 的初始值为

$$
e_1(0) = 3, \quad e_2(0) = 13, \quad e_3(0) = 23, \quad e_4(0) = 45
$$

图 4.24 为驱动系统 (4.98) 和响应系统 (4.114) 的反同步过程的模拟结果. 由误差效果图 4.24 可见, $e_1(t)$, $e_2(t)$, $e_3(t)$ 和 $e_4(t)$ 最终稳定在零点附近, 即当 $k = 3$,

$\theta = 7\pi/24$ 时, 驱动系统 (4.98) 与响应系统 (4.114) 达到了反同步, 并且只需要发送 $y\sin\theta + z\cos\theta$ 这一路信号即可.

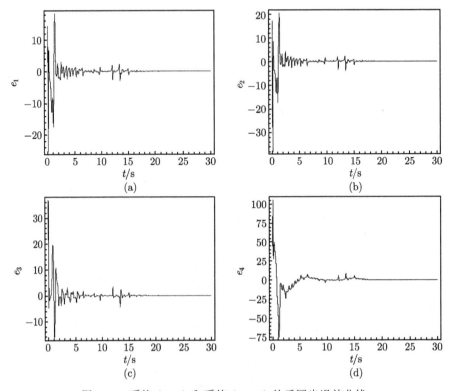

图 4.24   系统 (4.98) 和系统 (4.114) 的反同步误差曲线

利用 Peng 等提出的方案[41], 已知的混沌系统大都可以通过传递单路信号实现完全同步, 因此, 该方法也适用于其他混沌系统的单信号反同步. 通过对比可以发现, 变量替换法虽然设计方案略为复杂, 但可以成功地使用单路信号达到反同步的目的, 因此, 在保密通信中具有更高的实用性. 数值仿真验证了这几种反同步方法的有效性. 关于本小节的更多相关内容, 请参见文献 [43].

本节讲述了混沌反同步的几种常见方法, 反同步是一种特殊的同步, 是由完全同步向投影同步过渡的一种同步类型. 更多关于混沌反同步的内容, 请参见文献 [44]~[46].

4.2 投 影 同 步

反同步是指主从混沌系统轨道的振幅大小相同, 符号相反; 投影同步是指主从混沌系统的轨道的振幅成一定比例. 显然, 反同步可看成比例因子是 −1 的投影同步. 4.1 节针对混沌系统的反同步作了一些研究, 本节将以具体案例对混沌系统的投影同步进行阐述.

4.2.1 基于线性分离的自治混沌系统的投影同步

假定混沌系统的状态矢量能够被分成两部分 $(\boldsymbol{u}, z)$, 可表示为

$$\dot{\boldsymbol{u}} = M(z) \cdot \boldsymbol{u} \tag{4.116}$$

和

$$\dot{z} = f(\boldsymbol{u}, z) \tag{4.117}$$

的形式, 其中 z 既是状态变量, 又是控制信号. 对部分线性系统的投影同步的早期研究表明比例因子依靠于混沌的演变和初始条件, 所以投影同步的最终状态是不可预测的. 因此, 一些基于 Lyapunov 函数的控制方法被用来控制这种同步行为. 然而, 对于 Lyapunov 函数的设计, 迄今还没有非常有效的普适方法, 这已成为设计控制方法的难点. 本小节基于线性系统的稳定判定准则, 通过对混沌系统进行适当的分离, 提出一种新的构造投影同步的方法.

自治混沌系统可以描述为

$$\dot{\boldsymbol{x}}(t) = \boldsymbol{f}(\boldsymbol{x}(t), t), \tag{4.118}$$

其中 $\boldsymbol{x}(t) \in \mathbf{R}^n$ 为系统的 n 维状态向量, $\boldsymbol{f}: \mathbf{R}^n \to \mathbf{R}^n$ 定义了一个 n 维向量空间的向量域. 把函数 $\boldsymbol{f}(\boldsymbol{x}(t), t)$ 分解为

$$\boldsymbol{f}(\boldsymbol{x}(t), t) = \boldsymbol{g}(\boldsymbol{x}(t)) + \boldsymbol{h}(\boldsymbol{x}(t), t), \tag{4.119}$$

其中

$$\boldsymbol{g}(\boldsymbol{x}(t)) = \boldsymbol{A}\boldsymbol{x}(t) \tag{4.120}$$

为 $\boldsymbol{f}(\boldsymbol{x}(t), t)$ 的线性部分, $\boldsymbol{A}$ 为常满秩矩阵, 并且它所有的特征值实部都是负的, 所以

$$\boldsymbol{h}(\boldsymbol{x}(t), t) = \boldsymbol{f}(\boldsymbol{x}(t), t) - \boldsymbol{g}(\boldsymbol{x}(t))$$

为 $\boldsymbol{f}(\boldsymbol{x}(t), t)$ 的非线性部分. 这样系统 (4.118) 可以被重写为

$$\dot{\boldsymbol{x}}(t) = \boldsymbol{g}(\boldsymbol{x}(t)) + \boldsymbol{h}(\boldsymbol{x}(t), t). \tag{4.121}$$

投影同步指的是两个相关系统的状态矢量按照指定比例达到同步. 对于给定的系统 (4.121), 构造一个新的系统为

$$\dot{\boldsymbol{y}}(t) = \boldsymbol{g}(\boldsymbol{y}(t)) + \frac{\boldsymbol{h}(\boldsymbol{x}(t), t)}{\alpha}, \tag{4.122}$$

其中 $y(t) \in \mathbf{R}^n$ 为系统 (4.122) 的 n 维状态矢量, α 为指定的比例因子. 系统 (4.118) 与系统 (4.122) 的同步误差被定义为

$$e(t) = x(t) - \alpha y(t),$$

它的解由下面的等式确定:

$$\dot{e}(t) = \dot{x}(t) - \alpha \dot{y}(t) = g(x(t)) - \alpha g(y(t)) = Ax(t) - \alpha Ay(t)$$
$$= A(x(t) - \alpha y(t)) = Ae(t). \tag{4.123}$$

由式 (4.123) 可知, $e(t)$ 的零点就是 $\dot{e}(t)$ 的平衡点. 因为矩阵 A 的所有特征值的实部都为负, 根据线性系统的稳定判定准则知, 同步误差系统 (4.123) 在零点是渐近稳定的, 并且有

$$\lim_{t \to \infty} e(t) = 0,$$

即系统 (4.118) 的状态矢量 $x(t)$ 和系统 (4.122) 的状态矢量 $y(t)$ 达到同步.

本小节以 Lorenz 系统[20]、Rössler 系统[47] 和超混沌 Chen 系统[28] 为例, 分别实现了它们的投影同步.

首先, 以部分线性的 Lorenz 系统为例, 实现其所有状态矢量的投影同步, 以说明本小节方法的有效性.

Lorenz 系统为

$$\begin{cases} \dot{x}_1 = u(x_2 - x_1), \\ \dot{x}_2 = -x_1 x_3 + w x_1 - x_2, \\ \dot{x}_3 = x_1 x_2 - v x_3. \end{cases} \tag{4.124}$$

当参数 $u = 10$, $v = 8/3$ 和 $w = 28$ 时, Lorenz 系统是混沌的.

利用 $g(x(t))$ 和 $h(x(t))$ 将 Lorenz 系统分解, 其中 $g(x(t))$ 和 $h(x(t))$ 分别为

$$g(x_1, x_2, x_3) = \begin{pmatrix} -u & 0 & 0 \\ 0 & -1 & 0 \\ 0 & 0 & -v \end{pmatrix} \begin{pmatrix} x_1 \\ x_2 \\ x_3 \end{pmatrix} = A \begin{pmatrix} x_1 \\ x_2 \\ x_3 \end{pmatrix} \tag{4.125}$$

和

$$h(x_1, x_2, x_3, t) = \begin{pmatrix} u x_2 \\ -x_1 x_3 + w x_1 \\ x_1 x_2 \end{pmatrix}, \tag{4.126}$$

其中 A 具有负的实特征值 $-u, -1, -v$.

构造新系统为

$$\begin{cases} \dot{y}_1 = -uy_1 + \dfrac{ux_2}{\alpha}, \\[2mm] \dot{y}_2 = -y_2 + \dfrac{wx_1 - x_1x_3}{\alpha}, \\[2mm] \dot{y}_3 = -vy_3 + \dfrac{x_1x_2}{\alpha}, \end{cases} \tag{4.127}$$

其中 A 的特征值为负实数. 根据线性系统的稳定判定准则知误差为

$$\lim_{t \to \infty} e(t) = \lim_{t \to \infty} [x(t) - \alpha y(t)] = 0,$$

即系统 (4.124) 与系统 (4.127) 实现了同步.

Rössler 系统不能分解为式 (4.116) 和式 (4.117) 的形式. 这里以 Rössler 系统为例, 进一步说明该线性分离方法的有效性.

Rössler 系统可表示为

$$\begin{cases} \dot{x}_1 = -x_2 - x_3, \\ \dot{x}_2 = x_1 + \rho x_2, \\ \dot{x}_3 = v + x_3(x_1 - \omega). \end{cases} \tag{4.128}$$

当参数 $\rho = 0.2$, $v = 0.2$ 和 $\omega = 5.7$ 时, Rössler 系统是混沌的.

利用 $g(x(t))$ 和 $h(x(t))$ 将 Rössler 系统 (4.128) 进行分解, 其中 $g(x(t))$ 和 $h(x(t))$ 分别为

$$g(x_1, x_2, x_3) = \begin{pmatrix} 0 & -1 & -1 \\ 1 & -1 & 0 \\ 0 & 0 & -\omega \end{pmatrix} \begin{pmatrix} x_1 \\ x_2 \\ x_3 \end{pmatrix} = A \begin{pmatrix} x_1 \\ x_2 \\ x_3 \end{pmatrix} \tag{4.129}$$

和

$$h(x_1, x_2, x_3, t) = \begin{pmatrix} 0 \\ (\rho + 1)x_2 \\ v + x_1x_3 \end{pmatrix}, \tag{4.130}$$

其中 A 的特征值为

$$-\omega, \quad \frac{-1 + \sqrt{3}\mathrm{i}}{2}, \quad \frac{-1 - \sqrt{3}\mathrm{i}}{2}.$$

构造新系统为

$$\begin{cases} \dot{y}_1 = -y_2 - y_3, \\[2mm] \dot{y}_2 = y_1 - y_2 + \dfrac{(\rho + 1)x_2}{\alpha}, \\[2mm] \dot{y}_3 = -\omega y_3 + \dfrac{v + x_1x_3}{\alpha}. \end{cases} \tag{4.131}$$

由于 $\boldsymbol{A}$ 的特征值的实部为负, 根据线性系统的稳定判定准则知误差为

$$\lim_{t \to \infty} \boldsymbol{e}(t) = \lim_{t \to \infty} [\boldsymbol{x}(t) - \alpha \boldsymbol{y}(t)] = 0,$$

即系统 (4.128) 与系统 (4.131) 实现了同步.

　　由于超混沌系统的复杂性, 目前超混沌系统的研究已引起了人们极大的兴趣. 下面采用线性分离方法实现超混沌 Chen 系统的投影同步, 用以进一步说明该方法的有效性.

　　超混沌 Chen 系统可表示为

$$\begin{cases} \dot{x}_1 = a(x_2 - x_1) + x_4, \\ \dot{x}_2 = dx_1 - x_1 x_3 + cx_2, \\ \dot{x}_3 = x_1 x_2 - bx_3, \\ \dot{x}_4 = x_2 x_3 + rx_4. \end{cases} \tag{4.132}$$

当参数 $a = 35$, $b = 3$, $c = 12$, $d = 7$ 和 $r = 0.5$ 时, 系统 (4.132) 具有超混沌吸引子.

　　用 $\boldsymbol{g}(\boldsymbol{x}(t))$ 和 $\boldsymbol{h}(\boldsymbol{x}(t))$ 将系统 (4.132) 进行分解, 其中 $\boldsymbol{g}(\boldsymbol{x}(t))$ 和 $\boldsymbol{h}(\boldsymbol{x}(t))$ 分别为

$$\boldsymbol{g}(x_1, x_2, x_3, x_4) = \begin{pmatrix} -a & 0 & 0 & 0 \\ 0 & -1 & 0 & 0 \\ 0 & 0 & -b & 0 \\ 0 & 0 & 0 & -1 \end{pmatrix} \begin{pmatrix} x_1 \\ x_2 \\ x_3 \\ x_4 \end{pmatrix} = \boldsymbol{A} \begin{pmatrix} x_1 \\ x_2 \\ x_3 \\ x_4 \end{pmatrix} \tag{4.133}$$

和

$$\boldsymbol{h}(x_1, x_2, x_3, x_4, t) = \begin{pmatrix} ax_2 + x_4 \\ dx_1 - x_1 x_3 + (c+1)x_2 \\ x_1 x_2 \\ x_2 x_3 + (r+1)x_4 \end{pmatrix}, \tag{4.134}$$

其中 $\boldsymbol{A}$ 具有负的实特征值 $-a, -1, -b, -1$.

　　构造新系统为

$$\begin{cases} \dot{y}_1 = -ay_1 + \dfrac{ax_2 + x_4}{\alpha}, \\[2mm] \dot{y}_2 = -y_2 + \dfrac{dx_1 - x_1 x_3 + (c+1)x_2}{\alpha}, \\[2mm] \dot{y}_3 = -by_3 + \dfrac{x_1 x_2}{\alpha}, \\[2mm] \dot{y}_4 = -y_4 + \dfrac{x_2 x_3 + (r+1)x_4}{\alpha}. \end{cases} \tag{4.135}$$

由于 A 的特征值为负实数, 根据线性系统的稳定判定准则知误差为

$$\lim_{t \to \infty} e(t) = \lim_{t \to \infty} [x(t) - \alpha y(t)] = 0,$$

即系统 (4.132) 与系统 (4.135) 实现同步.

为了验证本章中所提出方法的有效性, 下面举出三个数值仿真的实例. 在实例中, 选取时间步长为 $\tau = 0.001$s, 采用四阶 Runge-Kutta 法来求解三维自治方程组.

例 4.6 系统 (4.124) 与系统 (4.127) 的初始点分别选取为

$$x_1(0) = 5, \quad x_2(0) = 8, \quad x_3(0) = 12$$

和

$$y_1(0) = 10, \quad y_2(0) = 15, \quad y_3(0) = 20.$$

系统参数为 $u = 10$, $v = 8/3$ 和 $w = 28$, 比例因子 α 分别选取为 2, -2 和 0.5. 当 $\alpha = 2$ 时, 误差初始值为 $e_1(0) = -15$, $e_2(0) = -22$ 和 $e_3(0) = -28$. 由误差效果图 4.25(a)~(c) 可见, 当 t 分别接近 0.7s, 5.7s 和 4s 时, 误差 $e_1(t)$, $e_2(t)$ 和 $e_3(t)$ 已分

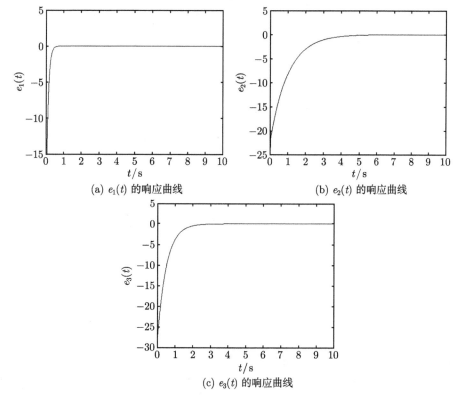

(a) $e_1(t)$ 的响应曲线

(b) $e_2(t)$ 的响应曲线

(c) $e_3(t)$ 的响应曲线

图 4.25 当 $\alpha = 2$ 时系统 (4.124) 和 (4.127) 的同步误差曲线

别稳定在零点, 即系统 (4.124) 与 (4.127) 达到了同步. 图 4.26 为比例因子 α 分别选取为 2, -2 和 -0.5 时系统 (4.124) 和 (4.127) 的吸引子, 由图 4.26(a)~(c) 可以看到, 系统 (4.124) 的状态变量的幅值分别是系统 (4.127) 的 2 倍、2 倍和 0.5 倍, 而系统 (4.124) 与系统 (4.127) 的相位分别是同相、反相和反相, 即系统 (124) 和系统 (4.127) 的吸引子按指定的比例因子达到了投影同步.

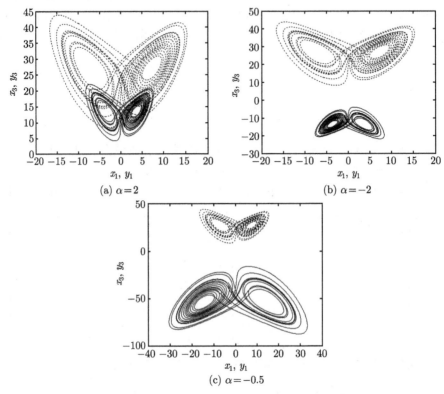

图 4.26   比例因子 α 取不同值系统 (4.124) 和 (4.127) 同步时的吸引子

虚线为系统 (4.124) 的吸引子, 实线为系统 (4.127) 的吸引子

例 4.7   系统 (4.128) 与系统 (4.131) 的初始点分别选取为

$$x_1(0) = 2, \quad x_2(0) = 5, \quad x_3(0) = 7$$

和

$$y_1(0) = 8, \quad y_2(0) = 12, \quad y_3(0) = 15.$$

系统参数为 $\rho = 0.2$, $\upsilon = 0.2$ 和 $\omega = 5.7$, 比例因子 α 分别选取为 2, -2 和 -0.5. 当 $\alpha = 2$ 时, 误差初始值为 $e_1(0) = -14$, $e_2(0) = -19$ 和 $e_3(0) = -23$. 由误差效果图 4.27(a)~(c) 可以看到, 当 t 分别接近 14s、12 s 和 1s 时, 误差 $e_1(t)$, $e_2(t)$ 和 $e_3(t)$ 已

分别稳定在零点, 即系统 (4.128) 与系统 (4.131) 达到了同步. 由图 4.28(a)~(c) 可以看到, 系统 (4.128) 的状态变量的幅值分别是系统 (4.131) 的 2 倍、2 倍和 0.5 倍, 而系统 (4.128) 与系统 (4.131) 的相位分别是同相、反相和反相, 即系统 (4.128) 和系统 (4.131) 的吸引子按指定的比例因子达到了投影同步.

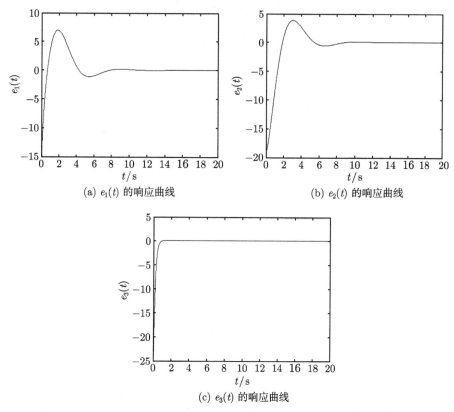

(a) $e_1(t)$ 的响应曲线   (b) $e_2(t)$ 的响应曲线

(c) $e_3(t)$ 的响应曲线

图 4.27 当 $\alpha = 2$ 时系统 (4.128) 和 (4.131) 的同步误差曲线

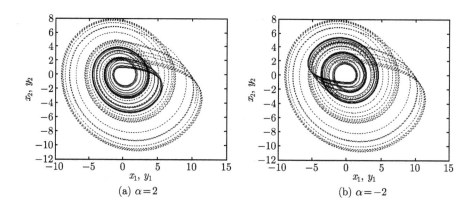

(a) $\alpha = 2$ (b) $\alpha = -2$

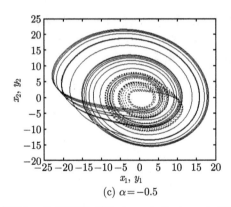

(c) $\alpha = -0.5$

图 4.28　比例因子 α 取不同值系统 (4.128) 和 (4.131) 同步时的吸引子

虚线为系统 (4.128) 的吸引子, 实线为系统 (4.131) 的吸引子

例 4.8　系统 (4.132) 与系统 (4.135) 的初始点分别选取为

$$x_1(0) = 2, \quad x_2(0) = 3, \quad x_3(0) = 5, \quad x_4(0) = 13$$

和

$$y_1(0) = 5, \quad y_2(0) = 9, \quad y_3(0) = 13, \quad y_4(0) = 19.$$

系统参数为 $a = 35, b = 3, c = 12, d = 7$ 和 $r = 0.5$, 比例因子 α 分别选取为 2, -2 和 0.5. 当 $\alpha = 2$ 时, 误差初始值为 $e_1(0) = -15$, $e_2(0) = -22$ 和 $e_3(0) = -28$. 由误差效果图 4.29(a)$\sim$(d) 可以看到, 当 t 分别接近 0.7s, 6.5s, 3s 和 5.8s 时, 误差 $e_1(t)$, $e_2(t)$, $e_3(t)$ 和 $e_4(t)$ 已分别稳定在零点, 即系统 (4.132) 与 (4.135) 达到了同步. 图 4.30 为比例因子 α 分别选取为 2, -2 和 0.5 时系统 (4.132) 和系统 (4.135) 的吸引子. 由图 4.30(a)$\sim$(c) 可以看到, 系统 (4.132) 的状态变量的幅值分别是系统 (4.135) 的 2 倍、2 倍和 0.5 倍, 而系统 (4.132) 与系统 (4.135) 的相位分别是同相、反相和反相, 即系统 (4132) 和系统 (4.135) 的吸引子按指定的比例因子达到了投影同步.

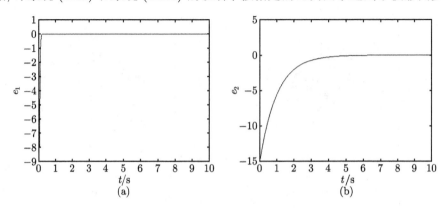

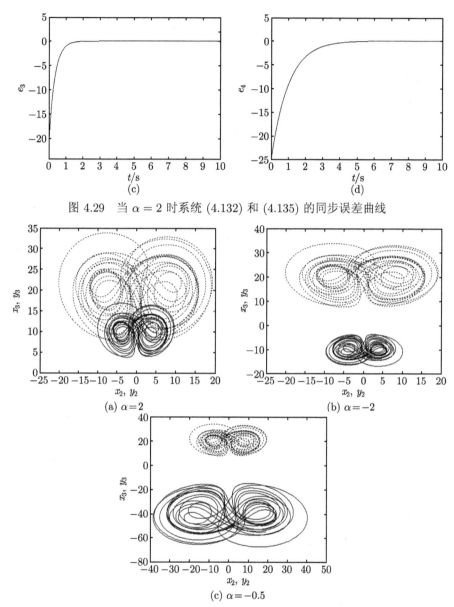

图 4.29 当 $\alpha = 2$ 时系统 (4.132) 和 (4.135) 的同步误差曲线

图 4.30 比例因子 α 取不同值系统 (4.132) 和 (4.135) 同步时的吸引子

虚线为系统 (4.132) 的吸引子, 实线为系统 (4.135) 的吸引子

关于本小节的更多相关内容, 请参见文献 [48].

4.2.2 延迟神经网络的投影同步

本小节主要研究了如下一类延迟混沌神经网络系统[29~34]:

$$\dot{x}_i(t) = -c_i x_i(t) + \sum_{j=1}^{n} a_{ij} f_j(x_j(t)) + \sum_{j=1}^{n} b_{ij} f_j(x_j(t-\tau)), \tag{4.136}$$

其中, $n \geqslant 2$ 为网络中神经元的个数, x_i 为第 i 个神经元的状态变量. 式 (4.136) 也可以写成如下的形式:

$$\dot{\boldsymbol{x}}(t) = -\boldsymbol{C}\boldsymbol{x}(t) + \boldsymbol{A}\boldsymbol{f}(\boldsymbol{x}(t)) + \boldsymbol{B}\boldsymbol{f}(\boldsymbol{x}(t-\tau)), \tag{4.137}$$

其中

$$\boldsymbol{x}(t) = (x_1(t), x_2(t), \cdots, x_n(t))^{\mathrm{T}} \in \mathbf{R}^n$$

为神经网络的状态矢量,

$$\boldsymbol{C} = \mathrm{diag}(c_1, c_2, \cdots, c_n)$$

为对角矩阵, 并且 $c_i > 0 (i = 1, 2, \cdots, n)$,

$$\boldsymbol{A} = (a_{ij})_{n \times n}$$

为反馈矩阵,

$$\boldsymbol{B} = (b_{ij})_{n \times n}$$

为延迟反馈矩阵.

$$\boldsymbol{f}(\boldsymbol{x}(t)) = (f_1(x_1(t)), f_2(x_2(t)), \cdots, f_n(x_n(t)))^{\mathrm{T}}$$

为激励函数.

式 (4.136) 和式 (4.137) 表示一类较著名的延迟神经网络, 如延迟 Hopfield 网络和延迟细胞神经网络等. 当激励函数 $f_i(x_i)$ 为 Sigmoid 型函数时, 式 (4.136) 描述的是 Hopfield 神经网络的动态特性; 当

$$f_i(x_i) = \frac{|x_i + 1| - |x_i - 1|}{2}$$

时, 式 (4.136) 描述的是细胞神经网络的动态特性.

激励函数 $f_i(x_i)$ 满足如下假设:

假设函数 $f_i(x_i)$ 有界, 并且对于 $\forall x_1, x_2 \in \mathbf{R}$, $x_1 \neq x_2$, 满足如下 Lipschitz 条件:

$$0 \leqslant \frac{f_i(x_1) - f_i(x_2)}{x_1 - x_2} \leqslant l_i, \quad i = 1, 2, \cdots, n, \tag{4.138}$$

其中 $l_i > 0$ 称为 Lipschitz 常数.

为了较好地观察混沌神经网络的同步过程, 分别构造驱动–响应混沌神经网络系统. 驱动系统的动态方程可以用式 (4.137) 表示, 响应系统的动态方程如下描述:

$$\dot{\boldsymbol{y}}(t) = -\boldsymbol{C}\boldsymbol{y}(t) + \boldsymbol{A}\boldsymbol{f}(\boldsymbol{y}(t)) + \boldsymbol{B}\boldsymbol{f}(\boldsymbol{y}(t-\tau)) + \boldsymbol{u}, \tag{4.139}$$

其中 $\boldsymbol{y}(t) = (y_1(t), y_2(t), \cdots, y_n(t))^{\mathrm{T}} \in \mathbf{R}^n$ 为响应系统的状态矢量, $\boldsymbol{u} = (u_1(t), u_2(t), \cdots, u_n(t))^{\mathrm{T}}$ 为控制输入.

定义 4.2　定义系统 (4.137) 和系统 (4.139) 的投影同步误差为

$$\boldsymbol{e}(t) = \boldsymbol{y}(t) - \lambda\boldsymbol{x}(t), \tag{4.140}$$

其中 $\lambda \neq 0$ 称为比例因子. 如果式 (4.140) 满足

$$\lim_{t\to\infty} \|\boldsymbol{e}(t)\| = \lim_{t\to\infty} \|\boldsymbol{y}(t) - \lambda\boldsymbol{x}(t)\| = 0, \tag{4.141}$$

则称系统 (4.137) 和系统 (4.139) 获得了投影同步, 其中 $\|\cdot\|$ 代表欧几里得范数.

引理 4.2　对于任意的矢量 $\boldsymbol{x}, \boldsymbol{y} \in \mathbf{R}^n$ 以及正定矩阵 $\boldsymbol{Q} \in \mathbf{R}^{n \times n}$, 存在如下不等式:

$$2\boldsymbol{x}^{\mathrm{T}}\boldsymbol{y} \leqslant \boldsymbol{x}^{\mathrm{T}}\boldsymbol{Q}\boldsymbol{x} + \boldsymbol{y}^{\mathrm{T}}\boldsymbol{Q}^{-1}\boldsymbol{y}. \tag{4.142}$$

引理 4.3(Barbalat 引理[39])　如果 $f(t)$ 是一个一致连续函数, 同时

$$\lim_{t\to\infty} \int_0^t |f(\tau)|\,\mathrm{d}\tau$$

存在而且有界, 则当 $t \to \infty$ 时, $f(t) \to 0$.

定理 4.7　对于满足式 (4.138) 的驱动–响应延迟神经网络 (4.137) 和 (4.139), 若控制器 $\boldsymbol{u}$ 设计为

$$\boldsymbol{u} = \lambda\boldsymbol{A}\boldsymbol{f}(\boldsymbol{x}(t)) + \lambda\boldsymbol{B}\boldsymbol{f}(\boldsymbol{x}(t-\tau)) - \boldsymbol{A}\boldsymbol{f}(\lambda\boldsymbol{x}(t)) - \boldsymbol{B}\boldsymbol{f}(\lambda\boldsymbol{x}(t-\tau)) + \boldsymbol{\varepsilon}[\boldsymbol{y}(t) - \lambda\boldsymbol{x}(t)], \tag{4.143}$$

其中 $\boldsymbol{\varepsilon} = (\varepsilon_{ij})_{n \times n}$ 为常数矩阵, 并且满足

$$\frac{\min(c_i) - \lambda_{\max}(\boldsymbol{\varepsilon})}{l^2 + (\|\boldsymbol{A}\|^2 + \|\boldsymbol{B}\|^2)/2} > 1, \tag{4.144}$$

其中 $l = \max(l_i)$, $\lambda_{\max}(\cdot)$ 表示矩阵的最大特征根, 则系统 (4.137) 和系统 (4.139) 将获得投影同步.

证明　系统 (4.137) 和系统 (4.139) 的投影同步误差为

$$\boldsymbol{e}(t) = \boldsymbol{y}(t) - \lambda\boldsymbol{x}(t),$$

因此, 误差动力系统可以描述为

$$\dot{e} = \dot{y} - \lambda \dot{x} = -Ce + \varepsilon e + A[f(y(t)) - f(\lambda x(t))] + B[f(y(t-\tau)) - f(\lambda x(t-\tau))].$$
$$(4.145)$$

定义函数

$$g(e(t)) = f(y(t)) - f(\lambda x(t)),$$

则式 (4.145) 可以改写为

$$\dot{e}(t) = -Ce(t) + \varepsilon e(t) + Ag(e(t)) + Bg(e(t-\tau)).$$
$$(4.146)$$

构造 Lyapunov 函数

$$V(t) = \frac{1}{2}e^{\mathrm{T}}(t)e(t) + \frac{1}{2}\int_{t-\tau}^{t} g^{\mathrm{T}}(e(\theta)) \cdot g(e(\theta))\mathrm{d}\theta,$$
$$(4.147)$$

易证

$$V(t) \geqslant 0.$$

根据 $g(e(t))$ 的定义及前面的假设可得

$$\|g(e(t))\|^2 \leqslant l^2 \|e(t)\|^2.$$
$$(4.148)$$

计算函数 $V(t)$ 沿误差系统 (4.147) 轨道的时间导数

$$
\begin{aligned}
\dot{V}(t) &= -e^{\mathrm{T}}Ce + e^{\mathrm{T}}\varepsilon e + e^{\mathrm{T}}Ag(e(t)) + e^{\mathrm{T}}Bg(e(t-\tau)) \\
&\quad + \frac{1}{2}[g^{\mathrm{T}}(e(t))g(e(t)) - g^{\mathrm{T}}(e(t-\tau))g(e(t-\tau))] \\
&\leqslant -e^{\mathrm{T}}Ce + e^{\mathrm{T}}\varepsilon e + \frac{1}{2}e^{\mathrm{T}}(t)AA^{\mathrm{T}}e(t) + \frac{1}{2}g^{\mathrm{T}}(e(t))g(e(t)) \\
&\quad + \frac{1}{2}e^{\mathrm{T}}(t)BB^{\mathrm{T}}e(t) + \frac{1}{2}g^{\mathrm{T}}(e(t))g(e(t)) \\
&\leqslant -\min(c_i)\|e\|^2 + \lambda_{\max}(\varepsilon)\|e\|^2 + \frac{1}{2}\|A\|^2\|e\|^2 + \frac{1}{2}\|B\|^2\|e\|^2 + l^2\|e\|^2 \\
&= -\left(\min(c_i) - \lambda_{\max}(\varepsilon) - \frac{1}{2}\|A\|^2 - \frac{1}{2}\|B\|^2 - l^2\right)\|e\|^2,
\end{aligned}
$$
$$(4.149)$$

从而

$$\dot{V}(t) \leqslant 0,$$

所以

$$e_i(t) \in L_\infty, \quad i = 1, 2, \cdots, n.$$

由式 (4.144) 和式 (4.149) 易得, $e_i(t)$ 为平方可积的, 即 $e_i(t) \in L_2(i = 1, 2, \cdots, n)$. 根据 Barbalat 引理可得

$$\lim_{t \to \infty} e_i(t) = 0, \quad i = 1, 2, \cdots, n.$$

可见, 误差系统 (4.145) 渐近稳定, 即驱动系统 (4.137) 与响应系统 (4.139) 渐近地达到投影同步. 为验证方案的有效性, 下面给出两个数值仿真的例子.

例 4.9 考虑如下延迟细胞神经网络[36]:

$$\dot{\boldsymbol{x}} = -\boldsymbol{C}\boldsymbol{x} + \boldsymbol{A}\boldsymbol{f}(\boldsymbol{x}(t)) + \boldsymbol{B}\boldsymbol{f}(\boldsymbol{x}(t - \tau)), \tag{4.150}$$

其中

$$\boldsymbol{x}(t) = (x_1(t), x_2(t))^{\mathrm{T}}, \quad \boldsymbol{f}(\boldsymbol{x}(t)) = (f_1(x_1(t)), f_2(x_2(t)))^{\mathrm{T}},$$

$$f_i(x_i) = \frac{1}{2}(|x_i + 1| - |x_i - 1|), \quad \tau = 0.95,$$

$$\boldsymbol{C} = \begin{pmatrix} 1 & 0 \\ 0 & 1 \end{pmatrix}, \quad \boldsymbol{A} = \begin{bmatrix} 1 + \pi/4 & 20 \\ 0.1 & 1 + \pi/4 \end{bmatrix},$$

$$\boldsymbol{B} = \begin{bmatrix} -\sqrt{2}(\pi/4)1.3 & 0.1 \\ 0.1 & -\sqrt{2}(\pi/4)1.3 \end{bmatrix}.$$

图 4.31 给出了该延迟细胞神经网络的混沌吸引子.

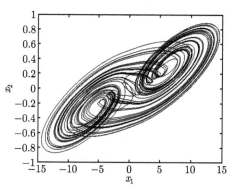

图 4.31 延迟细胞神经网络的混沌吸引子

易得 $\|\boldsymbol{A}\| = 20.1589$, $\|\boldsymbol{B}\| = 1.5439$. 当 $l_1 = l_2 = 1$ 时, 易证系统 (4.150) 满足前面的假设.

响应系统的动态方程可以构造为

$$\dot{\boldsymbol{y}}(t) = -\boldsymbol{C}\boldsymbol{y}(t) + \boldsymbol{A}\boldsymbol{f}(\boldsymbol{y}(t)) + \boldsymbol{B}\boldsymbol{f}(\boldsymbol{y}(t - 0.95)) + \boldsymbol{u}, \tag{4.151}$$

其中控制器 u 根据式 (4.143) 设计. 矩阵 ε 选取为

$$\varepsilon = \begin{pmatrix} -210 & 2 \\ -2 & -215 \end{pmatrix},$$

可以计算出其特征根

$$\lambda_{\min} = -214, \quad \lambda_{\max} = -211.$$

可以证明其满足式 (4.144), 即驱动–响应延迟细胞神经网络能够获得投影同步.

　　驱动–响应延迟细胞神经网络的初始条件分别选取为 $(x_1(t_0), x_2(t_0)) = (0.1,$ $0.1)$ 和 $(y_1(t_0), y_2(t_0)) = (0.5, -0.5)$ $(t_0 \leqslant 0)$. 分别选取比例因子 $\lambda = 0.5$ 和 $\lambda = -1.2$. 图 4.32 给出了驱动系统 (4.150) 和响应系统 (4.151) 的投影同步误差效果图. 从图 4.32 可以看出, 误差 $e_1(t)$ 和 $e_2(t)$ 分别渐近稳定到零点, 这表明系统 (4.150) 和系统 (4.151) 获得了投影同步. 从对应变量关系图 4.33 可以看出, 经过较短时间后, 各对应变量之间呈线性关系.

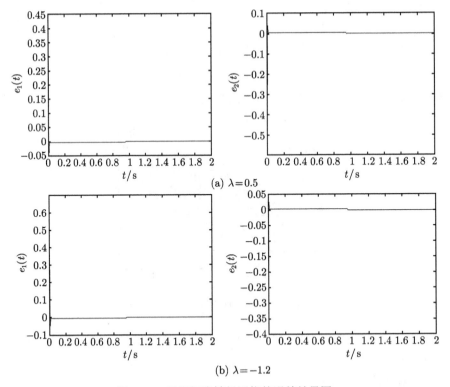

图 4.32　延迟细胞神经网络的误差效果图

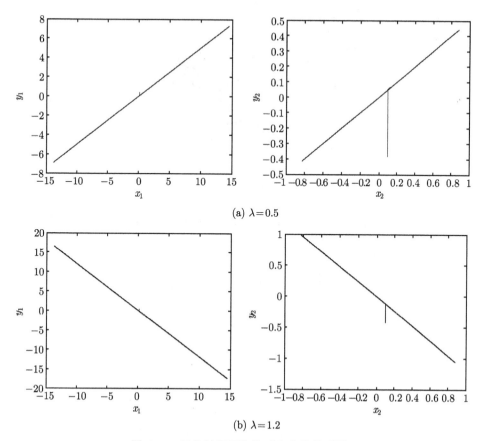

(a) $\lambda=0.5$

(b) $\lambda=1.2$

图 4.33 细胞神经网络的对应变量关系图

例 4.10 考虑一种典型的含有两个神经元的延迟 Hopfield 网络[37], 其动态方程如下描述:

$$\dot{x} = -Cx + Af(x(t)) + Bf(x(t-\tau)), \tag{4.152}$$

其中

$$x(t) = (x_1(t), x_2(t))^{\mathrm{T}}, \quad f(x(t)) = (\tanh(x_1(t)), \tanh(x_2(t)))^{\mathrm{T}}, \quad \tau = 1,$$

$$C = \begin{pmatrix} 1 & 0 \\ 0 & 1 \end{pmatrix}, \quad A = \begin{pmatrix} 2.0 & 0.1 \\ 5.0 & 3.0 \end{pmatrix}, \quad B = \begin{pmatrix} -1.5 & 0.1 \\ 0.2 & -2.5 \end{pmatrix}.$$

图 4.34 给出了该延迟 Hopfield 网络的混沌吸引子.

容易得到 $\|A\| = 6.0989$, $\|B\| = 2.5226$. 当 $l_1 = l_2 = 1$ 时, 易证系统 (4.152) 满足前面的假设.

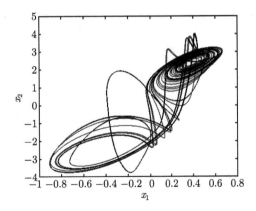

图 4.34   延迟 Hopfield 神经网络的混沌吸引子

响应系统的动态方程可以设计为

$$\dot{\boldsymbol{y}}(t) = -\boldsymbol{C}\boldsymbol{y}(t) + \boldsymbol{A}\boldsymbol{f}(\boldsymbol{y}(t)) + \boldsymbol{B}\boldsymbol{f}(\boldsymbol{y}(t-1)) + \boldsymbol{u}, \qquad (4.153)$$

其中控制器 $\boldsymbol{u}$ 设计为式 (4.143) 的形式. 选取矩阵 $\boldsymbol{\varepsilon}$ 为

$$\boldsymbol{\varepsilon} = \begin{pmatrix} -25 & 4 \\ 4 & -30 \end{pmatrix},$$

可以计算出其特征根

$$\lambda_{\min} = -32.2170, \quad \lambda_{\max} = -22.7830.$$

可以证明其满足式 (4.144), 即驱动–响应延迟 Hopfield 网络能够获得投影同步.

驱动–响应延迟 Hopfield 网络的初始条件分别选取为 $(x_1(t_0), x_2(t_0)) = (0.4, 0.6)$ 和 $(y_1(t_0), y_2(t_0)) = (0.45, 0.55)$ $(t_0 \leqslant 0)$. 分别选取比例因子 $\lambda = 2$ 和 $\lambda = -0.8$. 从误差效果图 4.35 可以看出, 误差 $e_1(t)$ 和 $e_2(t)$ 分别渐近地稳定到零点, 这表明系统

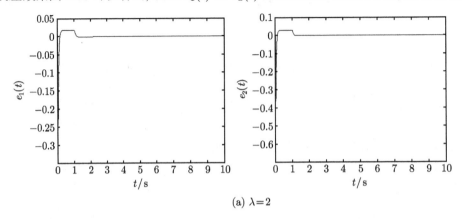

(a) $\lambda = 2$

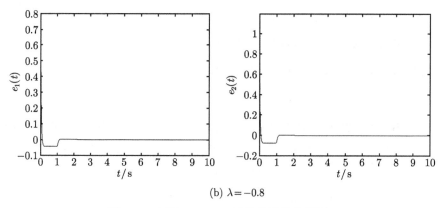

(b) $\lambda = -0.8$

图 4.35 延迟 Hopfield 网络的误差效果图

(4.152) 和系统 (4.153) 获得了投影同步. 图 4.36 给出了驱动系统 (4.152) 和响应系统 (4.153) 各对应状态变量的关系图. 从图 4.36 可以看出, 经过较短时间后, 各对应变量之间表现为线性关系.

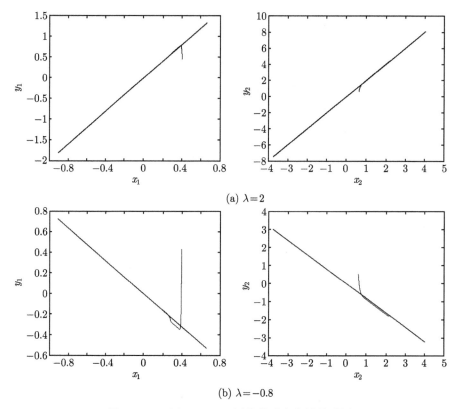

(a) $\lambda = 2$

(b) $\lambda = -0.8$

图 4.36 延迟 Hopfield 网络的对应变量关系图

关于本小节的更多相关内容, 请参见文献 [49].

4.2.3　一类不确定混沌系统的自适应投影同步

考虑具有如下形式的一类非线性系统:

$$\dot{\boldsymbol{x}} = \boldsymbol{A}\boldsymbol{x} + \boldsymbol{h}(\boldsymbol{x}), \tag{4.154}$$

其中 $\boldsymbol{x} \in \mathbf{R}^n$ 为系统的 n 维状态向量, $\boldsymbol{A}\boldsymbol{x}$ 为系统的线性部分, $\boldsymbol{A} \in \mathbf{R}^{n\times n}$ 为线性部分的系数矩阵, $\boldsymbol{h}(\boldsymbol{x}) : \mathbf{R}^n \to \mathbf{R}^n$ 为系统的非线性部分, 为一个连续光滑函数.

具有扇区和死区非线性输入的不确定系统 (4.154) 可以表示为

$$\dot{\boldsymbol{y}} = \boldsymbol{A}\boldsymbol{y} + \boldsymbol{h}(\boldsymbol{y}) + \Delta\boldsymbol{f}(\boldsymbol{y}) + \boldsymbol{d}(t) + \boldsymbol{\Phi}(\boldsymbol{u}), \tag{4.155}$$

其中 $\Delta\boldsymbol{f}(\boldsymbol{y})$ 为由系统本身参数变化引起的不确定项.

$$\boldsymbol{d}(t) = (d_1(t), d_2(t), \cdots, d_n(t))^{\mathrm{T}}, \quad d_i(t), i = 1, 2, \cdots, n$$

为不确定外部扰动,

$$\boldsymbol{\Phi}(\boldsymbol{u}) = (\phi_1(u_1), \phi_2(u_2), \cdots, \phi_n(u_n))^{\mathrm{T}}, \quad \phi_i(u_i), i = 1, 2, \cdots, n$$

为扇区非线性的连续函数, 并且假设当 $-u_{i0-} \leqslant u_i \leqslant u_{i0+}$ 时,

$$\phi_i(u_i) = 0.$$

另外, $\phi_i(u_i)$ 还应满足如下条件:

$$\begin{cases} \alpha_{i1}(u_i - u_{i0+})^2 \leqslant (u_i - u_{i0+})\phi_i(u_i) \leqslant \alpha_{i2}(u_i - u_{i0+})^2, & u_i > u_{i0+}, \\ \alpha_{i1}(u_i + u_{i0-})^2 \leqslant (u_i + u_{i0-})\phi_i(u_i) \leqslant \alpha_{i2}(u_i + u_{i0-})^2, & u_i < -u_{i0-}, \end{cases} \tag{4.156}$$

其中 α_{i1} 和 α_{i2} 为非零正常数, 图 4.37 给出了在扇区 $[\alpha_{i1}, \alpha_{i2}]$ 内带有死区的非线性连续函数 $\phi_i(u_i)(i = 1, 2, \cdots, n)$ 的变化曲线.

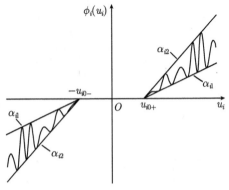

图 4.37　扇区 $[\alpha_{i1}, \alpha_{i2}]$ 内带有死区的非线性函数 $\phi_i(u_i)$ 的曲线

定义系统 (4.154) 为驱动系统, 系统 (4.155) 为响应系统, 系统 (4.154) 与系统 (4.155) 的投影同步误差为

$$e = y - \lambda x,$$

则由系统 (4.154) 和系统 (4.155) 可知, 投影同步误差系统为

$$\dot{e} = \dot{y} - \lambda \dot{x} = Ae + h(y) - \lambda h(x) + \Delta f(y) + d(t) + \Phi(u), \qquad (4.157)$$

其中 λ 为不为零的常数, 是被指定的投影同步的比例因子. 当 $\lambda = 1$ 时, 投影同步就是完全同步. 当 $\lambda = -1$ 时, 投影同步就是反同步.

本小节研究的目标是设计一个自适应滑模控制器, 在不用预先知道系统的不确定性和外部干扰的界限条件下, 使得

$$\lim_{t \to \infty} \|e\| = \lim_{t \to \infty} \|y - \lambda x\| = 0 \qquad (4.158)$$

成立, 即系统 (4.154) 和系统 (4.155) 按指定的比例因子 λ 达到同步, 而不受系统的不确定性、外部干扰、扇区和死区非线性的影响.

实现系统 (4.154) 和系统 (4.155) 的投影同步主要分为两步: ① 选定一个滑膜切换面, 保证投影同步误差系统在滑膜面上的运动是渐近稳定的, 即式 (4.158) 成立; ②确定一个保证滑膜运动的发生, 并能对系统的不确定性和外部干扰的界限进行估计, 对非线性输入强鲁棒的控制器. 为了达到这个目标, 定义切换函数为

$$S(t) = e(t) - \int_0^t (A - K)e(\tau)\mathrm{d}\tau, \qquad (4.159)$$

其中

$$S(t) = [s_1(t), s_2(t), \cdots, s_n(t)]^{\mathrm{T}}$$

为滑动曲面向量, $K \in \mathbf{R}^{n \times n}$ 为 n 维矩阵, K 的值以后求得, 并且要保证矩阵 $(A - K)$ 的特征值的实部均为负数.

当系统在滑膜面上运动时, 如下的等式必须成立[50,51]:

$$S(t) = e(t) - \int_0^t (A - K)e(\tau)\mathrm{d}\tau = 0 \qquad (4.160)$$

和

$$\dot{S} = \dot{e} - (A - K)e = 0. \qquad (4.161)$$

由式 (4.161) 可得

$$\dot{e} = (A - K)e. \qquad (4.162)$$

由式 (4.162) 可知, 当 $(\boldsymbol{A}, \boldsymbol{I})$ 可控时, 利用极点配置技术, 总存在增益矩阵 $\boldsymbol{K}$, 使得矩阵 $(\boldsymbol{A} - \boldsymbol{K})$ 所有特征值的实部均为负数. 根据线性稳定性判定准则, 式 (4.158) 成立, 并且式 (4.162) 的收敛速度可由矩阵 $\boldsymbol{K}$ 来决定.

为了保证滑膜运动的发生, 给出如下自适应控制策略:

$$u_i(t) = \begin{cases} -\gamma_i \eta_i \mathrm{sgn}(s_i(t)) - u_{i0-}, & s_i(t) > 0, \\ 0, & s_i(t) = 0, \\ -\gamma_i \eta_i \mathrm{sgn}(s_i(t)) + u_{i0+}, & s_i(t) < 0, \end{cases} \tag{4.163}$$

其中

$$\eta_i = |h_i(\boldsymbol{y}) - \lambda h_i(\boldsymbol{x})| + |k_i \boldsymbol{e}| + \hat{\theta}_i, i = 1, 2, \cdots, n, \quad \gamma_i = \frac{\beta}{\alpha_{i1}}, \beta > 1,$$

$\mathrm{sgn}(s_i(t))$ 为 $s_i(t)$ 的符号函数. 若 $s_i(t) > 0$, 则

$$\mathrm{sgn}(s_i(t)) = 1;$$

若 $s_i(t) = 0$, 则

$$\mathrm{sgn}(s_i(t)) = 0;$$

若 $s_i(t) < 0$, 则

$$\mathrm{sgn}(s_i(t)) = -1.$$

$\hat{\theta}_i$ 为参数估计, 满足如下的自适应率:

$$\dot{\hat{\theta}}_i = |S_i|, \quad \hat{\theta}_i(0) = \hat{\theta}_{i0}, \tag{4.164}$$

$\hat{\theta}_{i0}$ 为 $\hat{\theta}_i$ 的正的有界初始值.

设

$$|\Delta f_i(\boldsymbol{y}) + d_i(t)| < \theta_i,$$

即

$$|\Delta f_i(\boldsymbol{y}) + d_i(t)|$$

是有界的, 但 θ_i 是未知的正常数. 这样定义 $\hat{\theta}_i$ 的估计误差如下:

$$\tilde{\theta}_i = \hat{\theta}_i - \theta_i. \tag{4.165}$$

既然 θ_i 是常数, 还可以导出

$$\dot{\tilde{\theta}}_i = \dot{\hat{\theta}}_i = |S_i|. \tag{4.166}$$

下面证明自适应控制策略 (4.163) 可保证滑膜运动的发生, 控制系统 (4.154) 和系统 (4.155) 达到投影同步.

定理 4.8　在自适应控制策略 (4.163) 的控制下, 驱动系统 (4.154) 和响应系统 (4.155) 的投影同步误差向量收敛到滑膜面

$$\boldsymbol{S}(t) = 0.$$

证明　考虑如下的 Lyapunov 函数:

$$V = \frac{1}{2}(\boldsymbol{S}^{\mathrm{T}}(t)\boldsymbol{S}(t) + \tilde{\boldsymbol{\theta}}^{\mathrm{T}}\tilde{\boldsymbol{\theta}}),$$

则由式 (4.157), (4.161), (4.165) 和 (4.166) 可得

$$
\begin{aligned}
\dot{V} &= \boldsymbol{S}^{\mathrm{T}}(t)\dot{\boldsymbol{S}}(t) + \tilde{\boldsymbol{\theta}}^{\mathrm{T}}\dot{\tilde{\boldsymbol{\theta}}} \\
&= \boldsymbol{S}^{\mathrm{T}}(t)(\dot{\boldsymbol{e}} - (\boldsymbol{A} - \boldsymbol{K})\boldsymbol{e}) + \tilde{\boldsymbol{\theta}}^{\mathrm{T}}\dot{\tilde{\boldsymbol{\theta}}} \\
&= \boldsymbol{S}^{\mathrm{T}}(t)(\boldsymbol{A}\boldsymbol{e} + \boldsymbol{h}(\boldsymbol{y}) - \lambda\boldsymbol{h}(\boldsymbol{x}) + \Delta\boldsymbol{f}(\boldsymbol{y}) + \boldsymbol{d}(t) + \boldsymbol{\Phi}(\boldsymbol{u}) - (\boldsymbol{A} - \boldsymbol{K})\boldsymbol{e}) + \tilde{\boldsymbol{\theta}}^{\mathrm{T}}\dot{\tilde{\boldsymbol{\theta}}} \\
&= \boldsymbol{S}^{\mathrm{T}}(t)(\boldsymbol{h}(\boldsymbol{y}) - \lambda\boldsymbol{h}(\boldsymbol{x}) + \Delta\boldsymbol{f}(\boldsymbol{y}) + \boldsymbol{d}(t) + \boldsymbol{K}\boldsymbol{e}) + \boldsymbol{S}^{\mathrm{T}}(t)\boldsymbol{\Phi}(\boldsymbol{u}) + \tilde{\boldsymbol{\theta}}^{\mathrm{T}}\dot{\tilde{\boldsymbol{\theta}}} \\
&= \sum_{i=1}^{n}[s_i(t)(h_i(\boldsymbol{y}) - \lambda h_i(\boldsymbol{x}) + \Delta f_i(\boldsymbol{y}) + d_i(t) + k_i\boldsymbol{e}) + s_i(t)\phi_i(u_i) + \tilde{\theta}_i\dot{\tilde{\theta}}_i] \\
&\leqslant \sum_{i=1}^{n}[|s_i(t)|(|h_i(\boldsymbol{y}) - \lambda h_i(\boldsymbol{x})| + \theta_i + |k_i\boldsymbol{e}|) + \tilde{\theta}_i\dot{\tilde{\theta}}_i + s_i(t)\phi_i(u_i)] \\
&= \sum_{i=1}^{n}[|s_i(t)|(|h_i(\boldsymbol{y}) - \lambda h_i(\boldsymbol{x})| + \hat{\theta}_i - \tilde{\theta}_i + |k_i\boldsymbol{e}|) + \tilde{\theta}_i|s_i(t)| + s_i(t)\phi_i(u_i)_i] \\
&= \sum_{i=1}^{n}[|s_i(t)|(|h_i(\boldsymbol{y}) - \lambda h_i(\boldsymbol{x})| + |k_i\boldsymbol{e}| + \hat{\theta}_i) + s_i(t)\phi_i(u_i)] \\
&= \sum_{i=1}^{n}[|s_i(t)|\eta_i + s_i(t)\phi_i(u_i)].
\end{aligned}
\tag{4.167}
$$

当 $s_i > 0$ 时有

$$
\begin{aligned}
(u_i + u_{i0-})\phi_i(u_i) &= -\gamma_i\eta_i\mathrm{sgn}(s_i(t))\phi_i(u_i) \geqslant \alpha_{i1}(u_i + u_{i0-})^2 \\
&= \alpha_{i1}\gamma_i^2\eta_i^2[\mathrm{sgn}(s_i(t))]^2;
\end{aligned}
\tag{4.168}
$$

当 $s_i < 0$ 时有

$$
\begin{aligned}
(u_i - u_{i0+})\phi_i(u_i) &= -\gamma_i\eta_i\mathrm{sgn}(s_i(t))\phi_i(u_i) \geqslant \alpha_{i1}(u_i - u_{i0+})^2 \\
&= \alpha_{i1}\gamma_i^2\eta_i^2[\mathrm{sgn}(s_i(t))]^2.
\end{aligned}
\tag{4.169}
$$

因为

$$s_i^2(t) \geqslant 0,$$

根据式 (4.168) 和 (4.169) 有

$$-\gamma_i\eta_is_i(t)^2\mathrm{sgn}(s_i(t))\phi_i(u_i)\geqslant\alpha_{i1}\gamma_i^2\eta_i^2s_i(t)^2[\mathrm{sgn}(s_i(t))]^2.$$

因为

$$s_i(t)\mathrm{sgn}(s_i(t))=|s_i(t)|,$$

于是可推得

$$-\gamma_i\eta_is_i(t)\phi_i(u_i)\geqslant\alpha_{i1}\gamma_i^2\eta_i^2\,|s_i(t)|,\qquad(4.170)$$

$$s_i(t)\phi_i(u_i)\leqslant-\alpha_{i1}\gamma_i\eta_i\,|s_i(t)|.\qquad(4.171)$$

将式 (4.171) 代入式 (4.167) 可得

$$\dot{V}=\boldsymbol{S}^{\mathrm{T}}(t)\dot{\boldsymbol{S}}(t)+\tilde{\boldsymbol{\theta}}^{\mathrm{T}}\dot{\tilde{\boldsymbol{\theta}}}\leqslant\sum_{i=1}^n(1-\alpha_{i1}\gamma_i)\eta_i\,|s_i(t)|\leqslant0.\qquad(4.172)$$

设

$$w(t)=\sum_{i=1}^n(\alpha_{i1}\gamma_i-1)\eta_i\,|s_i(t)|,$$

则有

$$\dot{V}\leqslant-w(t)\leqslant0.\qquad(4.173)$$

对式 (4.173) 从 0 到 t 积分得

$$V(0)\geqslant V(t)+\int_0^tw(\nu)\mathrm{d}\nu\geqslant\int_0^tw(\nu)\mathrm{d}\nu.\qquad(4.174)$$

当 $t\to\infty$ 时, 积分式 (4.174) 总是小于或等于 $V(0)$. 又因为 $V(0)$ 是正的、有界的, 所以

$$\lim_{t\to\infty}\int_0^tw(\nu)\mathrm{d}\nu$$

存在并有界.

根据 Barbalat 引理[39] 可以得到

$$\lim_{t\to\infty}w(t)=\lim_{t\to\infty}\sum_{i=1}^n(\alpha_{i1}\gamma_i-1)\eta_i\,|s_i(t)|=0.\qquad(4.175)$$

因为

$$(\alpha_{i1}\gamma_i-1)\eta_i>0,$$

可得

$$\lim_{t\to\infty}\sum_{i=1}^n|s_i(t)|=\lim_{t\to\infty}s(t)=0.$$

故命题真.

为了说明本投影同步方法的有效性, 利用上述设计的自适应变结构控制器, 研究了具有扇区和死区非线性输入的统一混沌系统[24] 的投影同步, 统一混沌系统的动力学方程为

$$
\begin{cases}
\dot{x} = (25\sigma + 10)(y - x), \\
\dot{y} = (28 - 35\sigma)x - xz + (29\sigma - 1)y, \\
\dot{z} = xy - ((8 + \sigma)/3)z,
\end{cases}
\tag{4.176}
$$

其中 x, y, z 为状态向量, 参数 $\sigma \in [0,1]$. 当 $\sigma \in [0,0.8)$ 时, 系统 (4.176) 属于广义的 Lorenz 系统; 当 $\sigma = 0.8$ 时, 系统 (4.176) 是 Lü系统; 当 $\sigma \in (0.8,1]$ 时, 系统 (4.176) 属于广义的 Chen 系统; 当参数 σ 由 0 逐渐增加到 1 时, 系统 (4.176) 的吸引子由 Lorenz 吸引子穿过 Lü吸引子, 然后连续演变到 Chen 吸引子. 本小节主要模拟参数 $\sigma = 0, \sigma = 0.8$ 和 $\sigma = 1$ 时的情况. 图 4.38 给出了 $\sigma = 0$ 时的 Lorenz 吸引子、$\sigma = 0.8$ 时的 Lü吸引子和 $\sigma = 1$ 时的 Chen 吸引子.

定义驱动系统和响应系统分别为

$$
\begin{cases}
\dot{x}_1 = (25\sigma + 10)(x_2 - x_1), \\
\dot{x}_2 = (28 - 35\sigma)x_1 - x_1 x_3 + (29\sigma - 1)x_2, \\
\dot{x}_3 = x_1 x_2 - ((8 + \sigma)/3)x_3
\end{cases}
\tag{4.177}
$$

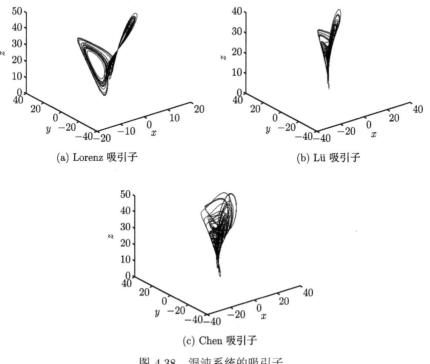

(a) Lorenz 吸引子

(b) Lü 吸引子

(c) Chen 吸引子

图 4.38　混沌系统的吸引子

和

$$\begin{cases} \dot{y}_1 = (25\sigma + 10)(y_2 - y_1) + \Delta f_1(y) + d_1(t) + \phi_1, \\ \dot{y}_2 = (28 - 35\sigma)y_1 - y_1 y_3 + (29\sigma - 1)y_2 + \Delta f_2(y) + d_2(t) + \phi_2, \\ \dot{y}_3 = y_1 y_2 - ((8 + \sigma)/3)y_3 + \Delta f_3(y) + d_3(t) + \phi_3, \end{cases} \quad (4.178)$$

则矩阵 A, $h(x)$ 和 $h(y)$ 分别为

$$A = \begin{pmatrix} -25\sigma - 10 & 25\sigma + 10 & 0 \\ 28 - 35\sigma & 29\sigma - 1 & 0 \\ 0 & 0 & (8+\sigma)/3 \end{pmatrix},$$

$$h(x) = \begin{pmatrix} 0 \\ -x_1 x_3 \\ x_1 x_2 \end{pmatrix}, \quad h(y) = \begin{pmatrix} 0 \\ -y_1 y_3 \\ y_1 y_2 \end{pmatrix}. \quad (4.179)$$

当参数 $\sigma = 0$, $\sigma = 0.8$ 和 $\sigma = 1$ 时, 由于矩阵

$$(I, A \times I, A^2 \times I)$$

的秩均为满秩, 所以 (A, I) 可控, 选取矩阵 $(A - K)$ 的特征值为

$$-1, \quad -2, \quad -3,$$

利用极点配置技术求出矩阵 K 为

$$K = \begin{pmatrix} -25\sigma - 9 & 25\sigma + 10 & 0 \\ 28 - 35\sigma & 29\sigma + 1 & 0 \\ 0 & 0 & (17+\sigma)/3 \end{pmatrix}. \quad (4.180)$$

对于响应系统 (4.178), 选取

$$\Delta f(y) = (\Delta f_1(y), \Delta f_2(y), \Delta f_3(y))^{\mathrm{T}} = (0.05 y_1, 0.05 y_2, 0.05 y_3)^{\mathrm{T}},$$

外部扰动为

$$d(t) = (d_1(t), d_2(t), d_3(t))^{\mathrm{T}} = (0.2 \cos(2\pi t), 0.3 \cos(3\pi t), 0.4 \cos(4\pi t))^{\mathrm{T}},$$

定义扇区内带有死区的非线性函数 $\phi_i(u_i)(i = 1, 2, 3)$ 为

$$\phi_1(u_1) = \begin{cases} (0.8 + 0.1 \sin u_1)(u_1 - u_{10+}), & u_1 > u_{10+}, \\ 0, & -u_{10-} \leqslant u_1 \leqslant u_{10+}, \\ (0.8 + 0.1 \sin u_1)(u_1 + u_{10-}), & u_1 < -u_{10-}, \end{cases} \quad (4.181)$$

$$
\phi_2(u_2) = \begin{cases} (0.9 + 0.2\sin u_2)(u_2 - u_{20+}), & u_2 > u_{20+}, \\ 0, & -u_{20-} \leqslant u_2 \leqslant u_{20+}, \\ (0.9 + 0.2\sin u_2)(u_2 + u_{20-}), & u_2 < -u_{20-}, \end{cases} \tag{4.182}
$$

$$
\phi_3(u_3) = \begin{cases} (0.9 + 0.3\sin u_3)(u_3 - u_{30+}), & u_3 > u_{30+}, \\ 0, & -u_{30-} \leqslant u_3 \leqslant u_{30+}, \\ (0.9 + 0.3\sin u_3)(u_3 + u_{30-}), & u_3 < -u_{30-}, \end{cases} \tag{4.183}
$$

由式 (4.181)~(4.183) 可知 $\alpha_{11} = 0.7$, $\alpha_{21} = 0.7$, $\alpha_{31} = 0.6$. 选取 $\hat{\theta}_i (i = 1, 2, 3)$ 的初值 $\hat{\theta}_{10} = \hat{\theta}_{20} = \hat{\theta}_{30} = 1$, $\beta = 1.01$, $u_{10-} = u_{10+} = 1$, $u_{20-} = u_{20+} = 2$, $u_{30-} = u_{30+} = 3$. 投影同步比例因子 λ 分别选取为 2, −1 和 −0.5. 上述参数满足定理 4.8 的要求.

当参数 $\sigma = 0$ 时, 系统 (4.176) 是 Lorenz 系统. 驱动系统 (4.177) 与响应系统 (4.178) 的初始点分别选取为 $x_1(0) = 5$, $x_2(0) = 8$ 和 $x_3(0) = 12$, $y_1(0) = 10$, $y_2(0) = 15$ 和 $y_3(0) = 20$. 投影同步过程的模拟结果如图 4.39~ 图 4.42 所示. 由误差效果图 4.39 可见, 误差 e_1, e_2 和 e_3 很快分别稳定在零点, 即系统 (4.177) 与 (4.178) 达到了同步. 由相轨迹在二维平面的投影图 4.40~ 图 4.42 可见, 系统 (4.178)

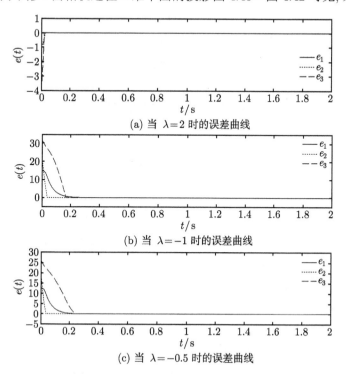

(a) 当 $\lambda=2$ 时的误差曲线

(b) 当 $\lambda=-1$ 时的误差曲线

(c) 当 $\lambda=-0.5$ 时的误差曲线

图 4.39 Lorenz 系统的同步误差曲线

状态矢量的幅值分别是系统 (4.177) 的 2 倍、1 倍和 0.5 倍, 两系统的相位分别为同相、反相和反相, 即系统 (4.178) 和系统 (4.177) 的吸引子按指定的比例因子 λ 达到了同步.

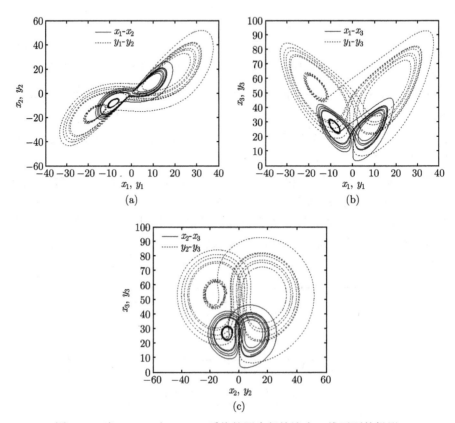

图 4.40　当 $\lambda = 2$ 时 Lorenz 系统的同步相轨迹在二维平面的投影

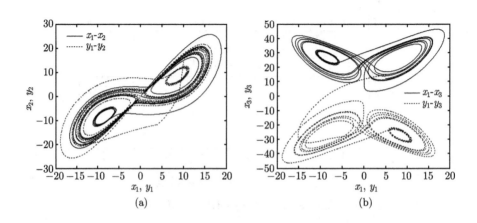

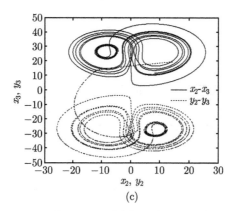

图 4.41 当 $\lambda = -1$ 时 Lorenz 系统的同步相轨迹在二维平面的投影

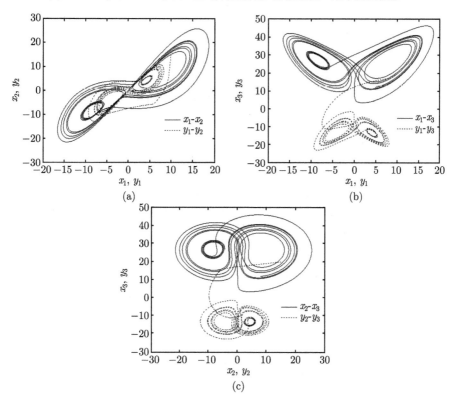

图 4.42 当 $\lambda = -0.5$ 时 Lorenz 系统的同步相轨迹在二维平面的投影

当参数 $\sigma = 0.8$ 时, 系统 (4.176) 是 Lü系统. 系统 (4.177) 与系统 (4.178) 的初始点分别选取为 $x_1(0) = 1$, $x_2(0) = 3$ 和 $x_3(0) = 7$, $y_1(0) = 2$, $y_2(0) = 4$ 和 $y_3(0) = 8$. 投影同步过程的模拟结果如图 4.43~ 图 4.46 所示. 由图 4.43~ 图 4.46 可见, 响应系统 (4.178) 和驱动系统 (4.177) 完成了投影同步.

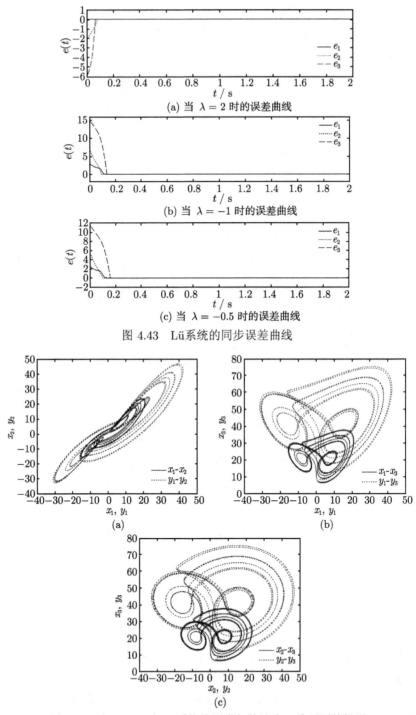

(a) 当 $\lambda = 2$ 时的误差曲线

(b) 当 $\lambda = -1$ 时的误差曲线

(c) 当 $\lambda = -0.5$ 时的误差曲线

图 4.43   Lü系统的同步误差曲线

(a)

(b)

(c)

图 4.44   当 $\lambda = 2$ 时 Lü系统的同步相轨迹在二维平面的投影

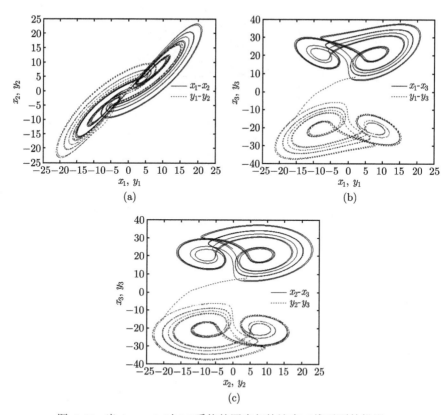

图 4.45 当 $\lambda = -1$ 时 Lü系统的同步相轨迹在二维平面的投影

当参数 $\sigma = 1$ 时, 系统 (4.176) 是 Chen 系统. 系统 (4.177) 与系统 (4.178) 的初始点分别选取为 $x_1(0) = 6$, $x_2(0) = 8$ 和 $x_3(0) = 13$, $y_1(0) = 10$, $y_2(0) = 15$ 和 $y_3(0) = 18$. 模拟结果如图 4.47∼ 图 4.50 所示. 由图 4.47∼ 图 4.50 可见, 系统 (4.178) 和系统 (4.177) 按指定的比例因子 λ 达到了同步.

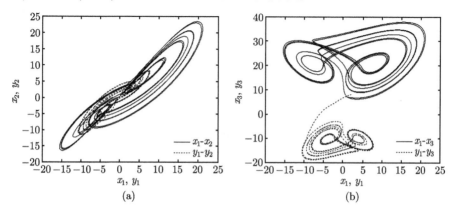

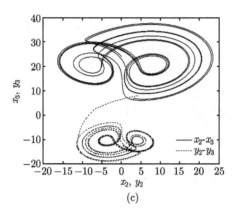

(c)

图 4.46　当 $\lambda = -0.5$ 时 Lü 系统的同步相轨迹在二维平面的投影

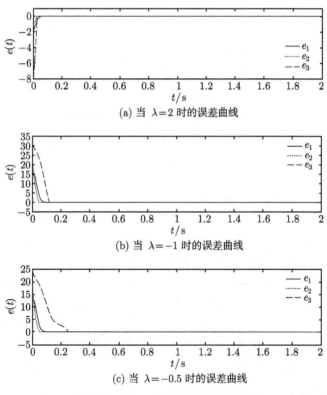

(a) 当 $\lambda = 2$ 时的误差曲线

(b) 当 $\lambda = -1$ 时的误差曲线

(c) 当 $\lambda = -0.5$ 时的误差曲线

图 4.47　Chen 系统的同步误差曲线

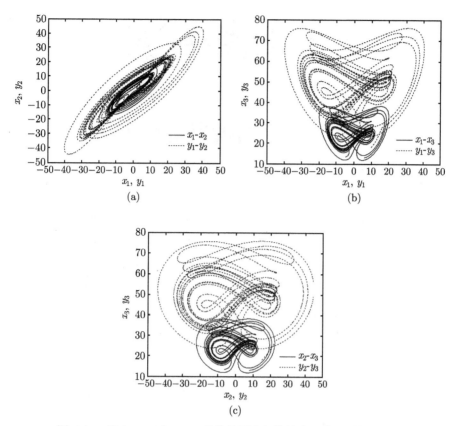

图 4.48 当 $\lambda = 2$ 时 Chen 系统的同步相轨迹在二维平面的投影

本小节研究的是基于滑模控制的不确定混沌系统的投影同步, 其他关于自适应投影同步的解决方案, 如基于参数辨识的自适应投影同步, 请参见文献 [52], 这里不再赘述.

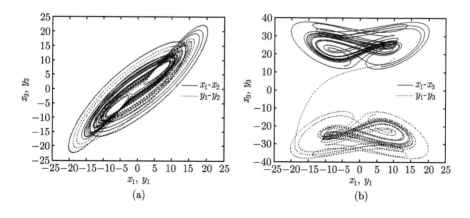

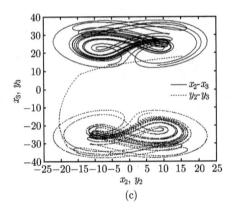

图 4.49   当 $\lambda = -1$ 时 Chen 系统的同步相轨迹在二维平面的投影

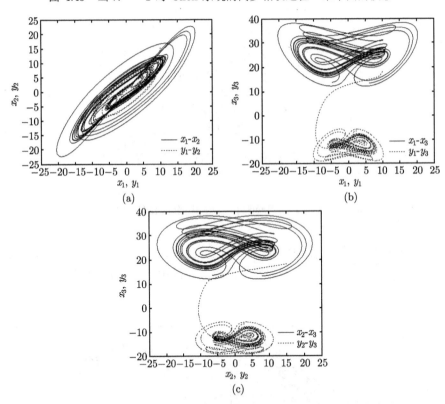

图 4.50   当 $\lambda = -0.5$ 时 Chen 系统的同步相轨迹在二维平面的投影

4.2.4   基于状态观测器的混沌系统的投影同步

本小节研究了一类自治混沌系统的投影同步问题. 基于极点配置技术和扩展的非线性状态观测器理论, 设计了一种同步方案, 该方法可以实现一类自治混沌系统的投影同步. 通过对 Rössler 系统和超混沌 Lorenz 系统的数值模拟, 进一步验证了所提方案的有效性.

考虑如下两个混沌系统:

$$\dot{\boldsymbol{x}} = \boldsymbol{f}(\boldsymbol{x}) \tag{4.184}$$

和

$$\dot{\boldsymbol{y}} = \boldsymbol{g}(\boldsymbol{y}) + \boldsymbol{u}(\boldsymbol{x}, \boldsymbol{y}), \tag{4.185}$$

其中 $\boldsymbol{x} = (x_1, x_2, \cdots, x_n)^{\mathrm{T}} \in \mathbf{R}^n$ 和 $\boldsymbol{y} = (y_1, y_2, \cdots, y_n)^{\mathrm{T}} \in \mathbf{R}^n$ 为状态变量, $\boldsymbol{f}: \mathbf{R}^n \to \mathbf{R}^n$ 和 $\boldsymbol{g}: \mathbf{R}^n \to \mathbf{R}^n$ 为连续向量函数, $\boldsymbol{u}(\boldsymbol{x}, \boldsymbol{y})$ 为控制器. 令式 (4.184) 和式 (4.185) 分别作为驱动系统和响应系统.

定义 4.3 如果存在非零常数 α, 使得系统 (4.184) 和系统 (4.185) 满足

$$\lim_{t \to \infty} \|\alpha \boldsymbol{y}(t) - \boldsymbol{x}(t)\| = 0, \tag{4.186}$$

则称系统 (4.184) 和系统 (4.185) 获得了投影同步, α 称为比例因子 (其中 $\|\cdot\|$ 代表欧几里得范数).

系统 (4.184) 可以改写为

$$\dot{\boldsymbol{x}} = \boldsymbol{A}\boldsymbol{x} + \boldsymbol{B}\boldsymbol{F}(\boldsymbol{x}) + \boldsymbol{C}, \tag{4.187}$$

其中 $\boldsymbol{A} \in \mathbf{R}^{n \times n}$, $\boldsymbol{B} \in \mathbf{R}^{n \times m}$, $\boldsymbol{C} \in \mathbf{R}^n$, $\boldsymbol{F}: \mathbf{R}^n \to \mathbf{R}^m$ 为非线性向量函数.

设系统 (4.187) 的输出为

$$\boldsymbol{s}(\boldsymbol{x}) = \boldsymbol{B}\boldsymbol{F}(\boldsymbol{x}) + \boldsymbol{K}\boldsymbol{x}, \tag{4.188}$$

其中 $\boldsymbol{K} \in \mathbf{R}^{m \times n}$ 为反馈增益矩阵. 设系统 (4.185) 的输出为

$$\boldsymbol{h}(\boldsymbol{y}) = \alpha \boldsymbol{K}\boldsymbol{y}. \tag{4.189}$$

定理 4.9 如果 $(\boldsymbol{A}, \boldsymbol{I})$ 可控, 并且矩阵

$$(\boldsymbol{I}, \boldsymbol{A}\boldsymbol{I}, \cdots, \boldsymbol{A}^{n-1}\boldsymbol{I})$$

是满秩的, 矩阵 $(\boldsymbol{A} - \boldsymbol{K})$ 的特征值为负数, 若系统 (4.185) 满足

$$\dot{\boldsymbol{y}} = \boldsymbol{A}\boldsymbol{y} + \frac{1}{\alpha}\boldsymbol{C} + \frac{1}{\alpha}[\boldsymbol{s}(\boldsymbol{x}) - \boldsymbol{h}(\boldsymbol{y})], \tag{4.190}$$

则系统 (4.187) 和系统 (4.185) 获得了投影同步, 即

$$\lim_{t \to \infty} \|\alpha \boldsymbol{y}(t) - \boldsymbol{x}(t)\| = 0,$$

并且系统 (4.190) 是系统 (4.187) 的全局观测器.

  证明   定义驱动系统 (4.187) 和响应系统 (4.185) 的同步误差为

$$e(t) = \alpha \boldsymbol{y} - \boldsymbol{x},$$

则误差动力系统可表示为

$$\dot{\boldsymbol{e}} = \alpha \dot{\boldsymbol{y}} - \dot{\boldsymbol{x}} = \alpha \boldsymbol{A} \boldsymbol{y} + \boldsymbol{C} + [\boldsymbol{s}(\boldsymbol{x}) - \boldsymbol{h}(\boldsymbol{y})] - [\boldsymbol{A}\boldsymbol{x} + \boldsymbol{B}\boldsymbol{F}(\boldsymbol{x}) + \boldsymbol{C}]. \tag{4.191}$$

将式 (4.188) 和式 (4.189) 代入式 (4.191) 可得

$$\dot{\boldsymbol{e}} = (\boldsymbol{A} - \boldsymbol{K})\boldsymbol{e}. \tag{4.192}$$

由于矩阵 $(\boldsymbol{A} - \boldsymbol{K})$ 的特征值为负数, 因此,

$$\lim_{t \to \infty} \| \alpha \boldsymbol{y}(t) - \boldsymbol{x}(t) \| = 0$$

成立, 即系统 (4.187) 和系统 (4.185) 获得了投影同步. 由于可控矩阵

$$(\boldsymbol{I}, \boldsymbol{A}\boldsymbol{I}, \cdots, \boldsymbol{A}^{n-1}\boldsymbol{I})$$

是满秩的, 因此, 系统 (4.190) 是系统 (4.187) 的全局观测器. 证毕.

  由定理 4.9 可知, 根据极点配置技术[53] 合理地选择反馈增益矩阵 $\boldsymbol{K}$, 使得矩阵 $(\boldsymbol{A} - \boldsymbol{K})$ 的特征值为负数, 即可实现系统 (4.187) 和系统 (4.185) 的投影同步.

  为了验证本节方案的有效性, 下面给出两个数值仿真的例子.

  例 4.11   考虑如下三维 Rössler 系统[44]:

$$\begin{cases} \dot{x}_1 = -x_2 - x_3, \\ \dot{x}_2 = x_1 + \alpha x_2, \\ \dot{x}_3 = \beta + x_3(x_1 - \gamma), \end{cases} \tag{4.193}$$

其中 $\alpha = 0.2$, $\beta = 0.2$, $\gamma = 5.7$. 将式 (4.193) 改写成式 (4.187) 的形式, 则有

$$\boldsymbol{A} = \begin{pmatrix} 0 & -1 & -1 \\ 1 & 0.2 & 0 \\ 0 & 0 & -5.7 \end{pmatrix}, \quad \boldsymbol{B}\boldsymbol{F}(\boldsymbol{x}) = \begin{pmatrix} 0 \\ 0 \\ x_1 x_3 \end{pmatrix}, \quad \boldsymbol{C} = \begin{pmatrix} 0 \\ 0 \\ 0.2 \end{pmatrix}.$$

可见矩阵 $(\boldsymbol{A}, \boldsymbol{I})$ 可控, 并且

$$(\boldsymbol{I}, \boldsymbol{A}\boldsymbol{I}, \cdots, \boldsymbol{A}^{n-1}\boldsymbol{I})$$

是满秩的.

选取 $(\boldsymbol{A} - \boldsymbol{K})$ 的特征值为

$$-3, \quad -5, \quad -2,$$

则由极点配置技术可得反馈增益矩阵 $\boldsymbol{K}$ 为

$$\boldsymbol{K} = \begin{pmatrix} 3 & -1 & -1 \\ 1 & 5.2 & 0 \\ 0 & 0 & -3.7 \end{pmatrix}, \tag{4.194}$$

响应系统可以构造为

$$\dot{\boldsymbol{y}} = \boldsymbol{A}\boldsymbol{y} + \frac{\boldsymbol{C}}{\alpha} + \frac{\boldsymbol{s}(\boldsymbol{x}) - \boldsymbol{h}(\boldsymbol{y})}{\alpha}. \tag{4.195}$$

选取驱动系统和响应系统的初始点分别为 $(x_1(0), x_2(0), x_3(0)) = (5.0, 0.5, 3.0)$ 和 $(y_1(0), y_2(0), y_3(0)) = (0.5, 2.0, 1.0)$. 首先选取比例因子 $\alpha = 0.5$, 数值模拟结果如图 4.51~ 图 4.53 所示. 图 4.51 给出了系统 (4.193) 和系统 (4.195) 的同步误差效

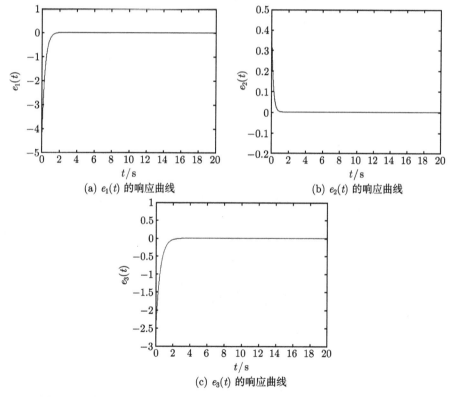

(a) $e_1(t)$ 的响应曲线   (b) $e_2(t)$ 的响应曲线

(c) $e_3(t)$ 的响应曲线

图 4.51 当 $\alpha = 0.5$ 时, 系统 (4.193) 和系统 (4.195) 的同步误差效果图

果图. 由图 4.51 可以看出, 误差 $e_1(t)$, $e_2(t)$ 和 $e_3(t)$ 最终渐近稳定于零点, 表明系统 (4.193) 和系统 (4.195) 获得了同步. 从对应变量关系图 4.52 可以看出, 投影同步时, 各对应变量呈线性关系. 图 4.53 描述了驱动系统和响应系统的混沌吸引子关系图. 从图 4.53 可以看出, 驱动系统和响应系统的状态矢量始终同步于相同方向.

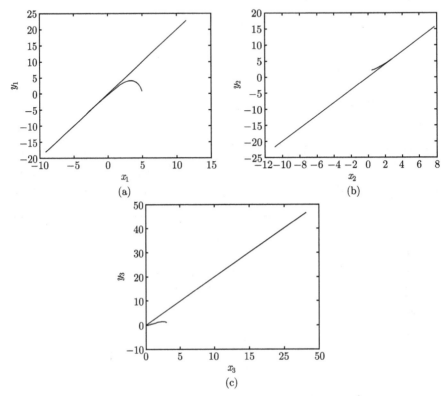

图 4.52　当 $\alpha = 0.5$ 时系统 (4.193) 和系统 (4.195) 的对应变量关系图

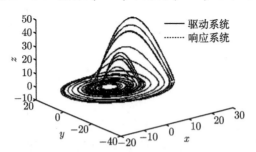

图 4.53　当 $\alpha = 0.5$ 时, 系统 (4.193) 和系统 (4.195) 的混沌吸引子图

再选取比例因子 $\alpha = -2.5$, 数值模拟结果如图 4.54~ 图 4.56 所示. 从图中可以看出, 同步误差最终稳定于零点, 各对应状态变量呈线性关系, 即驱动–响应

系统获得了投影同步. 此时的驱动系统和响应系统的状态矢量表现为相反方向的旋转.

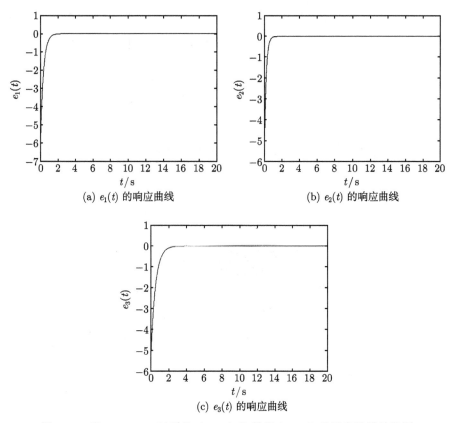

(a) $e_1(t)$ 的响应曲线

(b) $e_2(t)$ 的响应曲线

(c) $e_3(t)$ 的响应曲线

图 4.54　当 $\alpha = -2.5$ 时系统 (4.193) 和系统 (4.195) 的同步误差效果图

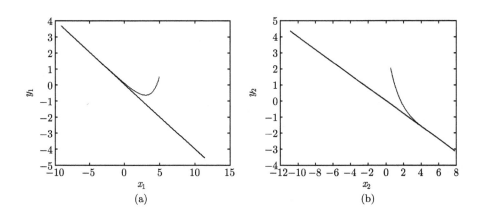

(a)

(b)

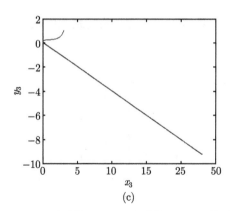

图 4.55　当 $\alpha = -2.5$ 时系统 (4.193) 和系统 (4.195) 的对应变量关系图

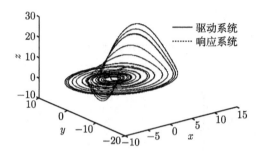

图 4.56　当 $\alpha = -2.5$ 时系统 (4.193) 和系统 (4.195) 的混沌吸引子图

例 4.12　考虑如下超混沌 Lorenz 系统[54]:

$$\begin{cases} \dot{x}_1 = a_{11}x_1 + a_{12}x_2, \\ \dot{x}_2 = a_{21}x_1 + a_{22}x_2 + x_4 - x_1x_3, \\ \dot{x}_3 = a_{33}x_3 + x_1x_2, \\ \dot{x}_4 = -kx_1, \end{cases} \tag{4.196}$$

其中 $a_{11} = -a_{12} = -10$, $a_{21} = 28$, $a_{22} = -1$, $a_{33} = -8/3$, $k = 10$.

式 (4.196) 可以改写成式 (4.187) 的形式, 则有

$$\boldsymbol{A} = \begin{pmatrix} -10 & 10 & 0 & 0 \\ 28 & -1 & 0 & 1 \\ 0 & 0 & -8/3 & 0 \\ -10 & 0 & 0 & 0 \end{pmatrix}, \quad \boldsymbol{BF(x)} = \begin{pmatrix} 0 \\ -x_1x_3 \\ x_1x_2 \\ 0 \end{pmatrix}, \quad \boldsymbol{C} = \begin{pmatrix} 0 \\ 0 \\ 0 \\ 0 \end{pmatrix}.$$

可见矩阵 $(\boldsymbol{A}, \boldsymbol{I})$ 可控, 并且

$$(\boldsymbol{I}, \boldsymbol{AI}, \cdots, \boldsymbol{A}^{n-1}\boldsymbol{I})$$

是满秩的.

选取 $(\boldsymbol{A} - \boldsymbol{K})$ 的特征值为

$$-1, \quad -2, \quad -3, \quad -4,$$

则由极点配置技术可得反馈增益矩阵 $\boldsymbol{K}$ 为

$$\boldsymbol{K} = \begin{pmatrix} -9 & 10 & 0 & 0 \\ 28 & 1 & 0 & 1 \\ 0 & 0 & 1/3 & 0 \\ -10 & 0 & 0 & 4 \end{pmatrix}. \tag{4.197}$$

根据以上参数构造响应系统为

$$\dot{\boldsymbol{y}} = \boldsymbol{A}\boldsymbol{y} + \frac{1}{\alpha}\boldsymbol{C} + \frac{1}{\alpha}[\boldsymbol{s}(\boldsymbol{x}) - \boldsymbol{h}(\boldsymbol{y})]. \tag{4.198}$$

驱动系统和响应系统的初始点分别选取为 $(x_1(0), x_2(0), x_3(0), x_4(0)) = (3.0,$ $1.2, 6.0, 2.0)$ 和 $(y_1(0), y_2(0), y_3(0), y_4(0)) = (2.5, 4.0, 1.5, 5.0)$. 首先选取比例因子 $\alpha = 2$, 数值模拟结果如图 4.57~ 图 4.59 所示. 由误差效果图 4.57 可以看出, 误差 $e_1(t)$,

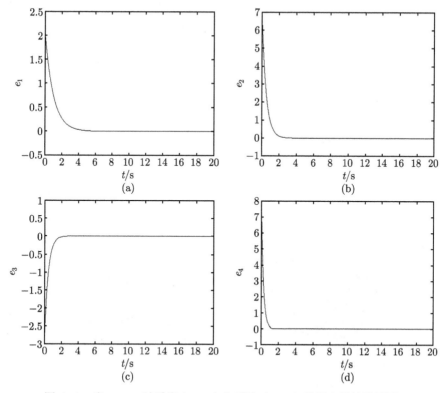

图 4.57 当 $\alpha = 2$ 时系统 (4.196) 和系统 (4.198) 的同步误差效果图

$e_2(t)$, $e_3(t)$ 和 $e_4(t)$ 最终渐近稳定于零点, 表明系统 (4.196) 和系统 (4.198) 获得了同步. 由驱动–响应系统各对应变量的关系图 4.58 可见, 投影同步时, 各对应变量呈线性关系. 由驱动系统和响应系统的混沌吸引子在 x_1x_3 平面和 x_2x_3 平面的投影图 4.59 可见, 驱动系统和响应系统的状态矢量始终同步于相同方向.

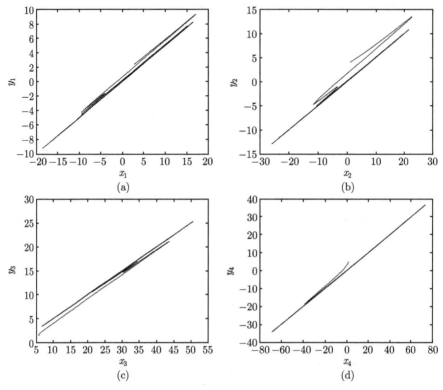

图 4.58 当 $\alpha = 2$ 时系统 (4.196) 和系统 (4.198) 的对应变量关系图

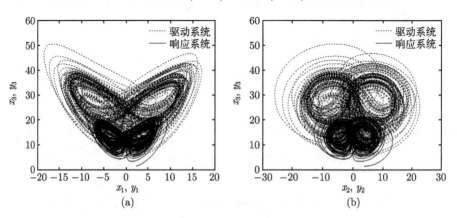

图 4.59 当 $\alpha = 2$ 时系统 (4.196) 和系统 (4.198) 的吸引子投影图

再选取比例因子 $\alpha = -0.5$, 数值模拟结果如图 4.60~ 图 4.62 所示. 从图中可以看出, 同步误差最终稳定于零点, 驱动–响应系统的各对应状态变量呈线性关系, 即系统 (4.196) 和系统 (4.198) 获得了投影同步. 此时, 驱动系统 (4.196) 和响应系统 (4.198) 的状态矢量表现为相反方向的旋转.

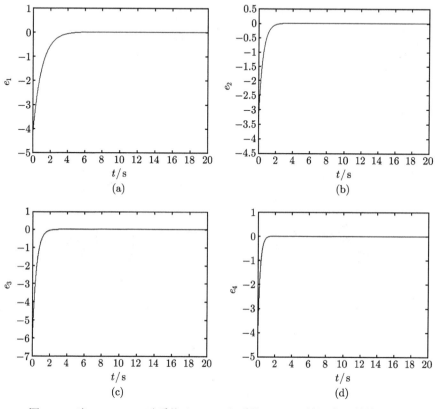

图 4.60 当 $\alpha = -0.5$ 时系统 (4.196) 和系统 (4.198) 的同步误差效果图

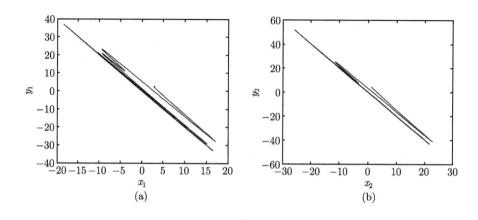

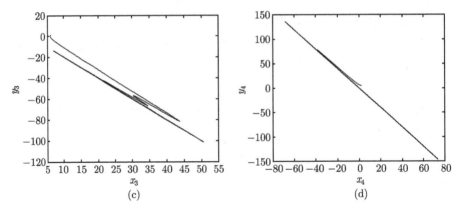

图 4.61　当 $\alpha = -0.5$ 时系统 (4.196) 和系统 (4.198) 的对应变量关系图

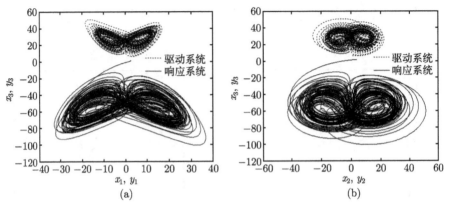

图 4.62　当 $\alpha = -0.5$ 时系统 (4.196) 和系统 (4.198) 的吸引子投影图

详细的关于投影同步观测器的设计问题, 请参见文献 [55].

4.2.5　基于模糊控制的 Chua 混沌系统投影同步

本小节研究了 Chua 混沌系统的模糊控制投影同步问题. 基于 Takagi-Sugeno(T-S) 模糊模型, 设计了一种模糊观测器, 用于实现 Chua 混沌系统的投影同步. 利用 Lyapunov 稳定性理论证明了所提方案的全局稳定性和可行性. 数值仿真实验进一步验证了该方案的有效性. 本小节所采用的方法设计简单, 具有一定的普遍性和鲁棒性.

考虑如下的混沌系统:

$$\dot{\boldsymbol{x}}(t) = \boldsymbol{A}\boldsymbol{x}(t) + \boldsymbol{f}(\boldsymbol{x}(t)), \tag{4.199}$$

其中 $\boldsymbol{x}(t) = (x_1(t), x_2(t), \cdots, x_n(t))^{\mathrm{T}} \in \mathbf{R}^n$ 为系统 (4.199) 的状态矢量, $\boldsymbol{A}$ 为具有

适当维数的系统矩阵, $\boldsymbol{f}(\boldsymbol{x}(t))$ 为连续矢量函数.

系统 (4.199) 的 T-S 模糊模型可以表示为

$$\dot{\boldsymbol{x}}(t) = \boldsymbol{A}\boldsymbol{x}(t) + \sum_{i=1}^{r} h_i(\boldsymbol{z}(t))\boldsymbol{\alpha}_i\boldsymbol{x}(t), \qquad (4.200)$$

其中 $\boldsymbol{z}(t)$ 为与系统状态相关联的前件变量, $\boldsymbol{\alpha}_i$ 为第 i 个模糊子系统的矩阵, r 为模糊规则总数, $h_i(\boldsymbol{z}(t))$ 为隶属度函数,

$$\sum_{i=1}^{r} h_i(\boldsymbol{z}(t)) = 1,$$

$$h_i(\boldsymbol{z}(t)) = \frac{w_i(\boldsymbol{z}(t))}{\sum\limits_{i=1}^{r} w_i(\boldsymbol{z}(t))}, \qquad (4.201)$$

$$w_i(\boldsymbol{z}(t)) = \prod_{j=1}^{p} M_j^i(\boldsymbol{z}(t)), \qquad (4.202)$$

$M_j^i(\boldsymbol{z}(t))$ 为 $\boldsymbol{z}(t)$ 在模糊子集 M_j^i 中的隶属度.

设系统 (4.199) 的输出为

$$\boldsymbol{y}(t) = \boldsymbol{K}\boldsymbol{x}(t), \qquad (4.203)$$

其中 $\boldsymbol{K} \in \mathbf{R}^{m \times n}$ 为反馈增益矩阵.

构造模糊观测器系统

$$\dot{\hat{\boldsymbol{x}}}(t) = \boldsymbol{A}\hat{\boldsymbol{x}}(t) + \sum_{i=1}^{r} h_i(\boldsymbol{z}(t))\hat{\boldsymbol{\alpha}}_i\hat{\boldsymbol{x}}(t) + \boldsymbol{L}(\lambda\boldsymbol{y}(t) - \hat{\boldsymbol{y}}(t)), \qquad (4.204)$$

其中 $\hat{\boldsymbol{x}}(t) = (\hat{x}_1(t), \hat{x}_2(t), \cdots, \hat{x}_n(t))^{\mathrm{T}} \in \mathbf{R}^n$ 为模糊观测器系统的状态变量, $\hat{\boldsymbol{\alpha}}_i$ 为自适应参数, $\boldsymbol{L}$ 为反馈增益矩阵, λ 为非零常数, $\hat{\boldsymbol{y}}(t)$ 为模糊观测器系统的输出, 并且

$$\hat{\boldsymbol{y}}(t) = \boldsymbol{K}\hat{\boldsymbol{x}}(t). \qquad (4.205)$$

定义 4.4 如果存在非零常数 λ, 使得系统 (4.200) 和系统 (4.204) 满足

$$\lim_{t \to \infty} \|\hat{\boldsymbol{x}}(t) - \lambda\boldsymbol{x}(t)\| = 0, \qquad (4.206)$$

则称系统 (4.200) 和系统 (4.204) 获得了投影同步, λ 称为比例因子 (其中 $\|\cdot\|$ 代表欧几里得范数).

假定模糊函数

$$\boldsymbol{w}(\boldsymbol{x}) = \sum_{i=1}^{r} h_i(\boldsymbol{z})\boldsymbol{\alpha}_i\boldsymbol{x}, \qquad (4.207)$$

$w(x)$ 是 Lipschitz 的, 即存在正数 γ, 满足

$$\|w(x_1) - w(x_2)\| \leqslant \gamma \|x_1 - x_2\|. \tag{4.208}$$

Barbalat 引理 [39]   如果 $f(t)$ 是一致连续函数, 并且满足

$$\int_0^\infty |f(\tau)| \, \mathrm{d}\tau < \infty,$$

则当 $t \to \infty$ 时, $f(t) \to 0$.

定理 4.10   对于系统 (4.200) 和模糊观测器系统 (4.204), 如果满足

$$\lambda_{\max}(A - LK) \leqslant -\gamma, \tag{4.209}$$

并且自适应参数 $\hat{\alpha}_i$ 满足

$$\dot{\hat{\alpha}}_i = -h_i(z(t))e(t)x^{\mathrm{T}}(t), \tag{4.210}$$

则系统 (4.200) 和系统 (4.204) 可以获得投影同步.

证明   定义系统 (4.200) 和系统 (4.204) 的投影同步误差为

$$e(t) = \hat{x}(t) - \lambda x(t),$$

则误差动力系统可以描述为

$$
\begin{aligned}
\dot{e}(t) = \dot{\hat{x}}(t) - \lambda \dot{x}(t) &= Ae(t) + \sum_{i=1}^r h_i(z(t))(\hat{\alpha}_i \hat{x}(t) - \lambda \alpha_i x(t)) - LKe(t) \\
&= Ae(t) + \sum_{i=1}^r h_i(z(t))(\alpha_i e(t) + \tilde{\alpha}_i \hat{x}(t)) - LKe(t) \\
&= (A - LK)e(t) + \sum_{i=1}^r h_i(z(t))(\alpha_i e(t) + \tilde{\alpha}_i \hat{x}(t)),
\end{aligned} \tag{4.211}
$$

其中 $\tilde{\alpha}_i = \hat{\alpha}_i - \alpha_i$.

构造 Lyapunov 函数

$$V(t) = \frac{1}{2}e^{\mathrm{T}}(t)e(t) + \frac{1}{2}\sum_{i=1}^r \mathrm{tr}(\tilde{\alpha}_i^{\mathrm{T}} \tilde{\alpha}_i), \tag{4.212}$$

显然, $V(t)$ 为非负函数.

式 (4.212) 两端对 t 求导得

$$\dot{V}(t) = e^{\mathrm{T}}(t)(A - LK)e(t) + e^{\mathrm{T}}(t)\sum_{i=1}^r h_i(z(t))(\alpha_i e(t) + \tilde{\alpha}_i \hat{x}(t)) + \sum_{i=1}^r \mathrm{tr}(\tilde{\alpha}_i^{\mathrm{T}} \dot{\tilde{\alpha}}_i)$$

$$\leqslant \lambda_{\max}(\boldsymbol{A} - \boldsymbol{L}\boldsymbol{K})\|e(t)\|^2 + \gamma\|e(t)\|^2 + \sum_{i=1}^{r} \mathrm{tr}(h_i(\boldsymbol{z}(t))\tilde{\boldsymbol{\alpha}}_i^{\mathrm{T}} e(t)\hat{\boldsymbol{x}}^{\mathrm{T}}(t) + \tilde{\boldsymbol{\alpha}}_i^{\mathrm{T}}\dot{\tilde{\boldsymbol{\alpha}}}_i)$$

$$= (\lambda_{\max}(\boldsymbol{A} - \boldsymbol{L}\boldsymbol{K}) + \gamma)\|e(t)\|^2 \leqslant 0. \tag{4.213}$$

由式 (4.213) 可推得

$$\int_0^\infty \boldsymbol{e}^{\mathrm{T}}(t)\boldsymbol{e}(t)\mathrm{d}t < \infty. \tag{4.214}$$

另外, 由式 (4.213) 可知, $e(t)$ 和 $\hat{\boldsymbol{\alpha}}_i$ 均有界, 因此, $\dot{e}(t)$ 有界. 由此可知, $e(t)$ 是一致连续的. 根据 Barbalat 引理可得

$$\lim_{t\to\infty}\|e(t)\| = 0.$$

证毕.

Chua 电路[56] 是一个简单的电系统. 它由一个电感 (L)、两个电容 (C_1, C_2)、一个线性电阻 (R) 和一个非线性电阻 (g) 组成. Chua 电路结构简单却具有丰富的非线性动力学特性 (如分岔和混沌), 因而在混沌控制与同步领域被广泛地研究. 图 4.63 给出了 Chua 混沌系统的电路图.

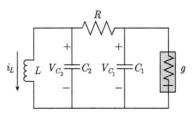

图 4.63 Chua 电路图

Chua 电路的动力学方程可以如下描述:

$$\begin{cases} \dot{V}_{C_1} = \dfrac{1}{C_1}\left[\dfrac{1}{R}(V_{C_2} - V_{C_1}) - g(V_{C_1})\right], \\[2mm] \dot{V}_{C_2} = \dfrac{1}{C_2}\left[\dfrac{1}{R}(V_{C_1} - V_{C_2}) + i_L\right], \\[2mm] \dot{i}_L = \dfrac{1}{L}(-V_{C_2} - R_0 i_L), \end{cases} \tag{4.215}$$

其中 V_{C_1}, V_{C_2} 和 i_L 为状态变量, R_0 为常数.

非线性电阻 g 为电压 V_{C_1} 的函数, 其表示式为

$$g(V_{C_1}) = aV_{C_1} + cV_{C_1}^3, \tag{4.216}$$

其中 $a < 0$, $c > 0$.

当 $R = 10/7$, $R_0 = 0$, $C_1 = 1.0$, $C_2 = 19/2$, $L = 19/14$, $a = -4/5$, $c = 2/45$ 时, Chua 系统的混沌吸引子及其在各坐标平面的投影如图 4.64 所示.

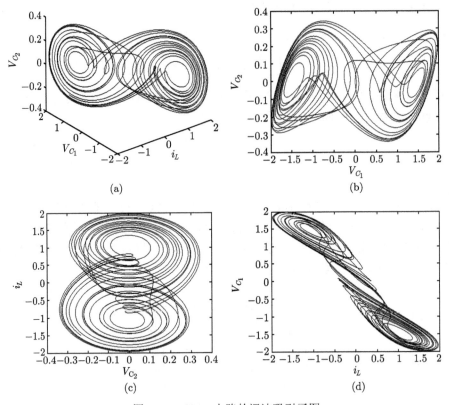

图 4.64   Chua 电路的混沌吸引子图

将系统 (4.215) 改写成式 (4.199) 的形式, 则

$$
\boldsymbol{A} = \begin{pmatrix} -\dfrac{1}{C_1 R} & \dfrac{1}{C_1 R} & 0 \\[2ex] \dfrac{1}{C_2 R} & -\dfrac{1}{C_2 R} & \dfrac{1}{C_2} \\[2ex] 0 & -\dfrac{1}{L} & -\dfrac{R_0}{L} \end{pmatrix}, \quad \boldsymbol{f}(\boldsymbol{x}) = \begin{pmatrix} -g(V_{C_1})/C_1 \\ 0 \\ 0 \end{pmatrix}.
$$

采用 V_{C_1} 作为模糊前件变量, $V_{C_1} \in [-d, d]$, $d = 5$. 模糊隶属度函数为

$$
h_1(V_{C_1}) = 1 - \frac{V_{C_1}^2}{d^2}, \quad h_2(V_{C_1}) = \frac{V_{C_1}^2}{d^2}.
$$

Chua 混沌系统及模糊观测器系统的初始条件分别选取为 $(V_{C_1}(0), V_{C_2}(0), i_L(0)) =$

$(0.5, 0, 0)$ 和 $(\hat{V}_{C_1}(0), \hat{V}_{C_2}(0), \hat{i}_L(0)) = (-1.0, 0.8, 1.0)$. 矩阵 $(\boldsymbol{A} - \boldsymbol{LK})$ 的特征值选取为 $-2, -3, -5$.

当比例因子 $\lambda = 2$ 时, 数值模拟结果如图 4.65 和图 4.66 所示. 从误差效果图 4.65 可以看出, 误差 $e_1(t)$, $e_2(t)$ 和 $e_3(t)$ 最终渐近稳定于零点, 表明所设计的模糊观测器系统和 Chua 混沌系统获得了投影同步. 图 4.66 给出了各状态变量的对应关系图. 从图 4.66 可以看出, 投影同步时, 各对应变量呈线性关系 (斜率为 2).

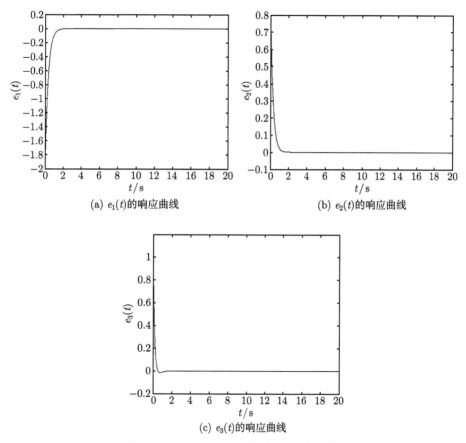

(a) $e_1(t)$的响应曲线

(b) $e_2(t)$的响应曲线

(c) $e_3(t)$的响应曲线

图 4.65　当 $\lambda = 2$ 时投影同步误差效果图

当比例因子 $\lambda = -1.2$ 时, 数值模拟结果如图 4.67 和图 4.68 所示. 从图中可以看出, 同步误差最终稳定于零点, 各对应状态变量之间表现为线性关系 (斜率为 -1.2).

关于模糊控制实现投影同步的更多解决方案, 请参见文献 [57] 和 [58], 这里不再赘述.

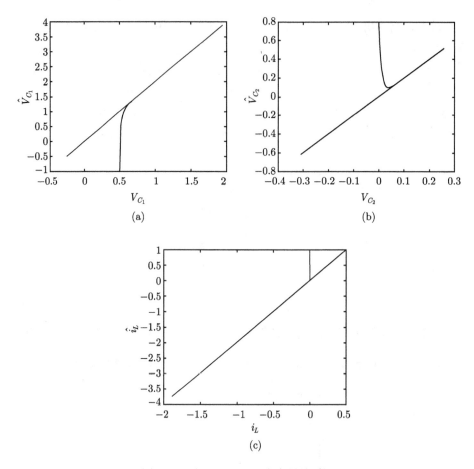

图 4.66　当 λ = 2 时对应变量关系图

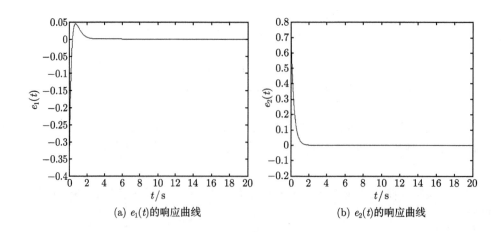

(a) $e_1(t)$的响应曲线　　　　　　　(b) $e_2(t)$的响应曲线

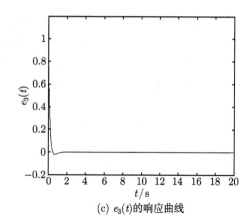

(c) $e_3(t)$ 的响应曲线

图 4.67　当 $\lambda = -1.2$ 时投影同步误差效果图

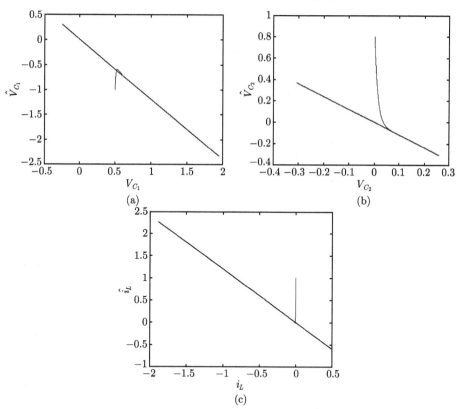

图 4.68　当 $\lambda = -1.2$ 时对应变量关系图

4.2.6　混沌系统的高精度快速投影同步

关于投影同步已有很多研究成果. 但由于软硬件等方面的限制, 这些投影同步

方法都只在一个 "大尺度" 上研究了 "粗同步" 问题, 如果把它们的误差演化图纵向放大若干倍就会发现这些同步的误差精度并不高, 而在实际应用当中却经常需要一些高精度的同步, 如高精度的通信加密与解密等. 另外, 已有的投影同步方法中也都很少有人去考虑达到同步的速度问题. 而在实际应用中, 有时同步速度是个非常关键的问题. 例如, 已知的许多传染病的流行就是一个混沌问题, 能快速有效地跟踪就意味着能为挽救生命争取时间. 再如, 在奔月工程中, 月球准确捕捉人造卫星就是一个 "三体问题", 而 "三体问题" 中就有混沌存在, 如果不能快速有效地控制, 就会 "差之毫厘, 谬以千里". 因此, 快速同步的应用前景将十分广泛. 基于上述考虑, 本小节提出了一种高精度快速投影同步方法, 从理论上分析了同步精度不高的原因, 并证明了快速同步的可靠性. 数字仿真实验进一步证明了本方法的有效性.

为了说明目前投影同步中存在的一些问题, 先考虑文献 [59] 中提到的如下超混沌系统：

$$\begin{cases} \dot{x}_1 = -a(x_1 - x_2) + x_4, \\ \dot{x}_2 = -x_1 x_3 + r x_1 - x_2, \\ \dot{x}_3 = x_1 x_2 - b x_3, \\ \dot{x}_4 = -x_1 x_3 + d x_4. \end{cases} \tag{4.217}$$

令式 (4.217) 是驱动系统, 与之相对应的响应系统为

$$\begin{cases} \dot{y}_1 = -a(y_1 - y_2) + y_4 + u_1, \\ \dot{y}_2 = -y_1 y_3 + r y_1 - y_2 + u_2, \\ \dot{y}_3 = y_1 y_2 - b y_3 + u_3, \\ \dot{y}_4 = -y_1 y_3 + d y_4 + u_4, \end{cases} \tag{4.218}$$

其中 $a = 10, r = 28, b = 8/3, d = 1.3$. 此时, 系统 (4.218) 有两个正的 Lyapunov 指数 $\lambda_1 = 0.3985, \lambda_2 = 0.2481$, 系统 (4.218) 进入超混沌状态[59].

设 Lyapunov 函数为

$$V = \frac{1}{2} \sum_{i=1}^4 e_i^2, \tag{4.219}$$

其中

$$e_i = x_i - \alpha y_i.$$

根据 Lyapunov 稳定性原理, V 沿系统的演化轨迹的时间导数应该小于零, 即

$$\dot{V} = \sum_{i=1}^4 e_i \dot{e}_i < 0. \tag{4.220}$$

若令 $\dot{e}_i = -e_i$, 则可得到如下控制律：

$$\begin{cases} u_1 = \dfrac{1}{\alpha}[-a(x_1 - x_2) + x_4 + \alpha a(y_1 - y_2) - \alpha y_4 + e_1], \\[2mm] u_2 = \dfrac{1}{\alpha}[-x_1 x_3 + rx_1 - x_2 + \alpha y_1 y_3 - \alpha r y_1 + \alpha y_2 + e_2], \\[2mm] u_3 = \dfrac{1}{\alpha}[x_1 x_2 - bx_3 - \alpha y_1 y_2 + \alpha b y_3 + e_3], \\[2mm] u_4 = \dfrac{1}{\alpha}[-x_1 x_3 + dx_4 + \alpha y_1 y_3 - \alpha d y_4 + e_4]. \end{cases} \tag{4.221}$$

采用和文献 [59] 一样的比例因子和初始值

$$\alpha = 2,$$

$$(x_1(0), x_2(0), x_3(0), x_4(0)) = (0.1, 0.1, 0.1, 0.1),$$

$$(y_1(0), y_2(0), y_3(0), y_4(0)) = (-0.1, -0.1, -0.1, -0.1),$$

用四阶 Runge-Kutta 法求解系统 (4.217) 和 (4.218), 得到系统 (4.217) 和 (4.218) 投影同步的误差演化图 4.69 和图 4.70. 由图 4.69 可见, 似乎同步后所有的误差都达到

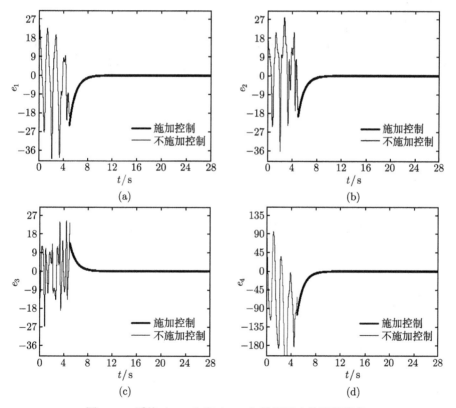

图 4.69 系统 (4.217) 和 (4.218) 投影同步的误差演化

了零, 但事实并非如此. 把图 4.69 纵向放大 300 倍后得到图 4.70, 由图 4.70 可以很明显地看到, 除了 e_1, 其他三个误差 e_2, e_3, e_4 都并没有严格稳定在零点, 而是在零点附近振荡.

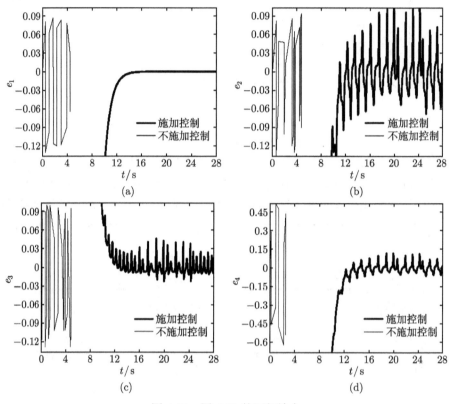

图 4.70　图 4.69 的局部放大

分析上述投影同步, 可以发现同步后, e_1 可稳定于零点, 而 e_2, e_3, e_4 却不能稳定于零点. 因此, 如何进一步提高同步的精度, 消除或减小同步后的这种误差振荡现象, 以及如何加快同步的速度是需要解决的问题.

考虑一般的混沌 (超混沌) 系统的同步问题. 设驱动系统和响应系统分别为

$$\dot{\boldsymbol{X}} = \boldsymbol{F}(\boldsymbol{X}) \tag{4.222}$$

和

$$\dot{\boldsymbol{Y}} = \boldsymbol{G}(\boldsymbol{Y}) + \boldsymbol{U}. \tag{4.223}$$

定义误差函数

$$\boldsymbol{e} = \boldsymbol{X} - \beta \boldsymbol{Y}, \tag{4.224}$$

其中

$$e = (e_1, e_2, \cdots, e_n)^{\mathrm{T}},$$

β 是以 $\beta_1, \beta_2, \cdots, \beta_n$ 为对角线的对角矩阵, 即投影同步中的比例因子矩阵,

$$e_i = x_i - \beta_i x_i'.$$

由式 (4.222) 和 (4.223) 可得相应的误差动力系统

$$\dot{e} = \dot{X} - \beta \dot{Y} = f(X) - \beta(g(Y) + U). \tag{4.225}$$

若使系统 (4.222) 和 (4.223) 达到投影同步, 则在演化过程中 e 必须要收敛.

从式 (4.221) 可知其是一个反馈控制器, 而上一次迭代的误差 e 对反馈量 U 起关键性作用. 为了加快同步的速度, 不妨适当地放大 e 在 U 中的贡献. 一个直接的办法就是在 e 的前面乘上一个影响因子 P. 下面分析其合理性:

不同于式 (4.219), 选取 Lyapunov 函数为

$$V = \frac{1}{2} e^{\mathrm{T}} P e = \frac{1}{2} \sum_{i=1}^{n} p_i e_i^2, \tag{4.226}$$

其中正定阵

$$P = \mathrm{diag}(p_1, p_2, \cdots, p_n), \quad p_i > 0.$$

根据 Lyapunov 稳定性原理, V 沿系统的演化轨迹的时间导数应该小于零, 即

$$\dot{V} = \sum_{i=1}^{n} p_i e_i \dot{e}_i < 0. \tag{4.227}$$

若令

$$\dot{e}_i = -p_i e_i,$$

则有

$$\dot{V} = \sum_{i=1}^{n} p_i e_i \dot{e}_i = -\sum_{i=1}^{n} p_i e_i^2 < 0. \tag{4.228}$$

令

$$\dot{e}_i = -p_i e_i, \quad \dot{e} = -P e, \tag{4.229}$$

将式 (4.225) 代入式 (4.229) 可得

$$F(X) - \beta(G(Y) + U) = -P e.$$

对上式进行化简可得

$$U = \beta^{-1}(F(X) - \beta G(Y) + Pe).\tag{4.230}$$

由式 (4.230) 可得

$$u_i = \frac{1}{\beta_i}[f_i(X) - \beta g_i(Y) + p_i e_i], \quad i = 1, 2, \cdots, n.\tag{4.231}$$

为了验证上述结论, 分别取 $P = \operatorname{diag}(1, 1, 1, 1)$ 和 $P = \operatorname{diag}(3, 3, 3, 3)$ 对有混沌系统 (4.217) 和 (4.218) 的投影同步进行数值仿真. 图 4.69 和图 4.71 分别是 $P = \operatorname{diag}(1, 1, 1, 1)$ 和 $P = \operatorname{diag}(3, 3, 3, 3)$ 的误差演化图, 图 4.72 和图 4.73 分别是它们对应的状态变量关系图. 无论是从误差演化图 4.69 与图 4.71 的对比, 还是从状态变量关系图 4.72 与图 4.73 的对比都可看出, 随着影响因子 p_i 的增大, 同步误差的收敛速度明显加快. 若不断地增大影响因子 p_i, 则同步的速度也会不断地加快.

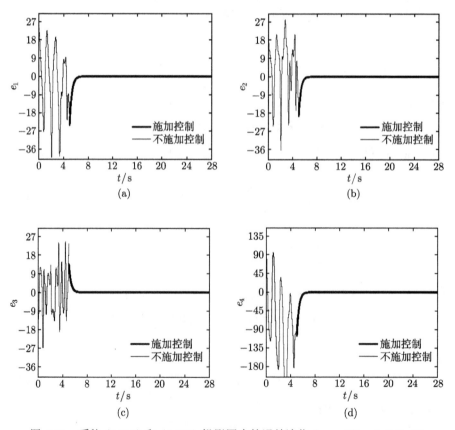

图 4.71　系统 (4.217) 和 (4.218) 投影同步的误差演化 ($p_i = 3(i = 1, 2, 3, 4)$)

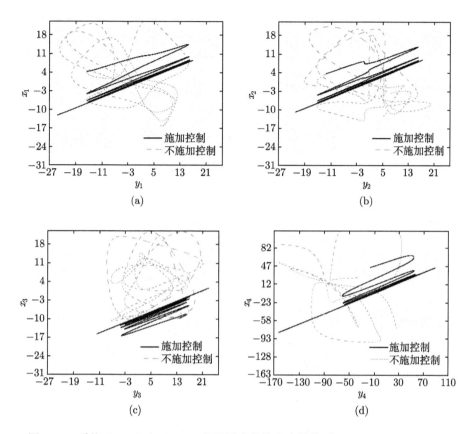

图 4.72 系统 (4.217) 和 (4.218) 投影同步的状态变量关系 $(p_i = 1(i = 1, 2, 3, 4))$

 显然, 同步误差的收敛速度的极限是一次迭代就能达到同步, 这是再好不过的结果了, 但问题是这时的影响因子 p_i 应如何确定. 到目前为止, 只是分析了 p_i 的作用, 并没有给出它的确定方法. 下面给出 p_i 的确定方法.

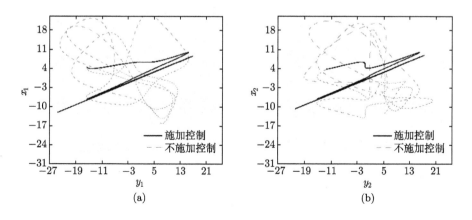

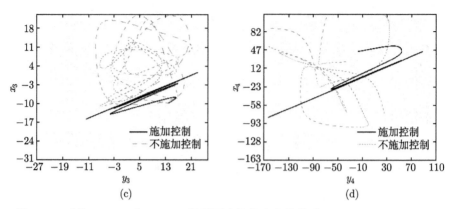

图 4.73   系统 (4.217) 和 (4.218) 投影同步的状态变量关系 ($p_i = 3 (i = 1, 2, 3, 4)$)

定理 4.11   设 e_i 是第 i 个状态变量的同步误差, e_{i0} 是第 i 个状态变量的初始误差, 若 $e_{i0} \neq 0$, 而

$$\lim_{t \to \infty} e_i = 0, \quad i = 1, 2, \cdots, n,$$

即 e_i 随时间收敛于零, 则由

$$\dot{e}_i = -p_i e_i$$

确定的影响因子 p_i 一定大于零.

证明   利用反证法. 设 $e_{i0} \neq 0$ 且

$$\lim_{t \to \infty} e_i = 0, \quad i = 1, 2, \cdots, n,$$

即 e_i 随时间收敛于零, 分下面三种情况讨论:

(1) 若 $p_i = 0$, 则 $\dot{e}_i = 0$, e_i 恒定不变, 与 e_i 随时间收敛于零矛盾.

(2) 若 $p_i < 0$ 且 $e_i > 0$, 则 $\dot{e}_i > 0$, e_i 随时间递增, 故有

$$\lim_{t \to \infty} e_i = \infty, \quad i = 1, 2, \cdots, n,$$

与

$$\lim_{t \to \infty} e_i = 0, \quad i = 1, 2, \cdots, n$$

矛盾.

(3) 若 $p_i < 0$ 且 $e_i < 0$, 则 $\dot{e}_i < 0$, e_i 随时间递减, 故有

$$\lim_{t \to \infty} e_i = -\infty, \quad i = 1, 2, \cdots, n,$$

与

$$\lim_{t \to \infty} e_i = 0, \quad i = 1, 2, \cdots, n$$

矛盾.

因此, 若 $e_{i0} \neq 0$ 且

$$\lim_{t\to\infty} e_i = 0, \quad i = 1, 2, \cdots, n,$$

则由

$$\dot{e}_i = -p_i e_i$$

确定的影响因子 p_i 一定大于零. 证毕.

定理 4.11 说明, 若 e_i 随时间收敛于零, 则 $p_i > 0$. 式 (4.229) 中等号右边的负号表明 e_i 的变化趋势是从时间轴的两侧向零靠近; $|p_i e_i|$ 则表示了 e_i 的变化率 (这里指收敛速度), p_i 越大, e_i 收敛得越快, 这就解释了上述实验中 p_i 越大收敛时间越短的原因. 显然, 其极限情况就是一次迭代就能收敛. 下面分析这样的极限收敛所需 p_i 的大小.

设迭代系统为

$$\begin{cases} \boldsymbol{X}_{i+1} = \boldsymbol{Q}(\boldsymbol{F}(\boldsymbol{X}_i)), \\ \boldsymbol{Y}_{i+1} = \boldsymbol{H}(\boldsymbol{G}(\boldsymbol{Y}_i) + \tilde{\boldsymbol{U}}_i + \boldsymbol{P}\boldsymbol{e}_i), \end{cases} \tag{4.232}$$

$$\boldsymbol{E}_{i+1} = \boldsymbol{X}_{i+1} - \beta \boldsymbol{Y}_{i+1} = \boldsymbol{Q}(\boldsymbol{F}(\boldsymbol{X}_i)) - \beta \boldsymbol{H}(\boldsymbol{G}(\boldsymbol{Y}_i) + \tilde{\boldsymbol{U}}_i + \beta^{-1}\boldsymbol{P}\boldsymbol{e}_i), \tag{4.233}$$

其中 $\boldsymbol{Q}$ 和 $\boldsymbol{H}$ 分别表示驱动系统和响应系统的迭代映射, 它们的具体形式取决于在计算机上实现时所采用的数值计算方法. 为了与其他文献进行比较, 这里选用最常用的四阶 Runge-Kutta 算法. $\boldsymbol{E}_i$ 代表第 i 次迭代的误差向量, $\tilde{\boldsymbol{U}}_i = \boldsymbol{F}(\boldsymbol{X}_i) - \beta \boldsymbol{G}(\boldsymbol{Y}_i)$, 设 $\boldsymbol{E}_0 \neq \boldsymbol{0}$(实际上, 对于 $\boldsymbol{E}_0 = \boldsymbol{0}$ 的同结构系统不存在同步的问题, 因为系统已经是同步的了), 而令 $\boldsymbol{E}_1 = \boldsymbol{0}$, 即

$$\boldsymbol{E}_1 = \boldsymbol{X}_0 - \beta \boldsymbol{Y}_0 = \boldsymbol{Q}(\boldsymbol{F}(\boldsymbol{X}_0)) - \beta \boldsymbol{H}(\boldsymbol{G}(\boldsymbol{Y}_0) + \tilde{\boldsymbol{U}}_0 + \beta^{-1}\boldsymbol{P}\boldsymbol{E}_0) = \boldsymbol{0}. \tag{4.234}$$

由式 (4.227) 可知, 只要 $\boldsymbol{P}$ 是正定阵, 系统就是渐近稳定的, 而 $\boldsymbol{P}$ 的正定性, 可由定理 4.11 保证. 式 (4.234), 显然, e_i 随时间收敛于零. 由定理 4.11 可知, $p_i > 0$, 即 $\boldsymbol{P}$ 是正定阵, 所以由 Lyapunov 稳定性原理及式 (4.228) 可知, 系统是渐近稳定的.

$$\boldsymbol{P}\boldsymbol{E}_0 = \beta(\boldsymbol{H}^{-1}(\beta^{-1}\boldsymbol{Q}(\boldsymbol{F}(\boldsymbol{X}_0))) - \boldsymbol{G}(\boldsymbol{Y}_0) - \tilde{\boldsymbol{U}}_0), \tag{4.235}$$

$$\tilde{\boldsymbol{U}}_1 = \boldsymbol{F}(\boldsymbol{X}_1) - \beta \boldsymbol{G}(\boldsymbol{Y}_1), \tag{4.236}$$

其中 $\boldsymbol{H}^{-1}(\cdot)$ 表示 $\boldsymbol{H}(\cdot)$ 的逆映射.

由四阶 Runge-Kutta 算法可知

$$\begin{cases} \boldsymbol{X}_1 = \boldsymbol{X}_0 + h(\boldsymbol{K}_1 + 2\boldsymbol{K}_2 + 2\boldsymbol{K}_3 + \boldsymbol{K}_4)/6, \\ \boldsymbol{Y}_1 = \boldsymbol{Y}_0 + h(\boldsymbol{L}_1 + 2\boldsymbol{L}_2 + 2\boldsymbol{L}_3 + \boldsymbol{L}_4)/6, \end{cases} \tag{4.237}$$

其中

$$K_1 = F(X_0), \quad K_2 = F(X_0 + hK_1/2),$$

$$K_3 = F(X_0 + hK_2/2), \quad K_4 = F(X_0 + hK_3),$$

$$L_1 = G(Y_0) + \tilde{U}_0 + PE_0, \quad L_2 = G(Y_0 + hL_1/2) + \tilde{U}_0 + PE_0,$$

$$L_3 = G(Y_0 + hL_2/2) + \tilde{U}_0 + PE_0, \quad L_4 = G(Y_0 + hL_3) + \tilde{U}_0 + PE_0,$$

$$Y_1' = Y_0 + h(G(Y_0) + 2G(Y_0 + hL_1/2) + 2G(Y_0 + hL_2/2)$$

$$+ G(Y_1 + hL_3) + 6\tilde{U}_0)/6 + hPE_0.$$

令

$$X_1 - \beta Y_1 = 0,$$

即

$$X_1 - \beta(Y_0 + h(G(Y_0) + 2G(Y_0 + hL_1/2) + 2G(Y_0 + hL_2/2)$$

$$+ G(Y_0 + hL_3) + 6\tilde{U}_1)/6) - h\beta PE_0 = 0.$$

对上式进行化简可得

$$PE_0 = \frac{1}{h}\beta^{-1}(X_1 - \beta(Y_0 + h(G(Y_0) + 2G(Y_0 + hL_1/2)$$

$$+ 2G(Y_0 + hL_2/2) + G(Y_0 + hL_3) + 6\tilde{U}_0)/6)), \qquad (4.238)$$

其中

$$E_0 = X_0 - \beta Y_0,$$

利用式 (4.238) 就可求得响应的 P.

　　采用四阶 Runge-Kutta 法, 用上述算法, 对驱动–响应系统 (4.217) 和 (4.218) 进行数字仿真. 当 $p_1 = 1997.47862751669$, $p_2 = 1997.97938817326$, $p_3 = 1990.54381659748$ 和 $p_4 = 2004.50370451066$ 时, 经计算可得出系统 (4.217) 和 (4.218) 经一次迭代即可达到同步. 图 4.74 和图 4.75 分别是它们的误差演化图和状态向量关系图.

　　显然, 同步精度一定与控制器有关, 而控制器是根据 Lyapunov 稳定性原理设计的, 从理论上讲, 的确没有问题, 但这一原理并没有考虑计算机实现上的问题, 即在计算机上, 数据的有效位数是有限的, 而且迭代过程往往是非线性, 这更增加了数据在传递过程中的不精确性. 要想减小这种不精确性, 就应该在每一次迭代时尽可能多地利用有效位数, 但如何扩大数据的有效利用位数呢? 实际上, 当达到稳定 (即误差趋于零) 时, 每一次迭代产生的误差 e_i 都是一个 "很小" 的数, 它表现为在小数点后面第一个非零数字出现在若干个零以后, 而真正关心的是第一个非零数字以后数据的利用情况, 而影响因子所起的另一个作用就是将小数点右移. 例如, 在

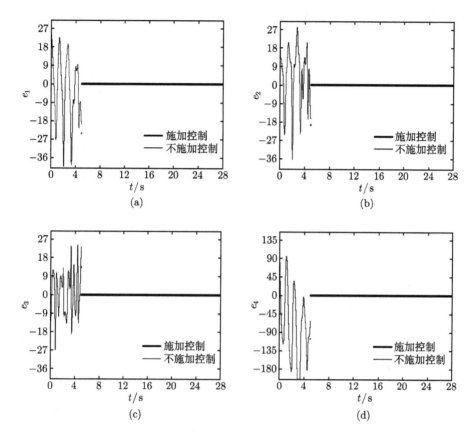

图 4.74 系统 (4.217) 和 (4.218) 的快速投影同步误差演化

上面算例的快速同步中, 影响因子是 10^3 数量级的, 因此, 它使得误差小数点右移了三位. 由上述分析可见, 这种 "放大" 数据的做法不但没有破坏影响系统的收敛性, 而且加快了它的收敛速度, 是两全其美的. 将图 4.74 纵向放大 1000 倍后所得

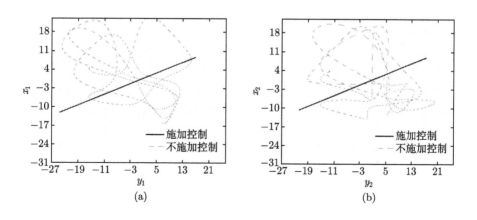

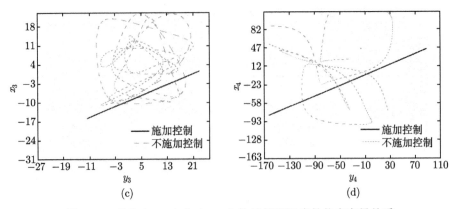

图 4.75   系统 (4.217) 和 (4.218) 快速投影同步的状态变量关系

的图 4.76 与图 4.70 相比可见, 稳定后的误差的确大大减小了, 即同步精度提高了 10^3 个数量级. 这正好是上述需要解决的问题.

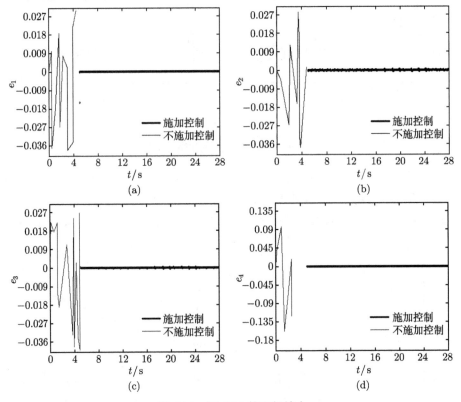

图 4.76   图 4.74 的局部放大

需要指出的是, 关于误差精度的问题, 至少还有两个途径可以解决. 一个是选择好的数值计算方法, 目前大多数情况下都选用本文使用的四阶 Runge-Kutta 法, 本小节提出的方法和针对具体的数值计算机方法, 并不属于本书讨论的范围. 另一个就是提高采样频率, 因为在计算机上模拟是都是用差分代替微分, 而采样频率越高, 即 Δt 越小, 差分就越接近它所代替微分. 然而, 对于相同的数值计算机方法, Δt 越小就意味着迭代次数越大, 这必然会大大减缓达到同步和维持同步的速度, 有时甚至是不可忍受的. 实际上, 这是一个以增加时间复杂度为代价换取的 "高精度", 而这种 "高精度" 同样摆脱不了这里所提到的计算机数据表示精度有限性的限制. 因此, 这也不是一个好办法.

另外, 若继续增大 p_1, p_2, p_3 和 p_4, 如取 $p_1 = p_2 = p_3 = p_4 = 2100$, 则误差会发散. 事实上, 这也不难解释, 因为前面提到的快速同步的前提是 $E_1 = 0$(当然 $E_1 > 0$, 也会收敛, 这时就是一般同步), 即式 (4.234) 成立, 而由式 (4.234) 可知, 当 p_i 增大到一定的程度时, 将会出现 $E_1 < 0$ 的情况, 这时式 (4.228) 不成立. 因此, 误差会发散, 这就是修正的 "过犹不及". 从这个分析可以看出, 只要 p_i 超出前面算出的一次迭代快速同步所需要的值就会发散, 但需说明的是在计算机实现时, 若稍微大一点, 则并不如此, 这同样是因为计算机数据表示精度有限所致, 具体超过多少就会发散, 要视不同的机器类型而定.

由图 4.70 和图 4.76 可见, 达到同步后, 误差 e_1 始终是稳定在零点的, 而 e_2, e_3, e_4 却不稳定在零点. 实际上, 式 (4.217) 和 (4.218) 构成的系统是一个部分线性的系统, 而 e_1 正好是它的线性部分的误差, 因此, 它是稳定的. 这就回答了上述问题.

另外, 还做了迭代次数的对比实验, 设

$$\bar{e} = \sqrt{\frac{e_1^2 + e_2^2 + e_3^2 + e_4^2}{4}},$$

实验表明, 一次迭代就能使 $\bar{e} < 10^{-1}$, 而两次迭代可使 $\bar{e} < 10^{-3}$, 而用文献 [59] 的方法分别需 13484 次和 46000 次迭代. 关于本小节的详细内容, 请参见文献 [60].

本节讲述了混沌投影同步的几种常见方法, 更多投影同步的相关内容, 请参见文献 [61]~[63].

4.3 广义同步

广义同步指的是主从混沌系统的轨道之间满足一个特定的函数关系, 因此, 反同步和投影同步等都可看成特殊的广义同步. 因为 4.1 节和 4.2 节已把反同步和投影同步作为研究的重点, 本节所研究的 "广义同步" 主要指这两种同步类型之外的广义同步, 本节所用的方法可以应用于反同步和投影同步, 又不仅仅局限于此, 还可以应用于范畴更广的 "广义" 同步.

4.3.1　基于观测器的神经网络广义同步

混沌动力系统具有较强的初值敏感性. 为了较好地观察混沌神经网络的同步过程, 构造两个主从混沌神经网络. 主神经网络系统的动态方程为

$$\dot{\boldsymbol{x}} = \boldsymbol{f}(\boldsymbol{x}), \tag{4.239}$$

其中 $\boldsymbol{x} = (x_1, x_2, \cdots, x_n)^{\mathrm{T}} \in \mathbf{R}^n$ 为 n 维状态变量, $\boldsymbol{f} : \mathbf{R}^n \to \mathbf{R}^n$ 为非线性矢量方程. 从神经网络系统的动态方程为

$$\dot{\boldsymbol{y}} = \boldsymbol{g}(\boldsymbol{y}) + \boldsymbol{u}(\boldsymbol{x}, \boldsymbol{y}), \tag{4.240}$$

其中 $\boldsymbol{y} = (y_1, y_2, \cdots, y_n)^{\mathrm{T}} \in \mathbf{R}^n$ 为 n 维状态变量, $\boldsymbol{g} : \mathbf{R}^n \to \mathbf{R}^n$ 为非线性矢量方程, $\boldsymbol{u}(\boldsymbol{x}, \boldsymbol{y})$ 为控制器.

定义 4.5　给定一个矢量映射 $\boldsymbol{\phi} : \mathbf{R}^n \to \mathbf{R}^n$, 如果系统 (4.239) 和系统 (4.240) 满足如下性质:

$$\lim_{t \to \infty} \|\boldsymbol{\phi}(\boldsymbol{y}(t)) - \boldsymbol{x}(t)\| = 0, \tag{4.241}$$

则称系统 (4.239) 和系统 (4.240) 为广义同步的 (其中 $\|\cdot\|$ 代表欧几里得范数).

本小节主要研究线性广义同步, 即 $\boldsymbol{\phi}(\boldsymbol{y})$ 取如下形式:

$$\boldsymbol{\phi}(\boldsymbol{y}) = \boldsymbol{P}\boldsymbol{y} + \boldsymbol{Q}, \tag{4.242}$$

其中 $\boldsymbol{P} \in \mathbf{R}^{n \times n}$, $\boldsymbol{Q} \in \mathbf{R}^n$ 均为常数矩阵, 并且 $\boldsymbol{P}$ 可逆.

主系统 (4.239) 可以改写成如下的形式:

$$\boldsymbol{x} = \boldsymbol{A}\boldsymbol{x} + \boldsymbol{B}\boldsymbol{F}(\boldsymbol{x}) + \boldsymbol{C}, \tag{4.243}$$

其中 $\boldsymbol{A} \in \mathbf{R}^{n \times n}$, $\boldsymbol{B} \in \mathbf{R}^{n \times m}$, $\boldsymbol{C} \in \mathbf{R}^n$, $\boldsymbol{F} : \mathbf{R}^n \to \mathbf{R}^m$ 为非线性向量函数.

设系统 (4.243) 的输出为

$$\boldsymbol{s}(\boldsymbol{x}) = \boldsymbol{B}\boldsymbol{F}(\boldsymbol{x}) + \boldsymbol{K}\boldsymbol{x}, \tag{4.244}$$

其中 $\boldsymbol{K} \in \mathbf{R}^{m \times n}$ 为反馈增益矩阵. 设系统 (4.240) 的输出为

$$\boldsymbol{h}(\boldsymbol{y}) = \boldsymbol{K}(\boldsymbol{P}\boldsymbol{y} + \boldsymbol{Q}). \tag{4.245}$$

定理 4.12　如果可控矩阵

$$(\boldsymbol{I}, \boldsymbol{A}\boldsymbol{I}, \cdots, \boldsymbol{A}^{n-1}\boldsymbol{I})$$

是满秩的, 并且矩阵 $(\boldsymbol{A} - \boldsymbol{K})$ 的特征值为负数, 若从系统 (4.240) 满足

$$\dot{\boldsymbol{y}} = \boldsymbol{P}^{-1}\boldsymbol{A}(\boldsymbol{P}\boldsymbol{y} + \boldsymbol{Q}) + \boldsymbol{P}^{-1}\boldsymbol{C} + \boldsymbol{P}^{-1}(\boldsymbol{s}(\boldsymbol{x}) - \boldsymbol{h}(\boldsymbol{y})), \tag{4.246}$$

则系统 (4.243) 和系统 (4.240) 获得了线性广义同步, 即

$$\lim_{t \to \infty} \|\boldsymbol{P}\boldsymbol{y} + \boldsymbol{Q} - \boldsymbol{x}\| = 0,$$

并且系统 (4.246) 是系统 (4.243) 的全局观测器.

    证明   定义主系统 (4.243) 和从系统 (4.240) 的广义同步误差为

$$e(t) = \boldsymbol{P}\boldsymbol{y} + \boldsymbol{Q} - \boldsymbol{x},$$

则误差动力系统可表示为

$$\dot{e} = \boldsymbol{P}\dot{\boldsymbol{y}} - \dot{\boldsymbol{x}} = \boldsymbol{A}(\boldsymbol{P}\boldsymbol{y} + \boldsymbol{Q}) + \boldsymbol{C} + [\boldsymbol{s}(\boldsymbol{x}) - \boldsymbol{h}(\boldsymbol{y})] - \boldsymbol{A}\boldsymbol{x} - \boldsymbol{B}\boldsymbol{F}(\boldsymbol{x}) - \boldsymbol{C}. \tag{4.247}$$

将式 (4.244) 和式 (4.245) 代入式 (4.247) 可得

$$\dot{e} = (\boldsymbol{A} - \boldsymbol{K})e. \tag{4.248}$$

因为矩阵 $(\boldsymbol{A} - \boldsymbol{K})$ 的特征值为负数, 所以

$$\lim_{t \to \infty} \|\boldsymbol{P}\boldsymbol{y} + \boldsymbol{Q} - \boldsymbol{x}\| = 0,$$

即系统 (4.243) 和系统 (4.240) 获得了线性广义同步. 由于可控矩阵

$$(\boldsymbol{I}, \boldsymbol{A}\boldsymbol{I}, \cdots, \boldsymbol{A}^{n-1}\boldsymbol{I})$$

是满秩的, 因此, 系统 (4.246) 是系统 (4.243) 的全局观测器. 证毕.

    由定理 4.12 可知, 根据极点配置技术, 合理地选择反馈增益矩阵 $\boldsymbol{K}$, 使得矩阵 $(\boldsymbol{A} - \boldsymbol{K})$ 的特征值为负数, 即可实现系统 (4.243) 和系统 (4.240) 的广义同步.

    为了验证本节方案的有效性, 给出两个数值仿真的例子.

    例 4.13   考虑如下细胞神经网络[35,38]:

$$\begin{pmatrix} \dot{x}_1 \\ \dot{x}_2 \\ \dot{x}_3 \end{pmatrix} = -\begin{pmatrix} 1 & 0 & 0 \\ 0 & 1 & 0 \\ 0 & 0 & 1 \end{pmatrix} \times \left(\begin{pmatrix} x_1(t) \\ x_2(t) \\ x_3(t) \end{pmatrix} \right.$$

$$\left. -\begin{pmatrix} 1.25 & -3.2 & -3.2 \\ -3.2 & 1.1 & -4.4 \\ -3.2 & 4.4 & 1 \end{pmatrix} \begin{pmatrix} f_1(x_1(t)) \\ f_2(x_2(t)) \\ f_3(x_3(t)) \end{pmatrix} \right), \tag{4.249}$$

其中
$$f_i(x_i) = \frac{|x_i + 1| - |x_i - 1|}{2}.$$

图 4.77 为该细胞神经网络的混沌吸引子.

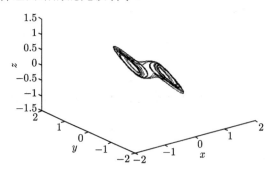

图 4.77　细胞神经网络的混沌吸引子

式 (4.249) 可以改写成式 (4.243) 的形式, 此时

$$\boldsymbol{A} = \begin{pmatrix} -1 & 0 & 0 \\ 0 & -1 & 0 \\ 0 & 0 & -1 \end{pmatrix},$$

$$\boldsymbol{B}\boldsymbol{F}(\boldsymbol{x}) = \begin{pmatrix} 1.25 & -3.2 & -3.2 \\ -3.2 & 1.1 & -4.4 \\ -3.2 & 4.4 & 1 \end{pmatrix} \begin{pmatrix} f_1(x_1(t)) \\ f_2(x_2(t)) \\ f_3(x_3(t)) \end{pmatrix}, \quad \boldsymbol{C} = \begin{pmatrix} 0 \\ 0 \\ 0 \end{pmatrix},$$

可见 $(\boldsymbol{A}, \boldsymbol{I})$ 可控, 并且

$$(\boldsymbol{I}, \boldsymbol{A}\boldsymbol{I}, \cdots, \boldsymbol{A}^{n-1}\boldsymbol{I})$$

是满秩的. 选取 $(\boldsymbol{A} - \boldsymbol{K})$ 的特征值为

$$-3, \quad -2, \quad -1,$$

则由极点配置技术可得反馈增益矩阵 $\boldsymbol{K}$ 为

$$\boldsymbol{K} = \begin{pmatrix} 2 & 0 & 0 \\ 0 & 1 & 0 \\ 0 & 0 & 0 \end{pmatrix}. \tag{4.250}$$

选取

$$\boldsymbol{P} = \begin{pmatrix} -5 & 0 & 0 \\ 0 & 2 & 0 \\ 0 & 0 & -1 \end{pmatrix}, \quad \boldsymbol{Q} = \begin{pmatrix} 1 \\ 1 \\ 1 \end{pmatrix}.$$

响应神经网络系统可以构造为

$$\dot{y} = P^{-1}A(Py + Q) + P^{-1}C + P^{-1}(s(x) - h(y)). \tag{4.251}$$

主从神经网络系统的初始点分别选取为 $(x_1(0), x_2(0), x_3(0)) = (0.1, 0.1, 0.1)$, $(y_1(0), y_2(0), y_3(0)) = (3.0, 0.2, 0.2)$. 图 4.78 给出了系统 (4.249) 和系统 (4.251) 的广义同步误差效果图. 从图 4.78 可以看出, 当 t 分别接近 2.3s, 3.9s 和 6.8s 时, 误差 $e_1(t)$, $e_2(t)$ 和 $e_3(t)$ 已分别稳定到零点. 图 4.79 给出了主从神经网络各个对应变量的关系图. 从图 4.79 可以看出, 经过较短时间后, 各对应变量之间均呈线性关系, 但它们并不位于主对角线上, 即它们获得了广义同步, 而非完全同步.

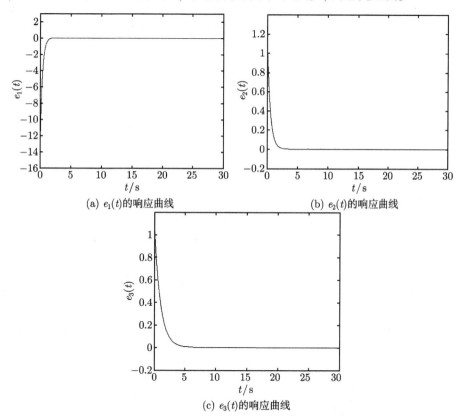

(a) $e_1(t)$ 的响应曲线

(b) $e_2(t)$ 的响应曲线

(c) $e_3(t)$ 的响应曲线

图 4.78　细胞神经网络的广义同步误差效果图

例 4.14　考虑一种 Hindmarsh-Rose (HR) 神经元系统[64]

$$
\begin{cases}
\dot{x}_1 = x_2 - ax_1^3 + bx_1^2 - x_3 + I, \\
\dot{x}_2 = c - dx_1^2 - x_2, \\
\dot{x}_3 = r[s(x_1 - \chi) - x_3],
\end{cases} \tag{4.252}
$$

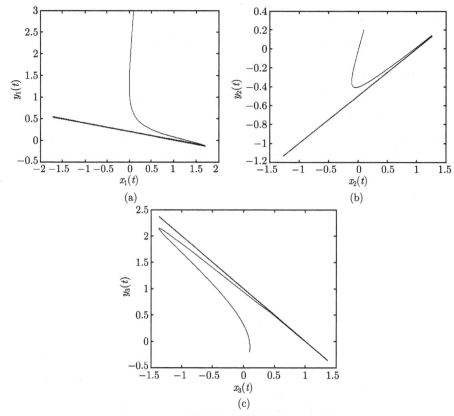

图 4.79　细胞神经网络的对应变量关系图

其中各参数分别取为 $a = 1.0$, $b = 3.0$, $c = 1.0$, $d = 5.0$, $s = 4.0$, $r = 0.006$, $\chi = -1.6$ 和 $I = 3.0$. 图 4.80 给出了该 HR 神经元系统的混沌吸引子及其在 zx 平面的投影图.

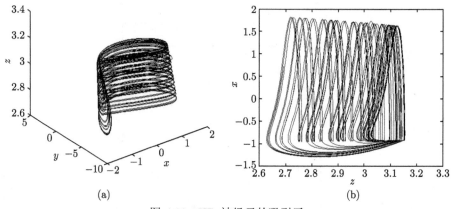

图 4.80　HR 神经元的吸引子

将式 (4.252) 改写成式 (4.243) 的形式, 则

$$A = \begin{pmatrix} 0 & 1 & -1 \\ 0 & -1 & 0 \\ 0.024 & 0 & -0.006 \end{pmatrix}, \quad BF(x) = \begin{pmatrix} -x_1^3 + 3x_1^2 \\ -5x_1^2 \\ 0 \end{pmatrix}, \quad C = \begin{pmatrix} 3.0 \\ 1.0 \\ -0.0384 \end{pmatrix},$$

可见 (A, I) 可控, 并且

$$(I, AI, \cdots, A^{n-1}I)$$

是满秩的. 选取 $(A - K)$ 的特征值为

$$-2, \quad -3, \quad -5,$$

则由极点配置技术可得反馈增益矩阵 K 为

$$K = \begin{pmatrix} 2 & 1 & -1 \\ 0 & 2 & 0 \\ 0.024 & 0 & 4.994 \end{pmatrix}. \tag{4.253}$$

选取

$$P = \begin{pmatrix} -2.5 & 0 & 0 \\ 0 & 1 & 0 \\ 0 & 0 & -2 \end{pmatrix}, \quad Q = \begin{pmatrix} 1 \\ 0.5 \\ 3 \end{pmatrix}.$$

响应神经元系统可以构造为

$$\dot{y} = P^{-1}A(Py + Q) + P^{-1}C + P^{-1}(s(x) - h(y)). \tag{4.254}$$

主从神经元系统的初始点分别选取为 $(x_1(0), x_2(0), x_3(0)) = (1.0, 0.2, 3.0)$ 和 $(y_1(0), y_2(0), y_3(0)) = (0.1, 0.2, 1.0)$. 由误差效果图 4.81 可以看出, 当 t 分别接近 3.2s, 2.1s 和 1.8s 时, 误差 $e_1(t)$, $e_2(t)$ 和 $e_3(t)$ 分别稳定到零点. 图 4.82 给出了主从神经元各对应变量的关系图. 从图 4.82 可以看出, 经过较短时间后, 各对应变量之间均呈线性关系, 但它们并不位于主对角线上, 即它们获得了广义同步, 而非完全同步.

4.3.2 超混沌系统的广义同步

本小节研究了超混沌系统的广义同步问题, 提出了一种新的广义同步方案. 理论分析表明, 合理地选取误差增益矩阵即可实现动力系统之间的广义同步. 本小节

所设计的控制器具有一定的鲁棒性, 不仅可以实现相同维数超混沌系统之间的广义同步, 而且也适用于不同维数混沌系统之间的广义同步问题. 通过对超混沌系统的数值模拟实验进一步验证了该方案的有效性.

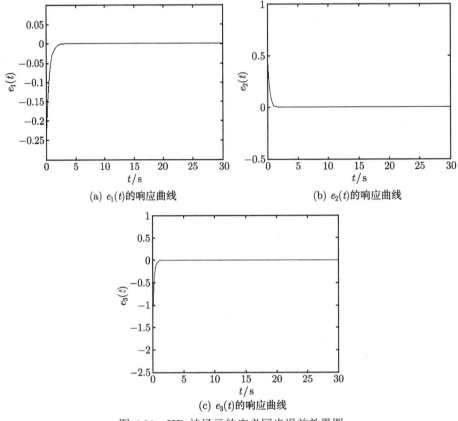

(a) $e_1(t)$ 的响应曲线　　　　　　　(b) $e_2(t)$ 的响应曲线

(c) $e_3(t)$ 的响应曲线

图 4.81　HR 神经元的广义同步误差效果图

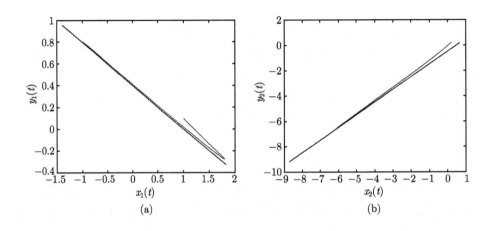

(a)　　　　　　　　　　　　　　(b)

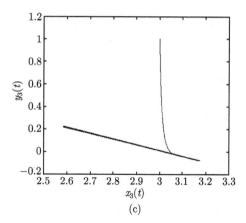

图 4.82　HR 神经元的对应变量关系图

考虑如下两个动力学系统:

$$\dot{\boldsymbol{x}} = \boldsymbol{f}(\boldsymbol{x}) \tag{4.255}$$

和

$$\dot{\boldsymbol{y}} = \boldsymbol{A}\boldsymbol{y} + \boldsymbol{B}\boldsymbol{g}(\boldsymbol{y}) + \boldsymbol{u}(\boldsymbol{x},\boldsymbol{y}), \tag{4.256}$$

分别作为驱动系统和响应系统, 其中 $\boldsymbol{x} \in \mathbf{R}^n$ 和 $\boldsymbol{y} \in \mathbf{R}^n$ 分别为驱动系统和响应系统的状态矢量, $\boldsymbol{f}(\cdot)$ 和 $\boldsymbol{g}(\cdot)$ 为非线性向量函数, $\boldsymbol{A}$ 和 $\boldsymbol{B}$ 为具有适当维数的系统矩阵, $\boldsymbol{u}(\boldsymbol{x},\boldsymbol{y})$ 为控制器.

假设 $\boldsymbol{g}(\cdot)$ 满足如下的 Lipschitz 条件:

$$\|\boldsymbol{g}(\boldsymbol{y}_1) - \boldsymbol{g}(\boldsymbol{y}_2)\| \leqslant L \|\boldsymbol{y}_1 - \boldsymbol{y}_2\|, \quad \forall \boldsymbol{y}_1, \boldsymbol{y}_2 \in \mathbf{R}^n, \tag{4.257}$$

其中 $L > 0$ 为 Lipschitz 常数, $\|\cdot\|$ 为标准欧几里得范数.

对于给定的矢量映射 $\boldsymbol{\phi}: \mathbf{R}^n \to \mathbf{R}^m$, 如果系统 (4.255) 和系统 (4.256) 满足

$$\lim_{t \to \infty} \|\boldsymbol{y}(t) - \boldsymbol{\phi}(\boldsymbol{x}(t))\| = 0, \tag{4.258}$$

则称系统 (4.255) 和系统 (4.256) 为广义同步的.

因此, 两个动力学系统的广义同步问题可以归结为如何正确地设计出控制器 $\boldsymbol{u}$.

Barbalat 引理 [39]　如果 $f(t)$ 是一个一致连续函数, 同时

$$\lim_{t \to \infty} \int_0^t |f(\tau)| \, \mathrm{d}\tau$$

存在而且有界, 则当 $t \to \infty$ 时, $f(t) \to 0$.

定义系统 (4.255) 和系统 (4.256) 的广义同步误差信号为

$$e(t) = y(t) - \phi(x(t)), \tag{4.259}$$

则误差动力系统的方程为

$$\dot{e} = \dot{y} - \mathbf{D}\phi \cdot \dot{x} = Ay + Bg(y) - \mathbf{D}\phi \cdot f(x) + u, \tag{4.260}$$

其中 $\mathbf{D}\phi$ 为映射 ϕ 的 Jacobi 矩阵.

定理 4.13　对于满足式 (4.257) 的动力学系统 (4.255) 和 (4.256), 若控制器 u 设计为

$$u = \mathbf{D}\phi \cdot f(x) - \Omega(y - \phi(x)) - Bg(\phi(x)) - A\phi(x), \tag{4.261}$$

其中常数矩阵

$$\Omega = (\omega_{ij})_{m \times m}$$

称为误差增益矩阵, 并且满足

$$\frac{\lambda_{\min}(\Omega)}{L\,\|B\| + \|A\|} > 1, \tag{4.262}$$

则系统 (4.255) 和系统 (4.256) 将获得广义同步, 其中 $\lambda_{\min}(\cdot)$ 表示矩阵的最小特征值.

证明　构造 Lyapunov 误差函数

$$V(t) = \frac{1}{2}e^{\mathrm{T}}e = \frac{1}{2}\,\|e\|^2, \tag{4.263}$$

易证 $V(t) \geqslant 0$. 根据式 (4.261), 误差动力系统可以改写为

$$\dot{e} = Ae - \Omega e + B[g(y) - g(\phi(x))]. \tag{4.264}$$

计算函数 $V(t)$ 沿式 (4.264) 的时间导数

$$\begin{aligned}
\dot{V}(t) &= e^{\mathrm{T}}Ae - e^{\mathrm{T}}\Omega e + e^{\mathrm{T}}B[g(y) - g(\phi(x))] \\
&\leqslant \|A\|\,\|e\|^2 - \lambda_{\min}(\Omega)\,\|e\|^2 + L\,\|B\|\,\|e\|^2 \\
&= (\|A\| + L\,\|B\| - \lambda_{\min}(\Omega))\,\|e\|^2,
\end{aligned} \tag{4.265}$$

显然, $\dot{V}(t) \leqslant 0$, 所以 $e_i \in L_\infty$. 因为

$$\lambda_{\min}(\Omega) - \|A\| - L\,\|B\| > 0,$$

所以

$$\int_0^t (\lambda_{\min}(\Omega) - \|A\| - L\,\|B\|)\,\|e\|^2\,\mathrm{d}\tau$$

$$\leqslant \int_0^t (\lambda_{\min}(\boldsymbol{\Omega}) - \|\boldsymbol{A}\| - L\|\boldsymbol{B}\|)\boldsymbol{e}^{\mathrm{T}}\boldsymbol{e}\mathrm{d}\tau \leqslant \int_0^t -\dot{V}\mathrm{d}\tau = V(0) - V(t) \leqslant 0. \quad (4.266)$$

由此, $e_i \in L_2$. 根据 Barbalat 引理可得

$$\lim_{t\to\infty} \|\boldsymbol{e}(t)\| = 0.$$

可见, 误差系统 (4.260) 是渐近稳定的, 即驱动系统 (4.255) 与响应系统 (4.256) 可渐近地获得广义同步. 证毕.

为了验证所提方案的有效性, 给出两个数值仿真的例子.

例 4.15 超混沌 Lorenz 系统的广义同步.

考虑如下超混沌 Lorenz 系统[54]:

$$\begin{cases} \dot{x}_1 = a_{11}x_1 + a_{12}x_2, \\ \dot{x}_2 = a_{21}x_1 + a_{22}x_2 + x_4 - x_1x_3, \\ \dot{x}_3 = a_{33}x_3 + x_1x_2, \\ \dot{x}_4 = -kx_1, \end{cases} \quad (4.267)$$

其中 $a_{11} = -a_{12} = -10$, $a_{21} = 28$, $a_{22} = -1$, $a_{33} = -8/3$, $k = 10$. 图 4.83 给出了该超混沌 Lorenz 系统的吸引子在 $x_1x_2x_3$ 空间和 $x_2x_3x_4$ 空间的投影.

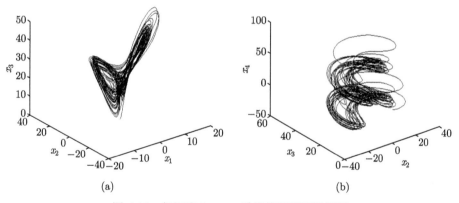

(a)   (b)

图 4.83 超混沌 Lorenz 系统的吸引子投影图

受控响应系统的动力学模型为

$$\begin{cases} \dot{y}_1 = a_{11}y_1 + a_{12}y_2 + u_1, \\ \dot{y}_2 = a_{21}y_1 + a_{22}y_2 + y_4 - y_1y_3 + u_2, \\ \dot{y}_3 = a_{33}y_3 + y_1y_2 + u_3, \\ \dot{y}_4 = -ky_1 + u_4, \end{cases} \quad (4.268)$$

其中

$$\boldsymbol{u} = (u_1, u_2, u_3, u_4)^{\mathrm{T}}$$

为控制器.

系统 (4.268) 可以改写成式 (4.256) 的形式, 此时

$$\boldsymbol{A} = \begin{pmatrix} -10 & 10 & 0 & 0 \\ 28 & -1 & 0 & 1 \\ 0 & 0 & -8/3 & 0 \\ -10 & 0 & 0 & 0 \end{pmatrix}, \quad \boldsymbol{B} = \begin{pmatrix} 0 & 0 & 0 & 0 \\ 0 & -1 & 0 & 0 \\ 0 & 0 & 1 & 0 \\ 0 & 0 & 0 & 0 \end{pmatrix}, \quad \boldsymbol{g}(\boldsymbol{y}) = \begin{pmatrix} 0 \\ y_1 y_3 \\ y_1 y_2 \\ 0 \end{pmatrix}.$$

容易得到 $\|\boldsymbol{A}\| = 31.6695$, $\|\boldsymbol{B}\| = 1$.

取 $L = 1$, 选取误差增益矩阵 $\boldsymbol{\Omega}$ 为

$$\boldsymbol{\Omega} = \begin{pmatrix} 40 & 0 & 4 & 0 \\ 0 & 35 & 2 & 4 \\ 4 & 2 & 50 & 0 \\ 0 & 4 & 0 & 60 \end{pmatrix}, \tag{4.269}$$

易得

$$\lambda_{\min}(\boldsymbol{\Omega}) = 34.0801,$$

可以证明其满足式 (4.262).

定义映射 $\boldsymbol{\phi}$ 为

$$\boldsymbol{\phi}(\boldsymbol{x}) = (x_1^2, x_2 + x_3, 4x_3, x_4 + 1)^{\mathrm{T}}, \tag{4.270}$$

则

$$\mathbf{D}\boldsymbol{\phi} = \begin{pmatrix} 2x_1 & 0 & 0 & 0 \\ 0 & 1 & 1 & 0 \\ 0 & 0 & 4 & 0 \\ 0 & 0 & 0 & 1 \end{pmatrix}. \tag{4.271}$$

采用以上参数, 根据式 (4.261) 设计控制器 $\boldsymbol{u}$, 驱动系统 (4.267) 和响应系统 (4.268) 的初始值分别选取为 $(x_1(0), x_2(0), x_3(0), x_4(0)) = (2.0, 3.0, 5.0, 1.0)$ 和 $(y_1(0), y_2(0), y_3(0), y_4(0)) = (1.0, 0.2, 3.0, 0.5)$. 图 4.84 给出了驱动-响应系统的广义同步误差效果图. 从图 4.84 可以看出, 经过较短时间后, 误差 $e_1(t)$, $e_2(t)$, $e_3(t)$ 和 $e_4(t)$ 分别稳定于零点, 这表明系统 (4.267) 和系统 (4.268) 获得了广义同步.

例 4.16   类 Lorenz 系统与超混沌 Chen 系统之间的广义同步.

采用类 Lorenz 系统作为驱动系统, 其动力学方程如下[65]:

$$\begin{cases} \dot{x}_1 = \alpha(x_2 - x_1), \\ \dot{x}_2 = \beta x_1 - l x_1 x_3, \\ \dot{x}_3 = -\gamma x_3 + h x_1^2 + k x_2^2, \end{cases} \tag{4.272}$$

其中 $\alpha = 10$, $\beta = 40$, $\gamma = 2.5$, $l = 1$, $h = 2$, $k = 2$. 图 4.85 给出了其混沌吸引子图.

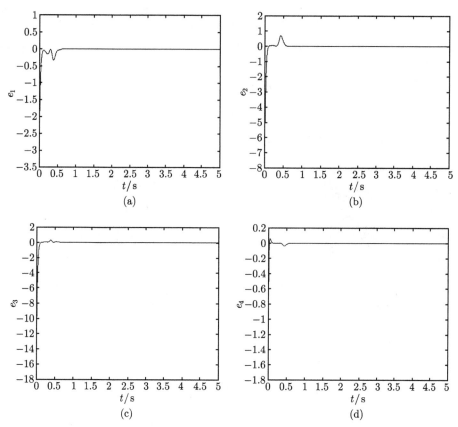

图 4.84　系统 (4.267) 和系统 (4.268) 的广义同步误差效果图

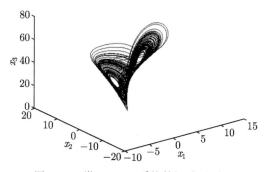

图 4.85　类 Lorenz 系统的混沌吸引子

采用超混沌 Chen 系统作为响应系统, 其动力学方程为[28]

$$
\begin{cases}
\dot{y}_1 = a(y_2 - y_1) + y_4 + u_1, \\
\dot{y}_2 = dy_1 - y_1 y_3 + cy_2 + u_2, \\
\dot{y}_3 = y_1 y_2 - by_3 + u_3, \\
\dot{y}_4 = y_2 y_3 + ry_4 + u_4,
\end{cases}
\tag{4.273}
$$

其中 $a = 35$, $b = 3$, $c = 12$, $d = 7$, $r = 0.5$, $\boldsymbol{u} = (u_1, u_2, u_3, u_4)^{\mathrm{T}}$ 为控制器. 该系统的混沌吸引子在 $y_3 y_4 y_1$ 空间和 $y_4 y_2 y_1$ 空间中的投影如图 4.86 所示.

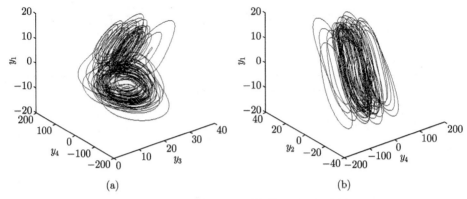

(a)   (b)

图 4.86　超混沌 Chen 系统的吸引子投影图

将系统 (4.273) 改写成式 (4.256) 的形式, 则

$$
\boldsymbol{A} = \begin{pmatrix}
-35 & 35 & 0 & 1 \\
7 & 12 & 0 & 0 \\
0 & 0 & -3 & 0 \\
0 & 0 & 0 & 0.5
\end{pmatrix}, \quad
\boldsymbol{B} = \begin{pmatrix}
0 & 0 & 0 & 0 \\
0 & -1 & 0 & 0 \\
0 & 0 & 1 & 0 \\
0 & 0 & 0 & 1
\end{pmatrix}, \quad
\boldsymbol{g}(\boldsymbol{y}) = \begin{pmatrix}
0 \\
y_1 y_3 \\
y_1 y_2 \\
y_2 y_3
\end{pmatrix},
$$

易得 $\|\boldsymbol{A}\| = 49.6436$, $\|\boldsymbol{B}\| = 1$.

取 $L = 1$, 选取误差增益矩阵 $\boldsymbol{\Omega}$ 为

$$
\boldsymbol{\Omega} = \begin{pmatrix}
60 & 2 & 0 & 2 \\
2 & 55 & 0 & 0 \\
4 & 0 & 60 & 2 \\
2 & 0 & 2 & 65
\end{pmatrix},
\tag{4.274}
$$

容易得到

$$
\lambda_{\min}(\boldsymbol{\Omega}) = 54.2851,
$$

可以证明其满足式 (4.262).

定义映射 ϕ 为

$$\phi(x) = (x_1, x_2^2, 2x_3, x_1 + x_2 + x_3)^{\mathrm{T}}, \tag{4.275}$$

则

$$\mathbf{D}\phi = \begin{pmatrix} 1 & 0 & 0 \\ 0 & 2x_2 & 0 \\ 0 & 0 & 2 \\ 1 & 1 & 1 \end{pmatrix}. \tag{4.276}$$

采用以上参数, 根据式 (4.261) 设计控制器 u, 驱动系统 (4.272) 和响应系统 (4.273) 的初始值分别选取为 $(x_1(0), x_2(0), x_3(0)) = (2.0, 3.0, 1.0)$ 和 $(y_1(0), y_2(0), y_3(0), y_4(0)) = (1.0, 0.2, 3.0, 0.5)$. 从误差效果图 4.87 可以看出, 较短时间之后, 误差 $e_1(t)$, $e_2(t)$, $e_3(t)$ 和 $e_4(t)$ 分别稳定于零点, 这表明系统 (4.272) 和系统 (4.273) 获得了广义同步.

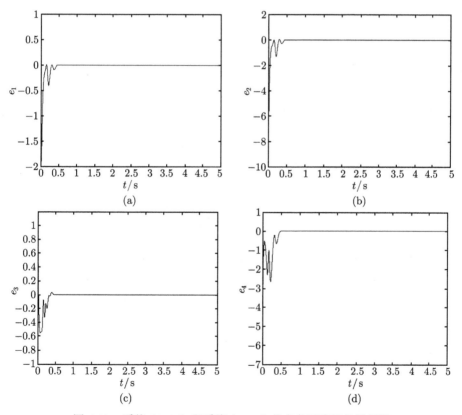

图 4.87 系统 (4.272) 和系统 (4.273) 的广义同步误差效果图

关于本小节的详细内容, 请参见文献 [66].

4.3.3　基于自适应控制的广义同步及参数辨识

本小节利用自适应控制方法, 提出一种实现一类不确定混沌系统广义同步的统一方案, 并可辨别出未知参数. 数值仿真实验进一步说明该方法的有效性与可行性.

考虑如下两个混沌系统, 分别作为驱动系统和响应系统:

$$\begin{cases} \dot{\boldsymbol{x}} = \boldsymbol{f}(\boldsymbol{x}, t) \leftarrow \text{驱动系统}, \\ \dot{\boldsymbol{y}} = \boldsymbol{g}(\boldsymbol{x}, \boldsymbol{y}, t) \leftarrow \text{响应系统}, \end{cases} \tag{4.277}$$

其中 $\boldsymbol{x} = (x_1, x_2, \cdots, x_n)^{\mathrm{T}} \in \mathbf{R}^n$ 为驱动系统的状态矢量, $\boldsymbol{y} = (y_1, y_2, \cdots, y_n)^{\mathrm{T}} \in \mathbf{R}^n$ 为响应系统的状态矢量.

对于给定的矢量映射 $\boldsymbol{\phi} : \mathbf{R}^n \to \mathbf{R}^n$, 若满足

$$\lim_{t \to \infty} \| \boldsymbol{y}(t) - \boldsymbol{\phi}(\boldsymbol{x}(t)) \| = 0, \tag{4.278}$$

则称式 (4.277) 中的驱动系统和响应系统获得了广义同步 (其中 $\|\cdot\|$ 代表欧几里得范数).

考虑如下驱动系统:

$$\dot{\boldsymbol{x}} = \boldsymbol{F}(\boldsymbol{x})\boldsymbol{\theta} + \boldsymbol{f}(\boldsymbol{x}), \tag{4.279}$$

其中 $\boldsymbol{x} = (x_1, x_2, \cdots, x_n)^{\mathrm{T}} \in \mathbf{R}^n$ 为系统的状态矢量, $\boldsymbol{F}(\boldsymbol{x}) \in \mathbf{R}^{n \times m}$ 为矩阵函数, $\boldsymbol{\theta} \in \mathbf{R}^m$ 为系统的未知参数向量, $\boldsymbol{f}(\boldsymbol{x}) \in \mathbf{R}^n$ 为连续向量函数.

与系统 (4.279) 同结构的响应系统为

$$\dot{\boldsymbol{y}} = \boldsymbol{F}(\boldsymbol{y})\boldsymbol{\theta}' + \boldsymbol{f}(\boldsymbol{y}) + \boldsymbol{u}, \tag{4.280}$$

其中 $\boldsymbol{\theta}' \in \mathbf{R}^m$ 为未知参数向量 $\boldsymbol{\theta}$ 的估计, $\boldsymbol{u}$ 为外部控制输入.

目标是对于给定的矢量映射 $\boldsymbol{\phi} : \mathbf{R}^n \to \mathbf{R}^n$, 通过设计合理的自适应控制器 $\boldsymbol{u}$, 使得响应系统 (4.280) 与驱动系统 (4.279) 的状态变量达到广义同步, 即使 (4.278) 成立, 同时辨别出系统未知参数.

定义响应系统 (4.280) 和驱动系统 (4.279) 的状态误差为

$$\boldsymbol{e}(t) = \boldsymbol{y} - \boldsymbol{\phi}(\boldsymbol{x}),$$

则误差动力系统可表示为

$$\dot{\boldsymbol{e}} = \dot{\boldsymbol{y}} - \mathbf{D}\boldsymbol{\phi} \cdot \dot{\boldsymbol{x}} = \boldsymbol{F}(\boldsymbol{y})\boldsymbol{\theta}' + \boldsymbol{f}(\boldsymbol{y}) - \mathbf{D}\boldsymbol{\phi} \cdot \boldsymbol{F}(\boldsymbol{x})\boldsymbol{\theta} - \mathbf{D}\boldsymbol{\phi} \cdot \boldsymbol{f}(\boldsymbol{x}) + \boldsymbol{u}, \tag{4.281}$$

这里, $\mathbf{D}\phi$ 为映射 $\phi(x)$ 的 Jacobi 矩阵.

令

$$\tilde{\theta} = \theta' - \theta,$$

则式 (4.281) 可表示为

$$\dot{e} = (F(y) - \mathbf{D}\phi \cdot F(x))\theta' + \mathbf{D}\phi \cdot F(x)\tilde{\theta} + f(y) - \mathbf{D}\phi \cdot f(x) + u. \tag{4.282}$$

定理 4.14 对于驱动系统 (4.279) 和响应系统 (4.280), 如果选取如下自适应控制律:

$$u = -[F(y) - \mathbf{D}\phi \cdot F(x)]\theta' - f(y) + \mathbf{D}\phi \cdot f(x) - Ke, \tag{4.283}$$

其中 K 为 $n \times n$ 的正定常数矩阵, 以及如下参数估计更新律:

$$\dot{\theta}' = -(F(x))^{\mathrm{T}}(\mathbf{D}\phi)^{\mathrm{T}}e, \tag{4.284}$$

则响应系统 (4.280) 与驱动系统 (4.279) 与将达到全局渐近广义同步. 同时, 未知参数 θ 通过 θ' 被辨识出来.

证明 将式 (4.283) 代入式 (4.282) 得

$$\dot{e} = \mathbf{D}\phi \cdot F(x)\tilde{\theta} - Ke. \tag{4.285}$$

构造 Lyapunov 函数为

$$V = \frac{1}{2}(e^{\mathrm{T}}e + \tilde{\theta}^{\mathrm{T}}\tilde{\theta}). \tag{4.286}$$

容易证明 $V(t) \geqslant 0$. 对式 (4.286) 求导数得

$$\dot{V} = \dot{e}^{\mathrm{T}}e + \tilde{\theta}^{\mathrm{T}}\dot{\tilde{\theta}} = (\mathbf{D}\phi \cdot F(x)\tilde{\theta} - Ke)^{\mathrm{T}}e + \tilde{\theta}^{\mathrm{T}}(-(F(x))^{\mathrm{T}}(\mathbf{D}\phi)^{\mathrm{T}}e)$$

$$= -e^{\mathrm{T}}K^{\mathrm{T}}e = -e^{\mathrm{T}}Ke \leqslant 0.$$

显然, 当 $e_i = 0(i = 1, 2, \cdots, n)$ 时, $\dot{V} = 0$. 由以上分析知

$$E = \{e \in \mathbf{R}^n, \tilde{\theta} \in \mathbf{R}^m \,\big|\, e = 0, \tilde{\theta} = 0\}$$

是包含在集合

$$M = \{\dot{V} = 0\}$$

中的最大不变集. 根据微分方程的不变性原理[67], 从任意初始点出发, 误差动力系统的轨迹将渐近收敛于 E. 也就是说, 响应系统 (4.280) 与驱动系统 (4.279) 将获得渐近广义同步, 同时, 未知参数被辨识出来. 定理得证.

下面分别以参数未知的 Lü 系统和超混沌 Chen 系统为例来进一步说明本方案的有效性.

例 4.17　驱动系统为 Lü 系统[22]

$$
\begin{cases}
\dot{x}_1 = a(x_2 - x_1), \\
\dot{x}_2 = -x_1 x_3 + c x_2, \\
\dot{x}_3 = x_1 x_2 - b x_3,
\end{cases}
\tag{4.287}
$$

其中 a, b, c 为系统未知参数. 与系统 (4.287) 同结构的响应系统为

$$
\begin{cases}
\dot{y}_1 = a'(y_2 - y_1) + u_1, \\
\dot{y}_2 = -y_1 y_3 + c' y_2 + u_2, \\
\dot{y}_3 = y_1 y_2 - b' y_3 + u_3,
\end{cases}
\tag{4.288}
$$

其中 a', b', c' 分别为未知参数 a, b, c 的估计, u_1, u_2, u_3 为控制器. 将式 (4.287) 与式 (4.288) 分别表示为式 (4.279) 与式 (4.280) 的形式, 则

$$
\boldsymbol{F}(\boldsymbol{x}) = \begin{pmatrix} x_2 - x_1 & 0 & 0 \\ 0 & 0 & x_2 \\ 0 & -x_3 & 0 \end{pmatrix}, \quad
\boldsymbol{\theta} = \begin{pmatrix} a \\ b \\ c \end{pmatrix}, \quad
\boldsymbol{f}(\boldsymbol{x}) = \begin{pmatrix} 0 \\ -x_1 x_3 \\ x_1 x_2 \end{pmatrix},
$$

$$
\boldsymbol{F}(\boldsymbol{y}) = \begin{pmatrix} y_2 - y_1 & 0 & 0 \\ 0 & 0 & y_2 \\ 0 & -y_3 & 0 \end{pmatrix}, \quad
\boldsymbol{\theta}' = \begin{pmatrix} a' \\ b' \\ c' \end{pmatrix}, \quad
\boldsymbol{f}(\boldsymbol{y}) = \begin{pmatrix} 0 \\ -y_1 y_3 \\ y_1 y_2 \end{pmatrix}, \quad
\boldsymbol{u} = \begin{pmatrix} u_1 \\ u_2 \\ u_3 \end{pmatrix}.
$$

在数值仿真中, 定义映射

$$
\boldsymbol{\phi}(\boldsymbol{x}) = (x_1, -x_2, x_2 x_3)^{\mathrm{T}},
$$

则

$$
\mathbf{D}\boldsymbol{\phi} = \begin{pmatrix} 1 & 0 & 0 \\ 0 & -1 & 0 \\ 0 & x_3 & x_2 \end{pmatrix}.
$$

选取

$$
\boldsymbol{K} = \mathrm{diag}(k_1, k_2, k_3) \quad k_i > 0, i = 1, 2, 3.
$$

按式 (4.283) 与式 (4.284) 构造控制器及参数估计更新律, 则

$$
\boldsymbol{u} = \begin{pmatrix} u_1 \\ u_2 \\ u_3 \end{pmatrix} = \begin{pmatrix} -(y_2 - y_1 - x_2 + x_1)a' - k_1 e_1 \\ -(y_2 + x_2)c' + y_1 y_3 + x_1 x_3 - k_2 e_2 \\ (y_3 - x_2 x_3)b' + x_2 x_3 c' - y_1 y_2 - x_1 x_3^2 + x_1 x_2^2 - k_3 e_3 \end{pmatrix},
$$

$$\dot{\boldsymbol{\theta}}' = \begin{pmatrix} \dot{a}' \\ \dot{b}' \\ \dot{c}' \end{pmatrix} = \begin{pmatrix} -(x_2 - x_1)e_1 \\ x_2 x_3 e_3 \\ x_2 e_2 - x_2 x_3 e_3 \end{pmatrix},$$

其中

$$\boldsymbol{e} = (e_1, e_2, e_3)^{\mathrm{T}} = (y_1 - x_1, y_2 + x_2, y_3 - x_2 x_3)^{\mathrm{T}}.$$

选取未知参数 $(a, b, c)^{\mathrm{T}} = (36, 3, 20)^{\mathrm{T}}$, 以保证系统 (4.287) 呈现混沌行为, 同时, 未知参数估计的初始值选为 $(a', b', c')^{\mathrm{T}} = (31, 6, 15)^{\mathrm{T}}$. 选取 $(k_1, k_2, k_3)^{\mathrm{T}} = (10, 5, 8)$. 驱动系统 (4.287) 和响应系统 (4.288) 初始值选取 $(x_1(0), x_2(0), x_3(0))^{\mathrm{T}} = (-2, -2, -3)^{\mathrm{T}}$, $(y_1(0), y_2(0), y_3(0))^{\mathrm{T}} = (-10, -15, -20)^{\mathrm{T}}$. 数值仿真结果如图 4.88 和图 4.89 所示. 从图 4.88 可见, 随着时间的变化, 误差 $\boldsymbol{e} = (e_1(t), e_2(t), e_3(t))^{\mathrm{T}}$ 最终稳定到零点, 这表明响应系统 (4.288) 与驱动系统 (4.287) 在参数未知时达到了广义同步. 图 4.89 显示了估计值 $(a', b', c')^{\mathrm{T}}$ 最终收敛于 $(36, 3, 20)^{\mathrm{T}}$, 表明未知参数 $(a, b, c)^{\mathrm{T}}$ 被辨识出来.

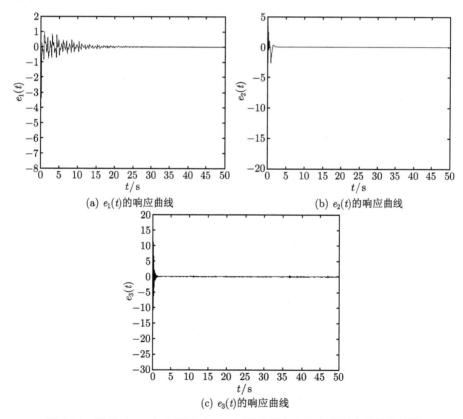

(a) $e_1(t)$ 的响应曲线 (b) $e_2(t)$ 的响应曲线

(c) $e_3(t)$ 的响应曲线

图 4.88　系统 (4.287) 与系统 (4.288) 随时间变化的广义同步误差效果图

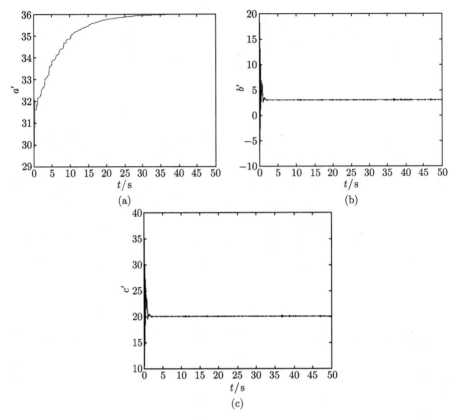

图 4.89　系统 (4.287) 未知参数辨识效果图

例 4.18　考虑超混沌 Chen 系统[28]

$$\begin{cases} \dot{x}_1 = a(x_2 - x_1) + x_4, \\ \dot{x}_2 = dx_1 - x_1 x_3 + c x_2, \\ \dot{x}_3 = x_1 x_2 - b x_3, \\ \dot{x}_4 = x_2 x_3 + r x_4 \end{cases} \tag{4.289}$$

为驱动系统, 其中 a, b, c, d, r 为系统未知参数. 与系统 (4.289) 同结构的响应系统为

$$\begin{cases} \dot{y}_1 = a'(y_2 - y_1) + y_4 + u_1, \\ \dot{y}_2 = d'y_1 - y_1 y_3 + c'y_2 + u_2, \\ \dot{y}_3 = y_1 y_2 - b'y_3 + u_3, \\ \dot{y}_4 = y_2 y_3 + r'y_4 + u_4, \end{cases} \tag{4.290}$$

其中 a', b', c', d', r' 分别为未知参数 a, b, c, d, r 的估计, u_1, u_2, u_3, u_4 为控制器.

将式 (4.289) 与式 (4.290) 分别表示为式 (4.279) 与式 (4.280) 的形式, 则

$$\boldsymbol{F}(\boldsymbol{x}) = \begin{pmatrix} x_2 - x_1 & 0 & 0 & 0 & 0 \\ 0 & 0 & x_2 & x_1 & 0 \\ 0 & -x_3 & 0 & 0 & 0 \\ 0 & 0 & 0 & 0 & x_4 \end{pmatrix}, \quad \boldsymbol{\theta} = \begin{pmatrix} a \\ b \\ c \\ d \\ r \end{pmatrix},$$

$$\boldsymbol{f}(\boldsymbol{x}) = \begin{pmatrix} x_4 \\ -x_1 x_3 \\ x_1 x_2 \\ x_2 x_3 \end{pmatrix}, \quad \boldsymbol{F}(\boldsymbol{y}) = \begin{pmatrix} y_2 - y_1 & 0 & 0 & 0 & 0 \\ 0 & 0 & y_2 & y_1 & 0 \\ 0 & -y_3 & 0 & 0 & 0 \\ 0 & 0 & 0 & 0 & y_4 \end{pmatrix},$$

$$\boldsymbol{\theta}' = \begin{pmatrix} a' \\ b' \\ c' \\ d' \\ r' \end{pmatrix}, \quad \boldsymbol{f}(\boldsymbol{y}) = \begin{pmatrix} y_4 \\ -y_1 y_3 \\ y_1 y_2 \\ y_2 y_3 \end{pmatrix}, \quad \boldsymbol{u} = \begin{pmatrix} u_1 \\ u_2 \\ u_3 \\ u_4 \end{pmatrix}.$$

在数值仿真中, 定义映射

$$\phi(\boldsymbol{x}) = \left(-2x_1, x_2, x_3 + x_4, x_4^2\right)^{\mathrm{T}},$$

则

$$\mathbf{D}\phi = \begin{pmatrix} -2 & 0 & 0 & 0 \\ 0 & 1 & 0 & 0 \\ 0 & 0 & 1 & 1 \\ 0 & 0 & 0 & 2x_4 \end{pmatrix}.$$

选取

$$\boldsymbol{K} = \mathrm{diag}(k_1, k_2, k_3, k_4), \quad k_i > 0, i = 1, 2, 3, 4.$$

按式 (4.283) 与式 (4.284) 构造控制器及参数估计更新律, 则

$$\boldsymbol{u} = \begin{pmatrix} u_1 \\ u_2 \\ u_3 \\ u_4 \end{pmatrix} = \begin{pmatrix} -(y_2 - y_1)a' - 2(x_2 - x_1)a' - y_4 - 2x_4 - k_1 e_1 \\ -(y_2 - y_2)c' - (y_1 - x_1)d' + y_1 y_3 - x_1 x_3 - k_2 e_2 \\ (y_3 - x_3)b' + x_4 r' - y_1 y_2 + x_1 x_2 + x_2 x_3 - k_3 e_3 \\ -(y_4 - 2x_4^2)r' - y_2 y_3 + 2x_2 x_3 x_4 - k_4 e_4 \end{pmatrix},$$

$$\dot{\boldsymbol{\theta}}' = \begin{pmatrix} \dot{a}' \\ \dot{b}' \\ \dot{c}' \\ \dot{d}' \\ \dot{r}' \end{pmatrix} = \begin{pmatrix} 2(x_2 - x_1)e_1 \\ x_3 e_3 \\ -x_2 e_2 \\ -x_1 e_2 \\ -x_4 e_3 - 2x_4^2 e_4 \end{pmatrix},$$

其中

$$\boldsymbol{e} = (e_1, e_2, e_3, e_4)^{\mathrm{T}} = \left(y_1 + 2x_1, y_2 - x_2, y_3 - (x_3 + x_4), y_4 - x_4^2\right)^{\mathrm{T}}.$$

选取未知参数 $(a, b, c, d, r)^{\mathrm{T}} = (35, 3, 12, 7, 0.5)^{\mathrm{T}}$, 以保证系统 (4.289) 呈现混沌行为, 同时未知参数的初始值选为 $(a', b', c', d', r')^{\mathrm{T}} = (30, 0, 8, 2, 2)^{\mathrm{T}}$. 选取 $(k_1, k_2, k_3, k_4)^{\mathrm{T}} = (15, 20, 10, 30)^{\mathrm{T}}$. 驱动系统 (4.289) 和响应系统 (4.290) 的初始值分别选取为 $(x_1(0), x_2(0), x_3(0), x_4(0))^{\mathrm{T}} = (-3, 5, -2, 6)^{\mathrm{T}}$, $(y_1(0), y_2(0), y_3(0), y_4(0))^{\mathrm{T}} = (15, 29, 17, -5)^{\mathrm{T}}$. 图 4.90 给出了系统 (4.290) 与系统 (4.289) 的广义同步误差效果

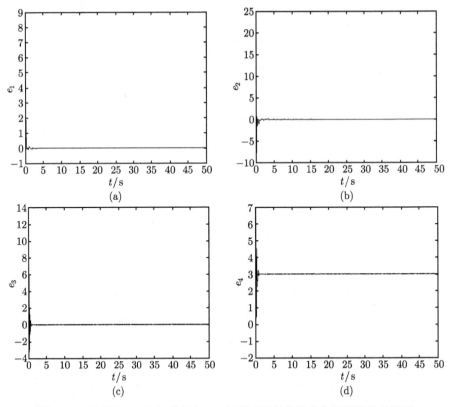

图 4.90 系统 (4.289) 与系统 (4.290) 随时间变化的广义同步误差效果图

图, 表明响应系统与驱动系统在参数未知时最终达到了广义同步. 图 4.91 描绘了参数辨识的效果图, 可见未知参数的估计值 $(a', b', c', d', r')^{\mathrm{T}}$ 通过自适应方式, 最终收敛于它们的真值.

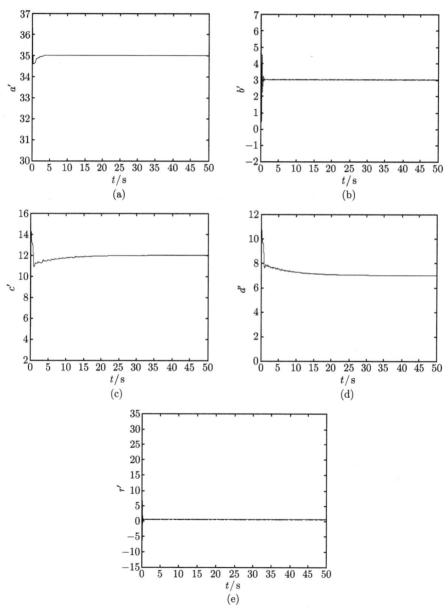

图 4.91 系统 (4.289) 未知参数辨识效果图

4.3.4　传递单路信号实现混沌广义同步

　　显然, 在混沌保密通信中, 传递单路信号更具有实际意义. 本小节将传递单路信号实现混沌广义同步.

　　设某自治混沌系统形如

$$\dot{X} = F(X), \tag{4.291}$$

以系统 (4.291) 为驱动系统, 响应系统如下:

$$\dot{Y} = F(Y) - (g(Y) - g(X)), \tag{4.292}$$

则一定可以找到函数 g, 使得系统 (4.291) 和系统 (4.292) 达到完全同步, 即存在函数 g, 使得

$$\lim_{t \to \infty} \|X - Y\| = 0.$$

假定与系统 (4.291) 广义同步的系统的状态量为 Z, 映射关系为

$$Z = f(X)$$

且存在

$$X = f^{-1}(Z).$$

因为系统 (4.291) 与系统 (4.292) 完全同步, 所以有

$$Y = f^{-1}(Z),$$

代入系统 (4.292) 得到

$$\frac{\mathrm{d}f^{-1}(Z)}{\mathrm{d}t} = F(f^{-1}(Z)) - (g(f^{-1}(Z)) - g(X)). \tag{4.293}$$

如果由系统 (4.293) 能解出受控于 X 的关于 Z 的微分方程, 则该方程描述的系统能与系统 (4.291) 达到广义同步, 映射关系为

$$Z = f(X).$$

　　下面证明使用全局同步法可以找到与系统 (4.291) 完全同步的系统.

　　定理 4.15　将系统 (4.291) 写成如下形式:

$$\dot{X} = AX + h(X), \tag{4.294}$$

其中 A 为一个矩阵, AX 为线性部分, $h(X)$ 为非线性部分. 以系统 (4.294) 为驱动系统, 响应系统如下:

$$\dot{Y} = \hat{A}Y + BX + h(X), \tag{4.295}$$

则只要满足

$$A = \hat{A} + B$$

且 $\hat{A}$ 所有特征值的实部均为负, 系统 (4.294) 和系统 (4.295) 将达到完全同步.

证明 设误差系统

$$\dot{E} = \dot{Y} - \dot{X},$$

代入式 (4.294) 和 (4.295) 得

$$\dot{E} = \hat{A}Y + BX - AX = \hat{A}Y + BX - (\hat{A} + B)X = \hat{A}(Y - X) = \hat{A}E.$$

因为 $\hat{A}$ 所有特征值的实部均为负, 根据 Lyapunov 稳定性定理可知

$$\lim_{t \to \infty} \|E(t)\| = 0,$$

即驱动系统 (4.294) 和响应系统 (4.295) 达到了完全同步.

显然, 使用全局同步法时, 驱动系统中有几个方程含有非线性项, 就至少需要发送几路信号给响应系统, 对于只有一个方程含非线性项的混沌系统, 如 Rössler 系统、超混沌 Rössler 系统等, 则有可能发送单路信号实现完全同步, 进而实现单信号广义同步. 对多个方程含非线性项的系统, 可以通过寻找 Lyapunov 函数和计算最大 Lyapunov 指数的办法找到传递单路信号能完全同步的系统, 继而实现单信号广义同步. 下面将针对不同混沌系统, 分别采用这三种方法实现单路信号广义同步.

4.3.4.1 以 Rössler 系统为例

令 Rössler 系统[47]

$$\begin{cases} \dot{x} = -y - z, \\ \dot{y} = x + ay, \\ \dot{z} = b + (x - c)z \end{cases} \tag{4.296}$$

为驱动系统, 选取参数 $a = 0.2$, $b = 0.2$ 和 $c = 5.7$, 使得系统 (4.296) 处于混沌状态[47]. 选取能与系统 (4.296) 完全同步的响应系统为

$$\begin{pmatrix} \dot{x}_2 \\ \dot{y}_2 \\ \dot{z}_2 \end{pmatrix} = \begin{pmatrix} 0 & -1 & -1 \\ 1 & a & 0 \\ 5 & -2 & -c \end{pmatrix} \begin{pmatrix} x_2 \\ y_2 \\ z_2 \end{pmatrix} + \begin{pmatrix} 0 & 0 & 0 \\ 0 & 0 & 0 \\ -5 & 2 & 0 \end{pmatrix} \begin{pmatrix} x \\ y \\ z \end{pmatrix} + \begin{pmatrix} 0 \\ 0 \\ b + xz \end{pmatrix}. \tag{4.297}$$

令

$$e_1 = x_2 - x, \quad e_2 = y_2 - y, \quad e_3 = z_2 - z,$$

则误差系统为

$$\begin{cases} \dot{e}_1 = \dot{x}_2 - \dot{x}, \\ \dot{e}_2 = \dot{y}_2 - \dot{y}, \\ \dot{e}_3 = \dot{z}_2 - \dot{z}. \end{cases} \tag{4.298}$$

通过计算可以得出式 (4.297) 中, $(x_2, y_2, z_2)^{\mathrm{T}}$ 的系数矩阵所有特征值的实部均为负, 这种满足条件的矩阵可以应用 Routh-Hurwitz 判据由驱动系统 (4.296) 的线性部分获得. 驱动系统 (4.296) 和响应系统 (4.297) 符合定理 4.15 的形式和条件, 可以达到完全同步.

在数值仿真实验中, 选取时间步长为 $\tau = 0.001\mathrm{s}$, 采用四阶 Runge-Kutta 法求解方程 (4.296) 和 (4.297). 驱动系统 (4.296) 与响应系统 (4.297) 的初始点分别选取为

$$x(0) = 3, \quad y(0) = 10, \quad z(0) = 16$$

和

$$x_2(0) = 20, \quad y_2(0) = 5, \quad z_2(0) = -18.$$

因此, 误差系统 (4.298) 的初始值为

$$e_1(0) = 17, \quad e_2(0) = -5, \quad e_3(0) = -34.$$

图 4.92 为驱动系统 (4.296) 和响应系统 (4.297) 的同步过程的模拟结果. 由误差效果图 4.92 可见, 同步误差 $e_1(t)$, $e_2(t)$, $e_3(t)$ 最终稳定在零点附近, 即驱动系统 (4.296) 与响应系统 (4.297) 达到了完全同步.

设广义同步的映射关系为

$$\begin{cases} x_1 = 5x, \\ y_1 = 5x - y, \\ z_1 = y - 5x + z/2. \end{cases} \tag{4.299}$$

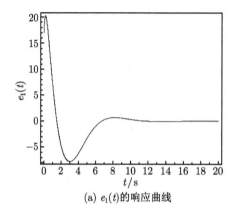

(a) $e_1(t)$ 的响应曲线

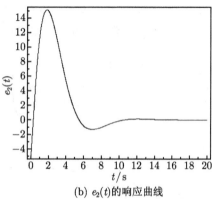

(b) $e_2(t)$ 的响应曲线

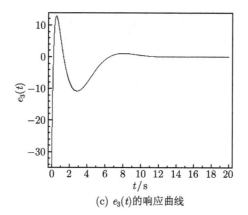

(c) $e_3(t)$ 的响应曲线

图 4.92 系统 (4.296) 和系统 (4.297) 的完全同步误差曲线

因为系统 (4.296) 和系统 (4.297) 完全同步, 所以有

$$x_2 = \frac{x_1}{5}, \quad y_2 = x_1 - y_1, \quad z_2 = 2y_1 + 2z_1,$$

代入系统 (4.297) 得到

$$\begin{pmatrix} x_1/5 \\ \dot{x}_1 - \dot{y}_1 \\ 2\dot{y}_1 + 2\dot{z}_1 \end{pmatrix} = \begin{pmatrix} 0 & -1 & -1 \\ 1 & a & 0 \\ 5 & -2 & -c \end{pmatrix} \begin{pmatrix} x_1/5 \\ x_1 - y_1 \\ 2y_1 + 2z_1 \end{pmatrix}$$
$$+ \begin{pmatrix} 0 & 0 & 0 \\ 0 & 0 & 0 \\ -5 & 2 & 0 \end{pmatrix} \begin{pmatrix} x \\ y \\ z \end{pmatrix} + \begin{pmatrix} 0 \\ 0 \\ b + xz \end{pmatrix}. \qquad (4.300)$$

由系统 (4.300) 解得

$$\begin{cases} \dot{x}_1 = -5(x_1 + y_1 + 2z_1), \\ \dot{y}_1 = -5.4x_1 - 4.8y_1 - 10z_1, \\ \dot{z}_1 = 0.1 + 4.9x_1 + 0.1y_1 + 4.3z_1 - 2.5x + y + 0.5xz, \end{cases} \qquad (4.301)$$

则系统 (4.301) 能与系统 (4.296) 达到满足映射关系 (4.299) 的广义同步.

设

$$e_1 = x_1 - 5x, \quad e_2 = y_1 - (5x - y), \quad e_3 = z_1 - \left(y - 5x + \frac{z}{2} \right),$$

则广义同步误差系统为

$$\begin{cases} \dot{e}_1 = \dot{x}_1 - 5\dot{x}, \\ \dot{e}_2 = \dot{y}_1 - (5\dot{x} - \dot{y}), \\ \dot{e}_3 = \dot{z}_1 - (\dot{y} - 5\dot{x} + \dot{z}/2). \end{cases} \qquad (4.302)$$

在数值仿真实验中, 选取时间步长为 $\tau = 0.0001\text{s}$, 采用四阶 Runge-Kutta 法求解方程 (4.296) 和 (4.301). 驱动系统 (4.296) 与响应系统 (4.301) 的初始点分别选取为

$$x(0) = 3, \quad y(0) = 10, \quad z(0) = 16$$

和

$$x_1(0) = 20, \quad y_1(0) = 5, \quad z_1(0) = -18.$$

因此, 误差系统 (4.302) 的初始值为

$$e_1(0) = 5, \quad e_2(0) = 0, \quad e_3(0) = -21.$$

图 4.93 为驱动系统 (4.296) 和响应系统 (4.301) 的广义同步过程的模拟结果. 由误差效果图 4.93 可见, 误差 $e_1(t)$, $e_2(t)$, $e_3(t)$ 最终稳定在零点附近, 即驱动系统 (4.296) 与响应系统 (4.301) 达到了满足映射关系 (4.299) 的广义同步, 并且只传递了 $-2.5x + y + 0.5xz$ 这一路信号.

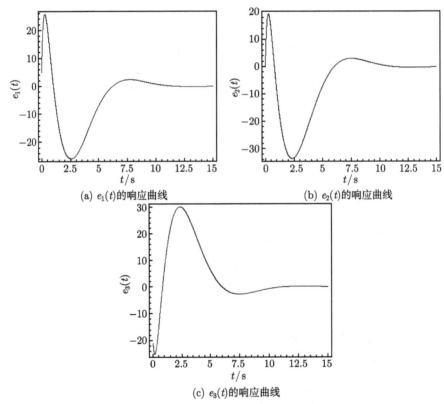

(a) $e_1(t)$ 的响应曲线

(b) $e_2(t)$ 的响应曲线

(c) $e_3(t)$ 的响应曲线

图 4.93   系统 (4.296) 和系统 (4.301) 的广义同步误差曲线

4.3.4.2　以 Lorenz 系统为例

令 Lorenz 系统[20]

$$\begin{cases} \dot{x} = a(y - x), \\ \dot{y} = cx - y - xz, \\ \dot{z} = xy - bz \end{cases} \tag{4.303}$$

为驱动系统, 选取参数 $a = 10$, $b = 8/3$ 和 $c = 28$, 使得系统 (4.303) 处于混沌状态[20], 选取能与系统 (4.303) 完全同步的响应系统为

$$\begin{cases} \dot{x}_2 = a(y_2 - x_2) - k(x_2 - x), \\ \dot{y}_2 = cx_2 - y_2 - x_2 z_2, \\ \dot{z}_2 = x_2 y_2 - bz_2, \end{cases} \tag{4.304}$$

其中 k 为反馈增益. 令系统 (4.303) 和系统 (4.304) 的误差系统为式 (4.298), 代入系统 (4.303) 和系统 (4.304) 得

$$\begin{cases} \dot{e}_1 = a(y_2 - x_2) - a(y - x) - k(x_2 - x) = -(k + a)e_1 + ae_2, \\ \dot{e}_2 = cx_2 - cx + y + xz - y_2 - x_2 z_2 = (c - z)e_1 - e_2 - xe_3 - e_1 e_3, \\ \dot{e}_3 = x_2 y_2 - xy - bz_2 + bz = ye_1 + xe_2 - be_3 + e_1 e_2. \end{cases} \tag{4.305}$$

选取 Lyapunov 函数为

$$V(t) = \frac{1}{2}(e_1^2 + e_2^2 + e_3^2), \tag{4.306}$$

对式 (4.306) 求导可得

$$\dot{V}(t) = e_1 \dot{e}_1 + e_2 \dot{e}_2 + e_3 \dot{e}_3. \tag{4.307}$$

将误差系统 (4.305) 代入式 (4.307), 整理后可得

$$\dot{V}(t) = -\left[k + a - \frac{y^2}{4b} - \frac{1}{4}(a + c - z)^2\right] e_1^2$$
$$- \left[e_2 - \frac{1}{2}(a + c - z)e_1\right]^2 - \left(\sqrt{b}e_3 - \frac{y}{2\sqrt{b}}e_1\right)^2.$$

显然, $V(t) \geqslant 0$, 若满足

$$k > \frac{y^2}{4b} + \frac{1}{4}(a + c - z)^2 - a, \tag{4.308}$$

则

$$\dot{V}(t) \leqslant 0.$$

　　由 Lyapunov 稳定性定理可知, 此时误差系统 (4.305) 是渐近稳定的, 即驱动系统 (4.303) 与响应系统 (4.304) 可渐近地达到完全同步. 因为 y 和 z 都是有界的, 所以只要 k 足够大即可满足式 (4.308).

　　在数值仿真实验中, 选取时间步长为 $\tau = 0.001\text{s}$, 采用四阶 Runge-Kutta 法去求解方程 (4.303) 和 (4.304), 驱动系统 (4.303) 与响应系统 (4.304) 的初始点分别选取为

$$x(0) = -15, \quad y(0) = -20, \quad z(0) = 50$$

和

$$x_2(0) = 20, \quad y_2(0) = 30, \quad z_2(0) = 1.$$

因此, 误差系统 (4.305) 的初始值为

$$e_1(0) = 35, \quad e_2(0) = 50, \quad e_3(0) = -49.$$

驱动系统 (4.303) 对应的混沌吸引子在 yz 平面上的投影如图 4.94 所示.

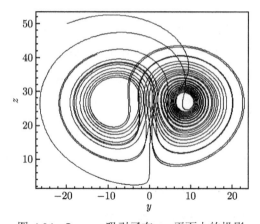

图 4.94　Lorenz 吸引子在 yz 平面上的投影

　　根据图 4.94 中所示变量的取值范围, 令 $k = 500$ 即可满足式 (4.308). 图 4.95 为当 $k = 500$ 时驱动系统 (4.303) 和响应系统 (4.304) 的同步过程模拟结果. 由误差效果图 4.95 可见, 误差 $e_1(t)$, $e_2(t)$ 和 $e_3(t)$ 最终稳定在零点附近, 即当 $k = 500$ 时, 驱动系统 (4.303) 与响应系统 (4.304) 达到了完全同步.

　　设广义同步的映射关系为

$$\begin{cases} x_1 = x + 10, \\ y_1 = y - x - 10, \\ z_1 = z - y, \end{cases} \tag{4.309}$$

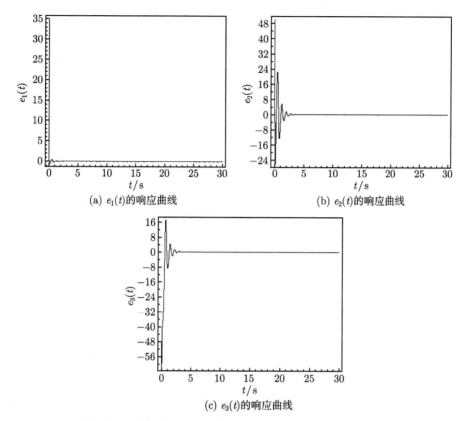

(a) $e_1(t)$的响应曲线 (b) $e_2(t)$的响应曲线

(c) $e_3(t)$的响应曲线

图 4.95 系统 (4.303) 和系统 (4.304) 的完全同步误差曲线

因为系统 (4.303) 和系统 (4.304) 完全同步, 所以有

$$x_2 = x_1 - 10, \quad y_2 = x_1 + y_1, \quad z_2 = x_1 + y_1 + z_1,$$

代入系统 (4.304) 得到

$$\begin{cases} \dot{x}_1 = a((x_1 + y_1) - (x_1 - 10)) - k((x_1 - 10) - x), \\ \dot{x}_1 + \dot{y}_1 = c(x_1 - 10) - (x_1 + y_1) - (x_1 - 10)(x_1 + y_1 + z_1), \\ \dot{x}_1 + \dot{y}_1 + \dot{z}_1 = (x_1 - 10)(x_1 + y_1) - b(x_1 + y_1 + z_1). \end{cases} \tag{4.310}$$

由系统 (4.310) 解得

$$\begin{cases} \dot{x}_1 = -500x_1 + 10y_1 + 5100 + 500x, \\ \dot{y}_1 = 527x_1 - 11y_1 - (x_1 - 10)(x_1 + y_1 + z_1) - 5380 - 500x, \\ \dot{z}_1 = -89x_1/3 - 5y_1/3 - 8z_1/3 + (x_1 - 10)(2x_1 + 2y_1 + z_1) + 280, \end{cases} \tag{4.311}$$

则系统 (4.311) 能与系统 (4.303) 达到满足映射关系 (4.309) 的广义同步.

设

$$e_1 = x_1 - (x + 10), \quad e_2 = y_1 - (y - x - 10), \quad e_3 = z_1 - (z - y),$$

则广义同步误差系统为

$$\begin{cases} \dot{e}_1 = \dot{x}_1 - \dot{x}, \\ \dot{e}_2 = \dot{y}_1 - (\dot{y} - \dot{x}), \\ \dot{e}_3 = \dot{z}_1 - (\dot{z} - \dot{y}). \end{cases} \tag{4.312}$$

在数值仿真实验中, 选取时间步长为 $\tau = 0.0001$s, 采用四阶 Runge-Kutta 法求解方程 (4.303) 和 (4.311). 驱动系统 (4.303) 与响应系统 (4.311) 的初始点分别选取为

$$x(0) = -15, \quad y(0) = -20, \quad z(0) = 50$$

和

$$x_1(0) = -15, \quad y_1(0) = -35, \quad z_1(0) = 15.$$

因此, 误差系统 (4.312) 的初始值为

$$e_1(0) = -10, \quad e_2(0) = -20, \quad e_3(0) = -55.$$

图 4.96 为驱动系统 (4.303) 和响应系统 (4.311) 的广义同步过程的模拟结果. 由误差效果图 4.96 可见, 误差 $e_1(t)$, $e_2(t)$, $e_3(t)$ 最终稳定在零点附近, 即驱动系统 (4.303) 与响应系统 (4.311) 达到了满足映射关系 (4.309) 的广义同步, 并且只传递了 x 这一路信号.

4.3.4.3　以超混沌 Chen 系统为例

混沌系统进行耦合同步时, 往往很难找到合适的 Lyapunov 函数并证明其有效性, 如果想使用这种方法实现单路信号同步就更加困难. 因此, 在下面的例子中, 将

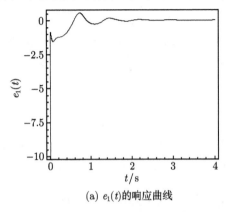

(a) $e_1(t)$的响应曲线

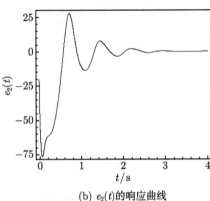

(b) $e_2(t)$的响应曲线

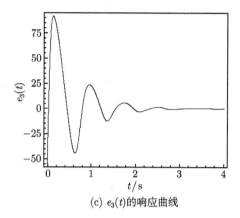

(c) $e_3(t)$的响应曲线

图 4.96 系统 (4.303) 和系统 (4.311) 的广义同步误差曲线

使用计算最大 Lyapunov 指数的方法找到与驱动系统完全同步的响应系统. 当误差系统的最大 Lyapunov 指数小于零时, 响应系统将会与驱动系统达到同步. 对于超混沌系统, Peng 等基于计算最大 Lyapunov 指数的方法, 提出了发送单路组合信号的方案[41], 成功地实现了超混沌 Rössler 系统的完全同步. 本书也将采用这一方法, 先找到与驱动系统能达到完全同步的响应系统, 再由该系统解出与驱动系统广义同步的系统.

令超混沌 Chen 系统[28]

$$
\begin{cases}
\dot{x} = a(y - x) + w, \\
\dot{y} = dx - xz + cy, \\
\dot{z} = xy - bz, \\
\dot{w} = yz + rw
\end{cases}
\tag{4.313}
$$

为驱动系统, 选取参数 $a = 35$, $b = 3$, $c = 12$, $d = 7$ 和 $r = 0.2$, 使得系统 (4.313) 处于混沌状态[28]. 选取能与系统 (4.313) 完全同步的响应系统为

$$
\begin{cases}
\dot{x}_2 = a(y_2 - x_2) + w_2, \\
\dot{y}_2 = dx_2 - x_2 z_2 + cy_2 - ku\cos\theta, \\
\dot{z}_2 = x_2 y_2 - bz_2 - ku\sin\theta, \\
\dot{w}_2 = y_2 z_2 + rw_2,
\end{cases}
\tag{4.314}
$$

其中 k 为反馈增益, 控制器

$$
u = \sin\theta(y_2 - y) + \cos\theta(z_2 - z), \quad 0 \leqslant \theta < \frac{\pi}{2},
$$

即驱动系统 (4.313) 只需要发送 $y\sin\theta + z\cos\theta$ 这一路信号即可.

令

$$\begin{cases} e_1 = x_2 - x, \\ e_2 = y_2 - y, \\ e_3 = z_2 - z, \\ e_4 = w_2 - w, \end{cases} \tag{4.315}$$

则有

$$\dot{e}_1 = \dot{x}_2 - \dot{x}, \quad \dot{e}_2 = \dot{y}_2 - \dot{y}, \quad \dot{e}_3 = \dot{z}_2 - \dot{z}, \quad \dot{e}_4 = \dot{w}_2 - \dot{w},$$

故可得同步误差系统为

$$\begin{cases} \dot{e}_1 = -ae_1 + ae_2 + e_4, \\ \dot{e}_2 = (d-z)e_1 + (c - k\cos\theta\sin\theta)e_2 - (x + k\cos\theta\cos\theta)e_3 - e_1e_3, \\ \dot{e}_3 = ye_1 + (x - k\sin\theta\sin\theta)e_2 - (b + k\cos\theta\sin\theta)e_3 + e_1e_2, \\ \dot{e}_4 = ze_2 + ye_3 + re_4 + e_2e_3. \end{cases} \tag{4.316}$$

令 $k = 3$, 根据 Bennetin 等提出的计算最大 Lyapunov 指数的方法[42], 依次取

$$\theta = \frac{\pi}{12}, \frac{5\pi}{24}, \frac{\pi}{4}, \frac{7\pi}{24}, \frac{5\pi}{12},$$

求出

$$\lambda_1 = 1.122, -0.381, -0.547, -0.299, 0.064.$$

式 (4.316) 在 $k = 3$ 时线性部分的 λ_1 与 θ 的关系如图 4.97 所示. 当 $\lambda_1 < 0$ 时, 系统 (4.313) 和系统 (4.314) 将达到完全同步.

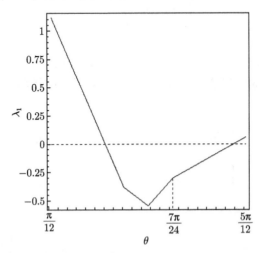

图 4.97　$k = 3$ 时系统 (4.316) 线性部分最大 Lyapunov 指数 λ_1 与 θ 的关系

在数值仿真实验中, 令 $k = 3, \theta = 7\pi/24$, 选取时间步长为 $\tau = 0.001\mathrm{s}$, 采用四阶 Runge-Kutta 法求解方程 (4.313) 和 (4.314). 驱动系统 (4.313) 与响应系统 (4.314) 的初始点分别选取为

$$x(0) = -10, \quad y(0) = 25, \quad z(0) = 18, \quad w(0) = 15$$

和

$$x_2(0) = 13, \quad y_2(0) = -12, \quad z_2(0) = 5, \quad w_2(0) = 30.$$

因此, 误差系统 (4.316) 的初始值为

$$e_1(0) = 23, \quad e_2(0) = -37, \quad e_3(0) = -13, \quad e_4(0) = 15.$$

图 4.98 为驱动系统 (4.313) 和响应系统 (4.314) 的同步过程的模拟结果. 由误差效果图 4.98 可见, 同步误差 $e_1(t)$, $e_2(t)$, $e_3(t)$ 和 $e_4(t)$ 最终基本稳定在零点附近, 即当 $k = 3, \theta = 7\pi/24$ 时, 驱动系统 (4.313) 与响应系统 (4.314) 达到了完全同步.

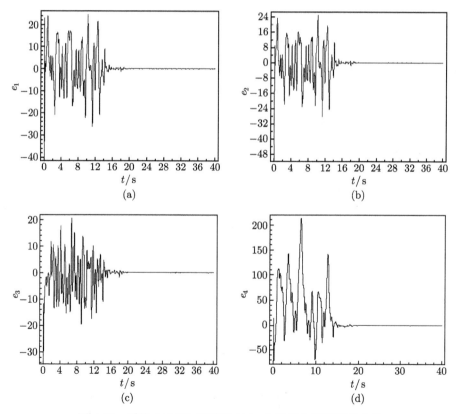

图 4.98　系统 (4.313) 和系统 (4.314) 的完全同步误差曲线

设广义同步的映射关系为

$$\begin{cases} x_1 = 2x, \\ y_1 = 2y, \\ z_1 = 2z, \\ w_1 = 2w. \end{cases} \tag{4.317}$$

为方便起见, 这里所选取的映射关系实质上是投影同步. 因为系统 (4.313) 和系统 (4.314) 完全同步, 所以有

$$x_2 = \frac{x_1}{2}, \quad y_2 = \frac{y_1}{2}, \quad z_2 = \frac{z_1}{2}, \quad w_2 = \frac{w_1}{2},$$

代入系统 (4.314) 得到

$$\begin{cases} \dot{x}_1/2 = a(y_1/2 - x_1/2) + w_1/2, \\ \dot{y}_1/2 = dx_1/2 - x_1 z_1/4 + cy_1/2 - ku\cos\theta, \\ \dot{z}_1/2 = x_1 y_1/4 - bz_1/2 - ku\sin\theta, \\ \dot{w}_1/2 = y_1 z_1/4 + rw_1/2, \end{cases} \tag{4.318}$$

其中

$$k = 3, \quad \theta = \frac{7\pi}{24},$$
$$u = \sin\theta\left(\frac{y_1}{2} - y\right) + \cos\theta\left(\frac{z_1}{2} - z\right).$$

由系统 (4.318) 解得

$$\begin{cases} \dot{x}_1 = a(y_1 - x_1) + w_1, \\ \dot{y}_1 = dx_1 - x_1 z_1/2 + cy_1 - 2ku\cos\theta, \\ \dot{z}_1 = x_1 y_1/2 - bz_1 - 2ku\sin\theta, \\ \dot{w}_1 = y_1 z_1/2 + rw_1, \end{cases} \tag{4.319}$$

则系统 (4.319) 能与系统 (4.313) 达到满足映射关系 (4.317) 的广义同步.

设

$$e_1 = x_1 - 2x, \quad e_2 = y_1 - 2y, \quad e_3 = z_1 - 2z, \quad e_4 = w_1 - 2w,$$

则广义同步误差系统为

$$\begin{cases} \dot{e}_1 = \dot{x}_1 - 2\dot{x}, \\ \dot{e}_2 = \dot{y}_1 - 2\dot{y}, \\ \dot{e}_3 = \dot{z}_1 - 2\dot{z}, \\ \dot{e}_4 = \dot{w}_1 - 2\dot{w}. \end{cases} \tag{4.320}$$

在数值仿真实验中, 选取时间步长为 $\tau = 0.0002$s, 采用四阶 Runge-Kutta 法求解方程 (4.313) 和 (4.319). 驱动系统 (4.313) 与响应系统 (4.319) 的初始点分别选取为

$$x(0) = -10, \quad y(0) = 25, \quad z(0) = 18, \quad w(0) = 15$$

和

$$x_1(0) = 13, \quad y_1(0) = -12, \quad z_1(0) = 5, \quad w_1(0) = 30.$$

因此, 误差系统 (4.320) 的初始值为

$$e_1(0) = 33, \quad e_2(0) = -62, \quad e_3(0) = -31, \quad e_4(0) = 0.$$

图 4.99 为驱动系统 (4.313) 和响应系统 (4.319) 的广义同步过程的模拟结果. 由误差效果图 4.99 可见, $e_1(t)$, $e_2(t)$, $e_3(t)$ 和 $e_4(t)$ 最终稳定在零点附近, 即当 $k = 3, \theta = 7\pi/24$ 时, 驱动系统 (4.313) 与响应系统 (4.319) 达到了满足映射关系 (4.317) 的广义同步, 并且只需要发送 $y\sin\theta + z\cos\theta$ 这一路信号.

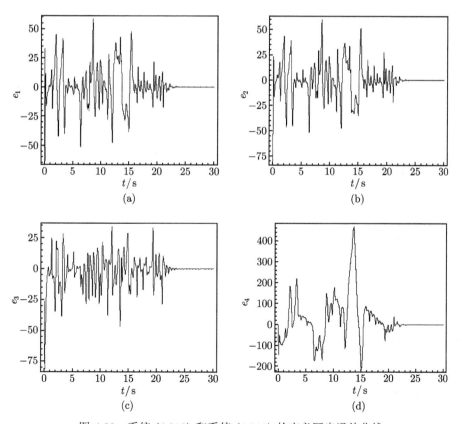

图 4.99 系统 (4.313) 和系统 (4.319) 的广义同步误差曲线

4.3.5　离散混沌系统的广义同步

众所周知, 自然界中许多现象都是由离散映射系统来描述的, 并且离散映射不同于连续动力系统. 为此, 本小节提出了一种新方法, 实现了不同离散混沌系统间的全局广义同步, 理论分析和数值实验均证明了本方法的有效性.

考虑如下耦合离散混沌系统:

$$\begin{cases} \boldsymbol{X}(n+1) = \boldsymbol{A}\boldsymbol{X}(n) + \boldsymbol{F}(\boldsymbol{X}(n), n), \\ \boldsymbol{Y}(n+1) = \boldsymbol{B}\boldsymbol{Y}(n) + \boldsymbol{G}(\boldsymbol{Y}(n), n) + \boldsymbol{U}(\boldsymbol{X}(n), \boldsymbol{Y}(n), n), \end{cases} \quad (4.321)$$

其中 $\boldsymbol{X} = (x_1, x_2, \cdots, x_n)^{\mathrm{T}}$, $\boldsymbol{Y} = (y_1, y_2, \cdots, y_m)^{\mathrm{T}} (m = n$ 或 $m \neq n)$ 为状态向量, $\boldsymbol{A} \in \mathbf{R}^{n \times n}, \boldsymbol{B} \in \mathbf{R}^{m \times m}$, $\boldsymbol{A}\boldsymbol{X}(n), \boldsymbol{B}\boldsymbol{Y}(n)$ 为线性部分, $\boldsymbol{F}(\boldsymbol{X}(n), n), \boldsymbol{G}(\boldsymbol{Y}(n), n)$ 为非线性向量函数或分段线性函数, $\boldsymbol{U}(\boldsymbol{X}(n), \boldsymbol{Y}(n), n) \in \mathbf{R}^m$ 为控制器. 系统 (4.321) 的第一个子系统为驱动系统, 第二个子系统为响应系统.

定义 4.6　对于给定的矢量映射 $\boldsymbol{\phi} : \mathbf{R}^n \to \mathbf{R}^m$, 若存在控制器 $\boldsymbol{U}(\boldsymbol{X}(n), \boldsymbol{Y}(n), n) \in \mathbf{R}^m$, 使得系统 (4.321) 的解满足

$$\lim_{n \to \infty} \|\boldsymbol{Y}(n) - \boldsymbol{\phi}(\boldsymbol{X}(n))\| = 0, \quad (4.322)$$

则称系统 (4.321) 为广义同步的.

为了研究系统 (4.321) 的广义同步, 定义系统 (4.321) 在第 n 次迭代时的广义同步误差为

$$\boldsymbol{e}(n) = \boldsymbol{Y}(n) - \boldsymbol{\phi}(\boldsymbol{X}(n)),$$

从而系统 (4.321) 中的驱动子系统与响应子系统之间的误差动力系统可表示为

$$\begin{aligned} \boldsymbol{e}(n+1) &= \boldsymbol{Y}(n+1) - \boldsymbol{\phi}(\boldsymbol{X}(n+1)) = \boldsymbol{B}\boldsymbol{Y}(n) + \boldsymbol{G}(\boldsymbol{Y}(n), n) \\ &\quad + \boldsymbol{U}(\boldsymbol{X}(n), \boldsymbol{Y}(n), n) - \mathbf{D}\boldsymbol{\phi}(\boldsymbol{X}(n))\boldsymbol{X}(n), \end{aligned} \quad (4.323)$$

其中 $\mathbf{D}\boldsymbol{\phi}(\boldsymbol{X}(n))$ 为映射 $\boldsymbol{\phi}(\boldsymbol{X}(n))$ 的 Jacobi 矩阵.

由定义 4.6 可知, 对耦合系统 (4.321) 的广义同步研究可归结为对系统 (4.323) 的零解渐近稳定性的分析. 为此, 下面讨论系统 (4.323) 的零解的渐近稳定性.

定理 4.16　对于满足系统 (4.232) 的耦合系统 (4.321), 若控制器设计为

$$\boldsymbol{U} = \boldsymbol{K}(\boldsymbol{Y}(n) - \boldsymbol{\phi}(\boldsymbol{X}(n))) - \boldsymbol{G}(\boldsymbol{Y}(n), n) + \mathbf{D}\boldsymbol{\phi}(\boldsymbol{X}(n))\boldsymbol{X}(n) - \boldsymbol{B}\boldsymbol{\phi}(\boldsymbol{X}(n)), \quad (4.324)$$

则耦合系统 (4.321) 将获得广义同步, 其中 $\boldsymbol{K} \in \mathbf{R}^{m \times m}$ 为待定误差反馈增益矩阵.

证明　把式 (4.324) 代入式 (4.323) 可得误差系统为

$$\boldsymbol{e}(n+1) = \boldsymbol{K}\boldsymbol{e}(n) + \boldsymbol{B}\boldsymbol{e}(n) = \boldsymbol{Q}\boldsymbol{e}(n). \quad (4.325)$$

令

$$\boldsymbol{Q} = \boldsymbol{K} + \boldsymbol{B} = \begin{pmatrix} k_{11} + b_{11} & k_{12} + b_{12} & \cdots & k_{1m} + b_{1m} \\ k_{21} + b_{21} & k_{22} + b_{22} & \cdots & k_{2m} + b_{2m} \\ \vdots & \vdots & & \vdots \\ k_{m1} + b_{m1} & k_{m2} + b_{m2} & \cdots & k_{mm} + b_{mm} \end{pmatrix}.$$

构造 Lyapunov 函数为

$$V(n) = \sum_{i=1}^{m} |e_i(n)|,$$

易证

$$V(n) \geqslant 0.$$

$V(n)$ 的变化率为

$$\Delta V(n) = V(n+1) - V(n) = \sum_{i=1}^{m} \left| \sum_{j=1}^{m} (k_{ij} + b_{ij}) e_j(n) \right| - \sum_{i=1}^{m} |e_i(n)|$$

$$\leqslant \sum_{i=1}^{m} \left(\sum_{j=1}^{m} |k_{ij} + b_{ij}| - 1 \right) |e_i(n)|. \tag{4.326}$$

因此, 若

$$\sum_{j=1}^{m} |k_{ij} + b_{ij}| \leqslant 1, \quad i = 1, 2, \cdots, m, \tag{4.327}$$

则

$$\Delta V(n) \leqslant 0.$$

根据 Lyapunov 稳定性理论, 误差系统 (4.325) 的零解是全局渐近稳定的, 即耦合系统 (4.321) 获得了全局广义同步. 证毕.

为了验证本方法的有效性, 下面分别以 $n \neq m$ 和 $n = m$ 两种情况进行讨论.

1) $n \neq m$

令驱动系统为三维 Grassi-Miller 映射[68]

$$\begin{cases} x_1(n+1) = -0.1x_3(n) - x_2^2(n) + 1.76, \\ x_2(n+1) = x_1(n), \\ x_3(n+1) = x_2(n), \end{cases} \tag{4.328}$$

响应系统为二维 Hénon 映射[69]

$$\begin{cases} y_1(n+1) = 1 - 1.4y_1^2(n) + y_2(n), \\ y_2(n+1) = 0.3y_1(n). \end{cases} \tag{4.329}$$

图 4.100 给出了 Grassi-Miller 映射和 Hénon 映射的混沌吸引子.

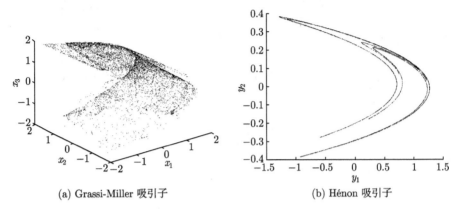

(a) Grassi-Miller 吸引子   (b) Hénon 吸引子

图 4.100   系统 (4.328) 和系统 (4.329) 的混沌吸引子

把系统 (4.329) 表示成系统 (4.321) 的形式可得

$$\boldsymbol{B} = \begin{pmatrix} 0 & 1 \\ 0.3 & 0 \end{pmatrix}, \quad \boldsymbol{G}(\boldsymbol{y}(n), n) = \begin{pmatrix} 1 - 1.4y_1^2(n) \\ 0 \end{pmatrix}.$$

定义

$$\phi(\boldsymbol{X}(n)) = (2x_1(n), -0.5x_2(n) + x_3)^{\mathrm{T}}, \tag{4.330}$$

则

$$\mathbf{D}\phi(\boldsymbol{X}(n)) = \begin{pmatrix} 2 & 0 & 0 \\ 0 & -0.5 & 1 \end{pmatrix}.$$

由

$$\boldsymbol{Q} = \boldsymbol{K} + \boldsymbol{B} = \begin{pmatrix} k_{11} & 1 + k_{12} \\ 0.3 + k_{21} & k_{22} \end{pmatrix},$$

选择

$$\boldsymbol{K} = \begin{pmatrix} 0.5 & -0.4 \\ -0.3 & 0.6 \end{pmatrix},$$

满足式 (4.327).

根据式 (4.324) 设计控制器 $\boldsymbol{U}$, 选取驱动系统 (4.328) 和响应系统 (4.329) 的初值分别为

$$x_1(0) = 0.1, \quad x_2(0) = 0.72, \quad x_3(0) = 0.8$$

和

$$y_1(0) = 1.2, \quad y_2(0) = -0.2.$$

在迭代 500 次后, 打开控制器. 图 4.101 给出了驱动–响应系统的广义同步误差

$$e(n) = e_1(n) + e_2(n)$$

的效果图, 从图 4.101(a) 可以看出, 控制器打开后, 误差 $e(n)$ 很快稳定于零点, 这表明系统 (4.328) 和系统 (4.329) 获得了广义同步.

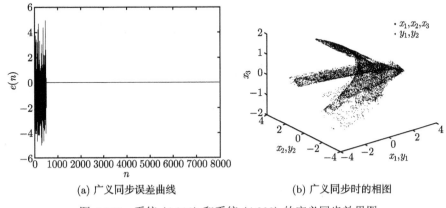

(a) 广义同步误差曲线   (b) 广义同步时的相图

图 4.101   系统 (4.328) 和系统 (4.329) 的广义同步效果图

2) $n = m$

令驱动系统为三维广义 Hénon 映射[70,71], 由下式给出:

$$\begin{cases} x_1(n+1) = bx_3(n), \\ x_2(n+1) = b(1 + x_2(n) - ax_3^2(n)), \\ x_3(n+1) = 1 + x_1(n) - a(1 + x_2(n) - ax_3^2(n))^2. \end{cases} \tag{4.331}$$

当 $a = 1.58, b = 0.06$ 时, 系统 (4.331) 进入混沌态[70,71], 图 4.102 为对应的混沌吸引子. 响应系统为由系统 (4.328) 给出的三维 Grassi-Miller 映射.

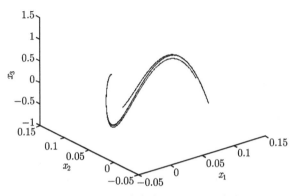

图 4.102   三维广义 Hénon 吸引子

把系统 (4.328) 表示成系统 (4.321) 的形式可得

$$
\boldsymbol{B} = \begin{pmatrix} 0 & 0 & -0.1 \\ 1 & 0 & 0 \\ 0 & 1 & 0 \end{pmatrix}, \quad \boldsymbol{G}(\boldsymbol{y}(n), n) = \begin{pmatrix} 1.76 - y_2^2(n) \\ 0 \\ 0 \end{pmatrix}.
$$

定义

$$
\phi(\boldsymbol{X}(n)) = (2x_1(n), -x_2(n) + x_3(n), 0.5x_3(n))^{\mathrm{T}}, \tag{4.332}
$$

则

$$
\mathbf{D}\phi(\boldsymbol{X}(n)) = \begin{pmatrix} 2 & 0 & 0 \\ 0 & -1 & 1 \\ 0 & 0 & 0.5 \end{pmatrix}.
$$

由

$$
\boldsymbol{Q} = \boldsymbol{K} + \boldsymbol{B} = \begin{pmatrix} k_{11} & k_{12} & k_{13} - 0.1 \\ k_{21} + 1 & k_{22} & k_{23} \\ k_{31} & k_{32} + 1 & k_{33} \end{pmatrix},
$$

选择

$$
\boldsymbol{K} = \begin{pmatrix} 0.2 & -0.6 & 0 \\ -1 & -0.3 & 0.7 \\ 0 & -1 & 0.8 \end{pmatrix},
$$

满足式 (4.327).

采用以上参数, 根据式 (4.324) 设计控制器 $\boldsymbol{U}$, 选取驱动系统 (4.331) 和响应系统 (4.328) 的初值分别为

$$
x_1(0) = -0.26, \quad x_2(0) = 0.02, \quad x_3(0) = 0.8
$$

和

$$
y_1(0) = 1.1, \quad y_2(0) = -0.2, \quad y_3(n) = 0.98.
$$

在迭代 500 次后, 打开控制器. 图 4.103 给出了驱动–响应系统的广义同步误差

$$
e(n) = e_1(n) + e_2(n) + e_3(n)
$$

的效果图, 从图 4.103 可以看出, 控制器打开后, 误差 $e(n)$ 很快稳定于零点, 这表明系统 (4.331) 和系统 (4.328) 获得了广义同步.

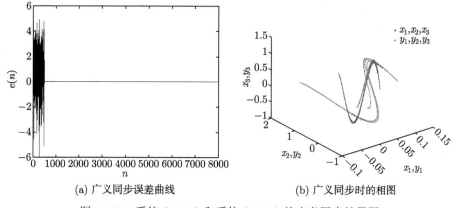

(a) 广义同步误差曲线   (b) 广义同步时的相图

图 4.103 系统 (4.331) 和系统 (4.328) 的广义同步效果图

4.3.6 一类混沌系统的相同步

相同步是指两个混沌系统轨道的相位差锁定在 2π 以内, 而它们的振幅仍然保持混沌状态且互不相关. 本书中把这类特殊同步也归纳到广义同步范畴. 本小节基于非线性状态观测器理论和极点配置技术实现了一类混沌系统的相位同步. 数值模拟进一步证明了所提方法的有效性.

对于一类自治系统

$$\dot{\boldsymbol{x}} = \boldsymbol{F}(\boldsymbol{x}),$$

设 $s_1(t)$ 和 $s_2(t)$ 为其任意两个状态变量, 假设平面 $s_1 s_2$ 上的混沌吸引子只有一个旋转中心, 则系统的相位可以定义为

$$\phi(t) = \arctan \frac{s_1(t) - s_{1c}}{s_2(t) - s_{2c}}, \tag{4.333}$$

其中点 (s_{1c}, s_{2c}) 位于旋转中心内.

设 ϕ_1 和 ϕ_2 分别为两个混沌系统的相位, 若

$$\Delta\phi = |\phi_1 - \phi_2| < 2\pi,$$

则两个系统获得了相位同步.

考虑如下混沌系统:

$$\dot{\boldsymbol{x}} = \boldsymbol{A}\boldsymbol{x} + \boldsymbol{B}\boldsymbol{f}(\boldsymbol{x}) + \boldsymbol{C}, \tag{4.334}$$

其中 $\boldsymbol{x} \in \mathbf{R}^n$ 为系统的状态矢量, $\boldsymbol{A} \in \mathbf{R}^{n \times n}$, $\boldsymbol{B} \in \mathbf{R}^{n \times m}$, $\boldsymbol{C} \in \mathbf{R}^n$, $\boldsymbol{f} : \mathbf{R}^n \to \mathbf{R}^m$ 为非线性向量函数.

假设系统 (4.334) 的输出为

$$\boldsymbol{s}(\boldsymbol{x}) = \boldsymbol{f}(\boldsymbol{x}) + \boldsymbol{K}\boldsymbol{x}, \tag{4.335}$$

其中 $K \in \mathbf{R}^{m \times n}$ 为反馈增益矩阵.

定义观测器

$$\dot{\hat{x}} = A\hat{x} + Bf(\hat{x}) + C + B[s(x) - s(\hat{x})]. \tag{4.336}$$

定义系统 (4.334) 和系统 (4.336) 的同步误差为

$$e(t) = x - \hat{x},$$

则误差动力系统可表示为

$$\dot{e} = \dot{x} - \dot{\hat{x}} = Ae + Bf(x) - Bf(\hat{x}) - B[s(x) - s(\hat{x})] = (A - BK)e. \tag{4.337}$$

为了使系统 (4.337) 可控, 需要适当地选取反馈增益矩阵 K. 由文献 [72] 的研究结果可知, 当误差动力系统 (4.337) 的特征值出现为零和负值时, 系统 (4.334) 和系统 (4.336) 达到稳定的相位同步. 另外, 若可控矩阵

$$(B, AB, \cdots, A^{n-1}B)$$

是满秩的, 则系统 (4.336) 为系统 (4.334) 的全局观测器. 因此, 可以使用极点配置技术, 通过选定矩阵 $(A - BK)$ 的特征值来确定反馈增益矩阵 K.

考虑如下三维自治系统[73]:

$$\begin{cases} \dot{x} = -\dfrac{ab}{a+b}x - yz + c, \\[2mm] \dot{y} = ay + xz, \\[1mm] \dot{z} = bz + xy, \end{cases} \tag{4.338}$$

其中 a, b, c 为实常数. 系统 (4.338) 在较大的参数范围内表现出混沌特性[67]. 例如, 当 $a = -10$, $b = -4$, $|c| < 19.2$ 时, 系统 (4.338) 为混沌的. 图 4.104 给出了当 $a = -10$, $b = -4$, $c = 18.1$ 时的混沌吸引子. 图 4.105 给出了该混沌吸引子在三个坐标平面内的投影. 从图 4.105 中可以看出, 系统 (4.338) 在各平面的混沌吸引子只有一个旋转中心.

将系统 (4.338) 改写为式 (4.334) 的形式可得

$$\begin{pmatrix} \dot{x} \\ \dot{y} \\ \dot{z} \end{pmatrix} = \begin{pmatrix} -\dfrac{ab}{a+b} & 0 & 0 \\[2mm] 0 & a & 0 \\[1mm] 0 & 0 & b \end{pmatrix} \begin{pmatrix} x \\ y \\ z \end{pmatrix} + \begin{pmatrix} -1 & 0 & 0 \\ 0 & 1 & 0 \\ 0 & 0 & 1 \end{pmatrix} \begin{pmatrix} yz \\ xz \\ xy \end{pmatrix} + \begin{pmatrix} c \\ 0 \\ 0 \end{pmatrix}. \tag{4.339}$$

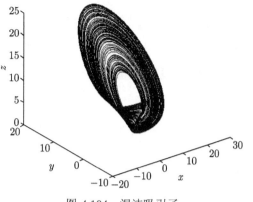

图 4.104   混沌吸引子

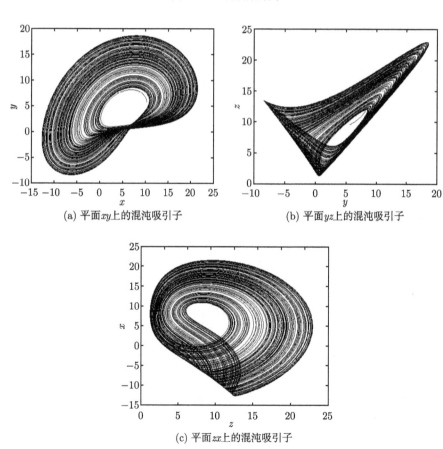

(a) 平面 xy 上的混沌吸引子

(b) 平面 yz 上的混沌吸引子

(c) 平面 zx 上的混沌吸引子

图 4.105   混沌吸引子在各平面的投影

将式 (4.339) 与式 (4.334) 对比可知

$$\boldsymbol{A} = \begin{pmatrix} -\dfrac{ab}{a+b} & 0 & 0 \\ 0 & a & 0 \\ 0 & 0 & b \end{pmatrix}, \quad \boldsymbol{B} = \begin{pmatrix} -1 & 0 & 0 \\ 0 & 1 & 0 \\ 0 & 0 & 1 \end{pmatrix}.$$

选择系统 (4.339) 的输出为

$$s(\boldsymbol{x}) = \boldsymbol{f}(\boldsymbol{x}) + \boldsymbol{K}\boldsymbol{x},$$

于是可以得到系统 (4.339) 的观测器为

$$\begin{pmatrix} \dot{\hat{x}} \\ \dot{\hat{y}} \\ \dot{\hat{z}} \end{pmatrix} = \begin{pmatrix} -\dfrac{ab}{a+b} & 0 & 0 \\ 0 & a & 0 \\ 0 & 0 & b \end{pmatrix} \begin{pmatrix} \hat{x} \\ \hat{y} \\ \hat{z} \end{pmatrix}$$

$$+ \begin{pmatrix} -1 & 0 & 0 \\ 0 & 1 & 0 \\ 0 & 0 & 1 \end{pmatrix} \begin{pmatrix} \hat{y}\hat{z} \\ \hat{x}\hat{z} \\ \hat{x}\hat{y} \end{pmatrix} + \begin{pmatrix} c \\ 0 \\ 0 \end{pmatrix} + \boldsymbol{B}(s(\boldsymbol{x}) - s(\hat{\boldsymbol{x}})). \tag{4.340}$$

定义误差

$$\boldsymbol{e} = \boldsymbol{x} - \hat{\boldsymbol{x}},$$

则误差系统为

$$\begin{pmatrix} \dot{e}_1 \\ \dot{e}_2 \\ \dot{e}_3 \end{pmatrix} = \left(\begin{pmatrix} -\dfrac{ab}{a+b} & 0 & 0 \\ 0 & a & 0 \\ 0 & 0 & b \end{pmatrix} - \begin{pmatrix} -1 & 0 & 0 \\ 0 & 1 & 0 \\ 0 & 0 & 1 \end{pmatrix} \boldsymbol{K} \right) \begin{pmatrix} e_1 \\ e_2 \\ e_3 \end{pmatrix}. \tag{4.341}$$

由于矩阵

$$(\boldsymbol{B}, \boldsymbol{AB}, \boldsymbol{A}^2\boldsymbol{B})$$

是满秩的, 因此, 系统 (4.340) 为系统 (4.339) 的全局观测器, 可以通过极点配置技术得到反馈增益矩阵 $\boldsymbol{K}$.

采用四阶 Runge-Kutta 法求解方程 (4.339) 和 (4.340), 选取时间步长 $\Delta t = 0.001\mathrm{s}$. 在计算过程中, 选取系统 (4.339) 和系统 (4.440) 的初值分别为

$$(x(0), y(0), z(0)) = (1.0, 1.0, 1.0)$$

和

$$(\hat{x}(0), \hat{y}(0), \hat{z}(0)) = (3.0, 0.5, 2.0),$$

则误差系统 (4.341) 的初值为

$$(e_1(0), e_2(0), e_3(0)) = (-2.0, 0.5, -1.0).$$

选取系统参数为 $a = -10$, $b = -4$, $c = 18.1$. 选取误差系统 (4.341) 中 $(\boldsymbol{A} - \boldsymbol{BK})$ 的特征值为非正数. 下面给出不同特征值时的数值模拟结果.

1) $(\boldsymbol{A} - \boldsymbol{BK})$ 有一个零特征值和两个负特征值

选取 $(\boldsymbol{A} - \boldsymbol{BK})$ 的特征值为 $0, -1, -1$ 时, 系统 (4.339) 和系统 (4.340) 的相同步模拟结果如图 4.106 所示. 由图 4.106 可见, $x(t)$ 与 $\hat{x}(t)$ 获得了相同步, 它们的振幅之间互不相关; $y(t)$ 与 $\hat{y}(t)$ 以及 $z(t)$ 与 $\hat{z}(t)$ 分别处于同一轨线上, 获得了完全同步. 从误差效果图 4.107 可以看出, 相同步时, $e_1(t)$ 最终稳定在常数值 -2.0058, $e_2(t)$ 和 $e_3(t)$ 分别稳定到零值. 图 4.108 给出了系统 (4.339) 和系统 (4.440) 在 xy 平面上的相位差图. 从图 4.108 可以看出, 当 t 大于 2.1s 时, 相位差小于 2π, 这表明系统 (4.339) 和系统 (4.340) 获得了相同步.

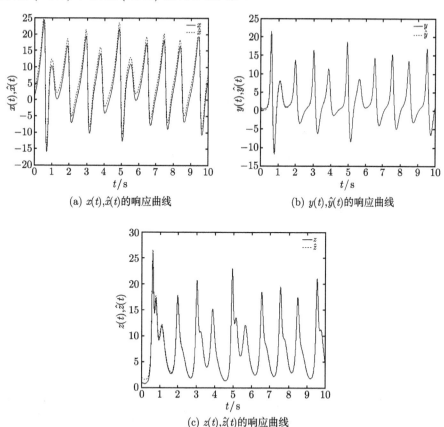

(a) $x(t), \hat{x}(t)$ 的响应曲线

(b) $y(t), \hat{y}(t)$ 的响应曲线

(c) $z(t), \hat{z}(t)$ 的响应曲线

图 4.106　当特征值为 $0, -1, -1$ 时的相同步过程

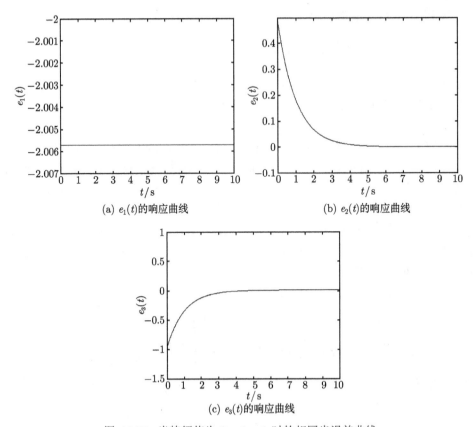

(a) $e_1(t)$ 的响应曲线

(b) $e_2(t)$ 的响应曲线

(c) $e_3(t)$ 的响应曲线

图 4.107   当特征值为 $0, -1, -1$ 时的相同步误差曲线

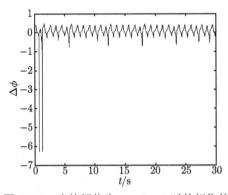

图 4.108   当特征值为 $0, -1, -1$ 时的相位差

选取 $(A - BK)$ 的特征值为 $-1, 0, -1$ 时, $y(t)$ 与 $\hat{y}(t)$ 获得了相同步, 振幅之间互不相关; $x(t)$ 与 $\hat{x}(t)$ 以及 $z(t)$ 与 $\hat{z}(t)$ 分别获得了完全同步. 系统 (4.339) 与系统 (4.340) 的相同步模拟结果如图 4.109 所示. 从误差效果图 4.110 可以看出, 相同

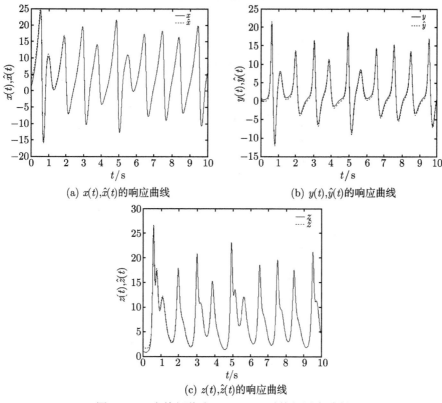

(a) $x(t),\hat{x}(t)$ 的响应曲线　　　　　(b) $y(t),\hat{y}(t)$ 的响应曲线

(c) $z(t),\hat{z}(t)$ 的响应曲线

图 4.109　当特征值为 $-1,0,-1$ 时的相同步过程

步时, $e_2(t)$ 最终稳定到常数值 0.495, $e_1(t)$ 和 $e_3(t)$ 分别稳定到零值. 图 4.111 给出了此时 yz 平面上的相位差图. 从图 4.111 可以看出, 当 t 大于 $4.3\mathrm{s}$ 时, 相位差小于 2π, 系统 (4.339) 和系统 (4.340) 获得了相同步.

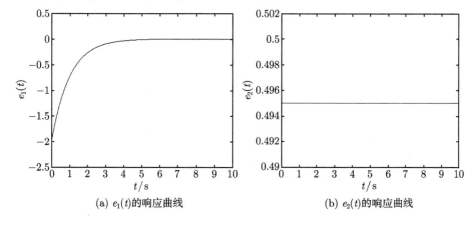

(a) $e_1(t)$ 的响应曲线　　　　　　　(b) $e_2(t)$ 的响应曲线

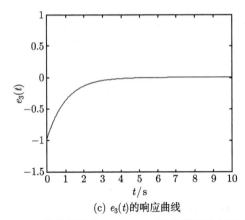

(c) $e_3(t)$的响应曲线

图 4.110 当特征值为 $-1,0,-1$ 时的相同步误差曲线

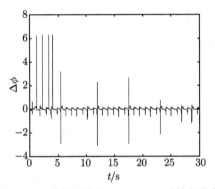

图 4.111 当特征值为 $-1,0,-1$ 时的相位差

选取 $(\boldsymbol{A}-\boldsymbol{BK})$ 的特征值为 $-1,-1,0$ 时, $z(t)$ 与 $\hat{z}(t)$ 获得了相同步, 振幅之间互不相关; $x(t)$ 与 $\hat{x}(t)$ 以及 $y(t)$ 与 $\hat{y}(t)$ 分别获得了完全同步. 系统 (4.339) 与系统 (4.340) 的相同步模拟结果如图 4.112 所示. 从误差效果图 4.113 可以看出, 相同步

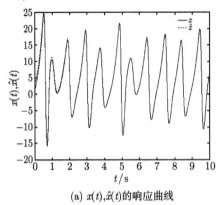

(a) $x(t),\hat{x}(t)$的响应曲线

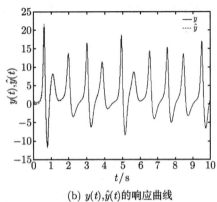

(b) $y(t),\hat{y}(t)$的响应曲线

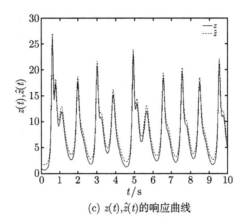

(c) $z(t),\hat{z}(t)$ 的响应曲线

图 4.112 当特征值为 $-1,-1,0$ 时的相同步过程

时, $e_3(t)$ 最终稳定到一个常数值 -0.996, $e_1(t)$ 和 $e_2(t)$ 分别稳定到零值. 图 4.114 给出了此时 zx 平面上的相位差图. 从图 4.114 可以看出, 当 t 大于 $5.8\mathrm{s}$ 时, 相位差小于 2π, 系统 (4.339) 和系统 (4.340) 获得了相同步.

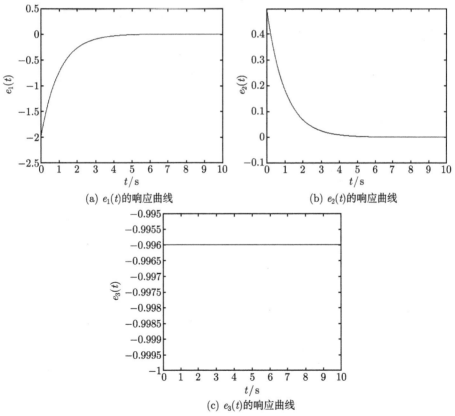

(a) $e_1(t)$ 的响应曲线

(b) $e_2(t)$ 的响应曲线

(c) $e_3(t)$ 的响应曲线

图 4.113 当特征值为 $-1,-1,0$ 时的相同步误差曲线

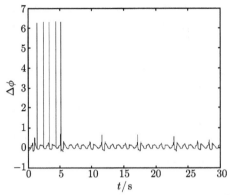

图 4.114　当特征值为 $-1, -1, 0$ 时的相位差

2) $(\boldsymbol{A} - \boldsymbol{BK})$ 有两个零特征值和一个负特征值

选取 $(\boldsymbol{A} - \boldsymbol{BK})$ 的特征值为 $0, 0, -2$ 时, 由系统 (4.339) 和系统 (4.440) 的相同步模拟结果 (图 4.115) 可见, $x(t)$ 与 $\hat{x}(t)$ 以及 $y(t)$ 与 $\hat{y}(t)$ 分别获得了相同步, 它们

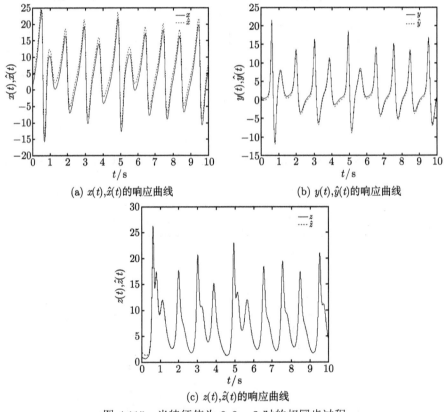

(a) $x(t), \hat{x}(t)$ 的响应曲线

(b) $y(t), \hat{y}(t)$ 的响应曲线

(c) $z(t), \hat{z}(t)$ 的响应曲线

图 4.115　当特征值为 $0, 0, -2$ 时的相同步过程

的振幅之间互不相关; $z(t)$ 与 $\hat{z}(t)$ 处于同一轨线上, 获得了完全同步. 由误差效果图 4.116 可见, 相同步时, $e_1(t)$ 和 $e_2(t)$ 分别稳定在常数值 -2.0058 和 0.495, $e_3(t)$ 稳定到零值. 图 4.117 给出了系统 (4.339) 和系统 (4.340) 在 zx 平面和 yz 平面上的相位差图. 从图 4.117 可以看出, 经过一段时间之后, 相位差 $\Delta\phi$ 稳定在 $[0, 2\pi]$ 内, 这表明系统 (4.339) 和系统 (4.340) 获得了相同步.

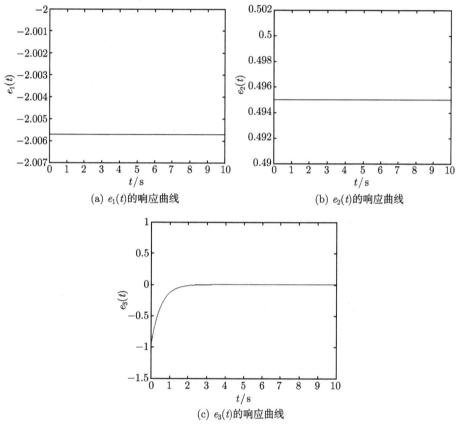

(a) $e_1(t)$的响应曲线

(b) $e_2(t)$的响应曲线

(c) $e_3(t)$的响应曲线

图 4.116 当特征值为 $0, 0, -2$ 时的相同步误差曲线

选取 $(\boldsymbol{A} - \boldsymbol{B}\boldsymbol{K})$ 的特征值为 $-2, 0, 0$ 时, 系统 (4.339) 和系统 (4.340) 的相同步模拟结果如图 4.118 所示. 由图 4.118 可见, $y(t)$ 与 $\hat{y}(t)$ 以及 $z(t)$ 与 $\hat{z}(t)$ 分别获得了相同步, 它们的振幅之间互不相关; $x(t)$ 与 $\hat{x}(t)$ 获得了完全同步. 由误差效果图 4.119 可见, 相同步时, $e_2(t)$ 和 $e_3(t)$ 分别稳定到常数值 0.495 和 -0.996, $e_1(t)$ 稳定于零值. 图 4.120 给出了系统 (4.339) 和系统 (4.340) 在 xy 平面和 zx 平面上的相位差图. 由图 4.120 可见, 经过一段时间之后, 相位差 $\Delta\phi$ 稳定在 $[0, 2\pi]$ 内, 这表明系统 (4.339) 和系统 (4.340) 获得了相同步.

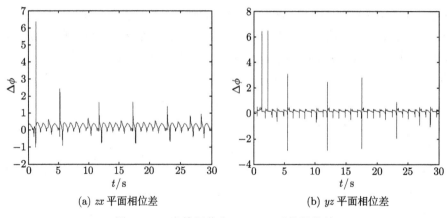

(a) zx 平面相位差 　　　　　　　　　　　　(b) yz 平面相位差

图 4.117　当特征值为 $0, 0, -2$ 时的相位差

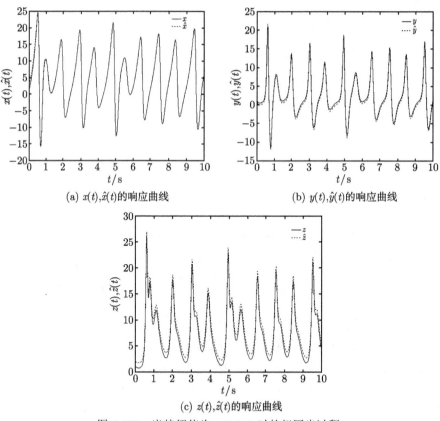

(a) $x(t), \hat{x}(t)$ 的响应曲线 　　　　　　　　(b) $y(t), \hat{y}(t)$ 的响应曲线

(c) $z(t), \hat{z}(t)$ 的响应曲线

图 4.118　当特征值为 $-2, 0, 0$ 时的相同步过程

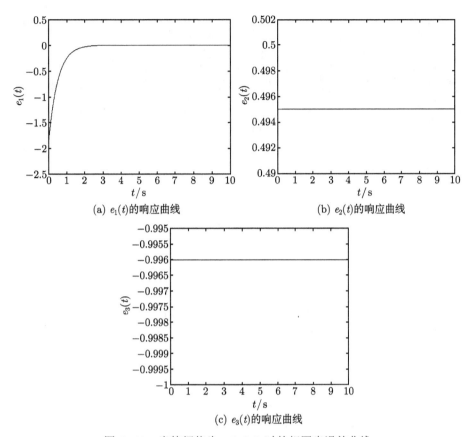

图 4.119 当特征值为 $-2, 0, 0$ 时的相同步误差曲线

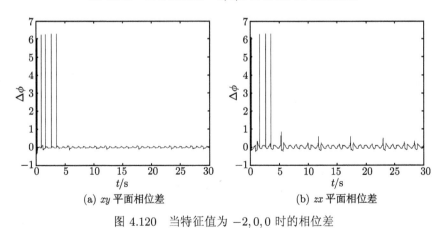

图 4.120 当特征值为 $-2, 0, 0$ 时的相位差

选取 $(\boldsymbol{A} - \boldsymbol{BK})$ 的特征值为 $0, -2, 0$ 时, 系统 (4.339) 和系统 (4.340) 的相同步模拟结果如图 4.121 所示. 由图 4.121 可见, $x(t)$ 与 $\hat{x}(t)$ 以及 $z(t)$ 与 $\hat{z}(t)$ 分别获得

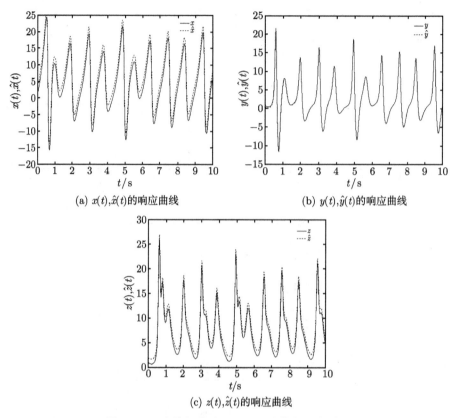

(a) $x(t),\hat{x}(t)$的响应曲线   (b) $y(t),\hat{y}(t)$的响应曲线

(c) $z(t),\hat{z}(t)$的响应曲线

图 4.121   当特征值为 $0,-2,0$ 时的相同步过程

了相同步, 它们的振幅之间互不相关; $y(t)$ 与 $\hat{y}(t)$ 获得了完全同步. 由误差效果图
4.122 可见, 相同步时, $e_1(t)$ 和 $e_3(t)$ 分别稳定在常数值 -2.0058 和 -0.996, $e_2(t)$ 稳
定到零值. 图 4.123 给出了系统 (4.339) 和系统 (4.340) 在 xy 平面和 yz 平面上的

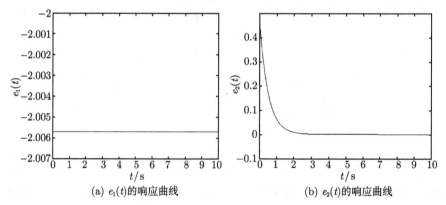

(a) $e_1(t)$的响应曲线   (b) $e_2(t)$的响应曲线

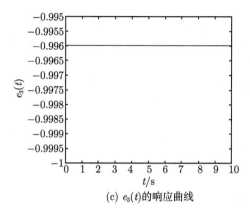

(c) $e_3(t)$的响应曲线

图 4.122　当特征值为 $0, -2, 0$ 时的相同步误差曲线

相位差图. 由图 4.123 可见, 经过一段时间之后, 相位差 $\Delta\phi$ 稳定在 $[0, 2\pi]$ 内, 这表明系统 (4.339) 和系统 (4.340) 获得了相同步.

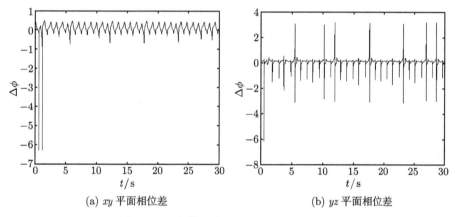

(a) xy 平面相位差　　　　　　　　(b) yz 平面相位差

图 4.123　当特征值为 $0, -2, 0$ 时的相位差

关于本小节的详细内容, 请参见文献 [74].

本节具体讲述了混沌广义同步的几种常见方法, 更多相关内容, 请参见文献 [75]~[81].

4.3.7　基于反馈控制和相空间压缩的时空混沌广义同步

自然界存在大量的实际系统可以用时空混沌系统来描述, 这类系统随时间和空间演化均表现出混沌行为. 近几年来, 时空混沌的研究引起人们越来越多的关注, 一些学者相继提出多种时空混沌的研究方法, 其中耦合映象格子作为研究时空混沌的主要方法受到人们的普遍重视[82~84]. 时空耦合映象格子是一个时间空间离散化, 但状态变量仍保持连续的动力学系统[85]. 目前, 以耦合映象格子为模型的时空混沌同步的研究, 取得了一定进展[86~90]. 例如, Liu 等[89] 利用非线性耦合法实现了耦合映象格子的同步; 吕翎等[90] 利用恰当选取驱动函数实现了两个单向耦合映象格子之间的时空混沌同步. 但在此研究领域, 以反馈控制方法实现时空混沌同步的研究相对较少, 文献 [91] 用反馈方法实现了全程耦合映象 (GCM) 的同步.

本小节在文献 [91] 的基础上, 利用反馈控制方法, 选取合适的反馈参数, 实现了两个耦合映象格子系统之间的广义同步, 并利用相空间压缩方法扩大了反馈参数的取值范围, 缩小了时空混沌系统广义同步的限定条件.

4.3.7.1 时空混沌广义同步的反馈控制

耦合映象格子模型最初是由 Kaneko 提出[92] 的, 其动力学方程为

$$x_{n+1}(i) = (1-\varepsilon)f(x_n(i)) + \frac{\varepsilon}{2}(f(x_n(i-1)) + f(x_n(i+1))), \tag{4.342}$$

其中 n 为时间步数, $i(i=1,2,\cdots,L)$ 为格点坐标, L 为格点数, ε 为格点间的耦合强度因子, $x_n(i)$ 为第 i 个格点在 n 时间的状态. 局域函数 $f(x_n(i))$ 取 logistic 映射

$$f(x_n(i)) = 1 - ax_n^2(i), \tag{4.343}$$

其中 a 为参数. 这样式 (4.342) 变为

$$x_{n+1}(i) = (1-\varepsilon)(1-ax_n^2(i)) + \frac{\varepsilon}{2}((1-ax_n^2(i-1)) + (1-ax_n^2(i+1))). \tag{4.344}$$

当 $a=1.8$, $\varepsilon=0.1$ 时可知, 系统 (4.344) 为时空混沌中的发散模式[93]. 本节以此模式为基础进行了同步研究, $x_n(i)$ 的初值取 -1~1 的任意数, 观测了 30 个格子进行 200 次时间步长迭代的混沌行为. 图 4.124 为系统 (4.344) 的混沌吸引子.

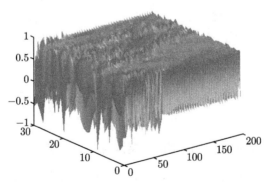

图 4.124 当 $a=1.8$, $\varepsilon=0.1$ 时耦合映象格子 (4.344) 的时空演化图

构造与式 (4.342) 相同的另一独立的时空混沌系统

$$y_{n+1}(i) = (1-\varepsilon)f(y_n(i)) + \frac{\varepsilon}{2}(f(y_n(i-1)) + f(y_n(i+1))). \tag{4.345}$$

系统 (4.342) 和 (4.345) 的同步误差为

$$e_n(i) = y_n(i) - x_n(i).\tag{4.346}$$

误差的演变公式由下式决定:

$$e_{n+1}(i) = (1-\varepsilon)f'(y_n(i) - x_n(i))e_n(i) + \frac{\varepsilon}{2}\{[f'(y_n(i-1) - x_n(i-1))e_n(i-1)]$$
$$+ [f'(y_n(i+1) - x_n(i+1))e_n(i+1)]\}.\tag{4.347}$$

对式 (4.347) 加入反馈项

$$W = -(1-\varepsilon)f'(y_n(i) - x_n(i))e_n(i)U_n(i) + M,\tag{4.348}$$

其中反馈控制变量 M 为

$$M = re_n(i) - \frac{1}{5}re_{n-1}(i) - a(1-\varepsilon)e_n^2(i) - \frac{1}{5}re_{n-1}(i-1) - \frac{1}{5}re_{n-1}(i+1),\tag{4.349}$$

r 为反馈控制参数, 则式 (4.347) 变为

$$e_{n+1}(i) = (1-\varepsilon)f'(y_n(i) - x_n(i))e_n(i) - (1-\varepsilon)f'(y_n(i) - x_n(i))e_n(i)U_n(i) + M$$
$$+ \frac{\varepsilon}{2}\{[f'(y_n(i-1) - x_n(i-1))e_n(i-1)]$$
$$+ [f'(y_n(i+1) - x_n(i+1))e_n(i+1)]\},\tag{4.350}$$

其中

$$U_n(i) = \begin{cases} 1, & |y_n(i) - x_n(i)| < n, \\ 0, & |y_n(i) - x_n(i)| > n, \end{cases}$$

n 为反馈控制参数, 取 -1 到 1 之间的数值. 当 $y_n(i)$ 落入 $x_n(i)$ 附近 $(-n, n)$ 范围域时, $e_{n+1}(i)$ 由下式决定:

$$e_{n+1}(i) = \frac{\varepsilon}{2}[(f'(y_n(i-1) - x_n(i-1))e_n(i-1)) + (f'(y_n(i+1) - x_n(i+1))e_n(i+1))] + M.\tag{4.351}$$

令

$$f'(y_n(i-1) - x_n(i-1)) = -ae_n(i-1),\tag{4.352}$$

$$f'(y_n(i+1) - x_n(i+1)) = -ae_n(i+1),\tag{4.353}$$

将式 (4.349), (4.352) 和 (4.353) 代入式 (4.351) 可得

$$e_{n+1}(i) = re_n(i) - \frac{r}{5}e_{n-1}(i) - a(1-\varepsilon)e_n^2(i) - \frac{r}{5}e_{n-1}(i-1)$$
$$- \frac{r}{5}e_{n-1}(i+1) - \frac{a\varepsilon}{2}e_n^2(i+1) - \frac{a\varepsilon}{2}e_n^2(i-1).\tag{4.354}$$

下面利用反馈控制方法, 对时空混沌系统的广义同步进行数值模拟.

对式 (4.354) 所得误差 $e_{n+1}(i)$ 进行分析可知, $e_{n+1}(i)$ 的大小取决于 r 的取值范围, 选取不同反馈控制参数得到耦合映象格子的时空演化过程如图 4.125 所示. 由数据试验可知

(1) 当 $r > 0.55$ 或 $r < 0$ 时, 误差系统的计算溢出, 无法得到正确图像.

(2) 当 $r \in (0.48, 0.55)$ 时, 如图 4.125(a) 所示, 取 30 个格子进行 200 时间步长迭代后可以看出, 误差系统随着时间推移逐渐趋于稳定, 也就是说, 两时空混沌系统达到广义同步.

(3) 当 $0 \leqslant r < 0.48$ 时, 经数值验证, 两时空混沌的误差系统随时间的推移混沌范围缩小, 但是仍为混沌态, 如图 4.125(b) 所示, 并且由实验还可以看出, 在 $0 \leqslant r < 0.48$ 范围内, r 越接近于 0.48, 误差系统越趋近于稳定; 反之, r 越接近于 0, 误差系统的混沌态越明显, 如图 4.125(c), (d) 所示.

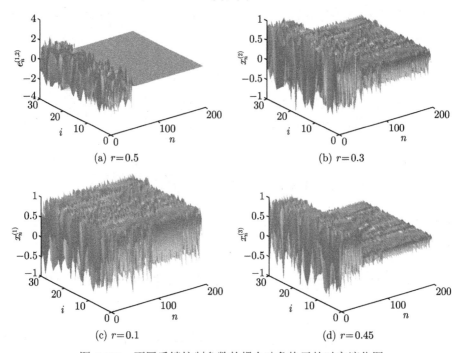

图 4.125   不同反馈控制参数的耦合映象格子的时空演化图

4.3.7.2 时空混沌广义同步的相空间压缩

下面讨论如何降低时空混沌广义同步的限制, 使得 r 在更大的范围内可使两时空混沌系统达到广义同步. 根据实验数据的计算可知, 在 $r \in (0, 0.55)$ 范围内, 利用相空间压缩的方法可使两个时空混沌系统达到广义同步.

混沌系统的轨迹在相空间中是经过无数次收缩又扩张, 扩张再折叠, 来回折叠扩张的几何图形. 对误差系统实施相空间压缩, 限制其自由发散和扩张, 误差系统的状态将会有所改变. 经过实验可知, 相空间压缩的方法可以使得不稳定误差系统趋于定值.

采用相空间压缩方法, 将状态变量限制在一定的区域内, 如下式所示:

$$Y = \begin{cases} Y_{\max}, & Y > Y_{\max}, \\ Y, & Y_{\min} < Y < Y_{\max}, \\ Y_{\min}, & Y < Y_{\min}. \end{cases}$$

对于误差系统有

$$e_{\max} = Y_{\max} - X,$$
$$e = Y - X,$$
$$e_{\min} = Y_{\min} - X.$$

因此, 误差系统的相空间压缩为

$$e = \begin{cases} e_{\max}, & e > e_{\max}, \\ e, & e_{\min} < e < e_{\max}, \\ e_{\min}, & e < e_{\min}. \end{cases}$$

由图 4.125 可知, 当 r 值分别为 0.1 和 0.45 时, 误差系统无法稳定到定值. 为此, 利用相空间压缩方法得到耦合映象格子的时空演化过程如图 4.126 所示. 根据实验可知, 在 100 步后将误差系统压缩在 $(-0.5, 0.5)$ 之间时, 由图 4.126 可知, 误差系统逐步达到稳定.

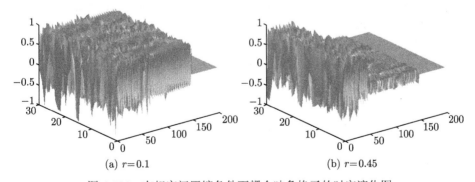

(a) $r=0.1$　　(b) $r=0.45$

图 4.126　在相空间压缩条件下耦合映象格子的时空演化图

由图 4.125(c) 和图 4.126(b) 的对比可知, 100 步后施行相空间压缩有效地使误差系统趋于定值. 由以上证明可得出, 当 $r \in (0.48, 0.55)$ 时, 误差系统逐渐趋于稳定; 但当 $0 \leqslant r < 0.48$ 时, 误差系统仍为混沌态. 在此基础上, 利用相空间压缩的方法, 当反馈系数 $r \in (0, 0.55)$ 时, 误差系统逐渐趋于稳定, 即两时空混沌系统达到广义同步.

　　上述研究表明, 选取恰当的反馈控制项, 当反馈控制参数在某一范围取值时, 利用反馈控制方法可实现两个独立的耦合映象格子系统之间的时空混沌广义同步. 在此基础上, 对两个耦合映象格子的误差系统进行相空间压缩, 则达到同步的反馈参数的取值范围扩大了, 两系统之间的时空混沌广义同步更容易达到.

<h2 align="center">参 考 文 献</h2>

[1] Pecora L M, Carroll T L. Synchronization of chaotic systems. Phys. Rev. Lett, 1990, 64(8): 821–830

[2] Carroll T L, Pecora L M. Synchronizing chaotic circuits. IEEE Trans. Circuits Systems, 1991, 38(4): 453–456

[3] Chen G, Dong X. On feedback control of chaotic continuous-time systems. IEEE Trans. Circuits Systems, 1993, 40(9): 591–601

[4] Fuh C C, Tung P C. Controlling chaos using differential geometric method. Phys. Rev. Lett., 1995, 75(16): 2952–2955

[5] Chen G, Dong X. From Chaos to Order: Methodologies, Perspectives and Applications. Singapore: World Scientific, 1998: 12–27

[6] Shinbrot T, Grebogi C, Ott E, et al. Using small perturbations to control chaos. Nature, 1993, 363(6): 411–417

[7] Yu X, Song Y. Chaos synchronization via controlling partial state of chaotic systems. Int. J. Bifur. Chaos, 2001, 11(6): 1737–1741

[8] Kim C M, Rim S H, Key W. Anti-synchronization of chaotic oscillators. Phys. Lett. A, 2003, 320(1): 39–46

[9] Rosenblum M G, Pikovsky A S, Kurths J. From phase to lag synchronization in coupled chaotic oscillators. Phys. Rev. Lett., 1997, 78(22): 4193–4196

[10] Ho M C, Hung Y C, Chou C H. Phase and anti-phase synchronization of two chaotic systems by using active control. Phys. Lett. A, 2002, 296(1): 43–48

[11] Shahverdiev E M, Sivaprakasam S, Shore K A. Lag synchronization in time-delayed systems. Phys. Lett. A, 2002, 292(6): 320–324

[12] Xu D L, Li Z. Controlled projective synchronization in nonpartially-linear chaotic systems. Int. J. Bifur. Chaos, 2002, 12(6): 1395–1402

[13] Yang X S. On the existence of generalized synchronizor in unidirectionally coupled systems. Appl. Math. Comput., 2001, 122(1): 71–79

[14] 王光瑞, 于熙龄, 陈式刚. 混沌的控制、同步与利用. 北京: 国防工业出版社, 2001: 281–455

[15] 陈关荣, 吕金虎. Lorenz 系统族的动力学分析、控制与同步. 北京: 科学出版社, 2003: 185–273

[16] Yang T, Chua L O. Generalized synchronization of chaos via linear transformations. Int. J. Bifur. Chaos, 1999, 9(1): 215–219

[17] Lu J G, Xi Y G. Linear generalized synchronization of continuous-time chaotic systems. Chaos, Solitons Fract., 2003, 17(5): 825–831

[18] Wang Y W, Guan Z H. Generalized synchronization of continuous chaotic system. Chaos, Solitons Fract., 2006, 27(1): 97–101

[19] Zhang G, Liu Z R, Ma Z J. Generalized synchronization of different dimensional chaotic dynamical systems. Chaos, Solitons Fract., 2007, 32(2): 773–779

[20] Lorenz E N. Deterministic nonperodic flow. J. Atmos. Sci., 1963, 20: 130–141

[21] Chen G, Ueta T. Yet another chaotic attractor. Int. J. Bifur. Chaos, 1999, 9(7): 1465–1466

[22] Lü J, Chen G. A new chaotic attractor coined. Int. J. Bifur. Chaos, 2002, 12(3): 659–661

[23] Vanecek A, Celikovsky S. Control Systems: From Linear Analysis to Synthesis of Chaos. London: Prentice-Hall, 1996: 116–167

[24] Lü J H, Chen G R, Cheng D Z, et al. Bridge the gap between the Lorenz system and the Chen system. Int. J. Bifur. Chaos, 2002, 12(12): 2917–2926

[25] Wang X Y, Wang Y. Anti-synchronization of three-dimensional autonomous chaotic systems via active control. Int. J. Mod. Phys. B, 2007, 21(17): 3017–3027

[26] Wang X Y, Wang M J. A hyperchaos generated from Lorenz system. Physica A, 2008, 387(14): 3751–3758

[27] Wang X Y, Niu D H, Wang M J. Active tracking control of the hyperchaotic Lorenz system. Mod. Phys. Lett. B, 2008, 22(19): 1859–1865

[28] Li Y, Tang W K S, Chen G R. Generating hyperchaos via state feedback control. Int. J. Bifur. Chaos, 2005, 15(10): 3367–3375

[29] Cao J. Periodic oscillation and exponential stability of delayed CNNs. Phys. Lett. A, 2000, 270(3-4): 157–163

[30] Lu H T. Stability criteria for delayed neural networks. Phys. Rev. E, 2001, 64(5): 051901

[31] Chen T P. Global exponential stability of delayed Hopfield neural networks. Neural Networks, 2001, 14(8): 977–980

[32] Zhang Y, Pheng P H, Prahlad V. Absolute periodicity and absolute stability of delayed neural networks. IEEE Trans. Circ. Syst., 2002, 49(2): 256–261

[33] Huang H, Cao J, Wang J. Global exponential stability and periodic solutions of recurrent neural networks with delays. Phys. Lett. A, 2002, 298(5-6): 393–404

[34] Zhou J, Liu Z R, Chen G R. Dynamics of periodic delayed neural networks. Neural Networks, 2004, 17(1): 87–101

[35] Zou F, Nossek J A. Bifurcation and chaos in cellular neural networks. IEEE Trans. Circ. Syst., 1993, 40(3): 166–173

[36] Gilli M. Strange attractors in delayed cellular neural networks. IEEE Trans. Circ. Syst., 1993, 40(11): 849–853

[37] Lu H T. Chaotic attractors in delayed neural networks. Phys. Lett. A, 2002, 298(2-3): 109–116

[38] Chen G, Zhou J, Liu Z R. Global synchronization of coupled delayed neural networks with application to chaotic CNN models. Int. Jour. Bifur. Chaos, 2004, 14(7): 2229–2240

[39] Gopalsamy K. Stability and Oscillations in Delay Differential Equations of Population Dynamics. Dordrecht: Kluwer Academic Publishers, 1992

[40] Meng J, Wang X Y. Robust anti-synchronization of a class of delayed chaotic neural networks. Chaos, 2007, 17(2): 023113

[41] Peng J H, Ding E J, Ding M, et al. Sychronizing hyperchaos with a scalar transmitted signal. Phys. Rev. Lett., 1996, 76(6): 904–907

[42] Benettin G, Galgani L, Giorgilli A, et al. Lyapunov characteristic exponents for smooth dynamical systems and for Hamiltonian systems: a method for computing all of them. Meccanica, 1980, 15:9–20

[43] 王兴元, 王明军. 三种方法实现超混沌 Chen 系统的反同步. 物理学报, 2007, 56(12): 6843–6850

[44] 王兴元, 王勇. 基于主动控制的三维自治混沌系统的异结构反同步. 动力学与控制学报, 2007, 5(1): 13–17

[45] Wang X Y, Wang J G. Synchronization and anti-synchronization of chaotic system based on linear separation and applications in security communication. Mod. Phys. Lett. B, 2007, 21(23): 1545–1553

[46] 王兴元, 武相军. 基于状态观测器的一类混沌系统的反同步. 物理学报, 2007, 56(4): 1988–1993

[47] Rössler O E. An equation for continuous chaos. Phys. Lett. A, 1976, 57: 397–398

[48] 王兴元, 王勇. 基于线性分离的自治混沌系统的投影同步. 物理学报, 2007, 56(5): 2498–2503

[49] Meng J, Wang X Y. Generalized projective synchronization of a class of delayed neural networks. Mod. Phys. Lett. B, 2008, 22(3): 181–190

[50] Itkis U. Control System of Variable Structure. New York: Wiley, 1976

[51] Utkin V I. Sliding Mode and Their Application in Variable Structure Systems. Moscow: Mir Editors, 1978

[52] 王兴元, 赵群. 一类不确定延迟神经网络的自适应投影同步. 物理学报, 2008, 57(5): 2812–2818

[53] Paraskevopoulos P N. Modern Control Engineering. New York: Marcel Dekker, 2002

[54] Celikovsky S, Chen G. On a generalized Lorenz canonical form of chaotic systems. Int. J. Bifur. Chaos, 2002, 12(8): 1789–1812

[55] 王兴元, 孟娟. 混沌神经网络的广义投影同步: 观测器设计. 应用力学学报, 2008, 25(4): 656–659

[56] Shil'nikov L P. Chua's circuit: rigorous results and future problems. Int. J. Bifur. Chaos, 1994, 4(3): 489–519

[57] 王兴元, 孟娟. 基于 T-S 模糊模型的超混沌系统自适应投影同步及参数辨识. 物理学报, 2009, 58(6): 3780–3787

[58] 孟娟, 王兴元. 基于模糊观测器的 Chua 混沌系统投影同步. 物理学报, 2009, 58(2): 819–823

[59] Jia Q. Projective synchronization of a new hyperchaotic Lorenz system. Phys. Lett. A, 2007, 370(1):40–45

[60] Wang X Y, Nian F Z, Guo G. High precision fast projective synchronization in chaotic (hyperchaotic) systems. Phys. Lett. A, 2009, 373(20): 1754–1761

[61] 王兴元, 贺毅杰. 分数阶统一混沌系统的投影同步. 物理学报, 2008, 57(3): 1485–1492

[62] Wang X Y, Zhao Q, Wang M J, et al. Generalized synchronization of different dimensional neural networks and its applications in secure communication. Mod. Phys. Lett. B, 2008, 22(22): 2077–2084

[63] Wang X Y, He Y J. Projective synchronization of fractional order chaotic system based on linear separation. Phys. Lett. A, 2008, 372(4): 435–441

[64] Hindmarsh J L, Rose R M. A model of the nerve impulse using two first-order differential equations. Nature, 1982, 296(11): 162–164

[65] Liu C X, Liu L, Liu T, et al. A new butterfly-shaped attractor of Lorenz-like system. Chaos, Solitons Fract., 2006, 28(5): 1196–1203

[66] 王兴元, 孟娟. 超混沌系统的广义同步化. 物理学报, 2007, 56(11): 6288–6293

[67] Huang D B, Guo R W. Identifying parameter by identical synchronization between different systems. Chaos, 2004, 14(1): 152–159

[68] Grassi G, Miller D A. Theory and experimental realization of observer-based discrete-time hyperchaos synchronization. IEEE Trans. Circuits Systems I, 2002, 49(3): 373–378

[69] Hilborn R C. Chaos and Nonlinear Dynamics. Oxford: Oxford Univ Press, 1994

[70] Yan Z Y. A nonlinear control scheme to anticipated and complete synchronization in discrete-time chaotic (hyperchaotic) systems. Phys. Lett. A, 2005, 343(6): 423–431

[71] Stefanski K. Modelling chaos and hyperchaos with 3D maps. Chaos, Solitons Fract., 1998, 9(1, 2): 83–93

[72] Ho M C, Hung Y C, Chou C H. Phase and anti-phase synchronization of two chaotic systems by using active control. Phys. Lett. A, 2002, 296(1): 43–48

[73] Lü J H, Chen G R, Cheng D Z. A new chaotic system and beyond: the generalized lorenz-like system. Int. J. Bifur. Chaos. 2004, 14(5): 1507–1537

[74] Meng J, Wang X Y. Nonlinear observer based phase synchronization of chaotic systems. Phys. Lett. A, 2007, 369(4): 294–298

[75] Meng J, Wang X Y. Generalized synchronization via nonlinear control. Chaos, 2008, 18(2): 023108

[76] Wang T S, Wang X Y. Generalized synchronization of fractional order hyperchaotic Lorenz system. Mod. Phys. Lett. B, 2009, 23(17): 2167–2178

[77] Wang X Y, Zhang J. Synchronization and generalized synchronization of fractional order chaotic systems. Mod. Phys. Lett. B, 2009, 23(13): 1695–1714

[78] Wang X Y, Zhao Q. Tracking control and synchronization of two coupled neurons. Journal of Nonlinear Analysis-A: Real World Applications, 2010, 11(2): 849–855

[79] Wang X Y, Li X G. Feedback control of Liu chaotic dynamical system. International Journal of Modern Physics B, 2010, 24(3): 397–404

[80] 王兴元, 孟娟. 自治混沌系统的线性和非线性广义同步. 物理学报, 2008, 57(2): 726–730

[81] 孟娟, 王兴元. 基于非线性观测器的一类混沌系统的相同步. 物理学报, 2007, 56(9): 5142–5148

[82] 田钢, 杨世平, 徐树山. 耦合反对称立方映象格子中的时空混沌与控制. 中国科学 A, 1996, 26(9): 846–850

[83] Hu G, Xiao J H, Yang J Z, et al. Synchronization of spatiotemporal chaos and its applications. Phys. Rev. E, 1997, 56(3): 2738–2746

[84] Nekorkin V I, Kazantsev V B, Verlarde M G. Mutual synchronization of two lattices of bistable elements. Phys. Lett. A, 1997, 236(5, 6): 505–512

[85] Xie F G, Hu Gang. Spatio-temporal periodic pattern and propagated spatiotemporal on-off intermittency in the one-way coupled map lattice system. Phys. Rev., 1996, 53(5): 4439–4446

[86] Yin X, Ren Y, Shan X M. Synchronization of discrete spatiotemporal chaos by using variable structure control. Choas, Solitons & Fractal, 2002, 14(7): 1077–1082

[87] Yue J, Yang S Y. Synchronization of discrete-time spatiotemporal chaos via adaptive fuzzy control. Choas, Solitons & Fractals, 2003, 17(5): 967–963

[88] Alexander A, Ulrich P. Control and synchronization of spatiotemporal chaos. Phys. Rev. E, 2008, 77: 016201

[89] Liu Z H, Chen S G, Hu B. Coupled synchronization of spatiotemporal chaos. Phys. Rev. E, 1999, 59: 2817

[90] 吕翎, 李刚, 柴元. 单向耦合映象格子的时空混沌同步. 物理学报, 2008, 57(12): 7517–5121

[91] Gong X F, Chen H, Li F L. Controlling and synchronization of spatio-temporal patterns of aglobally coupled chaotic map. Phys. Lett. A, 1998, 237(4-5): 217–224

[92] Kaneko K. Spatiotemporal intermittency in coupled map lattices. Prog. Theor. Phys., 1985, 74(5): 1033–1044

[93] Li Y, Zhang X. Controlling localized spatiotemporal chaos using feedback control method. Phys. Lett. A, 2006, 357(3): 209–212

第 5 章　混沌同步在保密通信中的应用

混沌同步在保密通信中的潜在应用引起了人们极大的兴趣, 人们对此进行了广泛深入的研究[1]. 目前, 人们已提出并实现了多种基于同步的混沌保密通信方案. 例如, Kocarev 和 Cuomo 等提出了混沌遮掩保密通信[2,3]; Dedieu 等实现了混沌键控保密通信[4]; Halle 和 Itoh 等完成了混沌调制保密通信[5,6]. 近年来, 人们在混沌保密通信方面所做的较有代表性的工作有 Liao 和 Huang 利用状态观测器实现了混沌保密通信[7]; Feki 设计了用于低维弱混沌系统保密通信的自适应状态观测器[8]; Chen 等利用瞬时相同步进行数字保密通信[9]; Tam 等分别用混沌键控和差分混沌键控进行了多路保密通信[10]; Li 等将延迟同步运用于混沌保密通信[11]; Li 和 Xu 等实现了投影同步的混沌保密通信[12]; Khadra 等实现了脉冲同步的混沌保密通信[13]; Zhou 等利用空间周期性混沌同步进行保密通信[14]; Miliou 等研究了噪声影响下的混沌同步及其在保密通信中的鲁棒性[15]; Cruz-Hernández 和 Romero-Haros 利用广义哈密顿函数和观测器法实现了 Chua 电路的延时同步, 并用于传输加密信息[16]; Fallahi 等提出了一种使用 Kalman 滤波器和多重键控密码算法的混沌保密通信方法[17]; 我国学者陈关荣、胡岗等也做出了不少与混沌保密通信相关的研究工作[18~21]. 另外, Ryabov 等还提出了无需同步的保密通信技术[22], 进一步扩大了混沌在保密通信中的应用范围.

在本章中, 将分别针对混沌遮掩、混沌键控、混沌调制等几种典型的混沌保密通信方法, 结合最新的研究成果加以具体阐述.

5.1　混　沌　遮　掩

混沌遮掩保密通信的基本原理如下: 编码器为一个自治的混沌系统, 在它的混沌输出信号上叠加上信息信号. 通过信道发送出去, 解码器利用这个传输的信号来同步另一个等价的混沌系统, 这个等价的混沌系统输出一个重构的混沌信号, 然后从所传输信号中减去这个重构的混沌信号, 以恢复信息信号. 为保证同步, 解码器端收到的信号中, 信息信号比起混沌信号应足够小. 混沌遮掩通信是最早研究的混沌保密通信方法, 它利用了 Pecora-Carrol 的自同步理论, 但混沌遮掩通信存在着对信道噪声敏感、线路带宽限制及保密性低等缺点, 因而在实用中存在一些困难. 因为混沌同步不是总能得到满足, 在混沌信号上叠加了信息信号, 作为驱动信号驱动接收机时相当于注入了扰动信号, 从而使混沌遮掩通信的信号受到了限制. 这样一来, 信道上小的噪声注入就可能影响恢复信号的质量, 因此, 混沌遮掩保密通信方法在实际应用中存在一定局限性. 下面将结合不同的同步方法对这一保密通信方法进行具体研究.

5.1.1 基于 PC 同步的混沌遮掩保密通信

5.1.1.1 基于 Chen 系统 PC 同步的混沌遮掩保密通信

1999 年, Chen 发现了与 Lorenz 系统不拓扑等价的 Chen 系统[23], 它由三维自治方程组

$$\begin{cases} \dot{x}_1 = a(x_2 - x_1), \\ \dot{x}_2 = (c-a)x_1 - x_1 x_3 + c x_2, \\ \dot{x}_3 = x_1 x_2 - b x_3 \end{cases} \tag{5.1}$$

来描述, 其中 $\boldsymbol{X} = (x_1, x_2, x_3)^{\mathrm{T}} \in \mathbf{R}^3$ 代表系统的状态, $a > 0$, $b > 0$ 和 $c > 0$ 为系统的控制参数. 当 $a = 35$, $b = 3$ 和 $c = 28$ 时, 系统 (5.1) 进入混沌状态[23], 图 5.1 为对应的 Chen 吸引子.

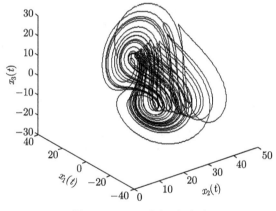

图 5.1 Chen 奇怪吸引子

Corroll 和 Pecora 通过 Newcomb 电路实验, 证明了在同一信号驱动下耦合混沌系统可以达到同步[24].

具体方法如下: 设 N 维复合混沌系统为 $\dot{U} = F(U)$, 其可分解为两个子系统

$$\begin{cases} \dot{V} = f_1(V, W), \\ \dot{W} = f_2(V, W), \end{cases} \tag{5.2}$$

其中 V 为驱动子系统, W 为响应子系统.

利用 V 作为驱动信号, 复制一个与 W 完全相同的系统

$$\dot{W}' = f_2(V, W') \tag{5.3}$$

作为响应系统.

假设系统 (5.2) 和 (5.3) 具有完全相同的初始条件, 它们之间能够保持一种同步. 若响应系统 W 是稳定的, 尽管系统 (5.2) 和 (5.3) 从不同的初始点出发或 W 受到一定的扰动, W 的轨道总是收敛于同一条轨道上, 这条轨道与驱动系统响应分量的轨道是一致的, 即当 $t \to \infty$ 时,

$$\Delta W = \|W - W'\| \to 0,$$

驱动系统与响应系统达到了稳定的同步状态.

从运动的变分问题来考虑响应系统稳定性的条件, 则

$$\Delta \dot{W} = f_2(V, W') - f_2(V, W) = D_W f_2(V, W') \Delta W + O(V, W), \tag{5.4}$$

其中 D_W 为响应系统的 Jacobi 行列式, $O(V, W)$ 为高阶无穷小项. 当 ΔW 很小时, 则有

$$\Delta \dot{W} = D_W f_2(V, W') \Delta W. \tag{5.5}$$

若 W' 为常数或周期态, 则可以求出 $D_W f_2(V, W')$ 的特征值, 以判断 W' 的稳定性, 但由于 W' 受混沌信号 V 所驱动, 因此, 仅用以上简单的稳定性分析还不够. 在这种情况下, 分析其稳定性的方法是计算 W' 的 Lyapunov 指数. 如果 W' 所有的 Lyapunov 指数均为负值, 则 W' 的轨道是渐近稳定的, 即同步是稳定的, W' 对初值已不具有敏感性, 它最终被驱动信号驱赶到与驱动系统中响应子系统 W 相同的轨道上去.

令 Chen 系统 (5.1) 作为驱动系统, 分别以 x_1, x_2 或 x_3 作为驱动信号, 构建相应的二维子空间中的响应系统. 若以 x_1 作为驱动信号, 则相应的响应子系统为

$$\begin{cases} \dot{x}_2' = (c-a)x_1 - x_1 x_3' + cx_2', \\ \dot{x}_3' = x_1 x_2' - bx_3'; \end{cases} \tag{5.6}$$

若以 x_2 作为驱动信号, 则相应的响应子系统为

$$\begin{cases} \dot{x}_1' = a(x_2 - x_1'), \\ \dot{x}_3' = x_1' x_2 - bx_3', \end{cases} \tag{5.7}$$

若以 x_3 作为驱动信号时, 则相应的响应子系统为

$$\begin{cases} \dot{x}_1' = a(x_2' - x_1'), \\ \dot{x}_2' = (c-a)x_1' - x_1' x_3 + cx_2'. \end{cases} \tag{5.8}$$

选取参数 $a = 35$, $b = 3$ 和 $c = 28$, 此时 Chen 系统已进入混沌状态. 选取时间步长为 $\tau = 0.001$s, 采用四阶 Runge-Kutta 法去求解方程 (5.6)~(5.8), 将方程 (5.6)~(5.8) 转化为一阶非线性差分方程组, 再根据差分方程组计算 Lyapunov 指数

的方法[21], 王兴元等计算出系统 (5.6) 的 Lyapunov 指数为 (+1.82, −16.56), 系统 (5.7) 的 Lyapunov 指数为 (−2.49, −5.67), 系统 (5.8) 的 Lyapunov 指数为 (+0.0087, −21.39). 上述计算结果表明, 只有系统 (5.7) 所有的 Lyapunov 指数均为负值, 即响应子系统 (5.7) 的轨道是渐近稳定的, 即利用 PC 法, 可以使驱动系统 (5.1) 和响应系统 (5.7) 达到同步.

在保密通信中, 令 $m(t)$ 表示信息信号, 或称为有用信号, 信号发射端系统为式 (5.1). 为保证 Chen 系统处于混沌状态, 取参数 $a = 35$, $b = 3$ 和 $c = 28$. 根据上面的结论, 取 $x_2(t)$ 为驱动信号, 以实现 PC 同步, 则响应系统可表示为

$$\begin{cases} \dot{x}_1' = a(s(t) - x_1'), \\ \dot{x}_3' = x_1's(t) - bx_3', \end{cases} \tag{5.9}$$

其中 $s(t)$ 表示信道中传输的信号, 其可表示为

$$s(t) = m(t) + x_2(t). \tag{5.10}$$

用 $s(t)$ 来驱动接收端系统. 为了发射信息信号, 再利用一个受 x_1' 和 x_3' 驱动的响应子系统

$$\dot{x}_2'' = (c - a)x_1' - x_1'x_3' + cx_2''. \tag{5.11}$$

若系统 (5.1), 系统 (5.9) 和系统 (5.11) 都是同步化的, 则在混沌态下, x_2'' 与 $x_2(t)$ 也将达到同步.

假定 $x_2(t)$ 的功率水平远高于信息信号 $m(t)$, 则在接收端恢复信号可表示为

$$\hat{m}(t) = s(t) - x_2''(t) = x_2(t) + m(t) - x_2''(t) \simeq m'(t). \tag{5.12}$$

图 5.2 为利用 PC 法进行同步保密通信的模拟结果, 其中图 5.2(a) 为被加密的信息信号

$$m(t) = 0.1 \sin t$$

的波形, 图 5.2(b)~(d) 分别为传输信号 $s(t)$ 的波形、恢复信号 $\hat{m}(t)$ 的波形和同步误差信号

$$e(t) = m(t) - \hat{m}(t)$$

的波形. 观察图 5.2 可见, 经过 $t = 1.5$s 的状态过渡后, 发送端发送的有用信号图 5.2(a) 和接收端恢复出的发送信号图 5.2 (c) 就已符合得很好, 这表明接收端系统可有效地恢复出传送的有用信号; 将图 5.2(b) 与图 5.2(a) 比较可见, 有用信号与传输信号毫不相关, 表明该加密方案具有很好的安全性; 由图 5.2 (d) 可以看出在 $t = 1.5$s 后, 误差 $e(t)$ 已基本稳定在零点附近, 即驱动–响应系统达到了同步. 可见, 经过短暂的状态过渡后, 驱动–响应系统即可达到同步 (图 5.2 (d)), 而此时收端系统也有效地恢复出了传送的有用信号 (图 5.2 (c)). 需指出的是, 此时 Chen 系统所

产生的混沌信号幅值 $x_2(t)$ 要比有用信号 $m(t)$ 的幅值大得多, 但这两个同步系统仍能很好地恢复出传送的信号 $\hat{m}(t)$, 因此, 该保密通信方法具有较好的鲁棒性.

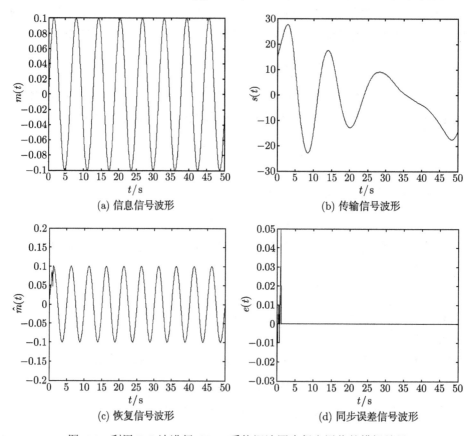

(a) 信息信号波形   (b) 传输信号波形

(c) 恢复信号波形   (d) 同步误差信号波形

图 5.2   利用 PC 法进行 Chen 系统混沌同步保密通信的模拟结果

5.1.1.2   基于 PC 同步法的四级混沌保密通信系统

研究表明, 单级混沌保密通信系统就其安全程度来说不太令人满意. 例如, Short 曾成功地破译了单级混沌同步通信系统 [25,26], 他指出现有混沌同步通信系统在安全性方面和利用伪随机噪声的扩频通信系统相差不大. 为改善单级混沌同步通信系统的传输性能和安全性能, 本节设计基于 PC 同步法的四级混沌保密通信系统, 并分析了该系统的性能. 数值仿真实验进一步验证了该通信系统的有效性.

图 5.3 为基于 PC 同步法的四级混沌同步通信系统. 该系统的发送端与接收端均有四级混沌系统. 发送端的第一级为主系统 (x_1, x_2, x_3); 第二级为子系统 (y_2, y_3), 它由主系统的变量 x_1 驱动; 第三级为子系统 (z_1, z_3), 它由二级子系统的变量 y_2 驱动; 第四级为子系统 (v_2, v_3), 它由三级子系统的变量 z_1 驱动. 接收端第一级为

系统 (x'_1, x'_2, x'_3), 其子系统 (x'_2, x'_3) 由从信道传输过来的、含有有用信号信息的主系统变量 x_1 驱动; 第二级为子系统 (y'_1, y'_3), 它由接收端第一级系统的变量 x'_2 驱动; 第三级为子系统 (z'_1, z'_2), 它由第一级系统的变量 x'_3 驱动; 第四级为子系统 (v'_2, v'_3), 它由第三级系统变量 z'_1 驱动. 由于 PC 法中响应系统的条件 Lyapunov 指数均为负值时, 响应系统可以与驱动系统达到同步, 所以当子系统 (y_2, y_3), (z_1, z_3), (v_2, v_3), (x'_2, x'_3), (y'_1, y'_3), (z'_1, z'_2), (v'_2, v'_3) 的条件 Lyapunov 指数均为负值时, 主系统和 7 个子系统可达到同步.

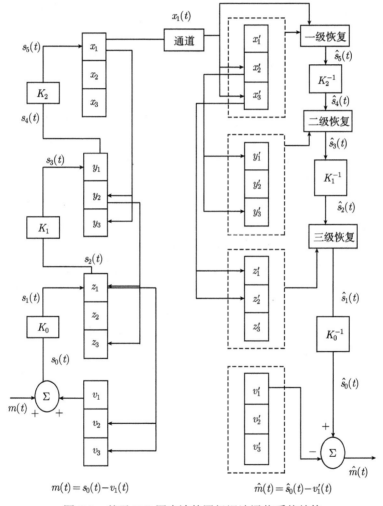

$$m(t) = s_0(t) - v_1(t) \qquad \hat{m}(t) = \hat{s}_0(t) - v'_1(t)$$

图 5.3 基于 PC 同步法的四级混沌通信系统结构

在整个系统中, 首先, 有用信号 $m(t)$ 以叠加的方式掩蔽于发射端第四级系统 (v_1, v_2, v_3) 的输出信号 $v_1(t)$ 中, 得到信号 $s_0(t)$, 即

$$s_0(t) = v_1(t) + m(t),$$

并且 $m(t)$ 的功率比 $v_1(t)$ 小得多; 信号 s_0 经线性系统 K_0 后得 $s_1(t)$. 其次, 信号 $s_1(t)$ 经发射端第三级系统 (z_1, z_2, z_3) 调制后, 由该系统的输出信号 $z_1(t)$ 输出得到信号 $s_2(t)$, $s_2(t)$ 经线性系统 K_1 得到信号 $s_3(t)$; 信号 $s_3(t)$ 经发射端第二级系统调制后, 由该系统的输出信号 $y_1(t)$ 输出得到信号 $s_4(t)$, $s_4(t)$ 经线性系统 K_2 得到信号 $s_5(t)$. 最后, 信号 $s_5(t)$ 经主系统 (x_1, x_2, x_3) 调制后由输出信号 $x_1(t)$ 输出. 此时, 输出信号 $x_1(t)$ 携带有用信号信息. $x_1(t)$ 经信道传输到达接收端, 并驱动接收端第一级子系统 (x_2', x_3'), 恢复信号 $\hat{s}_5(t)$ 由一级恢复模块恢复而得. 然后, $\hat{s}_5(t)$ 经线性系统 K_2^{-1} 后得到信号 $\hat{s}_4(t)$, $\hat{s}_4(t)$ 经二级恢复模块恢复后得到信号 $\hat{s}_3(t)$; $\hat{s}_3(t)$ 经线性系统 K_1^{-1} 后得到信号 $\hat{s}_2(t)$, $\hat{s}_2(t)$ 经三级恢复模块恢复后得到信号 $\hat{s}_1(t)$; $\hat{s}_1(t)$ 经线性系统 K_0^{-1} 得 $\hat{s}_0(t)$. 终端恢复信号为

$$\hat{m}(t) = \hat{s}_0(t) - v_1'(t).$$

　　该四级混沌通信系统中, 有用信号经多次调制融入到发射系统中, 主系统输出信号 $x_1(t)$ 中含有的有用信号的信息就更为隐蔽. 在接收端, 传输信号要经过三次恢复模块的恢复和两次线性系统的恢复, 再与接收端第四级系统的输出信号 $v_1'(t)$ 作用, 最终得到有用信号.

　　线性系统 K_0, K_1 和 K_2 的设置不仅增加了整个系统的安全度, 而且确保混沌信号 $s_1(t)$, $s_3(t)$ 和 $s_5(t)$ 的功率分别远小于混沌信号 $y_1(t)$ 和 $x_1(t)$ 的功率, 不损伤系统的同步状态. 保密是否做得成功的关键在于, 即使信号被对手截获, 那么被截获的信号也会引导对手走向错误和失败, 这才是安全健壮的保密通信系统. 设计多级的混沌系统的目的正是这样, 因为混沌系统对初值的高度敏感性, 细微的误差就将导致结果的巨大偏离, 因此, 级数越多, 对手的破译就越容易走向失败. 可见, 该四级混沌通信系统的安全性是较高的, 在这样的保密通信系统中, 窃密者很难通过截获的传输信号获得有用信息.

　　下面以 Lorenz 系统为例来说明上述四级混沌保密通信系统的有效性. 令发射端主系统为

$$\begin{cases} \dot{x}_1 = a(x_2 - x_1) + s_5(t), \\ \dot{x}_2 = cx_1 - x_1 x_3 - x_2, \\ \dot{x}_3 = x_1 x_2 - bx_3, \end{cases} \tag{5.13}$$

第二级系统为

$$\begin{cases} \dot{y}_1 = a(y_2 - y_1) + s_3(t), \\ \dot{y}_2 = cx_1 - x_1 y_3 - y_2, \\ \dot{y}_3 = x_1 y_2 - by_3, \end{cases} \tag{5.14}$$

第三级系统为

$$\begin{cases} \dot{z}_1 = a(y_2 - z_1) + s_1(t), \\ \dot{z}_2 = cz_1 - z_1 z_3 - z_2, \\ \dot{z}_3 = z_1 y_2 - b z_3, \end{cases} \tag{5.15}$$

第四级系统为

$$\begin{cases} \dot{v}_1 = a(v_2 - v_1), \\ \dot{v}_2 = cz_1 - z_1 v_3 - v_2, \\ \dot{v}_3 = z_1 v_2 - b v_3, \end{cases} \tag{5.16}$$

其中 $m(t)$ 为有用信号,

$$s_0(t) = v_1(t) + m(t),$$

$m(t)$ 的功率比 $v_1(t)$ 的功率小得多.

令线性系统

$$K_0 = K_1 = K_2$$

为

$$f(x) = 0.01x,$$

确保 s_1, s_3 和 s_5 的功率远小于混沌信号 z_1, y_1 和 x_1 的功率, 则有

$$s_5(t) = 0.01s_4, \quad s_3(t) = 0.01s_2, \quad s_1(t) = 0.01s_0.$$

接收端第一级系统为

$$\begin{cases} \dot{x}'_1 = a(x'_2 - x'_1), \\ \dot{x}'_2 = cx_1 - x_1 x_3 - x'_2, \\ \dot{x}'_3 = x_1 x'_2 - b x'_3, \end{cases} \tag{5.17}$$

第二级系统为

$$\begin{cases} \dot{y}'_1 = a(x'_2 - y'_1), \\ \dot{y}'_2 = cy'_1 - y'_1 y'_3 - y'_2, \\ \dot{y}'_3 = y'_1 x'_2 - b y'_3, \end{cases} \tag{5.18}$$

第三级系统为

$$\begin{cases} \dot{z}'_1 = a(z'_2 - z'_1), \\ \dot{z}'_2 = cz'_1 - z'_1 x'_3 - z'_2, \\ \dot{z}'_3 = z'_1 z'_2 - b z'_3, \end{cases} \tag{5.19}$$

第四级系统为

$$\begin{cases} \dot{v}'_1 = a(v'_2 - v'_1), \\ \dot{v}'_2 = cz'_1 - z'_1 v'_3 - v'_2, \\ \dot{v}'_3 = z'_1 v'_2 - b v'_3. \end{cases} \tag{5.20}$$

　　图 5.4 为接收端的信号恢复模块框图. 下面证明传输信号经该保密通信系统可以得到完好的恢复.

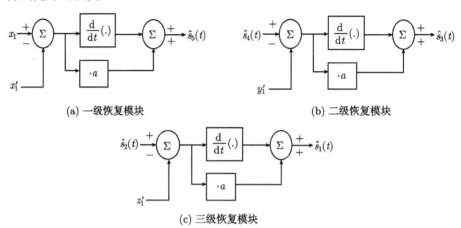

(a) 一级恢复模块　　　　　　　　　　　　　(b) 二级恢复模块

(c) 三级恢复模块

图 5.4　基于 PC 同步法的保密通信系统接收端恢复模块框图

　　首先证明 $\hat{s}_5(t) = s_5(t)$. 信号 x_1 到达接收端后经图 5.4(a) 所示的一级恢复模块恢复可得

$$\hat{s}_5(t) = \dot{x}_1 - \dot{x}_1' + a(x_1 - x_1'). \tag{5.21}$$

又由式 (5.13) 和 (5.17) 可得

$$s_5(t) = \dot{x}_1 - \dot{x}_1' + a(x_1 - x_1') - a(x_2 - x_2'). \tag{5.22}$$

因为当 $s_5(t)$ 与 $x_1(t)$ 和 $x_2(t)$ 相比很小时, 系统 (5.13) 和 (5.17) 保持同步, 使得

$$x_2 = x_2',$$

故有

$$\hat{s}_5(t) = \dot{x}_1 - \dot{x}_1' + a(x_1 - x_1') = s_5(t),$$

因此,

$$\hat{s}_5(t) = s_5(t).$$

　　其次证明 $\hat{s}_3(t) = s_3(t)$. 由上述证明知

$$\hat{s}_5(t) = s_5(t),$$

显然, $\hat{s}_5(t)$ 经线性系统 K_2^{-1} 后所得 $\hat{s}_4(t)$ 为

$$\hat{s}_4(t) = s_4(t),$$

$\hat{s}_4(t)$ 经图 5.4(b) 所示的二级恢复模块恢复可得

$$\hat{s}_3(t) = \dot{\hat{s}}_4 - \dot{y'}_1 + a(\hat{s}_4 - y_1'). \tag{5.23}$$

由式 (5.14) 和 (5.18) 可得

$$s_3(t) = \dot{y}_1 - \dot{y}'_1 + a(y_1 - y') - a(y_2 - x'_2). \qquad (5.24)$$

由于系统 (5.14) 和 (5.18) 保持同步, 使得

$$y_2 = x'_2.$$

又因为

$$y_1(t) = s_4(t), \quad \hat{s}_4(t) = s_4(t),$$

所以有

$$y_1(t) = \hat{s}_4(t),$$

故式 (5.23) 和 (5.24) 可改写为

$$\hat{s}_3(t) = \dot{y}_1 - \dot{y}'_1 + a(y_1 - y'_1),$$
$$s_3(t) = \dot{y}_1 - \dot{y}'_1 + a(y_1 - y'),$$

所以有

$$\hat{s}_3(t) = s_3(t).$$

最后证明 $\hat{s}_1(t) = s_1(t)$. 显然, $\hat{s}_3(t)$ 经线性系统 K_1^{-1} 后所得 $\hat{s}_2(t)$ 为

$$\hat{s}_2(t) = s_2(t),$$

$\hat{s}_2(t)$ 经图 5.4(c) 所示的三级恢复模块恢复可得

$$\hat{s}_1(t) = \dot{\hat{s}}_2 - \dot{z}'_1 + a(\hat{s}_2 - z'_1). \qquad (5.25)$$

由式 (5.15) 和 (5.19) 可得

$$s_1(t) = \dot{z}_1 - \dot{z}'_1 + a(z_1 - z'_1) - a(y_2 - z'_2). \qquad (5.26)$$

又由于系统 (5.17) 和 (5.19) 保持同步, 使得

$$x'_2 = z'_2.$$

系统 (5.14) 和 (5.18) 保持同步得

$$y_2 = x'_2,$$

所以

$$y_2 = z'_2.$$

又因为

$$z_1(t) = s_2(t), \quad \hat{s}_2(t) = s_2(t),$$

所以

$$\hat{s}_2(t) = z_1(t),$$

故式 (5.25) 和 (5.26) 可改写为

$$\hat{s}_1(t) = \dot{z}_1 - \dot{z}_1' + a(z_1 - z_1'),$$

$$s_1(t) = \dot{z}_1 - \dot{z}_1' + a(z_1 - z_1'),$$

所以有

$$\hat{s}_1(t) = s_1(t).$$

显然, 分别经线性系统 K_0 和 K_0^{-1} 后有

$$s_0(t) = \hat{s}_0(t),$$

由上述证明知

$$s_0(t) = \hat{s}_0(t).$$

又因系统 (5.16) 和 (5.20) 保持同步, 使得

$$v_1(t) = v_1'(t),$$

所以

$$\hat{m}(t) = \hat{s}_0(t) - v_1'(t) = s_0(t) - v_1(t) = m(t),$$

该系统能够恢复出传送的信号. 上式表明本系统对被传输信号 $m(t)$ 来说, 是一完全重建系统, 它对 $m(t)$ 不产生失真. 证毕.

图 5.5 为发射端及接收端各信号的波形, 其中图 5.5 (a) 为有用信号

$$m(t) = 0.01\cos(t),$$

(b) 为信号 $s_0(t)$, (c) 为信号 $s_3(t)$, (d) 为信号 $x_1(t)$, (e) 为信号 $\hat{s}_5(t)$, (f) 为信号 $\hat{s}_3(t)$, (g) 为信号 $\hat{s}_0(t)$, (h) 为信号 $\hat{m}(t)$. 由图 5.5 可见, 本四级混沌同步通信系统中被传输的有用信号 $m(t)$ 在接收端能够完全重建, 即

$$\hat{m}(t) = m(t).$$

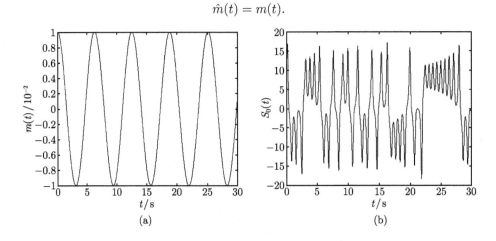

(a)　　　　　　　　　　　　　　　　　(b)

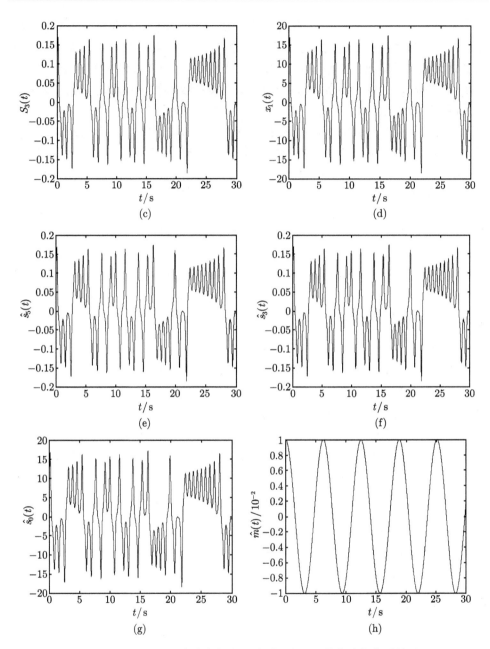

图 5.5 基于 PC 同步法的保密通信系统发送及接收端各信号波形

另外, 本系统的误差与输入信号的频率有关. 在混沌驱动信号的频带内, 本系统的幅频特性为一水平直线, 失真特性也为一水平直线. 因此, 本系统的有效带宽就是混沌信号 $x_1(t)$ 的频带宽度.

本节研究了多级混沌同步问题, 提出了基于 PC 同步法的四级混沌通信系统. 多级混沌通信系统较单级混沌通信系统安全性更高, 随着混沌同步系统级数增加, 窃密就更加难以实现. 例如, 利用本保密通信系统, 窃密者若想从截取的传输信号 $x_1(t)$ 中获得有用信号, 必须首先用 $x_1(t)$ 去预测接收端第一级系统 (x_1', x_2', x_3'), 这种预测存在着误差; 其次利用有误差的预测信号去预测第二级子系统 (y_1', y_3'), 这样会产生更大的误差; 再利用误差已经很大的预测信号去预测第三级子系统 (z_1', z_2'); 最后利用误差非常大的预测信号去预测第四级子系统 (v_2', v_3'), 这显然是非常困难的. 另外, 有用信号经过发射端第一级、第二级和第三级系统的调制然后再发送出去, 这样有用信号就不是浮在载波之上, 而是融入了整个混沌系统当中. 也就是说, 有用信号是隐藏在混沌系统的发射信号中的, 只有通过接收端的恢复模块方能恢复, 通过回归映射法是较难还原有用信号的. 因此, 本系统所采用的是增强型的混沌掩盖保密通信方案, 具有较强的安全性. 理论分析与数值模拟均表明, 本系统可以有效地加密和恢复有用信号. 但本系统对输入有用信号的功率有一定限制, 即要求有用信号的幅值较小, 能量较低. 因此, 如何改进本系统, 使之能加密传输大功率信号, 是今后研究的方向.

5.1.2　基于广义同步的混沌遮掩保密通信

第 4 章已经提及, 广义同步是指在主从混沌系统的轨道之间有一个函数关系, 它比完全同步具有更为宽广的应用领域. 事实上, 完全同步、投影同步、反同步等都可以看成广义同步的特例, 因此, 研究基于广义同步的混沌保密通信方案具有更深远的意义. 一般来说, 超混沌系统和更复杂的神经网络系统具有更复杂的动力学行为, 能在通信中提供更强的保密性, 因此, 下面将以这两类系统为例, 对基于广义同步的混沌遮掩方案加以讨论.

5.1.2.1　基于超混沌系统广义同步的混沌遮掩保密通信方案

所谓广义同步是指响应系统状态变量与驱动系统状态变量的函数之间的同步. 设 x 和 y 分别为驱动和响应系统的状态变量, 则当

$$y = H(x)$$

时, 称驱动系统和响应系统达到了广义同步. 而完全同步指的是响应系统的状态变量与驱动系统状态变量之间的同步, 即此时驱动和响应系统之间满足

$$y = H(x) = x.$$

可见, 完全同步实际上是广义同步的一种特殊情况.

在保密通信中, 由于一般意义下的混沌同步系统发送的加密信号是变量信号, 破译者可以通过延迟变量等方法近似重构出驱动系统的动力学模型, 故安全性不

高; 而广义同步发送的加密信号是驱动系统一个或几个变量的函数信号, 破译者难以根据接收到的信号重构出驱动系统的动力学模型、初始条件和可调参数. 结合对超混沌系统在保密通信中性能的分析可以看出, 超混沌系统广义同步的保密通信比一般意义下混沌同步系统的保密通信具有更强的鲁棒性.

本书实现超混沌系统的广义同步是基于反馈原理的, 其具体方法可描述如下: 设混沌系统的一般模型为

$$\dot{x} = f(x),$$

将其分为线性和非线性两部分 Ax 和 $\varphi(x)$. 若 A 的所有特征值都具有负实部, 则设计相应的响应系统模型 $\dot{y}$ 后可得同步系统模型[27]

$$\begin{cases} \dot{x} = Ax + \varphi(x), \\ \dot{y} = Ay + \Omega\varphi(x); \end{cases} \tag{5.27}$$

否则,

$$\begin{cases} \dot{x} = Ax + \varphi(x), \\ \dot{y} = Ay + \Omega\varphi(x) + BK(\Omega x - y), \end{cases} \tag{5.28}$$

其中 A 和 Ω 都为 $n \times n$ 阶的实数矩阵, 并且互为对易矩阵, 即满足

$$A\Omega = \Omega A,$$

$\varphi(x)$ 为一个 $\mathbf{R}^n \to \mathbf{R}^n$ 的非线性函数, B 和 K 分别为 $n \times p$ 和 $p \times n$ 阶的实数矩阵, 起控制使用, (A, B) 满足能控性条件. 可以看出, 式 (5.28) 比式 (5.27) 多出了 $BK(\Omega x - y)$.

容易验证, 式 (5.27) 误差系统的线性部分是矩阵 A, 式 (5.28) 误差系统的线性部分是矩阵 $A - BK$. 根据控制理论, 当矩阵 A 的特征值都具有负实部时, 式 (5.27) 的同步误差系统

$$\dot{e} = \dot{y} - \dot{x}$$

是渐近稳定的, 即驱动和响应系统可以实现广义同步, 同时满足当 $t \to \infty$ 时, 同步函数

$$y = H(x) = \Omega x.$$

同理, 当矩阵 A 不满足所有的特征值都具有负实部时, 若矩阵 $A - BK$ 的所有特征值都具有负实部, 则式 (5.28) 中的同步误差系统

$$\dot{e} = \dot{y} - \dot{x}$$

是渐近稳定的, 即驱动和响应系统可以实现广义同步. 同时, 当 $t \to \infty$ 时,

$$y = H(x) = \Omega x.$$

这里重点强调了式 (5.28) 的使用.

式 (5.28) 中, 因为 $(\boldsymbol{A},\boldsymbol{B})$ 满足能控性条件, 通过选择适当的 $\boldsymbol{B}$ 和 $\boldsymbol{K}$, 可任意配置矩阵 $\boldsymbol{A}-\boldsymbol{BK}$ 的极点位置, 从而在保证误差系统稳定性的前提下, 可以改善同步的速度. 当 $\boldsymbol{B}$ 值固定时, $\boldsymbol{A}-\boldsymbol{BK}$ 的极点越远离原点, 则同步速度越快; 反之, 越慢. 有两点需要说明: ① $\boldsymbol{B}$ 可任选, 只要 $(\boldsymbol{A},\boldsymbol{B})$ 满足能控性条件; ② $\boldsymbol{\varOmega}$ 的选择有无穷多种, 只要

$$\boldsymbol{A\varOmega} = \boldsymbol{\varOmega A},$$

但通常都选择较简单的非单位矩阵的对角矩阵.

超混沌 Chen 系统[28] 的状态方程为

$$\begin{cases} \dot{x}_1 = a(x_2 - x_1) + x_4, \\ \dot{x}_2 = dx_1 - x_1x_3 + cx_2, \\ \dot{x}_3 = x_1x_2 - bx_3, \\ \dot{x}_4 = x_2x_3 + rx_4, \end{cases} \tag{5.29}$$

其中

$$\boldsymbol{x} = (x_1, x_2, x_3, x_4)^{\mathrm{T}}$$

为系统的状态变量, a, b, c, d 和 r 为系统的控制参数. 当 $a = 35, b = 3, c = 12, d = 7$ 且 $0.085 < r \leqslant 0.798$ 时, 系统 (5.29) 进入超混沌状态. 应用 Ramasubramanian 和 Sriram 提出的计算微分方程组 Lyapunov 指数谱的方法[29], 王兴元等得到当 $r = 0.6$ 时, 系统 (5.29) 有两个正的 Lyapunov 指数 $\lambda_1 = 0.567$ 和 $\lambda_2 = 0.126$. 可见, 此时系统 (5.29) 产生了超混沌运动, 对应的奇怪吸引子在三维空间的投影如图 5.6 所示. 采用超混沌 Chen 系统进行广义同步, 若将其分解成形式

$$\boldsymbol{Ax} + \boldsymbol{\varphi(x)},$$

则有

$$\boldsymbol{A} = \begin{pmatrix} -a & a & 0 & 1 \\ d & c & 0 & 0 \\ 0 & 0 & -b & 0 \\ 0 & 0 & 0 & r \end{pmatrix}, \quad \boldsymbol{\varphi(x)} = \begin{pmatrix} 0 \\ -x_1x_3 \\ x_1x_2 \\ x_2x_3 \end{pmatrix}.$$

参数选择如前述, 则可以验证 $\boldsymbol{A}$ 的所有特征值并不都具有负实部, 故可根据式 (5.28) 设计响应系统. 选取

$$\boldsymbol{\varOmega} = \begin{pmatrix} 2 & 0 & 0 & 0 \\ 0 & 2 & 0 & 0 \\ 0 & 0 & 2 & 0 \\ 0 & 0 & 0 & 2 \end{pmatrix}, \quad \boldsymbol{B} = (1, 1, 1, 1)^{\mathrm{T}}.$$

为保证同步时间, 按接下来的三种情况选取极点 $\boldsymbol{P}$. 在 Matlab 中用函数 place($\boldsymbol{A}, \boldsymbol{B}$, $\boldsymbol{P}$) 求得 $\boldsymbol{K}$ 值. 设响应系统的状态变量为 $\boldsymbol{y} = (y_1, y_2, y_3, y_4)^{\mathrm{T}}$. 取驱动系统和响应系统的初始点分别为

$$\boldsymbol{x}(0) = (1, -1, 1, 0)^{\mathrm{T}}$$

和

$$\boldsymbol{y}(0) = (3, -2, 0, 1)^{\mathrm{T}}.$$

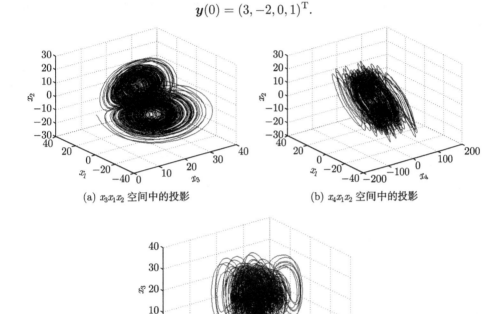

(a) $x_3 x_1 x_2$ 空间中的投影

(b) $x_4 x_1 x_2$ 空间中的投影

(c) $x_4 x_1 x_3$ 空间中的投影

图 5.6 超混沌 Chen 系统奇怪吸引子的三维投影

采用 ODE45 算法去求解方程 (5.28), 可得到如下结论:

当取极点为

$$\boldsymbol{P} = (-4, -2, -0.1 + 0.2\mathrm{i}, -0.1 - 0.2\mathrm{i})^{\mathrm{T}}$$

时, 广义同步系统误差

$$\boldsymbol{e} = \boldsymbol{H}(\boldsymbol{x}) - \boldsymbol{y} = \boldsymbol{\Omega}\boldsymbol{x} - \boldsymbol{y}$$

的曲线如图 5.7(a) 所示. 当 $t = 65\mathrm{s}$ 时, 误差向量的 4 个分量值都已基本稳定在零点, 即驱动–响应系统达到了同步. 当取极点为

$$\boldsymbol{P} = (-4, -2, -1 + \mathrm{i}, -1 - \mathrm{i})^{\mathrm{T}}$$

时, 系统误差曲线如图 5.7(b) 所示, 当 $t = 11\mathrm{s}$ 时, 误差向量的 4 个分量都已基本稳定在了零点, 驱动–响应系统达到了同步. 当取极点为

$$\boldsymbol{P} = (-40, -20, -1+\mathrm{i}, -1-\mathrm{i})^{\mathrm{T}}$$

时, 系统误差曲线如图 5.7(c) 所示, 当 $t = 7\mathrm{s}$ 时, 误差向量的 4 个分量都已基本稳定在了零点, 驱动–响应系统达到了同步. 结合图 5.7(a)~(c) 可以看出, 极点 $\boldsymbol{P}$ 越远离原点, 误差向量稳定在零点的时间越短, 系统的同步时间越短, 并且误差向量的波动幅度也越小.

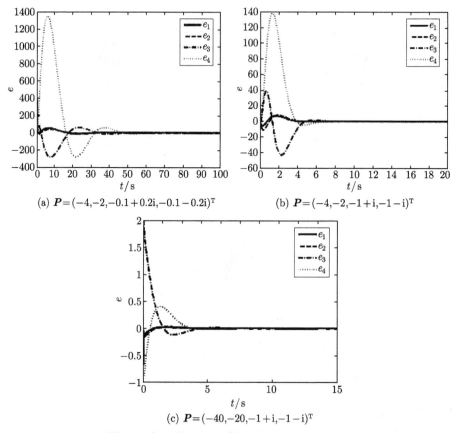

(a) $\boldsymbol{P} = (-4, -2, -0.1+0.2\mathrm{i}, -0.1-0.2\mathrm{i})^{\mathrm{T}}$　　(b) $\boldsymbol{P} = (-4, -2, -1+\mathrm{i}, -1-\mathrm{i})^{\mathrm{T}}$

(c) $\boldsymbol{P} = (-40, -20, -1+\mathrm{i}, -1-\mathrm{i})^{\mathrm{T}}$

图 5.7　超混沌 Chen 系统广义同步的误差曲线

将这里的超混沌 Chen 系统广义同步应用于保密通信, 系统各参数及向量值的选取同上. 设发送端待加密的信息信号为

$$m = 0.1\sin t,$$

将其加到驱动系统的变量 x_1 上进行传输. 此时, 由于广义同步函数

$$\boldsymbol{y} = \boldsymbol{H}(\boldsymbol{x}) = \boldsymbol{\Omega}\boldsymbol{x}$$

其中,

$$\boldsymbol{\Omega} = \begin{pmatrix} 2 & 0 & 0 & 0 \\ 0 & 2 & 0 & 0 \\ 0 & 0 & 2 & 0 \\ 0 & 0 & 0 & 2 \end{pmatrix},$$

故可将

$$s = 2(m + x_1)$$

作为信道中实际传输的信号. 接收端恢复信号可表示为

$$m' = \frac{s - y_1}{2}.$$

为了便于表示同步时间及误差曲线, 选择

$$\boldsymbol{P} = (-4, -2, -1 + \mathrm{i}, -1 - \mathrm{i})^{\mathrm{T}}$$

时的同步系统, 用 ODE45 算法解方程, 得到仿真图 5.8, 其中图 5.8(a) 为发送端的待加密信号 m, (b) 为信道中实际传输的信号 s, (c) 为接收端的恢复信号 m', 为了表示得更加清晰, 截取其部分时间的曲线图 (d), (e) 为传输过程中产生的信息误差, 即

$$e_m = m - m'.$$

由图 5.8 可得出如下结论：由信道中传输的信号 s 看不出实际被加密信号的任何迹象. 经过大约 $t = 11\mathrm{s}$, 同步误差已稳定在零点, 即接收端已经可以很好地恢复出有用的信息信号了.

需要说明的是, 选取的点 $\boldsymbol{P}$ 越远离原点, 驱动–响应系统达到同步的时间越短, 即接收端可以更快地恢复出有用的信号. 可见, 在理论上, 同步速度的提高是无限的; 在实际应用中, 可以根据需要具体选择 $\boldsymbol{P}$ 值.

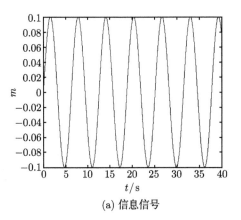

(a) 信息信号

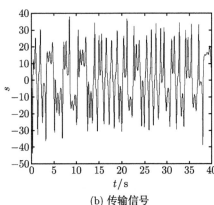

(b) 传输信号

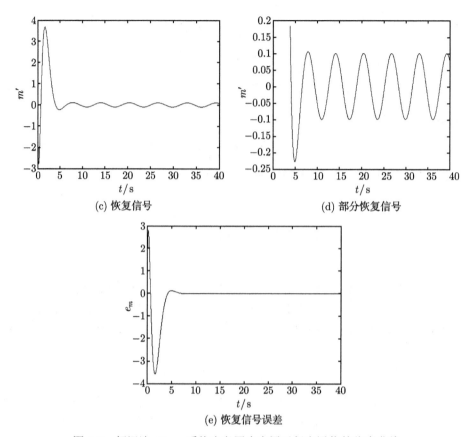

(c) 恢复信号　　　　　　　　　　　　　　　(d) 部分恢复信号

(e) 恢复信号误差

图 5.8　超混沌 Chen 系统广义同步应用于保密通信的仿真曲线

5.1.2.2　基于神经网络系统广义同步的混沌遮掩保密通信方案

混沌动力系统具有初值敏感性. 为了较好地观察混沌神经网络系统的同步过程, 构造两个主从混沌神经网络系统.

主神经网络系统的动态方程为

$$\dot{\boldsymbol{x}} = \boldsymbol{f}(\boldsymbol{x}), \tag{5.30}$$

其中 $\boldsymbol{x} = (x_1, x_2, \cdots, x_n)^{\mathrm{T}} \in \mathbf{R}^n$ 为 n 维状态变量, $\boldsymbol{f} : \mathbf{R}^n \to \mathbf{R}^n$ 为连续矢量方程. 从神经网络系统的动态方程为

$$\dot{\boldsymbol{y}} = \boldsymbol{g}(\boldsymbol{y}) + \boldsymbol{u}(\boldsymbol{x}, \boldsymbol{y}), \tag{5.31}$$

其中 $\boldsymbol{y} = (y_1, y_2, \cdots, y_n)^{\mathrm{T}} \in \mathbf{R}^n$ 为 n 维状态变量, $\boldsymbol{g} : \mathbf{R}^n \to \mathbf{R}^n$ 为非线性矢量函数, $\boldsymbol{u}(\boldsymbol{x}, \boldsymbol{y}) \in \mathbf{R}^n$ 为控制器.

给定一个矢量映射 $\boldsymbol{\phi} : \mathbf{R}^n \to \mathbf{R}^n$, 如果系统 (5.30) 和系统 (5.31) 满足如下性质:

$$\lim_{t \to \infty} \| \boldsymbol{y}(t) - \boldsymbol{\phi}(\boldsymbol{x}(t)) \| = 0, \tag{5.32}$$

则称系统 (5.30) 和系统 (5.31) 为广义同步的 (其中 $\|\cdot\|$ 代表欧几里得范数).

通常, 许多混沌神经网络系统的动力模型可以分解为两个部分: 线性部分和非线性部分, 因此, 将系统 (5.31) 分解成如下形式:

$$\dot{\boldsymbol{y}} = \boldsymbol{B}\boldsymbol{y} + \boldsymbol{G}(\boldsymbol{y}) + \boldsymbol{u}(\boldsymbol{y}, \boldsymbol{x}), \tag{5.33}$$

其中 $\boldsymbol{B} = (b_{ij})$ 为系统 (5.31) 的线性部分的系数矩阵, $\boldsymbol{G}(\boldsymbol{y})$ 为系统 (5.31) 的非线性部分.

为了研究系统 (5.30) 与系统 (5.33) 的广义同步, 定义主从系统的广义同步误差信号为

$$\boldsymbol{e} = \boldsymbol{y} - \boldsymbol{\phi}(\boldsymbol{x}),$$

则误差系统为

$$\dot{\boldsymbol{e}} = \dot{\boldsymbol{y}} - \dot{\boldsymbol{\phi}}(\boldsymbol{x}) = \boldsymbol{B}\boldsymbol{y} + \boldsymbol{G}(\boldsymbol{y}) + \boldsymbol{u}(\boldsymbol{y}, \boldsymbol{x}) - \mathbf{D}\boldsymbol{\phi}(\boldsymbol{x})\boldsymbol{f}(\boldsymbol{x}), \tag{5.34}$$

其中 $\mathbf{D}\boldsymbol{\phi}(\boldsymbol{x})$ 为映射 $\boldsymbol{\phi}(\boldsymbol{x})$ 的 Jacobi 矩阵,

$$\mathbf{D}\boldsymbol{\phi}(\boldsymbol{x}) = \begin{pmatrix} \dfrac{\partial \phi_1(x)}{\partial x_1} & \dfrac{\partial \phi_1(x)}{\partial x_2} & \cdots & \dfrac{\partial \phi_1(x)}{\partial x_n} \\ \dfrac{\partial \phi_2(x)}{\partial x_1} & \dfrac{\partial \phi_2(x)}{\partial x_2} & \cdots & \dfrac{\partial \phi_2(x)}{\partial x_n} \\ \vdots & \vdots & & \vdots \\ \dfrac{\partial \phi_m(x)}{\partial x_1} & \dfrac{\partial \phi_m(x)}{\partial x_2} & \cdots & \dfrac{\partial \phi_m(x)}{\partial x_n} \end{pmatrix}.$$

设计广义同步控制器为

$$\boldsymbol{u}(\boldsymbol{x}, \boldsymbol{y}) = \boldsymbol{\varepsilon}(\boldsymbol{\phi}(\boldsymbol{x}) - \boldsymbol{y}) + \mathbf{D}\boldsymbol{\phi}(\boldsymbol{x})\boldsymbol{f}(\boldsymbol{x}) - \boldsymbol{B}\boldsymbol{\phi}(\boldsymbol{x}) - \boldsymbol{G}(\boldsymbol{y}). \tag{5.35}$$

定理 5.1 若选取控制器为式 (5.35), 则对于任意矢量映射 $\boldsymbol{\phi}: \mathbf{R}^n \to \mathbf{R}^m$, 其中

$$\boldsymbol{\varepsilon} = (\varepsilon_{ij})$$

为常矩阵. 如果

$$(\boldsymbol{B} - \boldsymbol{\varepsilon})^{\mathrm{T}} + (\boldsymbol{B} - \boldsymbol{\varepsilon})$$

为负定矩阵, 则系统 (5.30) 与系统 (5.33) 在矢量映射 $\boldsymbol{\phi}$ 的作用下达到广义同步.

证明 构造 Lyapunov 函数

$$V(t) = \boldsymbol{e}^{\mathrm{T}}(t)\boldsymbol{e}(t), \tag{5.36}$$

将控制器 (5.35) 代入误差系统 (5.34) 得到

$$\begin{aligned}\dot{e} =& \dot{y} - \dot{\phi}(x) = By + G(y) - \mathbf{D}\phi(x)f(x) + \varepsilon(\phi(x) - y) \\
&+ \mathbf{D}\phi(x)f(x) - B\phi(x) - G(y) = (B - \varepsilon)\,e.\end{aligned} \tag{5.37}$$

对式 (5.36) 求导, 并由式 (5.37) 可得

$$\dot{V} = \dot{e}^{\mathrm{T}}e + e^{\mathrm{T}}\dot{e} = e^{\mathrm{T}}\left[(B - \varepsilon)^{\mathrm{T}} + (B - \varepsilon)\right]e. \tag{5.38}$$

如果

$$(B - \varepsilon)^{\mathrm{T}} + (B - \varepsilon)$$

为负定矩阵, 那么

$$\dot{V} = \dot{e}^{\mathrm{T}}e + e^{\mathrm{T}}\dot{e} = e^{\mathrm{T}}\left[(B - \varepsilon)^{\mathrm{T}} + (B - \varepsilon)\right]e < 0.$$

由 Lyapunov 稳定性理论可知, 系统 (5.36) 的零解是全局渐近稳定的, 即系统 (5.30) 与 (5.33) 在矢量映射 ϕ 的作用下达到全局广义同步.

选取 Hindmarsh-Rose (HR) 神经元系统[30,31]

$$\begin{cases} \dot{x}_1 = x_2 - ax_1^3 + bx_1^2 - x_3 + I, \\ \dot{x}_2 = c - dx_1^2 - x_2, \\ \dot{x}_3 = r[s(x_1 - \chi) - x_3] \end{cases} \tag{5.39}$$

为主系统, 当参数 $a = 1.0$, $b = 3.0$, $c = 1.0$, $d = 5.0$, $r = 0.006$, $s = 4.0$, $\chi = -1.56$, $I = 3.0$ 时, 单个神经模型的动力特性处于混沌状态. 对应的混沌吸引子如图 5.9(a) 所示.

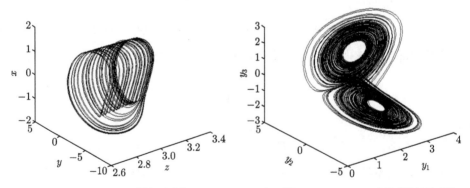

(a) Hindmarsh-Rose 神经元系统　　　　　(b) 三阶Winner-Take-All 竞争型神经元系统

图 5.9　神经元系统的混沌吸引子

选取三阶 Winner-Take-All 竞争型混沌神经元系统[2]

$$\begin{cases} \dot{y}_1 = \sigma(-y_1 + y_2) - y_1 \sum_j a_{1j} y_j^2, \\ \dot{y}_2 = \rho y_1 - y_2 - 20 y_1 y_3 - x_2 \sum_j a_{2j} y_j^2, \\ \dot{y}_3 = -\beta y_3 + 5 y_1 y_2 - y_3 \sum_j a_{3j} y_j^2 \end{cases} \tag{5.40}$$

为从系统, 当参数

$$\sigma = 16, \quad \beta = 4, \quad \rho = 45.92, \quad \boldsymbol{a} = \alpha_0 \begin{pmatrix} 0 & 1 & -1 \\ -1 & 0 & 1 \\ 1 & -1 & 0 \end{pmatrix}, \quad \alpha_0 = 0.165$$

时, 系统 (5.40) 是混沌的[2]. 图 5.9(b) 是对应的该三阶 Winner-Take-All 竞争型神经元系统的混沌吸引子. 此时, 系统 (5.40) 可以改写为

$$\dot{\boldsymbol{y}} = \boldsymbol{B}\boldsymbol{y} + \boldsymbol{G}(\boldsymbol{y}),$$

其中

$$\boldsymbol{B} = \begin{pmatrix} -16 & 16 & 0 \\ 45.92 & -1 & 0 \\ 0 & 0 & -4 \end{pmatrix}, \quad \boldsymbol{G}(\boldsymbol{y}) = \begin{pmatrix} -0.165 y_1 (y_2^2 - y_3^2) \\ -20 y_1 y_3 - 0.165 y_2 (-y_1^2 + y_3^2) \\ 5 y_1 y_2 - 0.165 y_3 (y_1^2 - y_2^2) \end{pmatrix}.$$

由以上参数条件可得控制器

$$\boldsymbol{u}(\boldsymbol{x}, \boldsymbol{y}) = \varepsilon(\phi(\boldsymbol{x}) - \boldsymbol{y}) + \mathbf{D}\phi(\boldsymbol{x}) f(\boldsymbol{x}) - \boldsymbol{B}\phi(\boldsymbol{x}) - \boldsymbol{G}(\boldsymbol{y}),$$

其中

$$\phi(x_1, x_2, x_3) = (x_2 + x_3, x_1 + x_3, x_1 + x_2)^{\mathrm{T}}, \quad \mathbf{D}\phi(\boldsymbol{x}) = \begin{pmatrix} 0 & 1 & 1 \\ 1 & 0 & 1 \\ 1 & 1 & 0 \end{pmatrix},$$

$$\varepsilon = \begin{pmatrix} -15 & 16 & 0 \\ 45.92 & 0 & 0 \\ 0 & 0 & -3 \end{pmatrix},$$

故可得

$$\boldsymbol{B} - \varepsilon = \begin{pmatrix} -1 & 0 & 0 \\ 0 & -1 & 0 \\ 0 & 0 & -1 \end{pmatrix}.$$

由此可得到

$$(\boldsymbol{B} - \varepsilon)^{\mathrm{T}} + (\boldsymbol{B} - \varepsilon)$$

是负定矩阵, 满足定理 5.1.

　　选取时间步长为 $\tau = 0.001$s, 采用 ODE45 法去求解方程 (5.39) 和 (5.40), 主系统 (5.39) 与从系统 (5.40) 的初始点分别选取为 $\boldsymbol{x}(0) = (0.1, 0.1, 0.1)$ 和 $\boldsymbol{y}(0) = (0.2, 0.2, 0.2)$. 为使主从系统处于混沌状态, 选取主从系统的参数同上. 利用控制器 (5.35), 得到主系统 (5.39) 与从系统 (5.40) 的同步过程模拟结果如图 5.10 所示. 由误差效果图 5.10 可以看到, 当 t 接近 2.6s, 2.5s 和 2.5s 时, 误差 $e_1(t)$, $e_2(t)$ 和 $e_3(t)$ 已基本稳定在零点附近, 即主系统 (5.39) 与从系统 (5.40) 达到了广义同步.

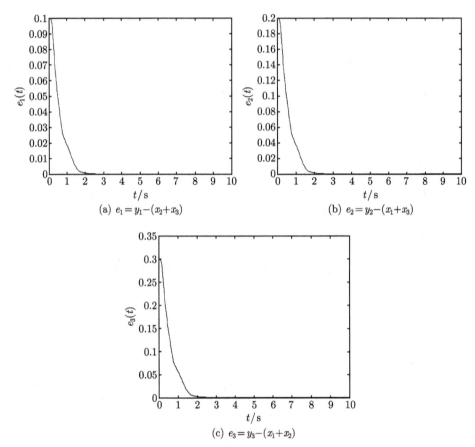

图 5.10　系统 (5.39) 和系统 (5.40) 的广义同步误差响应曲线

　　将本书所给的混沌神经网络系统广义同步方案应用于保密通信、同步系统各参数及向量值的选取同上. 设发送端待加密的信息信号为

$$m = 0.1\sin t,$$

将之加到驱动系统的变量 x_1 上进行传输. 此时, 由于广义同步函数

$$y = \phi(x)$$

中的 $\phi(x)$ 为任意的函数关系, 这就使得有效信号的传输存在多种加密关系, 即在每次保密通信过程中可以任意选取的函数关系, 增加了解密的难度, 提高了保密通信的安全性.

这里选取

$$\phi(x_1, x_2, x_3) = (x_2 + x_3, x_1 + x_3, x_1 + x_2)^{\mathrm{T}},$$

故可将

$$s = m + x_1 + x_3$$

或

$$s = m + x_1 + x_2$$

作为传输信道中实际传输的信号. 接收端的恢复信号可表示为

$$m' = s - y_3$$

或

$$m' = s - y_2.$$

以

$$s = m + x_1 + x_3$$

为例, 用 ODE45 算法解方程, 得到的仿真过程如图 5.11 所示.

图 5.11(a) 是发送端的待加密信号 m, (b) 是信道中实际传输的信号 s, (c) 是接收端的恢复信号 m', (d) 是传输过程中产生的信息误差, 即

$$e_m = m - m'.$$

由图 5.11 可得出如下结论: 由信道中传输的信号 s 很难看出实际被加密信号的迹象. 经过大约 $t = 11\mathrm{s}$, 同步误差已稳定在零点, 即接收端已经可以很好地恢复出有用的信息信号了. 关于该保密通信方案的详细信息, 可参见文献 [32].

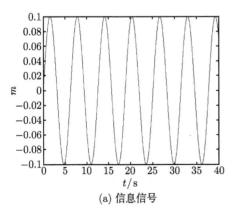

(a) 信息信号

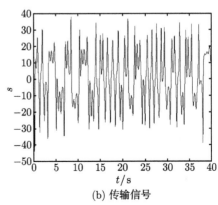

(b) 传输信号

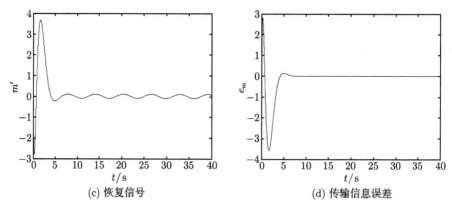

图 5.11　混沌神经网络系统广义同步应用于保密通信的仿真曲线

5.1.3　基于观测器的混沌遮掩保密通信

所谓状态观测器, 就是一个在物理上可以实现的、与被观测系统同阶的动力学系统, 它在被观测系统输出信号的驱动下, 实现部分或所有的状态变量或输出都逼近于被观测系统的状态变量或输出. 例如, Liao 和 Huang[7] 基于 Bellman-Gronwall 不等式构造了状态观测器, 并将其应用到混沌系统的保密通信中; Feki[8] 设计了用于低维弱混沌系统保密通信的自适应状态观测器; 王兴元和段朝锋[33] 给出了基于线性状态观测器的混沌同步方案, 并将其应用到保密通信中; 在前人工作[34,35] 的基础上, 武相军和王兴元[36] 还设计了非线性观测器, 实现了超混沌 Chen 系统和 Rössler 系统的异结构同步. 基于观测器, 同样可以实现混沌遮掩保密通信, 下面将从线性观测器和非线性观测器两个方面加以举例.

5.1.3.1　基于线性状态观测器的混沌同步在保密通信中的应用

若令非线性系统

$$\begin{cases} \dot{\boldsymbol{x}} = \boldsymbol{A}\boldsymbol{x} + \boldsymbol{B}f(\boldsymbol{x}), \\ y = \boldsymbol{C}^{\mathrm{T}}\boldsymbol{x} \end{cases} \tag{5.41}$$

作为系统的发送端, 其中 $\boldsymbol{x} \in \mathbf{R}^n$ 为状态向量, $\boldsymbol{A} \in \mathbf{R}^{n \times n}$ 且 $\boldsymbol{B} \in \mathbf{R}^n$ 分别为适当维数的矩阵和向量, $f : \mathbf{R}^n \to \mathbf{R}$ 为非线性映射, $y \in \mathbf{R}$ 表示系统的输出, $\boldsymbol{C}^{\mathrm{T}}$ 为 $\boldsymbol{C}$ 的转置.

接收端用 Luenberger 型状态观测器

$$\begin{cases} \dot{\hat{\boldsymbol{x}}} = \boldsymbol{A}\hat{\boldsymbol{x}} + \boldsymbol{B}f(\hat{\boldsymbol{x}}) + \boldsymbol{L}(\boldsymbol{y} - \hat{\boldsymbol{y}}) \\ \hat{y} = \boldsymbol{C}^{\mathrm{T}}\hat{\boldsymbol{x}} \end{cases} \tag{5.42}$$

来重构混沌载波信号, 其中 $\hat{\boldsymbol{x}}$ 为观测器的状态, $\hat{y}$ 为观测器的输出, $\boldsymbol{L} \in \mathbf{R}^n$ 为观测器增益.

选择适当的 L 可以使系统 (5.42) 和 (5.41) 同步. 定义同步误差

$$e = x - \hat{x},$$

则由式 (5.41) 和式 (5.42) 可得

$$\dot{e} = (A - LC^{\mathrm{T}})e + B(f(x) - f(\hat{x})). \tag{5.43}$$

假设系统 (5.41) 满足如下性质:

(1) $f : \mathbf{R}^n \rightarrow \mathbf{R}$ 在 $\mathbf{R}^n$ 上满足 Lipschitz 条件;

(2) (A, C) 是可观测的, 即可观测矩阵 $Q \in \mathbf{R}^{n \times n}$ 的秩为

$$\operatorname{rank}(Q) = \operatorname{rank} \begin{pmatrix} C^{\mathrm{T}} \\ C^{\mathrm{T}} A \\ \vdots \\ C^{\mathrm{T}} A^{n-1} \end{pmatrix} = n; \tag{5.44}$$

(3) $QB = (0, \cdots, 0, b_0)^{\mathrm{T}} (b_0 \neq 0)$, 这一条件意味着系统的非线性部分 $f(x)$ 对于可观测矩阵 Q 满足一定的结构.

需要注意的是, 若存在一个向量 $C \in \mathbf{R}^n$, 使得

$$\operatorname{rank}(Q) = n,$$

并且

$$C^{\mathrm{T}} A^i B = 0, \quad i = 0, 1, \cdots, n - 2, \tag{5.45}$$

则性质 (2) 和性质 (3) 满足. 这是因为式 (5.45) 可改写成一个有 n 个未知参数的、由 $n-1$ 个方程组成的方程组, 并且由性质 (1) 知, 系统只有一个自由度, 故可通过求解方程 (5.45) 得到向量 $C \in \mathbf{R}^n$.

定理 5.2 若系统 (5.41) 满足性质 (1)~(3), 构造观测器增益

$$L(\theta) = Q^{-1} \times L_0(\theta), \quad \theta \geqslant 1,$$

其中

$$L_0 = \begin{pmatrix} \alpha_1 \theta \\ \alpha_2 \theta^2 \\ \vdots \\ \alpha_n \theta^n \end{pmatrix}, \tag{5.46}$$

并且参数 $\alpha_i (i = 1, 2, \cdots, n)$ 的取值满足多项式

$$p_n(s) = s^n + \alpha_1 s^{n-1} + \cdots + \alpha_n,$$

上述多项式是稳定多项式, 即 $\forall p_n(s_0(i)) = 0 (i = 1, 2, \cdots, n), \exists \mathrm{Re}[s_0(i)] < 0$, 则 $\forall \theta_{\min} > 1$, 当 $\theta > \theta_{\min}$ 时, $\exists e(t) \rightarrow 0$ 是全局指数收敛的, 并且收敛速率由 θ 的阶决定.

证明　对于矩阵 L 的构造, 可考虑如下坐标变换:

$$z = Qx, \tag{5.47}$$

其中 $Q \in \mathbf{R}^{n \times n}$ 为式 (5.44) 中的可观测矩阵. 由性质 (2) 可知, Q 是可逆的. 根据坐标变换 (5.47) 和性质 (2), 系统 (5.41) 可变为

$$\begin{cases} \dot{z} = A_0 z + B_0 g(z), \\ y = C_0^{\mathrm{T}} z, \end{cases} \tag{5.48}$$

其中

$$g(z) = f(Q^{-1} z).$$

设

$$A_0 = QAQ^{-1}, \quad B_0 = QB, \quad C_0^{\mathrm{T}} = C^{\mathrm{T}} Q^{-1}, \quad D_0 = DQ^{-1}.$$

若

$$C_0^{\mathrm{T}} = (1, 0, \cdots, 0),$$

矩阵

$$A_0 = A_{br} + \Delta A_0,$$

其中 A_{br} 为相伴矩阵

$$A_{br} = \begin{pmatrix} \mathbf{0}_{n-1} & I_{n-1} \\ 0_1 & \mathbf{0}_{n-1}^{\mathrm{T}} \end{pmatrix}, \tag{5.49}$$

$$\Delta A_0 = \begin{pmatrix} \mathbf{0}_{(n-1) \times n} \\ v^{\mathrm{T}} \end{pmatrix},$$

$v \in \mathbf{R}^n$ 为由 A 的参数得到的常数向量. 又由性质 (3) 知 $B_0 = (0, \cdots, 0, b_0)^{\mathrm{T}}$, 故可将系统 (5.48) 表示为

$$\dot{z} = A_{br} z + B_0 (g(z) + b_0^{-1} \Delta A_0 z). \tag{5.50}$$

为了简单起见, 设

$$g_a(z) = g(z) + b_0^{-1} \Delta A_0 x.$$

因为

$$QL(\theta) = L_0(\theta),$$

故相应的同步系统如下:

$$\begin{cases} \dot{\hat{z}} = A_{br} \hat{z} + B_0 g_a(z) + L_0(\theta)(y - \hat{y}), \\ \hat{y} = C_0^{\mathrm{T}} \hat{z}. \end{cases} \tag{5.51}$$

为了说明观测器增益向量 $\boldsymbol{L}(\theta)$ 可以使系统 (5.42) 收敛, 引入同步误差

$$\boldsymbol{\varepsilon} = \boldsymbol{\Theta}(\boldsymbol{z} - \hat{\boldsymbol{z}}), \tag{5.52}$$

其中

$$\boldsymbol{\Theta} = \operatorname{diag}(\theta^{n-1}, \theta^{n-2}, \cdots, 1). \tag{5.53}$$

由于 $\theta \geqslant 1$ 和 $\boldsymbol{Q}$ 是可逆矩阵, 所以 $\varepsilon(t) \to \boldsymbol{0}$ 是指数收敛的, 就意味着

$$\boldsymbol{x}(t) - \hat{\boldsymbol{x}}(t) \to \boldsymbol{0}$$

也是指数收敛的. 因此, 只需证明 $\varepsilon(t) \to \boldsymbol{0}$ 是指数收敛即可. 由式 (5.50)~(5.52) 以及

$$\boldsymbol{y} - \hat{\boldsymbol{y}} = \boldsymbol{C}_0^{\mathrm{T}}(\boldsymbol{x} - \hat{\boldsymbol{x}}),$$

同步误差 ε 的动力学行为由系统

$$\dot{\varepsilon} = \theta \boldsymbol{M}_0 \varepsilon + \boldsymbol{\Theta} \boldsymbol{B}_0 [\boldsymbol{g}_a(\boldsymbol{z}) - \boldsymbol{g}_a(\hat{\boldsymbol{z}})] \tag{5.54}$$

决定, 其中

$$\boldsymbol{M}_0 = \boldsymbol{A}_{br} - \boldsymbol{L}_0(1)\boldsymbol{C}_0^{\mathrm{T}},$$

并且 $\boldsymbol{M}_0$ 的特征多项式

$$p_n(s) = s^n + \alpha_1 s^{n-1} + \cdots + \alpha_n$$

是稳定的. 可见 $\boldsymbol{M}_0$ 是稳定矩阵, 并且 Lyapunov 方程

$$\boldsymbol{P}_0 \boldsymbol{M}_0 + \boldsymbol{M}_0^{\mathrm{T}} \boldsymbol{P}_0 = -\boldsymbol{I}_n$$

有唯一解

$$\boldsymbol{P}_0 > 0.$$

考虑二次函数

$$V(\varepsilon) = \varepsilon^{\mathrm{T}} \boldsymbol{P}_0 \varepsilon,$$

沿系统 (5.54) 的轨道 $V(\varepsilon)$ 的时间导数为

$$\begin{aligned} \dot{V}_{(14)} &= -\theta \|\varepsilon\|^2 + 2\varepsilon^{\mathrm{T}} \boldsymbol{P}_0(\boldsymbol{\Theta} \boldsymbol{B}_0 [\boldsymbol{g}_a(\boldsymbol{z}) - \boldsymbol{g}_a(\hat{\boldsymbol{z}})]) \\ &\leqslant -\theta \|\varepsilon\|^2 + 2\left\| e^{\mathrm{T}} \boldsymbol{P}_0(\boldsymbol{\Theta} \boldsymbol{B}_0 [\boldsymbol{g}_a(\boldsymbol{z}) - \boldsymbol{g}_a(\hat{\boldsymbol{z}})]) \right\|. \end{aligned} \tag{5.55}$$

当 $\theta \geqslant 1$ 时,

$$\left\| e^{\mathrm{T}} \boldsymbol{P}_0(\boldsymbol{\Theta} \boldsymbol{B}_0 [\boldsymbol{g}_a(\boldsymbol{z}) - \boldsymbol{g}_a(\hat{\boldsymbol{z}})]) \right\| \leqslant \|e\| \|\boldsymbol{P}_0\| \|\boldsymbol{\Theta} \boldsymbol{B}_0\| |\boldsymbol{g}_a(\boldsymbol{z}) - \boldsymbol{g}_a(\hat{\boldsymbol{z}})|$$

成立.

由于 $\boldsymbol{g}(\boldsymbol{z})$ 是全局 Lipschitz 函数, 故 $\boldsymbol{g}_a(\boldsymbol{z})$ 也是全局 Lipschitz 函数, 因此,

$$\forall z, \hat{z} \in \mathbf{R}^n, \quad \exists k_f > 0,$$

使得

$$|g_a(z) - g_a(\hat{z})| \leqslant k_f \|z - \hat{z}\|$$

成立.

注意到 $\boldsymbol{\Theta}\boldsymbol{B}_0 = b_0$ 可得

$$\left\|e^{\mathrm{T}}\boldsymbol{P}_0(\boldsymbol{\Theta}\boldsymbol{B}_0[g_a(z) - g_a(\hat{z})])\right\| \leqslant k_f \lambda_{\max}(\boldsymbol{P}_0)\,|b_0|\,\|z - \hat{z}\|\,\|\boldsymbol{\varepsilon}\| \leqslant k_f \lambda_{\max}(\boldsymbol{P}_0)\,|b_0|\,\|\boldsymbol{\varepsilon}\|^2, \tag{5.56}$$

其中 $\lambda_{\max}(\boldsymbol{P}_0)$ 表示矩阵 $\boldsymbol{P}_0$ 的最大特征值.

将式 (5.56) 代入式 (5.55) 可得

$$\dot{V}_{(14)} \leqslant -(\theta - k_f \lambda_{\max}(\boldsymbol{P}_0)\,|b_0|)\,\|\boldsymbol{\varepsilon}\|^2.$$

这意味着, 若

$$\theta_{\min} \stackrel{\text{def}}{=} \max\left\{1, k_f \lambda_{\max}(\boldsymbol{P}_0)\,|b_0|\right\}, \tag{5.57}$$

则

$$\forall \theta > \theta_{\min}, \quad \exists \dot{V}_{(14)} < 0$$

和

$$\|\boldsymbol{\varepsilon}\| > 0.$$

根据标准 Lyapunov 判据, 可以得到

$$\hat{\boldsymbol{x}}(t; \hat{\boldsymbol{x}}(0)) - \boldsymbol{x}(t; \boldsymbol{x}(0)) \to 0$$

是指数收敛的. 又由于

$$V(t) \leqslant V(0)\exp[-(\theta - k_f \lambda_{\max}(\boldsymbol{P}_0)\,|b_0|)t],$$

所以同步误差的收敛率不小于

$$\theta - k_f \lambda_{\max}(\boldsymbol{P}_0)\,|b_0|, \quad \theta > \theta_{\min},$$

这表明若选取足够大的 θ 值, 则收敛率是由 θ 的阶决定的. 证毕.

定理 5.3　若设 $\boldsymbol{f}(\boldsymbol{x})$ 仅满足局部 Lipschitz 条件, $D \subset \mathbf{R}^n$ 是一个任意紧域, 在定理 5.2 的条件下, 构造同样的观测器增益, 则对于全部初始条件 $\boldsymbol{x}(0), \hat{\boldsymbol{x}}(0) \in D$, 存在依赖于 D 的 $\theta_{\min} > 1$,

$$\forall \theta > \theta_{\min}, \quad \exists e(t) \to \mathbf{0}$$

是指数收敛的, 并且收敛速率是 θ 的阶.

将条件限制在紧域中, 模仿定理 5.2 的证明过程, 易证定理 5.3.

值得注意的是, 改变观测器增益 $\boldsymbol{L}(\theta)$ 的参数 θ, 即可调节系统的同步误差. 这是因为

$$V(t) \leqslant V(0) \exp[-(\theta - k_f \lambda_{\max}(\boldsymbol{P}_0) |b_0|)t],$$

故可知 θ 越大, 同步误差

$$\boldsymbol{e} = \boldsymbol{x}(t) - \hat{\boldsymbol{x}}(t)$$

收敛得越快.

定理 5.2 和定理 5.3 给出了在满足性质 (1)~(3) 的情况下, 构造一个同步状态观测器的一般方法, 即通过改变参数, 可使观测器增益变化, 进而调节同步误差的收敛速率.

基于观测器的混沌同步保密传输系统可以使接收端经过一定的时间后和发送端同步, 接收端可以仅仅依靠传输信号重建所有的状态信息. 将系统 (5.41) 稍作改动为

$$\begin{cases} \dot{\boldsymbol{x}} = \boldsymbol{A}\boldsymbol{x} + \boldsymbol{B}\boldsymbol{f}(\boldsymbol{x}) + \boldsymbol{L}s, \\ y' = \boldsymbol{C}^{\mathrm{T}}\boldsymbol{x} + s, \end{cases} \tag{5.58}$$

其作为保密通信的发送端, 其中 $s \in \mathbf{R}$ 为被加密信号, $y' \in \mathbf{R}$ 为发送端的输出信号, 也是接收端的驱动信号.

接收端采用如下状态观测器:

$$\begin{cases} \dot{\hat{\boldsymbol{x}}} = \boldsymbol{A}\hat{\boldsymbol{x}} + \boldsymbol{B}\boldsymbol{f}(\hat{\boldsymbol{x}}) + \boldsymbol{L}(y' - \hat{y}), \\ \hat{y} = \boldsymbol{C}^{\mathrm{T}}\hat{\boldsymbol{x}}, \end{cases} \tag{5.59}$$

定义同步误差

$$\hat{\boldsymbol{e}} = \boldsymbol{x} - \hat{\boldsymbol{x}},$$

则

$$\dot{\hat{\boldsymbol{e}}} = \dot{\boldsymbol{x}} - \dot{\hat{\boldsymbol{x}}} = (\boldsymbol{A} - \boldsymbol{L}\boldsymbol{C}^{\mathrm{T}})\hat{\boldsymbol{e}} + \boldsymbol{B}(\boldsymbol{f}(\boldsymbol{x}) - \boldsymbol{f}(\hat{\boldsymbol{x}})). \tag{5.60}$$

由定理 5.2 和定理 5.3 可知, 当

$$\hat{\boldsymbol{e}}(t) \to \boldsymbol{0}$$

是指数收敛时有

$$\lim_{t\to\infty} (\hat{s}(t)) = \lim_{t\to\infty} (y'(t) - \hat{y}(t)) = \lim_{t\to\infty} (\boldsymbol{C}^{\mathrm{T}}\boldsymbol{x}(t) + s(t) - \boldsymbol{C}^{\mathrm{T}}\hat{\boldsymbol{x}}(t)) = \boldsymbol{C}^{\mathrm{T}} \lim_{t\to\infty} \hat{\boldsymbol{e}}(t) + s(t) = s(t),$$

因此, 可以获得恢复信号 $\hat{s}(t)$.

这里所考虑的混沌系统, 代表着一大类非常广泛的混沌或超混沌系统, 如 Chua 电路系统、Lorenz 系统、Rössler 系统、三阶细胞神经网络混沌系统、四阶细胞神

经网络超混沌系统等. 高维混沌或超混沌系统有着更复杂的时间信号, 具有随机性和不可预测性增加的优点, 这为提高保密系统抗破译能力提供了可能.

下面以 Rössler 系统为例, 说明所给的状态观测器混沌同步的加密传输方案的有效性. Rössler 系统为

$$\begin{cases} \dot{x}_1 = -(x_2 + x_3), \\ \dot{x}_2 = x_1 + ax_2, \\ \dot{x}_3 = b + x_3(x_1 - c), \end{cases} \tag{5.61}$$

故可知

$$\boldsymbol{A} = \begin{pmatrix} 0 & -1 & -1 \\ 1 & a & 0 \\ 0 & 0 & -c \end{pmatrix}, \quad \boldsymbol{B} = (0,0,1)^{\mathrm{T}}, \quad f(x) = b + x_1 x_3.$$

注意到 $f(x)$ 仅满足局部 Lipschitz 条件, 这样由定理 5.3 可知, 在紧密域上可得到指数收敛率. 又因为

$$\mathrm{rank}(\boldsymbol{Q}) = \mathrm{rank} \begin{pmatrix} 0 & 1 & 0 \\ 1 & a & 0 \\ a & a^2-1 & -1 \end{pmatrix} = 3$$

和

$$\boldsymbol{QB} = \begin{pmatrix} 0 \\ 0 \\ 1 \end{pmatrix},$$

其满足性质 (2) 和性质 (3), 故由定理 5.2 可选取

$$\boldsymbol{L}_0(\theta) = (3\theta, \quad 3\theta^2, \quad \theta^3)^{\mathrm{T}},$$

则观测器增益向量为

$$\boldsymbol{L}(\theta) = \boldsymbol{Q}^{-1}\boldsymbol{L}_0(\theta) = \begin{pmatrix} -a & 1 & 0 \\ 1 & 0 & 0 \\ -1 & a & -1 \end{pmatrix} \begin{pmatrix} 3\theta \\ 3\theta^2 \\ \theta^3 \end{pmatrix} = \begin{pmatrix} -3a\theta + 3\theta^2 \\ 3\theta \\ -3\theta + 3a\theta - \theta^3 \end{pmatrix}.$$

王兴元已用几种系统混沌的定量判据确认了当选取参数 $a = 0.2$, $b = 0.2$ 和 $c = 8$, Rössler 系统 (5.61) 处于混沌态.

图 5.12 为选取上述参数时 Rössler 系统的吸引子. 构造 Rössler 系统的吸引子, 方法是选择一个合适的时间步长, 由四阶 Runge-Kutta 法去求解方程 (5.61). 选取初始点为 $(x_1, x_2, x_3) = (1,1,1)$, 计算时方程 (5.61) 最初的 2000 次运算被抛弃, 以保证系统的轨道已收敛到吸引子上, 然后再让方程 (5.61) 运算 10 万次, 即可构造出 Rössler 系统的吸引子.

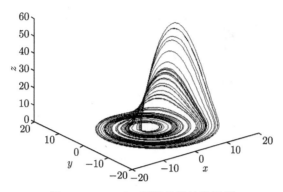

图 5.12 Rössler 系统的混沌吸引子

根据 Grassberger 和 Procaccia 所提出关联维数 D_2 的算法[37], 利用系统 (5.61) 运算 2000 次后所得 x_1 序列, 选取如下参数: 采样频率为 1Hz; 嵌入维数 m 值是经过多次试算, 发现所得吸引子的 D_2 趋于稳定时得到的; 数据总量为 10000. 计算出图 5.12 中吸引子的 $D_2 = 1.329 \pm 0.035$. 又采用 Benettin 等提出的计算微分方程组最大 Lyapunov 指数 λ_1 的方法[38], 计算了 Rössler 系统吸引子的 $\lambda_1 = 0.122 \pm 0.002$. 可见, 图 5.12 所给出 Rössler 系统吸引子的关联维数 D_2 均为分数, 最大 Lyapunov 指数 λ_1 皆为正值, 这表明此时 Rössler 系统的运动是混沌的, 即图 5.12 给出的是奇怪吸引子. 选取上述参数, 利用 Rössler 系统做了如下实验:

图 5.13 是以状态 x_1 为例, 得到的同步误差

$$e_1 = x_1 - \hat{x}_1$$

的曲线. 图 5.13(a)~(c) 分别是 $\theta = 0.3$, $\theta = 1$ 和 $\theta = 9$ 时的同步误差曲线. 观察图 5.13 可见, 当 $\theta = 0.3$ 时, Rössler 系统在 $t = 28$s 时达到同步; 当 $\theta = 1$ 时, Rössler 系统在 $t = 5$s 后达到同步; 当 $\theta = 9$ 时, Rössler 系统仅经过 $t = 1$s 后就达到同步了. 上述观察表明, θ 越大, 同步误差的收敛速率越快. 这符合定理 5.3 的结论.

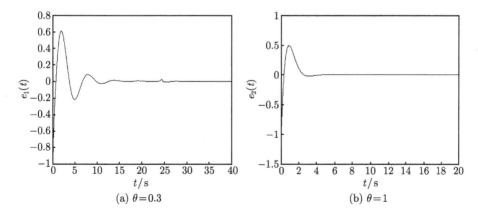

(a) $\theta = 0.3$

(b) $\theta = 1$

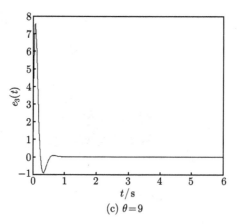

(c) $\theta=9$

图 5.13　Rössler 系统的同步误差曲线

图 5.14 为利用 Rössler 系统进行同步保密通信的模拟结果, 其中图 5.14(a) 是被加密的有用信号

$$s(t) = 0.05\sin(60\pi t)$$

的波形, (b)~(d) 分别是当 $\theta = 0.3$ 时的传输信号

$$y'(t) = y(t) + s(t)$$

的波形、恢复信号 $\hat{s}(t)$ 的波形和同步误差信号

$$e(t) = s(t) - \hat{s}(t)$$

的波形, (e)~(g) 是当 $\theta = 1$ 时的传输信号 $y'(t)$ 波形、恢复信号 $\hat{s}(t)$ 波形和同步误差信号 $e(t)$ 波形. 观察图 5.14 可见, 发送端发送的有用信号图 5.14(a) 和接收端恢复出的发送信号图 5.14(c), (f) 符合得很好, 表明接收端系统有效地恢复了传送的有用信号. 将图 5.14(b)~(e) 与图 5.14(a) 比较可见, 有用信号与传输信号毫不相关, 表明该加密方案具有很好的安全性. 图 5.14(d) 和图 5.14(g) 比较可以看出, θ

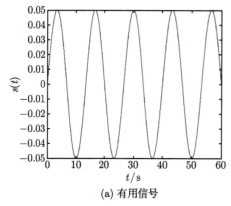

(a) 有用信号

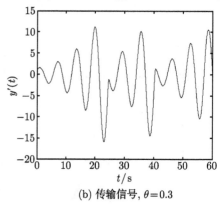

(b) 传输信号, $\theta=0.3$

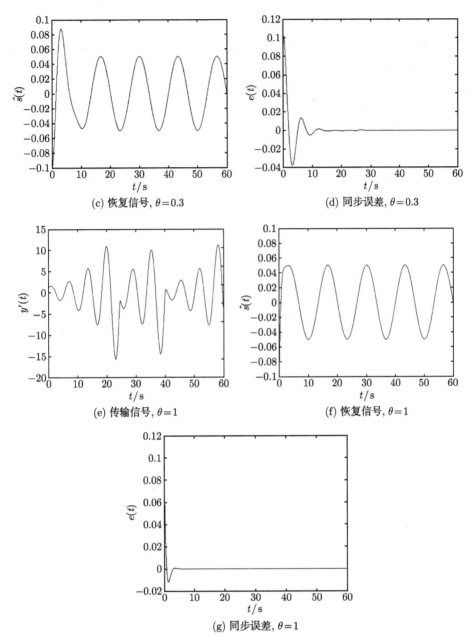

图 5.14 Rössler 系统同步保密通信的模拟结果

越大, 获得同步的时间越短. 需指出的是, 此时 Rössler 系统所产生的混沌信号幅值 $y(t)$ 要比有用信号 $s(t)$ 的幅值大得多, 但 Rössler 系统仍能很好地恢复出传送的信号 $\hat{s}(t)$, 因此, 该保密通信方法具有很强的鲁棒性.

5.1.3.2　基于非线性状态观测器的混沌同步在保密通信中的应用

所谓非线性状态观测器, 就是一个在物理上可以实现的、与被观测系统同阶的动力学系统, 它在被观测系统输出信号的驱动下, 实现所有的状态变量或输出都逼近于被观测系统的状态变量或输出[39]. 就现有超混沌系统同步的非线性观测器设计方法, 不难理解, 具有普适性的非线性观测器可以按如下方法设计:

考虑混沌系统

$$\dot{\boldsymbol{x}} = \boldsymbol{A}\boldsymbol{x} + \boldsymbol{B}\boldsymbol{f}(\boldsymbol{x}) + \boldsymbol{C}, \tag{5.62}$$

其中 $\boldsymbol{x} \in \mathbf{R}^n$ 为状态变量, $\boldsymbol{A} \in \mathbf{R}^{n \times n}$, $\boldsymbol{B} \in \mathbf{R}^{n \times m}$, $\boldsymbol{C} \in \mathbf{R}^n$. $\boldsymbol{f} : \mathbf{R}^n \to \mathbf{R}^m$ 为非线性连续函数.

设系统 (5.62) 的输出为

$$s(\boldsymbol{x}) = \boldsymbol{f}(\boldsymbol{x}) + \boldsymbol{K}\boldsymbol{x}, \tag{5.63}$$

其中 $\boldsymbol{K} \in \mathbf{R}^{m \times n}$ 为反馈增益矩阵.

可以定义观测器为

$$\dot{\hat{\boldsymbol{x}}} = \boldsymbol{A}\hat{\boldsymbol{x}} + \boldsymbol{B}\boldsymbol{f}(\hat{\boldsymbol{x}}) + \boldsymbol{B}[s(\boldsymbol{x}) - s(\hat{\boldsymbol{x}})] + \boldsymbol{C}. \tag{5.64}$$

定义系统 (5.62) 与系统 (5.64) 的同步误差为

$$e = \boldsymbol{x} - \hat{\boldsymbol{x}},$$

则误差动力系统可表示为

$$\dot{e} = \dot{\boldsymbol{x}} - \dot{\hat{\boldsymbol{x}}} = \boldsymbol{A}e + \boldsymbol{B}\boldsymbol{f}(\boldsymbol{x}) - \boldsymbol{B}\boldsymbol{f}(\hat{\boldsymbol{x}}) - \boldsymbol{B}[s(\boldsymbol{x}) - s(\hat{\boldsymbol{x}})] = (\boldsymbol{A} - \boldsymbol{B}\boldsymbol{K}) \begin{pmatrix} e_1 \\ e_2 \\ e_3 \\ e_4 \end{pmatrix}. \tag{5.65}$$

为使系统 (5.65) 可控, 需要适当地选取反馈增益矩阵 $\boldsymbol{K}$. 当 $(\boldsymbol{A} - \boldsymbol{B}\boldsymbol{K})$ 的特征值的实部为零或负值时, 系统 (5.64) 和 (5.62) 渐近同步. 另外, 若可控矩阵

$$(\boldsymbol{B}, \boldsymbol{A}\boldsymbol{B}, \cdots, \boldsymbol{A}^{n-1}\boldsymbol{B})$$

是满秩的, 则存在向量 $\boldsymbol{K}$, 使得系统 (5.65) 在原点处是全面渐近稳定的, 即系统 (5.64) 为系统 (5.62) 的全局观测器.

对以上具有普适性的非线性观测器设计, 是在传统观测器设计, 即先取原系统输出 y 和复制系统输出 $\hat{y}$ 之差值信号作为修正变量, 并将其经增益矩阵 $\boldsymbol{L}$ 送到复制中积分器的输入端, 而构成闭环系统的思想基础之上的, 王兴元立足于改进原系统中不确定因素下或系统模型没有完全确定时 (如参数未知时) 的问题, 文献 [2] 中就增加了控制器 $\boldsymbol{U}$, 将设计非线性状态观测器的问题转化为求解合适的系数矩阵 $\boldsymbol{A}$ 和 $\boldsymbol{K}$, $\boldsymbol{A}$ 和 $\boldsymbol{K}$ 依赖于实际系统和混沌参数.

超混沌系统一般由 4 维或 4 维以上的微分方程来描述, 并且至少有两个或两个以上正的 Lyapunov 指数. 超混沌 Chen 系统由如下方程来描述:

$$\begin{cases} \dot{x}_1 = a(x_2 - x_1) + x_4, \\ \dot{x}_2 = dx_1 - x_1x_3 + cx_2, \\ \dot{x}_3 = x_1x_2 - bx_3, \\ \dot{x}_4 = x_2x_3 + rx_4, \end{cases} \tag{5.66}$$

其中 $\boldsymbol{x} = (x_1, x_2, x_3, x_4)^{\mathrm{T}}$ 为系统的状态变量, a, b, c, d 和 r 为系统的控制参数. 当 $a = 35, b = 3, c = 12, d = 7$ 且 $0.085 < r \leqslant 0.798$ 时, 系统 (5.66) 进入超混沌状态. 取 $r = 0.6$, 此时系统 (5.66) 的超混沌吸引子在三维空间的中投影如图 5.15 所示.

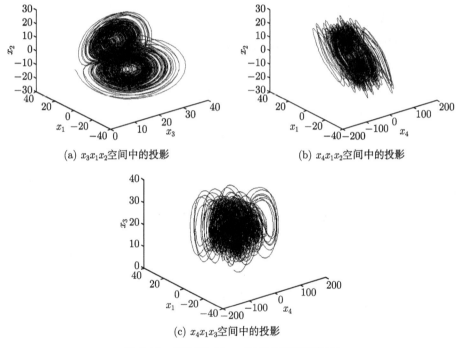

(a) $x_3x_1x_2$空间中的投影

(b) $x_4x_1x_2$空间中的投影

(c) $x_4x_1x_3$空间中的投影

图 5.15　超混沌 Chen 吸引子的三维投影

所谓广义同步是指响应系统状态变量与驱动系统状态变量的函数之间的同步. 设 $\boldsymbol{x}$ 和 $\boldsymbol{y}$ 分别为驱动和响应系统的状态变量, 则当

$$\boldsymbol{y} = \boldsymbol{H}(\boldsymbol{x})$$

时, 称驱动系统和响应系统达到了广义同步. 广义同步发送的加密信号是驱动系统一个或几个变量的函数信号, 破译者难以根据接收到的信号重构出驱动系统的动力学模型、初始条件和可调参数.

其具体方法可描述如下: 设混沌系统一般模型分为线性和非线性两部分 $\boldsymbol{Ax}$ 和 $\boldsymbol{f(x)}$. 若 $\boldsymbol{A}$ 的所有特征值都具有负实部, 则设计相应的响应系统模型 $\dot{\boldsymbol{y}}$ 后可得同步系统模型

$$\begin{cases} \dot{\boldsymbol{x}} = \boldsymbol{Ax} + \boldsymbol{f(x)}, \\ \dot{\boldsymbol{e}} = \dot{\boldsymbol{y}} - \dot{\boldsymbol{x}} = \boldsymbol{A} - \boldsymbol{BpKy} + \boldsymbol{Gf(x)}; \end{cases} \tag{5.67}$$

否则,

$$\begin{cases} \dot{\boldsymbol{x}} = \boldsymbol{Ax} + \boldsymbol{f(x)}, \\ \dot{\boldsymbol{y}} = \boldsymbol{Ay} + \boldsymbol{Gf(x)} + \boldsymbol{BK}(\boldsymbol{Gx} - \boldsymbol{y}), \end{cases} \tag{5.68}$$

其中满足

$$\boldsymbol{AG} = \boldsymbol{GA},$$

$\boldsymbol{f(x)}$ 是一个 $\mathbf{R}^n \to \mathbf{R}^n$ 的非线性函数; $\boldsymbol{B} \in \mathbf{R}^{n \times p}$, $\boldsymbol{K} \in \mathbf{R}^{p \times n}$ 起控制作用. 当矩阵 $\boldsymbol{A}$ 不满足所有的特征值都具有负实部时, 若矩阵 $\boldsymbol{A} - \boldsymbol{BK}$ 的所有特征值都具有负实部, 则同步误差系统

$$\dot{\boldsymbol{e}} = \dot{\boldsymbol{y}} - \dot{\boldsymbol{x}}$$

是渐近稳定的, 即驱动–响应系统可以实现广义同步.

为了更好地表述, 将式 (5.66) 分解成 $\boldsymbol{Ax} + \boldsymbol{f(x)}$ 形式, 并令其为驱动系统, 则有

$$\boldsymbol{A} = \begin{pmatrix} -a & a & 0 & 1 \\ d & c & 0 & 0 \\ 0 & 0 & -b & 0 \\ 0 & 0 & 0 & r \end{pmatrix}, \quad \boldsymbol{f(x)} = \begin{pmatrix} 0 \\ -x_1 x_3 \\ x_1 x_2 \\ x_2 x_3 \end{pmatrix}.$$

参数选择如前述, 则可以验证 $\boldsymbol{A}$ 的所有特征值并不都具有负实部, 故可设计响应系统. 选取

$$\boldsymbol{G} = \begin{pmatrix} 2 & 0 & 0 & 0 \\ 0 & 2 & 0 & 0 \\ 0 & 0 & 2 & 0 \\ 0 & 0 & 0 & 2 \end{pmatrix}, \quad \boldsymbol{B} = (1, \quad 1, \quad 1, \quad 1)^{\mathrm{T}},$$

并取驱动系统和响应系统的初始点分别为

$$\boldsymbol{x}(0) = (1, -1, 1, 0)^{\mathrm{T}}$$

和

$$\boldsymbol{y}(0) = (3, -2, 0, 1)^{\mathrm{T}}.$$

令驱动系统为式 (5.66), 响应系统为

$$
\begin{cases}
\dot{\hat{x}}_1 = a(\hat{x}_2 - \hat{x}_1) + \hat{x}_4 + K(x_1 - \hat{x}_1), \\
\dot{\hat{x}}_2 = d\hat{x}_1 + c\hat{x}_2 - x_1 x_3 + K(x_2 - \hat{x}_2), \\
\dot{\hat{x}}_3 = -b\hat{x}_3 + x_1 x_2 + K(x_3 - \hat{x}_3), \\
\dot{\hat{x}}_4 = r\hat{x}_4 + x_2 x_3 + K(x_4 - \hat{x}_4),
\end{cases}
\tag{5.69}
$$

其中 $\boldsymbol{K}$ 为控制向量. 在 $\boldsymbol{K}$ 的控制下可使得驱动系统 (5.66) 与响应系统 (5.69) 达成全局渐近同步. 若令误差变量

$$
e_1 = \hat{x}_1 - x_1, \quad e_2 = \hat{x}_2 - x_2, \quad e_3 = \hat{x}_3 - x_3, \quad e_4 = \hat{x}_4 - x_4,
$$

则可得到误差系统为

$$
\begin{cases}
\dot{e}_1 = a(e_2 - e_1) + e_4 - Ke_1, \\
\dot{e}_2 = de_1 + ce_2 - Ke_2, \\
\dot{e}_3 = -be_3 - Ke_3, \\
\dot{e}_4 = re_4 - Ke_4.
\end{cases}
\tag{5.70}
$$

采用 ODE45 算法去求解方程 (5.70), 王兴元模拟了驱动系统 (5.66) 与响应系统 (5.69) 的同步过程 (图 5.16). 驱动系统 (5.66) 与响应系统 (5.69) 的初始点分别选取为

$$
x_1(0) = 1, \quad x_2(0) = -2, \quad x_3(0) = 1, \quad x_4(0) = 0
$$

和

$$
\hat{x}_1(0) = 3, \quad \hat{x}_2(0) = -1, \quad \hat{x}_3(0) = 0, \quad \hat{x}_4(0) = 1.
$$

为使驱动系统 (5.66) 处于超混沌状态, 选取参数 $a = 35$, $b = 3$, $c = 12$, $d = 7$ 和 $r = 0.6$. 由误差效果图 5.16(a)~(d) 可以看到, 当 t 接近 0.3s, 0.3s, 0.5s 和 2.2s 时, 误差 $e_1(t)$, $e_2(t)$, $e_3(t)$ 和 $e_4(t)$ 已分别稳定在零点, 即驱动系统 (5.66) 与响应系统 (5.69) 达到同步.

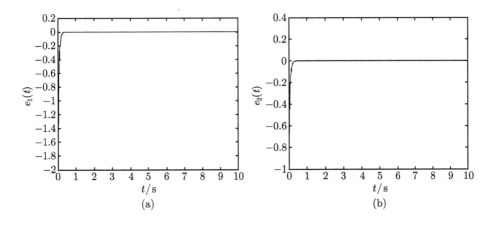

(a)　　　　　　　　　　　　　　　　(b)

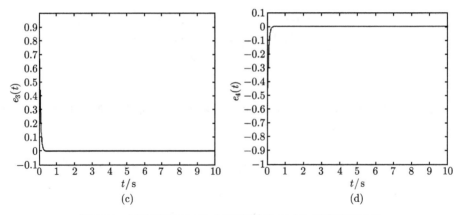

(c)　　　　　　　　　　　　　　　(d)

图 5.16　驱动系统 (5.66) 与响应系统 (5.69) 同步误差曲线

设发送端待加密的信息信号为

$$m = 0.1 \sin t,$$

将其加到驱动系统的变量 x_1 上进行传输, 系统各参数及向量值的选取同上, 这样将

$$s = 2(m + x_1)$$

作为传输信道中实际传输的信号, 接收端的恢复信号即可表示为

$$m' = \frac{s - y_1}{2}.$$

这里选择极点

$$\boldsymbol{p} = (-4, -2, -1 + \mathrm{i}, -1 - \mathrm{i})^{\mathrm{T}},$$

用 ODE45 算法解方程, 得到仿真图 5.17, 其中图 5.17(a) 是发送端的待加密信号 m, (b) 是信道中实际传输的信号 s, (c) 是接收端的恢复信号 m', 为了表示得更加清晰, 截取其部分时间的曲线 (d), (e) 是传输过程中产生的信息误差, 即

$$e_m = m - m'.$$

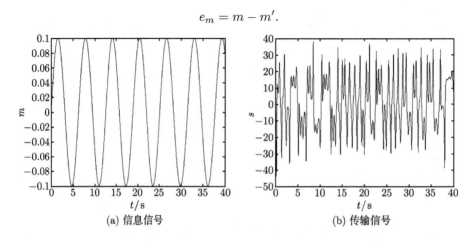

(a) 信息信号　　　　　　　　　　(b) 传输信号

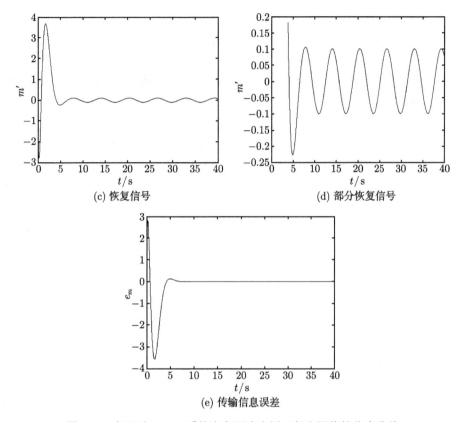

图 5.17 超混沌 Chen 系统广义同步应用于保密通信的仿真曲线

由图 5.17 可得出如下结论: 由信道中传输的信号 s 看不出实际被加密信号的任何迹象. 经过大约 $t = 11$s, 同步误差已稳定在零点, 即接收端已经可以很好地恢复出有用的信息信号了.

5.1.4 几种改进的混沌遮掩保密通信方法

5.1.4.1 利用双系统法的混沌遮掩保密通信方案

随着研究的不断深入, 各种混沌保密通信新方法也在不断出现, 但混沌掩盖始终是最为经典和常用的一种, 以其易于实现而深得人们的青睐. 但是, 混沌掩盖有很大的缺点: 首先, 它要求信息信号的功率要远低于混沌掩盖信号的功率; 其次, 混沌掩盖的保密性低, 非法接收者能够通过回归映射等方法[25,26] 从截获的信号中解调出发送端信号. 因此, 本小节基于传统的混沌掩盖保密通信方法, 采用改进的基于状态观测器的同步方法和双系统法进行优化, 提出了一种新的保密通信方案. 最后在 Simulink 系统仿真环境下构建了整个通信系统的模型, 并验证了本方案的有效性.

传统的混沌掩盖保密通信一般使用 PC 法进行同步, 要求信息信号的功率要远低于混沌掩盖信号的功率, 不然驱动系统和响应系统难以实现同步. 为解决这个问题, 王兴元采用了基于状态观测器[1] 的方法, 并对该方法进行了改进, 使得它更适用于混沌掩盖保密通信.

为简化讨论过程, 暂且假设信号在理想信道中传输. 令 $m(t)$ 表示信息信号, 设计发射器为

$$
\begin{cases}
\dot{\boldsymbol{x}} = \boldsymbol{A}\boldsymbol{x} + \boldsymbol{B}\boldsymbol{u} + \boldsymbol{D} + \boldsymbol{L}_1\dot{m}(t) + \boldsymbol{L}_2 m(t), \\
\boldsymbol{y} = \boldsymbol{C}^{\mathrm{T}}\boldsymbol{x} + m(t), \\
\boldsymbol{u} = \boldsymbol{f}(\boldsymbol{x}),
\end{cases}
\tag{5.71}
$$

其中 $\boldsymbol{x}, \boldsymbol{u}$ 分别为系统的状态变量和非线性反馈输入, $\boldsymbol{y}$ 为发射端系统的输出, 即传输信号, $\boldsymbol{A}, \boldsymbol{B}, \boldsymbol{C}$ 和 $\boldsymbol{D}$ 为已知的定常矩阵, $\boldsymbol{L}_1$ 和 $\boldsymbol{L}_2$ 为未知的定常矩阵, 可通过计算求得. $\boldsymbol{D}$ 的加入扩展了状态观测器方法的适用范围, 使得更多的混沌系统能够应用该方法实现同步. 而

$$
\boldsymbol{L}_1\dot{m}(t) + \boldsymbol{L}_2 m(t)
$$

的增加, 一方面, 使有用信号被直接嵌入到发射端混沌系统中, 提高了传输信息的安全性; 另一方面, 使得系统同步不再依赖于信息信号的功率, 即使信息信号功率较大, 也不影响驱动系统和响应系统的同步. 因为信息信号已经参与到驱动系统的运算中, 传输信号 $\boldsymbol{y}$ 中信息信号的加载不再影响响应系统对驱动系统的同步 (详见后面的证明).

设计接收器为

$$
\begin{cases}
\dot{\boldsymbol{z}} = \boldsymbol{F}\boldsymbol{z} + \boldsymbol{G}\boldsymbol{u} + \boldsymbol{H}\boldsymbol{y} + \boldsymbol{K}\boldsymbol{D}, \\
\hat{\boldsymbol{x}} = \boldsymbol{z} - \boldsymbol{J}\boldsymbol{y},
\end{cases}
\tag{5.72}
$$

其中 $\boldsymbol{z} \in \mathbf{R}^n, \hat{\boldsymbol{x}} \in \mathbf{R}^n, \boldsymbol{F}, \boldsymbol{G}, \boldsymbol{H}, \boldsymbol{J}$ 和 $\boldsymbol{K}$ 为未知的定常矩阵.

定义状态观测器误差为

$$
\boldsymbol{e} = \hat{\boldsymbol{x}} - \boldsymbol{x} = \boldsymbol{z} - (\boldsymbol{J}\boldsymbol{C}^{\mathrm{T}} + \boldsymbol{I}_n)\boldsymbol{x} - \boldsymbol{J}m(t).
$$

令

$$
\boldsymbol{M} = \boldsymbol{J}\boldsymbol{C}^{\mathrm{T}} + \boldsymbol{I}_n,
\tag{5.73}
$$

则误差系统的动态方程为

$$
\begin{aligned}
\dot{\boldsymbol{e}} = {}& \boldsymbol{F}\boldsymbol{e} + (\boldsymbol{F}\boldsymbol{M} + \boldsymbol{H}\boldsymbol{C}^{\mathrm{T}} - \boldsymbol{M}\boldsymbol{A}) + (\boldsymbol{G} - \boldsymbol{M}\boldsymbol{B})\boldsymbol{u} + (\boldsymbol{K} - \boldsymbol{M})\boldsymbol{D} \\
& - (\boldsymbol{M}\boldsymbol{L}_1 + \boldsymbol{J})\dot{m}(t) + (\boldsymbol{H} - \boldsymbol{M}\boldsymbol{L}_2 + \boldsymbol{F}\boldsymbol{J})m(t).
\end{aligned}
\tag{5.74}
$$

可见, 若式 (5.74) 满足

$$\begin{cases} \boldsymbol{FM} + \boldsymbol{HC}^{\mathrm{T}} - \boldsymbol{MA} = \boldsymbol{0}, \\ \boldsymbol{G} - \boldsymbol{MB} = \boldsymbol{0}, \\ \boldsymbol{K} - \boldsymbol{M} = \boldsymbol{0}, \\ \boldsymbol{ML}_1 + \boldsymbol{J} = \boldsymbol{0}, \\ \boldsymbol{H} - \boldsymbol{ML}_2 + \boldsymbol{FJ} = \boldsymbol{0}, \end{cases} \tag{5.75}$$

则式 (5.74) 可改写为

$$\dot{e} = \boldsymbol{F} e. \tag{5.76}$$

式 (5.76) 中, 若 $\boldsymbol{F}$ 的所有特征值均小于零, 则有

$$\lim_{t \to \infty} \|e\| = 0,$$

即 $\hat{\boldsymbol{x}}$ 将指数收敛于 $\boldsymbol{x}$. 下面讨论如何使得 $\boldsymbol{F}$ 满足这一要求.

由式 (5.75) 的第一个方程可得

$$\boldsymbol{F} = \boldsymbol{MA} - (\boldsymbol{FJ} + \boldsymbol{H})\boldsymbol{C}^{\mathrm{T}}. \tag{5.77}$$

令

$$\boldsymbol{N} = \boldsymbol{FJ} + \boldsymbol{H}, \tag{5.78}$$

由式 (5.77) 和 (5.78) 可推得

$$\boldsymbol{H} = \boldsymbol{N} - \boldsymbol{MAJ} + \boldsymbol{NC}^{\mathrm{T}}\boldsymbol{J}, \tag{5.79}$$

则 $\dot{z}$ 可写为

$$\dot{z} = (\boldsymbol{MA} - \boldsymbol{NC}^{\mathrm{T}})z + \boldsymbol{Gu} + \boldsymbol{Hy} + \boldsymbol{KD}. \tag{5.80}$$

这样状态观测器的设计变为寻找合适的 $\boldsymbol{J}$ 和 $\boldsymbol{N}$, 使其满足 $\boldsymbol{F}$ 的特征值均小于零的问题.

由式 (5.77) 和 (5.78) 有

$$\boldsymbol{F} = \boldsymbol{MA} - \boldsymbol{NC}^{\mathrm{T}}.$$

可见, 若能找到适当的 $\boldsymbol{N}$, 使得 $\boldsymbol{MA} - \boldsymbol{NC}^{\mathrm{T}}$ 的特征值可任意配置, 则必能满足 $\boldsymbol{F}$ 的特征值均小于零的条件, 即若 $(\boldsymbol{MA}, \boldsymbol{C}^{\mathrm{T}})$ 完全可观测, 则 $\boldsymbol{MA} - \boldsymbol{NC}^{\mathrm{T}}$ 的特征值必可任意配置.

因为式 (5.75) 对 $\boldsymbol{J}$ 的取值并无要求, 因此, 由式 (5.73) 知, 总可以找到一个合适的 $\boldsymbol{N}$, 使得当 $t \to \infty$ 时, $\hat{\boldsymbol{x}}$ 指数收敛于 $\boldsymbol{x}$, 即系统 (5.71) 和 (5.72) 实现了同步.

选取新 Lü 系统

$$\begin{cases} \dot{x}_1 = -\dfrac{ab}{a+b}x_1 - x_2 x_3 + c, \\ \dot{x}_2 = ax_2 + x_1 x_3, \\ \dot{x}_3 = bx_3 + x_1 x_2 \end{cases} \tag{5.81}$$

作为发射端系统, 其中 $a < 0$, $b < 0$, c 为实常数. 当 $a = -10, b = -4, |c| < 19.2$ 时, 系统 (5.81) 是混沌的[40].

将新 Lü系统 (5.81) 改写为如下矩阵的形式:

$$
\begin{cases}
\begin{pmatrix} \dot{x}_1 \\ \dot{x}_2 \\ \dot{x}_3 \end{pmatrix} = \begin{pmatrix} \dfrac{20}{7} & 0 & 0 \\ 0 & -10 & 0 \\ 0 & 0 & -4 \end{pmatrix} \begin{pmatrix} x_1 \\ x_2 \\ x_3 \end{pmatrix} \\
\quad + \begin{pmatrix} -1 & 0 & 0 \\ 0 & 1 & 0 \\ 0 & 0 & 1 \end{pmatrix} \begin{pmatrix} x_2 x_3 \\ x_1 x_3 \\ x_1 x_2 \end{pmatrix} + \begin{pmatrix} 10 \\ 0 \\ 0 \end{pmatrix} + \begin{pmatrix} 1 \\ 0 \\ 0 \end{pmatrix} w(t), \\
y = (1,0,0) \begin{pmatrix} x_1 \\ x_2 \\ x_3 \end{pmatrix}.
\end{cases} \tag{5.82}
$$

由式 (5.82) 可得

$$
\boldsymbol{A} = \begin{pmatrix} \dfrac{20}{7} & 0 & 0 \\ 0 & -10 & 0 \\ 0 & 0 & -4 \end{pmatrix}, \quad \boldsymbol{B} = \begin{pmatrix} -1 & 0 & 0 \\ 0 & 1 & 0 \\ 0 & 0 & 1 \end{pmatrix}, \quad \boldsymbol{u} = \begin{pmatrix} x_2 x_3 \\ x_1 x_3 \\ x_1 x_2 \end{pmatrix}, \quad \boldsymbol{D} = \begin{pmatrix} 10 \\ 0 \\ 0 \end{pmatrix}.
$$

取

$$
\boldsymbol{C}^{\mathrm{T}} = (1,0,0), \quad \boldsymbol{J} = (0,0,0)^{\mathrm{T}},
$$

由式 (5.73) 和 (5.75), 可求出

$$
\boldsymbol{M} = \begin{pmatrix} 1 & 0 & 0 \\ 0 & 1 & 0 \\ 0 & 0 & 1 \end{pmatrix}, \quad \boldsymbol{F} = \begin{pmatrix} -1 & 0 & 0 \\ 0 & -10 & 0 \\ 0 & 0 & -4 \end{pmatrix}, \quad \boldsymbol{N} = \left(\dfrac{27}{7}, 0, 0 \right)^{\mathrm{T}},
$$

$$
\boldsymbol{G} = \begin{pmatrix} -1 & 0 & 0 \\ 0 & 1 & 0 \\ 0 & 0 & 1 \end{pmatrix}, \quad \boldsymbol{H} = \left(\dfrac{27}{7}, 0, 0 \right)^{\mathrm{T}},
$$

$$
\boldsymbol{K} = \begin{pmatrix} 1 & 0 & 0 \\ 0 & 1 & 0 \\ 0 & 0 & 1 \end{pmatrix}, \quad \boldsymbol{L}_1 = \boldsymbol{0}, \quad \boldsymbol{L}_2 = \left(\dfrac{27}{7}, 0, 0 \right)^{\mathrm{T}}.
$$

将 $\boldsymbol{F}, \boldsymbol{G}, \boldsymbol{H}, \boldsymbol{J}, \boldsymbol{K}, \boldsymbol{L}_1$ 和 $\boldsymbol{L}_2$ 分别代入式 (5.71) 和 (5.72), 可得发射端系统为

$$\begin{cases} \begin{pmatrix} \dot{x}_1 \\ \dot{x}_2 \\ \dot{x}_3 \end{pmatrix} = \begin{pmatrix} \dfrac{20}{7} & 0 & 0 \\ 0 & -10 & 0 \\ 0 & 0 & -4 \end{pmatrix} \begin{pmatrix} x_1 \\ x_2 \\ x_3 \end{pmatrix} + \begin{pmatrix} -1 & 0 & 0 \\ 0 & 1 & 0 \\ 0 & 0 & 1 \end{pmatrix} \begin{pmatrix} x_2 x_3 \\ x_1 x_3 \\ x_1 x_2 \end{pmatrix} \\ \qquad + \begin{pmatrix} 10 \\ 0 \\ 0 \end{pmatrix} + \begin{pmatrix} 0 \\ 0 \\ 0 \end{pmatrix} \dot{m}(t) + \begin{pmatrix} \dfrac{27}{7} \\ 0 \\ 0 \end{pmatrix} m(t), \\ y = (1,0,0) \begin{pmatrix} x_1 \\ x_2 \\ x_3 \end{pmatrix} + m(t). \end{cases} \tag{5.83}$$

接收端系统

$$\begin{cases} \dot{z} = \begin{pmatrix} -1 & 0 & 0 \\ 0 & -10 & 0 \\ 0 & 0 & -4 \end{pmatrix} z + \begin{pmatrix} -1 & 0 & 0 \\ 0 & 1 & 0 \\ 0 & 0 & 1 \end{pmatrix} u + \begin{pmatrix} \dfrac{27}{7} \\ 0 \\ 0 \end{pmatrix} y + \begin{pmatrix} 1 & 0 & 0 \\ 0 & 1 & 0 \\ 0 & 0 & 1 \end{pmatrix} D, \\ \hat{x} = z - \begin{pmatrix} 0 \\ 0 \\ 0 \end{pmatrix} y. \end{cases} \tag{5.84}$$

假设信息信号

$$m(t) = 1000\sin t,$$

其功率远大于混沌掩盖信号. 图 5.18 为利用改进的状态观测器同步方法进行保密通信时系统误差 $e_1(t)$, $e_2(t)$ 和 $e_3(t)$ 的波形. 由图 5.18 可见, 大功率的信息信号并没有影响到发送端与接收端的系统同步, 经过短暂的过渡, $e_1(t)$, $e_2(t)$ 和 $e_3(t)$ 分别精确地稳定在了零点.

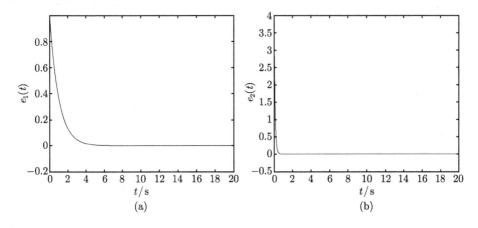

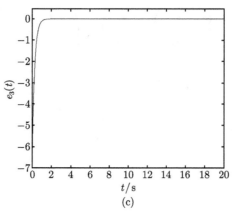

(c)

图 5.18　发射端系统 (5.83) 和接收端系统 (5.85) 的同步误差曲线

　　尽管现在混沌掩盖中出现了多级混沌等改进方案, 但其信息信号在整个传输过程中始终与同一混沌信号叠加的原理没有变, 所以总能利用回归映射的原理还原信息信号, 风险依然存在. 因此, 可以转换思路, 在混沌掩盖中采用两个以上混沌系统 (这里采用两个混沌系统, 即双系统), 利用使能模块, 通过函数控制切换混沌信号, 使得信息信号在不固定的不同时段内与不同的混沌信号叠加. 双系统方案的原理如图 5.19 所示. 双系统方案主要通过使能系统起作用. 使能系统通常有输入端、输出端和控制端三个接口, 其通过控制端的输入 (图 5.19 中的 $F(x)$ 和 $-F(x)$) 控制其输出. 控制端的输入信号可为标量信号, 也可为矢量信号. 若其为标量信号, 则当控制端输入信号为正时, 使能系统输出等于输入; 当控制端输入信号为非正时, 使能系统输出为零. 若其为矢量信号, 则控制端输入信号中只要有正值, 则使能系统输出等于输入; 当控制端输入信号全为非正时, 使能系统输出为零. 本书中采用标量函数 $F(x)$ 进行控制. 在该方案中, 想要通过测量当前映射点相对纯净映射曲线的偏离程度来推测出相应信息信号的强度便是不可行的. 因为在任意时间段内, 当前传输信号到底与哪个混沌系统的信号叠加取决于该时间段内控制函数 $F(x)$ 的正负, 而采用的控制函数是随机的, 可以是标量, 也可以是矢量. 控制函数越复杂, 正负变换越难以预测, 则传输信号越复杂, 安全性就越高.

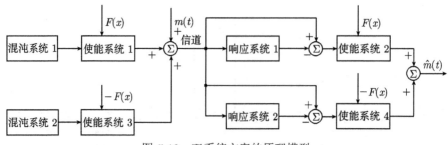

图 5.19　双系统方案的原理模型

在图 5.19 中 $F(x)$ 为正的时段, $-F(x)$ 为负, 则使能系统 3 输出为 0. 此时由混沌系统 1 的输出信号与 $m(t)$ 叠加形成传输信号, 传输信号到达接收端后, 驱动响应系统 1 最终还原出信息信号, 由使能系统 2 输出. 注意: 此时使能系统 4 输出为 0. 在 $F(x)$ 为负的时段中, $-F(x)$ 为正, 则使能系统 1 输出为 0. 此时由混沌系统 2 的输出信号与 $m(t)$ 叠加形成传输信号, 最终驱动响应系统 2 还原出信息信号, 由使能系统 4 输出. 注意: 此时使能系统 2 输出为 0.

在 Simulink 系统仿真环境下建立了整个通信系统如图 5.20 所示. 采用 Liu 系统[41] 和 Lü系统[40] 分别作为混沌系统 1 和混沌系统 2. 图 5.20 中, Liu 系统为混沌系统 1; 观测器 1 为 Liu 系统基于所述同步方法中的状态观测器, R system of Liu 即为响应系统 1; Lü 系统即 Lü系统, 为混沌系统 2; 观测器 2 为 Lü系统基于所述同步方法中的状态观测器, R system of Lü即为响应系统 2. 观测镜 1 显示原始信号, 观测镜 2 显示传输信号, 观测镜 3 显示使能子系统 2 输出的信号, 观测镜 4 显示使能子系统 4 输出的信号, 观测镜 5 显示最终恢复出来的信号 (注意: 图 5.20 中除了示波器 (观测镜 1, 2, 3, 4, 5) 和加法器以外, 其他系统均为复合子系统, 即这些系统均由更为基础的元件构成. 由于篇幅关系, 本书中不再一一给出这些子系统的图示.).

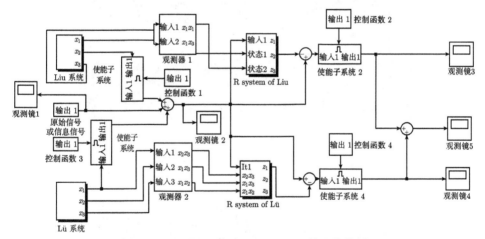

图 5.20 双系统方案在 Simulink 下的仿真模型

下面给出这 5 个示波器显示的信号如图 5.21∼ 图 5.25 所示. 由图 5.21∼ 图 5.25 可知, 该双系统方案能够有效地还原有用信号.

尽管现在的混沌保密通信方案多种多样, 但最基本最经典的仍是混沌掩盖. 它的优点显而易见: 简单易实现, 硬件成本低. 但要采用这种方法, 就要尽量克服其缺点. 为此, 分别采用改进的基于状态观测器的同步方法和双系统法对其进行优化, 提出了一种新的保密通信方案, 较好地解决了如下掩盖保密通信中存在的问题:

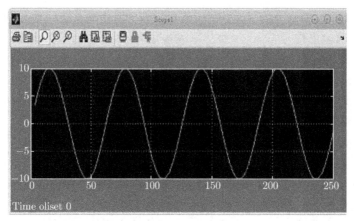

图 5.21　原始信号

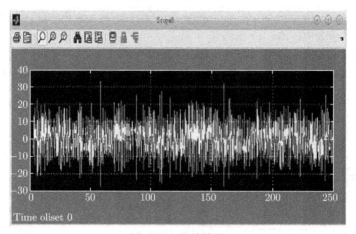

图 5.22　传输信号

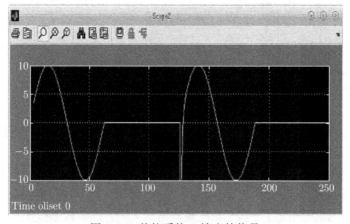

图 5.23　使能系统 2 输出的信号

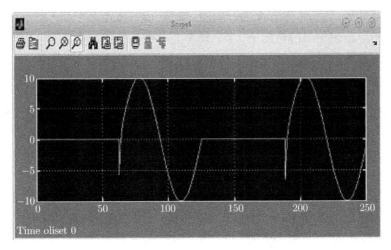

图 5.24 使能系统 4 输出的信号

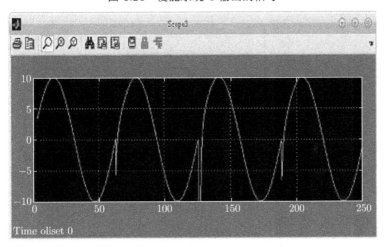

图 5.25 恢复信号

(1) 对基于状态观测器的同步方法进行改进, 使得系统同步不再依赖于信息信号的功率, 即使信息信号功率再大, 也不影响驱动系统和响应系统的同步. 这样就解决了混沌掩盖方法中要求信息信号的功率要远低于混沌掩盖信号的功率的局限性.

(2) 采用两个或以上混沌系统, 利用使能模块, 通过随机函数控制切换混沌信号, 使得信息信号在不固定的不同时段内与不同的混沌信号叠加. 这样就解决了混沌掩盖的保密性低, 非法接收者能够通过回归映射等方法, 从截获的信号中解调出发端信号的弊端.

同时, 基于该方案在 Simulink 系统仿真环境下构建了整个通信系统的模型, 并给出了实验结果, 验证了本方案的有效性. 当然, 该方案还存在着一些局限性, 如试验假设均处于理想信道的情况下. 今后还需充分考虑各种实际情况, 在理论和实验上进一步深入研究.

5.1.4.2　基于改进的混沌遮掩保密通信方案的通信系统

为提高系统的保密性, 建议使用高维超混沌系统来代替低维混沌系统来实现保密通信. 由于高维超混沌系统具有多个正的 Lyapunov 指数, 系统的动态行为更加难以预测, 因此, 具有更高的保密性. Pyragas 曾提出猜测: 反馈变量的最小个数应与系统正性 Lyapunov 指数的个数相同. 也就是说, 超混沌系统需要发送多路信号, 才能使响应系统与其同步. 对此, Peng 等提出了发送单路组合信号的改进办法[42], 成功地实现了超混沌 Rössler 系统的同步控制. 这里也将采用这一方法, 首先实现对超混沌 Chen 系统的单向耦合同步.

依据 Peng 等的方法[42], 设具有相同表示形式的两个超混沌 Chen 系统[28] 分别作为驱动系统

$$
\begin{cases}
\dot{x}_1 = a(y_1 - x_1) + w_1, \\
\dot{y}_1 = dx_1 - x_1z_1 + cy_1, \\
\dot{z}_1 = x_1y_1 - bz_1, \\
\dot{w}_1 = y_1z_1 + rw_1
\end{cases}
\tag{5.85}
$$

和响应系统

$$
\begin{cases}
\dot{x}_2 = a(y_2 - x_2) + w_2, \\
\dot{y}_2 = dx_2 - x_2z_2 + cy_2 - ku_1\cos\theta, \\
\dot{z}_2 = x_2y_2 - bz_2 - ku_1\sin\theta, \\
\dot{w}_2 = y_2z_2 + rw_2,
\end{cases}
\tag{5.86}
$$

其中 k 为反馈增益. 控制器

$$
u_1 = \sin\theta(y_2 - y_1) + \cos\theta(z_2 - z_1), \quad 0 \leqslant \theta < \frac{\pi}{2},
$$

即驱动系统 (5.85) 只需要发送

$$
y_1\sin\theta + z_1\cos\theta
$$

这一路信号即可.

令

$$
\begin{cases}
e_1 = x_2 - x_1, \\
e_2 = y_2 - y_1, \\
e_3 = z_2 - z_1, \\
e_4 = w_2 - w_1,
\end{cases}
\tag{5.87}
$$

则有

$$\dot{e}_1 = \dot{x}_2 - \dot{x}_1, \quad \dot{e}_2 = \dot{y}_2 - \dot{y}_1, \quad \dot{e}_3 = \dot{z}_2 - \dot{z}_1, \quad \dot{e}_4 = \dot{w}_2 - \dot{w}_1,$$

故可得误差系统为

$$\begin{cases} \dot{e}_1 = -ae_1 + ae_2 + e_4, \\ \dot{e}_2 = (d - z_1)e_1 + (c - k\cos\theta\sin\theta)e_2 - (x_1 + k\cos\theta\cos\theta)e_3 - e_1e_3, \\ \dot{e}_3 = y_1e_1 + (x_1 - k\sin\theta\sin\theta)e_2 - (b + k\cos\theta\sin\theta)e_3 + e_1e_2, \\ \dot{e}_4 = z_1e_2 + y_1e_3 + re_4 + e_2e_3. \end{cases} \tag{5.88}$$

为使驱动系统 (5.85) 处于超混沌状态, 选取参数 $a = 35, b = 3, c = 12, d = 7$ 和 $r = 0.2$[28]. 令 $k = 3$, 根据 Benettin 等提出的计算最大 Lyapunov 指数的方法[38], 依次取 $\theta = \pi/12,, 5\pi/24, \pi/4, 7\pi/24, 5\pi/12$ 求出 $\lambda_1 = 1.122, -0.381, -0.547, -0.299,$ 0.064, 式 (5.88) 在 $k = 3$ 时线性部分的 λ_1 与 θ 的关系如图 5.26 所示.

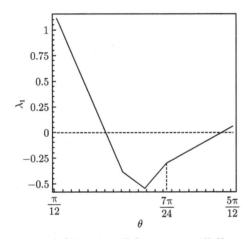

图 5.26 当 $k = 3$ 时系统 (5.88) 最大 Lyapunov 指数 λ_1 与 θ 的关系

在数值仿真实验中, 令 $k = 3, \theta = 7\pi/24$, 选取时间步长为 $\tau = 0.001\text{s}$, 采用四阶 Runge-Kutta 法求解方程 (5.85) 和 (5.86). 驱动系统 (5.85) 与响应系统 (5.86) 的初始点分别选取为

$$x_1(0) = -10, \quad y_1(0) = 25, \quad z_1(0) = 18, \quad w_1(0) = 15$$

和

$$x_2(0) = 13, \quad y_2(0) = -12, \quad z_2(0) = 5, \quad w_2(0) = 30.$$

因此, 误差系统 (5.88) 的初始值为

$$e_1(0) = 23, \quad e_2(0) = -37, \quad e_3(0) = -13, \quad e_4(0) = 15.$$

图 5.27 为驱动系统 (5.85) 与响应系统 (5.86) 的同步过程的模拟结果. 由误差效果图 5.27 可见, 当接近 20s 时, 误差 $e_1(t), e_2(t), e_3(t)$ 和 $e_4(t)$ 分别基本稳定在零点附近, 即当 $k = 3, \theta = 7\pi/24$ 时, 驱动系统 (5.85) 与响应系统 (5.86) 达到了同步.

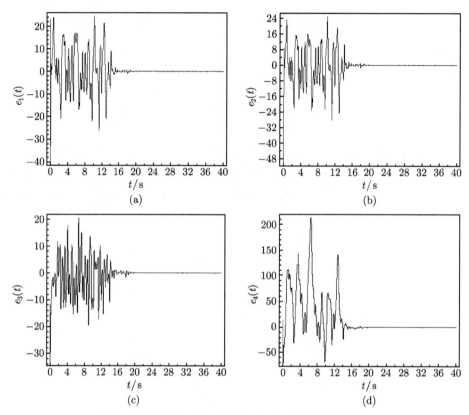

图 5.27   系统 (5.85) 和系统 (5.86) 的同步误差曲线

下面以超混沌 Chen 系统为例说明混沌掩盖保密通信系统原理. 这里采用 Milanovic 和 Zaghloul 改进后的混沌掩盖保密通信系统方案[43], 图 5.28 为其原理图. 假设 $m(t)$ 为有用信号, $u(t)$ 为驱动系统发出的信号, 则信道中信号为

$$s(t) = u(t) + m(t),$$

同时要由 $m(t)$ 产生信号使驱动系统变为非自治系统. 响应系统输出 $v(t)$, 恢复出来的有用信号为

$$\hat{m}(t) = s(t) - v(t).$$

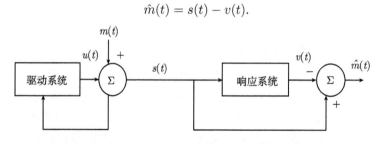

图 5.28   改进后的混沌掩盖保密通信系统方案原理图

以超混沌 Chen 系统为例, 此时, 驱动系统变为

$$
\begin{cases}
\dot{x}_1 = a(y_1 - x_1) + w_1, \\
\dot{y}_1 = dx_1 - x_1 z_1 + cy_1 + km(t)\cos\theta, \\
\dot{z}_1 = x_1 y_1 - bz_1 + km(t)\sin\theta, \\
\dot{w}_1 = y_1 z_1 + rw_1,
\end{cases}
\tag{5.89}
$$

响应系统变为

$$
\begin{cases}
\dot{x}_2 = a(y_2 - x_2) + w_2, \\
\dot{y}_2 = dx_2 - x_2 z_2 + cy_2 - ku_1\cos\theta + km(t)\cos\theta, \\
\dot{z}_2 = x_2 y_2 - bz_2 - ku_1\sin\theta + km(t)\sin\theta, \\
\dot{w}_2 = y_2 z_2 + rw_2,
\end{cases}
\tag{5.90}
$$

其中 k 为反馈增益, 则误差系统为

$$
\begin{cases}
\dot{e}_1 = -ae_1 + ae_2 + e_4, \\
\dot{e}_2 = (d - z_1)e_1 + (c - k\cos\theta\sin\theta)e_2 - (x_1 + k\cos\theta\cos\theta)e_3 - e_1 e_3, \\
\dot{e}_3 = y_1 e_1 + (x_1 - k\sin\theta\sin\theta)e_2 - (b + k\cos\theta\sin\theta)e_3 + e_1 e_2, \\
\dot{e}_4 = z_1 e_2 + y_1 e_3 + re_4 + e_2 e_3.
\end{cases}
\tag{5.91}
$$

系统 (5.91) 与系统 (5.88) 的形式相同, 但由于驱动系统为非自治系统 (5.89), 所以 x_1, y_1, z_1, w_1 取值与系统 (5.88) 不同. 由于有用信号 $m(t)$ 直接融入到发射系统和接收系统中, 因此, 它可以取比较大的强度. 所有参数以及系统初始状态的取值与前述相同. 取

$$
m(t) = 10\sin 2t,
$$

计算出系统 (5.91) 线性部分的最大 Lyapunov 指数为

$$
\lambda_1 = -0.399,
$$

验证了系统 (5.89) 和系统 (5.90) 仍将获得同步. 将

$$
s(t) = u(t) + m(t) = y_1\sin\theta + z_1\cos\theta + m(t), \quad v(t) = y_2\sin\theta + z_2\cos\theta,
$$

代入

$$
\hat{m}(t) = s(t) - v(t)
$$

可得到 $\hat{m}(t)$, 恢复信号的误差值为

$$
e(t) = \hat{m}(t) - m(t).
$$

图 5.29 为仿真结果, 其中图 5.29(a)~(c) 分别给出了恢复信号 $\hat{m}(t)$, 误差信号 $e(t)$ 和信道中信号 $s(t)$ 随时间 t 的变化曲线. 由图 5.29 可见, 当接近 17s 时, 有用信号基本得到了恢复. 由于超混沌系统动态行为更加难以预测, 驱动系统 (5.89) 发

送的又是组合信号, 所以隐蔽性更好, 即使有用信号是较强的周期信号, 也不易从 $s(t)$ 中寻找规律. 同时由于混沌载波与有用信号融为一体, 在不破坏原驱动系统混沌性质的前提下, 可以使用较大强度的有用信号, 也可以使系统同步对噪声具有较好的鲁棒性.

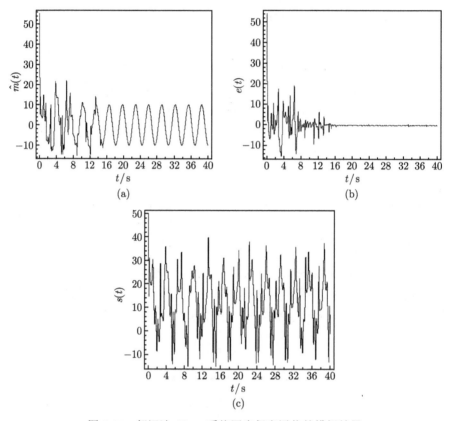

图 5.29　超混沌 Chen 系统同步保密通信的模拟结果

5.1.4.3　基于状态观测器的二级混沌遮掩保密通信系统

研究表明, 单级混沌保密通信系统就其安全程度来说是不太令人满意的, 因此, 这里提出一种新的二级混沌保密通信系统, 它同样结合了混沌调制和混沌掩盖技术. 在发送端, 信息信号被嵌入进 Rössler 系统的参数中, 然后将该加密信号传送给 Lorenz 系统, 随后 Lorenz 系统将该加密信号直接附加到某状态基上, 最后由 Lorenz 系统输出的保密信息经公共信道传输到接收端. 在保密信号传输过程中, 即使该保密信号被入侵者截获, 没有相应的解密机制是不可能恢复出原信息信号, 从而加强了通信的安全性. 在接收端, 保密信号由 Lorenz 系统和 Rössler 系统联合完成解密. 计算机仿真表明本书所提方法在用于模拟信号传输时的有效性和可行性.

所谓状态观测器就是一个在物理上可以实现的动力系统, 它在被观测系统的输入输出信号的驱动下, 产生一组输出, 使得该输出能够很好地逼近于被观测系统的状态变量输出. 下面就对状态观测器方法加以具体讨论.

不失一般性, 考虑如下非线性系统:

$$\dot{X} = AX + BF(X) + C, \tag{5.92}$$

其中 $A \in \mathbf{R}^{n \times n}$, $B \in \mathbf{R}^{m \times n}$, $C \in \mathbf{R}^{n \times 1}$, $F : \mathbf{R}^n \to \mathbf{R}^m (m \leqslant n)$, $F(X)$ 为非线性映射, AX 为线性部分, $BF(X)$ 为非线性部分, C 为常数矩阵.

令系统 (5.92) 的输出

$$Y = KX + F(X), \tag{5.93}$$

其中 $K \in \mathbf{R}^{m \times n}$ 为待定反馈矩阵. 由式 (5.92) 和 (5.93) 可得

$$\begin{cases} \dot{X} = AX + BF(X) + C, \\ Y = KX + F(X). \end{cases} \tag{5.94}$$

系统 (5.94) 的状态观测器

$$\dot{X}' = (AX' + BF(X') + C) + B(Y - Y'), \tag{5.95}$$

其中 X' 为状态观测器的状态, Y' 为状态观测器的输出. 这样混沌同步问题就转换为设计系统 (5.94) 的状态观测器问题.

定理 5.4 若 $n \times n$ 矩阵

$$(B, AB, A^2 B, \cdots, A^{n-1} B)$$

满秩, 选取适当的 K, 使得 $A - BK$ 的所有特征值的实部为负, 则系统 (5.95) 就是系统 (5.94) 的一个全局状态观测器.

证明 定义系统 (5.94) 和系统 (5.95) 的同步误差信号为

$$e = X - X',$$

则误差动力系统为

$$\dot{e} = \dot{X} - \dot{X}' = (A - BK)e. \tag{5.96}$$

由式 (5.96) 知, 原点是误差动力系统的全局稳定不动点. 当 $A - BK$ 的所有特征值的实部为负且 $t \to \infty$ 时有 $e \to 0$. 可见, 误差系统 (5.96) 是渐近稳定的, 即 $X' \to X$, 系统 (5.94) 与系统 (5.95) 获得同步. 证毕.

Lorenz 方程为

$$\begin{cases} \dot{x}_1 = -\sigma(x_1 - x_2), \\ \dot{x}_2 = -x_1 x_3 + r x_1 - x_2, \\ \dot{x}_3 = x_1 x_2 - b x_3, \end{cases} \tag{5.97}$$

当参数 $\sigma = 10$, $b = 8/3$ 和 $r = 28$ 时, Lorenz 系统进入混沌态[44]. 图 5.30 为对应的奇怪吸引子.

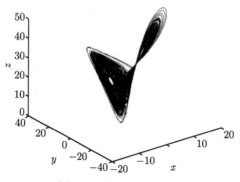

图 5.30　Lorenz 吸引子

Rössler 方程为

$$\begin{cases} \dot{y}_1 = -(y_2 + y_3), \\ \dot{y}_2 = y_1 + ay_2, \\ \dot{y}_3 = b + (y_1 - c)y_3, \end{cases} \tag{5.98}$$

当参数 $a = 0.2$, $b = 0.2$ 和 $c = 5.7$ 时, Rössler 系统进入混沌态[45]. 图 5.31 为对应的奇怪吸引子.

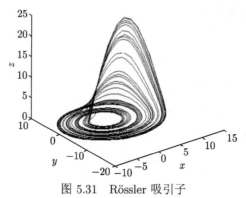

图 5.31　Rössler 吸引子

为了说明上述状态观测器方法, 本书以 Lorenz 系统为例. 基于上述混沌同步方法, 系统 (5.97) 可以写为

$$\dot{\boldsymbol{X}} = \boldsymbol{A}\boldsymbol{X} + \boldsymbol{B}\boldsymbol{F}(\boldsymbol{X}), \tag{5.99}$$

其中

$$\boldsymbol{A} = \begin{pmatrix} -10 & 10 & 0 \\ 28 & -1 & 0 \\ 0 & 0 & -8/3 \end{pmatrix},$$

$$\boldsymbol{B} = \begin{pmatrix} 0 & 0 \\ -1 & 0 \\ 0 & 1 \end{pmatrix}, \quad \boldsymbol{F}(\boldsymbol{X}) = \begin{pmatrix} x_1 x_3 \\ x_1 x_2 \end{pmatrix}, \quad \boldsymbol{X} = \begin{pmatrix} x_1 \\ x_2 \\ x_3 \end{pmatrix}, \quad \dot{\boldsymbol{X}} = \begin{pmatrix} \dot{x}_1 \\ \dot{x}_2 \\ \dot{x}_3 \end{pmatrix}.$$

系统 (5.97) 的状态观测器可表示为

$$\dot{\boldsymbol{X}}' = \boldsymbol{A}\boldsymbol{X}' + \boldsymbol{B}\boldsymbol{F}(\boldsymbol{X}') + \boldsymbol{B}(\boldsymbol{K}\boldsymbol{X} + \boldsymbol{F}(\boldsymbol{X}) - \boldsymbol{K}\boldsymbol{X}' - \boldsymbol{F}(\boldsymbol{X}')), \tag{5.100}$$

其中

$$\boldsymbol{X}' = \begin{pmatrix} x_1' \\ x_2' \\ x_3' \end{pmatrix}, \quad \dot{\boldsymbol{X}}' = \begin{pmatrix} \dot{x}'_1 \\ \dot{x}'_2 \\ \dot{x}'_3 \end{pmatrix}, \quad \boldsymbol{F}\left(\boldsymbol{X}'\right) = \begin{pmatrix} x_1' x_3' \\ x_1' x_2' \end{pmatrix}, \quad \boldsymbol{K} \in \mathbf{R}^{2 \times 3}.$$

应用极点配置法计算出满足同步条件的

$$\boldsymbol{K} = \begin{pmatrix} -29.332 & -1.8 & 0 \\ 0 & 0 & 5.9333 \end{pmatrix}.$$

传统的混沌掩盖保密通信系统只是将有用的信息信号附在混沌载波上, 而不是将信息信号融入混沌载波中. 在这种情况下, 接收端被混沌信号和信息信号所驱动, 而发送端仅仅由混沌信号驱动. 由于发送端输出的混沌载波信号不能精确地趋向接收端输出的混沌载波信号, 因此, 在接收端恢复的信息信号中总包含误差 e, 仅当信息信号 $|i| \to 0$ 时 $e \to 0$. 使用振幅 $|i|$ 很小的信息信号以最小化误差, 然而这样的信息信号有可能被信道噪声所破坏. 此外, 混沌掩盖技术的安全性不高, 因为主要由混沌载波 (为了避免误差信息信号振幅 $|i|$ 必须很小) 构成的传输信号 s 可能符合一个时序非线性模型. 利用该模型, 通过类非线性噪声还原法[46] 或其他技术[47], 可以从传输信号 s 中提取出信息信号. 为了提高混沌掩盖的性能, 这里提出一种改进的混沌掩盖方法, 基于新方法使混沌同步信号从传输的保密信号中分离.

混沌调制方框图由图 5.32 给出, 图 5.33 为二级混沌保密通信结构图. 通信模型的发送端为

$$\begin{pmatrix} \dot{y}_1 \\ \dot{y}_2 \\ \dot{y}_3 \end{pmatrix} = \begin{pmatrix} 0 & -1 & -1 \\ 1 & 0.2 & 0 \\ 0 & 0 & -5.7 \end{pmatrix} \begin{pmatrix} y_1 \\ y_2 \\ y_3 \end{pmatrix} + \begin{pmatrix} 0 \\ 0 \\ 1 \end{pmatrix} y_1 y_3 + \begin{pmatrix} 0 \\ 0 \\ 0.2 \end{pmatrix} + \begin{pmatrix} 0 \\ 0 \\ 1 \end{pmatrix} \mathrm{en}(t),$$
$$\tag{5.101}$$

$$\begin{pmatrix} \dot{x}_1 \\ \dot{x}_2 \\ \dot{x}_3 \end{pmatrix} = \begin{pmatrix} -10 & 10 & 0 \\ 28 & -1 & 0 \\ 0 & 0 & -8/3 \end{pmatrix} \begin{pmatrix} x_1 \\ x_2 \\ x_3 \end{pmatrix} + \begin{pmatrix} 0 & 0 \\ -1 & 0 \\ 0 & 1 \end{pmatrix} \begin{pmatrix} x_1 x_3 \\ x_1 x_2 \end{pmatrix}, \tag{5.102}$$

$$\begin{cases} \mathrm{en}(t) = i(t) + y_1, \\ \mathrm{ems}_1 = \boldsymbol{O}(\boldsymbol{Y}) + \mathrm{en}(t), \\ \boldsymbol{O}(\boldsymbol{Y}) = \boldsymbol{M}\boldsymbol{Y} + \boldsymbol{H}\boldsymbol{G}(\boldsymbol{Y}), \end{cases} \tag{5.103}$$

$$\mathrm{ems}_2 = \mathrm{ems}_1 + x_1, \tag{5.104}$$

其中

$$\boldsymbol{M} = (-176.6, -439.4, 17.5), \quad \boldsymbol{H} = (0, 0, 1)^{\mathrm{T}},$$
$$\boldsymbol{Y} = (y_1, y_2, y_3,)^{\mathrm{T}}, \quad \boldsymbol{G}(\boldsymbol{Y}) = y_1 y_3.$$

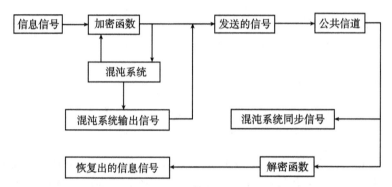

图 5.32 混沌调制保密通信系统方框图

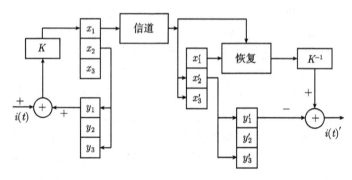

图 5.33 基于状态观测器法的二级混沌保密通信系统结构图

混沌调制过程由系统 (5.101) 表示, 混沌掩盖过程由系统 (5.102) 和 (5.104) 给出.

$$i(t) = \sin t$$

表示原信息信号. 信号 ems_1 表示系统 (5.101) 的输出, 即一级保密信号. 信号 ems_2 表示系统 (5.102) 的输出, 即二级保密信号, 该保密信号通过公共信道传输到接收端. 接收端为

$$\begin{pmatrix} \dot{x}'_1 \\ \dot{x}'_2 \\ \dot{x}'_3 \end{pmatrix} = \begin{pmatrix} -10 & 10 & 0 \\ 28 & -1 & 0 \\ 0 & 0 & -8/3 \end{pmatrix} \begin{pmatrix} x'_1 \\ x'_2 \\ x'_3 \end{pmatrix} + \begin{pmatrix} 0 & 0 \\ -1 & 0 \\ 0 & 1 \end{pmatrix} \begin{pmatrix} x'_1 x'_3 \\ x'_1 x'_2 \end{pmatrix}, \quad (5.105)$$

$$\begin{pmatrix} \dot{y}'_1 \\ \dot{y}'_2 \\ \dot{y}'_3 \end{pmatrix} = \begin{pmatrix} 0 & -1 & -1 \\ 1 & 0.2 & 0 \\ 0 & 0 & -5.7 \end{pmatrix} \begin{pmatrix} y'_1 \\ y'_2 \\ y'_3 \end{pmatrix}$$
$$+ \begin{pmatrix} 0 \\ 0 \\ 1 \end{pmatrix} y'_1 y'_3 + \begin{pmatrix} 0 \\ 0 \\ 0.2 \end{pmatrix} + \begin{pmatrix} 0 \\ 0 \\ 1 \end{pmatrix} (\mathrm{dms}_1 - O(Y')), \quad (5.106)$$

$$\mathrm{dms}_1 = \mathrm{ems}_2 - x'_1, \quad (5.107)$$

$$\mathrm{dms}_2 = \mathrm{dms}_1 - O(Y') - y'_1, \quad (5.108)$$

其中

$$Y' = (y'_1, \quad y'_2, \quad y'_3)^{\mathrm{T}},$$

信号 dms_1 表示系统 (5.105) 的输出, 即一级解密信号, 该信号被传送到系统 (5.106). 信号 dms_2 表示系统 (5.106) 的输出, 即恢复信号.

定理 5.5 由式 (5.107) 和 (5.108) 能够恢复出原信息信号.

证明 由定理 5.4 得当 $t \to \infty$ 时有

$$\begin{cases} X' \to X, \\ Y' \to Y. \end{cases}$$

把式 (5.104) 代入式 (5.107) 可得

$$\mathrm{dms}_1 = \mathrm{ems}_1 + x_1 - x'_1 \to \mathrm{ems}_1. \quad (5.109)$$

把式 (5.109) 和 (5.103) 代入式 (5.108) 可得

$$\mathrm{dms}_2 = O(Y) + \mathrm{en}(t) - O(Y') - y'_1 \to \mathrm{en}(t) - y'_1 \to i(t), \quad (5.110)$$

即经过式 (5.107) 和 (5.108) 解密后能够恢复出原信息信号 $i(t)$. 证毕.

令

$$E = e_1 + e_2, \quad (5.111)$$

$$e_1 = \sum_{i=1}^{3}(x'_i - x_i), \quad e_2 = \sum_{j=1}^{3}(y'_j - y_j), \quad (5.112)$$

$$E' = \mathrm{dms}_2 - i(t), \quad (5.113)$$

其中 E 表示系统 (5.101), (5.102), (5.105) 和 (5.106) 的总误差, e_1 表示系统 (5.102) 和 (5.105) 的误差, e_2 表示系统 (5.101) 和 (5.106) 的误差, E' 表示原信息信号与恢复

信息信号之间的误差. 采用四阶 Runge-Kutta 法求解系统 (5.101), (5.102), (5.105) 和 (5.106), 选取时间步长 $\tau = 0.01$s, 计算精度 esp $= 10^{-6}$, 随机生成系统初始值. 混沌系统同步误差由图 5.34 给出. 原信息信号、一级保密信号和二级保密信号由图 5.35 给出. 图 5.36 给出恢复信息信号以及恢复信息信号与原信息信号之间的误差.

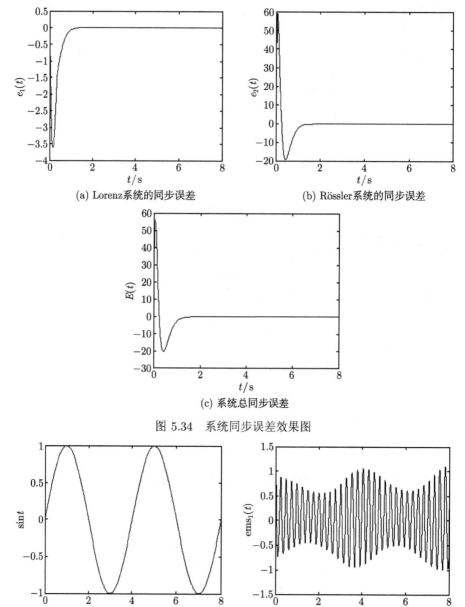

(a) Lorenz系统的同步误差　　　　　　(b) Rössler系统的同步误差

(c) 系统总同步误差

图 5.34　系统同步误差效果图

(a) 原信息信号　　　　　　　(b) 一级保密信息信号

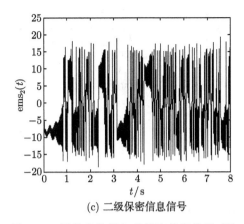

(c) 二级保密信息信号

图 5.35 原信息信号与其保密信息信号对比

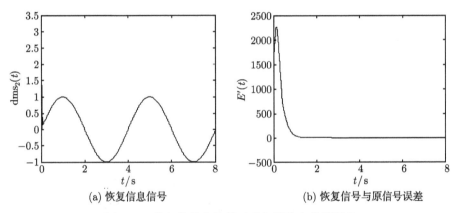

(a) 恢复信息信号 (b) 恢复信号与原信号误差

图 5.36 恢复的信息信号及其与原信息信号误差

为了分析系统误差和信号误差之间的关系, 以及系统初始值对同步时间的影响, 对此做了大量数值仿真实验. 在实验 1 中, 给定条件 $|E| < 10^{-6}$ 且 $|E'| < 10^{-6}$, 实验结果由表 5.1 给出. 在实验 2 中, 给定条件 $E = 0$, 实验结果由表 5.2 给出. 从表 5.1 中可以看出, 信号同步稍微滞后于混沌系统同步, 系统达到同步所需平均时间为 3.04s, 而信号达到同步所需平均时间为 3.09s. 从表 5.2 可以看出, 误差 E 对系统初始值不敏感, 达到同步误差 $E = 0$ 所需平均时间为 6.56s. 从以下实验结果可知, 所提方法能够安全正确地传输模拟信息信号.

5.1.4.4 非线性耦合时空混沌同步及其在数字图像保密通信中的应用

关于时空混沌同步的研究, 目前比较常用的方法是变量耦合法, 它是从针对时间混沌系统同步的变量耦合法直接推广而来的, 通过对状态变量之间的耦合, 抑制混沌系统的时空演化, 从而达到混沌同步的目的. 但现有时空混沌同步的研究, 多

表 5.1　　系统同步时间与信号同步时间　　　　　　　　　　(单位: s)

系统同步	信号同步	测试次序
3.08	3.60	1
3.24	3.43	2
3.17	3.50	3
2.82	3.00	4
3.31	3.54	5
3.02	3.40	6
3.11	3.59	7
2.75	3.51	8
2.92	3.51	9
2.98	3.33	10

表 5.2　　系统完全同步时间　　　　　　　　　　　　　(单位: s)

系统同步	测试次序
6.69	1
6.14	2
6.43	3
5.93	4
7.08	5
7.73	6
6.46	7
6.07	8
6.01	9
7.15	10

是利用驱动系统和响应系统状态变量之间线性或非线性耦合实现的[48~51]. 例如, Hu 等基于单向耦合映象格子模型, 提出了一种时空混沌同步方案[52]; Nekorkin 等完成了两个耦合映象格子之间的同步[53]; Xun 等利用变结构控制实现了离散时空混沌系统的同步[54]; Yue 和 Shi 利用模糊控制实现了离散系统的时空混沌同步[55]; Wang 等利用数值分析研究了线性耦合下复杂网络的时空混沌同步问题[56] 等. 虽然线性耦合法具有形式简单、易于应用, 以及同步代价相对较小的优点, 但对于一些非线性表现非常强烈的时空混沌系统, 线性耦合同步的效果往往欠佳, 因此, 有必要更进一步地研究利用非线性耦合实现时空混沌同步的方法.

1985 年, Kaneko 提出耦合映象格子模型[57]. 耦合映象格子是描述时空混沌系统最常见的一种形式, 它不仅在数学上易于研究与计算, 而且耦合映象格子本身能够呈现极其丰富的时空混沌动力学行为, 因此, 被广泛应用于时空混沌同步的研究中, 并取得了一些有价值的结果. 为此, 本小节以耦合映象格子为对象, 利用非线性耦合方法研究了一维离散型时空混沌系统的投影同步问题. 通过对时空混沌系统的线性项和非线性项进行适当分离, 以分离后的非线性项作为耦合函数, 实现了两个耦合映象格子的投影同步, 即同步时目标系统和响应系统状态变量成某一比例关系. 同时, 将非线性耦合时空混沌的离散特性作用于数字图像的像素点, 经通信双方同步后, 接收方即可解密出原始图像.

1) 投影同步的实现

考虑如下一维离散型时空混沌系统:

$$\boldsymbol{x}_{n+1}(i) = \boldsymbol{F}(\boldsymbol{x}_n(i)), \tag{5.114}$$

其中 n 表示离散化时间, $i(i = 1, 2, \cdots, L)$ 为空间格子的格点坐标, L 为系统尺寸, $\boldsymbol{x}_n(i) \in \mathbf{R}^N$ 为系统的状态变量, $\boldsymbol{F} : \mathbf{R}^N \to \mathbf{R}^N$.

将 $F(\boldsymbol{x}_n(i))$ 进行适当的分离得到

$$\boldsymbol{x}_{n+1}(i) = \boldsymbol{F}(\boldsymbol{x}_n(i)) = \boldsymbol{A}\boldsymbol{x}_n(i) + \boldsymbol{H}(\boldsymbol{x}_n(i)), \tag{5.115}$$

其中 $\boldsymbol{A}$ 为线性项的系数矩阵, 并且每个特征根满足

$$|\lambda_i| < 1, \quad i = 1, 2, \cdots, L,$$

$\boldsymbol{H}(\boldsymbol{x}_n(i))$ 为余下的包含非线性项的部分.

定理 5.6 以形如系统 (5.115) 的离散型时空混沌系统作为驱动系统, 假定响应系统为

$$\boldsymbol{y}_{n+1}(i) = \boldsymbol{F}(\boldsymbol{y}_n(i)) + \boldsymbol{u}(\boldsymbol{x}_n(i), \boldsymbol{y}_n(i)), \tag{5.116}$$

其中耦合控制项

$$\boldsymbol{u}(\boldsymbol{x}_n(i), \boldsymbol{y}_n(i)) = \boldsymbol{A}\boldsymbol{y}_n(i) - \boldsymbol{F}(\boldsymbol{y}_n(i)) + \frac{\boldsymbol{H}(\boldsymbol{x}_n(i))}{\boldsymbol{\beta}},$$

那么系统 (5.115) 和系统 (5.116) 将实现比例因子为 $\boldsymbol{\beta}$ 的投影同步, 即

$$\lim_{n \to \infty} \boldsymbol{x}_n(i) = \boldsymbol{\beta}\boldsymbol{y}_n(i),$$

其中

$$\boldsymbol{\beta} = \operatorname{diag}(\beta_1, \beta_2, \cdots, \beta_L).$$

证明 设投影同步的误差为

$$\boldsymbol{e}_n(i) = \boldsymbol{x}_n(i) - \boldsymbol{\beta}\boldsymbol{y}_n(i),$$

代入式 (5.115) 和式 (5.116) 有

$$
\begin{aligned}
\boldsymbol{e}_{n+1}(i) &= \boldsymbol{x}_{n+1}(i) - \boldsymbol{\beta}\boldsymbol{y}_{n+1}(i) \\
&= [\boldsymbol{A}\boldsymbol{x}_n(i) + \boldsymbol{H}(\boldsymbol{x}_n(i))] - \boldsymbol{\beta}\left[\boldsymbol{A}\boldsymbol{y}_n(i) + \frac{\boldsymbol{H}(\boldsymbol{x}_n(i))}{\boldsymbol{\beta}}\right] \\
&= \boldsymbol{A}\boldsymbol{x}_n(i) - \boldsymbol{\beta}\boldsymbol{A}\boldsymbol{y}_n(i) = \boldsymbol{A}[(\boldsymbol{x}_n(i)) - \boldsymbol{\beta}(\boldsymbol{y}_n(i))] = \boldsymbol{A}\boldsymbol{e}_n(i).
\end{aligned}
$$

依据离散混沌系统的稳定性判据[58,59] 有

$$\lim_{n\to\infty} \boldsymbol{e}_n(i) = \boldsymbol{0},$$

即以 $\dfrac{\boldsymbol{H}(\boldsymbol{x}_n(i))}{\boldsymbol{\beta}}$ 作为耦合项, 系统 (5.115) 和系统 (5.116) 将实现比例因子为 β 的投影同步.

下面以耦合映象格子为例进行仿真实验, 耦合映象格子的动力学方程为

$$x_{n+1}(i) = (1-\varepsilon)f(x_n(i)) + \frac{\varepsilon}{2}(f(x_n(i-1)) + f(x_n(i+1))), \tag{5.117}$$

其中 n 为时间步数, $i(i=1,2,\cdots,L)$ 为格点坐标, L 为格点数, ε 为格点间的耦合强度因子, $x_n(i)$ 为第 i 个格点在 n 时间的状态. 局域函数 $f(x_n(i))$ 取 logistic 映射

$$f(x_n(i)) = 1 - ax_n^2(i), \tag{5.118}$$

其中 a 为参数. 这样式 (5.114) 变为

$$x_{n+1}(i) = (1-\varepsilon)(1-ax_n^2(i)) + \frac{\varepsilon}{2}((1-ax_n^2(i-1)) + (1-ax_n^2(i+1))). \tag{5.119}$$

当 $a=1.8$, $\varepsilon=0.1$ 时, 系统 (5.119) 呈现时空混沌. $x_n(i)$ 的初值为 $-1{\sim}1$ 的随机数. 在周期性边界条件下, 观测 30 个格子进行 200 次时间步长迭代的混沌行为. 图 5.37 为系统 (5.119) 的混沌吸引子.

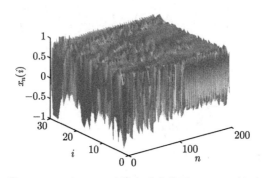

图 5.37　当 $a=1.8$, $\varepsilon=0.1$ 时耦合映象格子 (5.119) 的时空演化图

以系统 (5.117) 为驱动系统, 则响应系统可由下式表示:

$$y_{n+1}(i) = (1-\varepsilon)f(y_n(i)) + \frac{\varepsilon}{2}(f(y_n(i-1)) + f(y_n(i+1))) + u_n(i). \tag{5.120}$$

为简便起见, 取线性项的系数矩阵

$$\boldsymbol{A} = \mathrm{diag}(0.5, 0.5, \cdots, 0.5),$$

则易得

$$u_n(i) = 0.5y_n(i) - (1-\varepsilon)f(y_n(i)) + \frac{\varepsilon}{2}(f(y_n(i-1)) + f(y_n(i+1))) + \frac{h(x_n(i))}{\beta_i}, \quad (5.121)$$

其中 $h(x_n(i))/\beta_i$ 表示单个格子的耦合项. 易知

$$h(x_n(i)) = (1-\varepsilon)f(x_n(i)) + \frac{\varepsilon}{2}(f(x_n(i-1)) + f(x_n(i+1))) - 0.5x_n(i). \quad (5.122)$$

设误差系统为

$$e_n(i) = x_n(i) - \beta_i y_n(i),$$

取投影同步的比例因子

$$\boldsymbol{\beta} = \mathrm{diag}(2,2,\cdots,2),$$

在第 100 步后对响应系统 (5.120) 施加控制, 得到误差系统随时间的演化如图 5.38 所示.

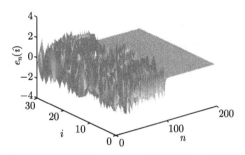

图 5.38　系统 (5.117) 和系统 (5.120) 的投影同步误差的时空演化图

显然, 由图 5.38 可知, 驱动系统 (5.117) 和响应系统 (5.120) 实现了时空混沌的投影同步.

2) 时空混沌同步在数字图像保密通信中的应用

混沌同步自实现以来, 在各个领域得到应用, 尤其是在混沌保密通信领域占据着重要的地位. 混沌保密通信与传统的现代通信有许多不同, 如在传送密文的过程中, 传统加密体制需要对两个密钥发生器进行同步处理, 但混沌加密体制是依靠传送的密文来实现同步, 进而还原出原有信号. 例如, 在发送端利用混沌信号作为一种载体来隐藏信号或遮掩所要传送的信息, 在接收端则利用同步后的混沌信号进行去掩盖, 从而恢复出有用信息. 这项新技术的诸多优点使其越来越显示出生命力和发展前景.

本小节在上述时空混沌同步的基础上提出一种新的保密通信方案. 首先在发送端提取图像像素集合, 利用耦合映象格子的独立性, 将图像像素与时空混沌系统产生的格子信号叠加, 产生待传输的保密信号. 将密钥通过安全信道传到接收端, 驱动响应系统与驱动系统达到同步. 用在接收端产生相同时空混沌系列, 以对接受的密文施加加密方案的逆运算, 恢复原有信号. 由于时空混沌系统的无穷维和高度复杂性, 此方法有效地减轻了信道传输负担, 同时改善传输效率.

本方法提高了保密通信系统的安全性能, 主要表现在以下几个方面: ① 系统复杂度取决于格子数目和格子间耦合系数; ② 图像数据和时空混沌信号的编码方式不易被破解. 利用上述算法加密后, 要想通过穷举法破译系统是非常困难的.

下面具体介绍基于时空混沌序列的图像保密通信方案. 首先读出图像的像素数据, 根据像素数量到耦合映象格子序列中取数. 取数方法为发送方使用系统参数 (密钥) 去驱动耦合映象格子系统, 以产生与图像像素数据对应的时空混沌实值序列, 但此数值序列是小数, 无法对读出的图像像素进行加密, 所以此处采用文献 [60] 中的方法, 对混沌实值序列进行固定精度的二值化处理, 处理过后再将二值序列字符化, 此时即可对原始图像的数据信号进行加密处理. 待发送方与接收方同步后, 送往通信信道传输给接收方. 同时, 系统参数使用安全通道传输给接收方, 以便接收方的耦合映象格子的响应系统产生与发送方同步的时空混沌序列, 接收方采用相同的混沌序列二值化方法即可解密出原始图像.

耦合映象格子输出的是连续的实值序列 $-1 < x_n < 1$, 必须对其进行二值化处理才能用于图像加密. 混沌实值序列二值化处理方法如下: 将 x_n^i 表示成一个二值序列, 其中 i 表示耦合映象格子中的格点, n 表示格子的迭代次数, 格点在某一迭代下的数值为一小数, 二值化后同样为一小数二值序列, 即

$$x_n^i = 0.a_{n+1}^i a_{n+2}^i a_{n+3}^i \cdots a_{n+m}^i,$$

其中 m 为指定二值化的精度. 因此,

$$\{a_{n+1}^i a_{n+2}^i a_{n+3}^i \cdots a_{n+m}^i\}$$

就构成了一个伪随机二值序列 (PRBS). 由于混沌轨道的遍历性, 采用该方法数字化后的 PRBS 均匀分布. 具体地, 设耦合映象格子中第 i 个格子迭代 n 次得到的数据分别为

$$x_1^i, x_2^i, \cdots, x_n^i.$$

将每一个格子得到的数值转化为二进制, 则二值化成如下二值矩阵:

$$\begin{pmatrix} a_{1,1}^i & a_{2,1}^i & \cdots & a_{n,1}^i \\ a_{1,2}^i & a_{2,2}^i & \cdots & a_{n,1}^i \\ \vdots & \vdots & & \vdots \\ a_{1,m}^i & a_{2,m}^i & \cdots & a_{n,m}^i \end{pmatrix}_{m \times n}.$$

为了加快图像的加密速度, 本方案中的加密过程就是发送方将二值化后的混沌序列直接与原始图像进行异或操作, 解密过程则是接收方利用本地产生的同步化混

沌序列. 由于驱动混沌序列的初值取值相同, 因此, 产生的混沌序列相同, 再次与收到的图像进行异或操作即可恢复出原始图像.

下面给出图像保密通信系统的加密过程 (采用 VC6.0 进行模拟), 解密过程与之相似.

(1) 读取图像的像素值并记录, 读取图像的高为 height, 宽为 width. 将读出 bmp 格式的图像像素放在数组 num[ ] 中, 使用的原始 Lena 图像是 65536 个像素点, 即读出 65536 个字符放于 num[ ] 中.

(2) 在耦合映象格子中取数, 并进行二值化处理. 用 VC++ 编译耦合映象格子公式, 得到某个格子迭代若干次数的值. 由于读出的图像像素是 65536 个, 因此, 令 $i = 10$, 读取第 10 个格子迭代 10000 次后的 65536 次的数值放入数组 $X[ ]$ 中 (待耦合映象格子迭代序列稳定后取数). 将 65536 个小数转变为二进制, 二进制小数精度为 8, 存入二维数组 $N[c][n]$ 中, 其中行数 $c = 65536$, 列数 $n = 8$. 然后将每一列的 8 个数字转变为一个字符存入数组 byte[65536] 中.

(3) 将 (1), (2) 中得到的分组后的字符数组相应进行加密处理, 图像像素数组 num[ ] 和由耦合映象格子公式得到的字符数组 byte[ ] 进行异或, 将得到的数组写入 num[ ] 中, 然后用语句 fwrite(&num[i], 1, 1, cipher) 写回加密图像 cipher, 这样就可以得到加密后的图像.

(4) 将加密后的图像放入安全信道进行传输. 由以上步骤可以看出, 此加密过程密钥很多, 不会产生周期性, 加密性能好, 不易解密.

选择 VC++6.0 语言编程, 以便对本保密通信方案进行数值模拟. 选择 logistic 映射

$$f(x) = 1 - ax_n^2(n),$$

取 $a = 1.8$, 格子系统参数格点数 $i = 30$, 迭代次数 $n = 65536$, 耦合参数 $\varepsilon = 0.1$. 格子初始值 z_0 取为偶数格点为 0.5, 奇数格点为 −0.5. 取第 $m = 10$ 个格子的迭代数据按照加密步骤 (2) 进行处理. 图 5.39 为模拟结果.

(a) 原始 Lena 图像   (b) 发送端调制后的图像

(c) 接收端解调后的图像　　　　　　　(d) 系统参数发生微小变化的解密后图像

(e) 系统初值发生微小变化的解密图像

图 5.39　保密通信系统的数值模拟结果

图 5.39(a) 为要传送的 256×256 点阵灰度 Lena 图像, 图 5.39(b) 为经时空混沌信号掩盖后传输信道中的图像信号. 由图 5.39(b) 可以看出, 图像信号已经被时空混沌信号完全覆盖, 通过加密后的图像与原始图像完全不同, 类似于随机图像, 达到了加密效果. 要把原始图像从这幅图像中解开, 必须知道时空混沌系统的动力学方程, 并且使用与发送方相同的系统参数, 否则要解开原始图像几乎是不可能的, 实验结果验证了方案的可行性和正确性.

图 5.39(c) 是利用正确密钥, 即正确的系统参数, 对响应系统的时空混沌同步信号进行解密的结果. 由图像可知, 传递的加密图像可被正确地解出.

图 5.39(d) 给出了 logistic 映射中当 $a = 1.800001$ 时的解密结果. 由图 5.39(d) 可见, 当系统参数出现极小量的误差时, 所传送的图像无法被正确解开. 图 5.39(e) 表示当系统初值参数 $z_0 = 0.499999$ 时的解密结果. 由图 5.39(e) 可见, 当系统初值出现极小量的误差时, 所传送的图像就无法解开. 这既表明时空混沌系统的初值敏感性, 也表明本算法具有较强的抗破译能力.

图 5.40 给出了图 5.39 中各图对应的像素灰度值分布情况. 从图 5.40 中可以

看出, 明文的像素灰度值分布情况具有非常明显的统计特征, 加密后这种分布特征已经消失, 密文中像素灰度值分布均匀一致, 即使是用错误的密钥解密后, 也难以从像素灰度值分布情况中找到规律.

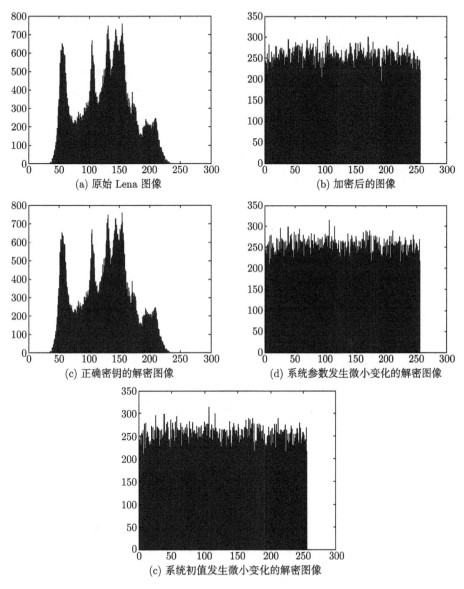

(a) 原始 Lena 图像

(b) 加密后的图像

(c) 正确密钥的解密图像

(d) 系统参数发生微小变化的解密图像

(c) 系统初值发生微小变化的解密图像

图 5.40 与图 5.39 对应的像素灰度值分布柱状图

下面对本保密通信系统的性能进行分析.

(1) 密钥空间. 由本方案可知, 系统的安全性依赖于收发双方使用的系统参数的安全性, 系统参数相当于传统密码学中的密钥. 此处, 只分析数值参数. 本方案中共有 6 个实值参数 $(a, z_0, \varepsilon, i, n, m)$, 假设使用 2^{-32} 的双精度, 则系统的参数空间为

$$2^{32 \times 6} = 2^{192},$$

相当于有近 192 位的密钥空间. 就目前的计算条件来看, 可对抗穷举攻击. 与文献 [60] 的方法相比较, 抗破译能力提高.

(2) 密钥敏感性. 对参数 a 微扰和初始值微扰可以看出系统对密钥不匹配的强敏感性. 图 5.39(d) 为对参数 a 微扰的系统同步情况, 图 5.39(e) 为对参数 z_0 微扰的系统同步情况, 在没有得到精确的密钥值时, 不可能恢复出明文信号, 为用户提供了一个很大的密钥空间.

(3) 信息熵. 信息熵是衡量随机性的一个很重要的特征.

设信息源为 m, 则其信息熵为

$$H(m) = \sum_{i=0}^{2^n-1} p(m_i) \mathrm{lb} \frac{1}{p(m_i)}, \tag{5.123}$$

其中 $p(m_i)$ 表示值 m_i 出现的概率. 假设信息 m 共有 2^8 种状态值且出现的概率相同, 则根据式 (5.123) 可得

$$H(m) = 8,$$

这表明信息是完全随机的. 当对信息加密后, 密文的信息熵越接近 8, 发生信息泄露的可能性就越小, 密码系统就越安全. 对上述加密后的 Lena 图运用式 (5.123), 计算得

$$H(m) = 7.997,$$

接近于理想值 8, 这表明本保密通信系统发生信息泄露的可能性很小.

(4) 相邻像素的相关性. 随机地分别在明文和密文中选取 1000 对相邻的像素 (水平、竖直、主对角线和从对角线方向), 按下式:

$$r_{xy} = \frac{\mathrm{cov}(x, y)}{\sqrt{D(x)}\sqrt{D(y)}} \tag{5.124}$$

计算相邻像素间的相关性, 其中

$$\mathrm{cov}(x, y) = \frac{1}{N} \sum_{i=1}^{N} (x_i - E(x))(y_i - E(y)),$$

$$E(x) = \frac{1}{N} \sum_{i=1}^{N} x_i,$$

$$D(x) = \frac{1}{N} \sum_{i=1}^{N} (x_i - E(x))^2.$$

于是得到 Lena 原图相邻像素的相关性为 0.935832, 密文相邻像素的相关性为 −0.033331. 这说明明文相邻像素之间的相关性很大, 而对信息加密后, 相邻像素之间的相关性大大降低, 可见其加密效果很好.

以上信息熵和相邻像素的相关性的计算结果表明, 密文能较好地抵御统计攻击.

3) 小结

目前时空混沌的研究尚处于初级阶段, 并且将其应用于保密通信中的研究并不多, 但是其提供数量众多、非相关的伪随机而又确定的混沌序列, 这些优点使得时空混沌系统非常适合应用到保密通信系统中, 增强系统的鲁棒性及抗破译能力.

本小节以耦合映象格子为对象, 利用非线性耦合方法研究了一维离散型时空混沌系统的投影同步问题. 通过对时空混沌系统的线性项和非线性项进行适当分离, 以分离后的非线性项作为耦合函数, 实现了两个耦合映象格子的投影同步. 并将该同步方法应用于数字图像的保密通信中. 将非线性耦合时空混沌的离散特性作用于数字图像的像素点, 实现了数字图像在安全信道中的保密通信. 数值仿真实验进一步验证了本方案的有效性.

5.2 混 沌 键 控

混沌键控又称为混沌开关, 其编码器由两个或更多个具有不同参数的自治混沌系统组成, 利用它们在特定参数下的混沌吸引子作为所传输信息的数字编码, 如 "0" 和 "1". 它们中的一个系统被选中, 并送出混沌模拟信号到信道上, 在解码器端, 相同数目对应的混沌系统被混沌模拟信号驱动, 以便同步编码器所对应的混沌系统. 调整参数可使每个信息码时间内只有两个混沌系统能同步, 检测出这个同步的系统即可解码原数字信息. 下面将结合具体例子对这一保密通信方法进行研究.

5.2.1 利用脉冲同步实现混沌键控数字保密通信

1999 年, Sushchik 等将脉冲用于混沌保密通信[61]. 脉冲同步由于只在离散时刻传递信息, 能量消耗小, 同步速度快, 易于实现单信道传输, 因而更具实用性. 文献 [62] 采用连续信号切换调制实现保密通信, 本书改进了这一方法, 使用驱动脉冲切换调制, 根据数字信号 "0" 和 "1" 的传输情况交替发射超混沌 Lü 系统和超混沌 Chen 系统的脉冲信号, 接收端同时采用这两种系统作为响应系统, 通过两列误差脉冲信号大小的对比实现信息恢复. 由于信道中交替传送来自不同混沌系统的离散信号, 并且所选用的两种超混沌系统具有相似的振幅, 所以无法通过频率和振幅判断信号, 并且能有效地抵制相空间重构、神经网络、回归映射等方法的攻击.

令某 n 维混沌系统

$$\dot{\boldsymbol{X}} = \boldsymbol{F}(t, \boldsymbol{X}) \tag{5.125}$$

为驱动系统, 响应系统为

$$\begin{cases} \dot{\boldsymbol{Y}} = \boldsymbol{F}(t, \boldsymbol{Y}), & t \neq t_i, \\ \Delta \boldsymbol{Y} = \boldsymbol{Y}(t_i^+) - \boldsymbol{Y}(t_i^-) = \boldsymbol{Y}(t_i^+) - \boldsymbol{Y}(t_i) = \boldsymbol{B}\boldsymbol{E}, & t = t_i, i = 1, 2, 3, \cdots, \\ \boldsymbol{Y}(t_0^+) = \boldsymbol{Y}(0), \end{cases}$$

$$\tag{5.126}$$

其中矩阵 $\boldsymbol{B}$ 为确定响应系统与驱动系统变量差的线性组合, 取

$$\boldsymbol{B} = \mathrm{diag}(b_1, b_2, \cdots, b_n),$$

误差向量

$$\boldsymbol{E} = \boldsymbol{Y} - \boldsymbol{X},$$

t_i 代表驱动系统向响应系统发送脉冲信号的时刻.

由系统 (5.125) 和系统 (5.126) 可得到误差系统为

$$\begin{cases} \dot{\boldsymbol{E}} = \boldsymbol{F}(t, \boldsymbol{Y}) - \boldsymbol{F}(t, \boldsymbol{X}), & t \neq t_i, \\ \Delta \boldsymbol{E} = \boldsymbol{B}\boldsymbol{E}, & t = t_i. \end{cases} \tag{5.127}$$

假设传送脉冲的时刻具有相等的时间间隔 η, 并且 $\eta = t_{i+1} - t_i$. 若 η 和 B 满足一定条件, 使得

$$\lim_{t \to \infty} \|\boldsymbol{E}(t)\| = 0$$

成立, 则系统 (5.125) 和系统 (5.126) 可达到同步.

超混沌 Chen 系统[28] 为

$$\begin{cases} \dot{x} = a(y - x) + w, \\ \dot{y} = dx - xz + cy, \\ \dot{z} = xy - bz, \\ \dot{w} = yz + rw. \end{cases} \tag{5.128}$$

本书取参数 $a = 35$, $b = 3$, $c = 12$, $d = 7$ 和 $r = 0.5$, 以使系统 (5.128) 处于超混沌状态[28]. 图 5.41 为对应的超混沌 Chen 吸引子在二维平面的投影.

超混沌 Lü系统[63] 为

$$\begin{cases} \dot{x} = \hat{a}(y - x) + w, \\ \dot{y} = -xz + \hat{c}y, \\ \dot{z} = xy - \hat{b}z, \\ \dot{w} = xz + \hat{d}w. \end{cases} \tag{5.129}$$

本书取参数 $\hat{a} = 36$, $\hat{b} = 3$, $\hat{c} = 20$ 和 $\hat{d} = 1$, 以使系统 (5.129) 处于超混沌状态[63]. 图 5.42 为对应的超混沌 Lü吸引子在二维平面的投影.

由图 5.41 和图 5.42 可见, 超混沌 Chen 系统和超混沌 Lü 系统对应的状态向量的振幅大致相同, 因此, 不能依据驱动脉冲的幅度猜测信号属于那种系统.

文献 [64] 给出了超混沌 Chen 系统脉冲同步的充分条件和具体实现方案, 结合本书中系统 (5.125) 和系统 (5.126) 的表示形式, 可得出如下结论: 只要

$$\boldsymbol{B} = \mathrm{diag}(b_1, b_2, \cdots, b_n) \approx -\boldsymbol{I}_n,$$

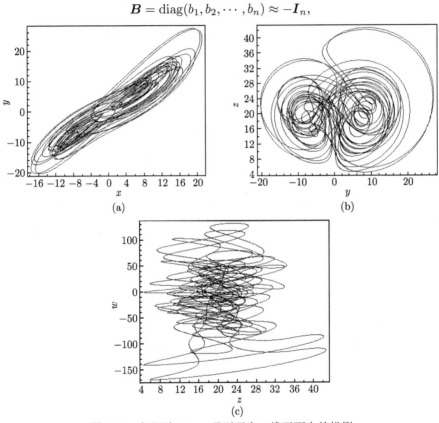

(a)

(b)

(c)

图 5.41 超混沌 Chen 吸引子在二维平面上的投影

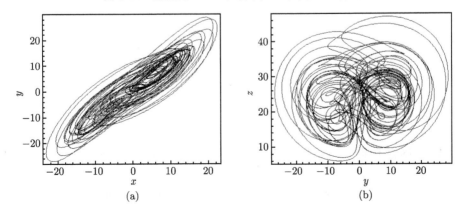

(a)

(b)

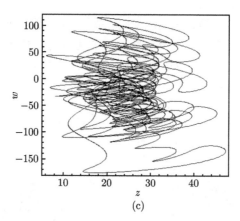

图 5.42　超混沌 Lü 吸引子在二维平面上的投影

其中 $\boldsymbol{I}_n$ 为 n 阶单位矩阵, 即 $b_1, b_2, \cdots, b_n$ 都很接近或等于 -1, 并且脉冲间隔 η 取很小的值 (数量级不超过 0.01s), 系统 (5.125) 和系统 (5.126) 就能够达到同步.

　　在保密通信中, 最好能通过传递单路信号达到目的. 脉冲同步只在离散时刻使用信道, 因此, 为单信道实现提供了可能. 仍以系统 (5.125) 作为驱动系统, 采用如下响应系统:

$$\begin{cases} \dot{\boldsymbol{Y}} = \boldsymbol{F}(t, \boldsymbol{Y}), & t \neq t_i + \eta/n, t_i + 2\eta/n, \cdots, \\ & t_i + (n-1)\eta/n, t_{i+1}, i = 0, 1, 2, \cdots, \\ \Delta \boldsymbol{Y} = \boldsymbol{Y}(t_i^+) - \boldsymbol{Y}(t_i) = \boldsymbol{B}\boldsymbol{E}, & t = t_i + \eta/n, t_i + 2\eta/n, \cdots, \\ & t_i + (n-1)\eta/n, t_{i+1}, i = 0, 1, 2, \cdots, \\ \boldsymbol{Y}(t_0^+) = \boldsymbol{Y}(0), \end{cases} \tag{5.130}$$

其中

$$\boldsymbol{B} = \begin{cases} \operatorname{diag}(b_1, 0, \cdots, 0, 0), & t = t_i + \eta/n, i = 0, 1, 2, \cdots, \\ \operatorname{diag}(0, b_2, \cdots, 0, 0), & t = t_i + 2\eta/n, i = 0, 1, 2, \cdots, \\ \cdots\cdots \\ \operatorname{diag}(0, 0, \cdots, b_{n-1}, 0), & t = t_i + (n-1)\eta/n, i = 0, 1, 2, \cdots, \\ \operatorname{diag}(0, 0, \cdots, 0, b_n), & t = t_{i+1}, i = 0, 1, 2, \cdots. \end{cases} \tag{5.131}$$

这实际上是在长度为 η 的时间段内依次传送和调整各状态变量, 即每隔 η/n 传递一个状态变量的信息, 使单信道传输得以实现. 但是将全部状态变量的信息都传递给接收方, 尽管不是同一时刻的, 仍需要更多地注意安全方面的问题.

　　考虑到在 PC 同步法中, 系统 (5.128) 和系统 (5.129) 同时以 y, w 作为驱动信号, 各自所对应的响应系统的 Jacobi 矩阵的特征值均为负, 故系统 (5.128) 和系统

(5.129) 皆可用 PC 法实现自同步, 这里不多赘述. 因此, 可以尝试只传递 y 和 w 的脉冲信号来实现超混沌 Chen 系统和超混沌 Lü系统的自同步.

对超混沌 Chen 系统来说, 以式 (5.125) 形式的超混沌 Chen 系统为驱动系统, 响应系统可表示为如下形式:

$$\begin{cases} \dot{\boldsymbol{Y}} = \boldsymbol{F}(t, \boldsymbol{Y}), & t \neq t_i + \eta/2, t_{i+1}, i = 0, 1, 2, \cdots, \\ \Delta \boldsymbol{Y} = \boldsymbol{Y}(t_i^+) - \boldsymbol{Y}(t_i) = \boldsymbol{B}\boldsymbol{E}, & t = t_i + \eta/2, t_{i+1}, i = 0, 1, 2, \cdots, \\ \boldsymbol{Y}(t_0^+) = \boldsymbol{Y}(0). \end{cases} \tag{5.132}$$

设

$$\boldsymbol{X} = (x_1, x_2, x_3, x_4)^{\mathrm{T}}, \quad \boldsymbol{Y} = (y_1, y_2, y_3, y_4)^{\mathrm{T}},$$

令

$$\boldsymbol{E} = (e_1, e_2, e_3, e_4)^{\mathrm{T}} = (y_1 - x_1, y_2 - x_2, y_3 - x_3, y_4 - x_4)^{\mathrm{T}},$$

$$\boldsymbol{B} = \begin{cases} \mathrm{diag}(0, -1.01, 0, 0), & t = t_i + \eta/2, i = 0, 1, 2, \cdots, \\ \mathrm{diag}(0, 0, 0, -1.01), & t = t_{i+1}, i = 0, 1, 2, \cdots. \end{cases} \tag{5.133}$$

显然, 系统 (5.125) 在 $t_i + \eta/2$ 时刻传送 x_2, 对 y_2 的值进行调整; 在 t_{i+1} 时刻传送 x_4, 对 y_4 的值进行调整. 在数值仿真实验中, 令 $\eta = 0.02\mathrm{s}$, 选取时间步长为 $\tau = 0.001\mathrm{s}$, 采用四阶 Runge-Kutta 法求解方程 (5.125) 和 (5.132). 驱动系统 (5.125) 与响应系统 (5.132) 的初始点分别选取为

$$\boldsymbol{X}(0) = (-10, 5, 8, 15)$$

和

$$\boldsymbol{Y}(0) = (8, -12, -20, 30).$$

因此, 误差向量的初始值为

$$\boldsymbol{E}(0) = (18, -17, -28, 15).$$

图 5.43 为驱动系统 (5.125) 与响应系统 (5.132) 的同步模拟结果. 由图 5.43 可见, $e_1(t), e_2(t), e_3(t)$ 和 $e_4(t)$ 最终稳定在零点附近, 即 $\boldsymbol{B}$ 为式 (5.133) 的形式, $\eta = 0.02\mathrm{s}$ 时, 驱动系统 (5.125) 与响应系统 (5.132) 达到了同步.

同样, 把超混沌 Lü系统表示为系统 (5.125) 的形式, 其响应系统表示为系统 (5.132) 的形式, 取

$$\boldsymbol{X}(0) = (-20, 15, 5, -8), \quad \boldsymbol{Y}(0) = (13, -10, -5, 3),$$

其他条件与上述相同, 可得同步误差曲线如图 5.44 所示. 可见, 此时两系统也取得了自同步.

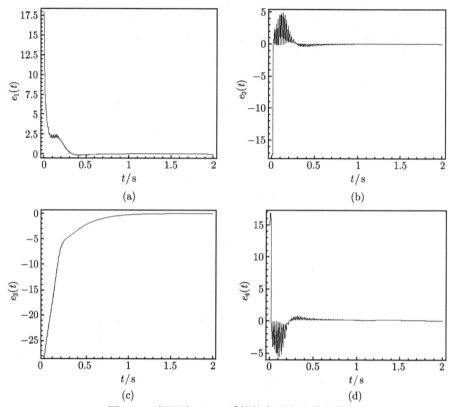

图 5.43　超混沌 Chen 系统的自同步误差曲线

假设 $m(t)$ 为有用信号, $s(t)$ 为送入信道的信号, $s'(t)$ 为叠加了噪声影响的信号, $d_1(t)$ 为形如式 (5.128) 的超混沌 Chen 系统发出的 y, w 信号交替在一起的驱动脉冲, $d_2(t)$ 为形如式 (5.129) 的超混沌 Lü 系统发出的 y, w 信号交替在一起的驱动脉冲. 当 $m(t)$ 为 "1" 时,

$$s(t) = d_1(t);$$

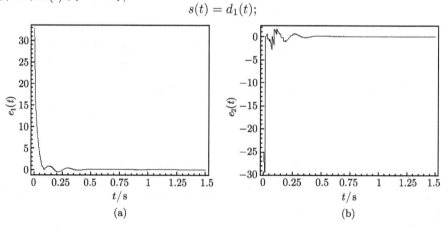

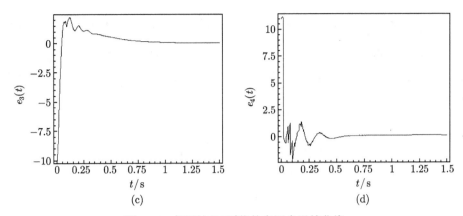

图 5.44 超混沌 Lü 系统的自同步误差曲线

当 $m(t)$ 为 "0" 时,

$$s(t) = d_2(t).$$

设每个有用信号占用传输时间为 T. 接收方以超混沌 Chen 系统作为响应系统 I, 超混沌 Lü 系统作为响应系统 II, 同时对收到的脉冲进行同步操作, 并生成相应的 y, w 信号交替在一起的响应脉冲 $r_1(t), r_2(t)$, 把每个时间 T 中后半段的脉冲误差取绝对值相加, 分别得到对应每个有用信号的累计误差 E_1 和 E_2. 当 $E_1 > E_2$ 时, 说明收到的这部分驱动脉冲属于超混沌 Lü 系统, 恢复出有用信号为 "0"; 当 $E_1 < E_2$ 时, 说明收到的这部分驱动脉冲属于超混沌 Chen 系统, 恢复出有用信号为 "1". 图 5.45 为其原理图.

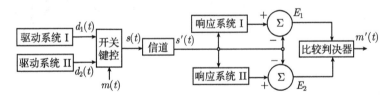

图 5.45 数字保密通信原理图

为防止切换时脉冲的幅度发生突变, 每次切换都把当前系统状态变量的值传递给另一个系统. 因为累计误差只是用来分析驱动系统和响应系统的相似程度的, 所以在时间 T 内不需要达到完全同步, 因而本书中可以取 $T = 1\text{s}$. 假设传递 N 个数字信号, t_0 时刻该系统开始传输信号, 则第 K 个数据所用的时间段为

$$t_0 + K - 1 \sim t_0 + K,$$

取后 0.5s 时间收集误差脉冲, 即

$$E_{1K} = \sum |r_1(t) - s'(t)|, \quad t = t_0 + K - 0.5 + \frac{\eta}{2}, t_0 + K - 0.5 + \eta, t_0 + K - 0.5 + \frac{3\eta}{2}, \cdots, t_0 + K,$$

$$E_{2K} = \sum |r_2(t) - s'(t)|, \quad t = t_0 + K - 0.5 + \frac{\eta}{2}, t_0 + K - 0.5 + \eta, t_0 + K - 0.5 + \frac{3\eta}{2}, \cdots, t_0 + K.$$

如前所述, 取 $\eta = 0.02$s, 即每隔 0.01s 传送一个脉冲信号, 50 个误差值的绝对值相加作为当前数字信号的累计误差. 若 $E_{1K} > E_{2K}$, 则第 K 个数字信号为 "0"; 若 $E_{1K} < E_{2K}$, 则第 K 个数字信号为 "1".

取 10 个数字信号进行仿真实验, 设

$$m(t) = \{1, 1, 0, 1, 0, 0, 0, 1, 1, 0\},$$

当 $t_0 = 0$ 时系统开始运行, 驱动系统状态变量的初值取为 $(-1, -2, 1, 2)$, 响应系统 I 初值取为 $(1, 2, -1, -2)$, 响应系统 II 初值取为 $(2, -1, -2, 1)$. 假定信道中噪声符合 $0 \sim \delta$ 的均匀分布, 为减小噪声的影响, 令传给响应系统的脉冲为

$$s''(t) = s'(t) - \frac{\delta}{2}.$$

图 5.46 给出了当 $\delta = 1$ 时该数字保密通信系统的仿真结果.

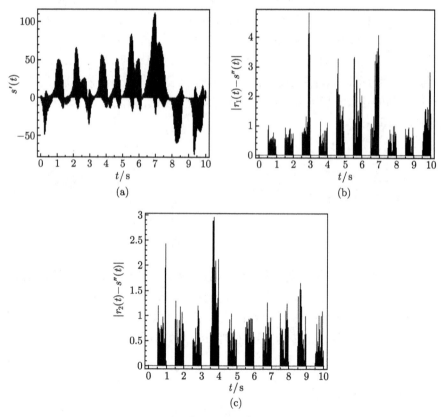

图 5.46　数字保密通信系统的仿真结果

图 5.46(a) 表示信道中的脉冲信号, 图 5.46(b) 和 (c) 分别给出了响应系统 I 和响应系统 II 所产生的两路误差序列的绝对值在每个 T 内后 0.5s 随时间的变化情况 (每个 T 内前 0.5s 不进行该操作). 实验中, 依据前面收集误差脉冲的方法可得

$$E_1 = \{19.21, 18.53, 54.38, 18.52, 49.85, 54.06, 63.23, 17.58, 19.65, 42.14\},$$

$$E_2 = \{28.05, 23.68, 16.73, 49.68, 18.32, 25.32, 21.07, 19.37, 28.46, 14.70\},$$

恢复出

$$m'(t) = \{1, 1, 0, 1, 0, 0, 0, 1, 1, 0\},$$

与 $m(t)$ 相同.

上述方法存在一个潜在问题: 响应系统针对每个收到的脉冲所采取的策略不完全相同, 若响应系统的行为由接收的脉冲驱动就必须能够区分接收到的脉冲属于 y 信号还是 w 信号, 并且还要能识别出每个时间 T 中后半段的脉冲进行误差计算; 否则, 如果因为某种干扰漏收或多收一个脉冲, 就会使后续操作全部错乱.

这里采用如下方法来避免该问题: 由图 5.41 和图 5.42 可知, 对于超混沌 Chen 系统和超混沌 Lü 系统都有

$$-30 < y < 30, \quad -200 < w < 150.$$

传输前在发送端给它们不同程度的增益, 在 T 的前半段, 令

$$y' = y + 50, \quad w' = w + 300;$$

在 T 的后半段, 令

$$y' = y + 500, \quad w' = w + 750.$$

于是可以得到 T 的前半段有

$$20 < y' < 80, \quad 100 < w' < 450;$$

T 的后半段有

$$470 < y' < 530, \quad 550 < w' < 900,$$

从而可依据接收端收到的脉冲的值, 判断出接收的脉冲需要进行怎样的操作, 再减去所对应的增益值, 恢复出原信号, 进行相应操作即可. 即使有错误发生, 也不影响后续信号的识别.

当然, 如果接收端的行为由定时器决定, 就不需要使用上述方法. 事实上, 上述操作可以有其他的作用, 如驱动系统 I 和驱动系统 II 相对应的状态变量的振幅不同, 可以通过两个可逆的线性或非线性变换, 使它们的振幅变得相同, 响应系统 I 和响应系统 II 再分别用各自的逆变换恢复信号, 能同步的那部分信号可以得到恢复, 不能同步的那部分信号得不到恢复也不影响信号的识别 (会由另一个逆变换变

成别的信号, 但只要产生的效果是失去同步就一样有效). 有了这种变换的加密作用, 可以在兼顾安全性的基础上, 把混沌系统的所有变量信息都传送给接收端, 这使得不能用 PC 法达到自同步的混沌系统也适用于本书的方法, 而且传送所有变量信息可以大大地加快脉冲同步的速度, 从而在短时间内传输大量的数据. 经过这一改进的数字保密通信方案如图 5.47 所示.

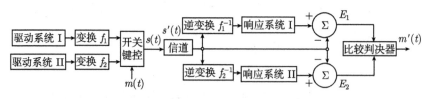

图 5.47　改进的数字保密通信原理图

利用混沌系统的脉冲同步实现数字保密通信, 与文献 [62] 的方法相比具有更多的优势. 主要表现在以下几个方面:

(1) 采用离散的脉冲信号除节约能量外, 还会带来更高的安全性, 并且可以有效地避免驱动系统切换时可能产生的抖动现象;

(2) 使用改进方案, 几乎所有的混沌系统都可以通过单信道实现脉冲同步, 而且能有效地避免振幅预测, 扩大了可用系统的范围;

(3) 传送驱动系统经过加密后的所有变量信息能大大地加快脉冲同步速度, 适用于在短时间内传递大量信息;

(4) 在系统复杂度方面, 不需使用积分器, 简单的加法运算即可;

(5) 对噪声的鲁棒性方面, 王兴元等经过大量的实验发现, 在加解密驱动信号不扩大噪声影响的情况下 (如所提到的进行简单增益的策略), 当 δ 低于 2 时几乎不会出现误码, 这与文献 [62] 中能有效地抵制幅度为 1.9 的噪声污染的效果大致相同. 此外, 抵制噪声的能力与所选用的系统有关, 相信更好的搭配驱动系统能够使对噪声的鲁棒性得到进一步提高.

5.2.2　使用多种加解密方案实现混沌键控数字保密通信

显然, 多种加解密方案可以提供更强的安全性, 在本节的保密通信方案中, 采用了离散混沌系统的交替发射, 这就减小了信号的相关性, 并且通过对发射信号进行了一系列的非线性变换, 极大地增强了通信系统的保密性, 并且在现实通信中, 可以根据不同的情况进行不同的选择, 大大增强了信息的安全性.

图 5.48 为本书保密通信系统框图. 它由两部分组成, 第一部分由混沌系统 I, 混沌系统 II, 响应系统 I 和响应系统 II 构成; 第二部分由混沌系统 III, 混沌系统 IV, 响应系统 III 和响应系统 IV 构成. 第一部分利用混沌键控的技术实现信号在信道上的传输, 第二部分利用混沌键控技术实现控制信号的恢复, 用于在发送端对

有用信号的加密和在接受端对恢复有用信号的解密.

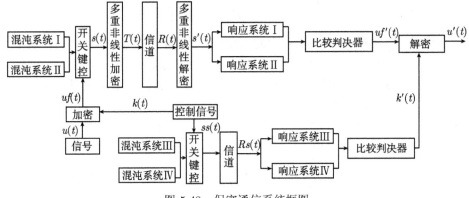

图 5.48 保密通信系统框图

假设当前控制信号为 $k(t)$, 根据通信前双方的约定 (假定不同的控制信号对应不同的加密与解密函数), 加密函数为

$$P(t) = \begin{cases} \text{en}_1(x), & k(t) = 0, \\ \text{en}_2(x), & k(t) = 1, \end{cases} \tag{5.134}$$

其中 $\text{en}_1(x)$ 和 $\text{en}_2(x)$ 表示两个不同的加密函数. 解密函数为

$$Q(t) = \begin{cases} \text{den}_1(x), & k(t) = 0, \\ \text{den}_2(x), & k(t) = 1, \end{cases} \tag{5.135}$$

其中 $\text{den}_1(x)$ 和 $\text{den}_2(x)$ 分别表示与方程 (5.134) 的两个不同加密函数相对应的两个解密函数. 参照图 5.48, 在控制信号 $k(t)$ 的作用下, 有用信号 $u(t)$ 通过加密函数 $P(t)$ 加密成信号 $uf(t)$. 由于加密函数 $P(t)$ 的复杂度是通信双方协议规定的, 所以其灵活性很强, 这样就大大地增加了传送信息的安全性.

形成的调制信号为

$$s(t) = \begin{cases} h_1(X), & uf(t) = 0, \\ h_2(X), & uf(t) = 1, \end{cases} \tag{5.136}$$

其中 $h_1(X)$ 和 $h_2(X)$ 分别表示混沌系统 I 和混沌系统 II.

通过改变控制信号可以改变当前传输的混沌系统, 降低了发射端的相关度. 因此, 即使在传输中发射信号被截获, 入侵者也很难通过相空间重构等方法重构出有用信号. 同时, 为了抵制预测法的攻击, 通过对调制信号 $s(t)$ 进行多次非线性变化

$$F_n(\cdots(F_2(F_1(\cdot)))\cdots)$$

加密 ($F_i(t)$ 的选取原则是在 $s(t)$ 的取值范围内可逆和有界的), 从而形成发射信号 $T(t)$, 这就进一步增加了新的密钥, 使接受者无法破译有用信号.

在接收端, 接收信号 $R(t)$ 经与发射端次序相反的逆变换

$$F_1^{-1}(\cdots(F_{n-1}^{-1}(F_n^{-1}(\cdot)))\cdots)$$

来进行解密, 得到解密信号 $s'(t)$. 再将 $s'(t)$ 送入到基于 PC 同步所设计的响应系统中. 显然, 对于传输的数字信号, 根据上述信号调制方法, 在任意时刻 t, 混沌系统 I 和混沌系统 II 中只有一个响应系统受到正确的信号作用, 因而其轨道误差收敛; 而其余的响应系统受到非正确的信号的作用, 其轨道误差必然发散, 即可以依次进行误差比较判决, 进而恢复出传输的加密后的有用信号 $uf'(t)$.

同理, 在保密通信系统框图的第二部分中, 同样形成混沌调制信号

$$ss(t) = \begin{cases} h_3(X), & k(t) = 0, \\ h_4(X), & k(t) = 1, \end{cases} \tag{5.137}$$

其中 $h_3(X)$ 和 $h_4(X)$ 分别表示混沌系统 III 和混沌系统 IV.

在接收端, 将接收信号 $Rs(t)$ 送入到基于观测器同步法所设计的响应系统中. 显然, 对于传输的数字信号, 根据上述信号调制方法, 在任意时刻 t, 混沌系统 III 和混沌系统 IV 中只有一个响应系统受到正确的信号作用, 因而其轨道误差收敛; 而其余的响应系统受到非正确的信号的作用, 其轨道误差必然发散. 这就可以依次进行误差比较判决, 进而恢复出控制信号 $k'(t)$.

然后根据恢复出的控制信号调用相对应的解密函数 $Q(t)$, 因此, 可以无失真地恢复出有用信号 $u'(t)$.

例如, 假设有用信号为 "0" 且控制信号也为 "0", 有用信号 $u(t) = 0$ 在控制信号 $k(t) = 0$ 的作用下, 选择函数

$$p(t) = en_1(x)$$

进行加密, 加密后的信号为 $uf(t)$. 此时, 响应系统 I 受到信号 $uf(t)$ 的正确驱动实现同步, 而其他响应系统必然因为没有受到正确的驱动而不能同步. 因此, 混沌系统 I 和其对应的响应系统 I 的轨道误差必然比其他响应系统的轨道误差要小, 即可以进行比较判决,

$$uf'(t) = \begin{cases} 0, & e_I = \min\{e_I, e_{II}\}, \\ 1, & e_{II} = \min\{e_I, e_{II}\}. \end{cases} \tag{5.138}$$

根据式 (5.138), 进而可恢复出信号 $uf'(t)$. 同理, 可以恢复出控制信号 $k'(t) = 0$.

然后根据恢复出的控制信号选择解密函数 $Q(t) = den_1(x)$, 在解密函数的作用下恢复出原始信号 "0". 其他情况也可按该方法恢复出相应的信号.

不失一般性, 在图 5.48 中, 选取 4 个离散混沌系统进行数值研究. 选择混沌系统 I 为 Grassi-Miller 系统[65]

$$\begin{cases} x_{n+1} = -a'z_n - y_n^2 + b', \\ y_{n+1} = x_n, \\ z_{n+1} = y_n, \end{cases} \tag{5.139}$$

混沌系统 II 为广义 Hénon 系统[66]

$$\begin{cases} x_{n+1} = a''z_n, \\ y_{n+1} = b''x_n + a''z_n, \\ z_{n+1} = 1 + y_n - c''z_n^2. \end{cases} \tag{5.140}$$

当参数 $a' = 0.1$, $b' = 0.76$ 时, 系统 (5.139) 进入混沌态[65]; 系统 (5.140) 是由 Hénon 系统发展而来的, 当参数 $a = 0.3$, $b = 1.0$ 和 $c = 1.07$ 时, 系统 (5.140) 进入超混沌态[66].

响应系统 I 为

$$\begin{cases} q''_{n+1} = x_n, \\ r''_{n+1} = q''_n, \end{cases} \tag{5.141}$$

响应系统 II 为

$$\begin{cases} p'''_{n+1} = -a'''z_n, \\ q'''_{n+1} = b'''p_n + a'''z_n, \end{cases} \tag{5.142}$$

其中参数 $a''' = 0.3$, $b''' = 1.0$.

选取混沌系统 III 为 Hénon 系统[67]

$$\begin{cases} x_{n+1} = a + bx_n^2 + y_n, \\ y_{n+1} = cx_n, \end{cases} \tag{5.143}$$

混沌系统 IV 为二维 logistic 系统[68]

$$\begin{cases} x_{n+1} = x_n + h(x_n - x_n^2 + y_n), \\ y_{n+1} = y_n + h(y_n - y_n^2 + x_n). \end{cases} \tag{5.144}$$

当参数 $a = 1$, $b = -1.4$ 和 $c = 0.3$ 时, 系统 (5.143) 进入混沌态. 系统 (5.144) 是由 logistic 系统发展而来的, 当参数 $h \in (0.6, 0.686)$ 时, 系统 (5.133) 进入混沌态[68], 这里取 $h = 0.65$.

响应系统 III 为

$$\begin{cases} p'_{n+1} = a + bp_n'^2 + q'_n + L(y_n - q'_n), \\ q'_{n+1} = cp'_n, \end{cases} \tag{5.145}$$

参数 $a = 1$, $b = -1.4$ 和 $c = 0.3$, 同时根据设计同步要求, 这里取 $L = 0.7$. 响应系统 IV 为

$$\begin{cases} p_{n+1} = p_n + h(p_n - p_n^2 + q_n) + L(y_n - q_n), \\ q_{n+1} = y_n + h(q_n - q_n^2 + p_n), \end{cases} \quad (5.146)$$

参数 $h = 0.65$, 根据设计同步要求, 这里取 $L = 0.7$.

选取混沌系统 I(5.139) 及其响应系统 I(5.141) 的初态分别为

$$x_1 = 0.4, y_1 = 0.5, z_1 = 0.4, \quad q_3'' = 0.4, r_3'' = 0.5;$$

混沌系统 II(5.140) 及其响应系统 II(5.142) 的初态分别为

$$x_1 = 0.4, y_1 = 0.5, z_1 = 0.4, \quad p_1''' = 0.4, q_1''' = 0.5;$$

混沌系统 III(5.132) 及其响应系统 III(5.134) 的初态分别为

$$x_1 = 0.4, y_1 = 0.5, \quad p_1' = 0.4, q_1' = 0.5;$$

混沌系统 IV(5.144) 及其响应系统 IV(5.146) 的初态分别为

$$x_1 = 0.4, y_1 = 0.5, \quad p_1 = 0.4, q_1 = 0.5.$$

考虑理想信道的情况, 保密通信的模拟结果如图 5.49 所示, 其中图 5.49(a) 为非线性加密后的信息信号 $u(t)$, (b) 为控制信号 $k(t)$, (c) 为系统 I 的误差信号, (d) 为系统 II 的误差信号, (e) 为系统 III 的误差信号, (f) 为系统 IV 的误差信号, (g) 为恢复出的有用信号 $u'(t)$, (h) 为恢复出的控制信号 $k'(t)$. 由图 5.49(c), (d) 可见, 每个时刻 t 都有且只有一个系统可以达到同步, 所以可以通过比较判决恢复出有用信号. 同理, 由图 5.49(e), (f) 可见, 每个时刻 t 都有且只有一个系统可以达到同步, 所以可以通过比较判决恢复出控制信号. 由图 5.49(g), (h) 可见, 随着控制信号的改变, 同步的混沌系统也将发生改变, 但是恢复出的有用信号并没有出现明显的误差, 所以该通信方案对同步的时间延迟问题并不敏感. 也就是说, 可以经常性地改变控制信号 $k(t)$, 增加传输信号的复杂性, 因此, 该方案更加安全.

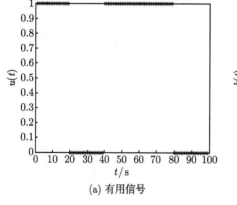

(a) 有用信号

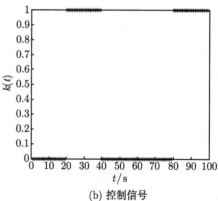

(b) 控制信号

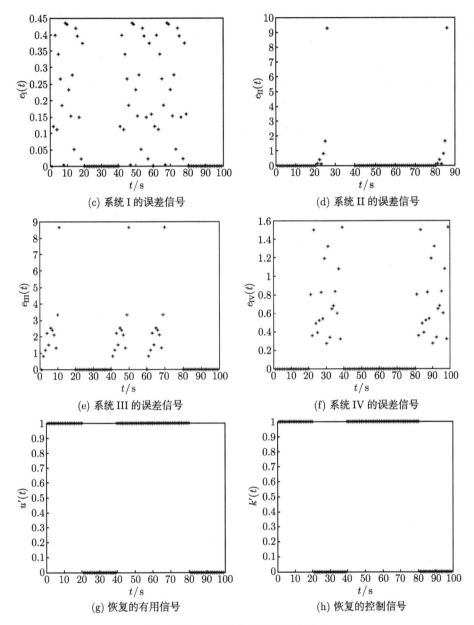

(c) 系统 I 的误差信号   (d) 系统 II 的误差信号

(e) 系统 III 的误差信号   (f) 系统 IV 的误差信号

(g) 恢复的有用信号   (h) 恢复的控制信号

图 5.49 保密通信的数值仿真结果

本小节提出了一种利用混沌键控技术的数字保密通信的方案. 通信双方在发送端和接收端使用多套不同的加密解密方案, 并通过控制信号实现切换, 调用不同的加密函数和与之相对应的解密函数. 根据控制信号的传输情况, 交替发射不同的驱动函数, 这就大大增加了发射信号的复杂度, 减少了信号的相关性, 增强了通信双方的灵活性, 可以为不同的需求设置不同的加密解密函数. 同时, 为了克服相空间重构、神经网络、回归影射等预测方法的攻击, 设计了一系列非线性变换函数对有用信号进行多次复合变换, 使破译更加困难. 通过采用混沌键控的调制方式和轨道误差大小的比较判决的方式, 更有效地降低了对控制信号幅度大小的限制, 减少了对同步延迟时间的依赖, 从而使得本方案在工程实际应用中有一定的实用价值.

5.2.3 基于混沌键控实现多进制数字保密通信

混沌键控不仅可以实现二进制的数字保密通信, 也可以实现多进制的数字保密通信, 下面将以八进制通信系统和十六进制通信系统对此加以阐述.

5.2.3.1 基于混沌键控的八进制通信系统

Chua 和 Yang 在 1988 年首创 CNN[69]. CNN 的基本单元称为细胞, 每个细胞是由一个线性电阻、一个线性电容和一些压控电流源构成的非线性一阶电路, 如图 5.50 所示.

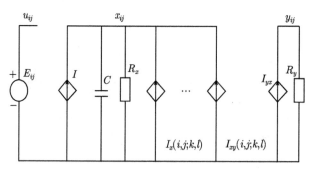

图 5.50　CNN 基本单元

在图 5.50 中, u_{ij}, y_{ij} 和 x_{ij} 分别为细胞单元的输入、输出和状态. 网络由多个如图 5.50 所示的神经元组成. 假设有一个 $N \times M$ 的 CNN, 细胞 C_{ij} 只与邻近的细胞 C_{kl} 通过压控电流源 $I_{xy}(i,j;k,l)$ 和 $I_{xu}(i,j;k,l)$ 相连接. 细胞 C_{kl} 位于细胞 C_{ij} 的 r 邻域 $N_r(ij)$ 中, $N_r(ij)$ 的定义如下:

$$N_r(kl) = \{C_{ij}| \max\{|k-i|,|l-j|\} \leqslant r, 1 \leqslant k \leqslant N, 1 \leqslant l \leqslant M\},$$

其中 r 为正整数.

$$I_{xu}(i,j;k,l) = B(i,j;k,l)u_{kl},$$

$$I_{xy}(i,j;k,l) = A(i,j;k,l)y_{kl},$$

$$I_{yx} = (0.5R_y)(|x_{ij}+1| - |x_{ij}-1|) = f(x_{ij}).$$

因此,

$$C\frac{\mathrm{d}x_{ij}}{\mathrm{d}t} = -\left(\frac{1}{R_x}\right)x_{ij} + I + \sum_{c_{kl}\in N_r(i,j)}A(i,j;k,l)y_{kl} + \sum_{c_{kl}\in N_r(i,j)}B(i,j;k,l)u_{kl}$$

表示每个细胞的状态方程.

为方便起见, 引入简化的推广 CNN 细胞模型, 由以下无量纲的非线性状态方程描述:

$$\frac{\mathrm{d}x_i}{\mathrm{d}t} = -x_j + a_j p_j + G_o + G_s + i_j, \tag{5.147}$$

其中 j 为细胞记号, x_j 为状态变量, a_j 为常数, i_j 为门限值, G_o 和 G_s 分别为所考虑的连接细胞的输出和状态变量的线性组合, p_j 为细胞输出,

$$p_j = 0.5(|x_j + 1| - |x_j - 1|). \tag{5.148}$$

文献 [70] 研究了全互联三阶推广 CNN 动态模型产生的混沌现象, 文献 [34] 研究了全互联四阶推广 CNN 动态模型产生的混沌现象. 这里将 CNN 中的细胞数增加到 6 个, 给出全互联六阶推广 CNN 超混沌系统, 每个细胞的状态方程如下:

$$\frac{\mathrm{d}x_i}{\mathrm{d}t} = -x_j + a_j p_j + \sum_{\substack{k=1\\k\neq j}}^{6}a_{jk}p_k + \sum_{k=1}^{6}S_{jk}x_k + i_j, \quad j = 1,\cdots,6. \tag{5.149}$$

设 6 个细胞的参数为

$$a_k = 0, \quad k = 1,2,3,4,5,6,$$

$$a_{jk} = 0, \quad j,k = 1,\cdots,6, j \neq k,$$

$$S_{12} = S_{21} = S_{24} = S_{34} = S_{42} = S_{43} = S_{53} = S_{54} = S_{55} = S_{56} = S_{61} = S_{63} = S_{64} = 0,$$

$$i_j = 0, \quad j = 1,\cdots,6,$$

$$S_{11} = S_{23} = S_{33} = S_{51} = 1, \quad S_{13} = S_{14} = -1,$$

$$S_{22} = 3, \quad S_{31} = 14, \quad S_{32} = -14, \quad S_{41} = S_{62} = 100, \quad S_{44} = -99,$$

$$S_{52} = 18, \quad S_{65} = 4, \quad S_{66} = -3,$$

$$a_4 = 200.$$

则全互联六阶推广 CNN 系统方程式 (5.149) 变为

$$\begin{cases}\dot{x}_1 = -x_3 - x_4, \\ \dot{x}_2 = 2x_2 + x_3, \\ \dot{x}_3 = 14x_1 - 14x_2, \\ \dot{x}_4 = 100x_1 - 100x_4 + 200p_4, \\ \dot{x}_5 = 18x_2 + x_1 - x_5, \\ \dot{x}_6 = 4x_5 - 4x_6 + 100x_2,\end{cases} \tag{5.150}$$

其中

$$p_4 = 0.5(|x_4 + 1| - |x_4 - 1|). \tag{5.151}$$

王兴元等研究了系统 (5.150) 的动力学行为, 根据 Ramasubramanian 和 Sriram 计算微分方程组 Lyapunov 指数谱的方法[29], 计算出系统 (5.150) 的 Lyapunov 指数谱如图 5.51 所示. 当 $t \to \infty$ 时, 系统 (5.150) 的 6 个 Lyapunov 指数分别为

$$\lambda_1 = 2.7481, \quad \lambda_2 = -2.9844, \quad \lambda_3 = 1.2411,$$
$$\lambda_4 = -14.4549, \quad \lambda_5 = -1.4123, \quad \lambda_6 = -83.2282.$$

由此可见, 系统 (5.150) 有两个正的 Lyapunov 指数, 因此, 该系统是一个超混沌系统.

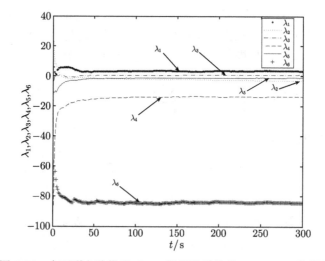

图 5.51　全互联六阶推广 CNN 超混沌系统的 Lyapunov 指数谱

图 5.52 给出了给出了系统 (5.150) 的超混沌吸引子在三维空间中的投影.

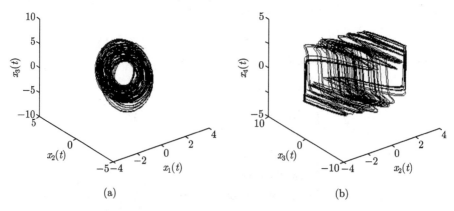

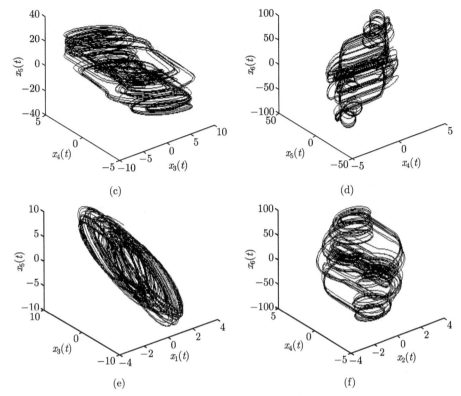

图 5.52 全互联六阶推广 CNN 超混沌系统吸引子在三维空间中的投影

由于基于状态观测器的同步法具有如下优点: ① 不必计算同步的条件 Lya-punov 指数; ② 不要求同步两个混沌系统的初始状态处于同一吸引域; ③ 不要求驱动-响应系统完全相同. 因此, 这里采用该方法来实现 CNN 超混沌系统的同步.

考虑如下非线性系统:

$$\dot{\boldsymbol{X}} = \boldsymbol{A}\boldsymbol{X} + \boldsymbol{B}\boldsymbol{F}(\boldsymbol{X}), \tag{5.152}$$

其中 $\boldsymbol{A} \in \mathbf{R}^{n \times n}$, $\boldsymbol{B} \in \mathbf{R}^{n \times m}$, $\boldsymbol{F} : \mathbf{R}^n \to \mathbf{R}^m (m \leqslant n)$, $\boldsymbol{F}(\boldsymbol{X})$ 为非线性映射, $\boldsymbol{A}\boldsymbol{X}$ 为线性部分, $\boldsymbol{B}\boldsymbol{F}(\boldsymbol{X})$ 为非线性部分. 令系统的输出为

$$\boldsymbol{L} = \boldsymbol{K}\boldsymbol{X} + \boldsymbol{F}(\boldsymbol{X}), \tag{5.153}$$

其中 $\boldsymbol{K}$ 为待定常数矩阵. 由式 (5.152) 和 (5.153) 得

$$\begin{cases} \dot{\boldsymbol{X}} = \boldsymbol{A}\boldsymbol{X} + \boldsymbol{B}\boldsymbol{F}(\boldsymbol{X}), \\ \boldsymbol{L} = \boldsymbol{K}\boldsymbol{X} + \boldsymbol{F}(\boldsymbol{X}), \end{cases} \tag{5.154}$$

这样 CNN 超混沌系统的同步问题就转换为设计式 (5.154) 的状态观测器问题. 利用自动控制理论中的状态观测器理论, 构造式 (5.154) 的状态观测器

$$\dot{X}' = (AX' + BF(X')) + B(L - L'), \tag{5.155}$$

其中 X' 为状态观测器的状态, $L' = KX' + F(X')$ 为状态观测器的输出.

由式 (5.152) 和式 (5.155) 可得

$$\dot{e} = (A - BK)e, \tag{5.156}$$

其中

$$e = X - X'$$

为误差向量.

由式 (5.156) 可见, 只要适当地选择 K, 使得 $(A - BK)$ 的特征根实部为负, 则 $e \to 0$, 即 $X \to X'$.

基于上面所介绍的同步方法, 下面设计式 (5.150) 的状态观测器.

将式 (5.150) 改写为如下矩阵的形式:

$$\begin{pmatrix} \dot{x}_1 \\ \dot{x}_2 \\ \dot{x}_3 \\ \dot{x}_4 \\ \dot{x}_5 \\ \dot{x}_6 \end{pmatrix} = \begin{pmatrix} 0 & 0 & -1 & -1 & 0 & 0 \\ 0 & 2 & 1 & 0 & 0 & 0 \\ 14 & -14 & 0 & 0 & 0 & 0 \\ 100 & 0 & 0 & -100 & 0 & 0 \\ 1 & 18 & 0 & 0 & -1 & 0 \\ 0 & 100 & 0 & 0 & 4 & -4 \end{pmatrix} \begin{pmatrix} x_1 \\ x_2 \\ x_3 \\ x_4 \\ x_5 \\ x_6 \end{pmatrix} + \begin{pmatrix} 0 \\ 0 \\ 0 \\ 1 \\ 0 \\ 0 \end{pmatrix} F(x), \tag{5.157}$$

其中

$$F(x) = 200p_4.$$

由式 (5.157) 可得

$$A = \begin{pmatrix} 0 & 0 & -1 & -1 & 0 & 0 \\ 0 & 2 & 1 & 0 & 0 & 0 \\ 14 & -14 & 0 & 0 & 0 & 0 \\ 100 & 0 & 0 & -100 & 0 & 0 \\ 1 & 18 & 0 & 0 & -1 & 0 \\ 0 & 100 & 0 & 0 & 4 & -4 \end{pmatrix}, \quad B = \begin{pmatrix} 0 \\ 0 \\ 0 \\ 1 \\ 0 \\ 0 \end{pmatrix}.$$

选取 $(A - BK)$ 的特征值为

$$\lambda = -1.5, -2, -2.5 + \mathrm{i}, -2.5 - \mathrm{i}, -1.2 + \mathrm{i}, -1.2 - \mathrm{i},$$

利用 Matlab 工具, 计算出 K 的值为

$$(95.1100, 10.8458, 11.7729, -92.1000, -0.0651, 0.0473).$$

由此得出式 (5.150) 的状态观测器为

$$\begin{cases} \dot{x}_1' = -x_3' - x_4', \\ \dot{x}_2' = 2x_2' + x_3', \\ \dot{x}_3' = 14x_1' - 14x_2', \\ \dot{x}_4' = 100x_1' - 100x_4' + 200p_{14}' + (200p_4 + \boldsymbol{KX}) - (200p_{14}' + \boldsymbol{KX}'), \\ \dot{x}_5' = 18x_2' + x_1' - x_5', \\ \dot{x}_6' = 4x_5' - 4x_6' + 100x_2', \end{cases} \tag{5.158}$$

其中

$$p_{14}' = 0.5(|x_4' + 1| - |x_4' - 1|).$$

采用四阶 Runge-Kutta 法去求解方程 (5.150) 和 (5.158), 得到驱动系统 (5.150) 和响应系统 (5.158) 的同步过程模拟结果如图 5.53 所示. 由图 5.53 可见, 经过短暂的过渡后, 系统误差 $e_1(t)$, $e_2(t)$, $e_3(t)$, $e_4(t)$, $e_5(t)$, $e_6(t)$ 已分别精确地稳定在零点, 即驱动系统 (5.150) 和响应系统 (5.158) 达到了准确的同步.

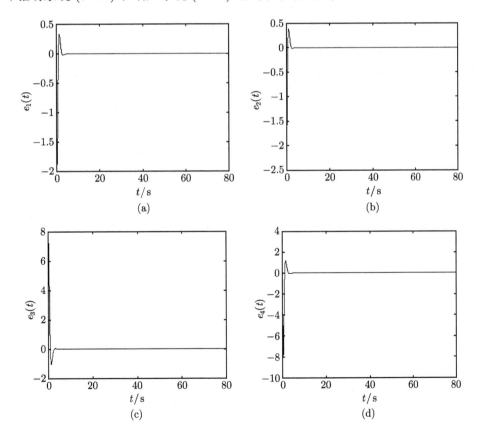

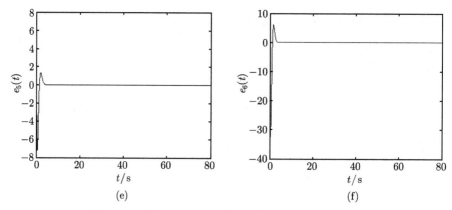

图 5.53　系统 (5.150) 和系统 (5.158) 的同步误差曲线

目前, 大部分基于自治混沌系统的混沌键控通信方案一般只能传输二进制信号, 而不能传输多进制信号. 针对这样的问题, 这里采用全互联六阶推广 CNN 超混沌系统, 设计了一个多进制的通信系统. 该系统经过推广可以传送任意进制的信号. 在此, 仅以八进制信号为例说明该系统工作原理.

在上面的同步方法中发现, 为矩阵 $(\boldsymbol{A} - \boldsymbol{BK})$ 选取不同的特征值, 便可得到不同的 $\boldsymbol{K}$ 值, 而对于不同的 $\boldsymbol{K}$ 值, 系统 (5.150) 就会产生不同的输出信号, 驱动不同的观测器达到同步. 利用这样的特性, 王兴元等给出基于全互联六阶推广细胞神经网络的八进制数字通信系统发射端模型如图 5.54 所示, 其中 $s(n)$ 为待发送的原始信号, $l(t)$ 为在信道中传输的信号. 图 5.54 所示的发射端一次可发送三位二进制字符串, 即可产生 $2^3 = 8$ 种不同的信号. 原始信号由三位二进制字符串表示, 传输信号 $l(t)$ 由 CNN 超混沌系统的变量 $x_1, x_2, x_3, x_4, x_5, x_6$ 组成, 为标量. 假设每一次发送的原始信号为

$$s(n) = P_2 P_1 P_0,$$

其中 $\boldsymbol{K}_1, \boldsymbol{K}_2, \boldsymbol{K}_3, \boldsymbol{K}_4$ 分别为

$$(95.1100, 10.8458, 11.7729, -92.1000, -0.0651, 0.0473),$$

$$(10.0000, 45.9867, 3.4418, -83.0000, -0.1859, 0.0000),$$

$$(85.0000, 19.2763, 12.5381, -90.5000, -0.0329, 0.0247),$$

$$(109.5000, -2.9807, 9.5118, -95.0000, -0.1658, 0.1252),$$

其所对应的矩阵 $(\boldsymbol{A} - \boldsymbol{BK})$ 的特征值分别为

$$-1.5, -2, -2.5 + \mathrm{i}, -2.5 - \mathrm{i}, -1.2 + \mathrm{i}, -1.2 - \mathrm{i},$$

$$-4, -6, -2 + \mathrm{i}, -2 - \mathrm{i}, -3 + \mathrm{i}, -3 - \mathrm{i},$$

$$-1, -1.5, -3+i, -3-i, -2+i, -2-i,$$
$$-0.5, -2.5, -1.5+i, -1.5-i, -1+i, -1-i.$$

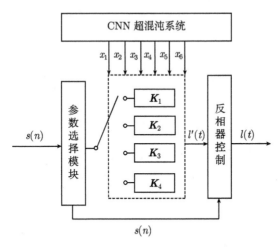

图 5.54 八进制数字通信系统发射端模型

下面给出图 5.54 中参数选择模块中逻辑控制算法如下:

if $(P_2 \cup P_1 == 0)$

参数选择 K_1;

else if $(P_2 \cup P_1 == 1 \&\& P_2 == 0)$

参数选择 K_2;

else if $(P_2 \cup P_1 == 1 \&\& P_1 == 0)$

参数选择 K_3;

else if $(P_2 \cap P_1 == 1)$

参数选择 K_4;

反相器控制模块算法如下:

if $(P_0 == 1)$

反相器开;

else

反相器关;

具体的调制信号功能可由表 5.3 描述. 例如, 当 $s(n) = 000$ 时, 参数取 K_1, 反相器关, 即此时由系统发送

$$l(t) = K_1 X + F(X);$$

当 $s(n) = 001$ 时, 参数取 K_1, 反相器开, 即此时由系统发送

$$l(t) = -(K_1 X + F(X)).$$

表 5.3   调制信号功能表

原始信号	参数选取	反相器
000	K_1	关 (0)
001	K_1	开 (1)
010	K_2	关 (0)
011	K_2	开 (1)
100	K_3	关 (0)
101	K_3	开 (1)
110	K_4	关 (0)
111	K_4	开 (1)

根据图 5.54 的信号调制原理, 王兴元等给出了八进制数字通信系统接收端模型如图 5.55 所示, 其中响应系统 1~系统 4 为系统 (5.150) 不同传输信号 $l(t)$ 驱动下的状态观测器, $e_1(t) \sim e_8(t)$ 为发射端系统 (5.150) 与响应系统 1~系统 4 的同步误差. 判决器功能由表 5.4 描述.

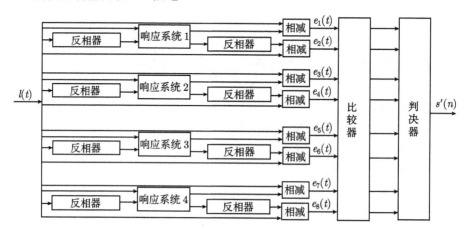

图 5.55   八进制数字通信系统接收端模型

表 5.4   判决器功能表

误差及对应的输出	$e_1(t)$	$e_2(t)$	$e_3(t)$	$e_4(t)$	$e_5(t)$	$e_6(t)$	$e_7(t)$	$e_8(t)$
误差	0	0	0	0	0	0	0	0
输出	000	001	010	011	100	101	110	111

根据上面基于状态观测器的同步方法, 可得响应系统 1~系统 4 分别如式 (5.159)~(5.162) 所示.

根据混沌同步原理, 当 $s(n) = 000$ 时, 由表 5.3 知, 此时参数取 K_1, 反相器关, 即此时由系统发送

$$l(t) = K_1 X + F(X),$$

混沌系统 (5.150) 与混沌系统 (5.159) 同步, $e_1(t)$ 在很短的时间内达到 0, $e_2(t) \sim$ $e_8(t)$ 不为零, 经比较器后, 判决器判断输出 000; 当 $s(n) = 001$ 时, 参数取 $\boldsymbol{K}_1$, 反相器开, 即此时由系统发送

$$l(t) = -(\boldsymbol{K}_1\boldsymbol{X} + \boldsymbol{F}(\boldsymbol{X})),$$

信号到达接收端时经反相器作用, 混沌系统 (5.150) 与混沌系统 (5.159) 同步, 而系统 (5.159) 的输出信号经反相器再一次作用, 再与信号 $l(t)$ 相减得到 $e_2(t)$, $e_2(t)$ 在很短的时间内达到 0, 而 $e_1(t)$ 及 $e_3(t) \sim e_8(t)$ 不为零, 经比较器后, 判决器判断输出 001;

$$s(n) = 010 - 111$$

的传输处理过程类似. 最终接收端可恢复出信号

$$s'(n) = s(n).$$

$$\begin{cases} \dot{x}_1' = -x_3' - x_4', \\ \dot{x}_2' = 2x_2' + x_3', \\ \dot{x}_3' = 14x_1' - 14x_2', \\ \dot{x}_4' = 100x_1' - 100x_4' + 200p_{14}' + l(t) - (200p_{14}' + K_1X'), \\ \dot{x}_5' = 18x_2' + x_1' - x_5', \\ \dot{x}_6' = 4x_5' - 4x_6' + 100x_2', \end{cases} \quad (5.159)$$

其中

$$p_{14}' = 0.5(|x_4' + 1| - |x_4' - 1|).$$

$$\begin{cases} \dot{y}_1' = -y_3' - y_4', \\ \dot{y}_2' = 2y_2' + y_3', \\ \dot{y}_3' = 14y_1' - 14y_2', \\ \dot{y}_4' = 100y_1' - 100y_4' + 200p_{24}' + l(t) - (200p_{24}' + K_2Y'), \\ \dot{y}_5' = 18y_2' + y_1' - y_5', \\ \dot{y}_6' = 4y_5' - 4y_6' + 100y_2', \end{cases} \quad (5.160)$$

其中

$$p_{24}' = 0.5(|y_4' + 1| - |y_4' - 1|).$$

$$\begin{cases} \dot{z}_1' = -z_3' - z_4', \\ \dot{z}_2' = 2z_2' + z_3', \\ \dot{z}_3' = 14z_1' - 14z_2', \\ \dot{z}_4' = 100z_1' - 100z_4' + 200p_{34}' + l(t) - (200p_{34}' + K_3Y'), \\ \dot{z}_5' = 18z_2' + z_1' - z_5', \\ \dot{z}_6' = 4z_5' - 4z_6' + 100z_2', \end{cases} \quad (5.161)$$

其中

$$p'_{34} = 0.5(|z'_4 + 1| - |z'_4 - 1|).$$

$$\begin{cases}
\dot{v}'_1 = -v'_3 - v'_4, \\
\dot{v}'_2 = 2v'_2 + v'_3, \\
\dot{v}'_3 = 14v'_1 - 14v'_2, \\
\dot{v}'_4 = 100v'_1 - 100v'_4 + 200p'_{44} + l(t) - (200p'_{44} + K_4Y'), \\
\dot{v}'_5 = 18v'_2 + v'_1 - v'_5, \\
\dot{v}'_6 = 4v'_5 - 4v'_6 + 100v'_2,
\end{cases} \tag{5.162}$$

其中

$$p'_{44} = 0.5(|v'_4 + 1| - |v'_4 - 1|).$$

这里只给出当原始信号 $s(n) = 110$ 时 $e_1(t) \sim e_8(t)$ 随时间变化的图 5.56, 其他状态的信号同步误差图与此类似, 故不赘述.

由图 5.56 可以看出, 当原始信号 $s(n) = 110$ 时, 只有 $e_7(t)$ 为 0, 其他均为混沌信号, 则可在接收端经判决器恢复出 $s'(n) = 110$.

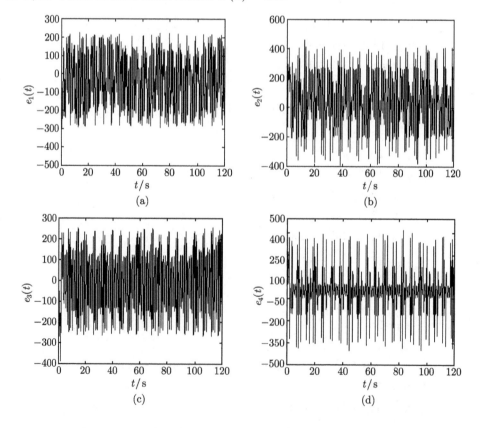

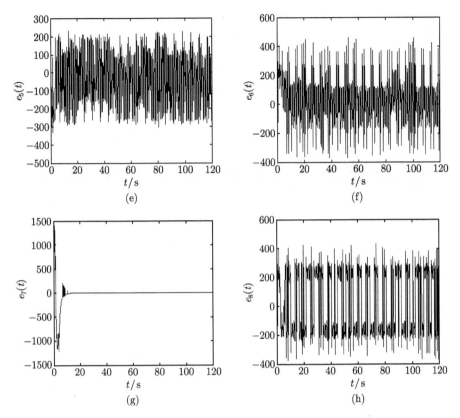

图 5.56 当 $s(n) = 0110$ 时发射端与接收端各响应系统的同步误差图

现假设原始信号 $s(n)$ 为 000~111. 图 5.57(a) 所示为原始信号 $s(n)$, 图 5.57(b) 为调制加密后对应的传输信号. 图 5.58~图 5.65 为发射端与接收端在图 5.57(a) 所示 $s(n)$ 发送期间的同步误差, 其中 $s(n)$ 的发送时间分为 8 个时间段 (在图中以虚线隔开), 分别发送 000~111 8 个信号. 由图 5.58~图 5.65 可见, 同步误差在相应的时间段均在很短的时间内到达了 0, 因此, 可以很方便地判断出该时间段所发送的原始信号. 例如, 当原始信号 $s(n)$ 为 000 时, 由图 5.58~图 5.65 可知, 在第一个时间段内只有 $e_1(t)$ 为 0, 其他误差值均不为 0, 在接收端由判决器便可判断恢复出信号 000; 当原始信号 $s(n)$ 为 001 时, 由图 5.58~图 5.65 可知, 在第二个时间段内只有 $e_2(t)$ 为 0, 其他误差值均不为 0, 在接收端由判决器便可判断恢复出信号 001; ……. 注意到在图 5.58(a), 图 5.59(a), 图 5.62(a), 图 5.63(a), 图 5.64(a), 图 5.65(a) 中, 由于某些时间段内误差很大, 使得在同一个图中的其他时间段的误差显示不明显, 因此, 给出相应的局部放大图如图 5.58(b), 图 5.59(b), 图 5.62(b), 图 5.63(b), 图 5.64(b), 图 5.65(b) 所示. 图 5.66 为接收端最终恢复出的信号 $s'(n)$.

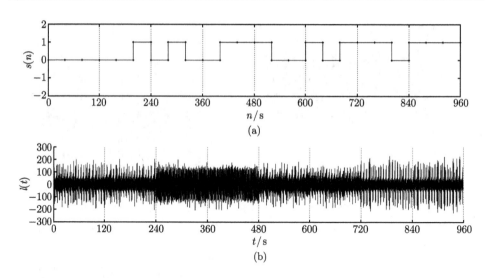

图 5.57   原始信号与传输信号

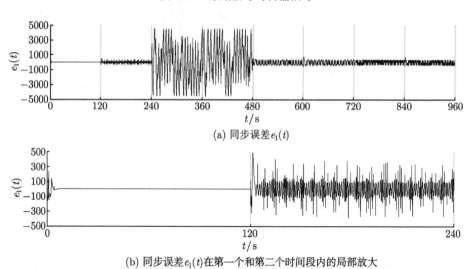

图 5.58   同步误差 $e_1(t)$ 及其局部放大

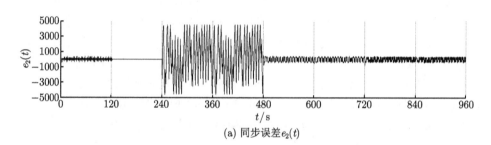

(a) 同步误差 $e_2(t)$

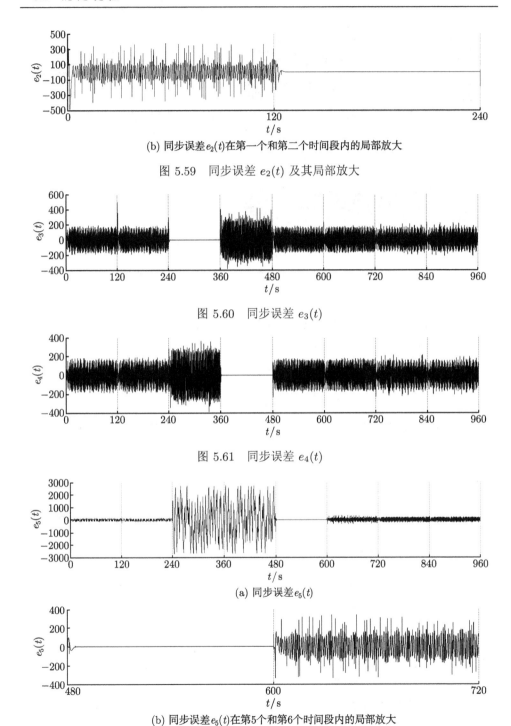

(b) 同步误差 $e_2(t)$ 在第一个和第二个时间段内的局部放大

图 5.59 同步误差 $e_2(t)$ 及其局部放大

图 5.60 同步误差 $e_3(t)$

图 5.61 同步误差 $e_4(t)$

(a) 同步误差 $e_5(t)$

(b) 同步误差 $e_5(t)$ 在第5个和第6个时间段内的局部放大

图 5.62 同步误差 $e_5(t)$ 及其局部放大

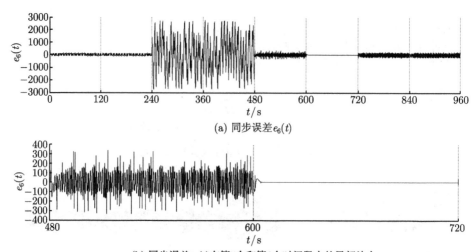

(a) 同步误差 $e_6(t)$

(b) 同步误差 $e_6(t)$在第5个和第6个时间段内的局部放大

图 5.63　同步误差 $e_6(t)$ 及其局部放大

关于本节的详细内容, 请参见文献 [71].

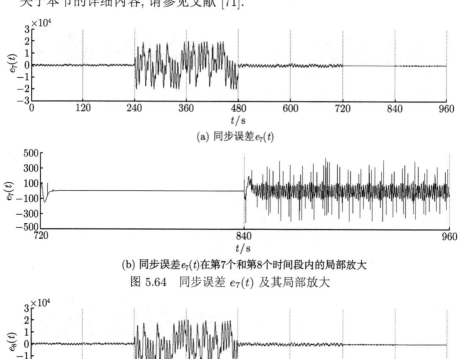

(a) 同步误差 $e_7(t)$

(b) 同步误差 $e_7(t)$在第7个和第8个时间段内的局部放大

图 5.64　同步误差 $e_7(t)$ 及其局部放大

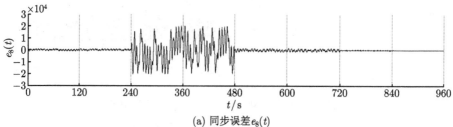

(a) 同步误差 $e_8(t)$

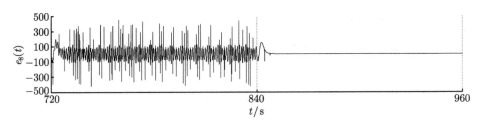

(b) 同步误差 $e_8(t)$ 在第7个和第8个时间段内的局部放大

图 5.65　同步误差 $e_8(t)$ 及其局部放大

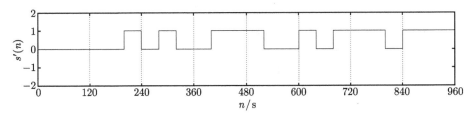

图 5.66　接收端恢复信号 $s'(n)$

5.2.3.2 基于混沌键控的十六进制通信系统

考虑如下一类非线性反馈混沌系统:

$$
\begin{cases}
\dot{x} = Ax + Bu + Ew + D, \\
l = C^{\mathrm{T}}x, \\
u = f(x),
\end{cases}
\tag{5.163}
$$

其中 $x \in \mathbf{R}^n, u \in \mathbf{R}^k, w \in \mathbf{R}^m$ 分别为系统的状态变量、非线性反馈输入和随机干扰, l 为驱动系统的输出, A, B, C, E 和 D 为已知的定常矩阵, D 为系统的常数项.

假定 $p \geqslant m$, 并且令

$$
\mathrm{rank}(E) = m, \quad \mathrm{rank}(C^{\mathrm{T}}) = p, \quad \mathrm{rank}(C^{\mathrm{T}}E) = m.
$$

对于响应系统, 当非线性输入反馈 u 可测时, 则式 (5.163) 的状态观测器可表示为

$$
\begin{cases}
\dot{z} = Fz + Gu + Hy + KD, \\
\hat{x} = z - Jl,
\end{cases}
\tag{5.164}
$$

其中 $z \in \mathbf{R}^n, \hat{x} \in \mathbf{R}^n, F, G, H, J$ 和 K 为未知的定常矩阵.

定义状态观测器误差

$$
e = \hat{x} - x = z - (JC^{\mathrm{T}} + I_n)x,
$$

并且令

$$
M = JC^{\mathrm{T}} + I_n,
\tag{5.165}
$$

则误差系统的动态方程为

$$\dot{e} = Fe + (FM + HC^T - MA) + (G - MB)u - MEw + (K - M)D. \quad (5.166)$$

可见, 若式 (5.166) 满足

$$\begin{cases} FM + HC^T - MA = 0, \\ G - MB = 0, \\ (JC^T + I_n)E = 0, \\ K - M = 0, \end{cases} \quad (5.167)$$

则式 (5.166) 可改写为

$$\dot{e} = Fe. \quad (5.168)$$

在式 (5.168) 中, 若 F 的所有特征值均小于零, 则有

$$\lim_{t \to \infty} \|e\| = 0,$$

即 $\hat{x}$ 将指数收敛于 x. 下面讨论如何使得 F 满足这一要求.

由式 (5.167) 的第一个方程可得

$$F = MA - (FJ + H)C^T. \quad (5.169)$$

令

$$N = FJ + H, \quad (5.170)$$

由式 (5.169) 和 (5.170) 可推得

$$H = N - MAJ + NC^T J, \quad (5.171)$$

则 $\dot{z}$ 可写为

$$\dot{z} = (MA - NC^T)z + Gu + Hy. \quad (5.172)$$

这样在随机扰动下的状态观测器的设计问题变为寻找合适的 J, 使其满足

$$(JC^T + I_n)E = 0,$$

以及适当的 N, 使其满足 F 的特征值均小于零.

由式 (5.169) 和 (5.170) 有

$$F = MA - NC^T.$$

可见, 若能找到适当的 N, 使得 $MA - NC^T$ 的特征值可任意配置, 则必能满足 F 的特征值均小于零的条件, 即若 (MA, C^T) 完全可观测, 则 $MA - NC^T$ 的特征值必可任意配置.

由式 (5.167) 的第三个方程可得

$$JC^\mathrm{T}E = -E$$

且

$$\mathrm{rank}(C^\mathrm{T}E) = m,$$

故可得

$$J = -E(C^\mathrm{T}E)^+ + Y(I_P - (C^\mathrm{T}E)(C^\mathrm{T}E)^+), \tag{5.173}$$

其中 $(C^\mathrm{T}E)^+$ 为 $(C^\mathrm{T}E)$ 的广义逆, Y 为合适维数的任意矩阵.

将式 (5.173) 代入式 (5.165) 可得

$$M = (YC^\mathrm{T} + I_n)(I_n - E(C^\mathrm{T}E)^+C^\mathrm{T}). \tag{5.174}$$

显然, 若 $YC^\mathrm{T} + I_n$ 或 $C^\mathrm{T}Y + I_p$ 非奇异, 则矩阵 M 有最大秩且最大秩为

$$n - m, \quad \mathrm{rank}(E) = m.$$

此时, 矩阵

$$\left(C^\mathrm{T}, C^\mathrm{T}MA, \cdots, (C^\mathrm{T}MA)^{n-1}\right)^\mathrm{T}$$

有最大秩 n, 故 (MA, C^T) 完全可观测, 即

$$F = MA - NC^\mathrm{T}$$

的特征值可任意配置.

又因为

$$\mathrm{rank}(C)^\mathrm{T} = p,$$

方便起见, 令

$$Y = 0,$$

则 $C^\mathrm{T}Y + I_p$ 仍非奇异, 满足要求. 由式 (5.174) 可得

$$M = I_n - E(C^\mathrm{T}E)^+C^\mathrm{T}. \tag{5.175}$$

可见, 当式 (5.175) 成立时, 总可以找到一个合适的 N, 使得当 $t \to \infty$ 时, $\hat{x}$ 指数收敛于 x, 即系统 (5.163) 和 (5.164) 实现了同步.

目前, 大部分基于自治混沌系统的混沌键控通信方案一般只能传输二进制信号. 针对这样的问题, 王兴元和徐冰采用统一化混沌系统, 进行十六进制信号的传递.

由 Lü 等提出的统一混沌系统的数学模型[72]

$$\begin{aligned}
\dot{x} &= (25a + 10)(y - x), \\
\dot{y} &= (28 - 35a)x - xz + (29a - 1)y, \\
\dot{z} &= xy - \frac{1}{3}(8 + a)z,
\end{aligned} \tag{5.176}$$

其中参数 $a \in [0,1]$, 在此范围内, 统一混沌系统由 Lorenz 系统逐渐过渡到广义 Chen 系统. 特别地, 当 $a = 0$ 时, 式 (5.176) 为典型的 Lorenz 系统; 当 $a = 0.8$ 时, 式 (5.176) 为典型的 Lü系统; 当 $a = 1$ 时, 式 (5.176) 为典型的 Chen 系统. 用一个参数将三个混沌系统联系起来, 为混沌的应用研究提供了又一个新模型. 图 5.67 为统一化混沌系统在参数 a 取 0, 0.8 和 1 时的奇怪吸引子.

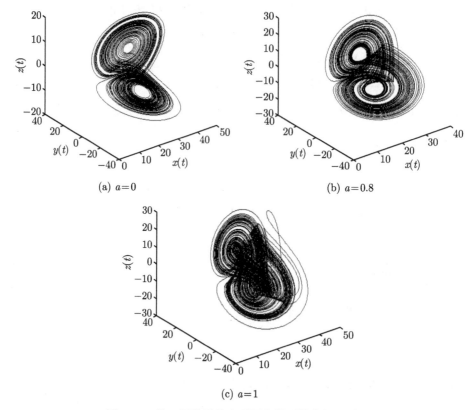

图 5.67　统一混沌系统在不同参数下的奇怪吸引子

利用统一混沌系统的特性, 给出十六进制数字通信系统发射端模型如图 5.68 所示, 其中 $s(n)$ 为待发送的原始信号, $l(t)$ 为在信道中传输的信号. 图 5.68 所示的发射端一次可发送 4 位二进制字符串, 即可产生

$$2^4 = 16$$

种不同的信号, 其中原始信号由 4 位二进制字符串表示, 传输信号 $l(t)$ 由同一混沌系统的变量 x, y, z 组成, 为提高系统的保密性, 王兴元和徐冰采用两个以上变量组成传输信号. 假设每一次发送的原始信号

$$s(n) = P_3 P_2 P_1 P_0.$$

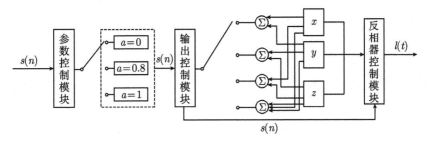

图 5.68 十六进制数字通信系统发射端模型

王兴元和徐冰给出图 5.68 中参数控制模块中逻辑控制算法如下：

if ($P_3 == 0$)

    $a = 0$;

else if ($P_3 \cap P_2 == 0\&\&P_3 == 1$)

    $a = 0.8$;

else if ($P_3 \cap P_2 == 1$)

    $a = 1$;

输出控制模块算法如下：

if ($a == 0$)

    {if ($P_2 \cup P_1 == 0$)

    $l(t) = x + y$;

    else if ($P_2 \cap P_1 == 0\&\&P_1 == 1$)

    $l(t) = x + z$;

    else if ($P_2 \cap P_1 == 0\&\&P_2 == 1$)

    $l(t) = y + z$;

    else if ($P_2 \cap P_1 == 1$)

    $l(t) = x + y + z$;

    }

if ($a == 0.8$)

    {if ($P_1 == 0$)

    $l(t) = x + y$;

    else

    $l(t) = y + z$;

    }

if ($a == 1$)

    {if ($P_1 == 0$)

    $l(t) = x + y$;

else

$l(t) = y + z;$

}

反相器控制模块算法如下:

if $(P_0 == 1)$

反相器开;

else

反相器关;

具体的调制信号功能可由表 5.5 描述. 例如, 当

$$s(n) = 0000$$

时, 参数 a 取 0, 传输信号 $l(t)$ 取 $x + y$, 反相器关, 即此时由 Lorenz 系统发送

$$l(t) = x + y.$$

表 5.5   调制信号功能表

原始信号	参数 a 的值	传输信号	反相器
0000	0	$l(t) = x + y$	关 (0)
0001	0	$l(t) = x + y$	开 (1)
0010	0	$l(t) = x + z$	关 (0)
0011	0	$l(t) = x + z$	开 (1)
0100	0	$l(t) = y + z$	关 (0)
0101	0	$l(t) = y + z$	开 (1)
0110	0	$l(t) = x + y + z$	关 (0)
0111	0	$l(t) = x + y + z$	开 (1)
1000	0.8	$l(t) = x + y$	关 (0)
1001	0.8	$l(t) = x + y$	开 (1)
1010	0.8	$l(t) = y + z$	关 (0)
1011	0.8	$l(t) = y + z$	开 (1)
1100	1	$l(t) = x + y$	关 (0)
1101	1	$l(t) = x + y$	开 (1)
1110	1	$l(t) = y + z$	关 (0)
1111	1	$l(t) = y + z$	开 (1)

根据图 5.68 的信号调制原理, 采用基于状态观测器的同步方法, 王兴元和徐冰给出了十六进制数字通信系统接收端模型如图 5.69 所示, 其中响应系统 1~系统 8 为系统 (5.176) 不同传输信号 $l(t)$ 驱动下的状态观测器. $e_1(t) \sim e_{16}(t)$ 为发射端系统 (5.176) 与响应系统 1~系统 8 的同步误差. 判决器功能由表 5.6 描述.

根据 5.2.3.1 小节说明的基于状态观测器的同步方法, 可得响应系统 1~系统 8 分别如式 (5.177)~(5.184) 所示.

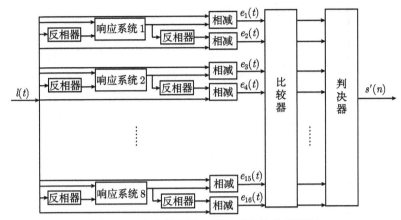

图 5.69 十六进制数字通信系统接收端模型

表 5.6 判决器功能表

误差及对应的输出	$e_1(t)$	$e_2(t)$	$e_3(t)$	$e_4(t)$	$e_5(t)$	$e_6(t)$	$e_7(t)$	$e_8(t)$	$e_9(t)$	$e_{10}(t)$	$e_{11}(t)$	$e_{12}(t)$	$e_{13}(t)$	$e_{14}(t)$	$e_{15}(t)$	$e_{16}(t)$
误差	0	0	0	0	0	0	0	0	0	0	0	0	0	0	0	0
输出	0000	0001	0010	0011	0100	0101	0110	0111	1000	1001	1010	1011	1100	1101	1110	1111

根据混沌同步原理, 当 $s(n) = 0000$ 时, 由表 5.5 知, 此时参数 $a = 0$, 传输信号

$$l(t) = x + y,$$

反相器关, 即此时由 Lorenz 系统发送

$$l(t) = x + y,$$

混沌系统 (5.176) 与 (5.177) 同步, $e_1(t)$ 在很短的时间内达到 0, $e_2(t) \sim e_{16}(t)$ 不为零, 经比较器后, 判决器判断输出 0000; 当 $s(n) = 0001$ 时, 参数 $a = 0$, 传输信号

$$l(t) = x + y,$$

反相器开, 即此时由 Lorenz 系统发送

$$l(t) = -(x + y),$$

信号到达接收端时经反相器作用, 混沌系统 (5.176) 与 (5.177) 同步, $e_2(t)$ 在很短的时间内达到 0, $e_1(t)$ 及 $e_3(t) \sim e_{16}(t)$ 不为零, 经比较器后, 判决器判断输出 0001;

$$s(n) = 0010 - 1111$$

的传输处理过程类似. 最终接收端可恢复出信号

$$s'(n) = s(n).$$

$$\begin{cases} \dot{x}_1 = -29x_1 + xz - 28(x+y), \\ \dot{y}_1 = -29y_1 - xz + 28(x+y), \\ \dot{z}_1 = -\dfrac{8}{3}z_1 + xy, \\ (x_1', y_1', z_1')^{\mathrm{T}} = (x_1, y_1, z_1)^{\mathrm{T}} - (-1, 0, 0)^{\mathrm{T}}(x+y), \end{cases} \tag{5.177}$$

$$\begin{cases} \dot{x}_2 = -\dfrac{8}{3}x_2 - xy, \\ \dot{y}_2 = -y_2 - 28z - xz + 28(x+z), \\ \dot{z}_2 = -\dfrac{8}{3}z_2 + xy, \\ (x_2', y_2', z_2')^{\mathrm{T}} = (x_2, y_2, z_2)^{\mathrm{T}} - (-1, 0, 0)^{\mathrm{T}}(x+z), \end{cases} \tag{5.178}$$

$$\begin{cases} \dot{x}_3 = -10x_3 + 10y_3 + 10(y+z), \\ \dot{y}_3 = -\dfrac{8}{3}y_3 - xy, \\ \dot{z}_3 = -\dfrac{8}{3}z_3 + xy, \\ (x_3', y_3', z_3')^{\mathrm{T}} = (x_3, y_3, z_3)^{\mathrm{T}} - (0, -1, 0)^{\mathrm{T}}(y+z), \end{cases} \tag{5.179}$$

$$\begin{cases} \dot{x}_4 = -28x_4 + y_4 + d\dfrac{8}{3}z_4 + xz - xy - 28(x+y+z), \\ \dot{y}_4 = -29y_4 - 28z_4 - xz + 28(x+y+z), \\ \dot{z}_4 = -\dfrac{8}{3}z_4 + xy, \\ (x_4', y_4', z_4')^{\mathrm{T}} = (x_4, y_4, z_4)^{\mathrm{T}} - (-1, 0, 0)^{\mathrm{T}}(x+y+z), \end{cases} \tag{5.180}$$

$$\begin{cases} \dot{x}_5 = -60x_5 + 30(x+y), \\ \dot{y}_5 = -60y_5 - 30(x+y), \\ \dot{z}_5 = -\dfrac{44}{15}z_5 + xy, \\ (x_5', y_5', z_5')^{\mathrm{T}} = (x_5, y_5, z_5)^{\mathrm{T}} - (0, -1, 0)^{\mathrm{T}}(x+y), \end{cases} \tag{5.181}$$

$$\begin{cases} \dot{x}_6 = -30x_6 + 30y_6 + 30(y+z), \\ \dot{y}_6 = -\dfrac{44}{15}y_6 - xy, \\ \dot{z}_6 = -\dfrac{44}{15}z_6 + xy, \\ (x_6', y_6', z_6')^{\mathrm{T}} = (x_6, y_6, z_6)^{\mathrm{T}} - (0, -1, 0)^{\mathrm{T}}(y+z), \end{cases} \tag{5.182}$$

$$\begin{cases} \dot{x}_7 = -70x_7 + 35(x+y), \\ \dot{y}_7 = -70y_7 - 35(x+y), \\ \dot{z}_7 = -3z_7 + xy, \\ (x_7', y_7', z_7')^{\mathrm{T}} = (x_7, y_7, z_7)^{\mathrm{T}} - (0, -1, 0)^{\mathrm{T}}(x+y), \end{cases} \tag{5.183}$$

$$\begin{cases} \dot{x}_8 = -35x_8 + 35y_8 + 35(y+z), \\ \dot{y}_8 = -3y_8 - xy, \\ \dot{z}_8 = -3z_8 + xy, \\ (x_8', y_8', z_8')^{\mathrm{T}} = (x_8, y_8, z_8)^{\mathrm{T}} - (0, -1, 0)^{\mathrm{T}}(y+z). \end{cases} \tag{5.184}$$

这里只给出当原始信号 $s(n) = 0110$ 时 $e_1(t) \sim e_{16}(t)$ 随时间变化的图 5.70, 其他状态的信号同步误差图与此类似, 故不赘述.

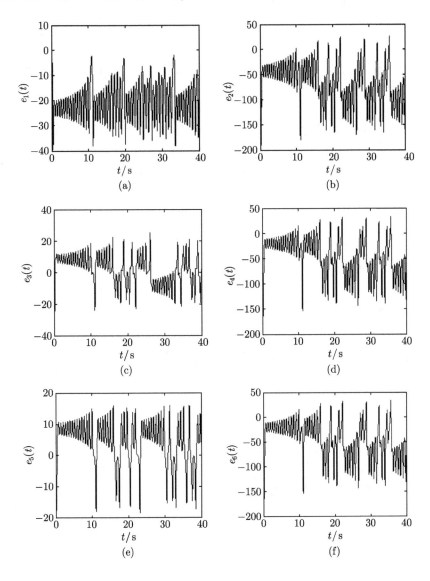

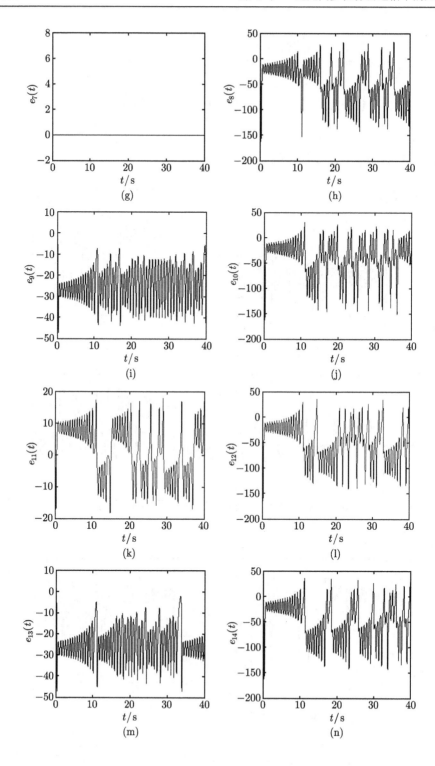

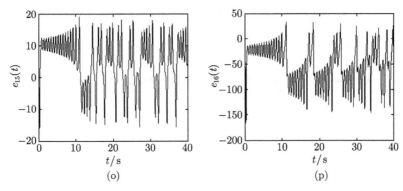

图 5.70 当 $s(n) = 0110$ 时接收端的同步误差图

由图 5.70 可以看出, 当原始信号 $s(n) = 0110$ 时只有 $e_7(t)$ 为 0, 其他均为混沌信号, 则可在接收端经判决器恢复出 $s'(n) = 0110$.

现假设原始信号 $s(n)$ 为 0000~1111. 图 5.71(a) 所示为原始信号 $s(n)$, 图 5.71(b) 为调制加密后对应的传输信号. 图 5.72 为发射端与接收端在图 5.71(a) 所示 $s(n)$ 发送期间的同步误差. 由于篇幅所限, 仅列出 $e_1(t) \sim e_4(t)$ 随时间变化图. 由图 5.72 可见, 同步误差在相应的时间段均在很短的时间内到达了 0, 因此, 可以很方便地判断出该时间段所发送的原始信号. 例如, 当原始信号 $s(n)$ 为 0000 时, 由图 5.72(a)~(d) 可知, 只有 $e_1(t)$ 为 0, 其他误差值均不为 0 (包括 $e_5(t) \sim e_{16}(t)$, 由于篇幅所限, 未一一列出); 当原始信号 $s(n)$ 为 0001 时, 由图 5.72(a)~(d) 可知, 只有 $e_2(t)$ 为 0, 其他误差值均不为 0(包括 $e_5(t) \sim e_{16}(t)$). 图 5.73 为接收端最终恢复出的信号 $s'(n)$.

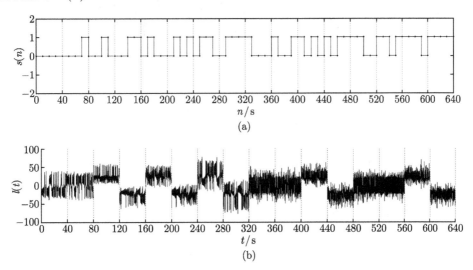

图 5.71 原始信号与传输信号

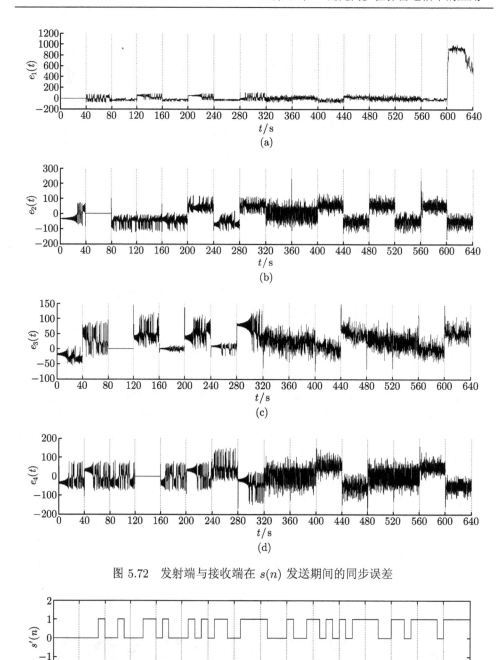

图 5.72　发射端与接收端在 $s(n)$ 发送期间的同步误差

图 5.73　接收端恢复信号 $s'(n)$

5.3 混沌调制

在混沌调制中, 编码器为一个非自治的混沌系统, 它的状态受到信息信号的影响. 编码器和解码器的同步通过所传输的信号在解码器端重建它的状态. 信息信号的恢复通过一个逆编码器操作, 重构出信息信号. 混沌调制由于其无限制的待加密信号类型和相似于传统的自同步流密码方案而极具应用前景. 从保密强度来说, 混沌调制保密性最强; 对实际应用来说, 连续流混沌信号的宽带类噪特性一方面使其适合于加密, 另一方面却限制了其在普通窄带信道中的应用. 下面将主要讨论混沌调制保密通信中较常见的参数调制方法, 并介绍一种基于混沌脉冲位置调制的保密通信方案.

5.3.1 参数调制混沌保密通信

这里的参数保密通信, 就是指把有用信息调制到混沌系统的某个参数中, 发送混沌系统的混沌信号, 然后在接收端对该参数进行识别, 从而恢复出原来的有用信息. 下面将分别就连续混沌系统和离散混沌系统的参数调制方法分别进行举例, 并给出一种应用参数调制实现数字保密通信的方案.

5.3.1.1 基于连续混沌系统的参数调制保密通信方案

下面将基于混沌调制原理, 将有用信号调制在 Liu 系统的参数中, 并保证在参数扰动情况下, Liu 系统仍呈现混沌状态. 然后设计观测器对未知参数以指数速度加以辨识, 恢复出相应的有用信号.

Liu 系统[41] 是由刘崇新等提出的一种新的混沌系统, 它由如下的三维自治方程组:

$$\begin{cases} \dot{x} = a(y-x), \\ \dot{y} = bx - kxz, \\ \dot{z} = -cz + hx^2 \end{cases} \tag{5.185}$$

来描述, 其中 x, y 和 z 为系统的状态变量, a, b, c, h 和 k 为系统的控制参数. 当参数 $a = 10$, $b = 40$, $c = 2.5$, $h = 4$ 和 $k = 1$ 时, 系统 (5.185) 进入混沌状态[41]. 图 5.74 为相应的 Liu 吸引子.

令 $a = 10$, $b = 40$, $h = 4$ 和 $k = 1$, 仅当参数 c 发生变化时, 应用 Ramasubramanian 和 Sriram 计算 Lyapunov 指数的方法[29] 得出当 $1 \leqslant c \leqslant 9$ 时, 系统 (5.185) 的 Lyapunov 指数谱如图 5.75 所示. 由图 5.75 可见, 当 $2 \leqslant c \leqslant 3$ 时, 系统 (5.185) 处于混沌状态. 图 5.76 为其余参数不变、对应不同 c 值, Liu 吸引子在 xz 平面上的投影. 显然, 当 c 取这些值时有 $z > 0$, 下面可以看出这一结论对观测器的设计具有重要意义.

令 $s(t)$ 为有用信号,

$$r(t) = f(s(t)),$$

f 为指定的变换函数, 使用 $r(t)$ 对参数 c 进行扰动, 即

$$c = 2.5 + r(t).$$

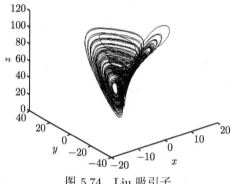

图 5.74　Liu 吸引子

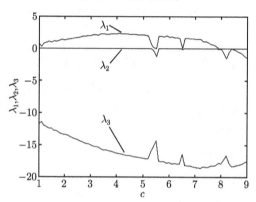

图 5.75　当 $1 \leqslant c \leqslant 9$ 时系统 (5.185) 的 Lyapunov 指数谱

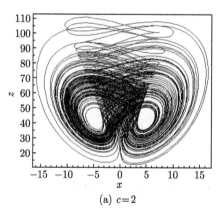

(a) $c = 2$

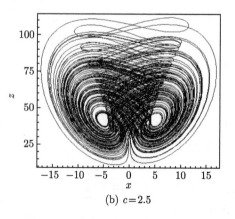

(b) $c = 2.5$

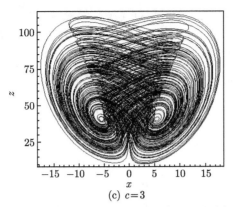

(c) c=3

图 5.76　当 c 取不同值时 Liu 吸引子在 xz 平面上的投影

依据上面的结论, 显然, 当 $-0.5 \leqslant r(t) \leqslant 0.5$ 时, 系统 (5.185) 处于混沌状态. 之所以将 $r(t)$ 限定在这一范围内是为了使系统 (5.185) 的状态变量在参数扰动情况下不会发生明显的变化, 从而提高通信保密性.

在实际应用中, 有用信号都是有界的, 假定 $m \leqslant s(t) \leqslant M$, 使用如下变换:

$$r(t) = f(s(t)) = \frac{s(t) - m}{M - m} - 0.5 \tag{5.186}$$

就可以将任意取值范围内的信号调制到系统 (5.185) 中. 接收方使用观测器辨识出系统 (5.185) 的未知参数 c, 再恢复出扰动信号 $r'(t)$, 利用如下变换:

$$s'(t) = (M - m)(r'(t) + 0.5) + m \tag{5.187}$$

即可恢复出有用信号 $s'(t)$.

设接收方的参数观测器为

$$\begin{cases} \dot{\delta} = -\theta\delta + \theta^2 \ln z + \dfrac{4\theta x^2}{z}, \\ \hat{c} = \delta - \theta \ln z, \end{cases} \tag{5.188}$$

其中 x, z 为发送方传递过来的混沌信号, δ 为辅助变量, $\hat{c}$ 为辨识出来的未知参数, $\theta > 0$ 为控制辨识速度的参数.

设误差

$$e = \hat{c} - c,$$

下面简要说明该观测器能够辨识系统 (5.185) 中的参数 c. 因为

$$\begin{aligned} \dot{e} = \dot{\hat{c}} - \dot{c} &= \dot{\delta} - \frac{\theta \dot{z}}{z} - \dot{c} = -\theta\delta + \theta^2 \ln z + \frac{4\theta x^2}{z} - \frac{\theta(-cz + 4x^2)}{z} - \dot{c} \\ &= -\theta(\hat{c} + \theta \ln z) + \theta^2 \ln z + \theta c - \dot{c} = -\theta\hat{c} + \theta c - \dot{c} = -\theta e - \dot{c}. \end{aligned}$$

当 c 值恒定时有 $\dot{c} = 0$. 由上式可知, 该观测器能够准确地辨识出参数 c 的值, 并且 θ 越大, 辨识速度越快. 由于该观测器以指数速度进行辨识, 所以当 c 为慢时变信号, 或 c 在一个周期内的大部分时间里变化缓慢时, 仍然可以用该观测器进行辨识. 由仿真实验 (图 5.76) 可知, 当 $2 \leqslant c \leqslant 3$ 时, Liu 系统中的状态变量 $z > 0$, 因此, 可以确保该观测器是有效的. 从证明过程可以看出, 该观测器只与系统 (5.185) 的第三个方程有关, 而与前两个方程无关, 因此, 具有一定的鲁棒性.

综上所述, 设 $\boldsymbol{X} = (x, y, z)^{\mathrm{T}}$, 将系统 (5.185) 表示为

$$\dot{\boldsymbol{X}} = \boldsymbol{\varphi}(\boldsymbol{X}, c),$$

系统 (5.188) 表示为

$$\begin{cases} \dot{\delta} = \psi(\delta, \boldsymbol{X}), \\ \hat{c} = \phi(\delta, \boldsymbol{X}), \end{cases}$$

则该保密通信方案可由图 5.77 来描述, 其中 f 代表系统 (5.186) 的变换函数, $\bar{c} = 2.5$. 由系统 (5.188) 可以看出, 该方案需要两条信道来分别传送 x 和 z.

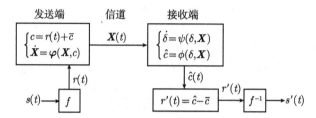

图 5.77　基于观测器的保密通信方案原理图

令 $\theta = 5$, 分别选取正弦信号和脉冲信号进行仿真实验.

(1) 令 $s(t) = 4 + \sin t$, 则 $m = 3$, $M = 5$. 代入式 (5.186) 有

$$r(t) = f(s(t)) = \frac{1 + \sin t}{2} - 0.5 = 0.5 \sin t,$$

利用观测器得出 $\hat{c}$, 从而得到

$$r'(t) = \hat{c} - 2.5.$$

代入式 (5.187) 得到

$$s'(t) = 2(r'(t) + 0.5) + 3 = 2r'(t) + 4,$$

$s'(t)$ 即为恢复出来的有用信号.

令观测器误差

$$e(t) = \hat{c} - c = r'(t) - r(t),$$

仿真结果如图 5.78 所示, 其中 (a) 和 (b) 分别为发送端发出的混沌信号 $x(t), z(t)$, (c) 为观测器的误差曲线, (d) 为有用信号, (e) 为接收端恢复出的有用信号, (f) 为所恢复的有用信号在 2s 后的曲线. 由图 5.78 可以看出, 该观测器对于慢时变信号存在微小误差, 但在精度要求不太高的情况下, 并不妨碍有用信号的恢复.

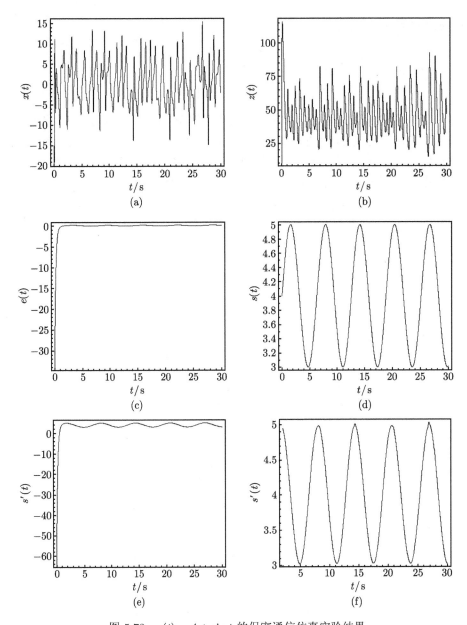

图 5.78 $s(t) = 4 + \sin t$ 的保密通信仿真实验结果

(2) 假定 $s(t)$ 为如图 5.79(a) 所示的脉冲信号, 则 $m = 0, M = 5$. 代入式 (5.186) 有

$$r(t) = f(s(t)) = \frac{s(t)}{5} - 0.5,$$

利用观测器得出 $\hat{c}$, 从而得到

$$r'(t) = \hat{c} - 2.5.$$

代入式 (5.187) 得到

$$s'(t) = 5r'(t) + 2.5.$$

$s'(t)$ 即为恢复出来的有用信号, 其仿真结果如图 5.79(b) 所示. 图 5.79(c) 显示的是所恢复的有用信号在 2s 后的曲线. 从图 5.79 可以看出, 本方法对传递频率不太高的脉冲信号同样有效. 本节观测器可以通过增大 θ 的值来加快参数辨识的速度, 传递频率更高的信号. 关于本节的详细内容, 请参见文献 [73].

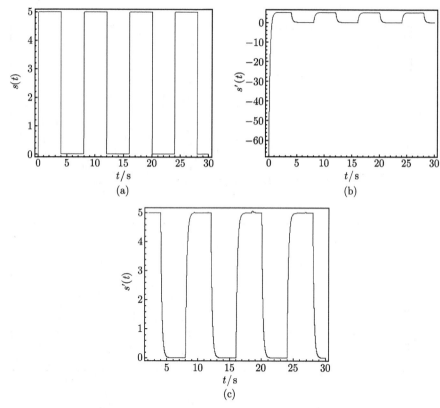

图 5.79　$s(t)$ 为脉冲信号的保密通信仿真实验结果

5.3.1.2　基于离散混沌系统的参数调制保密通信方案

本小节研究参数不确定的超混沌 Hénon 映射的同步及在保密通信中的应用问题. 采用参数自适应控制策略对超混沌 Hénon 系统中不确定的参数进行了辨识, 利用控制序列实现了性能良好的混沌同步, 进而用信息信号和混沌信号相乘的策略将该同步方法应用于保密通信.

超混沌的广义 Hénon 系统[66] 是由 Hénon 系统发展而成的, 其数学模型为

$$\begin{cases} x_{n+1} = az_n, \\ y_{n+1} = bx_n + az_n, \\ z_{n+1} = 1 + y_n - cz_n^2. \end{cases} \tag{5.189}$$

当参数 $a = 0.3$, $b = 1.0$, $c = 1.07$ 时, 系统 (5.189) 进入超混沌态[53]. 由于超混沌 Hénon 映射的吸引子比 Hénon 吸引子有更复杂的拓扑结构和更丰富的动力学特性, 因此, 将其应用在混沌保密通信中有更好的安全性. 可见, 对超混沌 Hénon 映射在混沌保密通信中的应用研究, 具有较大的理论意义和实用价值.

令系统 (5.189) 为驱动系统, 与其同结构的

$$\begin{cases} p_{n+1} = a(n)z_n, \\ q_{n+1} = b(n)x_n + a(n)z_n, \\ r_{n+1} = 1 + y_n - c(n)z_n^2 \end{cases} \tag{5.190}$$

为响应系统. 控制序列描述为

$$\boldsymbol{U}_{n+1} = \boldsymbol{U}_n + \boldsymbol{A}_n \boldsymbol{G}(\boldsymbol{e}_{n+1}),$$

其中

$$\boldsymbol{A}_n = \begin{pmatrix} \beta_1^{(n)} & 0 & 0 \\ \dfrac{z_n(\beta_2^{(n)} - \beta_1^{(n)})}{z_n + x_n} & \beta_2^{(n)} & 0 \\ 0 & 0 & \beta_3^{(n)} \end{pmatrix}, \quad \boldsymbol{G}(\boldsymbol{e}_{n+1}) = \begin{pmatrix} p_{n+1} - x_{n+1} \\ q_{n+1} - y_{n+1} \\ r_{n+1} - z_{n+1} \end{pmatrix},$$

$\boldsymbol{A}_n$ 中元素满足如下关系:

$$\left|1 + \beta_1^{(n)}(-z_n)\right| < 1, \quad \left|1 + \beta_2^{(n)}x_n\right| < 1, \quad \left|1 + \beta_3^{(n)}(-z_n^2)\right| < 1. \tag{5.191}$$

通过仿真实验可知, 当系统 (5.189) 处于混沌态时有

$$|x_n| < 2, \quad |y_n| < 2, \quad |z_n| < 0,$$

所以式 (5.191) 可以描述为如下形式:

(1) 当 $x_n \geqslant 0$, $z_n \geqslant 0$ 时有

$$0 < \beta_1^{(n)} < \frac{2}{z_n}, \quad \frac{-2}{x_n} < \beta_2^{(n)} < 0, \quad 0 < \beta_3^{(n)} < \frac{2}{z_n^2};$$

(2) 当 $x_n \geqslant 0$, $z_n < 0$ 时有

$$\frac{2}{z_n} < \beta_1^{(n)} < 0, \quad \frac{-2}{x_n} < \beta_2^{(n)} < 0, \quad 0 < \beta_3^{(n)} < \frac{2}{z_n^2};$$

(3) 当 $x_n < 0$, $z_n \geqslant 0$ 时有

$$0 < \beta_1^{(n)} < \frac{2}{z_n}, \quad 0 < \beta_2^{(n)} < \frac{-2}{x_n}, \quad 0 < \beta_3^{(n)} < \frac{2}{z_n^2};$$

(4) 当 $x_n < 0$, $z_n < 0$ 时有

$$\frac{2}{z_n} < \beta_1^{(n)} < 0, \quad 0 < \beta_2^{(n)} < \frac{-2}{x_n}, \quad 0 < \beta_3^{(n)} < \frac{2}{z_n^2}.$$

选取时间步长为 $\tau = 0.001\text{s}$, 采用四阶 Runge-Kutta 法去求解方程 (5.189) 和 (5.190), 王兴元和高永峰研究了驱动系统 (5.189) 与响应系统 (5.190) 的同步, 其中驱动系统 (5.189) 与响应系统 (5.190) 的初始点均取为 $x_0 = 0.19$, $y_0 = 0.06$ 和 $z_0 = 0.77$. 为使驱动系统 (5.189) 处于混沌状态, 选取参数 $a = 0.3$, $b = 1$ 和 $c = 1.07$. 选取响应系统 (5.190) 的参数初值为 $a(1) = 5.5$, $b(1) = 4$ 和 $c(1) = 10$. $\boldsymbol{A}_n$ 特征值依照上述规则选取为 $\beta = 0.6$. 利用参数自适应控制序列的方法, 得到驱动系统 (5.189) 与响应系统 (5.190) 的同步过程模拟结果如图 5.80 所示. 由图 5.80 可见, 当 t 接近 12s, 33s 和 12s 时, 误差 $e_1(t)$, $e_2(t)$ 和 $e_3(t)$ 已基本稳定在零点附近, 即驱动

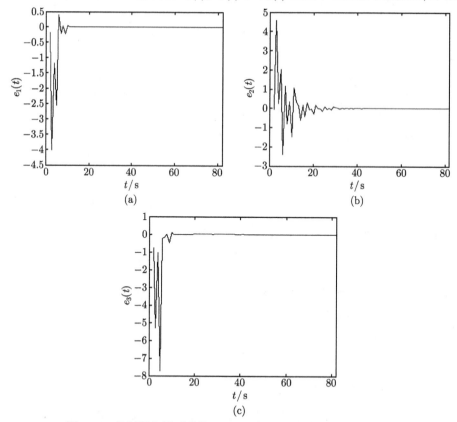

图 5.80   控制器作用下系统 (5.178) 和 (5.179) 的同步误差曲线

系统 (5.189) 与响应系统 (5.190) 的 $x(t)$ 和 $p(t)$, $y(t)$ 和 $q(t)$, $z(t)$ 和 $r(t)$ 分别达到了同步. 这表明该方法可以有效地实现参数不确定的超混沌 Hénon 系统的自同步.

令 $m(k)$ 表示信息信号, 或称为有用信号, 其取值为 1 或 −1(图 5.81(a)). 信号发射端驱动系统为式 (5.189), 为保证系统 (5.189) 生成的 Hénon 序列处于超混沌状态, 取参数 $a = 0.3$, $b = 1.0$ 和 $c = 1.07$. 将接收端响应系统表示为

$$\begin{cases} p_{n+1} = a(n)z_n, \\ q_{n+1} = b(n)x_n + a(n)z_n, \\ r_{n+1} = 1 + y_n - c(n)s_n^2, \\ \boldsymbol{U}_{n+1} = \boldsymbol{U}_n + \boldsymbol{A}_n \boldsymbol{G}(e_{n+1}), \end{cases} \tag{5.192}$$

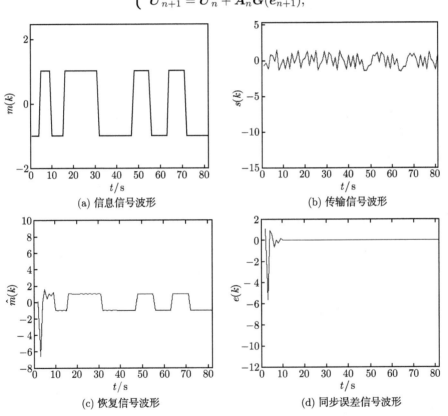

(a) 信息信号波形

(b) 传输信号波形

(c) 恢复信号波形

(d) 同步误差信号波形

图 5.81 利用超混沌 Hénon 映射同步的保密通信

其中

$$s_k = m(k)z_k. \tag{5.193}$$

将式 (5.193) 代入响应系统 (5.192) 的第三式中可推得

$$r_{k+1} = 1 + y_k - c(k)z_k^2 m(k)^2. \tag{5.194}$$

又因为 $m(k)$ 的取值为 1 或 -1, 所以式 (5.194) 可化简为

$$r_{k+1} = 1 + y_k - c(k)z_k^2. \tag{5.195}$$

由上文的描述可知, 此时超混沌 Hénon 系统可以达到自同步, 即 r_k 与 z_k 实现了同步, 则接收端恢复信号可表示为

$$\hat{m}(k) = \frac{s_k}{r_k} = \frac{z_k}{r_k}m(k) = m(k).$$

图 5.81 为利用超混沌 Hénon 序列的参数自适应同步进行保密通信的模拟结果. 其中 (a) 为被加密的信息信号 $m(k)$ 的波形, (b)~(d) 分别为传输信号 $s(k)$ 的波形、恢复信号 $\hat{m}(k)$ 的波形和同步误差信号

$$e(k) = m(k) - \hat{m}(k)$$

的波形. 将图 5.81(b) 与图 5.81(a) 比较可见, 有用信号与传输信号毫不相关, 这表明该保密通信方案具有很好的安全性. 由图 5.81(a) 和图 5.81(c) 可见, 大约 $k = 10\text{s}$ 后发送端的有用信号和接收端恢复出的信号已经符合得很好了, 这表明接收端系统可以有效地恢复出传送的有用信号. 由图 5.81(d) 可见, $k = 10\text{s}$ 后, 误差 $e(k)$ 已基本稳定在零点附近, 即系统 (5.189) 和 (5.192) 达到了同步 (图 5.81(d)). 这说明经过短暂的状态过渡后, 系统 (5.189) 和 (5.192) 即可达到同步, 而此时接收端系统也有效地恢复出了传送的有用信号 (图 5.81(c)).

5.3.1.3 应用参数调制实现数字保密通信

本小节基于混沌调制原理, 将有用信号调制在一阶时滞 logistic 混沌系统的参数中, 通过观测器对未知参数以指数速度加以辨识, 恢复出所调制的信号. 本保密通信方案只需传递单路信号即可实现, 以不同频率的模拟信号代替 "0" 或 "1", 辅以滤波方法即可实现数字保密通信. 下面将详细阐述这一保密通信方案.

一阶时滞 logistic 系统[74] 由如下三维自治方程组:

$$\dot{x}(t) = -\lambda x(t) + rx(t-\tau)(1 - x(t-\tau)) \tag{5.196}$$

来描述, 其中 x 为系统的状态变量, λ, r 为系统的控制参数, τ 表示延迟时间 (s). 当 $\lambda = 26$, $r = 104$ 和 $\tau = 0.5$ 时, 系统 (5.196) 呈现混沌状态[74], 由相空间重构法得到的系统 (5.196) 的混沌吸引子如图 5.82 所示.

令 $\lambda = 26$, $r = 104$ 和 $\tau = 0.5$, 使系统 (5.196) 呈现混沌行为. 一般来说, 当混沌系统某个参数发生小幅度变化时, 原系统仍能维持混沌状态. 通过仿真实验, 王兴元等发现当 $25.5 \leqslant \lambda \leqslant 26.5$ 时, 系统 (5.196) 可保持混沌状态且满足 $x > 0$. 取 $\lambda = 25.5$ 和 $\lambda = 26.5$, 则系统 (5.196) 的混沌吸引子如图 5.83 所示.

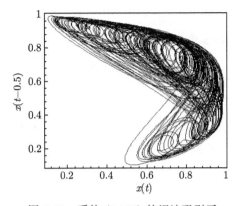

图 5.82 系统 (5.196) 的混沌吸引子

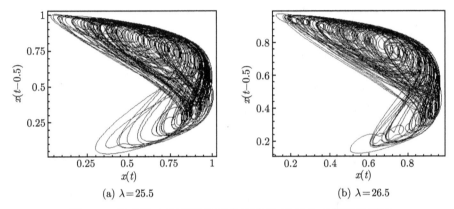

(a) $\lambda = 25.5$ (b) $\lambda = 26.5$

图 5.83 当参数 λ 取值发生变化时系统 (5.196) 的混沌吸引子

令 $s(t)$ 为有用信号,

$$r(t) = f(s(t)),$$

f 为指定的变换函数, 使用 $r(t)$ 对参数 λ 进行扰动, 即

$$\lambda = 26 + r(t).$$

依据上面的结论, 当 $-0.5 \leqslant r(t) \leqslant 0.5$ 时, 系统 (5.196) 处于混沌状态, 并且状态变量 $x(t)$ 在参数扰动情况下不会发生明显变化. 在实际应用中, 有用信号都是有界的, 假定 $m \leqslant s(t) \leqslant M$, 使用如下变换:

$$r(t) = f(s(t)) = \frac{s(t) - m}{M - m} - 0.5 \tag{5.197}$$

就可以将任意取值范围内的信号调制到系统 (5.196) 中. 接收方使用观测器辨识出系统 (5.196) 的未知参数 λ, 再恢复出扰动信号 $r'(t)$, 利用如下变换:

$$s'(t) = (M - m)(r'(t) + 0.5) + m, \tag{5.198}$$

即可恢复出有用信号 $s'(t)$.

　　设接收方的参数观测器为

$$
\begin{cases}
\dot{\delta} = -k\delta + k^2 \ln(x(t)) + \dfrac{krx(t-\tau)(1-x(t-\tau))}{x(t)}, \\
\hat{\lambda} = \delta - k\ln(x(t)),
\end{cases}
\tag{5.199}
$$

其中 $x(t)$ 为发送方传递过来的混沌信号, $x(t-\tau)$ 为延迟时间 τ 后的混沌信号, δ 为辅助变量, $\hat{\lambda}$ 为辨识出来的未知参数, $k > 0$ 为控制辨识速度的参数, 仍取 $r = 104$, $\tau = 0.5$. 设误差

$$
e = \hat{\lambda} - \lambda,
$$

下面简要说明该观测器能够辨识系统 (5.196) 中的参数 λ.

$$
\begin{aligned}
\dot{e} &= \dot{\hat{\lambda}} - \dot{\lambda} = \dot{\delta} - \frac{k\dot{x}(t)}{x(t)} - \dot{\lambda} \\
&= -k\delta + k^2 \ln(x(t)) + \frac{krx(t-\tau)(1-x(t-\tau))}{x(t)} - \frac{k\dot{x}(t)}{x(t)} - \dot{\lambda} \\
&= -k\delta + k^2 \ln(x(t)) + k\lambda - \dot{\lambda} \\
&= -k(\hat{\lambda} + k\ln(x(t))) + k^2 \ln(x(t)) + k\lambda - \dot{\lambda} \\
&= -k(\hat{\lambda} - \lambda) - \dot{\lambda} = -ke - \dot{\lambda}.
\end{aligned}
$$

由上式可知, 当 λ 值恒定时有

$$
\dot{\lambda} = 0.
$$

该观测器能够准确地辨识出参数 λ 的值, 并且 k 越大, 辨识速度越快. 由于该观测器以指数速度进行辨识, 所以当 λ 为慢时变信号, 或 λ 在一个周期内的大部分时间里变化缓慢时, 仍然可以用该观测器进行辨识. 由仿真实验可知, 当 $25.5 \leqslant \lambda \leqslant 26.5$ 时, 系统 (5.196) 的状态变量

$$
x(t) > 0,
$$

因此, 可以确保该观测器是有效的. 值得一提的是, 本方案采用一阶时滞混沌系统, 只需要传递单路信号就可以实现保密通信.

　　将系统 (5.196) 表示为

$$
x(t) = \varphi(x(t), x(t-\tau), \lambda),
$$

系统 (5.199) 表示为

$$
\begin{cases}
\dot{\delta} = \psi(\delta, x(t), x(t-\tau)), \\
\hat{\lambda} = \phi(\delta, x(t)),
\end{cases}
$$

则该保密通信方案可由图 5.84 来描述, 其中 f 代表式 (5.197) 中的变换函数,

$$
\bar{\lambda} = 26.
$$

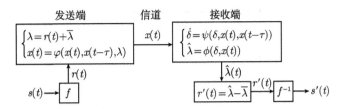

图 5.84 基于参数观测器的保密通信方案原理图

1) 取模拟信号进行仿真实验

令 $k = 5$, $s(t) = 3 + \sin(2t)$, 则 $m = 2$, $M = 4$. 代入式 (5.197) 有

$$r(t) = f(s(t)) = \frac{1 + \sin(2t)}{2} - 0.5 = 0.5\sin(2t),$$

利用观测器得出 $\hat{\lambda}$, 从而得到

$$r'(t) = \hat{\lambda} - 26.$$

代入式 (5.198) 得到

$$s'(t) = 2(r'(t) + 0.5) + 2 = 2r'(t) + 3,$$

$s'(t)$ 即为恢复出来的有用信号.

仿真结果如图 5.85 所示, 其中图 5.85(a) 表示所传递的有用信号, 图 5.85(b) 表示发送端发出的混沌信号, 图 5.85(c) 表示接收端恢复出的有用信号. 由图 5.85 可以看出, 尽管该观测器对于慢时变信号存在误差, 但在精度要求不太高的情况下并不妨碍有用信号的恢复.

对 $x(t)$ 作功率谱分析, 所得结果如图 5.86(a) 所表示, 图 5.86(b) 是图 5.86(a) 的局部放大图. 可见, 这种保密通信方法在传递慢时变模拟信号时能有效地抵御谱攻击[75].

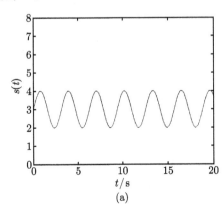

(a)

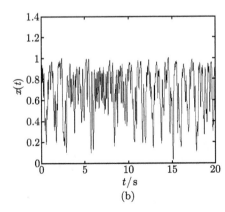

(b)

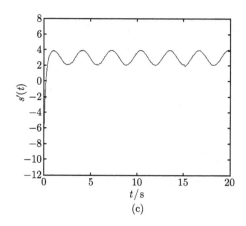

图 5.85　$s(t) = 3 + \sin(2t)$ 的保密通信仿真实验结果

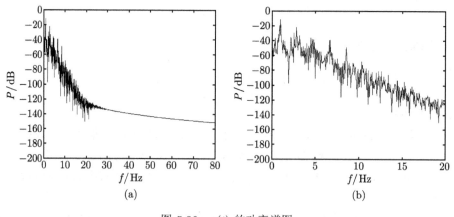

图 5.86　$x(t)$ 的功率谱图

2) 取数字信号进行仿真实验

假定所传信号为 0110001001, 如果以脉冲信号表示该数字信号, 为简便起见, 则可以选取 $s(t)$ 如图 5.87(a) 所示, 将 $s(t)$ 调制在 λ 中, 然后在接收端辨识该脉冲信号实现数字保密通信. Álvarez 等曾以滤波攻击方法破解了这类数字保密通信方案[76], 因此, 以频率代替振幅来对数字信号 "0" 和 "1" 进行编码, 当 "0" 时调制 $0.5\sin(\pi t)$, 当 "1" 时调制 $0.5\sin(5\pi t)$, 则 $s(t)$ 如图 5.87(b) 所示. 仍令 $k = 5$, 接收端的仿真结果如图 5.87 所示.

图 5.88(a) 表示所传递的混沌信号, 图 5.88(b) 表示所辨识出的信号, 图 5.88(c) 为图 5.88(b) 的局部放大图, 显然, 提高频率加大了辨识误差, 但由图 5.88 可见, 这种误差主要是振幅方面的, 频率并未受明显影响, 因此, 仍可以准确地传递数字信号. 为便于观察起见, 设计截止频率为 1.8Hz 的 4 阶 Butterworth 高通滤波器对

$s'(t)$ 进行高通滤波, 该滤波器的频率幅度响应如图 5.89(a) 所示, 滤波结果 $s''(t)$ 如图 5.89(b) 所示. 显然, 由初始阶段经历了不到 2s 的追踪之后, 就可以将数字信号准确地恢复出来.

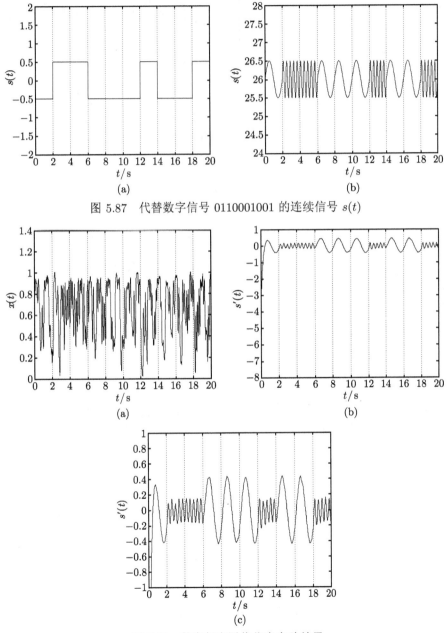

图 5.87 代替数字信号 0110001001 的连续信号 $s(t)$

图 5.88 数字保密通信仿真实验结果

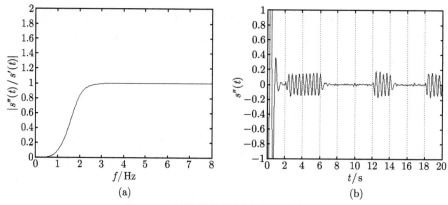

图 5.89　滤波器的频幅响应及滤波结果

图 5.90(a) 对传递 "0" 和 "1" 两种情况, 即

$$\lambda = 26 + 0.5\sin(\pi t)$$

和

$$\lambda = 26 + 0.5\sin(5\pi t)$$

所发出的 $x(t)$ 的功率谱进行了对比, 可见两者的差异并不明显. 图 5.90(b) 对 $\lambda = 25.5$ 和 $\lambda = 26.5$ 所发出的 $x(t)$ 的功率谱进行了对比, 在大于 15Hz 时两者的差异较明显, Álvarez 等也正是基于此, 提出了高通滤波方法, 成功地破解了这类数字保密通信方案[76]. 通过功率谱对比可以发现, 本书借助信号频率的不同来传递不同的数字信号, 能够提供更高的保密性. 王兴元等进行了大量仿真实验, 也证明了该数字保密通信方案能够有效地抵制滤波攻击.

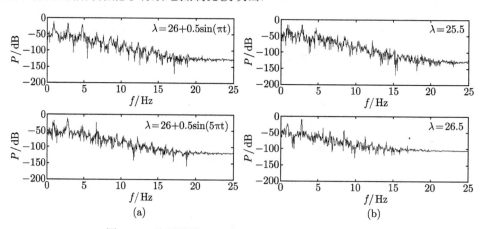

图 5.90　分别传递 "0" 和 "1", $x(t)$ 的功率谱对比图

关于本节的详细内容, 请参见文献 [77].

5.3.2 基于混沌脉冲位置调制的保密通信方案

本小节将研究基于混沌脉冲位置调制 (chaotic pulse position modulation, CPPM) 的超宽带 (ultra wideband, UWB) 保密通信问题. 针对 CPPM 方法, 分析了其工作原理和作为信息传输和信息加密手段的优越性, 并以超混沌 Chen 系统作为混沌脉冲产生器 (chaotic pulse regenerator, CPRG).

UWB 是一种无载波扩频技术, 它不采用正弦载波, 而是利用纳秒级的非正弦波窄脉冲传输数据. UWB 使用的带宽高达几 GHz, 传输速率可达几十 Mbps 到几 Gbps, 同时系统发射的功率谱密度可以非常低, 这使得 UWB 信号不易被截获, 非常适于保密通信. 同时其还具有高处理增益、多径分辨能力、高传输速率、空间容量大、穿透能力强等特点, 故 UWB 技术在无线电通信、雷达、跟踪、精确定位、武器控制等众多领域都具有广阔的应用前景[78,79].

作为一种商用 UWB 脉冲调制技术, 脉冲位置调制技术 (pulse position modulation, PPM) 是一种时间调制. 在这种调制方式中, 数据被高速传输, 每秒几百万到上千万个脉冲. 然而, 这些脉冲并不是均匀地分布在时间轴上, 而是以随机或伪随机间隔隔开. 混沌系统具有内在随机性, 为 PPM 技术提供了很好的选择, 即 CPPM.

CPPM 是较早提出的一种基于脉冲位置调制的混沌通信方式[80,81]. 它是将混沌信号调制到一串脉冲序列的各脉冲间隔上, 各脉冲之间的时间间隔由特定的混沌系统产生. 用这种混沌间隔的脉冲序列作为载波, 再将所传送的比特信息调制到每个脉冲的位置上, 即可实现信息的传送. 接收端接收到脉冲信号后, 可以检测当前脉冲位置是否被延迟来恢复出比特信息, 实现解调. CPPM 通过混沌序列改变脉冲间隔, 去除了系统中的周期性, 增强了发送信号的频谱特性. 由于缺少了载频信息, 混沌间隔的脉冲序列很难被非授权用户观察并检测到, 故基于混沌脉冲序列的 CPPM 具有非常低的被截获概率, 将该技术应用于 UWB 通信中能够极大地提高其保密性.

为此, 设计了基于 CPPM 的 UWB 保密通信系统, 以超混沌 Chen 系统作为 CPRG, 数值仿真实验进一步验证了本方案的有效性.

CPPM 的基本原理如下[82]:

考虑一个 CPRG

$$U(t) = \sum_{j=0}^{\infty} w(t - t_j), \tag{5.200}$$

由它产生混沌脉冲信号, 其中 $w(t - t_j)$ 表示在时间 t_j 处的脉冲波形,

$$t_j = t_0 + \sum_{n=0}^{j} T_n,$$

T_n 为第 n 个和第 $n-1$ 个脉冲之间的时间间隔, 并设 $T_0 = 0$, 该时间间隔由一个混沌系统迭代产生.

为简便起见, 考虑一维映射

$$T_n = F(T_{n-1})$$

产生混沌序列, 其中 $F(\cdot)$ 为混沌迭代函数.

在发送信息时, 可将比特信息调制为脉冲间隔的一个附加时间偏移上, 即将 T_n 的迭代映射表示为

$$T_n = F(T_{n-1}) + d + mS_n, \tag{5.201}$$

其中 S_n 为二进制信息信号 0 或 1, 参数 m 表示调制的强度特征, 参数 d 为一个固定的时间延迟, 可以根据实际的调制解调方案进行调整. 在设计混沌脉冲发生器时, 应选择非线性函数 $F(\cdot)$ 以及参数 d 和 m, 使得 T_n 的迭代映射具有混沌特性.

调制后的混沌脉冲信号可表示为

$$U(t) = \sum_{j=0}^{\infty} w\left(t - t_0 - \sum_{n=0}^{j} T_n\right), \tag{5.202}$$

其中 T_n 由式 (5.201) 产生, 并假设每个脉冲波形 $w(t)$ 的持续时间远远小于脉冲间隔 T_n. 为了解调信息, 接收端应检测混沌脉冲序列中的每个脉冲, 记录下它们之间的连续脉冲间隔 T_{n-1} 和 T_n, 然后根据下式:

$$S_n = \frac{T_n - F(T_{n-1}) - d}{m} \tag{5.203}$$

进行解码, 将信息恢复出来.

若接收方与发送方的非线性函数 $F(\cdot)$ 以及参数 d 和 m 等完全一样, 则 S_n 就可以很容易地恢复出来. 但是若 $F(\cdot)$ 的匹配不是足够精确, 那就会产生很多的解码错误, 使得通信无法正常进行, 因此, 如果非授权接收方不知道 CPPM 中关于混沌系统信息, 那就很难确定当前脉冲是否进行了延迟, 无法检测出所调制的 "0" 和 "1" 比特信息.

CPPM 作为 UWB 保密通信的一种有效途径具有很多自身的优点: 被截获的概率很低, 改善了保密性, 无需混沌同步从而受信道干扰小等. 但在实际应用过程中, 还有一些问题需要解决.

(1) 混沌序列间隔过大或过小的问题. 由于 CPPM 采用混沌的脉冲序列, 一般是利用一个混沌系统, 赋予它特定的参数及初值, 使之进入混沌状态, 利用每次迭代后的值作为脉冲序列之间的时间间隔. 其间隔是混沌的时间序列, 如果不采取一定的措施, 就容易产生间隔很大或很小的脉冲, 从而降低了系统的效率并产生误码.

要解决这个问题, 就需要对每个迭代值进行检测, 设定一个取值范围, 若混沌系统产生的迭代值不在取值范围之内, 则舍去. 这可以通过软件层面实现, 也可添加硬件电路实现.

(2) 混沌间隔陷于不动点或周期性的问题. 在实际应用中, 必须对混沌序列发生器进行优化, 使产生的混沌序列确保处于混沌状态. 这是因为, 首先所选用的迭代算法本身固有的缺点, 在混沌系统初值或迭代值等于一些特定的值时, 产生的混沌序列就会处于不动点或呈现周期性. 因此, 在设计混沌序列时, 就应该预先排除那些会导致混沌序列处于稳定点和周期性的值. 其次, 计算过程中的位数选取是有限制的, 无论取多大的值, 在硬件的实现上都是一个有限精度数, 这也可能导致混沌序列处于不动点或周期性, 所以在实际系统中, 必须克服有限精度效应的影响. 由于使用的是 CPPM, 每一次迭代前的值都受此时信息信号为 0 或 1 的影响, 如果为 0, 就直接迭代; 如果为 1, 则把这个迭代值加 1, 得到的值作为混沌初值进行迭代. 这就相当于每来一个信息信号 1, 就换一个混沌初值. 这样就很巧妙地进行了定时加扰.

(3) 多用户的问题. 由于混沌系统是一个确定性的动力系统, 因此, 已知 CPPM 中动力系统信息 ($F(\cdot)$, d 和 m) 的授权接收方, 可以根据混沌映射预测下一个脉冲到达的时刻, 这样脉冲到达之前的一段时间窗口就可以供其他用户使用, 从而提供一种时间上的复用策略. 同时通过屏蔽这段时间窗口中的各种脉冲干扰和信道噪声, 还可以进一步提高 CPPM 系统的接收性能.

(4) 噪声的问题. CPPM 避免了混沌同步通信中令人困扰的噪声影响和通道畸形问题, 因为它采用的不是连续混沌波形, 而是利用脉冲间隔是混沌的脉冲序列. 同时由于混沌系统状态的信息完全地包含在脉冲之间的时间间隔中, 所以脉冲形状的畸变对于接收端并没有重大影响. 只要两个相邻脉冲的时间间隔是正确的, 就能正确地解调出这个脉冲所包含信息信号, 不会因为一个误码而使后面一连串都是误码, 即避免了出现误码扩散的问题.

CPPM 这种特殊的混沌加密方式与动力学反馈调制方式有关, 这种通信方案是建立在 CPRG 的基础上, 图 5.91 是 CPRG 的原理图.

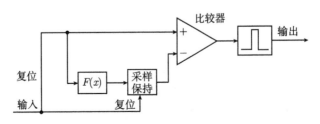

图 5.91 CPPG 的原理框图

图 5.91 中, $F(x)$ 为混沌迭代函数, S&H 为采样保持 (sample and hold) 电路. 若 CPRG 的输入为间隔为 T_i 的脉冲序列, 则对于此序列第 n 个到来的脉冲, CPPG 的输出端在延时 ΔT_i 输出一个新的脉冲, 这个延时 ΔT_i 由之前的 k 个输入脉冲的脉冲间隔

$$\Delta T_n = F(T_n, \cdots, T_{n-(k-2)})$$

来决定. 图 5.91 的工作过程如下：函数 $F(x)$ 产生混沌时间间隔, 过滤掉过大和过小的值后保存在采样保持电路中, 控制系统按混沌时间间隔来产生脉冲信号, 这样具有固定间隔的脉冲序列就被调制成了混沌脉冲序列.

　为了把二进制信息信号加载到混沌脉冲序列中, 可增加一个反馈模块以实现 CPPM. 图 5.92 为 CPPM 发送端和接收端的原理图, 其中图 5.92(a) 为发送端框图, 图 5.92(b) 为接收端框图. 若输入的二进制信息信号为 "0", 则 CPPM 的输出就是 CPRG 的输出, 不作任何改变, 同时把这个输出信号反馈到 CPRG 的输入端; 若输入的二进制信息信号为 "1", 则 CPRG 的输出脉冲先延迟一个固定的时间间隔, 然后再由 CPPM 输出, 同时把 CPRG 延迟后的信号反馈到 CPRG 的输入端. 可用一个新的映射

$$T_n = F(T_{n-1}) + mS_n$$

来表示, 其中 T_n 为第 n 个和第 $n+1$ 个脉冲之间的时间间隔, S_n 为二进制信息信号, 等于 0 或 1, m 为调制指数, 相当于固定时间间隔. 这样对于第三接收方, 由于不知道 CPRG 的参数信息, 因此, 就无法判断接收到的脉冲序列是否已经被延迟, 也就无法判断是 "1" 还是 "0" 被传输. 但前提是选择合适的 $F(x)$ 和 m, 以确保映射的混沌行为.

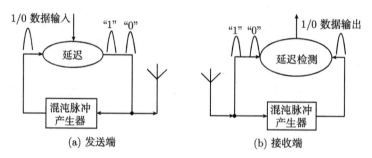

图 5.92　CPPM 的原理框图

　在接收端, 接收到的脉冲序列一方面送到和发送端完全相同的 CPRG 的输入端, 另一方面送到延迟检测器. 由于接收端的 CPRG 和发送端的 CPRG 完全一样, 所以如果脉冲没有被延迟, 也就是调制在脉冲序列间隔里的信息信号为 "0", 则接收端 CPRG 的输出脉冲应该和接收到的脉冲对齐, 这样延迟检测器输出信号 "0",

从而提取出了信息信号 "0"; 如果脉冲被延迟, 也就是调制在脉冲序列间隔里的信息信号为 "1", 则接收端 CPRG 的输出脉冲应该和接收到的脉冲应该有一个间隔差, 这样延迟检测器输出信号 "1", 从而提取出信息信号 "1". 无论脉冲是否被延迟, 最后都是将接收到的脉冲序列反馈到 CPRG 的输入端.

可见, 若接收端的 CPRG 不能和发送端的 CPRG 完全匹配, 则就只能解调出错误的信息, 因此, CPRG 的参数和迭代算法都是通信中的密钥. 图 5.93 为 CPPM 的硬件实现原理图.

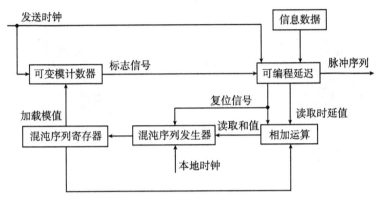

图 5.93 CPPM 的硬件实现原理图

对于传统的混沌同步通信, 一般是在发送端的基带部分, 二进制信息码流和系统产生的混沌序列进行异或运算, 加密后的序列即为基带信号, 通过调制发送出去. 在接收端恢复出基带信号, 在混沌同步的基础上, 基带信号和接收端产生混沌序列进行异或运算, 恢复出原始信息.

而利用 CPPM 技术来实现无混沌同步的保密通信, 在基带部分, 不是把信息序列和混沌序列进行异或运算, 而是进行 CPPM. CPPM 通信方案基本思想如下: 在发送端的基带部分, 加密后的信号是以一定间隔的脉冲序列方式出现的, 两个相邻脉冲的时间间隔由一个混沌序列来确定, 二进制信息序列调制于这个混沌间隔中, 使得相邻脉冲时间间隔, 不是固定时间的, 而是取决于混沌序列值和二进制信息信号 "0" 或 "1". 接收端恢复出基带信号, 测得实际到达脉冲之间的间隔, 迭代出混沌序列值, 再根据事先预知, 发送端发 "0" 和 "1" 的脉冲位置调制规则, 逆变换解调得到信息码. 这就意味着决定了脉冲序列间隔的混沌系统也就决定了这种通信方式的保密性能.

由于超混沌 Chen 系统比低维混沌系统在空间上有更加复杂的结构, 本节选用超混沌 Chen 系统作为产生 CPPM 脉冲时间间隔的混沌迭代函数.

超混沌 Chen 系统[28] 由如下方程:

$$\begin{cases} \dot{x} = a(y - x) + w, \\ \dot{y} = bx - xz + cy, \\ \dot{z} = xy - dz, \\ \dot{w} = yz + rw \end{cases} \tag{5.204}$$

来描述, 当参数 $a = 35$, $b = 7$, $c = 12$, $d = 3$, $r = 0.5$ 时, 系统 (5.204) 进入超混沌状态[28], 图 5.94 为对应的超混沌 Chen 吸引子.

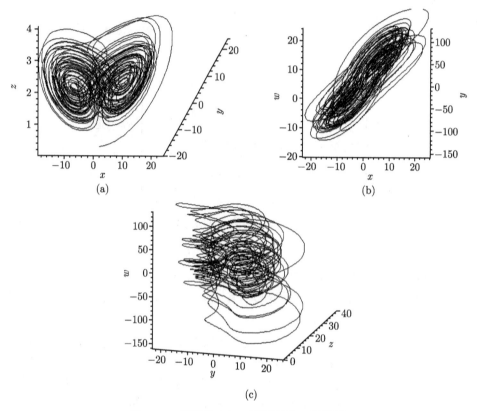

(a)

(b)

(c)

图 5.94   超混沌 Chen 吸引子的三维投影

利用超混沌 Chen 系统作为产生 CPPM 脉冲时间间隔的迭代函数, 研究了 CPPM 的 UWB 保密通信. 图 5.95 为当取信号脉冲全为 1 时的模拟结果, s 为脉冲幅度. 首先考虑理想状态无干扰的情况, 其调制前的状态为图 5.95(a). 脉冲间的时间间隔是相等的, 取超混沌 Chen 系统的初值 $x_0 = 0.1$, $y_0 = 0.2$, $z_0 = 0.3$, $w_0 = 0.4$ 时, 取 z 作为迭代函数, 经混沌调制后脉冲间隔的状态为图 5.95(b). 经解码, 还原信息为图 5.95(c). 考虑在受到外界噪声干扰的情况下, 由于噪声干扰主要是影响传输信号的大小, 对信号之间的间隔的影响基本可以忽略, 所以在受到噪声干扰的情况下, 这种加密方法仍然会有比较好的效果.

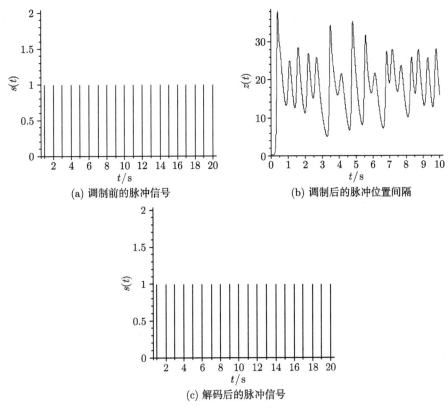

(a) 调制前的脉冲信号

(b) 调制后的脉冲位置间隔

(c) 解码后的脉冲信号

图 5.95 利用超混沌 Chen 系统实现 CPPM 的 UWB 保密通信的效果图

5.4 不需同步的混沌保密通信方案

本章主要介绍了基于同步的混沌保密通信技术. 事实上, 人们还提出过无需同步的保密通信技术[22], 使混沌在保密通信中应用的范围得到了进一步扩大. 采用混沌同步的方案进行保密通信时有一个不可避免的缺点, 即解密时暂态过程的影响. 因为只有当发射端与接收端的混沌系统达到同步后, 解密过程才能进行. 因此, 本节提出了一种异步保密通信方案. 并基于该方案采用全互联六阶推广 CNN 超混沌系统设计了一个异步通信系统. 该异步通信系统摆脱了同步暂态的影响, 具有较高的传输效率和安全性. 该系统不需要实现混沌系统的同步, 而是利用混沌系统本身的特性实现信号的调制与解调. 数值仿真实验进一步验证了该方案及通信系统的有效性.

设 n 维混沌系统的时域表达式为

$$x_n(t) = f(t, u), \tag{5.205}$$

其中 $x_n(t)$ 为系统的状态变量, u 为系统参数. 取其中一状态变量 $x(t)$ 作为输出, 设 $x(t)$ 的变化范围为 $[a, b]$. 令 $A = a - b$, $E = b - a$, 即 $x(t)$ 任意两个时刻的值之差变化范围为 $[A, E]$. 取 $B, C, D \in (A, E)$, 则 A, B, C, D, E 将域 $[A, E]$ 分成 4 段. 原始信号 $s(n)$ 为数字信号, 由 0 和 1 组成.

设 T_s 为传送原始信号时每比特的时间间隔. 对 $s(n)$ 作如下处理:

$$s'(n) = \sum_{n=1}^{N} s(n) - ((s(n) + 1)\%2), \tag{5.206}$$

其中 N 为原始信号的长度. 如此处理后, 信号 $s'(n)$ 由 -1 和 1 组成, 分别对应 0 和 1. 再对 $x(t)$ 作如下处理得到 $x'(t)$:

$$\begin{cases} x'(t) = -|f(t,u)|, x'(t+\tau) = -|f(t,u)|, & |x(t)| - |x(t+\tau)| \in [A, B), \\ x'(t) = -|f(t,u)|, x'(t+\tau) = |f(t,u)|, & |x(t)| - |x(t+\tau)| \in [B, C), \\ x'(t) = |f(t,u)|, x'(t+\tau) = -|f(t,u)|, & |x(t)| - |x(t+\tau)| \in [C, D), \\ x'(t) = |f(t,u)|, x'(t+\tau) = |f(t,u)|, & |x(t)| - |x(t+\tau)| \in [D, E], \end{cases} \tag{5.207}$$

其中, $t \in (2kT_s, (2k+1)T_s)(k = 0, 1, \cdots)$, τ 为时间延迟且 $\tau = T_s$. 从 $t = t_0$ 时刻开始, 以时间间隔 T_s 对 $x'(t)$ 取值得到 $x(n)$.

令

$$l(t) = \sum_{n=1}^{N} s'(n)x(n), \tag{5.208}$$

则 $l(t)$ 为调制后的发送信号. 经过如此处理后, 发送信号 $l(t)$ 为带有原始信号信息的混沌信号.

图 5.96 给出了相应的通信系统的发射端模型, 其中延时器的延时 $T_p = T_s$, 处理模块 1 即实现式 (5.207) 所示功能, 处理模块 2 实现从 $t = t_0$ 时刻开始, 以时间间隔 T_s 对 $x'(t)$ 取值得到 $x(n)$, 信号处理器实现式 (5.206) 所示功能, 信号调制器实现式 (5.208) 所示功能.

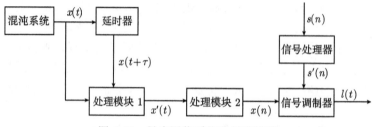

图 5.96　异步通信系统发射端模型

在接收端接收到信号 $l(t)$ 后, 首先对 $l(t)$ 进行延时得到

$$l(t+\tau), \quad \tau = T_s, \quad t \in (2kT_s, (2k+1)T_s), \quad k = 0, 1, \cdots.$$

然后判断这两个信号绝对值的差的大小. 如果

$$|l(t)| - |l(t+\tau)| \in [A, B),$$

并且

$$l(t) < 0, \quad l(t+\tau) < 0,$$

则由式 (5.007) 和式 (5.208) 可知, 该段原始信号

$$s(n) = 11.$$

当 $l(t)$ 与 $l(t+\tau)$ 的绝对值之差落在其他域时的解调处理详见后面的解调算法, 在此不再赘述.

图 5.97 为相应的异步通信系统接收端模型, 其中延时器的延时 $T_p = T_s$. 为便于说明起见, 给出图 5.97 中比较判别模块和 1~4 号解调器算法如下:

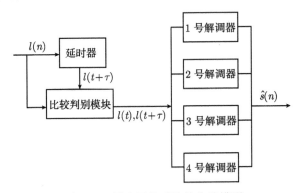

图 5.97 异步通信系统接收端模型

比较判别模块算法:
if $(A \leqslant |l(t)| - |l(t+\tau)| < B)$
　　信号 $l(t)$, $l(t+\tau)$ 送入 1 号解调器;
else if $(B \leqslant |l(t)| - |l(t+\tau)| < C)$
　　信号 $l(t)$, $l(t+\tau)$ 送入 2 号解调器;
else if $(C \leqslant |l(t)| - |l(t+\tau)| < D)$
　　信号 $l(t)$, $l(t+\tau)$ 送入 3 号解调器;
else if $(D \leqslant |l(t)| - |l(t+\tau)| \leqslant E)$
　　信号 $l(t)$, $l(t+\tau)$ 送入 4 号解调器;
1 号解调器算法:

if $(l(t) < 0\&\&l(t+\tau) < 0)$
　　输出 11;
else if $(l(t) < 0\&\&l(t+\tau) > 0)$
　　输出 10;
else if $(l(t) > 0\&\&l(t+\tau) < 0)$
　　输出 01;
else if $(l(t) > 0\&\&l(t+\tau) > 0)$
　　输出 00;

2 号解调器算法:
if $(l(t) < 0\&\&l(t+\tau) < 0)$
　　输出 10;
else if $(l(t) < 0\&\&l(t+\tau) > 0)$
　　输出 11;
else if $(l(t) > 0\&\&l(t+\tau) < 0)$
　　输出 00;
else if $(l(t) > 0\&\&l(t+\tau) > 0)$
　　输出 01;

3 号解调器算法:
if $(l(t) < 0\&\&l(t+\tau) < 0)$
　　输出 01;
else if $(l(t) < 0\&\&l(t+\tau) > 0)$
　　输出 00;
else if $(l(t) > 0\&\&l(t+\tau) < 0)$
　　输出 11;
else if $(l(t) > 0\&\&l(t+\tau) > 0)$
　　输出 10;

4 号解调器算法:
if $(l(t) < 0\&\&l(t+\tau) < 0)$
　　输出 00;
else if $(l(t) < 0\&\&l(t+\tau) > 0)$
　　输出 01;
else if $(l(t) > 0\&\&l(t+\tau) < 0)$
　　输出 10;
else if $(l(t) > 0\&\&l(t+\tau) > 0)$
　　输出 11;

这样, 经过解调后, 接收端能够还原出信号

$$\hat{s}(n) = s(n).$$

为了增强异步通信系统的安全性, 采用超混沌系统作为发射端的驱动系统. 王兴元和徐冰曾给出全互联六阶推广 CNN 超混沌系统 (见 5.2.3.1 小节), 其动力学方程可由下式表示:

$$\begin{cases} \dot{x}_1 = -x_3 - x_4, \\ \dot{x}_2 = 2x_2 + x_3, \\ \dot{x}_3 = 14x_1 - 14x_2, \\ \dot{x}_4 = 100x_1 - 100x_4 + 200p_4, \\ \dot{x}_5 = 18x_2 + x_1 - x_5, \\ \dot{x}_6 = 4x_5 - 4x_6 + 100x_2, \end{cases} \tag{5.209}$$

其中

$$p_4 = 0.5(|x_4 + 1| - |x_4 - 1|).$$

图 5.98 给出了系统 (5.209) 的超混沌吸引子在三维空间中的投影.

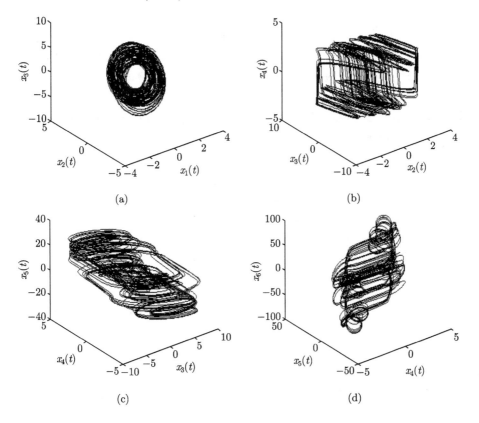

(a)

(b)

(c)

(d)

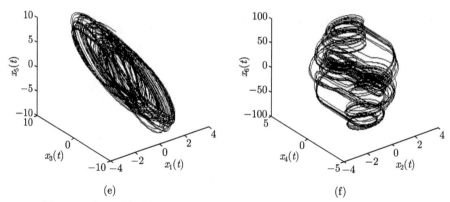

图 5.98　全互联六阶推广 CNN 超混沌系统吸引子在三维空间中的投影

取状态变量 $x_3(t)$ 作为输出, 利用工具 Matlab 模拟计算知, $x_3(t)$ 的变化范围为 $(-10, 10)$, 则 $x_3(t)$ 任意两个时刻的值之差变化范围为 $(-20, 20)$, 即 $A = -20, B = 20$. 为简便起见, 取 B, C, D 分别为 $-10, 0, 10$.

在计算机模拟中取 $T_s = 0.1$. 设原始信号

$$\hat{s}(n) = 00\text{-}11,$$

如图 5.99(a) 所示. 按式 (5.206) 将其转化为 $s'(n)$ 后, 如图 5.99(b) 所示. 图 5.100(a)~(c) 分别为 $x_3(t)$, $x_3'(t)$, $l(t)$ 随时间变化的值. 为更清楚地说明问题, 图 5.101(a)~(c) 分别给出了 $x_3(t)$, $x_3'(t)$, $l(t)$ 在 $[0, 0.7]$ 时间段内的局部放大. 图 5.102 为接收端恢复信号. 由图 5.101(a), (b) 可见, 混沌信号 $x_3(t)$ 经处理变为 $x_3'(t)$ 后发生了较大变化, 并且该变化依赖于 B, C, D 的取值. 因此, 窃密者在不知道 B, C, D 的取值的情况下, 想要通过还原混沌信号来获取原始信号是十分困难的. 在图 5.101(c) 中, 传输信号 $l(t)$ 为带有原始信号信息的超混沌信号, 即原超混沌信号 $x_3(t)$ 经式 (5.207) 和式 (5.208) 两次处理后所得的信号, 此时隐含于 $l(t)$ 中的原始信号极为隐

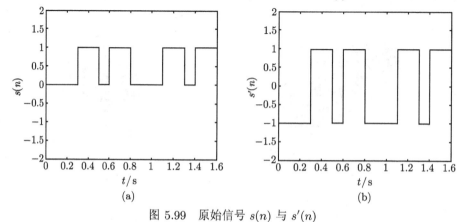

图 5.99　原始信号 $s(n)$ 与 $s'(n)$

蔽, 只要不知道 B, C, D 的取值及式 (5.207) 的设定, 想要破译 $l(t)$ 是很难的.

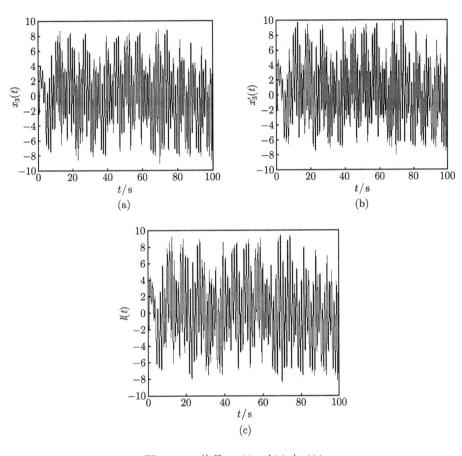

图 5.100 信号 $x_3(t), x_3'(t)$ 与 $l(t)$

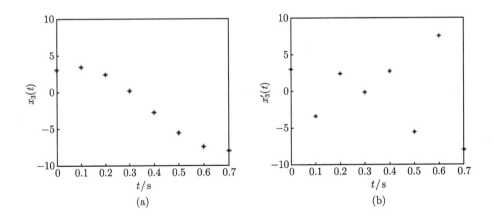

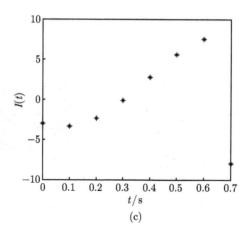

图 5.101　信号 $x_3(t)$, $x_3'(t)$ 与 $l(t)$ 在 [0, 0.7] 时间段内的局部放大

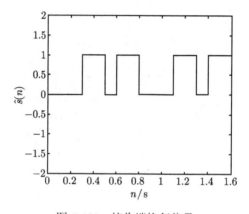

图 5.102　接收端恢复信号

　　超混沌系统由于其动力行为较一般混沌系统更难预测, 因此, 会大大地提高保密通信系统的安全性, 而且维数越高, 保密性越强. 但一般的超混沌系统由于对硬件实现的要求较高而难于构造 (如 Rössler 系统等), 维数越高, 难度越大. 而 CNN 由于其结构规则, 每个细胞单位仅与临近的细胞相耦合, 因而易于超大规模集成电路实现. 由图 5.98 可知, 该超混沌吸引子 $(x_a, x_b, x_c)(a, b, c = 1, 2, \cdots, 6, a \neq b \neq c)$ 在三维空间中的投影上具有非常复杂的折叠和拉伸轨线, 这说明六阶推广 CNN 超混沌系统在局部上比低维混沌系统, 甚至四阶超混沌系统具有更强的不稳定性, 这使得该系统应用于保密通信中的安全性大大提高了.

　　在以往的异步通信方案中, 常常通过判断 $l(t)$ 与 $l(t + \tau)$ 的大小来提取原始信号, 即在处理 $x(t)$ 时, 若

$$|x(t)| > |x(t + \tau)|,$$

则 $x(t)$ 取正; 反之, 取负. 这样在接收端只需如下判断: 当

$$|l(t)| > |l(t+\tau)|$$

且 $l(t)$ 为正时, $s(n)$ 为 1; 反之, 为 0. 当

$$|l(t)| < |l(t+\tau)|$$

且 $l(t)$ 为正时, $s(n)$ 为 0; 反之, 为 1. 这种方法虽然简单易行, 但安全性很低, 窃密者在截获信号 $l(t)$ 后完全可以通过判断信号之差的正负将原始信号提取出来.

因此, 这里提出通过对 $x(t)$ 的取值范围设置不同的域, 然后判断 $|x(t)|$ 与 $|x(t+\tau)|$ 的差值落在哪个域来对 $x(t)$ 进行处理的思想. 设定的域的个数及范围都是随意的. 在本节中, 设定了 4 个域, 若设定其他个数的域, 则只要相应地改变 $x(t)$ 的处理方式即可. 由于域范围设定的随意性及混沌信号本身的复杂性, 即使窃密者截获信号 $l(t)$, 只要不知道域的设定, 是很难还原原始信号的. 当然, 这样也在一定程度上增加了硬件的复杂度. 通过反复尝试, 发现设定 4 个域是较为合适的, 设定更多个数的域将会使得系统太过复杂.

5.5 混沌保密通信中其他一些需要解决的问题

本章重点介绍了混沌保密通信的一些典型方案, 更多相关内容可参见文献[83]~[94]. 混沌保密通信还有一些重要问题或值得研究的方向, 主要包括如下几个方面:

(1) 混沌密码算法及其攻击性研究. 混沌密码学中加密算法决定着加密技术水平, 任何新的混沌加密算法都是混沌保密通信中提高保密性、抵御截获和破解的有效手段. 反之, 新混沌加密算法的抗攻击性研究也是伴随加密算法的先进性和保密性研究而行的, 也是检验新混沌算法实用性的主要依据.

(2) 混沌同步数字通信技术, 需要尽可能地解决精确时钟和立即同步问题. 数字混沌保密通信研究近几年成为热点, 主要是由于其现代通信数字化要求的迅速发展, 数字通信也能较好地解决因通信信道恶劣、干扰等造成的通信质量下降问题, 其中之一就是通过计算机或微处理器等产生各类混沌信号用于保密通信. 但不同混沌产生平台的时钟精度、数值精度和快速同步问题还有待进一步解决.

(3) 多用户通信与多路传播技术问题. 保密通信中实现多用户通信和解决多路传播技术也是现代混沌保密通信中需要解决的问题. 虽然有一些文献及研究中取得了一定成果, 但在多用户同步和传输多播上还有一些问题需要解决.

(4) 利用混沌的无线数字通信问题.

(5) 混沌广义同步通信技术的研究与应用.

(6) 混沌复杂系统、超混沌系统及时空混沌掩盖的研究与应用. 目前, 大多数同步方法针对的是低维的时间混沌系统, 一般只有一个正的 Lyapunov 指数. 而高维系统, 特别是带时滞的混沌系统, 往往有有多个正的 Lyapunov 指数, 表现出超混沌特性, 用于加密更难破译. 但是关于高维超混沌系统的同步机制的研究还比较少, 国际上也尚处在起步阶段. 利用超混沌和时空混沌实现保密通信比一般混沌通信具有更好的保密性、更大的存储容量和信息处理能力、具有更强的鲁棒性等优点. 因此, 它将是今后混沌理论和混沌通信应用中最重要的研究方向之一.

(7) 实际混沌通信应用中提出的其他关键技术.

(8) 当混沌系统用模拟电路实现时, 从制造工艺角度来看, 收、发两端很难做到完全相同, 就会产生系统参数失配问题. 在实际应用中, 应允许这种微小的差异, 这就要求混沌系统要有很强的同步鲁棒性.

(9) 从混沌模拟通信的计算机仿真和电路系统的实验结果来看, 虽然模拟混沌保密通信的实现电路比较简单, 但是具有通信质量差、抗信道干扰能力不强、系统鲁棒性弱等缺点, 因而不适用于保密要求较高和中长距离的保密通信. 因此, 混沌数字通信研究应该是目前主要的方向. 在保密性和可靠性要求高的场合, 需采用体制更先进的数字式混沌通信系统, 并在其中融入新的信道安全技术.

(10) 由于混沌系统可以提供具有良好的伪随机性、相关性和复杂性的拟随机序列, 这些极具吸引力的挑战性特性有可能使之成为一种实际被选用的流密码体制. 因此, 如何将混沌理论与传统密码学结合起来, 探讨新的混沌密码体制, 是目前混沌加密、混沌通信领域中的前沿性课题.

(11) 混沌密码系统安全评估问题. 目前, 国际上还没有一套标准用于评估混沌加密系统的安全性、复杂性和可靠性. 这也是一个研究的重点.

尽管混沌保密通信在实际应用中还并不完全成熟, 存在一些问题有待于进一步解决, 但应该看到其巨大的发展潜力及广阔的应用前景, 相信在不久的将来, 随着科技的发展和非线性理论的进一步成熟, 混沌保密通信一定会成为保密通信领域中不可或缺的重要组成部分.

参 考 文 献

[1]　关新平, 范正平, 陈彩莲等. 混沌控制及其在保密通信中的应用. 北京: 国防工业出版社, 2002

[2]　Kocarev L, Halle K S, Eckert K, et al. Experimental demonstration of secure communications via chaotic synchronization. Int. J. Bifur. Chaos, 1993, 2(3): 709–713

[3]　Cuomo K M, Oppenheim A V, Strogatz S H. Synchronization of lorenzed-based chaotic circuits with applications to communications. IEEE Trans. Circuits Systems-II, 1993, 40(10): 626–633

[4] Dedieu H, Kennedy M P, Hasler M. Chaos shift keying: modulation and demodulation of a chaotic carrier using self-synchronizing chua's circuit. IEEE Trans. Circuits Systems-II, 1993, 40(10): 634–642

[5] Halle K S, Wu C W, Itoh M, et al. Spread spectrum communications through modulation of chaos. Int. J. Bifur. Chaos, 1993, 3(1): 469–477

[6] Itoh M, Murakami H. New communication systems via chaotic synchronizations and modulations. IEICE Transactions on Fundamentals of Electronics Communications & Computer Sciences, 1995, E78-A(3): 285–290

[7] Liao T L, Huang N S. An observer-based approach for chaotic synchronization with applications to secure communications. IEEE Trans. Circuits Systems, 1999, 46(9): 1144–1150

[8] Feki M. An adaptive chaos synchronization scheme applied to secure communication. Chaos, Solitons Fract., 2003, 18(1): 141–148

[9] Chen J Y, Wong K W, Cheng L M, et al. A secure communication scheme based on the phase synchronization of chaotic systems. Chaos, 2003, 13(2): 508–514

[10] Tam W M, Lau F C M, Tse C K. Analysis of bit error rates for multiple access CSK and DCSK communication systems. IEEE Trans. Circuits Systems, 2003, 50(5): 702–707

[11] Li C D, Liao X F, Wong K W. Chaotic lag synchronization of coupled time-delayed systems and its applications in secure communication. Physica D, 2004, 194(3, 4), 187–202

[12] Li Z G, Xu D L. A secure communication scheme using projective chaos synchronization. Chaos, Solitons Fract., 2004, 22(2), 477–481

[13] Khadra A, Liu X Z, Shen X. Impulsively synchronizing chaotic systems with delay and applications to secure communication. Automatica, 2005, 41(9): 1491–1502

[14] Zhou J, Huang H B, Qi G X, et al. Communication with spatial periodic chaos synchronization. Phys. Lett. A, 2005, 335(2, 3): 191–196

[15] Miliou A N, Antoniades I P, Stavrinides S G, et al. Secure communication by chaotic synchronization: robustness under noisy conditions. Nonlinear Analysis: Real World Applications, 2007, 8(3): 1003–1012

[16] Cruz-Hernández C, Romero-Haros N. Communicating via synchronized time-delay Chua's circuits. Commun. Nonlinear Sci. Numer. Simul., 2008, 13(3): 645–659

[17] Fallahi K, Raoufi R, Khoshbin H. An application of Chen system for secure chaotic communication based on extended Kalman filter and multi-shift cipher algorithm. Commun. Nonlinear Sci. Numer. Simul., 2008, 13(4): 763–781

[18] 王光瑞, 于熙龄, 陈式刚. 混沌的控制、同步与利用. 北京: 国防工业出版社, 2001

[19] 胡岗, 萧井华, 郑志刚. 混沌控制. 上海: 上海科技教育出版社, 2000

[20] 陈关荣, 吕金虎. Lorenz 系统族的动力学分析、控制与同步. 北京: 科学出版社, 2003

[21] 王兴元. 复杂非线性系统中的混沌. 北京：电子工业出版社, 2003

[22] Ryabov V B, Usik P V, Vairiv D M. Chaotic masking without synchronization. Int. J. Bifur. Chaos, 1999, 9(6): 1181–1187

[23] Chen G, Ueta T. Yet another chaotic attractor. Int. J. Bifur. Chaos, 1999, 9(7): 1465–1466

[24] Pecora L M, Carroll T L. Synchronization of chaotic systems. Phys. Rev. Letters, 1990, 64(8): 821–830

[25] Short K M. Steps towards unmasking secure communications. Int. J. Bifur. Chaos, 1994, 4(4): 959–977

[26] Short K M. Unmasking a modulated chaotic communications scheme. Int. J. Bifur. Chaos, 1996, 6(2): 367–375

[27] Yang T, Chua L O. Generalized synchronization of chaos via linear transformation. Int. J. Bifur. Chaos, 1999, 9(1): 215–219

[28] Li Y X, Tang W K S , Chen G R. Generating hyperchaos via state feedback control. Int. J. Bifur. Chaos, 2005, 15: 3367–3375

[29] Ramasubramanian K, Sriram M S. A comparative study of computation of Lyapunov spectra with different algorithms. Physica D, 2000, 139(1-2): 72–86

[30] Yang T, Chua L O. Generalized synchronization of chaos via linear transformation. Int. J. Bifur. Chaos, 1999, 9(1): 215–219

[31] Holden A V, Fan Y S. From simple to complex oscillatory behaviour via intermittent chaos in the Rose-Hindmarsh model for neuronal activity, Chaos, Solitons Fract. 1992, 2(4): 349–369

[32] Wang X Y, Zhao Q, Wang M J, et al. Generalized synchronization of different dimensional neural networks and its applications in secure communication. Mod. Phys. Lett. B, 2008, 22(22): 2077–2084

[33] 王兴元, 段朝锋. 基于线性状态观测器的混沌同步及其在保密通信中的应用. 通信学报, 2005, 26(6): 105–111

[34] 蒋国平, 王锁萍. 细胞神经网络超混沌系统同步及其在保密通信中的应用. 通信学报, 2000, 21(9): 79–85

[35] Li C D, Lia X F. Lag synchronization of hyperchaos with application to secure communications. Chaos, Solitons Fract., 2005, 23 (1): 183–193

[36] 武相军, 王兴元. 基于非线性控制的超混沌 Chen 系统混沌同步. 物理学报, 2006, 55(12): 6261–6266

[37] Grassberger P, Procaccia I. Characterization of strange attractors. Phys. Rev. Lett., 1983, 50: 346–349

[38] Benettin G, Galgani L, Giorgilli A, et al. Lyapunov characteristic exponents for smooth dynamical systems and for Hamiltonian systems: a method for computing all of them.

Meccanica, 1980, 15: 9–20

[39] 姚利娜, 高金峰, 廖旎焕. 实现混沌系统同步的非线性状态观测器方法. 物理学报, 2005, 55(1): 35–41

[40] Lü J H, Chen G R, Cheng D Z. A new chaotic system and beyond: the generalized Lorenz-like system. Int. J. Bifur. Chaos, 2004, 14(5): 1507–1537

[41] Liu C X, Liu T, Liu L, et al. A new chaotic attractor. Chaos, Solitons Fract., 2004, 22(5): 1031–1038

[42] Peng J H, Ding E J, Ding M, et al. Sychronizing hyperchaos with a scalar transmitted signal. Phys Rev Lett, 1996, 76(6): 904–907

[43] Milanvic V, Zaghloul M E. Improved masking algorithm chaotic communication systems. Electronic Lett., 1996, 1: 11–12

[44] Lorenz E N. Deterministic nonperiodic flow. J. Atmos. Sci., 1963, 20: 130–144

[45] Rössler O E. An equation for continuous chaos. Phys. Lett. A, 1976, 57(5): 397–398

[46] Grassberger P, Hegger R, Kantz H, et al. On noise reduction methods for chaotic data. Chaos, 1993, 3(2): 127–141

[47] Perez G, Cerdeira H A. Extracting message masked by chaos. Phys. Rev. Letters, 1995, 74(11): 1970–1973

[48] Emura T. Self-organized synchronization phenomena in a spatiotemporal coupled Lorenz model and its emergent abilities. Physics Letters A, 2006, 349(5): 306–313

[49] Yue L J, Shen K. Unilateral coupling synchronization of spatiotemporal chaos in the Bragg acousto-optic bistable system. Acta Phys. Sin., 2005, 54(12): 5671–5676

[50] Alexander A, Uzrich P. Control and synchronization of spatiotemporal chaos. Phys. Rev. E, 2008, 77(1): 016201

[51] Lü L, Li G, Chai Y. The synchronization of spatiotemporal chaos of unilateral coupled map lattice. Acta. Phys. Sin., 2008, 57(12): 7517–7521

[52] Hu G, Xiao J H, Yang J Z, et al. Synchronization of spatiotemporal chaos and its applications. Phys.Rev. E, 1997, 56(3): 2738–2746

[53] Nekorkin V I, Kazantsev V B, Verlarde M G. Mutual synchronization of two lattices of bistable elements. Physics Letters A, 1997, 236(5, 6): 505–512

[54] Xun H Y, Yong R, Xiu M S. Synchronization of discrete spatiotemporal chaos by using variable structure control. Choas, Solitons & Fractal, 2002, 14(7): 1077–1082

[55] Yue J, Shi Y Y. Synchronization of discrete-time spatiotemporal chaos via adaptive fuzzy control. Choas, Solitons & Fractals, 2003, 17(5): 967–973

[56] Wang M S, Hou Z H, Xin H W. Synchronization and coherence resonance in chaotic neural networks. Chinese Physics, 2006, 15(11): 2553–2557

[57] Kaneko K. Spatiotemporal intermittency in coupled map lattices. Prog. Theor. Phys., 1985, 74(5): 1033–1044

[58] Chen G, Lai D. Feedback anticontroller of discrete chaos. International Journal of Bifurcation and Chaos, 1998, 8(7): 1585–1590

[59] Fuh C C, Tsai H H. Control of discrete-time chaotic system via feedback linearization. Chaos, Solitons & Fractals, 2002, 13(2): 285–294

[60] Li P, Li Z, Halang W A. A multiple pseudoran-dom-bit generator based on a spatiotemporal chaotic map. Phy. Lett. A, 2006, 349(6): 467–473

[61] Sushchik M, Rulkov N, Larson L. Chaotic pulse position modulation: a robust method of communication with chaos. IEEE Commun. Lett., 2000, 4(4): 128–130

[62] 孙琳, 姜德平. 驱动函数切换调制实现超混沌数字保密通信. 物理学报, 2006, 55(7): 3283–3288

[63] Chen A M, Lu J A, Lü J H, et al. Generating hyperchaotic Lü attractor via state feedback control. Physica A, 2006, 364: 103–110

[64] Mohammad H, Mahsa D. Impulsive synchronization of Chen's hyperchaotic system. Phys. Lett. A, 2006, 356(3): 226–230

[65] Grassi G, Miller D A. Theory and experimental realization of observer-based discrete-time hyperchaos synchronization. IEEE Trans. Circ. Syst. I, 2002, 49(3): 373–378

[66] Izrailev F M, Timmermann B, Timmermann W. Transient chaos in a generalized Hénon map on the torus. Phys. Lett. A, 1988, 126(7): 405–410

[67] Hitzl D L, Zele F. An exploration of the Hénon quadratic map. Physics D, 1985, 14(3): 305–326

[68] Wang X Y, Luo C. Bifurcation and fractal of the coupled logistic map. Int. J. Mod. Phys. B, 2008, 22(24): 4275–4290

[69] Chua L O, Yang L. Cellular neural network: theory. IEEE Transactions on Circuits and Systems I, 1988, 35(10): 1257–1272

[70] 何振亚, 张毅锋, 卢宏涛. 细胞神经网络动态特性及其在保密通信中的应用. 通信学报, 1999, 20(3): 59–67

[71] Wang X Y, Xu B. A multi-ary number communication system based on hyperchaotic system of 6th-order cellular neural network. Commun. Nonlinear Sci. Numer. Simul., 2010, 15(1): 124–133

[72] Lü J, Chen G, Cheng D, et al. Bridge the gap between the Lorenz system and the Chen system. Int. J. Bifur. Chaos, 2002, 12(12): 2917–2926

[73] Wang X Y, Wang M J. A chaotic secure communication scheme based on observer. Commun. Nonlinear Sci. Numer. Simul., 2009, 14(4): 1502–1508

[74] Tian Y C, Gao F R. Adaptive control of chaotic continuous-time systems with delay. Physica D, 1998, 117(1-4): 1–12

[75] Yang T, Yang L B, Yang C M. Breaking chaotic secure communications using a spectogram. Phys. Lett. A, 1998, 247(1, 2): 105–111

[76] Álvarez G, Montoya F, Romera M, et al. Breaking parameter modulated chaotic secure communication system. Chaos, Solitons Fract., 2004, 21(4): 783–787

[77] 王明军, 王兴元. 基于一阶时滞混沌系统参数辨识的保密通信方案. 物理学报, 2009, 58(3): 1467–1472

[78] Hewish M, Gourley S R. Ultra-wideband technology opens up new horizonz. Janes International Defense Review, 1999, 2(3): 20–22

[79] 葛利嘉, 曾凡鑫. 超宽带无线通信. 北京: 国防工业出版社, 2002

[80] Sushchik M, Rulkov N, Larson L. Chaotic pulse position modulation: a robust method of communication with chaos. IEEE Commun. Lett., 2000, 4(4): 128–130

[81] Rulkov N F, Sushchik M M, Tsimring L S, et al. Digital communication using chaotic-pulse-position Modulation. IEEE Trans Circuits Syst I, 2001, 48(12): 1436–1445

[82] 李辉. 混沌数字通信. 北京: 清华大学出版社, 2006

[83] Wang X Y, Wu X Y, He Yi J, et al. Chaos synchronization of Chen system and its application to secure communication. Int. J. Mod. Phys. B, 2008, 22(21): 3709–3720

[84] Wang X Y, Wang J G. Synchronization and anti-synchronization of chaotic system based on linear separation and applications in security communication. Mod. Phys. Lett. B, 2007, 21(23): 1545–1553

[85] Wang X Y, Gao Y F. A switch-modulated method for chaos digital secure communication based on user-defined protocol. Commun. Nonlinear Sci. Numer. Simul., 2010, 15(1): 99–104

[86] 王兴元, 古丽孜拉, 王明军. 单向耦合混沌同步及其在保密通信中的应用. 动力学与控制学报, 2008, 6(1): 40–44

[87] Wang X Y, Chen F, Wang T. A new compound mode of confusion and diffusion for block encryption of image based on chaos. Communications in Nonlinear Science and Numerical Simulation, 2010, 15(9): 2479–2485

[88] Wang X Y, Yu Q. A block encryption algorithm based on dynamic sequences of multiple chaotic systems. Communications in Nonlinear Science and Numerical Simulation, 2009, 14(2): 574–581

[89] Wang X Y, Yu C H. Cryptanalysis and improvement on a cryptosystem based on a chaotic map. Computers and Mathematics with Applications, 2009, 57(3): 476–482

[90] Wang X Y, Liu W, Gu N N, et al. Digital stream cipher based on SCS-PRBG. International Journal of Modern Physics B, 2009, 23(25): 5085–5092

[91] Wang X Y, Zhao J F. A chaotic cryptosystem based on multi-one-dimensional maps. Modern Physics Letters B, 2009, 23(2): 183–189

[92] Wang X Y, Duan C F, Gu N. A new chaotic cryptography based on ergodicity. International Journal of Modern Physics B, 2008, 22(7): 901–908

[93]   Wang X Y, Wang X J. Design of chaotic pseudo-random bit generator and its applica-
        tions in stream-cipher cryptography. International Journal of Modern Physics C, 2008,
        19(5): 813–820

[94]   Wang X Y, Liu M, Gu N N. Two new chaotic cryptographies based on different
        attractor-partition algorithms. International Journal of Modern Physics B, 2007, 21(27):
        4739–4750